河南省"十二五"普通高等教育规划教材
经河南省普通高等教育教材建设指导委员会审定

计算机系列教材

肖　汉　主　编
张明慧　张　玉　张红艳　副主编

软件工程与项目管理

(第2版)

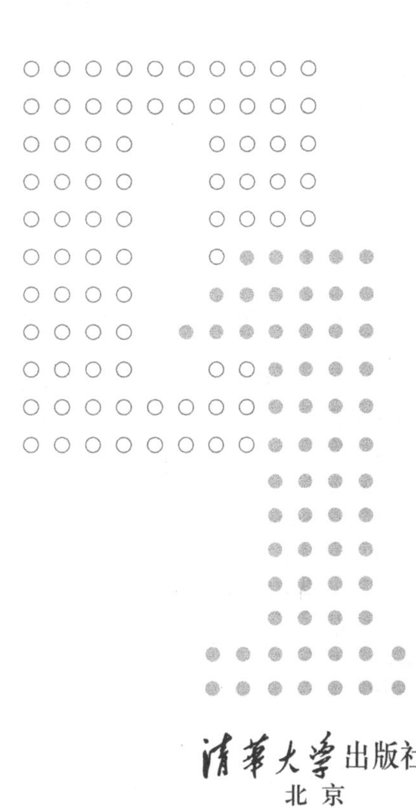

清华大学出版社
北京

内容简介

《软件工程与项目管理(第2版)》由5篇组成：第1篇为"软件工程与软件过程"，包括第1～3章；第2篇为"传统方法学"，包括第4～10章；第3篇为"面向对象方法学"，包括第11～14章；第4篇为"软件项目管理"，包括第15～18章；第5篇为"高级课题"，包括第19～21章。每章都有小结，并配有适量的习题，便于读者巩固所学知识。本书主要介绍软件开发技术、软件管理的思想和方法，主要论述了可行性研究、需求分析、面向数据流的分析方法、软件设计、面向数据流的设计方法、程序设计语言和编码、软件检验和测试方法、软件维护、面向对象的分析与设计方法、软件项目管理和项目组织、软件重用技术、设计模式以及敏捷开发等知识。全书内容通俗易懂，概念清晰，重点突出，实用性强，在介绍软件工程的常用方法时突出技能性和可操作性。

本书可作为高等学校计算机专业或信息类相关专业的教材，也可作为软件开发人员、软件项目管理者的参考书，还可以作为各个级别的计算机软件专业技术资格和水平考试的学习辅导用书。

图书在版编目(CIP)数据

软件工程与项目管理/肖汉主编. —2版. —北京：清华大学出版社，2020.8 (2022.7重印)
计算机系列教材
ISBN 978-7-302-55907-8

Ⅰ.①软… Ⅱ.①肖… Ⅲ.①软件工程—项目管理—高等学校—教材 Ⅳ.①TP311.5

中国版本图书馆CIP数据核字(2020)第108889号

责任编辑：张瑞庆　战晓雷
封面设计：常雪影
责任校对：李建庄
责任印制：杨　艳

出版发行：清华大学出版社
网　　址：http://www.tup.com.cn，http://www.wqbook.com
地　　址：北京清华大学学研大厦A座　**邮　　编**：100084
社 总 机：010-83470000　**邮　　购**：010-62786544
投稿与读者服务：010-62776969，c-service@tup.tsinghua.edu.cn
质量反馈：010-62772015，zhiliang@tup.tsinghua.edu.cn
课件下载：http://www.tup.com.cn，010-83470236
印 装 者：三河市龙大印装有限公司
经　　销：全国新华书店
开　　本：185mm×260mm　**印　　张**：35.75　**字　　数**：872千字
版　　次：2014年8月第1版　2020年9月第2版　**印　　次**：2022年7月第2次印刷
定　　价：89.90元

产品编号：087003-02

前　言

本书是理论与实践相结合的典范之作，第1版被国内众多高校选为“软件工程”课程的教材，赢得了广大师生的一致赞誉。第2版反映了软件工程理论近年来的新发展，同时一如既往地融入了作者多年的教学经验和项目实践经验。本书按照软件开发过程模型展开讲解，通过图书管理系统案例贯穿全书，详细介绍了可行性研究与分析、需求分析、概要设计、详细设计、编码、检验与测试以及维护的软件开发过程。

本书面向软件工程新技术，总结了软件开发实践的过程、经验和方法，重新甄选软件工程与项目管理文档，并对内容进行了精心梳理，更利于理论知识的落地。

本书全面涵盖软件工程流程中开发、测试、生产和运维的实践过程，使得篇章结构更加清晰，易于阅读。全书以图书管理系统案例为中心，以技能培养为目标，围绕开发项目所用到的知识点进行讲解；然后以学生管理系统为实训的主要内容，帮助读者理解基本知识点，进而将知识转变为技能。同时，为更好地反映软件工程领域的发展现状，编者根据河南省“十二五”普通高等教育规划教材的指导精神和读者的建议，及时融入软件工程领域的新理论和新方法，对第1版的内容进行了很多修改，形成了第2版。

本书由21章构成，按专题安排，分为5篇，以便读者按需选读。

第1篇为“软件工程与软件过程”，全面、概要地介绍软件工程这门学科及典型的软件过程模型。内容包括：软件工程概述，过程和生命周期的建模和可行性研究。

第2篇为“传统方法学”，介绍结构化分析、结构化设计和结构化实现的概念、原理、准则、技术和方法。内容包括：需求分析基础，面向数据流的分析方法，软件设计基础，面向数据流的设计方法，程序设计语言和编码，软件检验和测试方法以及软件维护。

第3篇为“面向对象方法学”，讲述面向对象的概念与模型、面向对象分析、面向对象设计和面向对象实现。内容包括：统一建模语言UML，面向对象的分析与设计方法，面向对象软件开发工具Rational Rose。

第4篇为“软件项目管理”，讲述软件项目管理的概念、体系、流程、方法。内容包括：软件项目管理概述，项目组织，项目立项管理和项目过程管理。

第5篇为“高级课题”，简要介绍软件工程研究的一些新成果和比较新颖、颇具发展潜力的软件开发技术，讲述了软件重用技术，设计模式和敏捷开发。

本书可供高等学校计算机类各专业作为“软件工程”课程的教材使用。同时，本书也适合作为软件开发人员与软件项目管理人员的技术参考书。

肖汉组织了本书的编写工作并撰写了第1、7、9章中非案例和实训内容，第2、4、6章中非案例和实训内容由张明慧撰写，第8章中非案例和实训内容以及第19章由楚志刚撰写，第1～10章中案例和实训内容以及第3章由张玉撰写，第20章由王韫烨撰写，第5、10章中非案例和实训内容由张红艳撰写，第11～14章由车葵撰写，第15～18章由王恺撰写，第21章由陈红根撰写。本书附录A和附录B分别由楚志刚和王韫烨收集整理。肖汉负责全书统稿。

感谢北京学佳澳软件科技发展有限公司在本书案例上向编者提供的帮助。诚恳欢迎各位读者对本书提出宝贵意见和建议。

编　者

2020年2月

目　　录

第1篇　软件工程与软件过程

第3篇 面向对象方法学

第4篇 软件项目管理

第5篇 高级课题

第 1 篇

软件工程与软件过程

第1章　软件工程概述

1.1　软件工程学的背景和目的

由于微电子技术的进步，计算机硬件无论在计算速度、存储容量、外部设备还是机器类型方面都有了突飞猛进的发展，发生了翻天覆地的变化。近些年来，主机成本每两三年降低一半，内存和外存成本每年降低约40%，硬件的性能价格比每10年提高一至二个数量级，出现了大中小微型计算机、各种工作站、向量计算机、并行多处理机、超级计算机和超级微型机等各种类型的计算机。

伴随着计算机硬件的发展，计算机软件的研制和应用也发生了巨大的变化。但是，与硬件不同，软件的发展不是那么顺利。事实上，计算机软件的开发成本在逐年上升，质量没有可靠保证，软件开发的生产率也远远不能满足普及计算机应用的要求。例如，IBM公司开发的OS/360系统耗资几千万美元，付出5000多人·年的工作量，拖延了几年才交付使用，并且在使用过程中仍不断地发现新的错误。有的软件开发耗费了大量的人力、财力，结果却半途而废。软件已经成为制约计算机系统发展的关键因素。

在计算机系统发展的早期所形成的一些错误概念和做法已经严重地阻碍了计算机软件的开发，更严重的是，用错误方法开发出来的许多大型软件几乎根本无法维护，只好提前报废，造成大量的人力、物力、财力的浪费。计算机科学界把软件开发和维护过程中遇到的一系列严重问题统称为“软件危机”。

软件危机的另一个突出表现是：一方面有大量的软件需要开发和维护，另一方面却存在大量的重复工作，导致软件成本逐年上升，软件生产率很低。据美国加利福尼亚州进行的一项调查显示，同类软件公司设计的商业、银行及保险业务应用系统中，75%以上的功能是重复的。重复开发使软件的社会成本居高不下。

在20世纪60年代后期，人们开始认真研究解决软件危机的方法，从而逐步形成了计算机科学技术领域中的一门新兴的学科——计算机软件工程学，通常简称为软件工程。

1.1.1　软件及其组成

软件(software)是指与计算机系统操作有关的程序、规程、规则以及任何与之有关的数据和文档资料。软件由两部分组成：一是使计算机硬件能完成计算和控制功能的有关计算机指令和计算机数据定义的组合，或计算机可执行的程序及有关数据；二是计算机不可执行的，与软件开发、运行、维护、使用和培训有关的文档。

程序(program)是用程序设计语言描述的、可由计算机处理的语句序列。它是软件开发人员根据用户需求开发出来的。程序设计语言编译器可以将程序翻译成一组计算机可执行的指令。这组指令也称为计算机语言程序，它将根据用户的需求，控制计算机硬件的运行，处理用户提供的或计算机运行过程中产生的各类数据并输出结果。

文档(document)是数据媒体和其上所记录的技术数据或信息，包括计算机的列表和打印输出。文档用于记录计算机软件的要求、设计或细节,解释软件的能力和限制条件,或提供在软件运行期中使用或保障计算机软件的操作命令。文档记录软件开发的活动和阶段成果,具有永久性并能供人或计算机阅读。它不仅用于专业人员和用户之间的通信和交流,而且还可以用于软件开发过程的管理和运行阶段的维护。

软件开发是创造性的脑力劳动,最终结果是得到能够正确运行的程序。文档是这一脑力劳动过程的真实记录,是从事软件开发和维护活动的依据,是软件生命周期中不可分割的一部分。文档是用自然语言对软件开发思想的非(半)结构化的描述,即便利用完全形式化的体系描述进行软件的开发,也需要编写必要的文档。

1.1.2 软件的特点

软件是逻辑产品而不是物理产品,因此,软件在开发、生产、维护和使用等方面与硬件相比均存在明显的差异。

软件是逻辑实体,并不是物理实体,始终不会自然变化,只是其载体可变。而物理实体会随时间和使用而老化、磨损以至失效。

软件是一种创造性的思维活动。软件开发与一些传统产品的生产工艺是不一样的,即给定一个软件开发任务后,可以有不同的方法,结果也可能大相径庭,无现成的东西可以直接借鉴。

软件是可以长期运行的,它不会随时间而老化、磨损。一个久经考验的优质软件可以长期使用下去,这一点硬件是做不到的。软件的淘汰属于技术上的淘汰,即需要更优良的软件来替代。

软件的研制过程主要是脑力劳动过程,在本质上是无形的、不可见的、难以控制的。而硬件研制过程不只是脑力劳动过程,还有体力劳动过程,其过程有形,便于测控。

程序是指令序列,即使每条指令都正确,但由于在执行时其逻辑组合状态千变万化,程序也不一定完全正确。而硬件的不可靠问题不只是设计问题,在生产和使用过程中也会产生新的故障。

软件中系统的数学模型是离散型的,其输入在合理范围内的微小变化可能引起输出的巨大变化,故障的形成无物理原因,失效的发展取决于输入值和运行状态的组合,无前兆。而硬件系统在正常工作条件下其行为是渐变的,故障的形成和失效的发生一般都有物理原因,有前兆。

对软件的生产过程进行严格的控制,可得到完全一致的产品。而对硬件生产过程进行严格的控制,可将产品的容差控制在可接受的范围内。

软件中的不可靠问题基本是由于开发过程中的人为差错所造成的缺陷引起的。而硬件失效通常是由其零部件或其结合的故障所引起的。

软件在使用过程中出现故障后,必须修改原产品以解决问题;若在修改时未引入新问题,其可靠性就会增长。而硬件在使用过程中出现故障后,一般只需更换或修复失效的部件,使产品恢复良好状态,其可靠性一般不会提高。

软件维护通常涉及软件更改,通常会对其他部分造成影响。硬件维修通常涉及零部件更换,一般不会对其他部分造成影响。

软件的冗余设计应确保冗余软件相异,否则,不仅不能提高可靠性,反而会增加复杂性,降低可靠性。而硬件相同部件之间自然是独立的,适当的冗余可以提高可靠性。

1.1.3 软件的分类

20 世纪 40 年代以来,尽管人们开发了大量的软件,积累了丰富的软件资源,并使之广泛应用于科学研究、教育、工农业生产、事务处理、国防和家庭等,但在软件的品种、质量和价格方面仍然满足不了人们日益增长的需要。计算机软件产业是一个年轻的、充满活力和飞速发展的产业。下面介绍几种在各个领域中常用的计算机软件分类方法。

1. 按功能划分

软件按功能可以划分为以下 3 类:

(1) 系统软件。管理、控制和维护计算机系统中的各种资源(包括硬件和软件),并使这些资源充分发挥作用,提高计算机的工作效率,方便用户使用计算机。这类软件的代表是操作系统、语言处理程序等。

(2) 支撑软件。旨在帮助用户编制应用软件。

(3) 应用软件。为计算机的特定应用提供唯一的特定功能,一般来讲就是为了解决科学技术、生产、生活中的许多实际问题而编写的程序,如信息系统、通信软件等。

2. 按工作方式划分

软件按工作方式可以划分为以下两类:

(1) 实时处理软件。对于给定一个时间约束量 $\varepsilon>0$,如果系统 S 在 T_1 时刻接收输入,在 T_2 时刻给出合理的输出,且使 $T_2-T_1<\varepsilon$,则称系统 S 满足 ε 的实时性,通常称系统 S 为实时系统。这类软件一般应用于控制系统上,永远不能停下来,如交通管理系统等。

(2) 嵌入式系统。是由软件配置项和硬件技术状态相互嵌入组成的系统。嵌入式系统将计算机嵌入某一系统,成为该系统的重要组成部分,控制该系统的运行,进而实现一个特定的物理过程,例如汽车的刹车控制、电视机和洗衣机的自动控制等。

3. 按规模划分

软件按规模可以划分为以下 3 类:

(1) 小型软件。包括工程师用于求解数值问题的科学计算程序,数据处理人员生成报表或完成数据操作所用的小型商业应用程序,以及学生在课程设计中编写的程序。这类软件的长度一般不超过 2000 行,与其他软件也没有什么联系。

(2) 中型软件。包括汇编程序、编译程序、小型管理信息系统、仓库系统以及用于过程控制的一些应用程序。这类软件可能与其他软件有少量联系,也可能没有。

(3) 大型、超大型、巨型软件。大型编译程序、数据库软件包以及某些图形软件和实时控制系统都是大型软件的实例。它们的长度可达 5 万~10 万行,且常与别的程序或软件系统有种种联系。长达百万行的软件称为超大型软件,常见于实时处理、远程通信和多任务处理等应用领域,例如大型操作系统和数据库系统、军事部门的指挥与控制系统等。巨型软件一般由数个超大型子系统构成,常含有实时处理、远程通信、多任务处理以及分布处理等软件,实例有空中交通管制系统、洲际导弹防御系统、军事指挥和控制系统等。它们的源代码可长达数百万行以至数千万行,开发周期长达 10 年,并要求有极高的软件可靠性。

4. 按使用频度划分

软件按使用频度可以划分为常用软件和不常用软件。例如,人口普查软件每隔四五年用一次;而财务报账系统、银行系统是常用的,可以常年运行。

5. 按服务对象划分

软件按服务对象可以划分为专用软件和通用软件。专用软件一般用于解决某个特定方面的问题,如人事管理、财务管理等。通用软件则适用于解决多个领域中的一般问题,适用面较广,如文字处理软件、病毒软件等。

6. 按失效性划分

软件按失效性可以划分为一般性软件和高可靠性软件,后者的代表有核电站的软件、卫星发射控制系统等。

1.1.4 软件的历史与发展

软件是由计算机程序和程序设计的概念发展演化而来的,是在程序和程序设计发展到一定规模并且逐步商品化的过程中形成的。19世纪初,法国人约瑟夫·玛丽·雅卡尔(Joseph Marie Jacquard)设计的织布机就能够通过"读"穿孔卡上的信息完成预定的任务。英国诗人拜伦(Byron)的女儿、数学家爱达·奥古斯塔·拉夫拉斯(Ada Augusta Lovelace)在帮助巴贝奇研究分析机时指出分析机可以像织布机一样进行编程,并发现进行程序设计和编程的基本要素,被认为是有史以来的第一位程序员,而著名的计算机语言Ada就是以她的名字命名的。在计算机系统发展的早期(20世纪60年代中期以前),计算机硬件已相当普遍,软件却是为每个具体应用而专门编写的。这时的软件通常是规模较小的程序,编写者和使用者往往是同一个人。在这种个体化的软件开发环境下,软件设计通常是在人们头脑中进行的一个隐含的过程,除了程序清单之外,没有其他文档资料保存下来。到了20世纪70年代,出现了"软件作坊",人们广泛使用产品软件。但是,"软件作坊"基本上仍然沿用早期形成的个体化软件开发方法。随着计算机应用的日益普及,软件数量急剧膨胀。在程序运行时,发现的错误必须设法改正;用户有了新的需求时,必须相应地修改程序;硬件或操作系统更新时,通常需要修改程序以适应新的环境。以上种种软件维护工作的资源耗费十分严重。针对这些问题,1968年,北大西洋公约组织的计算机科学家在联邦德国召开的国际会议上正式提出并使用了"软件工程"这个名词,一门新兴的工程学科就此诞生了。

1.1.5 软件危机

1. 危机的表现

软件危机最早出现于20世纪60年代末期。其主要表现是:软件质量差,不能保证可靠性;软件成本的增长难以控制,在成本预算内往往不能完成任务;软件开发进度不易控制,周期延长;软件维护困难,维护人员和维护费用不断增加。有的软件在耗费了大量的人力物力后无果而终。更为严重的是,用错误方法开发的许多大型软件几乎无法维护,只好提前报废,造成大量人力、物力、财力的浪费。人们同时发现,在研制软件系统时也需要投入大量的人力、物力,但系统的质量难以保证,这样,在开发软件所需的高成本同产品的低质量之间有着尖锐的矛盾,这就是所谓的"软件危机"。概括地说,软件危机包含两方面的问题:一个是如何开发软件以及怎样满足对软件的日益增长的需求;另一个是如何维护数量不断膨胀的已有软件。具体地说,软件危机主要有下述表现:

(1) 对软件开发成本和进度的估计常常很不准确。

（2）用户对已完成的软件系统不满意的现象经常发生。

（3）软件产品的质量往往靠不住。

（4）软件常常是不可维护的。

（5）软件通常没有适当的文档资料。

（6）软件成本在计算机系统总成本中所占的比例逐年上升。

（7）软件开发生产率提高的速度远远跟不上计算机应用迅速普及、深入的趋势。

因此，由于软件的开发跟不上社会的发展，进而使得计算机软件在开发和维护过程中遇到一系列问题，进而导致了软件危机。

2. 软件危机的产生原因

从软件危机的种种表现和软件作为逻辑产品的特殊性可以发现，软件危机产生的原因如下：

（1）用户对软件需求的描述不精确，可能有遗漏、二义性和错误，甚至在软件开发过程中，用户还会提出修改软件功能、界面、支撑环境等方面的要求。

（2）软件开发人员对用户需求的理解与用户的本来愿望有差异，这种差异必然导致开发出来的软件产品与用户要求不一致。

（3）大型软件项目需要组织一定的人力共同完成。多数管理人员缺乏开发大型软件系统的经验，而多数软件开发人员又缺乏管理方面的经验。各类人员的信息交流不及时、不准确，有时还会产生误解。

（4）软件项目开发人员不能有效地、独立自主地处理大型软件的全部关系和各个分支，因此容易产生疏漏和错误。

（5）缺乏有力的方法学和工具方面的支持，过分地依靠程序设计人员在软件开发过程中的技巧和创造性，使软件产品过于“个性化”。

（6）软件产品的特殊性和人类智力的局限性导致人们无力处理复杂问题。

3. 解决软件危机的途径

软件开发不是某种个体劳动的神秘技巧，而应该是一种组织良好、管理严密、各类人员协同配合、共同完成的工程项目，必须充分吸取和借鉴人类长期以来从事各种工程项目所积累的行之有效的原理、概念、技术和方法，特别要吸取几十年来人类从事计算机软件研究和开发的经验教训。

应该开发和使用更好的软件工具。在软件开发的每个阶段都有许多烦琐重复的工作需要做，在适当的软件工具辅助下，开发人员可以把这类工作做得既快又好。如果把各个阶段使用的软件工具有机地组织起来，使其能够从整体上支持软件开发的全过程，则称之为软件工程支撑环境。

总之，为了解决软件危机，既要有技术措施，又要有必要的管理措施。软件工程正是从技术和管理两方面研究如何更好地开发和维护计算机软件的一门学科。

1.1.6 软件工程

1968年，北大西洋公约组织召开计算机科学会议，Fritz Bauer首先提出了“软件工程”的概念，试图建立并使用正确的工程方法开发出成本低、可靠性高并在计算机上能高效运行的软件，从而解决或缓解软件危机。

软件工程是指导计算机软件开发和维护的工程学科。有代表性的软件工程定义有如下几个。

(1) Fritz Bauer 在 1968 年给出的定义:“软件工程是为了经济地获得可靠的和能在实际机器上高效运行的软件而确立和使用的健全的工程原理(方法)。”

(2) IEEE 给出的软件工程定义:“软件工程是开发、运行、维护和修复软件的系统方法。”

(3) IEEE 给出的更加综合的定义:软件工程是“将系统化的、规范的、可度量的方法应用于软件的开发、运行和维护的过程,即将工程化应用于软件中”。

软件工程的研究内容和最终目的是:采用工程化的概念、原理、技术和方法来开发与维护软件,把经过时间考验而证明正确的管理技术和当前能够得到的最好的技术方法结合起来。它支持项目计划和估算,系统和软件需求分析,软件设计、编码、测试和维护。软件工程使用的软件工具是人类智力和体力在开发软件的活动中的扩展和延伸,它自动或半自动地支持软件的开发和管理,支持各种软件文档的生成。软件工程的方法、工具、过程构成了软件工程的三要素。软件工程技术的两个明显特点是强调规范化和强调文档化。软件工程所包含的内容不是一成不变的,它随着人们对软件系统的研制开发和生产的理解而变化,应该用发展的眼光看待它。

软件工程的目的是成功地建造一个大型软件系统。所谓成功,就是要达到以下几个目标:

(1) 付出较低的开发成本。

(2) 达到要求的软件功能。

(3) 获得较好的软件性能。

(4) 开发的软件易于移植。

(5) 需要较低的维护费用。

(6) 能按时完成开发任务。

(7) 及时交付使用。

(8) 开发的软件可靠性高。

1.2 软件开发方法

为了得到高产优质的软件,有必要研究软件开发方法和软件工具。

研究软件开发方法的目的是使开发过程“纪律化”,使开发工作能够有计划、有步骤地进行。研究软件工具的目的是使开发过程“自动化”,就是使开发过程中的某些工作用计算机来完成。

软件开发方法是指导软件研制的某种标准规程,告诉开发人员“什么时候做什么以及怎么做”,具体可参照下面的过程:

(1) 明确工作目标与步骤。

(2) 给出具体的描述。对每项任务要有具体描述,即计划任务书。

(3) 确定评价标准。就是要有系统的评估标准来对预选的方案进行筛选。

(4) 选择软件开发标准规程。常用的软件开发标准规程有如下两种:

- 结构化分析→结构化设计→结构化编程。
- 面向对象分析→面向对象设计→面向对象编程。

(5) 纪律化,指明确技术上的纪律性。

(6) 尽量采用自动化工具。自动化工具都是用一定标准编写的支持软件。

近年来,人们陆续研究总结出多种软件方法。20世纪70年代初,出现了编写程序的一些方法,主要是结构化程序设计方法。到了20世纪70年代中期,人们认识到编程仅仅是软件开发的一个环节,合理地建立软件结构比编写程序更为重要,所以研究重点前移到设计阶段,出现了用于设计阶段的结构化设计和Jackson方法等。20世纪70年代后期,人们又意识到,在设计阶段之前必须先对用户的要求进行分析,所以研究重点又前移到分析阶段,出现了用于分析阶段的结构化分析、SADT、SREM等方法。20世纪80年代,又出现了面向对象的软件开发方法。

1.3 案例:图书管理系统项目的提出

1. 项目描述

某大学某学院有千余名师生,每天都有教师和学生到学院阅览室借阅图书。记录图书借阅情况是非常烦琐的工作。为了提高管理效率,需要开发图书管理系统来管理图书信息和借阅情况。

2. 技能目标

要求学生通过本案例掌握以下技能:

(1) 掌握开发基于.NET的数据库应用程序的一种编程语言(如C#、ASP.NET、VB.NET等语言)的语法,熟悉Visual Studio开发环境,能够完成实际程序的编写。

(2) 掌握SQL Server或Access数据库、数据表的创建方法与技巧,并能够实现应用程序与数据库的连接和使用。

(3) 掌握系统的功能和性能测试方法与技巧。

(4) 对相关的技术标准有深刻的认识,对软件工程标准规范有良好的把握,能够根据实际系统完成相应文档的编写。

3. 实训步骤

本案例采用项目小组的形式进行设计。具体要求如下:

(1) 班级划分为项目小组,每组4~8人。

(2) 项目小组成员分配不同的工作角色:项目经理、软件工程师、数据库管理员、文档管理员。

(3) 选出项目经理,由项目经理召集项目小组成员讨论、选定项目,制订开发计划,安排开发过程。项目中的每项任务要落实到每位成员,且规定项目的起始日期和时间。

(4) 掌握面向对象软件开发的基本过程、方法和工具,能用软件工程的方法参与软件项目的分析、设计、实现和维护。

4. 项目小组成员角色描述

项目小组成员角色描述如表1-1所示。

表1-1 项目小组成员角色描述

角色	职责	条件
项目经理	全面协调小组工作,负责整个项目的需求分析、开发、系统测试与调试以及小组文档核查等工作	综合素质好,有团队精神,组织、协调能力强;项目分析与编程能力较强
软件工程师	主要负责系统程序结构、前台界面设计与开发等工作	编程能力较强,熟悉C#语法以及WinForm或.NET编程
数据库管理员	主要负责后台数据库设计等工作	编程能力较强,熟悉数据库编程
文档管理员	主要负责完成项目小组文档报告、小组电子文档管理和帮助系统开发等工作	文笔好,细心负责;熟悉办公软件与画图软件

1.4 实训:学生管理系统项目的提出

1. 实训目的

(1) 了解软件工程标准化的概念、内容及其意义;了解与软件工程相关的国家标准;了解和熟悉软件工程国家标准GB/T 8567—2006《计算机软件文档编制规范》;熟悉和掌握软件工程相关文档的编写。

(2) 结合软件项目,按照GB/T 8567—2006《计算机软件文档编制规范》的各种文档编写规范编写各种文档。

(3) 了解软件编制过程。人员角色和进度分配。

2. 实训任务与实训要求

将班级分为几个小组,以"学生管理系统"作为实训题目。每个小组指定一名组长,负责分工和制订计划等管理工作。具体要求如下:

(1) 项目开发过程建议采用快速原型与增量开发相结合的模式,在基本明确需求的情况下建立系统整体原型,以便讨论和确定需求;在需求和系统架构确定后,进行详细的设计开发。开发方式可通过组内协商选择结构化方法或面向对象方法。

(2) 实训内容包括需求分析、系统设计、系统实现及测试、系统交付。小组的每个成员都必须参加项目开发过程的部分工作,扮演某种角色,并编写部分实训报告。

(3) 实训报告要求包括软件开发计划、可行性分析报告、需求规格说明书、概要设计说明书、详细设计说明书、测试分析报告和维护手册。文档格式和内容参照实训内容与步骤中给出的模板,提交完整的实训报告。

3. 实训内容与步骤

(1) 项目描述:高校学生管理是一项既重要又烦琐的工作。为了做好这项工作,提高工作效率,更好地为本学院的发展和一线教学服务,结合本学院实际,开发学生管理系统。

(2) 分析学生管理系统应具备的主要功能和软件编写过程。

(3) 根据实际系统情况,给本组人员分配角色:

姓　　名	学　　号	任　　务	角　　色
			项目经理
			软件工程师
			数据库管理员
			文档管理员

(4) 根据实际系统情况,完成软件设计的进度安排表:

顺　　序	阶段日期	计划完成内容	备　　注
1			
2			
3			
4			
5			

4. 实训注意事项

(1) 小组成员分工明确,模拟软件开发小组。由项目经理负责召集项目组成员讨论、选定项目,制订开发计划,确定开发过程。

(2) 项目中的每项任务都要落实到具体成员。

5. 实训成果

参照上述实训内容和步骤,项目小组提交人员分配表和进度安排表。

小　　结

本章介绍了软件的基本概念、软件的历史与发展以及软件危机产生的原因,并介绍了软件工程和软件开发方法。

习　　题

1.1　什么是软件?

1.2　什么是软件危机?为什么会产生软件危机?怎样解决或缓解软件危机问题?

1.3　什么是软件工程?构成软件工程的要素是什么?

1.4　根据你的亲身经历,谈谈软件工具在软件开发过程中的作用。

1.5　CASE的研究和CASE产品的开发是近年来软件工程领域的热点之一。请列举数种你所熟悉的CASE工具或环境,综述其优缺点,分析其实现方法。

第2章　过程和生命周期的建模

软件工程是创造性的、逐步推进的过程，常常涉及许多开发不同类型产品的人员。本章深入地探讨这些步骤，研究开发活动的组织方式。本章首先介绍过程的含义，以便读者理解软件开发建模时必须包含的因素；然后讨论若干软件过程模型。

2.1　过程的含义

当提供一项服务或开发一个产品时，人们总是按照一系列步骤来完成任务。通常要以一定的顺序完成任务。有顺序的任务集合称为过程，即一系列涉及活动、约束和资源的步骤，它们产生某种类型的输出。任何过程都具有如下特征：

(1) 过程规定了所有主要的活动。

(2) 过程使用资源，服从于一组约束，产生中间结果和最终产品。

(3) 过程由子过程组成，这些子过程用某种方式链接起来。过程可以定义为分层的过程等级结构，以便每一个子过程都能建立自己的过程模型。

(4) 每一个过程活动都有入口标准和出口标准，这样就可以知道活动何时开始以及何时结束。

(5) 活动以一定的顺序加以组织，因此，一个活动相对于其他活动来说何时完成是明确的。

(6) 过程具有一系列指导原则，这些指导原则解释了每一个活动的目标。

(7) 约束或控制可以应用到任何活动、资源或产品中。例如，预算或进度可以限制活动需要的时间，工具可以限制资源使用的方式。

当过程涉及某些产品的开发时，有时把这种过程称为生命周期。因此，软件开发过程有时被称为软件生命周期，因为它描述了软件产品从概念到实现、交付、使用和维护的整个过程。

过程的重要性在于它使一组活动具有了一致性和结构。当我们知道如何能把事情做好而且希望其他人也用同样的方式完成时，对过程建立模型是很有用的。软件开发过程能够用灵活的方式描述，使开发者能使用自己喜欢的技术和工具设计和开发软件。一个过程模型可能要求在编码之前进行设计，可能允许采用许多不同的设计技术。正因为如此，过程有助于使不同人员开发的产品和服务保持一定的一致性和质量水平。

过程不仅仅是一个程序。程序是把工具和技术组合起来生产产品的一种结构化方式。过程是程序的集合，是将程序组合起来以产生满足目标和标准的产品。

2.2　软件过程模型

软件过程模型是软件开发全部过程、活动和任务的结构框架。它能直观表达软件开发全过程，明确规定要完成的主要活动、任务和开发策略。软件过程模型也称为软件开发模型、软件生存期模型、软件工程范型。

对过程建模的主要目的如下：

(1) 对开发过程进行描述，形成对软件开发中涉及的活动、资源和约束的共同理解。

(2) 有助于开发小组发现过程及其组成部分中的不一致、冗余和遗漏。当注意到和纠正了这些问题以后，过程会变得更加有效，从而把重点放在开发最终产品上。

(3) 建立过程模型能够帮助开发小组理解对哪些活动需要进行剪裁。

多年来人们已经提出了许多软件开发模型、如顺序型的瀑布模型、迭代型的渐近式模型、顺序与迭代组合的螺旋模型、增量式模型、强调验证与确认的 V 模型和原型化模型。下面简要介绍这些模型，以帮助读者理解它们的共性和区别。

2.2.1 瀑布模型

软件开发是一个非常复杂的系统活动。人类解决复杂问题时普遍采用的一个策略就是“各个击破”，也就是采用对问题进行分解后再分别解决各个子问题的策略。瀑布模型(waterfall model)也称为软件生存周期模型，是由 W.Royce 于 1970 年首先提出的。软件工程中采用的瀑布模型从时间角度对软件开发和维护的复杂问题进行分解，把软件生存周期划分为若干个阶段，每个阶段有相对独立的任务，然后逐步完成每个阶段的任务。各阶段具有明确的定义，完成本阶段任务并经评审后，才能进入下一阶段。软件生存周期具体划分为 6 个阶段：可行性研究与计划、需求分析、设计、编程、测试、运行与维护，如图 2-1 所示。

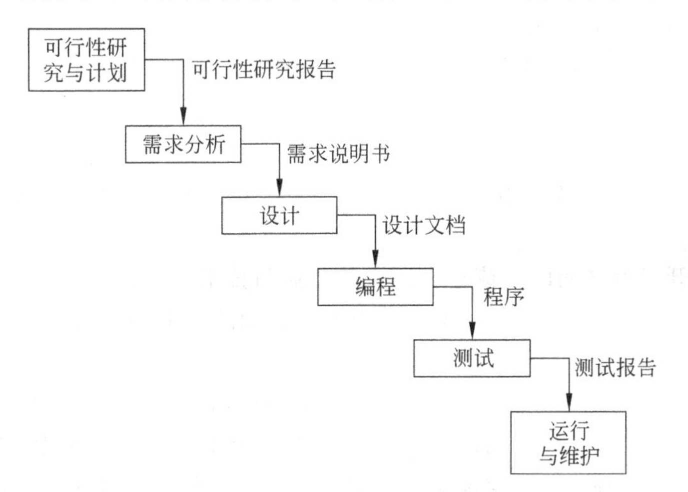

图 2-1 瀑布模型划分的软件生存周期

在这种过程模型中，下一阶段在上一阶段工作的基础上继续开展工作，形似多级瀑布，因此被称为瀑布模型。该模型主要适合于需求易于理解的系统。需要注意的是：各个阶段间没有明确的界限，一般是按从前向后进行，但也有反复的过程，即从后向前。当在某个阶段的评审过程中发现错误和疏漏后，应该返回前面的有关阶段修正错误、弥补疏漏，然后再重复该阶段的工作，直至该阶段通过评审后再进入下一阶段。下面详细介绍各个阶段的工作概况。

(1) 可行性研究与计划阶段。在该阶段主要确定软件系统是否值得开发，即搞清楚问题的性质，确定系统的目标和规模，从技术、经济和社会因素等方面分析论证项目的可行性。

该阶段的产品主要是可行性研究报告。这是部门负责人决定是否进行这项工程的重要依据。该阶段参加人员一般是用户和高级程序员。

(2) 需求分析阶段。在该阶段主要确定用户要求软件系统做什么。该阶段的产品主要是需求说明书,它明确描述了用户的要求,也就是双方充分讨论交流后达成的一致协议。在该阶段,由用户和软件人员组成一个调查小组。目前在该阶段中软件人员的作用更大一些,通常由软件开发方资深人员参加;随着计算机知识的普及,该阶段应主要由用户方面熟悉计算机技术的人参加将会更合适。

(3) 设计阶段。该阶段一般分成两个环节:①概要设计,主要完成模块的分解,即一个大程序应该怎样由许多规模适中的模块按合理的层次结构组织而成;②详细设计,要考虑每个模块内部的细节,如流程、数据结构、数据库、代码设计等问题。该阶段的主要产品有模块说明书、数据库等。参加人员是一些资历较高、经验较丰富的软件人员和用户。

(4) 编程阶段。该阶段的主要任务是:按模块说明书的要求,用某种程序设计语言为每个模块编写代码。经过该阶段应该产生程序和数据文档。参加人员是一般软件人员。

(5) 测试阶段。该阶段则要排除前面3个阶段的错误,保证软件的质量。测试工作一般分为单元测试、联合测试、有效性测试和系统测试等过程。测试完成后,应该提交测试报告。

(6) 运行与维护阶段。该阶段的任务是在实际运行中不断修改、完善、维护系统,使之持久地满足用户的需要。

瀑布模型往往会出现让人头痛的问题,例如:

- 一个活动在项目中出现得越早,对这个活动的注释就越不足。
- 一个活动在项目中出现得越早,对这个活动的理解就越少。
- 一个错误在项目中形成得越早,这个错误所造成的影响就越严重。

瀑布模型是建立在完备的需求分析的基础上的,而需求分析不可能是完备的、准确的。原因主要如下:

(1) 用户与开发者之间的交流存在巨大的行业与技术差异。

(2) 用户由于不熟悉信息技术,可能提出非常含糊的需求,而这种需求又可能被开发人员随意解释。

(3) 经验证明,一旦用户开始使用计算机系统,他们对目标系统的理解可能又会发生变化,这显然会使需求无效。用户需求常常是一个变动的目标。由于知识背景的不同、工作中的疏漏和通信媒介的局限性,使交流中的误解无法避免。随着项目的推进,用户会产生新的要求,或者希望系统能随着环境的变化而变化。

瀑布模型有如下特点:

(1) 瀑布模型要求严格按照软件生存周期各个阶段的目标、任务、文档和要求进行开发。

(2) 瀑布模型是一种整体开发模型。在开发过程中,用户看不见系统是什么样的;只有开发完成后,向用户提交整个系统时,用户才能看到完整的系统。

(3) 瀑布模型适用于功能和性能明确、完整、无重大变化的软件(如系统软件、嵌入工具软件等)的开发。这些系统在开发前均可完整、准确、一致和无二义性地定义其目标、功能和性能等。有人称这类软件为预先指定系统。

瀑布模型在大量的软件开发实践中也逐渐暴露出它的严重缺点：

(1) 在软件开发的初始阶段指明软件系统的全部需求是困难的，有时甚至是不现实的。而瀑布模型在需求分析阶段要求用户和系统分析员必须做到这一点，才能开展后续阶段的工作。

(2) 需求确定后，用户和软件项目负责人要等相当长的时间(经过设计、实现、测试、运行)才能得到软件的最初版本。如果用户对这个软件提出比较大的修改意见，那么整个软件项目将会蒙受巨大的人力、财力和时间方面的损失。

一般大型软件系统的运行期在10年以上，而软件生存周期到何时结束呢？一般来说，软件在实际运行期间会被多次修改，直到维护人员认为再对其修改以符合当初未曾预料到的一些需求已是不可靠的了，此时软件系统才会被舍弃。

从图2-2可以看出，在软件的整个生存周期中，维护工作量要占整个工作量的2/3以上，测试工作量占开发工作量的45%。编码工作量在开发工作量中只占很小的比例(20%)，所以大家要纠正“开发软件仅仅是编程”的错误观念。

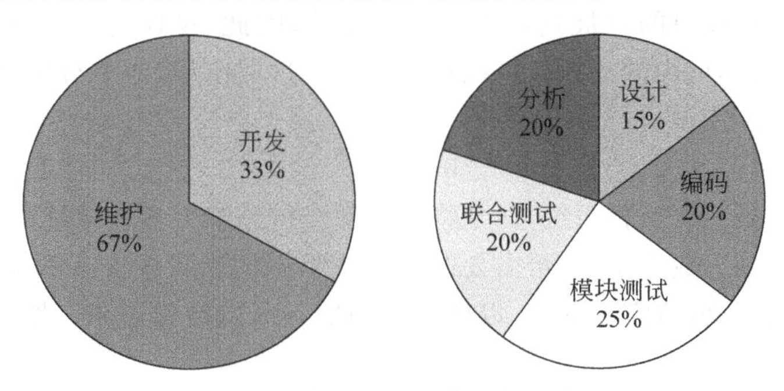

图2-2　软件工程工作量的组成

2.2.2　渐近式模型

渐近式模型的目的是和客户一起工作，并从最初的大概的需求说明演化出最终的系统。提出原型的目的是逐渐理解需求，而不是一步到位地理解需求。渐近式模型与用户的关系如图2-3所示。

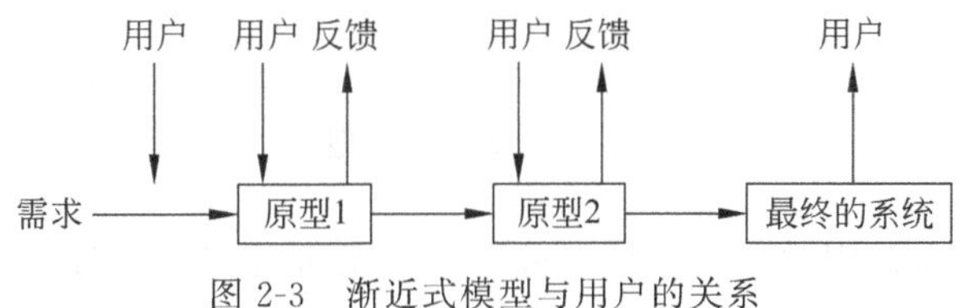

图2-3　渐近式模型与用户的关系

渐近式模型存在的问题是缺乏过程的可见性，系统通常不能够很好地结构化，可能需要特殊技巧(如利用快速原型语言生成原型)。渐进式模型一般应用在中小规模的交互式系统、大系统的一部分(如用户接口)或生存周期较短的系统。如果在软件开发初始阶段只能提出基本需求，则应采用渐进式模型。渐进式模型如图2-4所示。

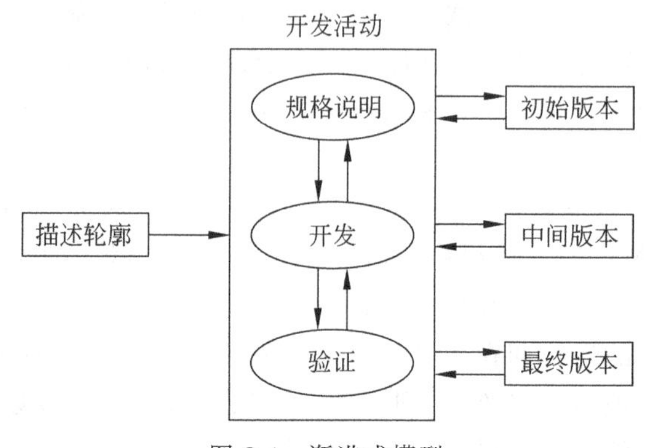

图 2-4　渐进式模型

2.2.3　过程的迭代

系统需求总是在项目的进展过程中不断演化的,因此,早期的工作只是大系统的一部分,过程的迭代是必不可少的。迭代可以用于任意的过程模型,两个与迭代密切相关的方法是增量式模型和螺旋模型。

1. 增量式模型

增量式模型不是一次交付系统,而是将开发和交付分解为多个增量,每次提交一部分功能。将用户的需求划分成多个块,最需要的需求在早期的增量中实现和交付。一旦一个增量的开发活动启动了,就将需求冻结,以便后续的增量可以增加进来。增量式模型如图 2-5 所示。

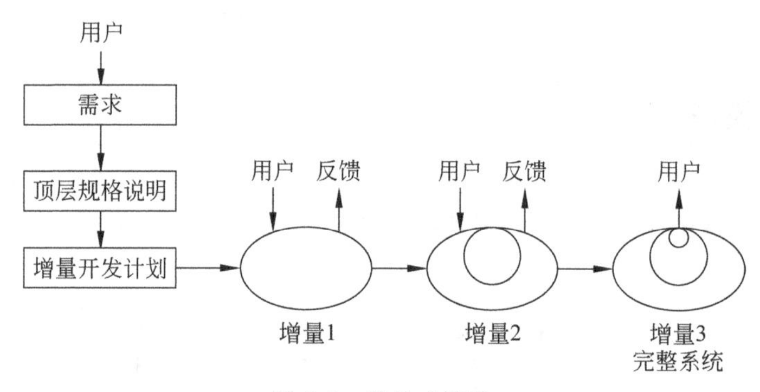

图 2-5　增量式模型

增量式模型的优点是用户的需求可以分解为增量进行交付,因此,可以较早地使用系统必需功能。以早期的增量作为原型,有助于明确后续增量的需求。整个项目失败的风险较小,最需要的系统服务将接受最多的测试。

2. 螺旋模型

1988 年,Boehm 从风险的角度来看待软件开发过程,提出用螺旋模型把开发活动和风险管理结合起来,以降低和控制风险。螺旋模型如图 2-6 所示。该模型以需求分析和一个最初的开发计划为开始,在产生"操作概念"文档以从更高的层次描述系统如何工作之前,该过程插入一个评估风险和选择原型的步骤。在该文档中指定一系列需求,并对之进行详细检查，以确保需求尽可能完善和一致。因此，操作概念是第一次迭代的产品，而需求则是第二次迭代的主要产品，在第三次迭代中进行设计，在第四次迭代中进行测试。

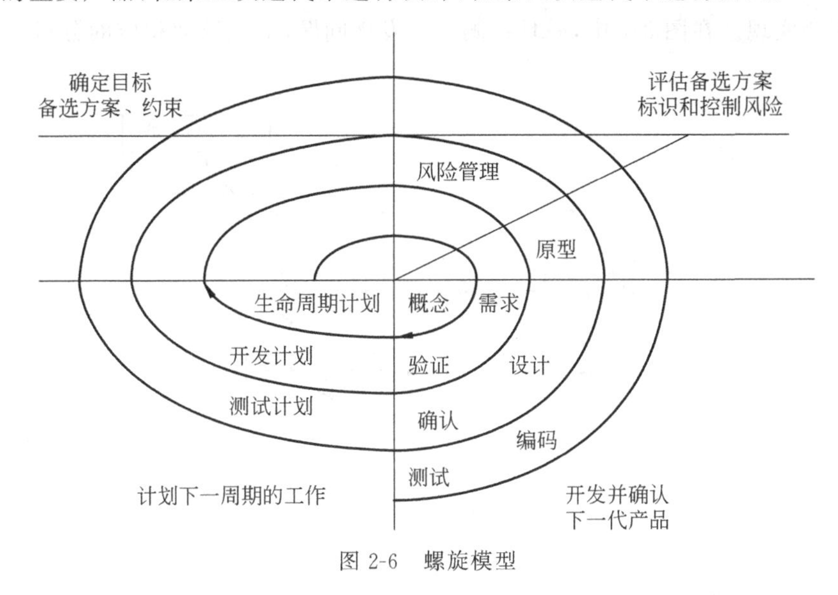

图 2-6 螺旋模型

在每一次迭代中，从需求和约束的角度出发进行风险分析，以权衡不同的方案，而原型化方法是在决定某一特定选择之前验证可行性或期望度。当确定了风险之后，项目经理必须决定如何消除或降低风险。例如，设计人员并不能确定用户是喜欢哪一种界面，此时他们可能会选择影响新系统有效使用的界面。为了降低这种风险，设计人员可以把界面原型化并运行该原型，以测试用户更喜欢哪一种界面。

螺旋模型的开发步骤如下：

(1) 确定目标、备选方案和限制条件。确定软件产品各部分的目标，如性能、功能和适应变化的能力等；确定软件产品各部分实现的各种备选方案，如选择 A 设计方案、B 设计方案、软件重用方案和购买方案等；确定不同方案的限制条件，如成本、规模、接口调度、资源分析和时间安排等。

(2) 评估备选方案、标识和控制风险。对各个备选方案进行评估，对不确定因素进行风险分析，提出控制风险的策略，建立相应的原型。若原型是可运行的、健壮的，则可作为下一步产品演化的基础。

(3) 开发并确认产品。若以前的原型已控制了所有性能和用户接口风险，目前最主要的是程序开发和接口风险，那么接下来应采用瀑布模型的方法，进行用户需求分析、软件需求分析、软件设计和软件实现等工作。同时要对其做适当修改，以适应增量开发的特点。

(4) 计划下一周期的工作。主要工作包括对下一周期的软件需求分析、软件设计和软件实现进行计划，对部分产品进行增量式开发，或者由部分组织和个人开发软件的某些组成部分。

2.2.4 V 模型

V 模型是瀑布模型的一种变体，如图 2-7 所示。编程人员和测试人员在单元集成测试期间保证程序正确地实现。系统测试验证系统的设计的方方面面是正确的。验收测试由用户而不是开发者进行,确认测试步骤与规格说明是相关的,在接收系统和付款前检查所有的需求是否完全实现。在图2-7中,一旦在测试中发现问题,立刻返回相应的分析和设计阶段重新执行。

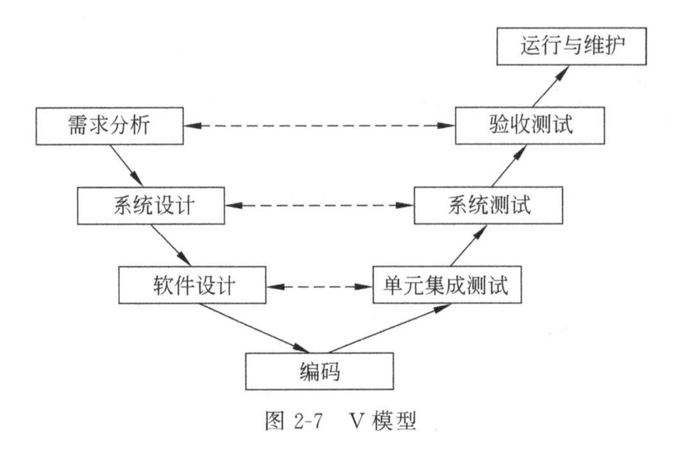

图2-7　V模型

2.2.5　原型化模型

针对软件开发初期在确定软件系统需求方面存在的困难,软件开发人员开始借鉴建筑师在设计和制作建筑原型方面的经验。软件开发人员根据用户提出的软件需求,快速地开发一个原型,它向用户展示了待开发软件系统的全部或部分功能和性能,在征求用户对原型意见的过程中,进一步修改、完善、确认软件系统的需求并达成一致的理解。快速开发原型的途径有3种:其一,利用个人计算机模拟软件系统的人机界面和人机交互方式;其二,开发一个工作原型,实现软件系统的部分功能,而这部分功能可能是最重要的,也可能是最容易产生误解的;其三,找来一个或几个正在运行的类似软件,利用这些软件向用户展示软件需求中的部分或全部功能。快速开发原型要尽量采用软件重用技术,在算法的时空开销方面也可以作出让步,以便争取时间,尽快向用户提供原型。原型应充分展示软件的可见部分,如数据的输入方式、人机界面、数据的输出格式等。由于原型是由用户和软件开发人员共同设计和评审的,因此利用原型能统一用户和软件开发人员对软件项目需求的理解,有助于需求的定义和确认。原型化模型如图2-8所示。在利用原型定义和确认软件需求之后,就可以对软件系统进行设计、编码、测试和维护了。

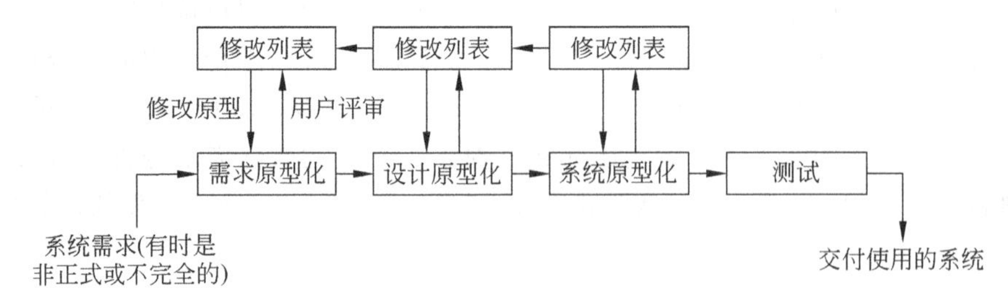

图2-8　原型化模型

2.3 软件开发标准

2.3.1 国内外标准概述

没有标准化就没有现代化的工业。大型软件工程项目也离不开标准化。软件工程师、管理人员和用户十分关心软件文档、程序的质量。软件文档、程序的标准化有助于确保软件的一致性、完整性和可理解性,有助于提高软件开发质量和效率。标准化的软件便于存档、交流和重用。

目前的软件开发标准绝大多数是由政府部门或国防部门制定的。

IEEE软件工程标准化技术委员会和美国国防部等部门制定的常用软件开发标准如下：

(1) IEEE 729—1983《IEEE软件工程术语标准词汇》。

(2) IEEE 730—1984《IEEE软件质量保证计划标准》。

(3) IEEE 828—1983《IEEE软件配置管理计划标准》。

(4) IEEE 829—1983《IEEE软件测试文档标准》。

(5) IEEE 830—1983《IEEE软件需求规格说明指南》。

(6) DOD 1679A(Navy)《美国国防部标准：军用软件开发标准》。

(7) FIPS PUB 38《美国联邦信息处理标准：计算机程序和自动数据系统文件编制指南》。

图2-9给出了典型的软件需求规格说明大纲。

中国国家标准化管理委员会在充分借鉴国外主要软件开发标准的基础上,结合中国的实际情况,陆续制定了一批软件开发标准。以下是中国制定的主要软件开发标准：

(1) GB 8566—1988《计算机软件开发规范》。

(2) GB 8567—1988《计算机软件产品开发指南》。

(3) GB 9385—1988《计算机软件需求说明编制指南》。

(4) GB 9386—1988《计算机软件测试文件编制规范》。

(5) GB/T 12504—1990《计算机软件质量保证计划规范》。

(6) GB/T 12505—1990《计算机软件配置管理计划规范》。

2.3.2 软件工程标准的层次

软件工程标准根据制定机构和标准适用范围可分为5类,即国际标准、国家标准、行业标准、企业(机构)规范及项目(工程)规范。

1. 国际标准

国际标准是由国际组织机构制定和公布的、供各国参考的标准。例如,ISO(International Standards Organization,国际标准化组织)有着广泛的代表性和权威性,它所公布的标准也有较大影响。20世纪60年代初,ISO建立了计算机与信息处理技术委员会,专门负责与计算机技术有关的标准化工作。这些标准通常以ISO开头,如ISO 8631—1986(Information Processing：Program Constructs and Conventions for their Representation,《信息处理：程序构造及其表示法的约定》),该标准现已被我国接纳为国家标准。

软件需求规格说明

1 引言
  1.1 目的
  1.2 范围
  1.3 定义、缩写词和略语
  1.4 参考文档
  1.5 综述
2 一般描述
  2.1 产品描述
  2.2 产品功能
  2.3 用户特点
  2.4 一般约束
  2.5 假设和依据
3 特殊需求
  3.1 功能需求
    3.1.1 功能需求1
      3.1.1.1 规格说明
        3.1.1.1.1 引言
        3.1.1.1.2 输入
        3.1.1.1.3 加工
        3.1.1.1.4 输出
      3.1.1.2 外部接口
        3.1.1.2.1 用户接口
        3.1.1.2.2 硬件接口
        3.1.1.2.3 软件接口
    3.1.2 功能需求2
      ⋮
  3.2 性能需求
  3.3 设计约束
  3.4 属性
    3.4.1 保密性
    3.4.2 可维护性
  3.5 其他需求
    3.5.1 数据库
    3.5.2 操作
    3.5.3 环境的适应
附录
索引

图2-9 软件需求规格说明大纲

2. 国家标准

国家标准是由一国政府或国家级机构制定或批准,适用于该国的标准。例如:

- ANSI(American National Standards Institute:美国国家标准协会)是美国标准化组织的领导机构,具有一定的权威性。
- BS(British Standard)是英国国家标准。

- JIS(Japanese Industrial Standard)是日本工业标准。

3. 行业标准

行业标准是由行业机构、学术团体或国防机构制定并适用于特定行业或业务领域的标准。例如：

- IEEE(Institute of Electrical and Electronics Engineers,美国电气和电子工程师学会)。该学会专门成立了软件标准分技术委员会,积极开展软件标准化活动,取得了显著成果,受到了软件界的关注。IEEE通过的标准常常要报请ANSI审批,使其成为国家标准,因此,IEEE公布的标准常以ANSI开头,例如ANSI/IEEE 828—1983《软件配置管理计划标准》。
- GJB是中华人民共和国国家军用标准,是由中国国防科学技术工业委员会批准,适用于国防部门和军队使用的标准,例如1988年发布实施的GJB 437—1988《军用软件开发规范》。
- DoD-STD(Department of Defense-Standards,美国国防部标准)适用于美国国防部门。
- MIL-S(Military-Standards,美国军用标准)适用于美军内部。

近年来,我国许多经济部门(如航天、航空、电子、机械、邮电、对外经济贸易、石化、卫生等)开展了软件标准化工作,制定和公布了一些适用于本经济部门工作需要的规范。这些规范大都参考了国际标准或国家标准,对各自所属企业的软件工程工作起到了有力的推动作用。

4. 企业(机构)规范

企业(机构)规范是一些大型企业或机构出于软件工程工作的需要制定的适用于本企业或本机构的规范。例如,美国IBM公司通用产品部于1984年制定的《程序设计开发指南》仅供该公司内部使用。

5. 项目(工程)规范

项目(工程)规范是由某一科研生产项目(工程)组织制定且为该项目(工程)专用的软件工程规范,例如为某计算机集成制造系统专门制定的软件工程规范。

2.4 案例:图书管理系统软件开发计划

编制软件开发计划的目的是用文档的形式把开发过程中各项工作的负责人员、开发进度、经费预算、软硬件条件等安排记载下来,以便根据计划开展和检查项目的开发工作,并作为开发阶段评审的参考。

图书管理系统软件开发计划

1 引言

1.1 编写目的

本开发计划的编写目的如下:

(1) 把开发过程中各项工作的人员、分工、经费、系统资源条件等安排用文档形式记载下来,以便开展和检查本项目工作,保证项目开发成功。

(2) 制订项目组开发过程中的评审和审查计划,明确相应的质量管理工作的负责人员。

(3) 规定软件配置管理的活动内容和要求,明确配置管理工作的负责人员。

1.2 背景

项目名称:图书管理系统。

××学院希望充分利用现代科技来提高图书管理的效率,开发图书管理软件,对数据进行科学管理,方便图书检索、读者借阅和管理员日常工作,提高工作效率。

要求系统界面友好,方便直观。既要方便管理员对图书信息进行添加、删除、修改、查询和统计等管理,又要方便学生办理借书、还书和续借等业务。将数据库发布到网上,进行资源共享,方便学生在自己的权限内对图书信息进行访问,查询相关信息和进行续借操作。

任务来源:××学院。

开发单位:××学院××系图书管理系统开发小组。

1.3 参考资料

(略)

1.4 术语和缩写词

(暂无)

2 任务概要

2.1 工作内容

本项目需要进行的主要工作:开发符合用户需求的软件,并编制相关文档和计划。

2.2 产品

2.2.1 程序

(暂无)

2.2.2 文档

文档格式要求遵照GB/T 8567—2006《计算机软件文档编制规范》。本项目应提供的文档如下:

(1) 软件开发计划。

(2) 可行性分析报告。

(3) 软件需求规格说明书。

(4) 软件概要设计说明书。

(5) 软件详细设计说明书。

(6) 软件测试分析报告。

(7) 软件维护手册。

2.2.3 服务

软件使用及安装培训,时间为×天。

2.2.4 验收标准和验收计划

验收标准为经用户和开发小组负责人双方签字确认的软件需求规格说明书。

重点确认软件的可靠性、易使用性和功能完整性。

验收计划暂无。

3 实施计划

3.1 阶段划分

(1) 可行性分析：×天。

(2) 需求分析：×天。

(3) 软件设计(概要设计和详细设计)：×天。

(4) 数据库建立：×天。

(5) 子系统编码和单元测试。以下 n 个子系统可并行进行编码和单元测试：

- 子系统1编码和单元测试：×天。
- 子系统2编码和单元测试：×天。

  ⋮

- 子系统 n 编码和单元测试：×天。

(6) 集成测试：×天。

(7) 系统安装、培训：×天。

(8) 验收测试：×天。

3.2 人员组成

角色	参加人员
项目经理	×××
软件工程师	×××,…
数据库管理员	×××,…
测试人员	×××(兼)
文档管理员	×××(兼)

3.3 任务的分解和人员分工

任务	姓名	参加时间
项目管理	×××	全部
可行性分析	×××,…	部分
需求分析	×××,…	全部
软件设计	×××,…	全部
数据库建立	×××,…	全部
子系统1编码和单元测试	×××,…	全部
子系统2编码和单元测试	×××,…	全部
⋮	⋮	⋮
子系统 n 编码和单元测试	×××,…	全部
集成测试	×××,…	部分
系统安装、培训	×××,…	全部
验收测试	×××,…	部分

用户单位领导小组组成和职责如下：

负责人：×××

成员：×××，…

职责：提供、协调、确认需求，验收测试。

3.4　进度和完成的最后期限

项目启动时间：××××年××月××日。

项目交付时间：××××年××月××日。

进度：包括可行性分析、需求分析、软件概要设计、软件详细设计、编码、测试、安装、转换、确认、培训等阶段活动和任务的进度安排，具体安排见“进度计划表”。

3.5　经费预算

本项目经费预算为×万元人民币。

3.6　关键问题

（略）

2.5　实训：学生管理系统软件开发计划

1. 实训目的

(1) 熟悉项目功能，了解软件开发过程。

(2) 掌握软件开发计划的文档格式。

2. 实训任务与实训要求

(1) 分析、总结开发过程中各项工作的负责人员、开发进度、经费预算、软硬件条件等问题。

(2) 根据实训内容与步骤撰写软件开发计划。

3. 实训内容与步骤

根据学生管理系统，按如下大纲撰写软件开发计划。

1　引言
　1.1　编写目的
　1.2　背景
　1.3　定义
　1.4　参考资料
2　项目概述
　2.1　工作内容
　2.2　主要参加人员
　2.3　产品
　　2.3.1　程序
　　2.3.2　文件
　　2.3.3　服务
　　2.3.4　非移交的产品
　2.4　验收标准
　2.5　完成项目的最迟期限
　2.6　本计划的批准者和批准日期

3 实施计划

3.1 工作任务的分解与人员分工

3.2 接口人员

3.3 进度

3.4 预算

3.5 关键问题

4. 实训注意事项

(1) 按照以上大纲或GB/T 8567—2006《计算机软件文档编制规范》中的软件开发计划格式要求编写本文档,对格式要求中的个别内容可根据实际情况的复杂程度增减。

(2) 文档格式清晰,图表规范。

5. 实训成果

参照案例格式和实训内容与步骤,每个项目小组提交一份学生管理系统软件开发计划书。

小 结

本章介绍了软件生存周期、软件开发模型、软件工具和环境的概念以及它们对软件生产管理的重要作用。随着时间的推移,有关软件开发的活动不断扩充,涉及若干不同类型的人员,因此人们又提出软件工程过程的概念,它为各类人员提供一个公共的框架,使用相同的语言进行交流。本章还介绍了各种软件生存周期模型。瀑布模型是软件开发的基本模型,在后面的章节中会详细地介绍瀑布模型各阶段的目标、任务、内容、方法、技术、工具和文档。瀑布模型有一定的局限性,因而人们又提出了增量式模型、螺旋模型等。本章还介绍了各种软件开发方法。其中最早提出的结构化方法是一种实用的方法,该方法将在第5章中详细介绍。结构化方法是按照功能来构造系统的,这样的系统稳定性较差,重用性差,因而有较大的局限性。后来发展起来的面向对象的方法已成为主流的开发方法。

习 题

2.1 什么是软件生存周期模型?软件开发有哪些主要模型?

2.2 什么是软件生存周期?它有哪些活动?

2.3 瀑布模型为什么要划分阶段?各个阶段的任务是什么?

2.4 举例说明哪些软件项目的开发适合采用原型模型。

2.5 本章介绍的每一种过程模型的优点和缺点分别是什么?

2.6 增量式模型的基本思想是什么?

2.7 软件开发标准都有哪些?

第 3 章　可行性研究

任何一个新项目被提出后，首先都要进行项目论证，软件项目也如此。项目论证就是对要开发的项目在技术、管理、经济、操作和法律等方面的可行性进行综合分析，从而避免软件开发中可能出现的人力、物力、财力和时间的过多消耗，最后提交可行性分析研究报告，为项目的立项决策提供客观的依据。所以对软件项目进行可行性分析是软件开发前的必要步骤。

开发一个软件，首先应该评价开发这个软件的可行性。可行性研究的目的就是用最小的代价在尽可能短的时间内确定该软件项目是否能够开发，是否值得开发。可行性研究和需求分析的区别在于：可行性研究决定“做还是不做”，需求分析决定“做什么，不做什么”。

可行性研究对于大型项目来说是必不可少的。有的可行性研究要持续很长时间，花费占总工程成本的 5％～10％，但它是降低软件开发风险、避免开发失败的有效途径。

3.1　问题定义与任务

可行性研究的目的不是解决问题，而是确定问题是否值得去解决。通过深入调查、分析、比较几种主要的可能解法的利弊，进而判断原定的系统规模和目标是否现实，系统完成后带来的效益是否大到值得投资开发这个系统的程度。因此，可行性研究实质上是要进行一次大大简化的系统分析和设计过程，也就是在较高的层次上以较抽象的方式进行的系统分析和设计的过程。

可行性研究最根本的任务是对以后的行动方针提出建议。如果问题没有可行的解，分析员应该建议停止这项开发工程，以避免时间、资源、人力和金钱的浪费；如果问题有可行的解，但现在的条件还不充分，则暂缓开发；如果问题值得解决，分析员应该推荐一个较好的解决方案，并且为开发工程制定初步的计划。

可行性研究首先需要进一步分析和澄清问题的定义。在问题定义阶段要初步确定规模和目标。如果对目标系统有任何约束和限制，就必须清楚地把它们列举出来。

可行性研究的主要任务就是了解客户的要求及现实环境，从经济、技术和社会因素 3 方面研究并论证软件项目的可行性，为合理地达到开发目标选择可能的解决方案。

1. 经济可行性

经济可行性是指能否以最小的成本开发出具有最佳经济效益的软件产品，主要进行投资和效益分析。

对大多数系统而言，经济可行性通常是考虑的基础，一般包括经济效益和社会效益。经济上的合理性包括很多方面，如成本-效益分析、长期的总体经营策略、对其他获利中心或获利产品的影响、开发工作所需资源的购置费用以及潜在的市场等。经济效益指应用软件系统后能够为用户增加收入、降低成本、提高工作效率、提高质量等。它是可以通过直接的或统计的方法计算的。社会效益很难直接计算，是指软件系统投入使用后提高了用户知名度、提高了用户产品的市场占有率、提高了管理水平等。在估算效益时，应该把可能影响效益的各种因素考虑在内。

经济可行性研究的内容有两个方面：一是估计开发费用以及最终从开发的系统获得的收入或利益；二是权衡软件系统的投入使用所带来的效益，即进行开发成本的估算，评估项目成功取得的效益，确定要开发的项目是否值得投资开发。由于项目开发规模、功能、维护活动等有很多不确定性因素，因此很难准确估算出项目开发成本及产生的效益。通常估算软件项目开发成本时应考虑以下几个因素：

- 购置、安装软硬件及有关设备的费用。
- 材料及附属设施(电力、通信、公共设施费用等)。
- 软件系统开发费用。
- 系统安装、运行(人员费用、易耗品费用、办公费用等)和维护费用。
- 人员培训费用。

在进行费用估算时，切忌估算过低。如果费用估算过低，会使可行性研究所得结论不正确，影响项目建设。系统效益包括直接的经济效益和间接的社会效益。社会效益往往难以用货币形式体现，如提升企业形象、增强企业竞争力和影响力等。

2. 技术可行性

技术可行性是指对设备条件、技术解决方案的实用性和技术资源可用性的度量。

根据用户提出的系统功能、性能及实现系统的各项约束条件，从技术的角度研究实现系统的可行性。在技术可行性研究中，必须对要求的功能、性能以及限制条件进行分析，以确定使用现有的技术能否实现这个系统。技术可行性通常考虑以下几个方面。

- 开发风险。在限制条件范围内，对系统功能的设计能否满足分析时确定的要求，达到必需的功能与性能。
- 技术水平。开发技术是否能够支持系统的研制。
- 配备资源。能否获取系统所需资源，包括硬件资源(如计算机系统、网络设备、通信设备及相关的辅助设备设施等)、软件资源(如系统软件、工具软件等)和人力资源。其中，硬件资源和软件资源属于技术资源。进行技术可行性研究时要考虑现有的技术资源能否满足系统开发要求，如果不能，能否在成本允许的范围内获得需要的技术资源。人力资源包括软件开发的管理人员和各层次的技术人员。人力资源是软件开发的基础，应考虑各类人员配置是否满足软件开发的需要，他们所掌握的技术和管理方法是否支持软件项目的完成。

根据技术可行性分析的结果，管理人员必须作出是否进行系统开发的决定。如果系统开发的技术风险很大，或者研究表明当前采用的技术和方法不能实现软件的预期功能和性能，就要做出软件开发不能进行或不必进行的决定。

3. 社会可行性

除了经济、技术因素以外，还有许多社会因素也会影响项目的开展。社会可行性是研究开发的项目是否存在违反法律、侵权或者可能对社会产生不良的影响。

社会可行性涉及的范围比较广，包括国家政策、市场、法律、合同、权益、责任、用户组织的管理模式及规范等。需要分析开发项目是否会违反法律，与国家相关政策、法律是否会产生冲突，管理制度、操作方式是否可行。另外，还要评估软件产品进入市场的风险和市场竞争力。

在可行性研究阶段不能急于着手解决问题,该阶段的主要任务是得到系统切实可行的结论,或者及时中止不可行的项目。可行性报告要得到用户单位决策者的认可,提出的结论要有具体、充分的依据,由用户单位决策者根据可行性报告选择要采用的解决方案。

3.2 可行性研究的步骤

在进行可行性研究时,要求分析人员在较短的时间内通过调查、分析和研究,对是否开发系统得出结论。这就需要分析人员根据当前的技术、管理水平和过去的经验,按照下述7个步骤开展可行性研究工作。

1. 确定项目规模和目标

分析人员对关键人员进行调查访问,查阅和分析相关资料,对问题定义阶段完成的项目规模和目标进行复查确认,改正其中含糊或不确切的叙述,对项目规模和目标再次进行确认,清晰地描述对目标系统的一切限制和约束。这个步骤的工作实质上是为了确保分析人员正在解决的问题确实是要解决的问题。

2. 研究现行系统

实地考察现行系统,收集、研究和分析现行系统的文档资料,并访问相关人员,了解现行系统现状、功能、性能及运行情况,参照现行系统存在的问题,确定新系统的目标。注意现行系统和其他系统之间的接口情况,这是设计系统时的重要约束条件。

3. 导出新系统逻辑模型

通过对现行系统的分析,建立新系统的体系结构、功能结构、过程模型、接口等需求,使用系统流程图描述数据在新系统中的流动和处理情况,导出现有系统的逻辑模型。

新系统逻辑模型建立流程如图3-1所示,这个过程应反复进行,直到逻辑模型完全符合系统目标为止。

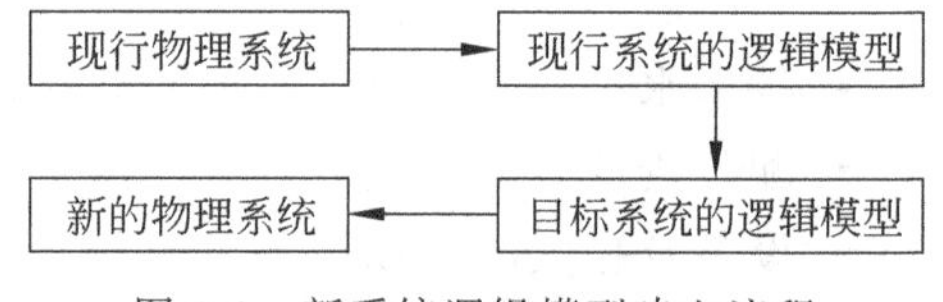

图3-1 新系统逻辑模型建立流程

4. 导出供选择的设计方案

根据新系统的逻辑模型,依据用户的要求和开发的技术力量,导出较高层次的设计方案。对于在技术、操作和经济等方面都可行的方案,用甘特图等工具表示开发进度。

5. 推荐可行方案

在对上一步提出的各种方案进行比较分析的基础上,向用户推荐一种方案。在推荐的方案中应清楚地表明项目的开发价值和推荐这个方案的理由,决定项目是否值得开发。

6. 编写可行性研究报告

将上述步骤的结果编制成可行性研究报告,其中应包含以下内容:

(1) 系统概述。主要包括:当前系统及其存在问题的简单描述,新系统的开发目的、目标、业务对象和范围,新系统及其各个子系统的功能与特性,新系统与当前系统的比较,等等。新系统可以用系统流程图来描述,并附上重要的数据流图、数据字典以及加工说明作为补充。

(2) 可行性分析。这是报告的主体,论述新系统在经济、技术、运行、法律等方面的可行性，并对新系统的主客观条件进行分析。

（3）拟订开发计划。其中包括工程进度表、人员配备情况、资源配备情况，并预估每个阶段的成本、约束条件等。

（4）结论。综合上述分析，说明新系统的开发是否可行。结论可分为3类：可立即进行，推迟进行，不能和不值得进行。

文档编写一直是被软件工程师所忽略的一个能力，但在正规项目开发过程中，特别是在大型项目开发过程中，文档编写可能会占据软件工程师近1/3的工作时间。文档是项目沟通交流和开发实施的基本依据，因此，对软件工程师而言，了解软件项目文档的分类，熟悉软件项目文档编写的要求，掌握文档中使用的各类、图形符号，能够独立编写软件项目文档，是其基本职业能力之一。

7. 提交审查

用户单位和软件使用部门的负责人仔细审查方案。也可以召开论证会，参加人员有用户、使用部门负责人及有关方面专家，对该方案进行论证。最后由相关负责人或论证会参加人员签署意见，表明该任务计划书是否通过。

3.3 系统流程图

在进行可行性研究时需要了解和分析现行系统。进入设计阶段后，应该把新系统的逻辑模型转换为物理模型，需要描绘物理系统的概貌。

系统流程图是概括地描绘系统物理模型的传统工具。它的基本思想是用图形符号描绘系统中的每个具体部件（程序、文件、数据库、表格、人工过程等）以及数据在系统各个部件之间流动的情况。系统流程图表达的是部件的数据流，而不是对数据进行加工处理的控制过程。系统流程图的常用符号如表3-1所示。

表3-1 系统流程图的常用符号

符号	名称	描述
	处理	子系统或程序模块
	输入输出	从外部设备输入或输出到外部设备
	数据库	可连接的数据库管理系统
	显示	显示部件，可用于输入或输出，也可既输入又输出
	人工操作	人工完成的处理，如需要人工签名
	人工输入	人工输入数据，如填写表格
	文档	可存储的文件
	联机存储	表示任何种类的联机存储，包括磁盘、海量存储器件等
	连接线	系统各部件之间的连接线，一般表示数据从一个部分流向另一个部分

系统流程图用图形化的符号来记录整个系统和系统各模块的结构,描述系统中各子系统、相关文件和数据之间的关系,表达的是整个系统的体系结构。系统流程图主要应用在系统架构阶段,是系统分析员或系统设计师对将要构建的系统的一种描述,这种描述以简单图形化的方式给出了系统的整体结构,涉及系统将要使用的各种部件,如子系统、数据库、磁盘、文件、用户的输入与输出等。

例 3.1 某工厂的库房存放该厂生产需要的零件,库房中的各种零件的数量及库存量临界值等数据记录在库存文件中。当库房中零件数量有变化时,应更新库存文件。若某种零件的库存量少于临界值,则通知采购部门订货。库房每天向采购部门发送一份订货报告。请用系统流程图描述该库存系统的整体结构。

分析:

- 库存零件的种类和数量存放在库存清单主文件中。
- 随时更新库存文件。
- 当某零件库存量少于临界值时,生成订货报告,通知采购部门。

库存系统流程图如图 3-2 所示。

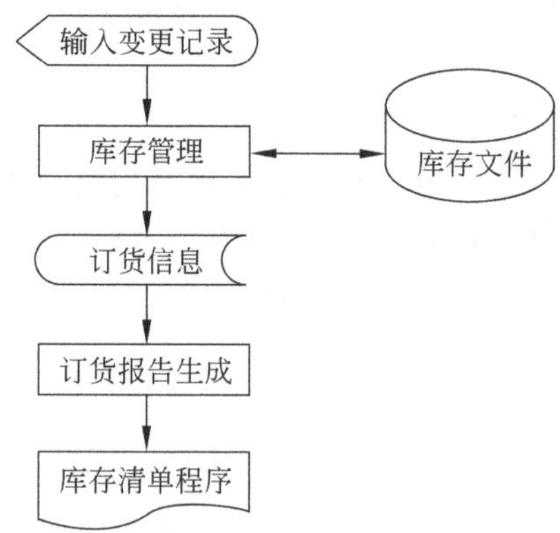

图 3-2 库存系统流程图

系统流程图可以使用 Visio 工具或文字处理软件中的基本流程图功能来绘制。

系统流程图和程序流程图还是有很大区别的。系统流程图主要描述系统的整体结构,包括子系统的构成和连接关系、系统数据的流动和系统与外部的交互,应用在系统架构阶段;程序流程图主要描述某个程序模块的执行步骤和过程,应用在系统详细设计阶段。

3.4 成本-效益分析

开发新系统往往要冒一定的风险,系统的开发成本可能比预期的高,效益可能比预期的低。那么,怎样才能判断投资开发新系统在经济上是否划算呢?成本-效益分析(Cost Benefit Analysis,CBA)的目的是要从经济角度分析开发一个特定的新系统是否划算,从而帮助新系统的使用部门负责人正确地作出是否投资于这项开发工程的决定。进行成本-效益分析时,首先要估算待开发系统的成本,然后与可能取得的效益(有形的和无形的)进行比较与权衡。有形的效益可用货币的时间价值、投资的回收期、纯收入等指标进行度量。无形的效益主要是从定性角度进行衡量,很难进行定量的比较。但是,无形的效益有特殊的潜在价值,且在某些情况下会转化成有形的效益。

成本-效益分析主要包括成本估算和成本效益分析。

1. 成本估算

合理的计划是建立在对要完成的工作做出一个比较实际的估计以及对完成该工作建立一些必要的约定的基础上的。项目计划中的第一个活动是成本估算。无论何时进行成本估算,都是在预测未来,要接受某种程度的不确定性。成本估算的基础是对软件相应项目的度量。成本估算的风险有 4 个方面:

(1) 项目复杂性。它对计划中固有的不确定性产生重大影响。项目复杂性是一个受到对以前工作熟悉程度影响的相对测量值。

(2) 项目规模。它是另一个影响估算准确性的因素。随着项目规模的增长,软件中各个元素之间的相互依赖性也迅速增强,因此项目规模的增长会对项目的成本及进度产生很大的影响。

(3) 结构不确定性的程度。它也会对估算的风险产生影响。软件的结构化程度越高,对功能等的分解越容易,成本估算的精度越高,风险越小。

(4) 历史信息的可用程度。IFPUG(International Function Point Users Group,国际功能点用户组织)将软件项目分为3类:新开发项目、二次开发的项目和功能增强的项目。历史信息的可用程度也决定了成本估算的风险。当存在大量可用的关于过去类似项目的软件度量时,成本估算就会有更大的保证,总体风险也会降低。

成本估算是软件费用管理的核心。由于影响软件成本的因素很多(如人、技术、环境以及政治因素等),所以成本估算也是软件工程管理中最困难、最易出错的问题之一。成本估算的前提是系统的规模可通过功能点数量、复杂度或代码行数等技术指标确定,涵盖了软件生命周期的各阶段。成本估算的主要内容是工作量估算。如果有类似项目的开发经验(即历史基线完备),则生产率等数据可直接使用这些数据;如果没有类似项目的开发经验,则生产率等数据可由历史基线的平均值得出,或者用专家问卷的方法(即德尔菲法)得到。成本估算的各种假设、条件等均应记入文档,并通过评审。

1) 代码行估算技术

代码行(Line of Code,LOC)估算技术是比较简单的定量估算方法。该方法根据经验和历史数据来估计实现一个功能需要的代码行数。通常将软件分解成一些较小的、可分别独立进行估算的子功能,分别计算每个子功能的代码长度,所有子功能代码行之和即为项目的代码行数。

每个子功能的代码长度估算值EV(Expected Value,期望值)可以通过乐观估算值(a)、可能估算值(m)及悲观估算值(b)的加权平均来计算,公式如下:

$$\mathrm{EV}=(a+4m+b)/6$$

LOC估算表中包括估算工作量、估算总成本和估算行成本,这3个指标的计算公式如下:

估算工作量 = 估算代码行数 / 估算生产率

估算总成本 = 月薪 × 估算工作量

估算行成本 = 估算总成本 / 估算代码行数

例 3.2 某CAD系统在工作站上运行,其接口必须连接各种计算机图形设备,包括鼠标器、数字化仪、高分辨率彩色显示器和激光打印机。在本例中,使用代码行估算技术。根据系统规格说明书,软件范围的初步描述如下:

- 该系统将从操作员那里接收二维或三维几何数据。
- 操作员通过用户界面与该系统交互并控制它,这种用户界面将表现出很好的人机接口设计特性。
- 所有的几何数据和其他支持信息都保存在一个CAD数据库内。
- 要开发一些设计分析模块以产生在各种图形设备上显示的输出。

- 该系统要设计为能控制各种外部设备,包括鼠标器、数字化仪、激光打印机和绘图仪,并能与这些设备交互。

经过分解,识别出下列主要软件功能:

- 用户界面和控制功能。
- 二维几何造型功能。
- 三维几何造型功能。
- 数据库管理功能。
- 计算机图形显示功能。
- 外部设备控制功能。
- 设计分析模块。

通过分解,可得到该系统的软件成本估算表,如表3-2所示。实现每个子功能所需要的代码行数见表3-2中第2～4列,第6列是每行代码的成本,第7列是生产率,第8列“成本”和第9列“人力”都是计算而得。

表3-2 采用代码行技术得到的软件成本估算表

子 功 能	乐观值	可能值	悲观值	期望值	估算行成本/(元/行)	生产率/(行/人月)	估算总成本/元	估算工作量/(人月)
	a	*m*	*b*	EV				
用户界面和控制	1800	2400	2650	2340	14	315	327 60	7.4
二维几何造型	4100	5200	7400	5380	20	220	107 600	24.4
三维几何造型	4600	6900	8600	6800	20	220	136 000	30.9
数据库管理	2950	3400	3600	3350	18	240	60 300	13.9
计算机图形显示	4050	4900	6200	4950	22	200	108 900	24.7
外部设备控制	2000	2100	2450	2140	28	140	59 920	15.2
设计分析模块	6600	8500	9800	8400	18	300	151 200	28.0
总 计				33 360			656 680	144.5

利用历史基线数据求出生产率。需要根据复杂性程度的不同,对各功能使用不同的生产率。

2) 工作量估算

工作量估算是估算任何工程开发项目成本最常用的技术。每一项目任务的解决都需要花费若干工作量(单位为人日、人月或人年)。每一个工作量都对应一定的成本,可以由此作出成本估算。对于每个软件工程任务,生产率都可能不同。高级技术人员主要投入到需求分析和早期的设计任务中,而初级技术人员则进行后期设计任务、编码和早期测试工作,后者的成本比较低。最后一个步骤就是计算每一个子功能及整个软件工程任务的估算工作量和估算总成本。在估计每个任务的成本时,通常先估计完成该任务需要的人力(以人月为单位),再乘以工资率,从而得出每个任务的成本。

在典型情况下,开发阶段需要的人力百分比大致如图3-3所示。当然应该针对每个开发项目的具体特点来估计每个阶段实际需要的人力。在很多项目中,软件维护的成本甚至高于开发成本,本阶段只考虑开发阶段成本。

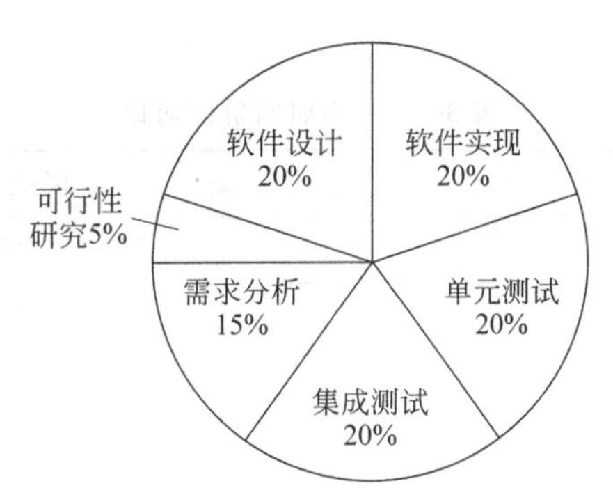

图 3-3 开发阶段需要的人力百分比

例 3.3 采用工作量估算技术估算例 3.2 中的 CAD 软件成本。

采用工作量估算技术得到的软件成本估算表如表 3-3 所示。

表 3-3 采用工作量估算技术得到的软件成本估算表

子 功 能	需求分析工作量/人月	设计工作量/人月	编码工作量/人月	测试工作量/人月	工作量总计/人月
用户界面和控制	1.0	2.0	0.5	3.5	7.0
二维几何造型	2.0	10.0	4.5	9.5	26.0
三维几何造型	2.5	12.0	6.0	11.0	31.5
数据库管理	2.0	6.0	3.0	4.0	15.0
计算机图形显示	1.5	11.0	4.0	10.5	27.0
外部设备控制	1.5	6.0	3.5	5.0	16.0
设计分析模块	4.0	14.0	5.0	7.0	30.0
合计	14.5	61.0	26.5	50.5	152.5
工资率/(元/人月)	5200	4800	4250	4500	
成本/元	75 400	292 800	112 625	227 250	708 075

2. 效益分析

1) 货币的时间价值

进行成本估算的目的是为了对项目进行投资。但投资在前,取得效益在后,因此要考虑货币的时间价值。通常用利率表示货币的时间价值。设年利率为 i,现已存入 P 元,则 n 年后可得钱数为 $F=P(1+i)^n$,这就是 P 元在 n 年后的价值;反之,若 n 年后能收入 F 元,那么这些钱现在的价值是 $P=F/(1+i)^n$。

例如,在工程设计中用 CAD 系统来取代大部分人工设计工作,每年可节省 9.6 万元。若软件生存周期为 5 年,则 5 年可节省 48 万元,而开发这个 CAD 系统共投资 20 万元。不能简单地把 20 万元同 48 万元进行比较。因为前者是现在投资的钱,而后者是 5 年以后节省的钱。需要把 5 年内每年预计节省的钱折合成现在的价值,才能进行比较。假定年利率为10%,利用上面计算货币现在价值的公式可以算出每年预计节省的钱的现在价值,如表3-4所示。

表3-4 货币时间价值对比

年	将来值 F/元	$(1+i)^n$	现值 P/元	累计现值/元
1	96 000.00	1.10	87 272.73	87 272.73
2	96 000.00	1.21	79 338.84	166 611.57
3	96 000.00	1.33	72 180.45	238 792.02
4	96 000.00	1.46	65 753.43	304 545.45
5	96 000.00	1.61	59 627.33	364 172.78

2) 投资回收期

投资回收期就是工程累计经济效益等于最初投资所需要的时间。显然,投资回收期越短,就能越快获得利润,这项工程就越值得投资。例如,在表3-4中,引入CAD系统两年以后,可以节省16.66万元,比最初投资还少3.34万元,但第三年可以节省7.22万元,则3.34/7.22=0.463。因此,投资回收期是2.463年。

3) 纯收入

纯收入就是在整个生存周期内新系统的累计经济效益与投资之差,如果纯收入小于或等于0,则从经济观点来看,这项工程不值得投资。在表3-4中,该工程的纯收入为

$$364\ 173\text{元} - 200\ 000\text{元} = 164\ 173\text{元}$$

4) 投资回收率

利用工程投资回收率可以衡量投资效益的大小,并且可以将其与年利率进行比较。如果投资回收率等于银行的年利率,则此系统不能开发,因为没有增加收入。只有当投资回收率大于银行的年利率时,开发该系统才是合算的。投资额的计算公式是

$$P = F_1/(1+j) + F_2(1+j)^2 + \cdots + F_n(1+j)^n$$

其中:

- P 是现在的投资额。
- F_i 是第 i 年年底的效益($i=1,2,\cdots,n$)。
- n 是系统的使用寿命。
- j 是投资回收率。

利用上述公式就可求出投资回收率。

假定按上述公式计算,$n=5$,$P=200\ 000$,$F=96\ 000$,则其投资回收率是38%~39%。

3.5 案例:图书管理系统可行性研究报告

可行性研究报告说明该软件开发项目在技术、经济和社会因素方面的可行性,评述为了合理地达到开发目标可供选择的各种可能实施的方案,说明选定的实施方案并论证其理由。GB/T 8567—2006《计算机软件文档编制规范》中规定的可行性研究报告包含以下12个方面的内容:

- 引言(标识、背景、项目概述、文档、项目概述)。
- 引用文件。
- 可行性研究的前提(项目的要求、目的、环境、条件、假定和限制,进行可行性研究的方法)。
- 可选的方案(原有方案的优缺点、局限性及存在的问题,可重用的系统与要求之间的差距)。
- 建议的系统(对建议的系统的说明、数据流程和处理流程、与原系统的比较、影响和局限)。
- 经济可行性(投资、预期的经济效益、收益投资比、投资回收周期和市场预测)。
- 技术可行性。
- 法律可行性。
- 用户使用可行性。
- 其他与项目有关的问题。
- 注解(定义、参考资料)。
- 附录。

软件开发者要完成可行性研究报告的撰写,认真分析软件系统的问题定义和上述4个可行性所涉及的内容,兼顾成本和效益,兼顾市场和需求,兼顾工期和质量,严格按照预期的目标进行可行性研究工作与任务。

图书管理系统可行性研究报告

1 引 言

1.1 编写目的

可行性研究报告的目的是说明实现该软件项目在技术、经济、社会方面的可行性,评述为了合理地达到开发目标而可能选择的各种方案。

1.2 背景

软件名称:图书管理系统。

项目开发小组成员:×××,×××,×××。

用户:××学院图书馆。

项目开发环境:Windows 10,SQL Server 2018,.NET Framework 2.0。

1.3 定义

给出以下术语的定义:图书管理系统、项目、可行性分析、方案、效益。

1.4 参考资料

(略)

2 可行性研究的前提

2.1 要求

主要功能:实现图书信息存档、对图书信息的查询及编辑、对读者信息的管理、借阅图书的管理等功能。

安全与保密要求:登录系统时,需验证身份和密码,只有图书管理员才能进入系统进行信息的操作。

完成期限：完成软件需×个月，即××××年××月××日完成(包括文档编写与软件测试)。

2.2　目标

减少人力的投入，由系统对入库图书进行自动分类，对学生信息进行整理，将借阅情况登记入档，提高信息处理的精度和准确度。

2.3　条件、假定和限制

建议软件寿命：5年。

硬件条件：PC。

运行环境：Windows系统。

开发软件：SQL Server 2018、Visual Studio 2010等。

开发限制：开发时间短，小组成员水平和经费有限。

2.4　进行可行性研究的方法

通过对已有图书管理系统的分析和研究比较的方法进行本系统的可行性研究。

2.5　评价尺度

评价尺度包括费用的多少、各项功能的优先次序、开发时间的长短及使用中的难易程度等。

3　对现有系统的分析

针对现有的图书管理系统所欠缺的功能进行分析，以表明开发新的图书管理系统的必要性。

3.1　处理流程和数据流程

图书管理3个主要业务的处理流程和数据流程如下：

(1) 购买图书：从出版社书目中选书→记录所选书名，制成表单，送至办公室审批→办公室向领导提交报告→领导批准以后，将订单发给出版社→收到书后付款。

(2) 图书入架：按分类号和作者号对图书进行分类→贴馆藏条码，盖馆藏章→入架。

(3) 图书借阅：读者通过借阅证借阅图书，管理员登记图书借阅情况。

3.2　工作负荷

图书管理人员少，办理借阅手续时间长，登记费时、费力。新系统增加了图书和读者的查询功能，也为图书管理人员减轻了工作负荷。

3.3　费用

本系统费用如下：

(1) 基本建设投资25 720元。

(2) 其他一次性支出105 600元。

(3) 非一次性支出11 200元。

综上，费用合计142 520元。

3.4　人员

馆长1名。

采编部3名。

流通阅览部4名。

网络技术部2名。

3.5 设备

服务器的硬件要求如下：

- CPU：Pentium Ⅲ 500以上。
- 内存：128MB以上。
- 硬盘：至少10GB以上。
- CD-ROM：16倍速以上；
- 网卡：10/100Mb/s自适应网卡。

工作站的硬件要求如下：

- CPU：Pentium Ⅱ 266以上。
- 内存：64MB。
- 硬盘：至少5GB以上。
- CD-ROM：16倍速以上。
- 网卡：10/100Mb/s自适应网卡。

3.6 局限性

现有系统处理时间缓慢，响应不及时，效率低，数据存储能力不足，没有查询处理功能。

4 建议的系统

4.1 对建议的系统的说明

建议的系统具有以下特性：

(1) 具有小巧而使用的功能，方便师生使用。

(2) 具有库存图书馆功能，可对师生借阅信息进行管理。

(3) 具有财务信息统计分析功能。

(4) 具有多种图表统计功能，可统计每年、每月、每日的图书借还情况。

4.2 处理流程和数据流程

建议的系统的处理流程和数据流程如下：

(1) 系统能对图书信息进行管理。

(2) 系统不需要管理读者除姓名以外的信息。每一名读者最多可借阅10册图书。

(3) 借书时，管理人员记录借阅者的姓名、借阅图书名称和借书日期。

(4) 还书时，管理人员记录借阅者的姓名、归还图书名称和还书日期。系统可设定图书的最长借阅时间。

(5) 管理人员可以根据图书名称、作者、出版社三者之一或三者的任意组合查询图书信息。

(6) 管理人员可以查询借阅某图书的所有借阅者的姓名，也可以查询某借阅者借阅的所有图书名称；还可以根据借阅者的姓名、图书名称查询借阅者的借书日期、还书日期。

(7) 系统由管理人员操作。管理人员分为系统管理员、图书管理员和借阅管理员，各类人员拥有相应的权限。

(8) 所有管理人员利用账号和密码登录系统。

4.3 有待改进之处

本系统有待改进之处如下:

(1) 由于时间仓促,人力和物力资源缺乏,本系统存在诸多不完善之处。

(2) 系统整体功能不够强,需要添加功能模块和其他查询功能。

4.4 影响

4.4.1 对设备的影响

本系统对设备的最低要求如下:

(1) 服务器至少1台,最低配置如下:

- CPU: Pentium Ⅲ 500以上或更高。
- 内存: 128MB以上。
- 硬盘: 至少10GB以上。
- CD-ROM: 16倍速以上。
- 网卡: 10/100Mb/s自适应网卡。

(2) 打印机1台。

4.4.2 对软件的影响

需要有本报告所列出的正版软件环境,如果没有则需要购买。

4.4.3 对用户单位的影响

用户单位需要建立良好的管理体系,组建一个管理应用队伍,实现管理业务标准化。

4.4.4 对系统运行过程的影响

系统应在Windows XP+SQL Server 2005+Visual Studio 2005环境中运行。

4.4.5 对开发的影响

随着计算机技术和软件技术的不断更新,目前的图书管理系统远远不能满足社会的需要。

4.4.6 对地点和设施环境的影响

要求用户有基本的办公条件和一台计算机。

4.4.7 对费用的影响

本系统主要费用包括基本建设费用、软件开发费用、管理和维护费用、人员工资等。用户单位前期的资金投入主要集中于购置图书、建立图书信息库,收集图书信息,提高图书管理的计划性和预见性。本系统运行后,可为读者带来便利,为系统的进一步推广创造了条件,经济收益将远超投资。从经济角度考虑,此系统开发可行。

4.5 技术条件方面的可能性

对技术上的可行性,主要分析现有技术条件能否顺利完成开发工作,硬件、软件配置能否满足开发的需要。图书管理系统的研发主要使用ASP.NET和SQL Server,这是大家都比较熟悉的内容,技术上可行。

5 可选择的其他系统方案

5.1 可选择的系统方案1

5.1.1 拟建系统的目标

(1) 促进管理体制的改革,改进管理手段。

(2) 提高和改进服务质量。

(3) 增强资源共享。

(4) 减少人力和设备费用。

(5) 加快信息的查询速度,提高查询准确性。

5.1.2 系统规划及初步方案

图书管理系统建成后可以和校园网相连,提供网上服务。

5.1.3 系统的实施方案

在本系统方案中,客户端采用 Window XP 操作系统,服务器端采用 Windows 2003 操作系统,前端开发语言使用 ASP.NET,使用 SQL Server 数据库管理系统。

5.2 可选择的系统方案 2

5.2.1 拟建系统的目标

(1) 促进管理体制的改革,改进管理手段。

(2) 提高和改进服务质量。

(3) 减少人力和设备费用。

(4) 加快信息的查询速度,提高查询准确性。

5.2.2 系统规划及初步方案

图书管理系统使用单机作业,由专人输入有关信息,可以选购图书目,上报计划。可以进行统计分析等,向财务处提供报表,进行结算。本系统拟采用奔腾Ⅳ处理器,256MB 内存,硬盘 80GB。打印机一台,UPS 电源,光驱一个。

5.2.3 系统的实施方案

在本系统方案可,客户端采用 Windows XP 操作系统,服务器端采用 Windows 2003 操作系统,前端开发语言使用 ASP.NET,使用 SQL Server 数据库管理系统。

6 投资及效益分析

6.1 支出

6.1.1 基本建设投资

计算机设备 5 台,5×4000 元=20 000 元。

6.1.2 其他一次性支出

开发软件费用 5000 元。

6.1.3 非一次性支出

维护费:单次 1000 元,每半年维护 1 次,年支出费用为 2×1000 元=2000 元。

6.2 收益

6.2.1 一次性收益

学生办卡每人每次收费 5 元,按中小型学校预算,2000 人×5 元/人=10 000 元。

6.2.2 非一次性收益

在使用中,有学生可能把卡丢失或损坏,补办卡每人每次收费 5 元。

6.2.3 不可定量的收益

不可定量的收益包括图书借阅超期罚款或者污损、丢失的赔偿金。

6.3　收益投资比

收益为10 000元。

投资(含非一次性支出)为27 000元。

收益投资比为10 000/27 000≈0.37。

6.4　投资回收周期

本系统投资回收周期为3.5年。

6.5　敏感性分析

计算机遭受病毒侵害的情况难以预料,不可估算。

7　社会因素方面的可行性

7.1　法律方面的可行性

为了保障读者信息的安全,必须限制非管理人员对读者信息的访问权。需要建立一个安全、完善的管理平台,使读者信息能够快速、完整地自动存入数据库,并且不能被任何非管人员非法窃取。

7.2　使用方面的可行性

经过研究,用户素质可以满足要求,本系统的用户无使用方面的问题。

8　结　　论

根据以上分析可知,开发图书管理信息系统不仅有经济效益,而且有一定的社会效益,因此本系统具有开发价值。开发本系统的条件已经具备,可以开始进行开发。

3.6　实训:学生管理系统可行性分析报告

1. 实训目的

(1) 熟悉对实际系统的分析方法,加强对软件工程概念的理解。

(2) 掌握可行性分析报告的格式、内容和注意事项,明确可行性分析的研究任务和过程。

(3) 掌握软件项目成本/效益分析的常用手段。

2. 实训任务与实训要求

(1) 对学生管理系统进行实际分析和调查,在此基础上进行可行性分析。

(2) 掌握可行性分析报告的编写步骤和方法,明确可行性分析报告格式和内容。从技术、经济、操作、进度等方面进行可行性论证,并撰写报告。

3. 实训内容与步骤

对学生管理系统进行分析和调查,然后按如下大纲撰写可行性分析报告。

1　引　　言

1.1　标识

列出本文档中使用的系统和软件的完整标识,包括标识号、标题、缩略语、版本号和发行号。

1.2 背景

说明项目是在什么条件下提出的,以及提出者的要求、目标、实现环境和限制条件。

1.3 项目概述

简述项目的用途,描述项目的一般特性;概述项目开发、运行和维护的历史;标识项目的投资方、用户、开发方和支持机构;标识当前和计划的运行现场;列出其他有关的文档。

1.4 文档概述

概述本文档的用途和内容,并描述与其使用有关的保密性要求。

2 引用文档

列出本文档引用的所有文档的编号、标题、修订版本和日期。

3 可行性分析的前提

3.1 项目的要求

3.2 项目的目标

3.3 项目的环境、条件、假定和限制

3.4 进行可行性分析的方法

4 可选的方案

4.1 原有系统的优缺点、局限性及存在的问题

4.2 可重用的系统与要求之间的差距

4.3 可选择的系统方案1

4.4 可选择的系统方案2

4.5 选择最终方案的准则

5 建议的系统

5.1 对建议的系统的说明

5.2 数据流程和处理流程

5.3 与原系统的比较

5.4 影响

5.4.1 设备

5.4.2 软件

5.4.3 运行

5.4.4 开发

5.4.5 环境

5.4.6 经费

5.5 局限性

6 经济可行性

6.1 投资

包括基本建设投资(如开发环境、设备、软件和资料等),以及其他一次性和非一次性开支。

6.2 预期的经济效益

6.2.1 一次性收益

6.2.2 非一次性收益

6.2.3 不可定量的收益

6.2.4 收益投资比

6.2.5 投资回收周期

6.3 市场预测

7 技术可行性

说明现有资源(如人员、环境、设备和技术条件等)能否满足此工程和项目实施要求。若不满足,应提出补救措施。涉及经济问题时,应进行投资和效益分析。最后确定此项目是否具备技术可行性。

8 法律可行性

说明系统开发可能导致的法律问题。

9 用户使用可行性

分析用户单位的行政管理模式和工作制度,评估用户素质,提出培训要求。

10 其他与项目有关的问题

说明未来可能出现的变化。

11 注 解

给出有助于理解本文档的一般信息(例如系统原理),包含需要说明的术语及其定义,列出本文档中使用的缩略语。

附 录

提供为便于文档维护而单独整理的信息(例如图表、分类数据)。为便于处理,附录可单独装订成册。

4. 实训注意事项

在本实训中应注意以下几点:

(1) 独立进行需求收集、分析,提出解决问题的初步方案,从经济、技术等方面进行可行性分析。

(2) 按照以上大纲或GB/T 8567—2006《计算机软件文档编制规范》中的可行性研究报告格式要求编写本文档,对格式要求中的个别内容可根据实际情况的复杂程度增减。

(3) 文档格式清晰,图表规范。

5. 实训成果

参照案例格式和实训内容与步骤,每个项目小组提交一份学生管理系统可行性分析报告。

小 结

在软件项目的立项阶段,可行性分析是最重要的工作内容,它的根本目的就是用最小的代价在尽可能短的时间内确定该软件项目是否能够开发,是否值得开发。可行性分析的主要任务是了解用户的要求及现实环境,从经济、技术和社会因素 3 方面研究并论证软件项目的可行性,评述为合理地达到开发目标可能选择的各种方案。而经济可行性分析又是软件项目可行性分析的核心,因此,需重点掌握成本估算和效益分析方法。

应该着重理解可行性分析的必要性以及它的基本任务和基本步骤,在此基础上再进一步学习具体方法和工具;对具体方法和工具的深入认识又可以反过来加深对可行性分析过程的理解。

习　　题

3.1　可行性分析的任务是什么?

3.2　简述可行性分析的步骤。

3.3　简述成本估算的方法。

3.4　如何进行成本-效益分析?

3.5　如何编写可行性分析报告?

第 2 篇

传统方法学

第4章　需求分析基础

软件需求是指用户对目标软件系统在功能、行为、性能、设计、约束等方面的期望。通过对应用问题及其环境的理解与分析，为问题涉及的信息、功能及系统行为建立模型，将用户需求精确化、完全化，最终形成需求规格说明书，这一系列活动即构成软件开发的需求分析阶段。

需求分析是介于系统分析阶段和软件设计阶段之间的重要桥梁。一方面，需求分析以需求规格说明书和项目规划作为分析活动的基本出发点，并从软件角度对它们进行检查与调整；另一方面，需求规格说明书又是软件设计、实现、测试直至维护的主要基础。良好的分析活动有助于避免或尽早剔除早期错误，从而提高软件生产率，降低开发成本，改进软件质量。

软件需求分析是把软件需求精细化的一步，也是软件开发中重要的一步。通过对软件进行需求分析，才能把软件功能和性能的总体概念描述为具体的需求规格说明书，而需求规格说明书正是开发软件的基础。

4.1　需求分析和规格说明阶段的基本概念

需求分析可分为问题分析、需求描述及需求评审3个阶段。

在问题分析阶段，分析人员通过对问题及其环境的理解、分析和综合，清除用户需求的模糊性、歧义性和不一致性，并在用户的帮助下对相互冲突的要求进行折中。在这一阶段，分析人员应该将自己对原始问题的理解与软件开发经验结合起来，以便发现哪些要求是由于用户的片面性或短期行为所导致的不合理要求，哪些要求是用户尚未提出但具有真正价值的潜在需求。由于用户群中的各个用户往往会从不同的角度、在不同的抽象级别上阐述他们对原始问题的理解和对目标软件的需求，因此，有必要为原始问题及目标软件解建立模型。

需求描述阶段的基本任务是正确地描述现实问题。以需求模型为基础，考虑到问题的软件可解性，生成需求规格说明书和初步的用户手册。需求规格说明书包含对目标软件系统的外部行为的完整描述、需求验证标准以及用户在性能、质量、可维护性等方面的要求。用户手册包括用户界面描述以及有关目标软件使用方法的初步构想。描述现实问题的语言目前有非形式化语言和形式化语言两大类。需求分析最好使用形式化语言，但由于目前各方面条件不成熟，所以现在大多数系统使用的还是非形式化语言，如结构化自然语言、图表等。

在需求评审阶段，分析人员要在用户和软件设计人员的配合下对自己生成的需求规格说明书和初步的用户手册进行复核，以确保软件需求的全面性、精确性和一致性，并使用户和软件开发方对需求规格说明书及用户手册的理解达成一致。一旦发现遗漏或模糊点，必须尽快更正，并再次检查。在需求规格说明书得到用户和软件开发方的一致确认后，它应成为用户与软件开发方之间的合同,任何变更(增删或改动)都将引起开发规划及成本的变化,因此应由变更提出方承担经济责任。

需求分析的作用简单地说就是正确地认识问题,也就是首先必须用一段时间集中精力分析、理解用户究竟要求系统做什么。

4.2 初步需求获取技术

为了完成4.1节所述的任务,分析人员必须掌握一些基本技术,包括初步需求获取技术、需求建模技术、问题抽象与问题分解技术、多视点分析技术。本章介绍初步需求获取技术和需求建模技术。有关问题抽象与问题分解、多视点分析技术将在第5章中详细讨论。

在需求分析阶段的初期,分析人员往往对问题知之甚少,用户对问题的描述、对目标软件的要求通常也相当零散、模糊。更为严重的是,分析人员与用户共同的知识领域不多,从而造成相互理解方面的困难。

4.2.1 访谈与问卷调查

分析人员一般以访谈或问卷调查的形式与用户进行初步沟通。在进行访谈或问卷调查前,分析人员应该按照以下原则精心准备一系列问题,通过用户对问题的回答获取有关问题及环境的知识,逐步理解用户对目标软件的要求。

(1) 问题应该是循序渐进的,即首先关心一般性、整体性问题,然后再讨论细节性问题。

(2) 所提问题不应限制用户在回答过程中的自由发挥。这就要求分析人员在设计问题时尽量客观、公正。

(3) 逐步提出的问题在汇总后应能反映应用问题或其子问题的全貌,并覆盖用户对目标软件或其子系统在功能、行为、性能诸方面的要求。当然,细节问题可以留待以后解决。

访谈非常有利于分析人员尽快了解真实情况。在需求分析阶段,项目规划中涉及的每一个用户都应被问及,这样才能保证分析人员了解过程的每一个细微之处。访谈的另一个重要作用是能迅速核查事实。用一个简短的访谈澄清事实总比细查相关的文档简便、直接。

问卷调查的目的是用有组织的方式引出一个或多个人的信息。问卷调查是一种很典型的、用来从用户和专家那里引出本领域的知识、理解用户需求和优先级的方式。问卷调查可以包括多选问题和开放式的问题。

问卷调查有一个优点,它能在用户花费很少代价的情况下引出可靠的信息。问卷由用户独立完成,然后由分析员或开发人员进行评估和分析,最后在有组织的访谈中澄清模糊或不完整的答案。问卷调查的缺点在于设计很困难。表4-1是某出版社系统调查表。

表4-1 某出版社系统调查表

编　号	问　题
1	您在哪个部门工作?
2	出版业务流程是什么?

续表

编　号	问　题
3	您每日都处理哪些文件、数据、报表?
4	工作中手工处理特别麻烦的事情是什么?
5	工作中影响效率的问题有哪些?
6	为提高工作效率、节省工作时间、减轻工作强度可采取哪些办法?
7	您的部门需要进行成本核算和统计的内容有哪些?
8	您的部门采用计算机管理工作的情况如何?
9	如何改进业务流程,使之更合理?
10	哪些问题是目前传统手工方法根本无法解决的?
11	出版社计算机管理信息系统需要解决什么问题?

4.2.2 跟班作业

除了访谈和问卷调查,还有一个很好的信息来源,就是现场观察已在运行中的系统,这种方法称为跟班作业。操作员可能对自己的工作习以为常了,操作过程几乎已成为本能,当被问及系统的运行过程时,他们可能会忘记提及一些关键步骤。

不过,在实际观察过程中,分析人员必须切记:构建软件系统不仅仅是为了模拟手工操作过程,还必须将最好的经济效益、最快的处理速度、最合理的操作流程、最友好的用户界面等作为软件开发的目标。这就意味着,分析人员不仅要被动地接受用户关于应用问题及背景的知识,而且还要结合自己的软件开发和软件应用经验,主动地剔除不合理的、目光短浅的用户需求,从软件角度改进操作流程或规范,提出新的潜在的用户需求。这些需求虽然暂时尚未被用户意识到,但在将来的软件应用过程中肯定会受到用户欢迎。

4.2.3 组成联合小组

事实证明,在需求分析的初期建立由软件开发方和用户方共同组成的联合小组是有必要的。参加小组的用户也属于分析人员,他们对分析的成功负有与软件开发方相同的责任。联合小组要制订自己的工作制度和计划,确定专门的记录员并另设专人负责会议的议程和资料的综合、整理。还必须选定一种易于理解并尽可能简洁、精确的表示机制作为共同语言,例如辅以文字说明的流程图。

4.3 需求建模

需求建模的目的是清楚地理解要解决的问题并完整地获取用户需求。

1. 用户需求分类

用户需求分为功能性需求和非功能性需求两类。

(1) 功能性需求定义系统做什么,即描述系统必须支持的功能和过程。

(2) 非功能性需求(也称技术需求)定义系统工作时的特性,即描述操作环境和性能目标。

2. 需求建模的内容

需求建模时应该从以下11个方面,明确一系列问题:

(1) 功能需求。系统做什么?系统何时做什么?系统何时及如何修改或升级?

(2) 性能需求。确定软件开发的技术性指标,例如存储容量限制、执行速度、响应时间、吞吐量。

(3) 环境需求。硬件环境包括机型、外设、接口、地点、分布、温度、湿度、磁场干扰等。软件环境包括操作系统、网络、数据库。

(4) 界面需求。有来自其他系统的输入吗?有发送到其他系统的输出吗?对数据格式有规定吗?对数据存储介质有规定吗?

(5) 用户或人的因素。用户有哪些类型?各种用户的熟练程度如何?用户需要接受何种训练?用户理解、使用系统的难度如何?用户出现错误操作的可能性有多大?

(6) 文档需求。需要哪些文档?文档针对哪些读者?

(7) 数据需求。输入和输出数据的格式有哪些要求?接收和发送数据的频率如何?数据的准确性和精度有哪些要求?数据流量有多大?数据需保持多长时间?

(8) 资源需求。确定软件运行时所需的数据、软件、内存空间等资源以有软件开发、维护所需的人力、支撑软件、开发设备等。

(9) 安全保密要求。需对系统访问行为或系统信息加以控制吗?如何隔离用户之间的数据?用户程序如何与其他程序和操作系统隔离?系统备份有何要求?

(10) 软件成本消耗与开发进度需求。开发有规定的时间表吗?软硬件投资有无限制?

(11) 质量保证。系统的可靠性有何要求?系统必须监测和隔离错误吗?系统平均出错时间有何规定?出错后,重启系统允许的时间有多长?系统变化如何反映到设计中?维护是否包括对系统的改进?系统的可移植性有何要求?

目标软件系统的模型用来刻画系统所涉及的信息、处理功能及实际运行时的外部行为。但是,需求分析阶段所构建的模型不应涉及软件的实现细节。建立软件模型是分析活动的焦点。模型以一种简洁、准确、结构清晰的方式系统地描述了软件需求,需求分析过程实质上是软件模型的构建和不断完善的过程。分析人员可以利用第5章介绍的方法不断地对软件模型进行精确化、一致化、完备化的工作。最终确立的软件模型既是生成需求规格说明的基础,又是软件设计和实现的基础。

4.4 需求规格说明书与需求评审

当需求调查、分析工作告一段落时,就需要对这些需求进行规格化描述,整理成文,即软件需求规格说明书(Software Requirements Specification,SRS)。它是在软件项目开发过程中最有价值的一个文档。

4.4.1 需求规格说明书

1. 需求规格说明书的内容

需求规格说明书应包括以下内容:

(1) 概述。给出软件需求的简要说明。

(2) 界面描述。说明软件系统的实现环境。

(3) 模型分析。给出系统模型的形式规定、限制和说明。

(4) 质量评审要求。

(5) 其他。

2. 需求规格说明书的基本要求

对于需求规格说明书有以下基本要求:

(1) 完整。要把问题甚至是一些小问题都考虑进去。

(2) 一致。前后内容要一致。

(3) 精确。数据、任务要精确。

(4) 无二义性。不提模棱两可的问题。

(5) 符合标准。按国家标准和国际通行标准撰写。

(6) 易维护。应便于修改。

3. 主要负责人

需求规格说明书编制工作的主要负责人是分析员。对分析员有以下要求:

(1) 资历较高。要有概括能力、分析能力和社交活动能力。

(2) 熟悉计算机技术。要有一定的开发计算机硬件和软件系统的经验。

(3) 了解用户的相关业务。要能理解用户提出的要求。

(4) 能发挥中间人的作用。要善于在用户和软件开发机构之间进行良好的联系工作。

下面给出一种国际上较为通行的需求规格说明书格式。读者从中可进一步了解需求规格说明书的内涵,并在软件开发实践中据此确定自己的格式。

例 4.1 需求规格说明书格式(ISO 标准版)。

1 引 言

1.1 编写目的

说明编写本需求规格说明书的目的,指出预期的读者。

1.2 背景

(1) 待开发系统(以下简称该系统)的名称。

(2) 本项目的任务提出者、开发者、用户。

(3) 该系统与其他系统或其他机构之间的关系。

1.3 定义

列出本文档中用到的专门术语的定义和缩略语。

1.4 参考资料

列出本文档的参考资料。

2 任务概述

2.1 目标

叙述该系统开发的意图、应用目标、作用范围以及其他应向读者说明的有关该系统开发的背景材料。解释该系统与其他有关系统之间的关系。

2.2 用户的特点

列出该系统的最终用户的特点,充分说明操作人员、维护人员的受教育水平和技术专长以及该系统的预期使用频度。

2.3 假定和约束

列出进行该系统开发工作的假定和约束。

3 需求规定

3.1 对功能的规定

用列表的方式逐项定量或定性地叙述对该系统所提出的功能要求,说明输入什么量、经怎么样的处理、得到什么输出,说明该系统的容量,包括该系统应支持的终端数和并行操作的用户数等指标。

3.2 对性能的规定

3.2.1 精度

说明对该系统的输入和输出数据精度的要求,可能包括数据在传输过程中的精度要求。

3.2.2 时间特性要求

说明对该系统的时间特性要求。

3.2.3 灵活性

说明对该系统的灵活性的要求,即当需求发生某些变化时该系统对这些变化的适应能力。

3.3 输入输出要求

解释各输入输出数据类型,并逐项说明其媒体、格式、数值范围、精度等。对该系统的数据输出及必须标明的控制输出量进行解释并举例。

3.4 数据管理能力要求

说明需要管理的文卷和记录的个数、表和文卷的大小,要按可预见的增长规模或速度对数据及其分量的存储要求作出估算。本内容仅针对软件系统。

3.5 故障处理要求

列出可能的软件、硬件故障以及对各项性能所产生的后果,并提出对故障处理的要求。

3.6 其他专门要求

例如,用户单位对安全保密的要求,对使用方便性的要求,对可维护性、可补充性、易读性、可靠性、运行环境可转换性的特殊要求等。

4 运行环境规定

4.1 设备

列出运行该系统所需要的硬件设备。说明其中的新型设备及其专门功能,一般包括以下项目:

- 处理器型号及内存容量。
- 外存容量、联机或脱机、媒介类型及存储格式、型号及数量。
- 输入及输出设备的型号和数量,联机或脱机。

- 数据通信设备的型号和数量。
- 其他专用硬件设备。

4.2 支持软件

列出该系统的支持软件，包括开发中要用到的操作系统、编译程序、测试支持软件等。

4.3 接口

说明该系统同其他系统之间的接口、数据通信协议等。

4.4 控制

说明控制该系统运行的方法和控制信号，并说明这些控制信号的来源。

例 4.2 国内广泛采用的需求规格说明书格式。

需求规格说明书的主体格式如下：

1 引言

1.1 编写目的

1.2 软件产品的作用范围

1.3 定义、同义词与缩略语

1.4 参考文献

1.5 需求规格说明书概览

2 一般性描述

2.1 产品与其环境的关系

2.2 产品功能

2.3 用户特征

2.4 限制与约束

2.5 假设与前提条件

3 特殊需求

附录

索引

“特殊需求”部分的格式如下：

3 特殊需求

3.1 功能或行为需求

3.1.1 功能或行为需求 1

3.1.1.1 引言

3.1.1.2 输入

3.1.1.3 处理过程描述

3.1.1.4 输出

3.1.2 功能或行为需求 2

⋮

3.2 外部界面需求
    3.2.1 用户界面
    3.2.2 硬件界面
    3.2.3 软件界面
3.3 性能需求
3.4 设计约束
    3.4.1 标准化约束
    3.4.2 硬件约束
    ⋮
3.5 属性
    3.5.1 可用性
    3.5.2 安全性
    3.5.3 可维护性
    3.5.4 可移植性
    ⋮
3.6 其他需求
    3.6.1 数据库需求
    3.6.2 用户操作需求
    3.6.3 工作场地需求

有些场合还可将“外部界面需求”部分合并到“功能或行为需求”部分中：

3 特殊需求
3.1 功能或行为需求
    3.1.1 功能或行为需求1
        3.1.1.1 功能或行为规格说明
            3.1.1.1.1 引言
            3.1.1.1.2 输入
            3.1.1.1.3 处理过程描述
            3.1.1.1.4 输出
        3.1.1.2 外部界面需求
            3.1.1.2.1 用户界面
            3.1.1.2.2 硬件界面
            3.1.1.2.3 软件界面
    3.1.2 功能或行为需求2
    ⋮

4.4.2 需求评审

在将需求规格说明书提交到设计阶段之前，必须进行需求评审。如果在评审过程中发现需求规格说明书存在错误或缺失，应及时进行更改或弥补，重新进行相应部分的初步需求分析和需求建模，修改需求规格说明书，并再次进行评审。

衡量需求规格说明书好坏的标准按重要性排列依次为正确性、无歧义性、完全性、可验证性、一致性、可理解性、可修改性、可追踪性。下面依次介绍这些评审标准的主要内涵。

(1) 正确性。需求规格说明书中的功能、行为、性能描述必须与用户对目标软件产品的期望相吻合。

(2) 无歧义性。对于用户、分析人员、设计人员和测试人员而言，需求规格说明书中的任何语法单位只能有唯一的语义解释。确保无歧义性的一种有效措施是在需求规格说明书中使用标准化术语，并对术语的语义进行显式的、统一的解释。

(3) 完全性。需求规格说明书不能遗漏任何用户需求。具体地说，目标软件产品的所有功能、行为、性能约束以及它在所有可能情况下的预期行为均应完整地包含在需求规格说明书中。

(4) 可验证性。对于需求规格说明书中的任意需求，均应存在技术和经济上可行的手段能够进行验证和确认。

(5) 一致性。需求规格说明书的各部分之间不能相互矛盾。这些矛盾可以表现为术语使用方面的冲突、功能和行为特征方面的冲突以及时序方面的前后不一致。

(6) 可理解性。追求设计目标不应妨碍需求规格说明书对用户、设计人员和测试人员而言的易理解性。特别是对于非计算机专业的用户而言，不宜在需求规格说明书中使用过多的专业化词汇。

(7) 可修改性。需求规格说明书的格式和组织方式应保证能够比较容易地接纳后续的增删和修改，并使修改后的说明书能够较好地保持其他各项属性。

(8) 可追踪性。需求规格说明书必须将需求分析后获得的每项需求与用户的原始需求项清晰地联系起来，并为后续开发阶段和其他文档引用这些需求提供便利。

一般而言，需求评审以用户、分析人员和系统设计人员共同参与的会议形式进行。首先，分析人员说明软件产品的总体目标，包括产品的主要功能、与环境的交互行为以及其他性能指标。然后，需求评审会议对说明书的核心部分——需求模型进行评估，讨论需求模型及需求规格说明书的其他部分是否在上述关键属性方面具备良好的品质，进而决定需求规格说明书能否构成良好的软件设计基础。然后，需求评审会议还要针对原始软件问题讨论除当前需求模型之外的其他解决途径，并对各种影响软件设计和软件质量的因素进行折中，决定需求规格说明书中采用的取舍是否合理。最后，需求评审会议应对软件的质量确认方法进行讨论，最终形成用户和开发人员均能接受的各项测试指标。

4.5 案例：图书管理系统需求规格说明书

在需求分析阶段，由系统分析人员对待设计的系统进行系统分析，确定对该系统的各项功能、性能需求和设计约束，确定对文档编制的要求。作为本阶段工作的结果，应编写图书管理系统需求规格说明书。

图书管理系统需求规格说明书

1 引　言

1.1　编写目的

编写本文档的目的是明确图书管理系统的详细需求,供使用单位确认系统的功能和性能,并作为软件设计人员的设计依据和使用单位的验收标准。

1.2　项目背景

开发软件名称:图书管理系统。

项目开发者:××学院××系图书管理系统开发小组。

用户单位:××学院。

1.3　参考资料

(略)

2 任务概述

2.1　目标

图书管理系统对图书管理、读者管理、图书借阅管理等日常管理工作实行计算机统一管理,以提高工作效率和管理水平。

图书管理系统针对的用户是单个中小型图书室,藏书的种类和数量较少,读者的数量和来源受到一定的限制。相应的需求如下:

(1) 能够存储一定数量的图书信息,并能方便有效地进行相应图书信息的操作和管理,主要包括:图书信息的录入、删除及修改;图书信息的多关键字检索;图书的出借、返还和资料统计。

(2) 能够对一定数量的读者进行相应的信息存储与管理,主要包括:读者信息的登记、删除及修改;读者资料的统计与查询。

(3) 能够将需要的统计结果打印输出。

(4) 能够提供一定的安全机制,提供数据信息授权访问,防止随意删改,同时提供信息备份的服务。

2.2　用户的特点

(1) 本软件的最终用户是管理人员(图书管理员)、读者(教师和学生等)。这些用户具有一定的计算机应用基础,可以比较熟练地操作计算机。

(2) 系统维护人员为计算机专业人员,熟悉数据库、操作系统、网络维护等技术。

3 需求规定

3.1　对功能的规定

在对系统的最终用户进行调研后,得到以下结论:

(1) 在启动系统后,首先是登录界面,根据用户输入的账号判断用户身份是否合法。合法用户分为系统管理员和普通用户,系统管理员拥有所有权限,而普通用户没有管理权限。

(2) 进入读者信息界面,可以对读者信息进行添加、删除、修改和查询操作,并且可以遍历记录。

(3) 进入图书信息界面,可以对图书信息进行添加、删除、修改和查询操作,并且可以遍历记录。

(4) 进入读者借还书界面,可以实现读者借书、还书和查阅读者借阅记录的功能,并在读者借还书时对相应数据库数据进行修改。

(5) 系统客户端运行在 Windows 平台上,服务器端可以运行在 Windows 或 UNIX 平台上。系统还应该有一个较好的图形用户界面。

(6) 系统应该有很好的可扩展性。

在需求分析的基础上,可以把系统功能分为 3 个大模块:

(1) 读者管理模块,包括读者登记、查询、删除等功能。

(2) 图书管理模块,包括图书添加、查询等功能。

(3) 借阅管理模块,包括借书、还书等功能。

3.2 对性能的规定

3.2.1 精度

在精度需求上,根据使用需要,在各项数据的输入、输出及传输过程中,可以满足各种精度的需求。例如,根据关键字精度的不同,查找可分为精确查找和泛型查找。精确查找可精确匹配读者已知道的书目,泛型查找返回与输入的关键字相匹配的书目。

3.2.2 时间特性要求

待开发项目针对图书馆,使用频度较高,使用性要求比较高,要求稳定、安全、便捷,易于管理和操作。系统的时间特性要求如下:

(1) 查询响应时间不超过 10s。

(2) 其他所有交互功能响应时间不超过 3s。

3.2.3 灵活性

当用户需求(如操作方式、运行环境、结果精度、数据结构、与其他软件的接口等)发生变化时,设计的软件要作适当调整,灵活性要求较高。

3.3 输入输出要求

查询书目时,输入关键字为书名、作者和 ISBN,以精确匹配为主,再索引关联字。输出时列出搜索到的所有书目信息,具体信息包括作者、书名、定价、购买日期等,以方便读者准确地查找图书。

借阅图书时,通过设备识别图书和读者借书证号(条形码),向数据库传送信息,然后在数据库中搜索图书信息和读者信息。若符合借阅要求,待图书管理员确认后再更新相关数据,并将这些数据存入借书文件,最后输出存储成功的信息;否则报错。

查看读者的借阅信息时,进入读者借阅信息管理系统,只需要输入读者个人信息即可。系统根据输入的信息查找相关借阅信息,最后输出读者借阅信息。

3.4 数据管理能力要求

数据管理能力要求如下:

(1) 定时整理数据。系统管理员定时整理系统数据库,对图书的借阅情况、读者情况、藏书量的增减等均可由计算机进行整理和统计,并将运行结果归档。

(2) 查询库存量。能随时查询书库中图书的库存量,以便准确、及时、方便地为读者提供可借阅图书的信息,但不能修改数据,无信息处理权,可以打印清单、浏览数据等。管理权限由系统管理员掌握和分配。

3.5 故障处理要求

3.5.1 内部故障处理

在开发阶段可以随时修改数据库中的相应内容。

3.5.2 外部故障处理

对编辑的程序进行重装载时,若第一次装载时出错,对程序进行修改。第二次运行程序时,若在需求调用时出错,将有错误提示,此时应执行重试操作。

3.5.3 数据库错误

本软件可能产生数据库错误,此时应由数据库管理员对数据库进行维护。为了确保系统恢复的能力,数据库管理员要定期对数据库进行备份。

3.6 其他需求

图书馆各项数据信息必须保证安全性和完整性。网络系统设有通信、程序、网络3级权限和口令管理,以确保系统安全。本软件能快速恢复系统和进行故障处理,便于系统升级和扩充。

4 运行环境规定

4.1 设备

服务器端设备要求如下:

(1) 处理器(CPU): Pentium,主频900MHz(推荐Pentium 4,主频1.2GHz)。

(2) 内存(RAM): 至少256MB(推荐512MB)。

客户端设备要求如下:

(1) 处理器(CPU): Pentium,主频133MHz或更高。

(2) 内存(RAM): 64MB或更高。

4.2 支持软件

服务器端支持软件如下:

(1) 操作系统: Microsoft Windows 2003。

(2) 数据库管理系统: SQL Server 2005。

客户端支持软件如下:

(1) 操作系统: Windows 98/2000/2003/XP。

(2) Visual Studio.NET 2005。

4.3 接口

(1) 硬件接口。考虑到大量数据备份等要求,需要有与磁带机和光盘刻录机的接口。

(2) 软件接口。主要考虑软件与操作系统、数据库管理系统的接口以及局域网和互联网软件之间的数据交换。考虑到文档处理时有可能需要常用的办公软件,例如Microsoft Office系列,所以应尽量实现本系统与办公软件之间的数据格式自动转换。

4.4 控制

本系统采用目前的常用技术,对程序的运行和控制都没有特殊要求。

4.6 实训：学生管理系统需求规格说明书

1. 实训目的

(1) 掌握需求分析的概念，掌握需求分析每个阶段的任务，掌握问题分析阶段使用的基本需求获取技术和分析建模方法，完成对实际系统的需求分析。

(2) 掌握需求规格说明书的格式和撰写方法。

2. 实训任务与实训要求

(1) 获取对学生管理系统需求的调查，完成需求分析。

(2) 掌握需求规格说明书编写的步骤和方法，明确内容和格式，从输入、输出、处理、性能、控制5个方面描述系统的需求，撰写需求规格说明书。

3. 实训内容与步骤

针对学生管理系统进行分析调查，然后按如下大纲撰写需求规格说明书。

1 引言

1.1 编写目的

1.2 背景说明

1.3 定义

1.4 参考资料

2 任务概述

2.1 目标

2.2 用户的特点

2.3 假定和约束

3 需求规定

3.1 对功能的规定(其中涉及的数据流图和数据字典详见第5章的实训)

3.2 对性能的规定

3.3 输入输出要求

3.4 数据管理能力要求

3.5 故障处理要求

3.6 其他专门要求

4 运行环境规定

4.1 设备

4.2 支持软件

4.3 接口

4.4 控制

4. 实训注意事项

(1) 本实训要与第3章中的实训具有连续性，项目需求的详细描述有赖于对项目具体运行过程的深入调研与分析，需掌握需求调研与分析技巧。

(2) 按照以上大纲或GB/T 8567—2006《计算机软件文档编制规范》中对需求规格说明书的格式要求编写文档,对格式要求中的个别内容可根据实际情况的复杂程度增减。

(3) 文档格式清晰,图表规范。

5. 实训成果

参照案例格式和实训内容与步骤,每个项目小组提交一份学生管理系统需求规格说明书。

小　结

软件需求分析是软件产品生存周期中的一个重要阶段,它是项目开发的基础,要解决软件系统做什么,具有什么功能、性能,有什么约束条件等问题。需求分析可按照问题分析、需求描述和需求评审3个子阶段逐步进行。在问题分析的初期,可以使用的方法包括访谈、问卷调查、跟班作业等。问题抽象、问题分解及需求建模是问题分析阶段的核心技术。在需求描述阶段生成的需求规格说明书应该遵循标准的格式。在需求评审阶段,分析人员主要基于以下标准对需求规格说明书的品质进行审查:正确性、无歧义性、完全性、可验证性、一致性、可理解性、可修改性、可追踪性。

习　题

4.1　需求分析阶段的主要任务是什么?怎样理解需求分析阶段的任务是决定做什么,而不是怎样做?

4.2　除本章介绍的几种主要的初步需求获取技术之外,根据你的需求分析经验,在初步需求分析过程中还可使用哪些技术或方法?

4.3　以下陈述中哪些是有效的用户需求?请说明理由。

(1) 目标软件应该用C语言实现。

(2) 软件系统必须在10s内响应并处理外部事件。

(3) 目标软件应该由一些特定的模块构成。

(4) 当目标软件与用户交互时,必须使用某些特定的菜单和按钮。

4.4　以下陈述中哪些属于不精确的用户需求?对于不精确的需求描述,请给出相应的需求分析对策。

(1) 系统应表现出良好的响应速度。

(2) 系统必须用菜单驱动。

(3) 在数据录入画面,应该有10个按钮。

(4) 系统运行时占用的内存不得超过256KB。

(5) 天线应平稳调整。

(6) 即使系统崩溃,也不能损坏用户数据。

4.5　需求规格说明书由哪些部分组成?各部分之间的关系是什么?

第5章　面向数据流的分析方法

面向数据流、面向对象、面向数据的分析方法均属需求建模方法。它们都有一组语言机制，供需求分析人员表达用户需求并且构造软件模型。此外，它们还含有一些规则和经验知识，指导分析人员提取需求并使用户需求精确化、全面化、一致化。

面向数据流的分析方法是结构化分析方法族中的一员。它具有明显的结构化特征。结构化分析方法的雏形出现于20世纪60年代后期。但是，直到1979年才由DeMarco将其作为一种需求分析方法正式提出，此后它得到了迅速发展和广泛应用。20世纪80年代中后期，Ward和Mellor、Hatley和Pirbhai在结构化分析方法中引入了实时系统分析机制，Harel等人研制了面向复杂实时反应式系统(complex real-time reactive system)的开发环境STATEMATE，这些扩充使得传统的结构化分析方法重新焕发出生命力。

5.1　结构化分析概述

结构化分析(Structured Analysis，SA)方法就是面向数据流自顶向下、逐步求精进行需求分析的方法。

目前许多计算机系统是用来取代当前已存在的人工数据处理系统的，即用目标系统取代当前系统。那么，如何建立一个目标系统呢？可以按照下述5个步骤进行。

(1) 理解当前的现实环境，建立当前系统的具体模型。

要理解当前系统是怎么做的，并将现实中的事物用数据流图等形式表达出来。当前系统具体模型示例如图5-1所示。

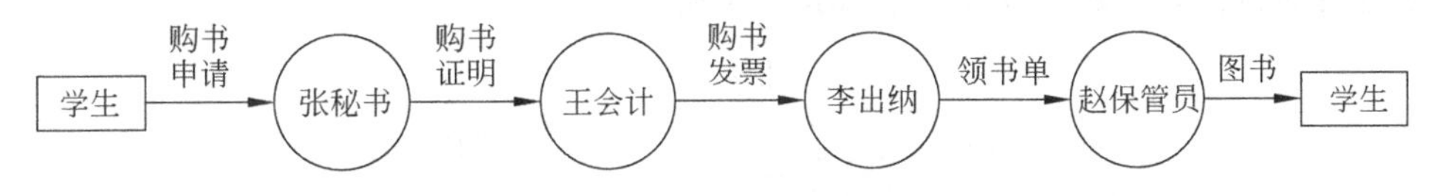

图5-1　学生购买图书的具体模型

(2) 从当前系统的具体模型抽象出当前系统的逻辑模型。

本步骤的目的是去粗取精。即除去具体模型中的非本质因素，获得反映系统本质的逻辑模型。

在本步骤中，可以反复问以下问题：这个加工是否必须这样做？这个文件是否必须这样组织？通过这样的抽象过程，将必需的功能从实现这些功能所采用的方式中分离出来，可去除非本质的因素。当前系统抽象模型示例如图5-2所示。

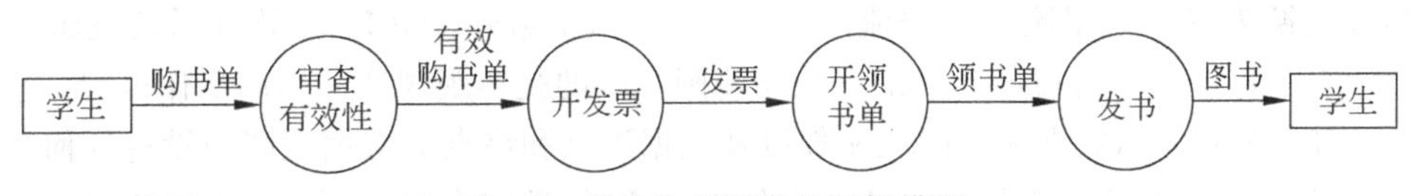

图5-2　学生购买图书的逻辑模型

(3) 分析目标系统与当前系统逻辑上的差别,建立目标系统的逻辑模型。

本步骤可以分以下3步进行:

① 决定变化的范围。对当前系统的数据流图,从底层开始逐个检查每一个基本加工与目标系统中相应的功能是否一样,若不一样,就属于变化的部分。这样,当前系统的数据流图就被分成不变的部分与变化的部分。只需重新分解变化的部分即可。

② 将变化的部分看成一个加工,将其已确定的输入输出数据流画出。

③ 借助分解技术,由外向内对变化的部分进行分析,创建新系统。

经过上述3步,就获得了目标系统的逻辑模型,如图5-3所示。

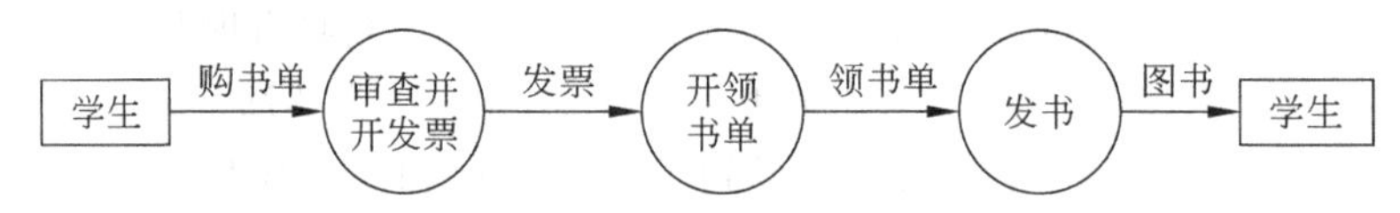

图5-3 计算机售书系统的逻辑模型

(4) 为目标系统的逻辑模型作补充说明。

首先,说明目标系统的人机界面,分为以下两步:

① 确定人机界面。逐个检查目标系统的逻辑模型中的每一个基本加工是由计算机完成的还是由人工完成的,所有由计算机来实现的基本加工都属于目标系统的人机界面。

② 重新绘制数据流图的顶层图,画出软件系统的范围。

其次,说明至今尚未详细考虑的一些细节,主要包括以下4个方面:

① 出错处理。说明在每种出错情况下系统如何处理。

② 系统的启动和结束。说明系统如何开始工作并进入稳定状态,说明系统结束工作的方式。

③ 系统的输入输出格式。

④ 性能方面的要求,如响应时间等。

改进后的目标系统逻辑模型示例如图5-4所示。

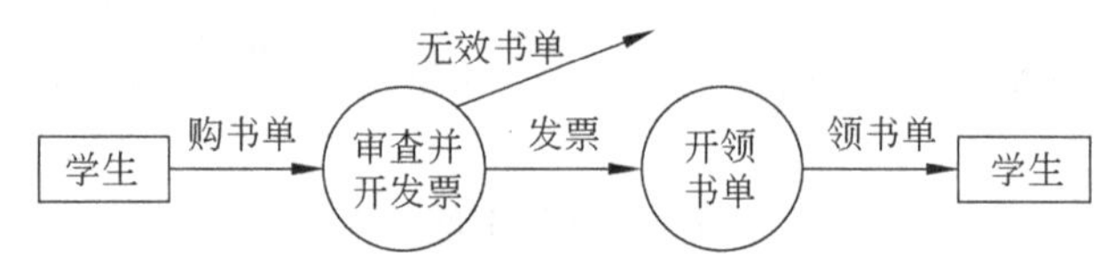

图5-4 改进后的计算机售书系统模型

(5) 对需求说明进行复审,直到确认文档齐全并且符合用户的全部需求为止。

5.2 数据流图

可以认为,一个基于计算机的信息处理系统由数据流和一系列转换构成,这些转换将输入数据流变换为输出数据流。数据流图(Data Flow Diagram,DFD)是软件系统逻辑模型的一种图形表示(graphic representation)。数据流图反映的是客观现实问题的工作过程。它用简单的图形符号分别表示数据流、加工、文件以及数据源点和终点。数据流图中没有任何具体的物理元素,只是描述数据在系统中的流动和处理的情况,具有直观、形象、容易理解的优点。

5.2.1 数据流图的基本成分

数据流图中使用的图形符号如下：

- 数据流用———►表示。
- 加工用◯表示。
- 文件用—或═表示。
- 数据流的源点和终点用▭表示。

每个成分都采用适当的名字进行命名。下面先看一个例子，假定要为某培训中心研制一个计算机管理系统，其数据流图如图5-5所示。首先需分析这个系统应该做些什么，为此必须分析培训中心的业务活动。培训中心是一个功能复杂的机构，它为有关行业的在职人员开设许多门课程，有兴趣的人可以来电或来函报名选修某门课程。培训中心要收取一定的课程费用，学员通过支票付款。学员也可以来电或来函查询课程计划等有关事宜。培训中心的日常业务是：将学员发来的函电收集分类后，按几种不同情况处理。

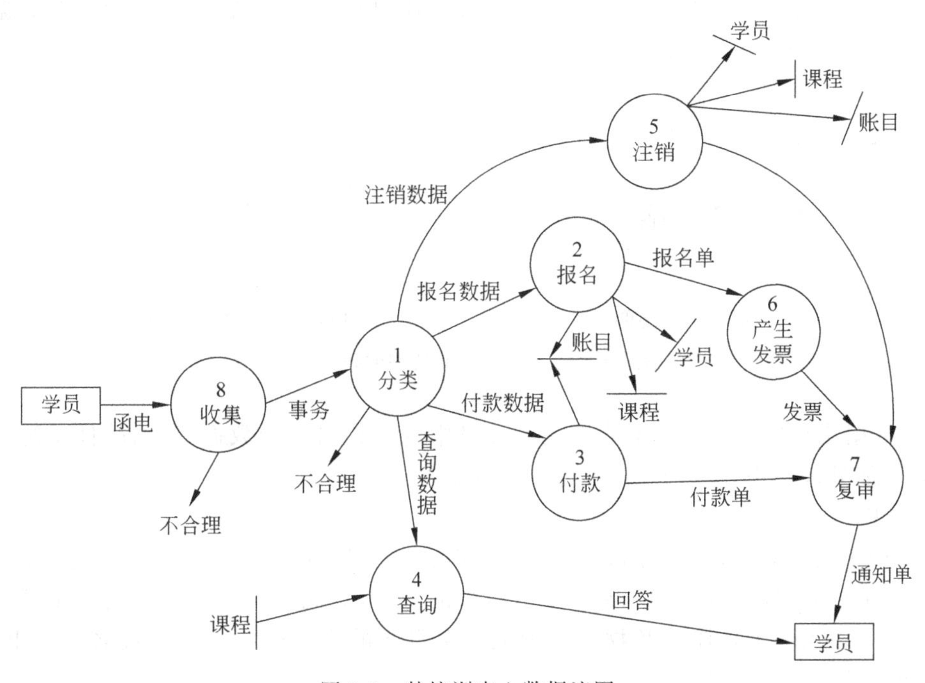

图5-5 某培训中心数据流图

- 如果是报名的，则将报名数据送给负责报名事务的职员。他们要查询课程文件，检查某课程是否满额，然后在学员文件、课程文件上登记，并开出报名单交财务部门。财务人员再开出发票，经复审后通知学员。
- 如果是查询的，则交查询部门查阅课程文件后给出答复。
- 如果是想注销原来已选修课程的，则由注销管理人员在课程、学员、账目文件上作相应修改，经复审后通知学员。
- 对一些要求不合理的函电，培训中心将相应地处理。

下面结合该例，对数据流图的4种基本成分进行说明。

1. 数据流

数据流由一组固定成分的数据组成。例如,数据流“报名数据”由“姓名”“年龄”“性别”“单位名”“课程名”等成分组成。数据流反映的是数据的流动方向,而它的流动方向一般有如下几种情况:

加工 ——→ 加工
加工 ←——→ 文件
源点 ——→ 加工
加工 ——→ 终点

注意:两个具体的成分之间可以有几个数据流,但这几个数据流无任何联系且不是同时流出的。

一般从数据流的组成成分或实际含义角度给每个数据流命名。只有流向文件或从文件流出的数据流不必命名,因为这时文件名就可以说明问题了。但是,有如下两点需要特别注意:

(1) 数据流与控制流不同。在控制流上没有任何数据沿着箭头流动,因此在数据流图中不应画出控制流。示例如图 5-6(a)所示。

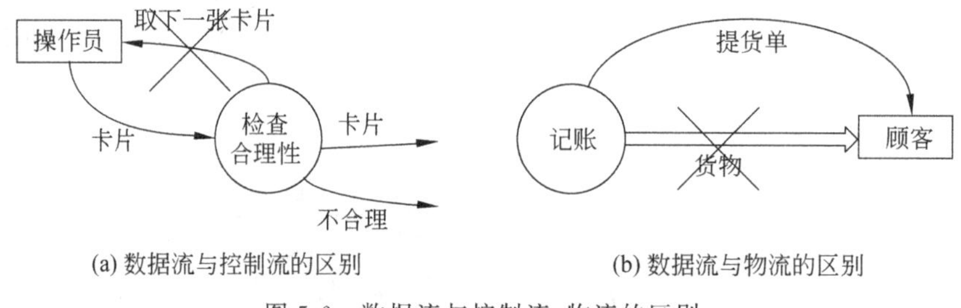

(a) 数据流与控制流的区别　　(b) 数据流与物流的区别

图 5-6　数据流与控制流、物流的区别

(2) 数据流与物流不同。不能把现实环境中的实物名作为数据流名,软件系统只能处理数据,不能处理实物。示例如图 5-6(b)所示。

2. 加工

加工用于反映对数据进行的某种操作。其命名采用用户习惯使用的且反映加工含义的名字,并加上编号(说明这个加工在层次分解中的位置,见 5.2.3 节)。加工的名字可以是一个动词,也可以由一个具体的及物动词加上一个具体的宾语构成,例如“报名”“产生发票”“查询”等。

3. 文件

文件用于暂时保存数据。它的名字应当适当选择,以便于理解。加工与文件之间的数据流向有如下几种:

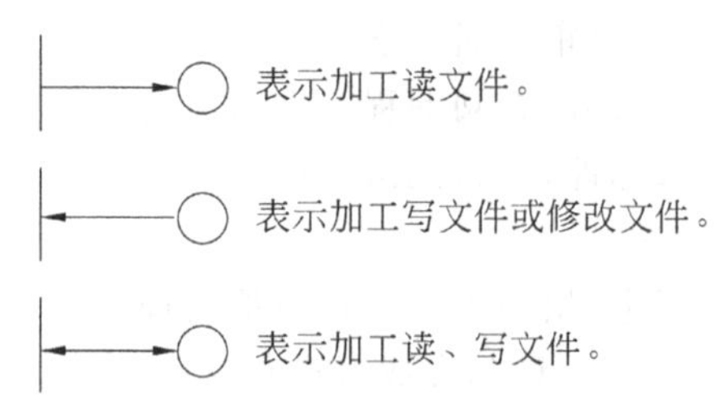

4. 源点与终点

为了便于理解，有时可以画出数据流的源点与终点来反映数据的来源与归宿。源点与终点通常是存在于系统之外的人员或组织，例如，图 5-5 中的“学员”是数据流“函电”的源点，也是数据流“通知单”的终点。画出源点和终点只是起到注释作用以帮助理解，由于它们是系统之外的事物，开发人员对它们不是很关心的，所以源点和终点的表达不必很严格。

5.2.2 由外向内画数据流图

在需求分析阶段，只是将现实情况反映出来，而不是急于想象未来的计算机系统是怎样的。所以，分析员可以根据不同的问题，使用不同的方法画数据流图，但原则都是由外向内进行，由外向内是一种比较自然而且有条理的思考过程。具体就是：首先画出系统的输入数据流和输出数据流，然后再考虑系统的内部；每一个加工也是如此，先画其输入和输出，再考虑其内部。

1. 画系统的输入和输出

刚开始进行需求分析时，系统究竟应包括哪些功能还不清楚，所以应该使系统的范围稍大，把可能有关的内容都包括进去。此时应向用户了解系统从外界接收什么数据、系统向外界送出什么数据等，然后根据他们的答复画出数据流图的外围。而上面两个问题的回答分别构成了系统的输入和系统的输出。例如，培训中心管理系统从外界接收的数据是“函电”，向外界送出的数据是“通知单”，则数据流图的外围如图 5-7 所示。

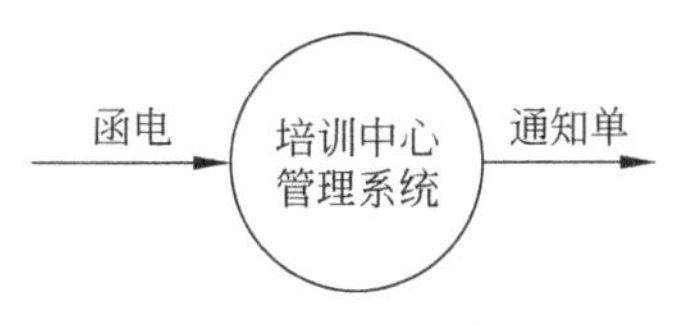

图 5-7 数据流图的外围

2. 画系统内部

此时需逐步将系统的输入和输出数据流用一连串加工连接起来，一般可以从输入端逐步画到输出端，也可以从输出端追溯到输入端。加工应处于数据流的组成或值发生变化的地方。对每一个数据流，应该了解它的组成是什么，这些组成项来自何处，这些组成项如何组合成这一数据流，为实现这一组合还需要什么有关的加工和数据等。另外，数据流图中还要画出有关的文件，即各种存储的数据，此时也应了解文件的组成情况。对培训中心管理系统来说，在数据流图的外围基础上由外向内进行分析，就可画出完整的数据流图。

3. 画加工的内部

如果加工内部还有一些数据流，则可将这个加工分解为几个子加工，并在子加工之间画出这些数据流。先为数据流命名，再为子加工命名。

4. 忽略琐碎的枝节

画数据流图时，应重点关注主要的数据流，暂时不考虑一些例外情况、出错处理等枝节性问题，只表示出这种数据流即可。

5. 随时准备重画

理解一个问题总要经过从不正确到正确、从不恰当到恰当的过程，一次就成功的可能性是很小的，对复杂的问题尤其如此。分析员应随时准备抛弃旧的数据流图，用更好的版本来代替它。

5.2.3 分层数据流图

对于一个系统，特别是一个较大的复杂系统，一次性分解到位一般是不容易的。为了控制复杂性，结构化分析方法采用了分层技术，逐层分解，有控制地逐步增加细节，实现从抽象到具体的逐步过渡，这有助于理解复杂问题。用数据流图来描述逐层分解的过程，就得到了一套分层的数据流图，如图5-8所示。

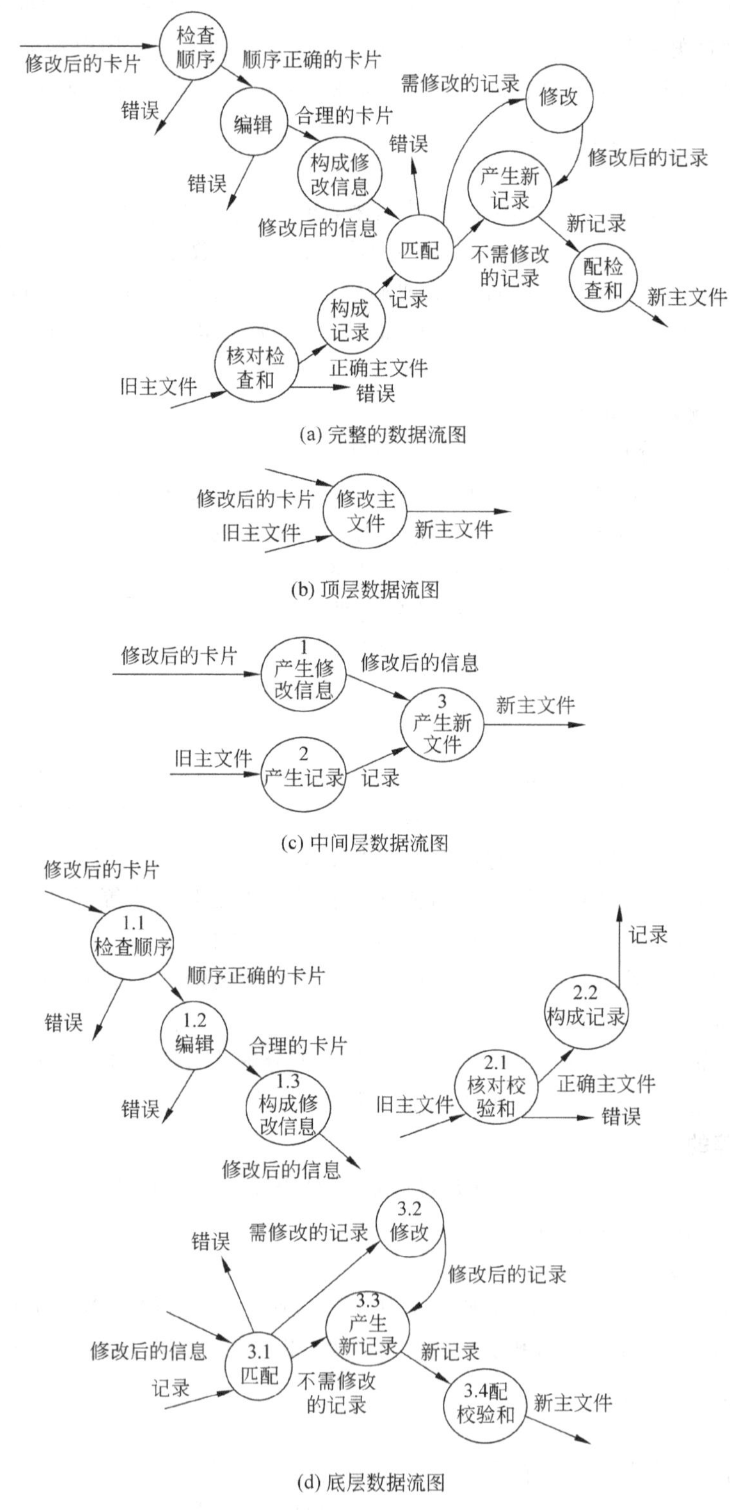

(a) 完整的数据流图

(b) 顶层数据流图

(c) 中间层数据流图

(d) 底层数据流图

图5-8　分层数据流图的形成过程示例

分层的数据流图由顶层、中间层和底层组成。顶层数据流图说明了系统的边界，即系统的输入和输出数据流，顶层数据流图只有一张。底层数据流图由一些不必再分解的加工组成，这些加工都已足够简单，称为基本加工。在顶层数据流图和底层数据流图之间的是中间层数据流图，它描述了对每个加工的分解，而它的组成部分又要进一步被分解。较小的系统可能没有中间层，而大的系统中间层可达八九层之多。

5.2.4 自顶向下画分层数据流图

本节讨论画分层数据流图中应注意的几个问题。

1. 编号

为了便于管理，需按以下规则为数据流图和其中的加工编号。

(1) 子图的编号(即子图号)就是父图中相应加工的编号。

(2) 子图中加工的编号由子图号、小数点、局部顺序号连接而成。

注意：顶层图不必编号，加工一般只有一个；其下一层编号为0，该层数据流图中加工的编号就是0.1，0.2，0.3，…，通常省略小数点和前面的0，所以这些加工的编号就是1，2，3，…。

一套分层的数据流图可按编号次序用活页形式装订起来，形成一本便于查阅的资料。

2. 父图和子图的平衡

图5-9是父图和它的一张子图。父图中的加工4被分解成子图中的5个加工，子图是对父图中的加工4的描述，差别仅在于子图是详细的描述而父图是抽象的描述而已，所以子图的输入、输出数据流应该同父图中加工4的输入、输出数据流完全一致。

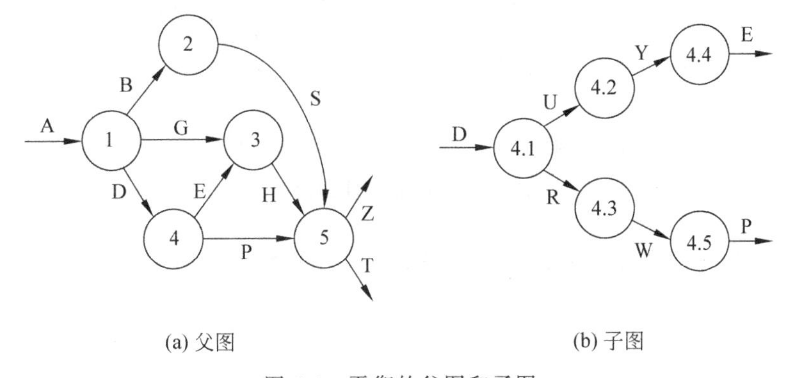

(a) 父图　　(b) 子图

图5-9　平衡的父图和子图

父图中某个加工的输入和输出数据流应该同相应的子图的输入和输出数据流相同，分层数据流图的这种特点称为平衡。更具体地说，平衡是指在借助数据词典并可忽略枝节性的数据流的情况下，子图的所有输入和输出数据流必须是其父图中相应加工的输入和输出数据流。图5-9中的父图和子图是平衡的，因为父图中加工4的输入和输出数据流与子图中的输入和输出数据流完全相同。图5-10中的父图和子图是不平衡的，因为子图中没有输入数据流与父图中加工2的输入数据流M相对应，另外，子图的输出数据流S在父图中也没有出现。

父图和子图必须平衡，这是分层数据流图的重要性质。平衡的分层数据流图是可读、可理解的；反之，如果父图和子图不平衡，这套数据流图就无法理解。

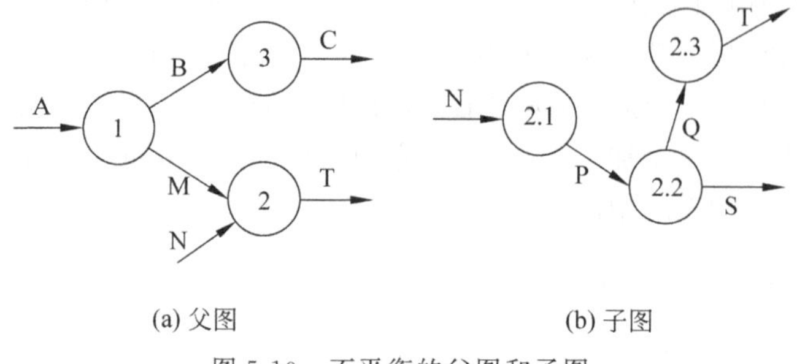

图 5-10　不平衡的父图和子图

3. 局部文件

图 5-11 的两张数据流图是平衡的,但是子图中的文件 ALPHA 为什么在父图中没有画出呢?这是因为 ALPHA 是完全局部于加工 4.3 的,它并不是父图中各个加工之间的交界面,根据"抽象"原则,在画父图时,只需画出加工和加工之间的联系,而不必画出各个加工内部的细节,所以父图中不必画出文件 ALPHA,同理,子图中的数据流 XXX、YYY 也不必画出。

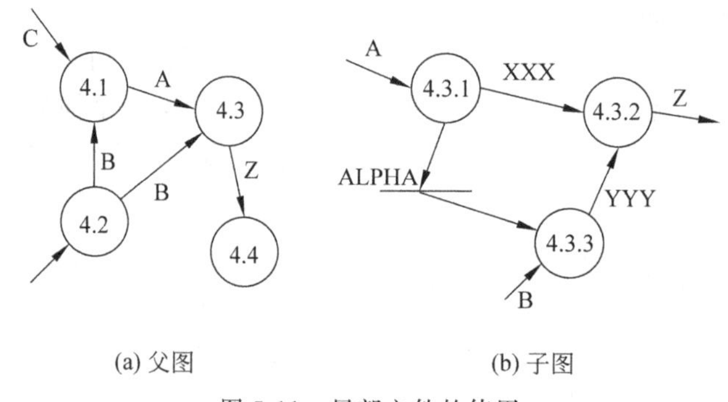

图 5-11　局部文件的使用

文件到哪一层才画出来呢?原则是:当文件被用作数据流图中某些加工之间的交界面时就要画出。

4. 分解度

分解一个系统的最终目的是将其分解到可以用只包含基本加工的数据流图来表示。分解有两个方法:一个是直接画出一张只包含基本加工的数据流图;另一个是逐层分解。分解其实质就是如何将一个加工分解为子加工的问题,层次过多,会给理解带来困难。这就要求在分解时遵循以下原则:

(1) 分解在逻辑上应合理、自然,不能作硬性分割。

(2) 在保证数据流的易理解性的前提下,尽量使分解层次少,也就是在同一层中可以适当多分解成几部分。

(3) 分解要均匀。即在一张数据流图中,不要出现一些加工已是基本加工,另一些加工还要分解好几层(如三四层)的情况。绝对均匀不可能,但不要相差太大。

(4) 一个加工最多分解为 7 个子加工。

(5) 上层可分解得快一些,下层应分解得慢一些。

5.2.5 数据流图的改进

对一个问题、一个系统的理解不可能一下子就十分完整、全面。当初步把数据流图画完之后，可能会发现一些不当之处，要把它们纠正过来。另外，为了今后工作的顺利开展，应提高数据流图的完备性，这就涉及对数据流图正确性的检查和改进，以提高它的易读性。

1. 检查数据流图的正确性

一般可以从以下3个方面来检查数据流图的正确性：数据守恒（数据平衡）、文件的使用、父图和子图的平衡。

1）数据守恒

数据不守恒有两种情况。

（1）某个加工只有输出而没有输入，即一个加工用以产生输出的数据并没有输入给这个加工，这时肯定有数据流漏画了。例如，在图5-12中，“决定比赛名单”这个加工根据“项目”和“运动员名单”产生“项目参加者”。如果“运动员名单”和“项目参加者”组成如下：

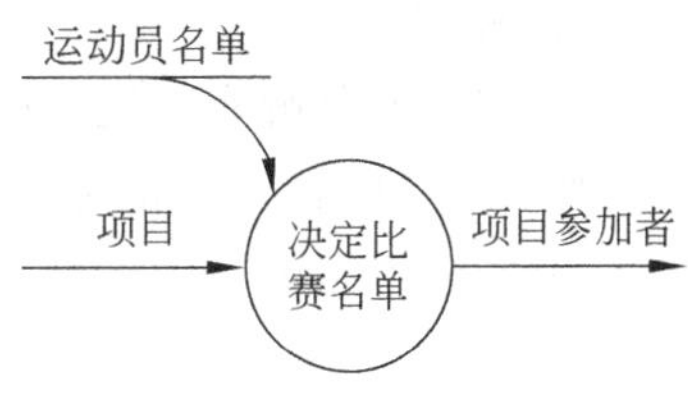

图5-12 有输出而无输入

运动员名单＝队名＋姓名＋项目

项目参加者＝项目＋姓名＋运动员号

可以发现，这个加工要输出“运动员号”这个数据，但是并没有接收到它，所以一定有数据流被遗漏了。

（2）某个加工的某些输入没有从这个加工输出。对这种情况，要考虑这些输入是否必要，若不必要，应将多余的输入数据流去掉。

2）文件的使用

在画数据流图时，应该注意加工与文件间数据流的方向。加工要读文件，则数据流的箭头是指向加工的；加工要写文件，则数据流的箭头是指向文件的。如果加工要修改文件，则数据流的箭头也应指向文件而不是双向的。只有当加工除了修改文件之外，为了其他目的，还要读该文件时，数据流才是双向箭头。应当注意，一般有写文件的加工，同时就会有读文件的加工，否则一定是某些加工漏画了。同时还应正确地画出加工与文件之间数据流的方向。

3）父图和子图的平衡

父图和子图的数据流不平衡是一种常见的错误。不平衡的分层图是无法使人理解的，因此应当检查父图与子图的输入与输出的一致性。

2. 提高数据流图的易读性

提高数据流图的易读性可以从以下3个方面进行：简化加工之间的联系、分解均匀、适当命名。下面分别讨论。

1）简化加工之间的联系

合理的分解应是将一个问题分成相对独立的几个部分，这样，每个部分就可单独理解。要增强各个加工的独立性，就必须使它们之间的联系少，也就是加工间的数据流线少。为此，应尽量减少加工间输入和输出数据流的数目，不画多余的数据流线（否则有重复的信息）。

2）分解均匀

理想的分解是将一个问题分解成大小均匀的几个部分。当然这点是不易做到的，但是应该避免特别不均匀的分解。如果在一张数据流图中，一些加工已是基本加工，而另一些却还可进一步分解三四层，这张数据流图是不易被理解的，因为其中某些部分描述的是细节，而另一些部分描述的却是较高层的抽象。遇到这种情况，也应考虑重新分解。

3）合理命名

数据流图中各成分的命名与数据流图的易理解性直接有关，所以应该注意命名要确切、无二义性、不含糊。

3. 再分解

发现前面的分解有问题，就需要重新分解。例如，当把数据流图分解到某一加工的子图时，发现子图是由若干个相对独立的部分组成的，而在父图中却是在一个加工中完成的，那么就需重新分解父图中的相应加工，如图5-13和图5-14所示，这里只是一种简单的情况。

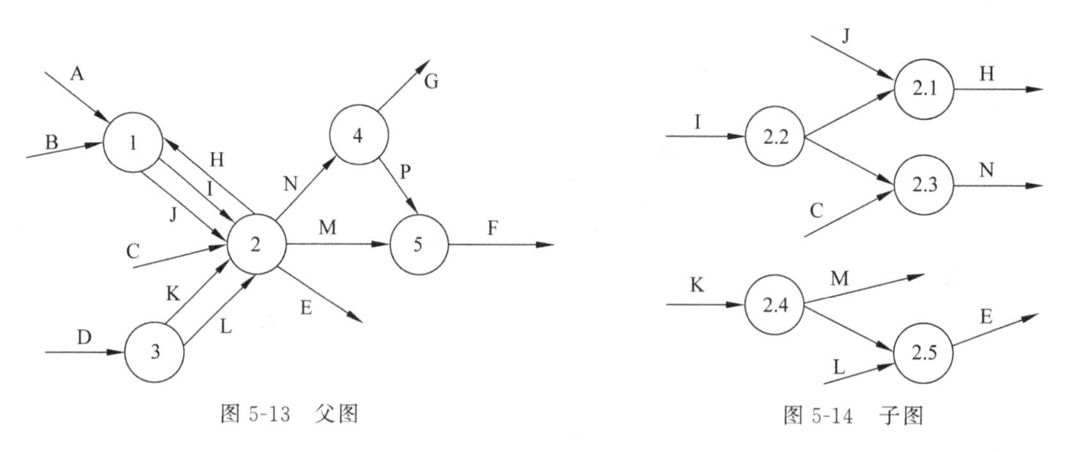

图5-13　父图　　　　图5-14　子图

当出现要重新分解整个父图时，可以按如下步骤进行。

(1) 把需要重新分解的某张图的所有子图连接成一张数据流图。

(2) 把子图分成几部分，使各部分之间的联系最少。也就是说，将某个加工放入哪一部分，应根据使各部分之间的联系最少的原则来决定。这当然既是这一步的目的，也是重新分解父图的目的之一，因为这样交界面清楚，有利于以后的各阶段工作。

(3) 重新建立父图。即把第(1)步所得的每一部分画成一个圆(将相应部分抽象为一个加工)，而各部分之间的联系就是加工之间的交界面了，如图5-15所示。

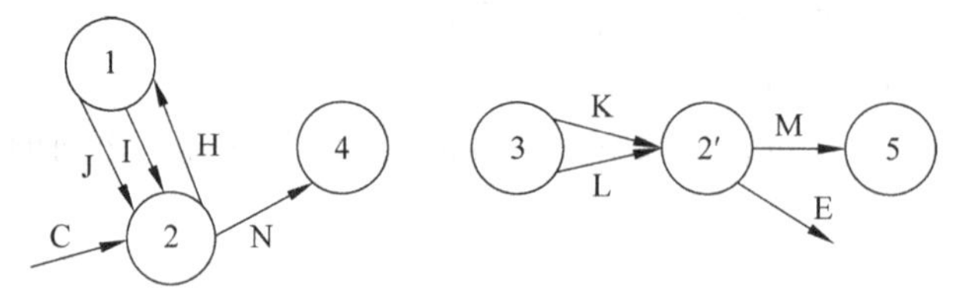

图5-15　重新建立的父图

(4) 重新建立各张子图。因为在第(2)步中已将原有子图的设计打乱了，这时只需把第(2)步所得的图按各部分的界面剪开，然后即可进行子图重建，如图5-16所示。

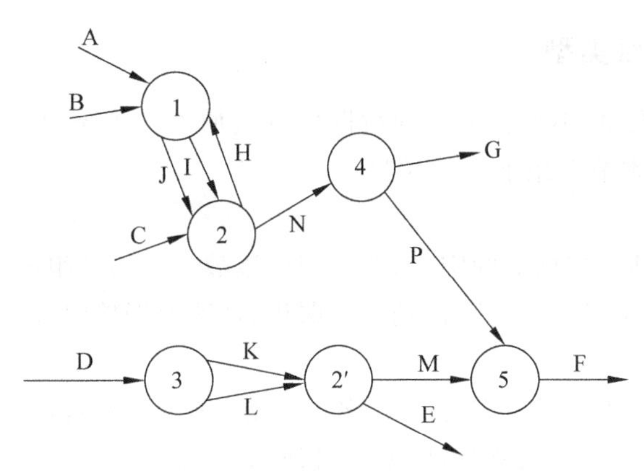

图 5-16　重新建立各张子图

(5) 为新的父图、子图中的所有加工重新命名和编号，如图 5-17 所示。

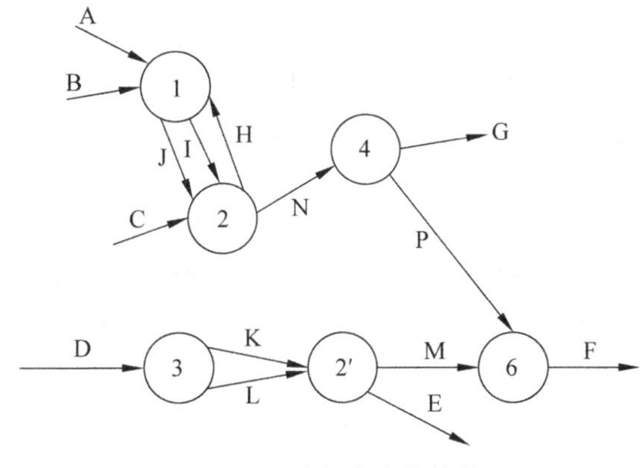

图 5-17　重新命名和编号

说明：把画数据流图的方法教给用户单位的业务人员，由他们来画。而修改数据流图则由软件人员进行。

5.3　数据词典

对于日常使用的汉语词典、英汉词典，大家都知道它们的作用，不懂某个词，就到词典中去查找详细含义。一个数据流图只描述了系统的分解，而其中的许多名字的含义并不明确。数据词典(Data Dictionary，DD)的作用与一般词典一致，只不过它是用来对数据流图中出现的所有名字(包括数据流、加工、文件等)进行定义的。也就是说，可以借助数据词典查出数据流图中每个名字的具体含义。数据流图由数据流、加工、文件以及源点和终点组成，但源点和终点不在系统之内，无须描述。所以，数据流图的每一个组成部分在数据词典中都应该有一个条目给出它们的定义。

数据词典是所有与系统相关的数据元素的有组织的列表以及对这些数据元素精确、严格的定义，使得用户和系统分析员对于输入、输出、存储成分和中间计算有共同的理解。

5.3.1 数据词典条目类型

数据流、文件、数据项(不可再分解的数据单位)、加工4类条目构成了数据词典。加工条目在5.4节中介绍,本节介绍前3类条目。

1. 数据流条目

数据流条目给出某个数据流的定义,通常列出该数据流的各组成数据项。例如,数据流"报名单"由"姓名""单位名""年龄""性别"和"课程名"等数据项组成,因此在数据词典中"报名单"这个条目就可写成

报名单=姓名+单位名+年龄+性别+课程名

有时,一些数据流的组成很复杂,要采用自顶向下、逐步分解的方式来说明,即,有的数据项意义不明确,那么就再定义该数据项,直到数据项的意义明确为止。例如:

课程=课程名+教员+教材+课程表

课程表={星期几+第几节+教室}

在定义数据流时,通常使用一些简单的符号。常用符号如下:

(1) +表示"与"或"和",即连接两个分量,用于数据流分量的顺序型组织。顺序型是指以确定次序连接两个或多个分量(组成数据流的3种基本类型之一)。

(2) =表示"等价于"或"定义为"。

(3) $\{\cdots\}_{下限}^{上限}$或"下限{…}上限"表示将括号中的项重复若干次,用于数据流的重复型组织。重复型是指把指定的分量重复零次或多次(组成数据流的3种基本类型之二)。例如:

发票=$\{货名+数量+单价+总价\}_1^5$

(4) [⋮]或[…|…]表示"或",即选择方括号中的某一项,用于数据流的选择型组织。选择型是指从两个或多个元素中选取一个(组成数据流的3种基本类型之三)。例如,在飞机订票系统中,可以写成以下两种形式

城市名=[北京|武汉|广州]

$$城市名=\begin{bmatrix}北京\\武汉\\广州\end{bmatrix}$$

(5) (…)表示"可选",即括号中的项可能没有,相当于$\{\cdots\}_0^1$。

数据流条目示例:

数据流名:发票
别　　名:无
简　　述:学生购书时填写的项目
来　　源:学生
去　　向:加工1"审查并开发票"
组　　成:(学号)+姓名+{书号+数量}
数据流量:1000次/周
高 峰 值:开学期间1000次/天

2. 文件条目

文件条目用来定义文件,列出文件记录的组成数据项以及文件的组织方式。例如:

定期账目 ＝账号 ＋ 户名 ＋ 地址 ＋ 款额 ＋ 存期

组织：按账号递增次序排序，即在属性“账号”上建立索引

文件条目示例：

文 件 名：库存记录
别　　名：无
简　　述：存放所有可供货物的库存信息
组　　成：货物名称+编号+生产厂家+单价+库存量
组织方式：索引文件，以货物编号为关键字
查询要求：要求能够立即查询

3. 数据项条目

数据项条目用来定义某个数据项。大多数数据项比较简单，无须定义；有些数据项的特殊含义（通常是该数据项的值类型、允许值、峰值等）需定义。例如：

账号 ＝00000 ～ 99999 或 00000...99999

存期 ＝[1 | 2 | 3] 或[1...3]

数据项条目示例：

数据项名：货物编号
别　　名：G-No，G-num
简　　述：本公司的所有货物的编号
类　　型：字符串
长　　度：10

取值范围及含义：

第 1 位：[J|G]　　(进口/国产)
第 2~4 位：LB01...LB29　　(类别)
第 5~7 位：A00...A99　　(规格)
第 8~10 位：001...999　　(品名编号)

5.3.2 数据词典条目实例

数据词典各类条目的组成内容总结如下。

(1) 数据流条目中给出数据流图中某个数据流的定义，通常包括数据流名、数据流来源、数据流去向、数据流的数据组成和流动属性描述（包括频率、数据量）。

(2) 文件条目是对某个文件的定义，包括文件名、描述、数据结构、数据存储方式、关键码、存取频率和数据量、安全性要求。

(3) 数据项条目，是不可再分解的数据元素，包括数据项名、描述、数据类型、长度（精度）、取值范围及默认值、计量单位、相关数据元素及数据结构。

下面给出一些条目实例，以便读者进一步熟悉条目的写法。

文 件 名：团体成绩
组　　成：队名+ 总分
组　　织：按队名拼音字母顺序排列

文 件 名：项目
组　　成：项目名
组　　织：按项目名拼音字母顺序排列
注　　释：包括本次运动会所有的比赛项目

数据流名：比赛项目
组　　成：{项目名}

数据流名：报名单
别　　名：合格报名单
组　　成：队名+{姓名+项目名}

数据项名：成绩
　　　值：正实数

数据项名：破纪录
　　　值：[是|否]

在上面的数据词典条目实例中，只记录了一些最基本的内容。除了这些内容之外，在数据词典的条目中还可记录简述、数据量、峰值以及数据的其他限制条件等。下面是几个例子：

数据流名：查询
简　　述：系统处理的一个命令
别　　名：无
组　　成：[顾客状况查询|存货查询|发票存根查询]
数 据 量：2000次/天
峰　　值：每天上午9:00—10:00有1000次
注　　释：至2020年底还将增加三四种查询

文 件 名：职工
简　　述：包括专职职工的所有信息
别　　名：无
组　　成：姓名+工号+开始工作日期+工资+部门+$\{项目号+项目负责人\}_1^3$
数　　量：5000
组　　织：按工号递增顺序排列

数据项名：开户日期
简　　述：客户建立账号的日期
别　　名：开始日期
组　　成：年+月+日
值 类 型：6位数字
注　　释：年≥49

总而言之，分析员应根据系统的特点，把用户要求详细、完整地记叙在数据词典条目中。

5.4 加工条目

加工条目即数据处理描述，也称为小说明。加工条目描述实现加工的策略而不是实现加工的细节。加工条目可认为是数据词典的组成部分。也可在数据词典中只说明每个加工的组成（每个处理分解成多少小处理），而在加工条目中详细描述它的处理逻辑。

5.4.1 加工的描述

在数据词典中应尽量做到对每个加工进行详细描述，主要描述“做什么”，包括加工逻辑、激发条件、优先级别、执行频率、出错处理等。需求分析阶段的任务是描述用户的要求，而不是描述具体的加工过程。

加工逻辑是指用户对加工的逻辑要求，体现在输入数据流与输出数据流之间的逻辑关系上。例如，“开发票”的加工逻辑是输出数据流“发票”和输入数据流“订货单”、文件“价目”之间的逻辑关系。

描述加工逻辑可以采用自然语言、半形式化方式和形式化语言。自然语言是用日常的语言来描述事件。这种方式容易理解，但精确度差，且不够简洁。半形式化方式有结构化语言、判定表、判定树。结构化语言具有精确度较高、易写、易理解等特点，便于由计算机来处理和维护。形式化语言则严格、精确，不易理解。

5.4.2 结构化语言

结构化语言（结构化英语或结构化汉语）是介于自然语言和形式化语言之间的一种类自然语言。结构化语言语法结构包括内外两层。内层语法比较灵活，可以使用数据词典中定义的词汇、易于理解的名词、运算符和关系符；外层语法具有较固定的格式，通过设定一组符号来描述各种控制结构。

外层语法描述控制结构，通常采用人们熟知的几种标准结构，如顺序结构、分支结构、循环结构，利用这些控制结构将加工中的各个操作连接起来。表5-1列出了结构化语言描述各种控制结构的典型中英文格式。

内层语法没有什么限制，可由分析员根据系统的具体特点以及用户的接受能力灵活决定。内层语法一般具有以下特点：

- 在语态方面，要求只有祈使句一种，能明确地表达“做什么”。
- 在词汇方面，要求名词采用数据词典中的词，通常不使用含义不明确的词以及形容词、副词等，可以使用一些运算符、关系符等。

表5-1 用结构化语言描述的控制结构

控制结构		结构化语言描述格式
分支结构	如果〈条件〉 　　〈策略〉	IF〈condition〉 　〈policy〉
	如果〈条件〉 　则 　　〈“则”策略〉 　否则 　　〈“否则”策略〉	IF　〈condition〉 　THEN 　　〈THEN policy〉 　OTHERWISE 　　〈OTHERWISE policy〉

续表

控制结构		结构化语言描述格式
分支结构	按下列情况选择策略: 情况 1〈条件〉 〈策略 1〉 情况 2〈条件〉 〈策略 2〉 ⋮ 情况 n〈条件〉 〈策略 n〉	SELECT the policy which applies: CASE 1〈condition〉 〈CASE 1 policy〉 CASE 2〈condition〉 〈CASE 2 policy〉 ⋮ CASE n〈condition〉 〈CASE n policy〉
循环结构	对每个… 〈策略〉	FOR EACH… 〈policy〉
	重复以下 〈策略〉 直至〈条件〉	REPEAT the following: 〈policy〉 UNTIL〈condition〉

表 5-2 列出了用祈使句描述加工的例子。

表 5-2　用祈使句描述加工的例子

英文形式	中文形式
Set Current-Value to zero	置当前值为零
Set Discount to 10% of Total-Amount	置折扣为总值的 10%
Set Balance to Payment plus Balance	把原余额加付款置为新余额
Copy Book-Number on to Invoice	把书号写入发票
Add 20% of Price	把价格增加 20%
Add Payment to Balance	把付款加到余额内
Accumulate Sub-Total to Total	把小计累加到合计中
Reduce Cost by 5%	把成本减少 5%
Reduce Quantity by Sales-Quantity	从数量中减去售出量
Access the Customer-Account	读"顾客账目"文件
Write up Invoice	写发票

结构化中文的语法参考结构化英文的思想,用带有一定结构的中文来描写加工逻辑。以下是两个用结构化描述的加工条目的例子。

处 理 名:核实订票处理(MHGP3200MD)
编　　号:3.2
激活条件:收到取订票信息
处理逻辑:1　读订票旅客信息文件
　　　　　2　搜索此文件中是否有与输入信息中姓名及身份证号相符的项
　　　　　IF 有
　　　　　THEN 判断余项是否与此文件中的信息相符
　　　　　IF 是

```
        THEN 输出已订票信息
        ELSE 输出未订票信息
        ELSE 输出未订票信息
执行频率：实时

处 理 名：月票额统计(MHCW713MD)
编    号：7.1.3
激活条件：收到每日售票额信息
处理逻辑：1  统计月保险金总和
             月保险金总和为当月所有日保险金之和
          2  统计月合计
          月合计为当月所有日合计之和
执行频率：1次/月
```

结构化语言虽无确定的语法规则，但分析员在书写加工条目时应牢记下面两条原则。

(1) 尽可能精确，避免二义性。

(2) 尽可能简单，使用户易于理解。

5.4.3 判定表

判定表也是在设计中常用的技术。在有些情况下，数据流图中的某个加工的一组动作依赖于多个逻辑条件的取值。这时，用自然语言或结构化语言都不易清楚地描述出来，而用判定表就能够清楚地表示复杂的条件组合与应做的动作之间的对应关系。有时，有一些加工不易用语言表达清楚或需很大篇幅才能用语言表达清楚。例如，"检查订购单"的加工逻辑是："如果金额超过500元，又未过期，则发出批准单和提货单；如果金额超过500元，但过期了，则不发出批准单；如果金额不高于500元，则不论是否过期都发出批准单和提货单，在过期的情况下还需发出通知单"。叙述得不简洁，不易理解。而如果用表5-3表示则一目了然，这个表称为判定表。

表5-3 检查订购单的判定表

金额和状态	>500未过期	>500已过期	≤500未过期	≤500已过期
发出批准单	√		√	√
发出提货单	√		√	√
发出通知单				√

条件桩	条件条目
操作桩	操作条目

图5-18 判定表的组成

判定表为说明条件和操作间的相互关系提供了一种规范的方式，已广泛地用于软件开发和维护中。

判定表通常由4部分组成，如图5-18所示。左上部称条件桩(条件类别)，列出决定一组条件的对象，如"金额和状态"。右上部称条件条目(也称条件组合)，列出各种可能的条件组合，如">500未过期"">500已过期"等4项。左下部称操作桩，列出所有的操作或对其的抽象，如"发出批准单""发出提货单""发出通知单"3项。右下部称操作条目(也称操作执行)，列出在对应的条件组合下所选的操作，如√(代表执行对应的操作)。

当需要描述的加工由一组操作组成,而是否执行某些操作又取决于一组条件(或描述条件)时,用判定表描述加工逻辑较合适,描述循环则比较困难。现就表 5-3 给出的例子构造一张判定表,可采取以下步骤:

(1) 提取问题中的条件:金额、期限。

(2) 标出条件的取值。为绘制判定表方便,用符号代替条件的取值,如表 5-4 所示。

表 5-4 条件的取值

条件名	取值	符号	取值数
金额	>500 ≤500	D X	2
期限	未过期 已过期	W Y	2

(3) 计算所有条件的组合数 N:

$$N = 2 \times 2 = 4$$

(4) 提取可能采取的动作或措施:发出批准单、发出提货单、发出通知单。

(5) 制作判定表,如表 5-5 所示。

表 5-5 判定表

金额	D	D	X	X
期限	W	Y	W	Y
发出批准单	√		√	√
发出提货单	√		√	√
发出通知单				√

(6) 完善判定表。初始的判定表可能不完善,表现在两个方面。第一,缺少判定列中应采取的动作。第二,有冗余的判定列,两个或多个规则中,具有相同的动作,而与它所对应的各个条件组合中有取值无关的条件。合并后的规则还可进一步合并,如图 5-19 所示,其中 Y 表示逻辑条件取值为"真",N 表示逻辑条件取值为"假",—表示与取值无关。

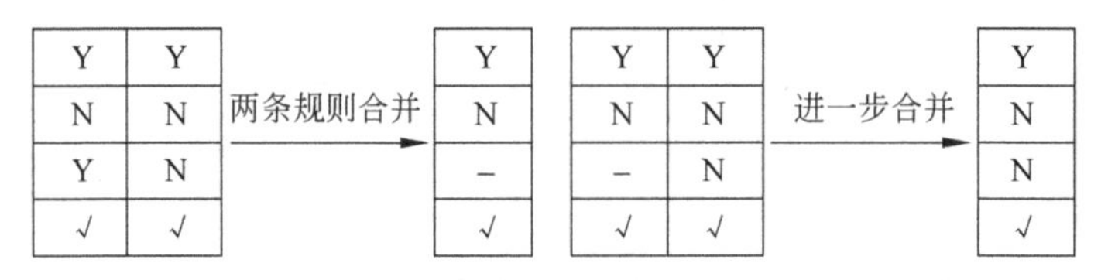

图 5-19 动作相同的规则合并

判定表可以有多种变体,如表 5-6 所示。判定表可以与结构化语言结合使用。

表 5-6 判定表变体的实例

旅游时间	7—9,12 月		1—6,10,11 月	
订票量	≤20	>20	≤20	>20
折扣量	5%	15%	20%	30%

5.4.4 判定树

判定树本质上与判定表是一样的，只不过判定树是用图形方式描述加工逻辑。判定树的特点是结构清晰、易读易懂。下面是一个判定树的例子。

检查订购单
- 金额＞500
  - 已过期
  - 未过期→发出批准单、提货单
- 金额≤500
  - 已过期→发出批准单、提货单和通知单
  - 未过期→发出批准单、提货单

综上，可以用语言、表格、图形等形式描述加工逻辑，也可将它们结合使用。当然这3种描述加工逻辑的形式各有优缺点。对于顺序执行和循环执行的动作，用结构化语言描述；对于存在多个条件的复杂组合的判断问题，用判定表和判定树描述。判定树较判定表直观易读；而判定表进行逻辑验证较严格，能把所有的可能性都考虑到。可将这两种形式结合起来，在判定表的基础上产生判定树。到此应该说具备了构造一部数据词典的技术了，下面就讨论实现一部数据词典的步骤。

5.4.5 数据词典的实现

数据词典的实现步骤如下：

(1) 为每一个要定义的名字准备一张卡片。

(2) 在卡片上写上这个名字及类型(即数据流、文件、数据项或加工)。

(3) 写上这个名字的定义。

(4) 写上这个名字的其他特性及各种限制(如别名、简述、数量、峰值、加工逻辑等)。

(5) 将所有卡片按名字的词典顺序排列起来(可按英文字母顺序排列、拼音字母顺序或笔画排列)。

这样就获得了一个数据词典。在以后的使用中，还要不断对其进行修改和维护，这些事务性工作可由一名受过训练的工作人员来完成。这里介绍的是全人工的方法。全自动化的方法要采用词典管理程序，利用计算机代替人工来完成。还可以采用混合法，即用正文编辑程序、报告生成程序等实用程序来辅助人工过程。

5.5 结构化分析方法小结

1. 分析的步骤

结构化分析方法就是面向数据流自顶向下、逐步求精进行需求分析的方法，必须建立数据流图、数据词典等大量的文档资料。

在自顶向下逐层分解的过程中体现了两个原则——分解和抽象。分解要根据系统的逻辑特性和系统内部各成分之间的逻辑关系进行。逐层分解中的上一层就是下一层的抽象。

对于任何复杂的系统，分析工作都可以按照这样的方式有计划、有步骤、有条不紊地进行。规模不同的系统只是分解的层次不同而已。

用结构化分析方法获得的需求规格说明书由以下几部分组成：

(1) 一套分层的数据流图，描述系统由哪些部分组成、各部分之间有什么联系等。

(2) 建立数据词典,对一些数据流图中出现的名字做进一步说明。

(3) 加工条目,对系统进行比较具体的描述。

(4) 补充材料。

前两条是必有的,第三条是完整性的要求。

结构化分析方法的不足之处如下:

(1) 有局限性。在理解和表达用户的需求上以及和数据库衔接上不太好,所以在开发数据库系统时应将结构化分析方法与数据库设计中的实体-关系(Entity-Relation,ER)方法配合使用。

(2) 在理解与表达人机界面上很差。用结构化分析方法不易说清,需加上一些说明。

(3) 对实时系统的理解与表达能力差。

(4) 对用户需求的表达方式有限。数据流图和数据词典只能供阅读,不能运行、试用。为弥补这一不足,结构分析法可配合使用一种新颖的需求分析法——快速原型法。

2. 需求分析阶段的其他工作

在需求分析阶段还要进行以下工作:

(1) 确定设计的限制(如成本、进度、当前可用的软硬件资源等),并说明每种限制都是合理的。

(2) 确定验收标准。分析员向用户提问:“如果明天将系统交给你,你依据什么认为这个系统是成功的?”这个问题和相应的回答便构成了一组验收标准(应尽可能具体),用于确认每个主要功能的测试方法也应确定。

(3) 编写初步用户手册。用户审查初步用户手册。

(4) 复查需求规格说明书。需求规格说明书写成后,用户和分析员应对它进行复查,仔细评价全部文档的完整性、一致性、正确性和清晰性。

将经过多次修改后得到用户和开发人员双方认可的需求规格说明书装订起来,分成章节,再加上前言、目录等,编成易于阅读的手册。到此,合格的需求规格说明书就产生了,它也标志着需求分析和规格说明阶段的完成。

5.6 案例:图书管理系统数据流图和数据词典

1. 数据流图

顶层数据流图如图5-20所示。

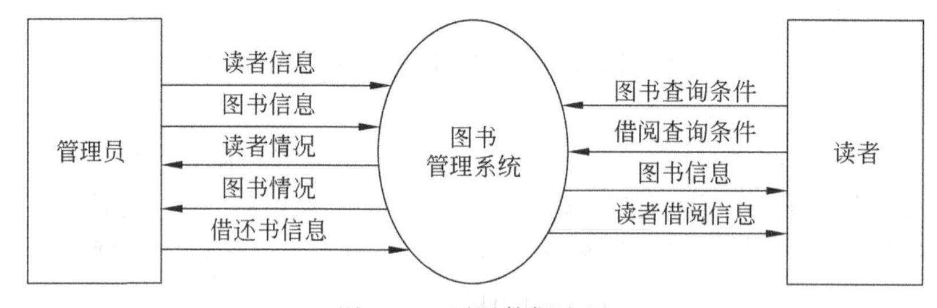

图5-20 顶层数据流图

第 0 层数据流图如图 5-21 所示。

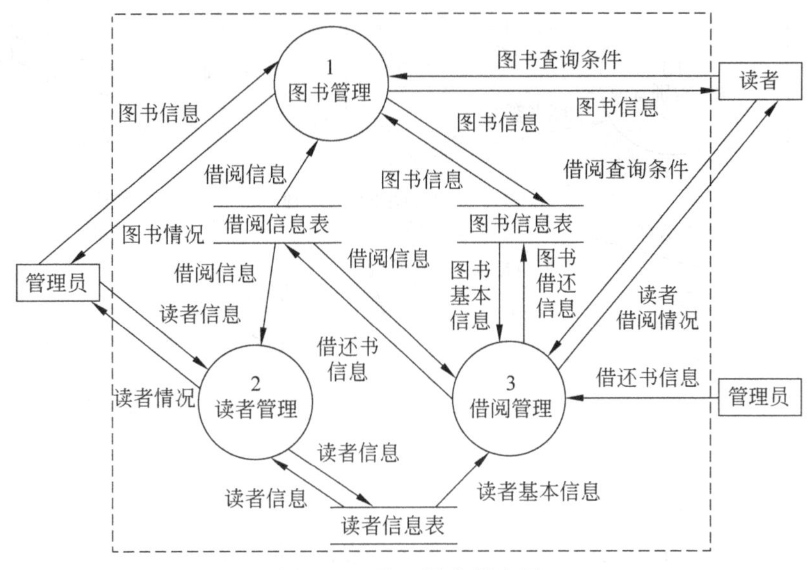

图 5-21 第 0 层数据流图

(1) 图书管理部分包括以下功能：

- 图书类别管理，包括增、删、改等管理。
- 图书信息管理。图书购入后，由管理员将图书编码，并将其具体信息录入图书信息表。图书信息出现错误时，可修改其信息。管理员可按不同方式查询、统计，读者可按不同方式查询。
- 图书注销管理。某些图书会随着时间的增长及知识的更新而变得不再有使用的价值，或者图书被损坏，就要从图书信息表中删除这些图书的记录。
- 出版社信息管理，包括增、删、改等管理。

第 1 层数据流图的图书管理部分如图 5-22 所示。

(2) 读者管理部分包括以下功能：

- 读者类别管理，包括增、删、改等管理。
- 读者信息管理，包括办理、挂失、暂停借阅、注销借阅卡以及录入、修改、删除读者信息等管理。

第 1 层数据流图的读者管理部分如图 5-23 所示。

(3) 借阅管理部分包括以下功能：

- 续借管理。在符合规定的情况下向读者提供续借服务。
- 还书管理。根据借阅卡编号、图书编号等在借阅信息表中找到相应的记录，将借书记录删除，更新该记录的相应数据(图书信息表)。对违反规定的情况计算和登记罚款记录。
- 借书管理。根据借阅卡编号和图书编号进行借书登记。在借阅信息表中插入借书记录，包括读者编号、图书编号、借出日期、借阅编号、操作员等信息，更新该记录的相应数据(图书信息表)。

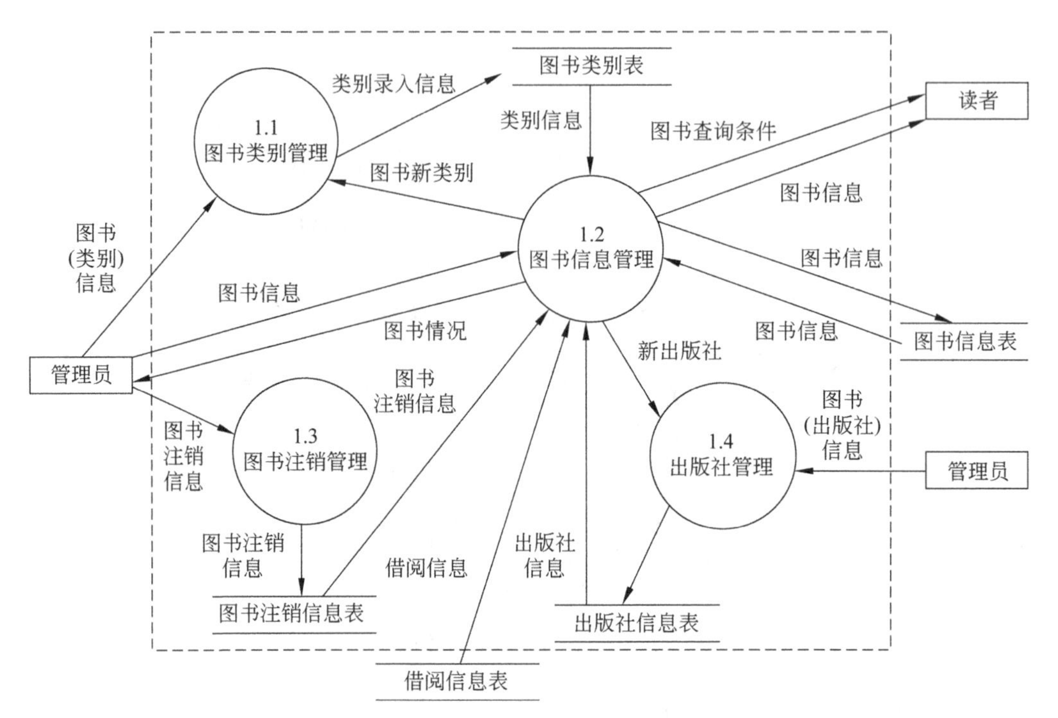

图 5-22 第 1 层数据流图的图书管理部分

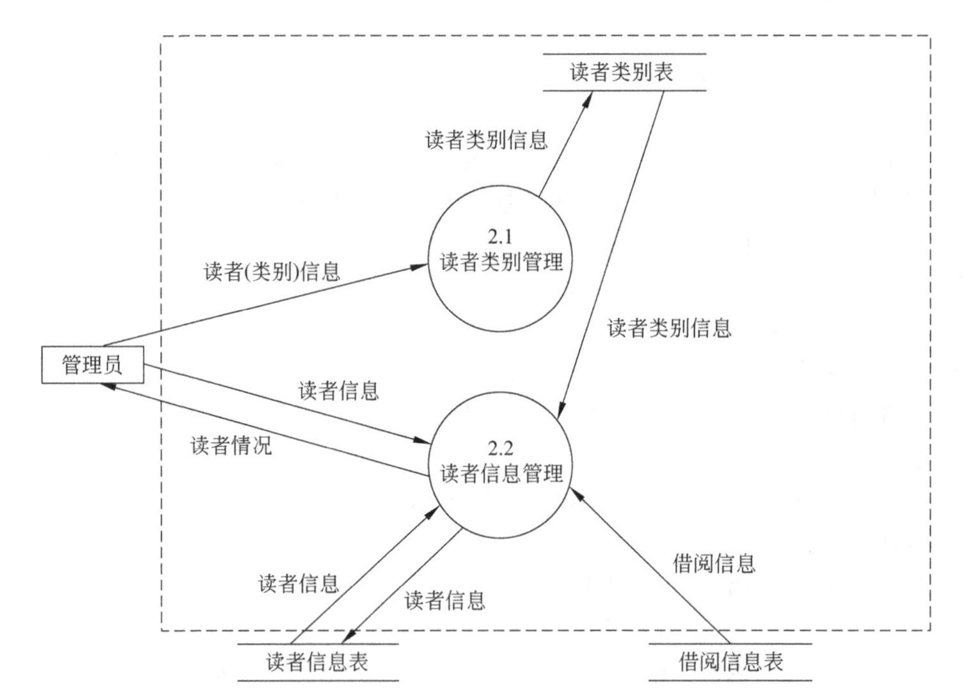

图 5-23 第 1 层数据流图的读者管理部分

第 1 层数据流图的借阅管理部分如图 5-24 所示。

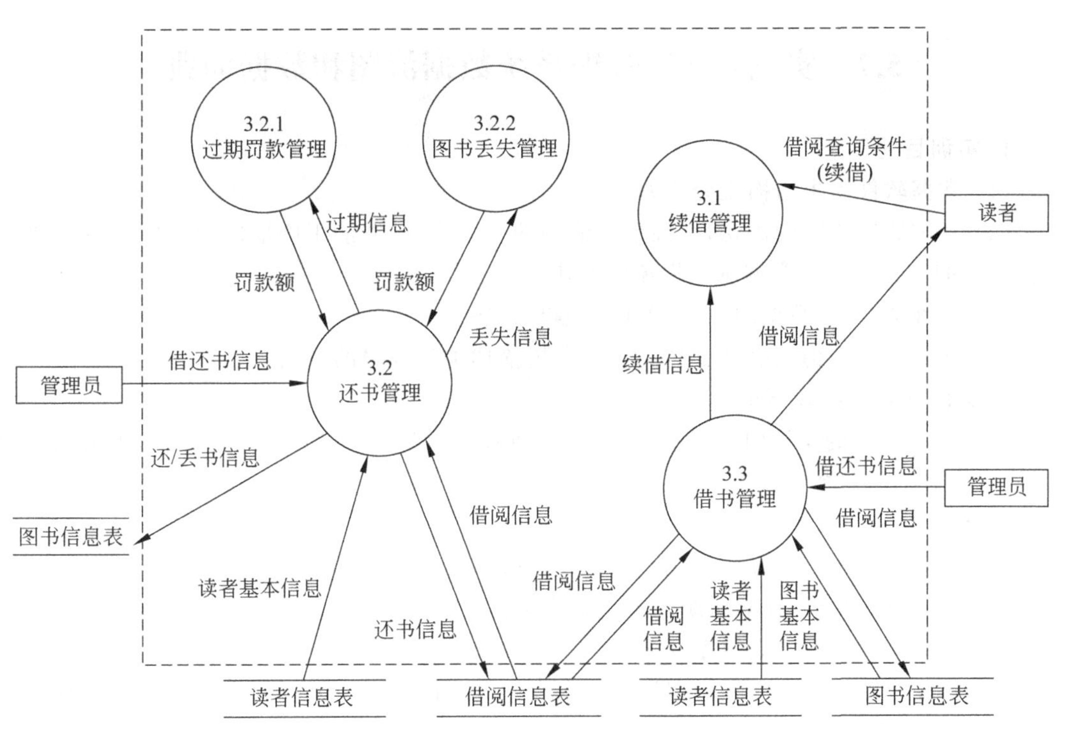

图 5-24 第 1 层数据流图的借阅管理部分

2. 数据词典

图书管理系统的数据词典如图 5-25 所示。

名字：图书编号 别名：无 描述：唯一地标识每一本图书的关键域 定义：图书序列号=1{numeric}10 位置：新书入库	名字：书名 别名：无 描述：标识每一本图书的实际名字 定义：图书名称=1{nvarchar}50 位置：新书入库
名字：作者 别名：无 描述：标识每一本图书的写作者 定义：图书作者=1{nvarchar}20 位置：新书入库	名字：出版社 别名：无 描述：标识每一本图书的出版社 定义：图书出版社=1{nvarchar}50 位置：新书入库
名字：出版日期 别名：无 描述：标识每一本图书的出版时间 定义：图书出版日期=8{nvarchar}20 位置：新书入库	名字：定价 别名：无 描述：标识每一本图书的定价 定义：图书定价=1{nvarchar}10 位置：新书入库
名字：类型 别名：无 描述：标识图书的分类 定义：图书类型=1{nvarchar}2 位置：图书入库 新书入库 借阅登记 图书整理	名字：存放地点 别名：无 描述：标识每一本图书的存放位置 定义：图书存放地点=1{int}4 位置：图书入库 新书入库 借阅登记 图书整理

图 5-25 图书管理系统的数据词典

5.7 实训：学生管理系统数据流图和数据词典

1. 实训目的

(1) 掌握软件需求结构化分析方法。

(2) 理解数据流图的概念，掌握数据流图的基本成分，并能正确地使用相应的符号建立目标系统的功能模型。掌握画数据流图的步骤和方法。

(3) 掌握数据流、数据项、文件条目的编写方法。

(4) 掌握利用结构化语言、判定表、判定树描述加工逻辑的方法。

2. 实训任务与实训要求

根据第4章中的实训内容，使用结构化分析技术对学生管理系统进行分析，画出系统的分层数据流图，编写数据词典。

3. 实训内容与步骤

(1) 利用结构化分析方法，初步分析学生管理系统应具备的功能。

(2) 根据系统功能，建立系统的分层数据流图。

(3) 采用卡片形式建立数据词典

(4) 将完成的数据流图和数据词典写入在第4章的实训中编写的需求规格说明书中。

4. 实训注意事项

(1) 数据流图要准确、规范。

(2) 数据词典要完整、有序。

5. 实训成果

参照案例格式和实训内容与步骤，每个项目小组完成学生管理系统数据流图和数据词典。

小　　结

本章给出了数据流图和数据词典的基本概念。结构化分析方法以数据流图、数据词典等描述手段，用直观的图表和简洁的语言来描述软件系统的模型，获得了广泛应用。在分析过程中，数据流图和数据词典是分析员用以分析目标系统的工具。在分析结束后，它们又相互补充，组成需求规格说明书。

分解与抽象是结构化分析方法的指导思想。通过自顶向下、逐步细化得出的一组分层数据流图是在不同的抽象级别上对系统所做的描述。

习　　题

5.1　什么是数据流图？其作用是什么？其中的基本符号表示什么含义？

5.2　画数据流图的步骤是什么？画数据流图应该注意哪些事项？

5.3　需求分析的难点主要表现在哪几个方面？

5.4　需求分析方法应遵循的原则是什么？

5.5 什么是数据词典？其作用是什么？它有哪几类条目？

5.6 描述加工逻辑有哪些工具？

5.7 什么是结构化分析方法？该方法使用什么描述工具？

5.8 结构化分析方法通过哪些步骤来实现？

5.9 简述结构化分析方法的优缺点。

5.10 选择一个系统(例如人事管理系统、图书管理系统、成绩管理系统等)，用结构化分析方法对它进行分析，并画出系统的分层数据流图，编写数据词典。

第 6 章　软件设计基础

需求分析阶段的产品是需求规格说明书，它只是描述了用户要求软件系统“做什么”。既然提出了“做什么”，那么接下来就是要解决问题，寻求答案。对于一个软件系统而言就是要编出程序，能在计算机上运行。对一个简单问题，可以直接编程序；而对于一个大型系统，就必须在编程之前制订一个计划，这项工作叫设计。设计要决定软件系统的程序结构和数据结构。本章只讨论程序结构。

软件设计是软件工程的重要阶段。软件设计过程是对程序结构、数据结构和过程细节逐步求精、复审并编制文档的过程。

过去，软件设计曾被狭隘地认为是编程序或写代码，致使软件设计的方法学显得缺乏深度和各种量化的性质。经过软件工程师多年的努力，一些软件设计技术、质量评估标准和设计表示法逐步形成并得以应用于软件工程实践。

6.1　软件设计概述

软件设计的任务就是把需求分析阶段产生的软件需求规格说明书转换为用适当手段表示的软件设计文档。按照软件生存周期的划分，设计任务通常分两个阶段完成。第一个阶段是概要设计，用来确定软件的结构，即软件的组成以及各组成成分（子系统或模块）之间的关系。第二阶段是详细设计阶段，其任务是确定模块内部的算法和数据结构，产生描述各模块程序过程的详细设计文档。所有的文档都必须经过复审。

6.1.1　软件设计的任务和步骤

20 世纪 70 年代中期以来，在模块化、自顶向下等传统设计策略的基础上，出现了多种各具特色的系统设计方法，例如面向数据流的结构化设计方法、面向对象的设计方法、面向数据结构的设计方法（Jackson 方法）、LCP 方法等。称它们为系统设计方法，是因为它们不仅覆盖了概要设计和详细设计两个设计阶段，而且包含了与各自设计方法相联系的对系统进行分析的方法与手段。

随着快速原型法的问世，也出现了与之相适应的设计方法——两步设计（two-stage design）。第一步是原型设计（prototype design），其特点是充分利用现有的软件（例如库程序和可重用软件）组成新系统，以便用最快的速度实现用户的主要需求，证明新系统的可行性。从整体上说，这一步的设计最终是不准备使用的，所以又称为“要作废的设计”（discarded design）。第二步是最终设计（final design）或真正设计（real design）。此时，设计人员可以保留在第一步设计中已证明有用的部分，即能够完成有关任务并达到所需性能的那些模块；对其余部分仍应作废并且重新设计。

以上简要介绍了软件设计的任务与步骤。从工程管理的角度，软件设计可分为概要设计和详细设计两个阶段。概要设计是给出软件系统的整体模块结构，即确定系统中每个程序由哪些模块组成及这些模块相互间的调用关系，这些决定了各个模块的外部特性。详细设计是给出软件模块结构中各个模块的输入、输出以及详细过程描述，即决定每个模块的内部特性，包括算法过程及使用的数据。下面将向读者介绍这两个阶段，包括模块化设计和自顶向下逐步细化。它们都是传统的设计策略，在软件工程时代又焕发了新的活力，从而成为许多系统设计方法的基础。结构化设计也属于基本的设计策略。

6.1.2 概要设计的基本概念

概要设计又称总体设计。它的基本任务是将系统划分成模块结构形式，决定每个模块要完成的功能，决定各模块之间的调用关系。一般由上层模块调用下层模块，即垂直调用，避免同一级的调用。概要设计还要决定模块界面，定义数据传递关系。对同一用户需求，可以提出多个设计方案，然后从中选出一个较好的方案来。所谓“较好”是指在一定的限制条件(如成本、时间、可使用资源等)下能使期望的目标(可维护性、可靠性、可理解性、效率等)较大限度地得到满足。

概要设计阶段的主要产品是模块说明书，包括模块结构图以及每个模块的描述。前者指系统的模块组成以及模块间的调用关系。后者包含功能、界面、过程和注释，具体含义如下：

(1) 功能用每个模块的输入输出来描述。

(2) 界面指参数的传递关系。

(3) 过程指模块的内部实现，它通常在该模块的详细设计完成后才补充进来。

(4) 注释主要用于说明对该模块的限制和约束。

在概要设计阶段完成后，要对软件结构的上层进行复查，包括从设计到需求的可追溯性、设计方案的清晰性等。复查由主程序员完成。概要设计是开发过程中关键的一步，因为软件系统的质量及一些整体特性基本上是在这一步决定的。概要设计的主要参加人员是有丰富经验的高级设计人员。

20世纪70年代以来，出现了多种设计方法，其中有代表性的有结构化设计方法、Parnas方法、Jackson方法、Warnier方法等。这些方法都采用了模块化设计和自顶向下、逐步细化的方法。

6.1.3 详细设计的基本概念

概要设计确定了软件的模块结构和接口描述，而详细设计则给出软件模块结构中各个模块的内部过程描述。也就是说，经过详细设计阶段的工作，应该得出对目标系统的精确描述，从而在编程阶段可以把这个描述直接翻译成用某种程序设计语言编写的高质量的程序，当然，对于一些功能比较简单的模块，概要设计之后不做详细设计就直接进行编程也是可以的。

1. 详细设计的基本任务

详细设计的基本任务是描述模块执行过程、局部数据组织、控制流、每一步具体加工要求及实现细节。详细设计讨论的不是某一模块的具体算法设计，而是算法的表示形式。有无合适的软件详细设计的表示方法，也就是能否在编程阶段根据详细设计的结果直接地、机械地用编程语言导出程序，对软件开发人员来说，会直接影响他们的编程效率。所以，详细设计采用了结构化程序设计方法。描述方式一般有3类：图形描述、语言描述、表格描述。图形描述包括传统的流程图、盒图、问题分析图等，语言描述有PDL等，表格描述有判定表等。详细设计阶段的参加人员主要是初级软件人员，但模块结构图中的上层模块或一些关键模块(如含有新的算法的模块)最好由高级软件人员来进行详细设计。

2. 结构化程序设计方法

1) 结构化程序设计方法

结构化程序设计(Structured Programming，SP)的概念最早是由著名荷兰学者E.W. Dijkstra提出的。1965年，他在一个国际会议上指出："可以从高级语言中取消GOTO语句。"同时他认为"程序的质量与程序中所包含的GOTO语句的数量成反比"。1966年，Bohm和Jacopini证明了结构定理。该定理指出：任何程序逻辑都可用顺序、选择和循环3种基本控制结构实现，并且是具有单入口单出口的。3种基本控制结构如图6-1所示。

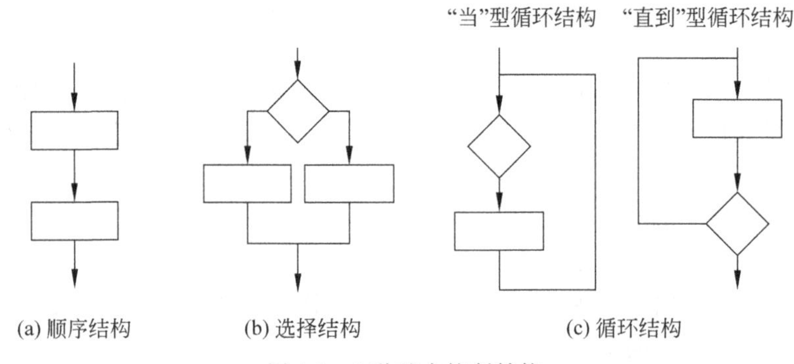

图6-1　3种基本控制结构

结构定理奠定了结构化程序设计技术的理论基础。到了20世纪60年代末期，人们认识到结构化程序设计不是简单地去掉GOTO语句的问题，它应该是一种新的程序设计思想、方法和风格，以显著地提高软件的生产率和降低软件维护的代价。1971年，IBM公司在《纽约时报》信息库管理系统的设计中成功地使用了结构化程序设计技术。随后，在美国宇航局空间实验室飞行模拟系统的设计中，结构化程序设计技术再次获得圆满成功。而这两个系统都是相当庞大的，《纽约时报》信息库管理系统是一个包括了8.3万行高级语言代码的源程序，而飞行模拟系统是一个包含了40万行高级语言代码的源程序，而且在设计过程中用户需求又曾经有过很多改变，然而两个系统的开发工作都按时并且高质量地完成了。这表明软件生产率比以前有了很大的提高，据统计提高了一倍。经过几年的不断完善和发展，结构化程序设计技术成功地经受了实践的检验。

那么，到底什么是结构化程序设计呢？目前还没有一个被人们普遍接受的定义。一个比较流行的定义是：结构化程序设计是一种设计程序的技术，它采用自顶向下、逐步求精的设计方法和单入口单出口的控制结构。结构化程序设计方法的要点归纳如下：

(1) 自顶向下逐步细化。

(2) 具有3种基本结构。

(3) 建立开发支持库。指在整个开发过程中，将项目的进展情况和程序的有关资料等均记录在文档库中，文档库由专职的资料员来维护。

(4) 建立主程序员组。指在软件开发过程中程序员的组织方式,它由主程序员、后备程序员和资料员3人构成核心,再加上若干初级程序员和一些专家组成。在开发过程中,每人都有确定的任务,其中,主程序员在技术方面全面负责,后备程序员随时可以顶替主程序员的职责,初级程序员按主程序员和后备程序员确定的需求规格进行编程,程序最后由主程序员和后备程序员审定。

2) 结构化程序设计方法的特点

结构化程序设计方法有以下优点:

(1) 自顶向下、逐步求精的方法符合人类解决复杂问题的普遍规律,因此可以显著提高软件开发工程的成功率和生产率。

(2) 用先全局后局部、先整体后细节、先抽象后具体的逐步求精的过程开发的程序有清晰的层次结构,因此容易阅读和理解。

(3) 不使用GOTO语句,仅使用单入口单出口的控制结构,使得程序的静态结构(书写结构)和动态结构(运行结构)比较一致。因此,程序容易阅读和理解,开发时也比较容易保证程序的正确性,即使出现错误,也比较容易诊断和纠正。

(4) 控制结构有确定的逻辑模式,编写程序代码只限于使用很少几种直截了当的方式,因此,源程序清晰流畅、易读易懂而且容易测试。

(5) 程序清晰和模块化使得在修改和重新设计一个软件时可以再用的代码量最大。

(6) 程序的逻辑结构清晰,有利于程序正确性的证明。

结构化程序设计方法有以下缺点:

(1) 由于结构化程序设计采用了模块技术,增加了模块间的信息交换量,而且模块分得越小,增加的交换量越多,需要的存储空间和CPU运行时间都会增加(增加10%~20%)。由于硬件技术的飞速进步,这个问题已不显得十分严重。

(2) 有些程序设计语言是非结构化的语言,不提供3种基本控制结构,需要利用GOTO语句实现上述基本控制结构。虽然形式上程序中有GOTO语句,却仍然能够体现出结构化程序设计的基本精神。

3) 结构化程序设计方法类型

经典的结构化程序设计只使用3种基本控制结构。

扩展的结构化程序设计允许使用3种基本控制结构及DO-CASE型多分支结构,后者如图6-2所示。

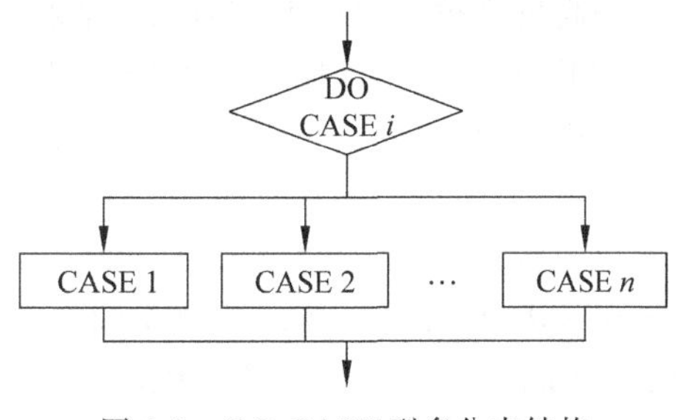

图6-2 DO-CASE型多分支结构

修正的结构化程序设计允许使用3种基本控制结构、DO-CASE型多分支结构以及LEAVE或BREAK结构。

6.2 模块化设计

软件设计的基本概念是从20世纪60年代起陆续提出的。软件设计者根据这组概念进行设计决策,例如,按什么标准划分子部件,如何从软件的概念表示中分离出功能和数据结构的细节,如何以统一的标准衡量软件设计质量,等等。

6.2.1 模块概述

在计算机软件中,模块的概念已经出现了很多年。模块是指完成系统中的某种功能的独立单元,即可用一个名字调用的一段程序语句或软件被划分形成的若干可独立命名和编址的元素,类似子程序的概念。模块具有独立的输入输出、相应的程序结构和数据结构、相应的数据、相应的程序代码等特性。其中,独立的输入输出是模块的外部特性,而相应的程序结构和数据结构、相应的数据、相应的程序代码是模块的内部特性。所以,在分析一个模块时,首先应了解它的外部特性,再确定其内部特性,同由外向内的思考方法是一致的。而设计阶段也采用这种方式,这就是设计过程分为概要设计和详细设计两个阶段原因所在。

1. 模块划分与信息隐蔽

模块划分的基本原则有以下两点:

(1) 相对独立,功能单一。因此,模块可以单独理解、单独编程和单独测试。

(2) 块间联系尽量少,块内联系尽量多。块间联系(耦合度)指模块之间的联系。块内联系(聚合度)指一个模块内部各成分(语句或语句段)之间的联系。尽量少并不是说没联系,否则就没关系了。模块尽量大就会使块间联系减少。

对整个开发过程进行全面考虑。对于可能发生的问题,在设计阶段就考虑解决措施,以提高软件的可靠性与可维护性。

提高可靠性的技术是防护性检查。其要点如下:

(1) 对接近硬件的模块要有纠错处理。例如,对磁带中的文件应存储几份副本以供检查时比较等。

(2) 输入模块应对输入数据进行合理性检查。

(3) 模块之间要加强检查,一旦某个模块发生错误,应设法控制其蔓延。

提高可维护性的技术是信息隐蔽和局部化。

一般,对于在测试期间和维护中可能发生的问题需要修改软件,要求在一个模块内解决。也就是说,如果出了问题,应该只修改本模块,而不影响其他模块,让本模块具有改错、纠错能力。针对这一问题,Parnas 提出了信息隐蔽(information hiding)原则:设计时应首先列出一些将来可能发生变化的因素,在划分模块时将一个可能发生变化的因素隐含在某个模块的内部,使其他模块与这个因素无关,即它对于不需要这些信息的模块来说是不能访问的、隐蔽的、看不见的。信息隐蔽是指模块所包含的信息不允许其他不需要这些信息的模块访问,独立的模块间仅仅交换为完成系统功能而必须交换的信息。信息隐蔽的目的是提高模块的独立性,减小修改或维护时的影响面。

局部化和信息隐蔽这两个概念是密切相关的。所谓局部化是指把一些关系密切的软件元素物理地放得彼此靠近。在模块中使用局部数据元素是局部化的一个例子。显然,局部化有助于实现信息隐蔽。

2. 描述方式

结构化程序设计方法使用的描述方式是结构图,即程序的模块结构图。结构图中的主要成分如下。

(1) 模块,用方框表示,方框中写有反映这个模块功能的名字。

(2) 调用,用箭头表示。

(3) 数据,用调用箭头边上的小箭头表示,且将数据名写在小箭头边上。

在绘制结构图时应遵循以下原则:

(1) 在结构图中,模块间传送的数据按调用模块使用的名字(即实在参数名)命名,如图 6-3 所示。

(2) 设计结束后,作为最终文档资料,结构图可采用图 6-4 的形式。在结构图中为每个调用编上号码,并在结构图的边上用表格列出每个调用的输入和输出参数。

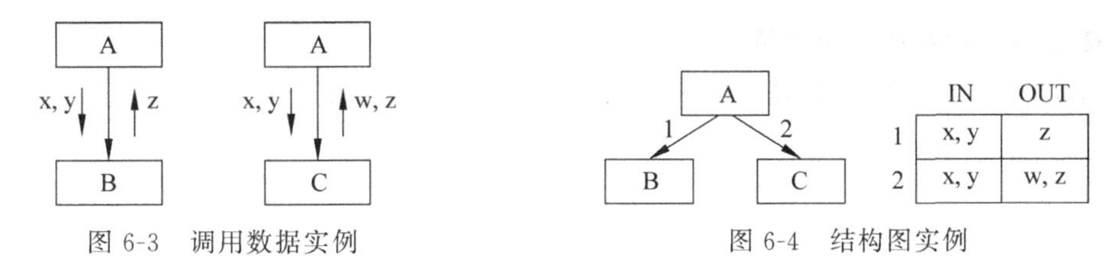

图 6-3 调用数据实例　　图 6-4 结构图实例

(3) 在一个课题组中约定一些命名规则。

(4) 菱形符号表示一个条件,如图 6-5 所示。

(5) 弧形箭头表示循环,如图 6-6 所示。

(6) 带有双竖线左右边框线的方框表示现成的模块或专用模块,它们不必再另行编写,这种模块总在结构图的底层,如图 6-7 所示。

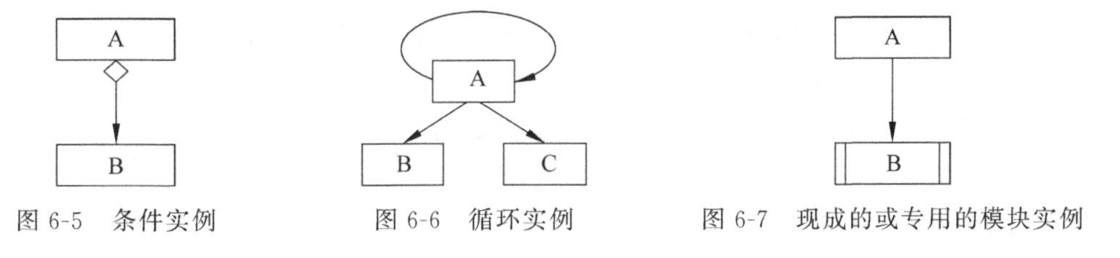

图 6-5 条件实例　　图 6-6 循环实例　　图 6-7 现成的或专用的模块实例

结构图可以采用树形布局并允许递归,如图 6-8 所示。

(7) 一个模块在结构图中只能出现一次,否则修改模块结构时就需要修改多处,这容易造成错误。为了避免线条交叉过多,需多次用到的模块可用圆表示,例如图 6-9 中的 P 模块。

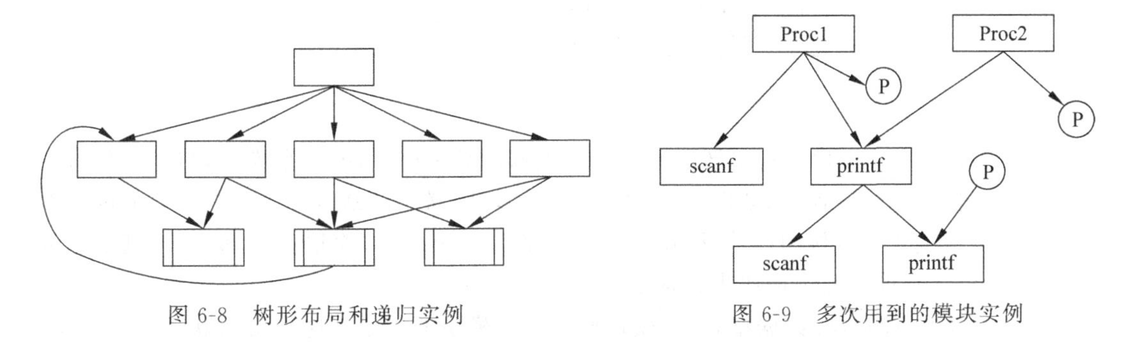

图 6-8 树形布局和递归实例　　图 6-9 多次用到的模块实例

(8) 为了便于他人理解程序的整个结构,设计人员应将整个结构图画在一张纸上。在习惯上,输入模块在左,输出模块在右,计算模块居中。顺便说明一下,所谓图的深度是指控制结构的层次,所谓图的宽度是指控制结构的总跨度。

6.2.2 块间联系和块内联系

程序产生联系的原因一般是程序中几个地方都引用了存储器中的同一位置。例如:

```
MOVE A TO B
MOVE C TO D
MOVE F TO A
```

1. 衡量块间联系的3个方面

块间联系是指模块之间的联系。这种联系的大小一般从3个方面来衡量:方式、作用、数量。

1) 方式

块间联系按照方式可分成两类:

(1) 用过程语句调用,即通过模块的名字调用整个模块。例如:

```
main()                      void proc(int m,int n)
{  …                        {
   proc(a,b);                  …
   …                        }
}
```

(2) 直接调用。一个模块直接存取另一模块内部的某些信息,同时它也通过引用除模块名之外的别的名字引用模块内的信息。

第一种方式块间联系弱,第二种方式块间联系强。

2) 作用

块间联系按照作用可分为3类:

(1) 数据型。例如图6-10中的"成绩",这种情况的块间联系是很弱的。

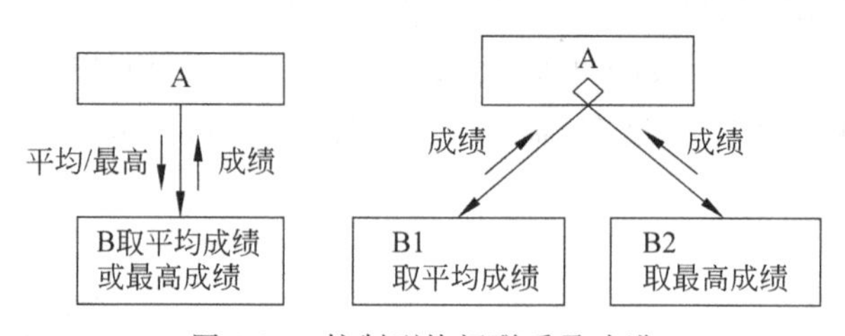

图6-10 控制型块间联系及改进

(2) 控制型。一个模块直接转向另一模块内部的某个位置,即一个模块,将控制信号作为参数显式传送到另一模块,如图6-10所示。这种块间联系的缺点是:一个模块的内部改动可能对其他模块有直接的影响,引用了模块外的另一个名字(模块的内部名)。其实这种情况完全可避免,即用几个模块来分别处理。

(3) 混合型,即控制/数据型,一个模块修改另一模块的指令。这种块间联系的缺点是:修改一方的错误,会导致被修改方的错误,在编程和修改时,这两个模块是难以单独考虑的,所以这种类型的块间联系是很强的。

3）数量

C语言中的全程变量虽然用起来很方便，但它大大增强了块间联系。一个模块最好只引用其调用模块显式传送给它的2～4个参数（数组作为一个参数）以及它本身的局部变量。

2. 块间联系的类型

将上述各方面综合起来，可以把块间联系由弱到强分为下面7种类型：

（1）无块间联系型（非直接耦合）。两个模块中任何一个都不依赖对方，都能独立工作，两个模块没有直接关系，模块独立性最强，如图6-11所示。

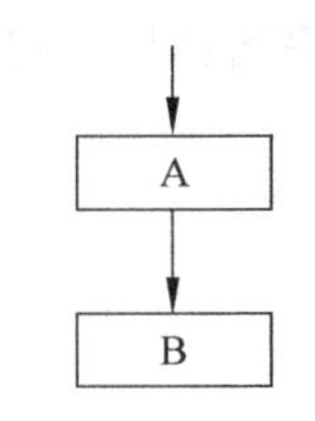

图6-11 无块间联系型

（2）数据型（松散耦合）。一个模块传送给另一模块的参数是单个数据项（或由单个数据项组成的数组），或者一个模块调用另一模块时被调用模块的输入和输出都是简单的数据（若干参数）。

（3）复合型（特征耦合）。一个模块传送给另一模块的参数是一个复合的数据结构（如包含几个数据单项的记录），例如结构体、共用体数据类型。以下是代码示例：

```
struct  stud                void list(struct  stud  student)
{  char  name[20];          {printf("%20s%8ld…",student.name,student.num,…);
   long  num;                  ⋮
   int   age;               }
   char  sex;
}student[3];
main()
{  ⋮
   list(student[0]);
   ⋮
}
```

（4）控制型（控制耦合）。一个模块传送给另一模块的信息是用于控制该模块内部逻辑的控制信号，如图6-12所示。

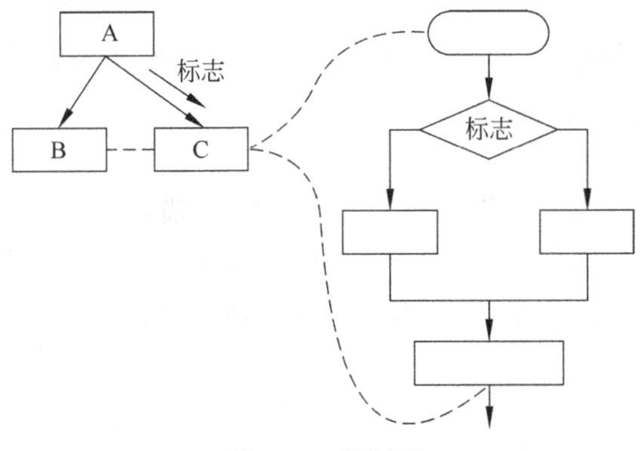

图6-12 控制型

控制型块间联系增大了理解和编程的复杂性，调用模块必须知道被调模块的内部逻辑，增大了相互依赖。去除模块间的控制耦合的方法是：将被调用模块中的判定上移到调用模块中进行,或者将被调用模块分解成若干单一功能模块。

(5) 外部型(外部耦合)。一组模块均与同一外部环境关联(例如,I/O 模块与特定的设备、格式和通信协议相关联),它们之间便存在外部型块间联系。外部型块间联系必不可少,但这种模块数目应尽量少。

(6) 公共型(公共耦合)。两个模块引用共同的公共数据区,公共数据区指全局数据结构、共享通信区、内存公共覆盖区等,如图 6-13 所示。

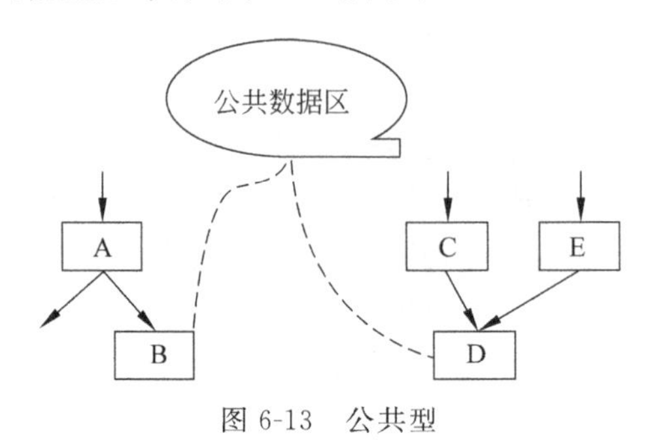

图 6-13 公共型

公共型块间联系存在以下问题:

(1) 软件可理解性降低。

(2) 诊断错误困难。

(3) 软件可维护性差。

(4) 软件可靠性差。

由于公共数据区及全局变量无保护措施,所以慎用公共数据区和全局变量。

(7) 内容型(内容耦合)。一个模块直接引用另一模块内部的数据或控制信息,或者转移到另一个模块中。

模块化设计的原则和目标是减小块间联系,建立模块间耦合度尽可能松散的系统。具体可以从方式、作用、数量 3 个方面认识块间联系入手,具体如下:

- 用过程语句(函数方式等)调用其他模块,降低接口的复杂性。
- 尽可能使模块间传送的参数是数据。尽量使用数据型块间联系,少用控制型块间联系,限制公共型块间联系的范围,坚决避免使用内容型块间联系。
- 使模块间共用的信息尽量少。

2. 块内联系的类型

块内联系是指一个模块内部各部分之间的联系,它描述了一个模块的内部元素在功能上相互关联的强度。结构化程序设计方法的另一个目标是增强块内联系。可以把块内联系强度从小到大分为 6 类:偶然型、逻辑型、瞬时型、通信型、顺序型、功能型。

(1) 偶然型(共存型)。这种块内联系的形成完全是偶然的,模块内各部分间可视为无联系,如图 6-14 所示。

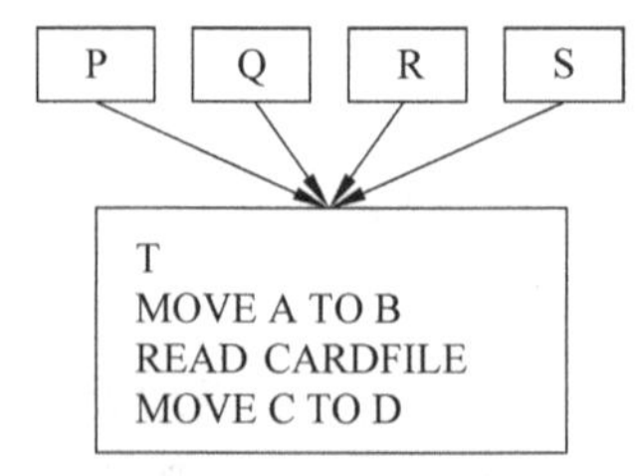

图 6-14 偶然型

偶然型块内联系的缺点是不易修改、不易理解,因此模块的含义不易用一个名字说明,也不易测试、维护。

(2) 逻辑型。模块内部各部分逻辑上相似,即把几种相关功能(逻辑上相似的功能)组合在一个模块内,每次调用模块时,由传给模块的参数确定执行哪种功能,如图 6-15 所示。

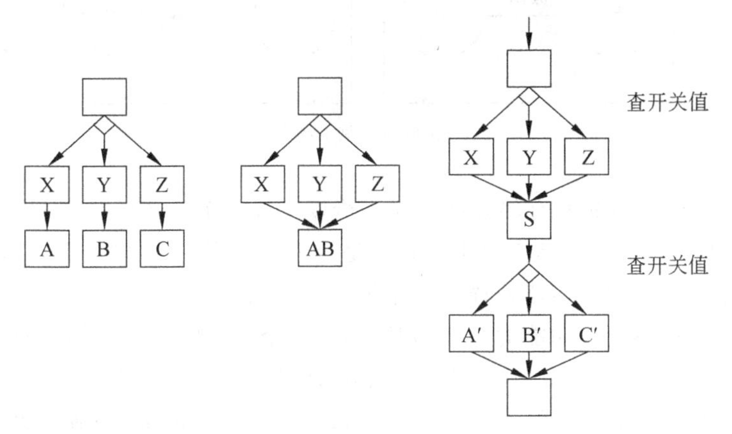

图 6-15　逻辑型

逻辑型块内联系的缺点是不易修改。例如,X 修改 S,而 Y、Z 并不希望 S 被修改。这增加了块间联系。另外,这种编写也不方便,因为每个调用者都需要传送一个开关量等,效率低。

偶然型和逻辑型之所以块内联系小,很大程度上是由于在编写程序时为了节省空间把一些没有联系或联系不大的成分合到一个模块中。

(3) 瞬时型(时间性内聚)。模块内部各部分需要无中断地同时执行,即与时间有关系,如图 6-16 所示。例如,初始化系统模块、系统结束模块、紧急故障处理模块等均是瞬时型模块。

总的来说,以上 3 种块内联系是很弱的,其根本原因是模块中无共用数据。

(4) 通信型。模块内部各部分引用共同的数据,即模块内部各部分使用相同的输入数据,或产生相同的输出结果,如图 6-17 所示。

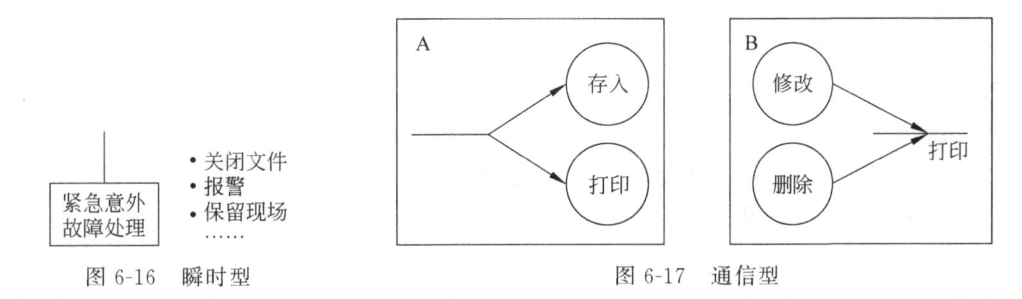

图 6-16　瞬时型

图 6-17　通信型

通信型块内联系的特点是各成分的执行无次序。其缺点是复用性差。

(5) 顺序型(过程性内聚)。模块内部某个部分的输出是另一个部分的输入,或一个部分的输入是另一个部分的输出,即模块内各部分相关,且必须以特定次序执行,如图 6-18 所示。

顺序型块内联系的缺点是复用性差,模块中可能包含了几个功能,或仅包含某个功能的一部分,所以块内联系相对于功能型弱。

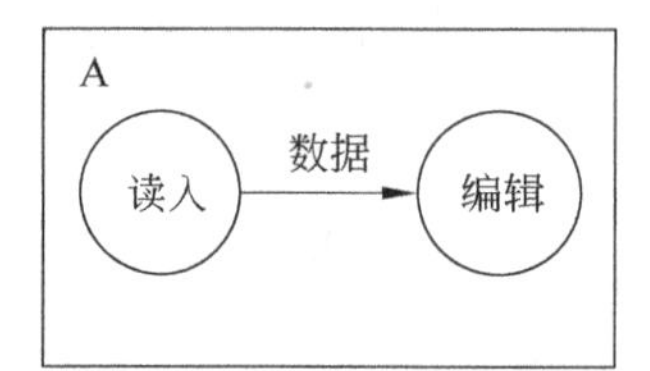

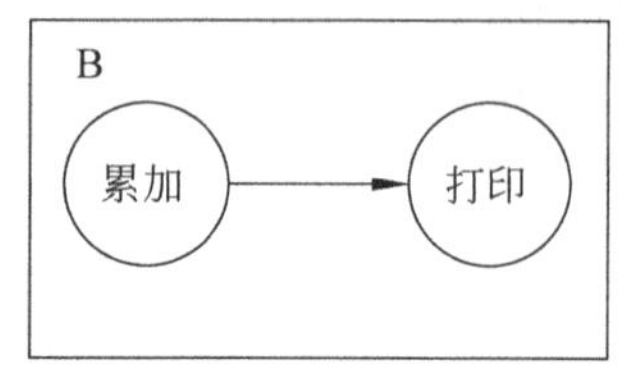

图 6-18　顺序型

(6) 功能型。模块中的所有部分结合起来恰好完成一个具体任务，例如求平方根、计算利息、打印支票等。判定一个模块的块内联系是否为功能型，可从它的调用者的角度看能否用一个不含多个动词的短句简略地描述这个模块"做什么"。

命名一般是以描述模块功能的短句为基础，起一个适合的名字。如"处理命令""处理发送"等。这种方式的优点是：易理解，界面一般比较清晰，易编程，易测试和维护，复用性好(许多功能型模块集中起来构成一个模块库后，选择其中一些模块，经适当集成，就很容易构造一个新的程序)。

功能型模块就像一个黑盒，偶然型模块像一个白盒，而逻辑型、瞬时型、过程型、通信型、顺序型模块则被称为灰盒。

其实，块间联系与块内联系是同一个问题的两个方面，两者得出的结论是一致的。块内联系类型的性能比较如表 6-1 所示，可供设计时参考使用。

表 6-1　块内联系类型的性能比较

块内联系类型	功能型	好	好	好	好	好
块间联系	顺序型	好	好	中	好	好
清晰性	通信型	中	好	差	中	中
复用性	瞬时型	差	中	坏	中	中
可修改性	逻辑型	坏	坏	坏	坏	差
可理解性	偶然型	坏	差	坏	坏	坏

3. 设计总则

根据结构化设计方法的目标"相对独立，单一功能"，其设计总则如下：

(1) 每个模块只执行一个功能(模块划分原则)。

(2) 模块间传送数据型参数。

(3) 模块间共用信息尽量少。

当然，从程序的理解、开发、维护来考虑，做到块间联系弱，块内联系强是好的，但有时实际问题十分复杂，还需考虑其他因素(如效率、分工、历史情况等)，所以，设计人员应根据各类联系的特点综合权衡。

4. 设计质量的度量方法——Mayers 法

编程序少不了修改。有时只修改了一处，但它可能对程序其他部分都有影响。这样，在软件维护时，对提出的修改方案，必须考虑修改造成的影响，这就涉及程序的稳定性问题。

程序的稳定性是指程序对修改造成的影响的抵抗能力。如果对程序的修改会造成较大影响，那么该程序的稳定性较低。下面介绍一种度量程序稳定性的方法——Myers 法。采用这种方法，在设计阶段就能预计程序的稳定性。

Myers 法完全采用矩阵来描述模块间的依赖关系。以这个矩阵为基础，可以获得 4 种度量。

(1) 将矩阵所有元素相加并除以模块总个数，得到一个数值。所得结果可作为设计质量的总体度量，这个数越小越好。它表示当任一模块被修改时整个结构中必须修改的模块个数的期望值。它反映了程序模块间总的依赖度。假设通过计算这个值为 1.92，它表示这样一个概念：当程序中任一个模块被修改时，还应有 0.92 个其他模块被修改。

(2) 将矩阵中第 i 行的所有元素相加，得出一列值。它表示模块 i 被修改时必须修改的模块个数的期望值。

(3) 用 1 分别减去矩阵中第 i 行的每个元素(除去第 i 个元素)，并将所有的差值相乘，得到一列值。它表示模块 i 被修改时不必修改其他模块的概率。

(4) 对矩阵中第 i 行的所有元素由大到小排序，可得到一张模块顺序表。例如，对模块 D 来说，顺序表为 B、A、C、E。它表示模块 D 被修改时需要随之修改的模块顺序。它也可以表示以下含义：模块 D 被修改后，为了检查程序是否退化需重新测试的模块顺序。

6.3 结构图的改进

6.3.1 模块的大小

模块的大小一般指源程序的行数。怎样选择合适的模块的大小？它有没有一个最佳范围？这是设计人员普遍关心的问题。W.M.Weinberg 的研究表明，当模块的大小超过 30 行时，其可理解性将迅速下降。F.T.Baker 则建议，模块的大小可以在 50 行左右，使之能打印在一张 A4 纸上，免得读程序时要来回翻页。一种为多数人接受的意见是：模块的大小为 50～100 行，但这个范围不是固定的，应视具体情况而定。有以下两种情况：

(1) 对于较大的模块(比 100 行多很多)，应检查它是否包含了好几个功能，是否可以从中分离出一些功能，构成同层或下一层的其他模块。但若程序略多于 100 行，并且是一个具有独立功能的程序，也不必非要分离一部分出来。

(2) 对较小的模块，可以考虑同它的调用模块合并。但若是一个满足以下条件的模块，即使很小，也最好将其作为一个独立模块：

- 模块是功能型的。
- 这个功能可能会发生变化。
- 有多个调用模块(即复用性好)或调用模块很复杂。

有时，一个小模块在功能上是独立的，不必非得有 50 行。模块过大，可理解程度下降；模块过小，系统开销大于有效操作所需资源，系统接口复杂。

6.3.2 扇出和扇入

扇出(fan out)是指一个模块调用其他模块的个数，或者说这个模块具有多少个下属模块，如图 6-19 所示。一般，如果一个模块的扇出大，则说明该模块的功能多、复杂。为了控制模块的复杂性,一般要求一个模块的扇出不超过7个。若发现一个模块的扇出较大,应考虑重新分解。但若一个模块的功能是"分类"型的(如含有CASE语句),则可按问题本身分解,不受扇出的限制。

扇入(fan in)是指一个模块被其他模块调用的个数,即共有多少模块需要调用这个模块,如图6-20所示。扇入大,说明该模块的复用性好,所以希望模块的扇入越大越好。

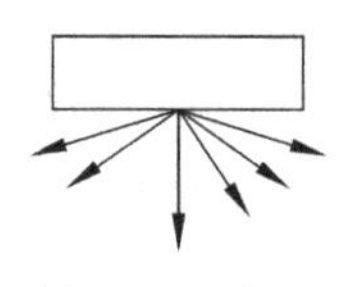

图6-19　扇出

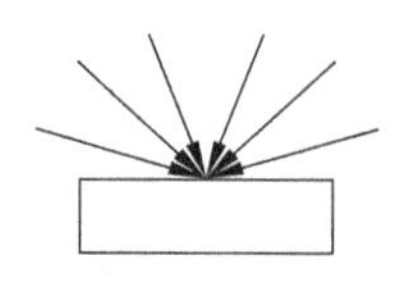

图6-20　扇入

在设计过程中,经常会发现几个模块具有类似的甚至是相同的功能,这样不仅浪费了编程、测试的时间,并且当功能变化时需同时修改几个模块,给修改带来麻烦。所以应设法将重复的功能消除。消除重复功能的方法是:先仔细分析各模块,找出其中功能相同的部分,然后把这个部分分离出来,构成原来的几个模块的公共的下层模块。如果余下的模块比较简单,可以同它们的调用模块合并。

这样做的目的就是:通过模块的分解和合并,减小块间联系,增大块内联系,降低模块接口的复杂性,模块接口过于复杂是软件发生错误的一个重要原因。例如,一个求一元二次方程根的源程序如下:

```
TBL(1)=A
TBL(2)=B
TBL(3)=C
CALL QUAD-ROOT(TBL,X)
```

这里,模块QUAD-ROOT使用数组TBL传送方程参数,使用数组X回送方程的根。对模块QUAD-ROOT而言,接口TBL和X意义不明确。因此,可以将上面的代码段简化为CALL QUAD-ROOT(A,B,C,ROOT1,ROOT2)。在设计模块接口时,应使得传递的信息简单,并与模块的功能一致。

如果一个模块只有一个入口和一个出口,则这个模块是易于理解和维护的。应力求设计出单入口和单出口的模块,避免病态连接。病态连接是指转移或引用到另一个模块的内容耦合。要尽量避免这种病态连接,以减少块间联系。

说明:

(1) 良好的结构图往往是树状,即顶部有一个主模块,下面逐层扇出而逐步加宽,到底部则较窄(扇入)。

(2) 结构图的形态应该均衡,即从顶层模块至各个底层模块的路径长短不应过于悬殊,否则说明功能分解不合理,应考虑重新分解。

6.3.3 作用范围和控制范围

1. 作用范围

模块的作用范围是指模块内的判定的作用范围。判定的作用范围是指所有受这个判定

（直接和间接）影响的模块。它有两种情形：

（1）模块中含有一些依赖于这个判定的操作。

（2）若一个模块是否执行取决于某个判定，即调用模块中含有调用该模块的过程语句，而这个过程语句的执行取决于这个判定，则该模块的调用模块也在此作用范围内。

从一般的意义来说，一个判定的作用范围内的模块可能会有下面3种情况：

- 整个模块是否执行依赖于判定的结果。
- 上述模块的下属模块。
- 模块内部分功能的执行依赖于判定的结果。

2. 控制范围

控制范围包括模块本身及其所有的下属模块，不论这些下属模块是由该模块直接调用还是间接调用的。

结构化设计方法要求一个含有判定的模块的作用范围应处在这个模块的控制范围之内，即作用范围应该是控制范围的子集。例如，图6-21所示的情况是违反这一原则的。其中，黑色菱形符号表示判定。

如果结构图中的模块的作用范围不在控制范围之内，可采用下述方法对结构图进行改进：

（1）将包含判定的模块本身或其包含的判定合并到它的调用模块之中，从而使判定处于足够高的位置，如图6-22和图6-23所示。

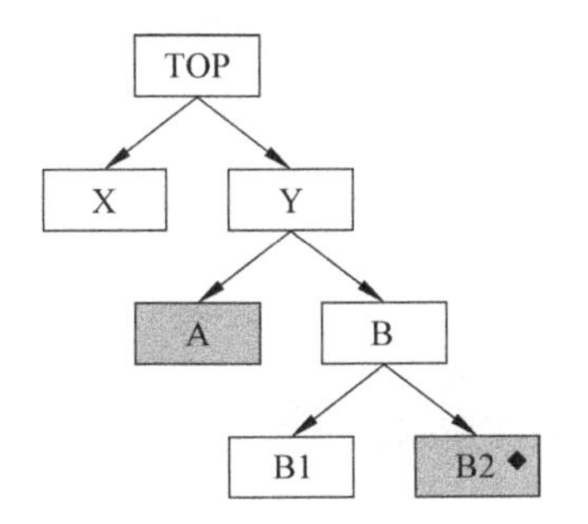

图6-21　违反原则的结构图

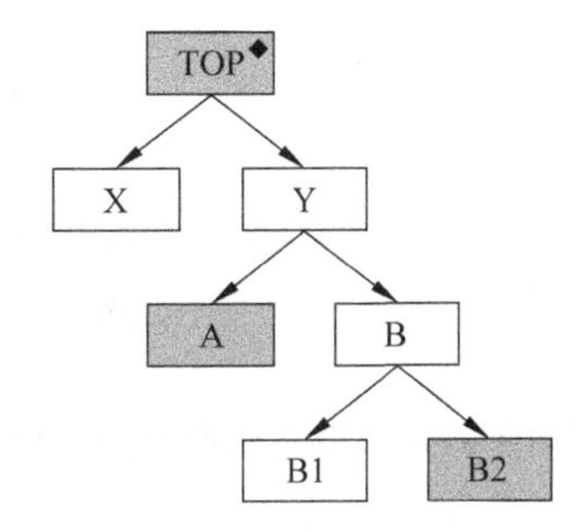

图6-22　将判定上移之一

（2）将受判定影响的模块下移到控制范围之内，如图6-24所示。

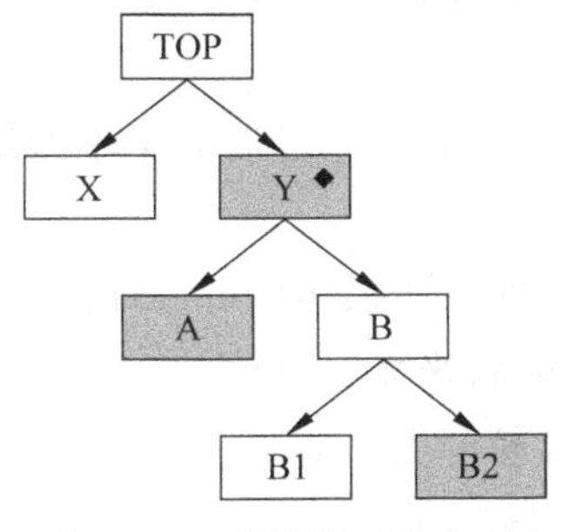

图6-23　将判定上移之二

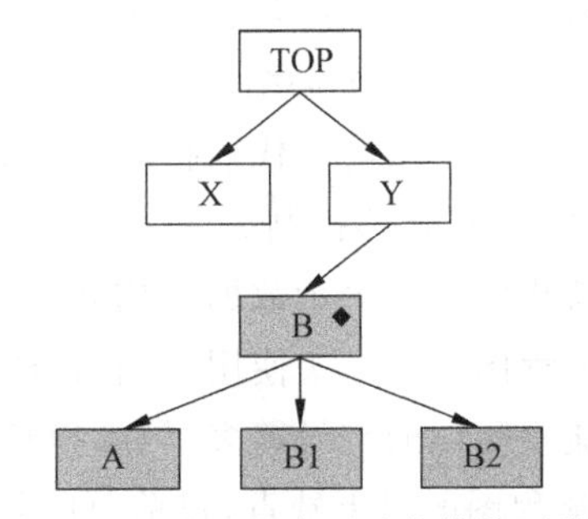

图6-24　将受判定影响的模块下移

总之，上述技巧可用一句话概括：使判定同受其影响的操作尽可能靠近。

6.4 详细设计的描述方式

6.4.1 流程图

程序流程图简称流程图(Flow Chart,FC),又称程序框图,它是图形描述方式中比较直观、形象而且易于理解、复查的方法,是历史最悠久、流行最广的方法。大多数程序人员把画流程图作为编码的先导。许多人在程序编好后也用流程图来表达程序的算法,以便同他人进行交流。由于流程图具有能随意表达任何程序逻辑的优点,在很长一段时间里广泛流行,在讲解程序设计的教材中也多加以介绍。从 20 世纪 40 年代末到 70 年代中期,流程图一直是软件设计的主要工具。在美国等国家,将结构化分析、结构化设计和结构化编程方法衔接起来,成为通行的软件描述方法。图 6-25 是流程图中常用的符号。

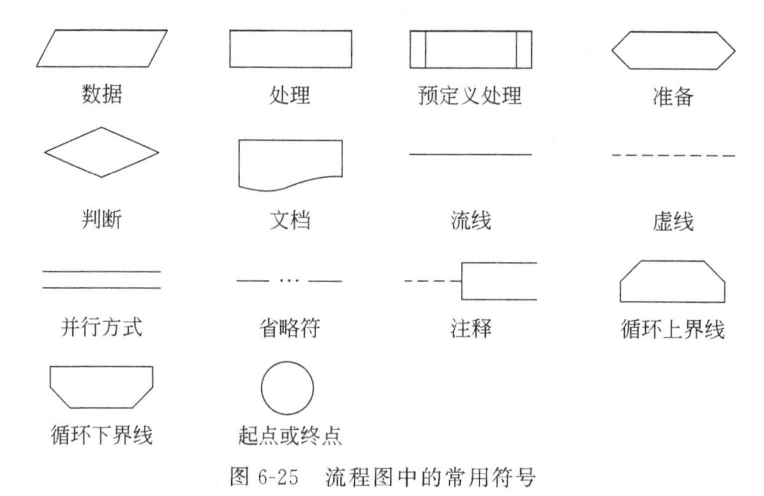

图 6-25 流程图中的常用符号

在流程图中也能表达数据处理的控制结构,如图 6-26 所示。

图 6-27 是流程图的例子。

流程图的优点是:对控制流程的描绘很直观,简单清晰,便于初学者掌握。

流程图的缺点有以下几个:

(1) 流程图本质上不是逐步求精的好工具,它诱使程序员过早地考虑程序的控制流程,因而容易忽视程序的全局结构。

(2) 流程图中用箭头代表控制流,因此程序员不受任何约束,可以完全不顾结构化程序设计的原则,随意转移控制。

(3) 流程图不易表示数据结构和描述有关的数据,而只能描述执行过程。

(4) 流程图中的箭头使用不当时,流程图不易理解,将来无法维护。

(5) 流程图中的符号繁多,篇幅很长,记忆不便,容易产生误解。

鉴于流程图的以上缺点,目前总的趋势是不再使用程序流程图了。

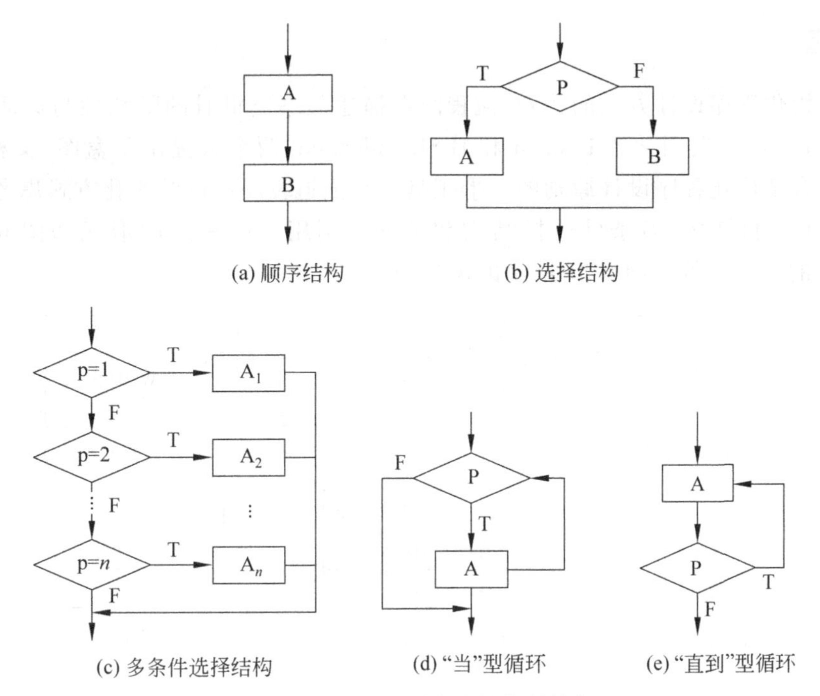

图 6-26 用流程图表达的控制结构

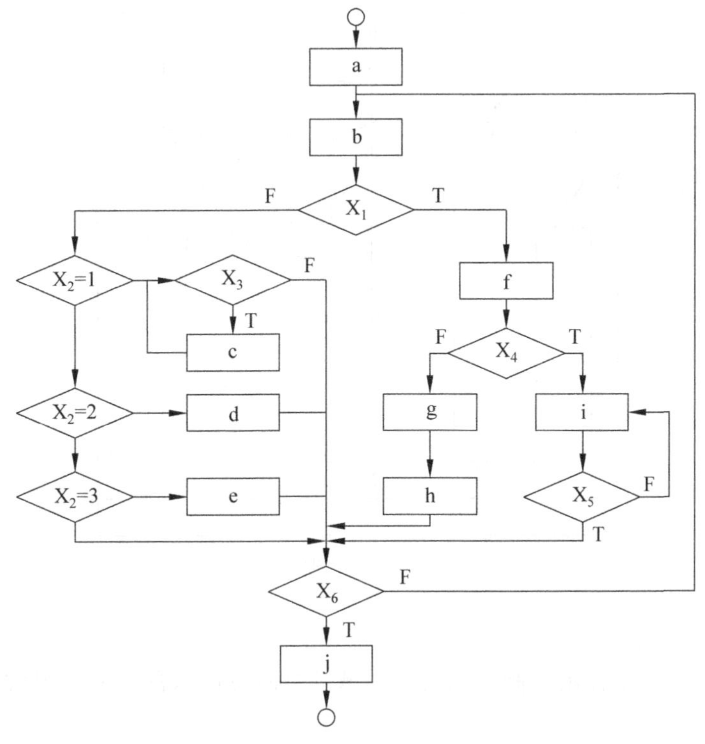

图 6-27 流程图实例

6.4.2 盒图

随着结构化程序设计方法的普及,流程图在描述程序逻辑时的随意性与灵活性变成了它的缺点。1973年,美国学者I.Nassi和B.Shneiderman两个人提出了盒图,又称N-S图。它是一种符合结构化程序设计原则的图形工具。它强迫程序员以结构化方式思考和解决问题。3种基本控制结构、多条件选择结构和子程序调用盒图表达的形式如图6-28所示。图6-29所示的盒图等效于图6-27所示的流程图。

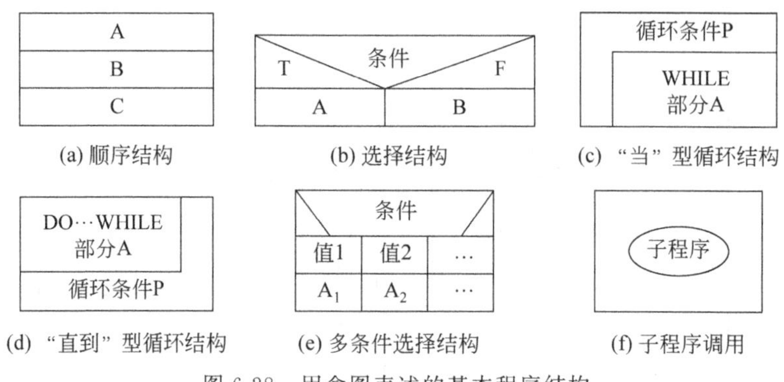

图6-28 用盒图表述的基本程序结构

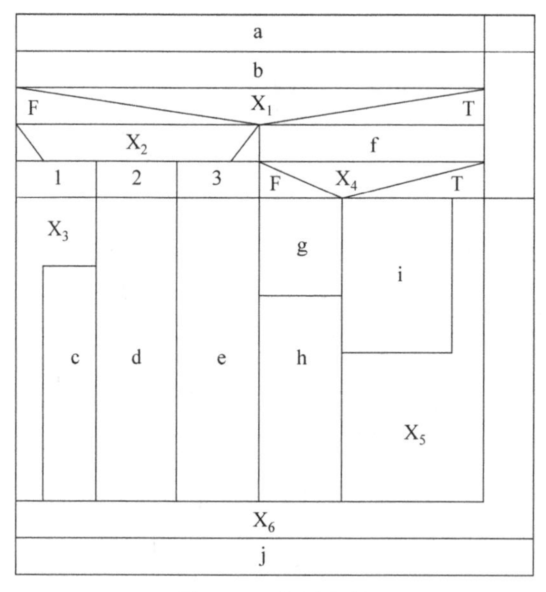

图6-29 盒图实例

盒图的优点如下:

(1) 功能域(即一个特定控制结构的作用域)明确,可以从盒图上一眼就看出来,具有良好的可见度。

(2) 不可能任意转移控制。设计人员只能按盒图提供的符号描述,无流程线。

(3) 很容易确定局部和全局数据的作用域。

(4) 很容易表现嵌套关系且嵌套深度没有限制,也可以表示模块的层次结构。

(5) 简单,易学易用。

由于上述优点,盒图已成为一种流行的描述方式。

盒图的缺点是手工修改比较麻烦。

6.4.3 问题分析图

问题分析图(Problem Analysis Diagram, PAD)是由日本日立公司二村良颜(Y.Futamura)等人于1973年提出的,它用二维树形结构的图形来表示程序的控制流,将这种图按"走树"规则翻译成程序代码比较容易。与盒图一样,PAD也只能描述结构化程序允许使用的几种基本结构。图6-30显示了用PAD表示的基本控制结构。

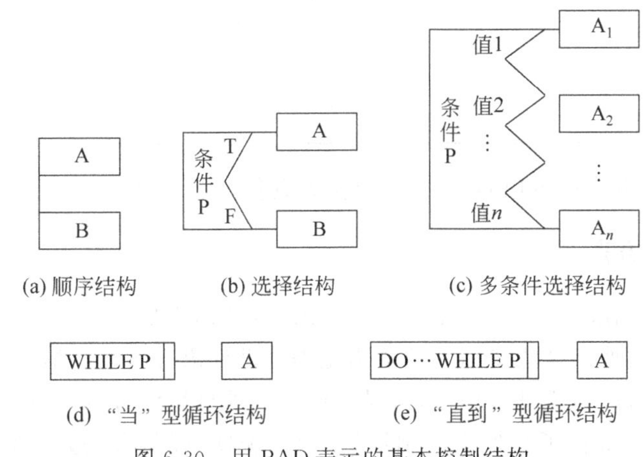

图6-30 用PAD表示的基本控制结构

顺着PAD所呈现的树形结构移动,并依次将遇到的PAD成分转换成相应的程序语言即可。

PAD的优点如下:

- 使用表示结构化控制结构的PAD符号所设计的程序必然是结构化程序。
- PAD所描绘的程序结构十分清晰。在图6-30中,最左面的竖线是程序的主线,即第一层结构。随着程序层数的增加,PAD逐渐向右延伸,每增加一层,图形向右扩展出一条竖线。PAD中竖线的总条数就是程序的层数。
- 用PAD表现程序逻辑时易读、易懂、易记。PAD是二维树形结构的图形,程序从图中最左侧竖线上端的结点开始执行,按自上而下、从左向右的顺序执行,遍历所有结点。
- PAD很容易转换成高级语言源程序,这种转换可用软件工具自动完成,从而可省去人工编码的工作,有利于提高软件可靠性和软件生产率。
- PAD既可用于表示程序逻辑,也可用于描绘数据结构。
- PAD的符号支持自顶向下、逐步求精的方法。开始时设计者可以定义一个抽象的程序,随着设计工作的深入,使用图形符号逐步增加细节,直至完成详细设计。

6.4.4 IPO 图

IPO(Input-Process-Output,输入-处理-输出)图是层次结构图(Hierarchy plus Input-Process-Output,HIPO)的一部分,用来描述层次结构图中每一个功能模块内部的数据处理过程,包括输入、处理和输出3个部分。通常,IPO图有固定的格式,处理部分总是位于中间,输入和输出部分分别在其左边和右边。IPO图的格式如表6-2所示。

表 6-2 IPO 图的格式

<table>
<tr><td colspan="2">IPO 图编号(模块编号):</td><td colspan="2">层次结构图编号:</td></tr>
<tr><td colspan="2">数据库设计文件编号:</td><td>编码文件号:</td><td>编程要求文件号:</td></tr>
<tr><td>模块名称:</td><td>设计者:</td><td>使用单位:</td><td>编程要求:</td></tr>
<tr><td>输入部分</td><td colspan="2">处理部分</td><td>输出部分</td></tr>
<tr><td>……</td><td colspan="2">……</td><td>……</td></tr>
</table>

在实际工作中,有时也可以将IPO图简化为只包括输入、处理、输出3部分。

6.4.5 过程设计语言

过程设计语言(Process Design Language,PDL)又称为伪码(pseudo code)、伪程序,是一种混杂语言。它的外层语法使用一种结构化程序设计语言的语法描述控制结构和数据结构,是确定的;内层语法描述具体操作,可灵活使用一种自然语言(如英语),是不确定的。

PDL的外层语法提供了结构化控制结构、数据说明、模块化、过程部分、注释部分的特点,总体结构同一般程序相同。内层采用自然语言的自由语法,用于描述处理过程。

数据说明应该既包括简单的数据结构(如纯量和数组),又包括复杂的数据结构(如链表或层次化的数据结构)。

PDL的语句中嵌有自然语言的叙述,是不能被编译执行的。

下面一段PDL描述的算法与图6-27的流程图以及图6-29的盒图相同。

```
Execute process a
Do
    Execute process b
    If condition X1
        Then
            Execute process f
            If condition X4
                Then
                    Do
                        Execute process i
                    While(condition X5)
                Else
                    Execute process g
                    Execute process h
```

```
        Else
            Switch(X2)
                Case 1: While(condition X3)
                        Execute process c
                Case 2: Execute process d
                Case 3: Execute process e
While(condition X6)
Execute process j
```

需求分析阶段采用结构化英语描述用户需求时可以描述得比较抽象，因为它是给用户看的；而详细设计阶段采用 PDL 描述模块的内部算法时应较详细具体，因为它是给程序员看的。

PDL 可采用类 Pascal、C、COBOL、Ada 等。

PDL 的优点如下：

- 由于它同自然语言很接近，所以易于理解、修改。
- 可以作为注释嵌入源程序，成为程序的内部文档，这将有效地提高程序的自我描述性，同时这样做能促使维护人员在修改程序代码的同时也相应地修改 PDL 注释，因此有助于保持文档和程序的一致性，提高文档的质量。
- 由于采用了语言形式，所以易于使用普通的文本编辑程序或文字处理程序对 PDL 进行编辑和修改。
- 由于 PDL 与程序是同构的，所以可以利用工具自动地由 PDL 生成程序代码。

PDL 的缺点是：不如图形描述直观，描述复杂的条件组合与动作间的对应关系时不如判定表清晰、简单。

软件人员在决定选取何种详细设计表示方法时，除了参照表 6-3 所列的准则外，还取决于具体模块的特点和软件开发者本人的习惯和爱好。

表 6-3　详细设计常用表示方法比较

准　　则	表 示 方 法		
	流　程　图	PAD	PDL
易用性	优	良	优
逻辑表达能力	中	良	良
机器可读性	中	中	中
转换程序代码的难易程度	较易	较易	易
结构化	差	优	良
易修改性	差	差	良
数据表示能力	差	中	中
易验证性	差	中	中
使用频率	高	低	高

6.5 案例:图书管理系统结构图

通过对图书管理系统的功能分析,可以定义系统的功能模块。系统共分为4个模块:

(1) 图书管理。该模块可以添加、修改、删除图书的基本信息。

(2) 读者管理。该模块可以添加、修改、删除读者的基本信息。

(3) 借阅管理。该模块可以添加、修改、删除借阅信息。

(4) 系统管理。该模块可以添加、删除用户和修改登录密码。

图书管理系统结构图如图6-31所示。

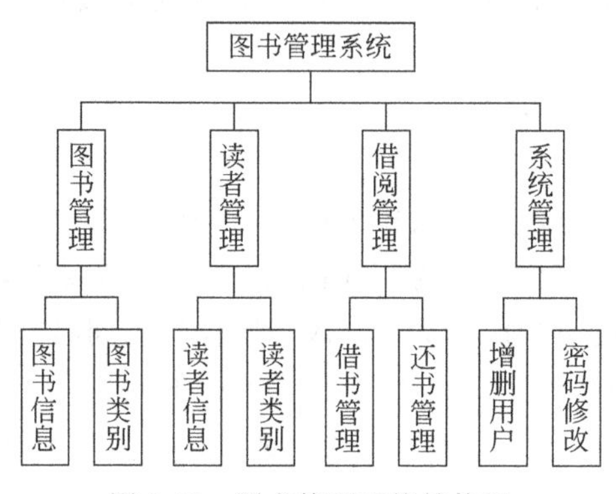

图6-31 图书管理系统结构图

6.6 实训:学生管理系统结构图

1. 实训目的

(1) 理解软件设计阶段的任务,了解结构化程序设计的方法。

(2) 掌握使用过程设计工具描述模块的详细数据结构和算法的方法。

(3) 掌握系统结构图、流程图、E-R图的绘制方法。

2. 实训任务与实训要求

(1) 根据学生管理系统的数据流图对系统进行分析、改进和优化,得到本系统完整的软件结构图。

(2) 绘制系统部分功能的流程图。

(3) 创建数据模型,绘制E-R图,并根据E-R图创建相关数据库和数据表。

3. 实训内容与步骤

(1) 在第5章的实训中,已经使用结构化方法详细分析了学生管理系统,并完成了数据流图。本实训根据第5章实训中的数据流图划分模块,完成软件结构图。

(2) 根据学生管理系统结构图,绘制部分功能的流程图。

(3) 根据系统设计要求,建立相应的数据模型,绘制E-R图。

(4) 参照系统E-R图,使用SQL Server 2005创建数据库,设计相关数据表结构。

4. 实训注意事项

(1) 软件结构图和E-R图应准确、合理、规范。

(2) 数据库、数据表应设计完善。如果有兴趣,可以按照国家标准GB/T 8567—2006《计算机软件文档编制规范》中关于数据库(顶层)设计说明的格式要求完成数据库设计说明书。

5. 实训成果

参照案例格式和实训内容与步骤,每个项目小组提交一份学生管理系统结构图。

小　　结

软件设计的主要任务是根据需求规格说明书导出系统的实现方案。软件设计可分为概要设计和详细设计两个阶段。

概要设计的任务是建立软件系统的体系结构。详细设计的主要任务是描述每个模块的算法,即实现该模块功能的处理过程。

概要设计要遵循相应的设计原理,如模块化、抽象、自顶向下逐步求精、信息隐藏、局部化和模块独立性等。软件详细设计中最常用的技术和工具主要是流程图、盒图、问题分析图、判定表和PDL语言。

习　　题

6.1 简述信息隐蔽与模块独立性两个概念之间的关系。

6.2 衡量模块独立性的两个标准是什么?它们各表示什么含义?

6.3 举例说明各种类型的块间联系。

6.4 举例说明各种类型的块内联系。

6.5 何谓自顶向下设计?它有什么优点?为什么说对于大型软件开发项目仅仅使用这一种方法并不合适?

6.6 什么是软件结构?结构图的主要内容有哪些?

6.7 通常采取哪些措施减小块间关系?

6.8 什么是模块的作用范围?什么是模块的控制范围?

6.9 程序流程图的特点有哪些?

6.10 结构化程序设计的基本要点是什么?

6.11 PDL的特点是什么?它有哪些优点?

6.12 PAD的特点是什么?

第 7 章　面向数据流的设计方法

面向数据流的设计方法，即通常所说的结构化设计方法，是根据需求阶段对数据流的分析（一般用数据流图和数据词典表示）设计软件结构。数据流图主要描绘信息在系统内部加工和流动的情况。面向数据流的设计方法根据数据流图的特性定义两种映射，这两种映射能机械地将数据流图转换为程序结构。该方法的目标是为软件结构设计提供一个系统化的途径，使设计人员对软件有一个整体的认识。本章所述技术用于软件的概要设计描述，包括模块、界面和数据结构的定义，这是所有后续开发工作的基础。每种软件设计方法都有长处和不足，选用时首先应考虑它的适用范围。任何软件系统都可以用数据流图表示，理论上，面向数据流的设计方法可用于任何软件系统的开发。然而，该方法对那些顺序处理信息且不含层次数据结构的系统（例如过程控制、复杂的数值分析过程以及科学与工程方面的应用等）最为有效。

7.1　基本概念和设计过程

一个软件系统是为解决一个实际问题而开发的，而一个实际问题常常会随着社会的发展和业务范围的扩大而变化，作为解决这个实际问题的软件系统也势必相应地变化——修改、扩充。所以，我们希望实际问题修改几处，软件系统也只修改相应几处，而不要扩大修改范围，这就需要解决问题结构与程序结构的对应问题，以提高可维护性和易读性。这里所说的程序结构指的是软件系统的模块总体结构、框架结构。

在数据处理系统中有两种典型的程序结构：变换型和事务型。

1. 变换型（IPO 型）

在基本系统模型中，信息通常以外部世界所具有的形式进入系统，经过处理后又以这种形式离开系统，如图 7-1 所示。输入信息流沿传入路径进入系统，同时由外部形式变换为内部形式，经系统变换中心加工、处理，作为输出信息流又沿传出路径离开系统，并还原为外部形式。即，输入模块 I 从输入设备或存储器获得数据，利用处理模块 P（加工模块或变换模块）对这些数据进行处理，最后将结果通过输出模块 O 送到输出设备或存储器。如果数据流图所描述的信息流具有上述特征，则称作变换型，也称 IPO 型。

图 7-2 是变换型程序结构的实例。

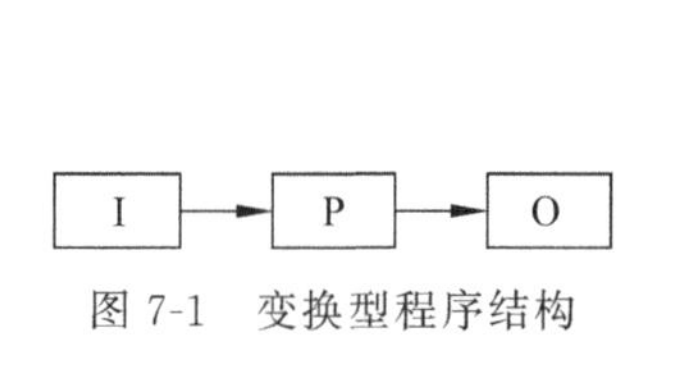

图 7-1　变换型程序结构

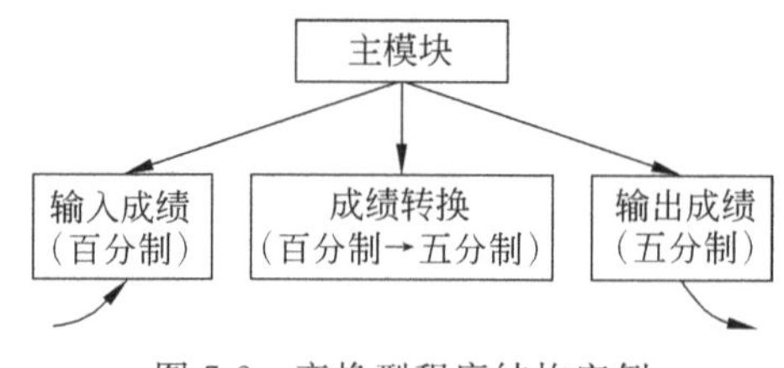

图 7-2　变换型程序结构实例

有时变换型结构会有几个变种，例如，有多个主变换，有多个输入数据，有多个输出数据，无主变换，等等。

2. 事务型

由于基本系统模型呈变换流，故任意系统中的信息均可用变换流刻画。但若数据流具有如图7-3所示的结构，则称为事务型。此时，单个数据项（称为事务）沿传入路径进入系统，由外部形式变换为内部形式后到达事务中心，事务中心根据数据项计值结果从若干动作路径中选定一条继续执行。即，由主模块接受一项事务，它根据事务的不同类型，选择某一类事务层中某个事务处理模块进行处理，这个事务处理模块又需调用操作层中的若干操作模块，每一操作模块又调用细节层中的若干细节模块来完成操作，这样通过层层调用来完成某一事务的处理。事务型结构具有以下特点：①不同的事务处理模块可能共用一些操作模块；②不同的操作模块可能共用一些细节模块。事务型结构也有几种变种，例如有几个细节层或没有细节层。

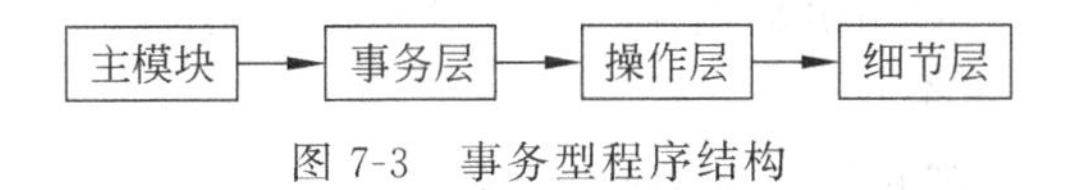

图7-3 事务型程序结构

值得注意的是，在大系统的数据流图中，变换型和事务型程序结构有时可以混合使用，例如在某个变换型结构中，某个变换模块可以具有事务型结构的特点，即分层。在这些形式中，上层模块一般只负责控制、协调工作，而具体的操作由下层模块（如输入模块、输出模块、细节模块等）完成。

面向数据流的设计方法的设计步骤如下：

(1) 精化数据流图。

(2) 确定数据流图的类型。

(3) 把数据流图映射为系统模块结构，设计出模块结构的上层。

(4) 基于数据流图逐步分解上层模块，设计出下层模块。

(5) 根据模块独立性原理精化模块结构。

(6) 给出模块接口描述。

7.2 变换分析

在第5章里，利用结构化分析方法获得了系统的需求规格说明书。在本节中将讨论如何利用变换分析方法从数据流图导出初始结构图。结构化设计方法是与结构化分析方法相衔接的方法，即

问题结构 → 数据流图 → 程序结构

数据流图一般有两种典型结构：变换型结构和事务型结构。这样就可以分别利用变换分析和事务分析技术导出标准形式的程序结构图。

变换型数据流图是具有比较明确的输入、主加工（变换）、输出界面的数据流图，总体上是一种线性结构，如图7-4所示。在这个变换型数据流图中：

(1) 主加工是系统的中心工作，如“修改”加工。

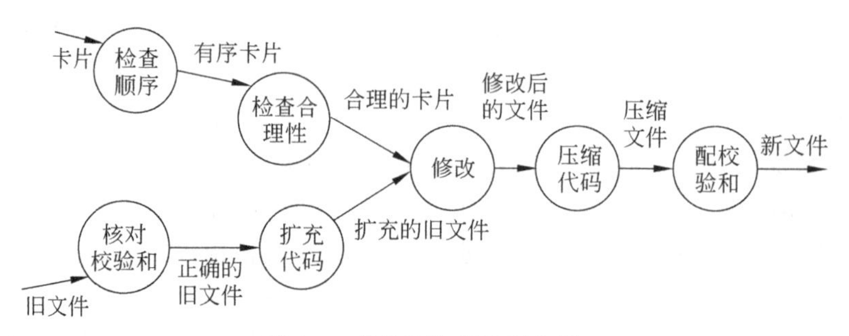

图 7-4 变换型数据流图实例

(2) 物理输入是系统输入端的数据流,即最原始的输入,如“卡片”。

(3) 逻辑输入是主加工的输入数据流,如“合理的卡片”。

(4) 物理输出是系统输出端的数据流,如“新文件”。

(5) 逻辑输出是主加工的输出数据流,如“修改后的文件”。

下面介绍变换分析的各个步骤。

1. 确定系统的主加工、逻辑输入和逻辑输出

如果对系统的需求规格说明书很熟悉,确定系统的主加工以及逻辑输入和逻辑输出是比较容易的,即先确定主加工,再确定逻辑输入和逻辑输出。例如,几个数据流的汇合处往往是系统的主加工,其前后的数据流自然是逻辑输入和逻辑输出。

有时主加工一时不能确定,也可以先确定哪些数据流是逻辑输入和逻辑输出,具体做法如下:

(1) 确定逻辑输入。从物理输入端开始,一步步向系统的中间移动,一直到某个数据流不能被看作系统的输入为止,则其前一个数据流就是系统的逻辑输入。换言之,找出离物理输入端最远的仍被看作系统的输入的那个数据流,它就是逻辑输入,当然,逻辑输入之前的那些加工应看作辅助加工。

(2) 确定逻辑输出。从物理输出端开始,一步步向系统中间移动,也可以找出离物理输出端最远的,仍被看作系统输出的那个数据流,它就是逻辑输出。同样,逻辑输出之后的那些加工应看作辅助加工。

(3) 确定主加工。对系统的每一个物理输入和物理输出,都可以用上面的方法找出相应的逻辑输入和逻辑输出,即系统可以有一个或多个逻辑输入和逻辑输出,而位于逻辑输入和逻辑输出之间的加工就是主加工。

在一些系统中,逻辑输入就是逻辑输出,这些系统只有输入和输出两部分,没有主加工。

2. 设计模块结构的顶层和第一层

这是把数据流图映射到软件模块结构的第一步。SD 方法采用自顶向下的设计策略。要建立一个模块结构,则首先要先决定顶层在哪里,即解决系统要做什么。一般,在主加工的相应位置上设计一个主模块——顶层,也就是整个程序要做的工作。下面就可按输入、变换、输出 3 部分来处理,然后再决定结构图的第一层,也就是解决系统怎样做的问题。

(1) 为每一个逻辑输入设计一个输入模块,向主模块提供数据。

(2) 为每一个逻辑输出设计一个输出模块,由输出主模块提供的数据。

(3) 为主加工设计一个变换模块,将逻辑输入变换成逻辑输出。

第一层与主模块之间传送的数据应该与数据流图对应。主模块的功能是控制并协调输入模块、变换模块和输出模块的工作。

3. 设计下层模块

这一步还是按自顶向下、逐步细化的原则为每个模块设计它的下层模块。

(1) 输入模块的下层模块的设计。输入模块的功能是向调用它的模块提供数据,所以它本身要有数据来源。因此,输入模块可由两部分组成,一部分负责接收数据,另一部分将这些数据变换成其调用模块所需要的数据。这样,可以为每一个输入模块设计两个下层模块:一个是输入模块,另一个是变换模块。如图 7-5 所示。模块调用时传送的参数可以同数据流图相对应。按这样的方法自顶向下递归进行,直到达到系统的物理输入端。每设计出一个新的模块,都应给它起一个合适的名字,以反映出这个模块的功能。

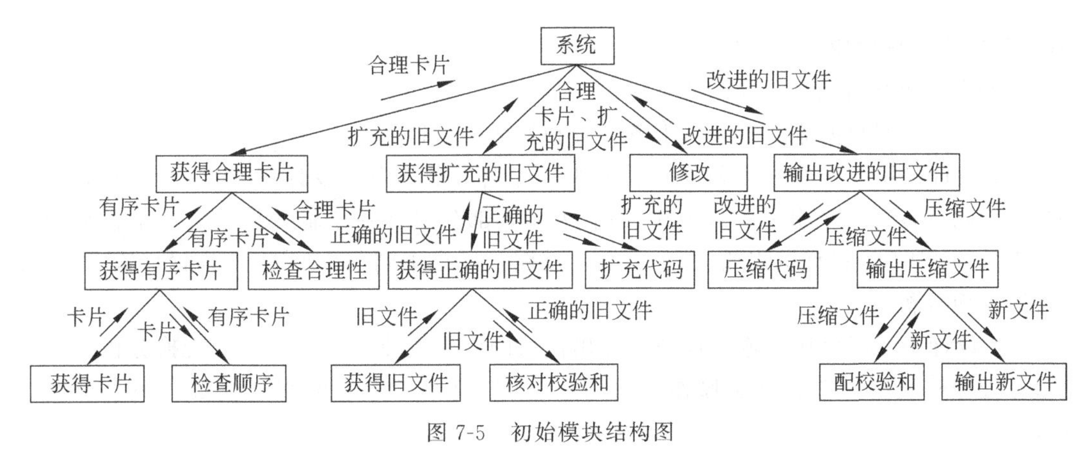

图 7-5 初始模块结构图

(2) 输出模块的下层模块的设计。同理,输出模块的功能是将调用模块提供的数据输出。所以,为每一个输出模块设计两个下层模块:一个是变换模块,另一个是输出模块,递归进行,直到达到系统的物理输出端。

(3) 变换模块的下层模块的设计。为变换模块设计下层模块没有一定的规则可循,此时需研究数据流图中相应加工的组成情况。

通过以上一步一步的设计,就可以得到与变换型数据流图相对应的初始模块结构图,如图 7-5 所示。

7.3 事务分析

当数据流具有明显的事务特征,即能找到一个事务和一个事务中心时,采用事务分析法更为适宜。

某个加工将它的输入分离成一串发散的数据流,形成许多通向后面的加工的活动路径,并根据输入的值选择其中一条路径,这个加工称为事务中心。例如,图 7-6 中的"分类"就是事务中心。

事务分析的步骤与变换分析类似,主要差别在于从数据流图到程序结构的映射。通过事务分析,可以从事务型结构的数据流图导出标准形式的程序结构。事务分析同样采用自

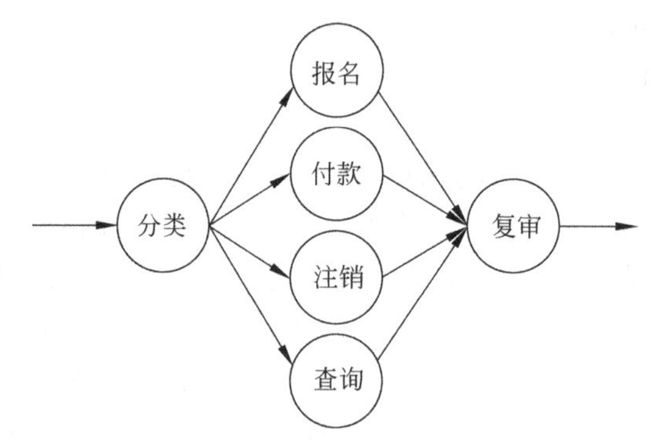

图 7-6 事务中心实例

顶向下、逐步细化的原则。

下面介绍事务分析的各个步骤。

(1) 在事务型数据流图中找出事务中心和各活动路径。

(2) 设计模块结构的顶层和第一层模块。首先为事务中心设计一个主模块,然后为每一条活动路径设计一个事务处理模块,最后为输入部分设计一个输入模块。如果各活动路径是发散的,则不需设计输出模块;如果各活动路径又集中到一个加工,则需设计输出模块。其余同变换分析。

(3) 设计中下层模块。输入模块和输出模块的下层模块的设计方法同变换分析。为每个事务处理模块设计它的下层操作模块,再为操作模块设计它的细节模块……直至设计完成。

这样,就可以得到与事务型数据流图相对应的初始模块结构图。

7.4 综合设计

在实际的软件系统中,数据流图往往是变换型和事务型的混合体,这就要应用综合设计的方法:一般以变换分析为主,以事务分析为辅进行设计——先找出主加工,设计出结构图的上层,然后根据数据流图各部分的结构特点适当地运用变换分析或事务分析,就可得出初始模块结构图。

众所周知,对软件结构的修改越早越好。人们把软件总体结构设计与详细过程设计分开正是为了提供尽早优化结构的可能性。有时,甚至可以并行地开发若干个软件结构,通过评比,求得最佳结果。

简洁的程序结构容易调试和维护。因此,在优化设计时,只要不违反模块化原则,就应该使用尽可能少的模块;只要满足信息要求,就应该使用尽可能简单的数据结构。

不管是何种设计——变换设计、事务设计、综合设计,设计人员都应遵循以下原则:

(1) 程序结构尽可能与问题结构相对应,程序结构不是指编写程序的结构,而是指模块、框架总体结构。

(2) 块间联系尽可能低,块内联系尽可能高。

由于数据流图并不能反映出所有的用户要求(诸如控制流、出错处理、过程性信息和种种限制等都是在小说明中表达的),而基于数据流图得出的模块结构显然不是一个完美的方案,所以,设计人员应认识到后面还有大量的改进和补充工作要去完成。

7.5 SD方法小结

SD方法的特点如下:

(1) 从问题的结构推出解决问题的程序结构。

(2) 为了完成大型复杂的软件系统的设计,采用分解和抽象的方法。

① 可将一个大的系统分解成多个黑盒。

② 可将黑盒分解成层次结构的模块。模块划分原则:块间联系少,块内联系多,即耦合度小,聚合度大;块间尽量用数据型,块内尽量用功能型。

(3) 程序结构图直观清晰,易理解,为以后的编程、测试、维护提供了良好的条件。

SD方法的缺陷:对数据结构、文件结构和数据库结构没有考虑充分;块间联系、块内联系这两个概念无严格定义。

7.6 软件设计文档

7.6.1 概要设计说明书

这里给出ISO提供的规范,它是最原始的概要设计说明书的编写格式,适用于采用结构化设计思想的软件设计。

1 引　　言

1.1 编写目的

说明编写这份概要设计说明书的目的,指出预期的读者。

1.2 背景

给出待开发软件系统的名称。

列出本项目的任务提出者、开发者、用户。

1.3 定义

列出本文件中用到的专门术语的定义和外文缩略语的原形。

1.4 参考资料

列出有关的参考资料。

2 总体设计

2.1 需求规定

说明对本系统主要输入输出项目、处理的功能性能要求。具体如下。

2.1.1 系统功能

2.1.2 系统性能

2.1.2.1 精度

2.1.2.2 时间特性要求

2.1.2.3　可靠性

2.1.2.4　灵活性

2.1.3　输入输出要求

2.1.4　数据管理能力要求

2.1.5　故障处理要求

2.1.6　其他专门要求

2.2　运行环境

简要地说明对本系统的运行环境的规定。

2.2.1　设备

列出运行本系统所需要的硬件设备。说明其中的新型设备及其专门功能。

2.2.2　支持软件

列出支持软件,包括要用到的操作系统、编译(或汇编)程序、测试支持软件等。

2.2.3　接口

说明本系统同其他系统之间的接口、数据通信协议等。

2.2.4　控制

说明控制本系统运行的方法和控制信号,并说明这些控制信号的来源。

2.3　基本设计概念和处理流程

说明本系统的基本设计概念和处理流程,尽量使用图表的形式。

2.4　结构

给出本系统结构总体框图(包括软件、硬件结构框图),说明本系统各模块的划分,简要说明每个系统模块的标识符和功能,分层次地给出各模块之间的控制与被控制关系。

2.5　功能需求与系统模块的关系

本节用一张矩阵图说明各项功能需求的实现同各模块的对应关系,形式如下:

系统模块 功能需求	系统模块1	系统模块2	…	系统模块 m
功能需求1	√			
功能需求2		√		
⋮				
功能需求 n		√		√

2.6　人工处理过程

说明在本系统的工作过程中必须包含的人工处理过程。

2.7　尚未解决的问题

说明在概要设计过程中尚未解决而设计者认为在本系统完成之前必须解决的各个问题。

3 接口设计

3.1 用户接口

说明将向用户提供的命令和它们的语法结构,以及相应的返回信息。

说明提供给用户操作的硬件控制面板的定义。

3.2 外部接口

说明本系统同外界的所有接口的安排,包括软件与硬件之间的接口、本系统与各支持系统之间的接口。

3.3 内部接口

说明本系统之内的各个系统元素之间的接口的安排。

4 运行设计

4.1 运行模块组合

说明对本系统施加不同的外界运行控制时形成的各种运行模块组合,说明每种运行所涉及的内部模块的支持软件。

4.2 运行控制

说明每种外界运行控制的方式方法和操作步骤。

4.3 运行时间

说明每种运行模块组合占用各种资源的时间。

5 系统数据结构设计

若不涉及软件设计,可不包含本部分。

5.1 逻辑结构设计要点

给出本系统内软件所使用的每个数据结构的名称、标识符以及它们之中每个数据项、记录、文卷和系统的标识、定义、长度及它们之间的层次的或表格的相互关系。

5.2 物理结构设计要点

给出本系统内软件所使用的每个数据结构中的每个数据项的存储要求、访问方法、存取单位、存取的物理关系、设计考虑和保密条件。

5.3 数据结构与程序的关系

用一张矩阵图说明各个数据结构与访问这些数据结构的各个程序之间的对应关系,格式如下:

程序 / 数据结构	程序 1	程序 2	…	程序 m
数据结构 1	√			
数据结构 2	√	√		
⋮				
数据结构 n		√		√

6 系统出错处理设计

6.1 出错信息

用一览表的方式说明每种可能的出错或故障情况出现时系统输出信息的形式、含义及处理方法。

6.2　补救措施

说明故障出现后可能采取的变通措施。包括以下3方面：

(1) 后备技术。说明准备采用的后备技术,即当原始系统数据万一丢失时启用的副本的建立和启动技术。例如,周期性地把磁盘信息记录到磁带上就是对于磁盘媒体的一种后备技术。

(2) 降效技术。说明使用另一个效率稍低的系统或方法来求得所需结果的某些部分时,准备采用的技术。例如,一个自动系统的降效技术可以是手工操作和数据的人工记录。

(3) 恢复及再启动技术。说明使软件从故障点恢复执行或使软件从头开始重新运行的方法。

6.3　系统维护设计

说明为了系统维护的方便而在程序内部设计中做出的安排,包括在程序中专门安排用于系统检查与维护的检测点和专用模块。

7.6.2　详细设计说明书

概要设计通常由项目中专门的人员完成,是对系统的高层描述;而详细设计的任务则通常由每一个任务实施人来完成,是对某个具体的模块、类等局部元素的设计描述。下面的模板是ISO推荐的详细设计说明书格式,它仍然以结构化设计为主要思想。

1　引　　言

1.1　编写目的

说明编写本详细设计说明书的目的,指出预期的读者。

1.2　背景

给出待开发系统的名称。

列出本项目的任务提出者、开发者、用户。

1.3　定义

列出本文件中用到的专门术语的定义和外文缩略语的原形。

1.4　参考资料

列出有关的参考资料。

2　系统的结构

给出系统的结构框图,包括软件结构、硬件结构框图。用一系列图表列出系统内的每个模块的名称、标识符和它们之间的层次结构关系。

3　模块1(标识符)设计说明

从本章开始,逐个给出各个层次中每个模块的设计考虑。以下给出的提纲是针对一般情况的。对于一个具体的模块,尤其是层次比较低的模块或子程序,其很多条目的内容往往与它所隶属的上一层模块的对应条目的内容相同。在这种情况下,只要简单地说明这一点即可。

3.1 模块描述

给出对本模块的简要描述，主要说明设计本模块的目的和意义，并且还要说明本模块的特点。

3.2 功能

说明本模块应具有的功能。

3.3 性能

说明对本模块的全部性能要求。

3.4 输入项

给出每一个输入项的特性。

3.5 输出项

给出每一个输出项的特性。

3.6 设计方法(算法)

对于软件设计，应详细说明本模块所选取用的算法、具体的计算公式及计算步骤。

对于硬件设计，应详细说明本模块的设计原理、元器件的选取、各元器件间的逻辑关系和需要的各种协议等。

3.7 流程逻辑

用图表辅以必要的说明来表示本模块的逻辑流程。

3.8 接口

说明本模块与其他相关模块间的逻辑连接方式，说明涉及的参数传递方式。

3.9 存储分配

根据需要，说明本模块的存储分配。

3.10 注释设计

说明安排的程序注释。

3.11 限制条件

说明本模块在运行中的限制条件。

3.12 测试计划

说明对本模块进行单体测试的计划，包括对测试的技术要求、输入数据、预期结果、进度安排、人员职责、设备条件、驱动程序及桩模块等的规定。

3.13 尚未解决的问题

说明在本模块的设计中尚未解决而设计者认为在系统完成之前应解决的问题。

4 模块2(标识符)设计说明

用类似第3章的方式，说明第2个模块乃至第 N 个模块的设计考虑。

7.7 其他设计方法

前面介绍的结构化系统设计是一种面向数据流的设计方法。由于它适用面很广，在软件工业界流行甚广。本节介绍另一种设计方法——Jackson方法。它是面向数据结构的独立的系统设计方法,但也常作为辅助的设计方法,配合结构化设计方法使用。

Jackson 方法的发展可分为前后两个阶段。20 世纪 70 年代,Jackson 方法的核心是面向数据结构的设计,以数据驱动为特征;从 20 世纪 80 年代初开始,Jackson 方法已经演变到基于进程模型的事件驱动。本节主要介绍基于数据结构的 Jackson 设计方法。

1. 概述

前面介绍的几种方法是面向数据流的设计方法,按数据流进行设计。面向数据结构的设计方法是按输入输出以及内部存储信息的数据结构进行设计,把对数据结构的描述变换为对软件结构的描述,所以面向数据结构的 Jackson 方法既可作为一种独立的设计方法,也可作为详细设计阶段使用的一种方法。

在许多应用领域中,问题都有清楚的层次结构,它们在输入数据、输出数据以及内部存储的信息(数据库或文件)方面都可能有独特的结构。面向数据结构的设计方法就是利用这些结构作为开发软件的基础。数据结构对软件设计的影响很大,既影响软件结构的设计,又影响软件过程算法的设计。

可以看出,Jackson 方法的设计原则是数据结构(问题结构)与程序结构相对应。正因为数据结构很重要,所以下面就讨论数据结构的表示方法。

2. 数据结构表示法

数据结构的表示方法有以下两种。

1) 图形表示法

虽然程序中实际使用的数据结构种类繁多,但是它们的数据元素间的逻辑关系一般只有 3 种基本结构形式:顺序、选择和重复。

(1) 顺序结构。顺序结构的数据由一个或多个数据元素组成,每个元素按确定次序出现一次。

(2) 选择结构。选择结构的数据包含两个或多个数据元素,每次使用数据时按一定条件从这些数据元素中选择一个。

(3) 重复结构。重复结构的数据中包含的数据元素根据使用时的条件可以出现零次或多次。

以上 3 种基本数据结构可以用数据结构层次图来表示。

2) 纲要逻辑表示法

纲要逻辑是一种描述算法的语言,它本身不可执行,但是从纲要逻辑很容易推导出用编程语言书写的程序,推导过程可以由计算机自动实现。对于以上 3 种基本数据结构,有相应的纲要逻辑表示形式。

3. Jackson 方法

Jackson 方法分为下面 4 个步骤。

(1) 建立数据结构。分析并确定输入输出数据的逻辑结构,并用 Jackson 数据结构层次图描述所用的数据结构。

(2) 找出输入数据结构和输出数据结构中有对应关系的数据单元。所谓有对应关系的数据单元是指有直接因果关系,在程序中可以同时处理的数据单元。对于重复的数据单元,必须在重复的次序和次数都相同时才算有对应关系。

(3) 确定程序结构。以数据结构为基础推导出程序结构。一般使用以下3条规则(适用于无结构冲突问题):

① 对于每一对有对应关系的数据单元,按照它们在数据结构中的层次,在程序结构的相应层次位置画一个程序框。

注意:如果这对数据单元在输入数据结构和输出数据结构中所处的层次不同,则和它们对应的程序框在程序结构图中所处的层次与它们在数据结构图中层次低的那个对应。

② 对于只出现在输入数据结构中,而在输出数据结构中没有存在对应关系的数据单元的数据单元,在程序结构的相应层次上画一个程序框。

③ 对于只出现在输出数据结构中,而在输入数据结构中没有存在对应关系的数据单元的数据单元,在程序结构的相应层次上画一个程序框。

对于有结构冲突的问题,因为找不到输入数据结构和输出数据结构的对应关系,就不能使用上述规则来确定程序结构。Jackson 方法提出了一系列解决这种结构冲突的设计策略。例如,利用 Jackson 数据结构层次图重新定义输入数据结构和输出数据结构的特性,或者将输入数据结构和输出数据结构分解成一些暂时的中间数据结构元素等。

(4) 列出和分配可执行操作。列出程序中要用到的各种基本操作,并把它们分配到程序结构的适当位置。这样就可以得到完整的程序结构图,程序员就可以根据这个程序结构图进行程序的编码。如果在分配操作时遇到了困难,例如一个操作无法分配,或者必须对结构做许多修改,这往往是前几步做得不合适的表现。

4. 小结

对于小型的问题,使用 Jackson 方法比较方便、简单。较大的系统常将结构化设计方法与 Jackson 方法联合使用,即用 Jackson 方法作为详细设计的工具。

7.8 案例:图书管理系统概要设计说明书

在设计阶段内,系统设计人员和程序设计人员应该在反复理解软件需求的基础上提出多个设计方案,分析每个设计方案能履行的功能并进行相互比较,最后确定一个设计方案,包括该软件的结构、模块(或 CSCI)的划分、功能的分配以及处理流程。在被设计系统比较复杂的情况下,设计阶段应分解成概要设计和详细设计两个阶段。

概要设计说明书又可称为系统设计说明书。编制该文档的目的是说明对系统的设计考虑,包括系统的基本处理流程、组织结构、模块划分、功能分配、接口设计、运行设计、数据结构设计和出错处理设计等,为程序的详细设计提供基础。

图书管理系统概要设计说明书

1 引 言

在系统需求分析的基础上,对整个图书管理系统的功能划分、机器设备(包括软件)配置、数据的存储设计以及整个系统实现规划等方面进行合理安排。

1.1　编写目的

根据××学院希望充分利用现代科技来提高图书管理的效率的需求，建立图书管理系统，科学地对图书馆数据进行管理，方便图书的检索、读者借阅和图书馆管理人员日常工作，提高工作效率。

1.2　背景

本项目的名称：图书管理系统。

随着图书馆图书种类、数量的不断增长，图书检索速度变慢，统计工作量变大。为解决这些问题，应建立一套图书馆管理软件，科学地对图书馆数据进行管理，以方便图书的检索和读者借阅。

1.3　定义

(略)

1.4　参考文献

(略)

2　总体设计

2.1　需求规定

本系统主要的输入数据如下：

(1) 图书信息，如图书编号、图书名称等。

(2) 读者信息，如读者姓名、读者编号等。

(3) 借阅信息，如图书借阅状态等。

本系统主要的输出数据如下：

(1) 查询结果。

(2) 各种报表。

子系统的功能如下：

(1) 图书管理子系统可以添加、修改、删除图书信息。

(2) 读者管理子系统可以添加、修改、删除读者信息。

(3) 借阅管理子系统可以添加、修改、删除借阅信息。

(4) 系统管理子系统可以添加、删除用户登录信息。

2.2　运行环境

硬件环境推荐配置如下：

- CPU：Pentium 4，1.6GHz。
- 内存：512MB 以上。
- 硬盘：100GB 以上。

软件环境：Windows XP、SQL Server 2005、.NET Framework 2.0。

2.3　基本设计概念和处理流程

数据流图见第5章案例。

2.4　结构

系统结构图见第6章案例。

2.5　需求与程序功能的关系需求与程序功能的关系如下：

需求	程序功能			
	创建	查找	修改	删除
图书信息管理(管理员)	√	√	√	√
读者信息管理(管理员)	√	√	√	√
还书管理(用户)			√	
借书管理(用户)			√	
续借管理(用户)			√	

2.6 人工处理过程

创建用户(注册新用户)时,用户信息需要手工输入计算机。

2.7 尚未解决的问题

未实现读者信息的网络化迁移。

3 接口设计

3.1 用户接口

用户接口如下:

向用户提供的命令	返回信息
检索书目	匹配检索关键字的书目信息
修改用户资料	修改后新的用户资料
借阅图书	借阅成功的图书信息
归还图书	归还成功的图书信息

3.2 外部接口

外部接口如下:

接口类型	接口	传递信息
硬件接口	与打印机的接口	图书信息,读者信息,借阅信息
	与条码机的接口	图书 ISBN,借书证号
软件接口	与数据库的接口	图书信息,读者信息,借阅信息

3.3 内部接口

内部接口如下:

接口	操作	传递信息
维护图书资料	添加图书信息	图书信息
维护图书资料	修改图书信息	图书信息
维护图书资料	删除图书信息	图书信息

续表

接　口	操　作	传递信息
维护用户资料	添加新用户	读者信息
维护用户资料	修改用户信息	读者信息
维护用户资料	删除用户	读者信息
用户主模块	更新用户资料	读者信息
用户主模块	借阅图书	借阅信息
用户主模块	归还图书	借阅信息

4　运行设计

4.1　运行模块组合

施加不同的外界运行控制时形成的各种运行模块组合如下：

外界运行控制	创建模块	查找模块	修改模块	删除模块
管理员添加图书信息	√			
管理员修改图书信息		√	√	
管理员删除图书信息		√		√
管理员添加新用户	√			
管理员修改用户信息		√	√	
管理员删除用户		√		√
用户检索图书		√		
用户借阅图书		√	√	
用户归还图书		√	√	

4.2　运行控制

运行控制如下：

运行控制	控制方法
管理员添加图书信息	管理员填写图书信息并提交，系统在图书信息表中创建一个新数据项
管理员修改图书信息	管理员通过检索找到要修改的图书信息并进行修改，系统在图书信息表中写入修改后的信息
管理员删除图书信息	管理员通过检索找到要删除的图书信息并将其删除，系统在图书信息表中删除该数据项
管理员添加新用户	管理员填写新用户信息并提交，系统在用户信息表中创建一个新数据项
管理员修改用户信息	管理员通过检索找到要修改的用户信息并进行修改，系统在用户信息表中写入修改后的信息

续表

运行控制	控制方法
管理员删除用户	管理员通过检索找到要销户的用户并将其删除,系统在用户信息表中删除该用户的信息
用户检索图书	用户填写要检索图书的关键字,系统检索图书信息表,输出匹配条目
用户借阅图书	用户通过检索找到要借阅的图书并借阅,系统修改图书信息表中该图书剩余数量一项,并在图书借阅表中添加借阅信息
用户归还图书	用户归还图书,系统删除图书借阅表中该用户对该书的借阅信息条目,并修改图书信息表中该图书的剩余数据一项

4.3 运行时间

一般操作的响应时间应为1～2s。对磁盘和打印机的操作以及数据的导入和导出也应在可接受的时间内完成。

5 系统数据结构设计

5.1 逻辑结构设计要点

主模块:连接数据库。

借阅管理模块:

(1) 借书登记模块:读入图书号,修改图书状态,在图书借阅表中加入读者号、图书号、借书时间。

(2) 借书记录查验模块:读入图书号,输出图书借阅表中的读者号、借书时间。

(3) 还书登记模块:读入图书号,修改图书状态,删除图书借阅表中的读者号、图书号、借书时间。

图书管理模块:指定图书查询条件,输出相应的图书信息,如书名、作者、出版社、定价等。

读者管理模块:读入读者号,输出读者的姓名、联系方法、电话号码、电子邮件。

系统管理模块:

(1) 系统操作权限查验模块:读入账号、口令、输出相应的信息。

(2) 图书库操作模块:增加、修改、删除图书信息表中的信息。

(3) 读者库操作模块:增加、修改、删除读者信息表中的信息。

(4) 数据统计模块:指定统计条件,输出相应的信息。

(5) 数据备份模块:复制图书信息表、读者信息表、图书借阅表、系统设置表、系统操作员记录表。

(6) 数据恢复模块:读取图书信息表、读者信息表、图书借阅表、系统设置表、系统操作员记录表。

(7) 系统设置模块:增加、修改、删除系统操作员记录表中的信息,修改系统设置表中的最多可借图书册数、最多借书天数。

5.2 物理结构设计要点

物理结构设计要点如下:

数据结构	数据项	类型	长度	备注
图书信息	书名	CHAR	20	
	ISBN	CHAR	20	唯一标识图书
	类别代码	CHAR	30	
	作者	CHAR	20	
	定价	FLOAT	6	
	出版社	VARCHAR	20	
	数量	INT	4	
	是否可借	BOOL	1	
	备注	VARCHAR	50	
读者信息	借书证号	CHAR	10	唯一标识读者
	姓名	CHAR	8	
	性别	CHAR	4	
	单位和部门	VARCHAR	30	
	办证日期	DATE		
	已借册书	INT	20	
借阅信息	编号	CHAR	20	唯一标识借阅
	ISBN	CHAR	20	
	借书证号	CHAR	20	
	数量	INT	2	
	借出日期	DATE		
	最长期限	DATE		
	是否超期	BOOL	1	

5.3 数据结构与程序的关系

数据结构与程序的关系如下：

数据结构	借书模块	还书模块	图书查询模块	系统操作模块
书名	√	√	√	√
ISBN	√		√	√
借书证号	√	√		√
读者姓名	√			√
借阅编号	√	√		
…				

6 系统出错处理设计

6.1 出错信息

本程序多处采用了异常处理的机制，当遇到异常时不但能及时处理，保证程序的安全性和稳定性，而且各种出错信息能通过弹出对话框的形式及时告诉用户出错的原因及解决的办法，使用户以后能够减少错误的发生。程序的大部分地方还采取了出错保护措施，如检测输入内容的长度和类型等，减少了用户出错的可能。

6.2 补救措施

主要的错误类型如下：

(1) 数据库连接错误。这类错误主要是数据库设置不正确，或SQL Server异常引起的。只要取消本次操作，提醒用户检查数据库问题即可。

(2) 输入错误。这主要是用户输入不规范造成的。在尽量减少用户出错的条件下，主要是通过对话框提醒用户，然后由用户再次操作。

(3) 其他操作错误。用户的不正当操作有可能使程序发生错误。主要补救措施是中止操作，并提醒用户中止的原因和操作的规范。

(4) 其他不可预知的错误。程序也会有一些无法预知或考虑不周的错误，对此不可能做出万全的异常处理。这时主要任务是保证数据的安全，所以要经常进行数据库备份，并及时与技术支持人员联系，以逐步地完善程序。

6.3 系统维护设计

对于数据库的维护，本软件已经提供了数据库的备份和恢复的功能，可以方便地实现数据库的维护管理。

对于软件功能方面的维护，由于采用的是模块化的设计方法，各个模块(窗口)之间相互独立性较高，对于单独功能的修改只需修改一个模块就可以了。而对于功能的添加，只要添加菜单项即可。可根据客户的使用情况，定期对软件进行维护修改。

7.9 实训：学生管理系统概要设计说明书

1. 实训目的

(1) 了解软件体系结构模型，掌握面向数据流的设计方法。

(2) 理解概要设计的基本概念、功能和作用。

(3) 掌握概要设计说明书的一般格式和编写方法，完成实际系统的概要设计说明书。

2. 实训任务与实训要求

(1) 使用面向数据流的方法设计软件系统的结构，设计目标系统的体系结构，描述模块间的接口、输入、输出及约束条件。

(2) 撰写概要设计说明书。

3. 实训内容与步骤

根据学生管理系统的软件结构图和数据库设计，按如下格式撰写概要设计说明书。

1 引言

1.1 编写目的

1.2 背景说明

1.3 定义

1.4 参考资料

2 总体设计

2.1 需求规定

2.2 运行环境

2.3 基本设计概念和处理流程

2.4 结构

2.5 功能需求与程序的关系

2.6 人工处理过程

2.7 尚未解决的问题

3 接口设计

3.1 用户接口

3.2 外部接口

3.3 内部接口

4 运行设计

4.1 运行模块组合

4.2 运行控制

4.3 运行时间

5 系统数据结构设计

5.1 逻辑结构设计要点

5.2 物理结构设计要点

5.3 数据结构和程序关系

6 系统出错处理设计

6.1 出错信息

6.2 补救措施

6.3 系统维护设计

4. 实训注意事项

(1) 按上面的格式编写概要设计说明,对格式中的个别内容可根据所选系统的复杂程度增减。

(2) 格式清晰,图表规范,文字通顺。

5. 实训成果

参照实训内容与步骤,结合第5章、第6章实训的系统结构图和数据库设计,完成学生管理系统概要设计说明书。

小　　结

本章介绍了基于数据流图进行软件设计的大致过程，总结如下：

(1) 精化数据流图。

(2) 确定数据流图类型。

(3) 把数据流图映射到系统模块结构，设计出系统模块结构的上层。

(4) 基于数据流图逐步分解高层模块，设计出下层模块。

(5) 根据模块独立性原则精化模块结构。

(6) 对模块接口进行描述。

为了使程序结构适应问题的结构，结构化设计方法把软件结构划分为变换型和事务型两大类，并且提出了对应于以上两类结构的变换分析方法和事务分析方法。这两种分析方法的一个共同优点在于它们提供了从数据流图导出结构图(Structure Chart,SC)的一组映射规则，使设计人员能够方便地从结构分析阶段过渡到结构设计阶段。本章结合实例分析了如何将变换型数据流图和事务型数据流图映射为系统模块结构。

习　　题

7.1 什么是变换流和事务流？

7.2 已知有一个抽象的数据流图，如图7-7所示，请用结构化设计方法画出相应的系统结构图。

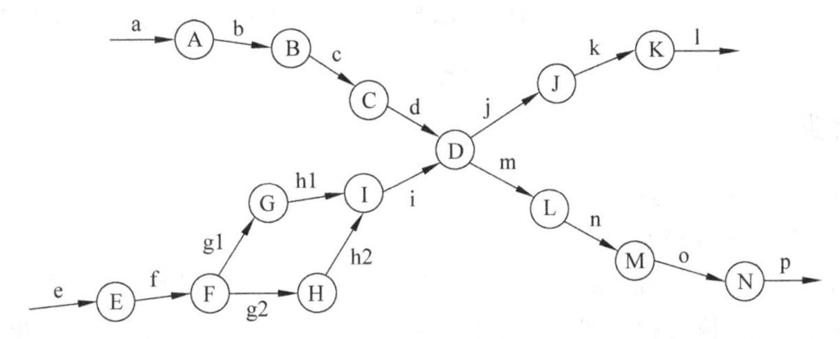

图7-7 数据流图

7.3 在结构化设计过程中，要将数据流图映射成系统结构图，分别画出变换型数据流和事物型数据流的映射方式。

7.4 简要说明面向数据流设计方法的过程。

7.5 某些设计人员坚持认为所有数据流都应作为变换流处理。对于本来具有事务流特征的数据流图，按处理变换流的方法导出软件结构有什么不妥？举例说明之。

第 8 章　程序设计语言和编码

迄今为止学到的技术能够帮助设计人员理解用户的问题,然后设计这些问题的高层解决方案。现在,必须集中把解决方案用软件来实现。也就是说,必须编写实现设计的程序。这个任务之所以困难,有以下几个原因:首先,设计人员没有解决平台和编码环境的所有问题,容易用图表描述的结构和关系并不总能直接写成代码;其次,写出的代码不仅要在测试时便于自己理解,而且随着时间的推移,还要便于他人理解;最后,在创建易于复用的代码的同时,还必须利用设计组织、数据结构、编程语言的结构等特征。

软件编码是软件设计的直接引申,是在模块详细设计的基础上进行的。在没有使用计算机进行自动编程之前,人工编程是一项技术性很强的工作,它需要程序设计者耐心、细致、安静和连续的思维活动。只有程序员经过专门的技术训练,并且集中精力、全力以赴地工作,才能产生高质量的源程序文本,才能使程序易于调试和确认。所以,这就需要采用工程化的编程技术,本章就详细阐述这些技术。所谓编程,是指根据模块说明书及以前阶段提供的详细设计文档,使用某种程序设计语言为每一个模块编写源程序。

8.1　程序设计语言

程序设计是设计和描述解决一类问题的程序的过程。编写的程序代码与程序设计语言的选择有很大关系。程序设计语言的特性和设计风格对于程序代码质量有着直接的影响,所以这里有必要对程序设计语言作一些讨论。

8.1.1　语言类别

程序设计语言一般分为机器语言、汇编语言和高级语言。

1. 机器语言(第一代语言)

机器语言和下面要讲的汇编语言统称为低级语言或面向机器的语言。机器语言是计算机硬件系统能够识别、执行的一组指令。指令系统是指令的全体。因为计算机只能识别二进制数码,所以所有指令均必须以二进制编码形式来表示,也就是由一串 0 或 1 排列组合而成。机器语言的特点是执行效率高、速度快;但机器语言程序不易编制,也不易理解,并且随计算机型号不同而不同。

2. 汇编语言(第二代语言)

汇编语言是用助记符来代替操作码,用地址符号来代替地址码的语言。这些助记符通常使用指令功能的英文单词缩写,如 LD、MOV 等。汇编程序是把汇编语言程序翻译成机器语言程序的程序。翻译的过程称为汇编,把机器语言程序转换成汇编语言程序的过程称为反汇编。汇编语言的特点是依赖于具体计算机。用它编写出的程序执行效率高,易于理解和记忆;但汇编语言程序的代码量和机器语言程序差不多,并且在其他方面几乎没有任何优点。因此,只是在一些特殊要求(如强调效率)或特殊场合(如某计算机没有配置高级语言时)才使用它。汇编语言随使用的计算机不同而不同。例如,Z-80 机上使用的 Z-80 汇编语言,PC 上使用的 8080A、8086(8088)汇编语言,单片机 MCS-51 上使用的汇编语言,等等。

3. 高级语言

高级语言是在 20 世纪 50 年代中期开始发展起来的。它发展到今天可以分为两代:第三代语言,即面向过程的语言(如 FORTRAN、C、Pascal 等);第四代语言,即新型程序设计语言(如 LISP、FORTH 等)。

高级语言可以分为两大类:专用语言和通用语言。专用语言面向特定的应用领域,语言结构与问题域密切相关,一般翻译过程简便、高效,但与通用语言相比,可移植性和可维护性较差。通用语言适用性强,应用面广,如 C、Pascal、Ada 等,这些语言被广泛应用于各种领域,如工程与科学计算、嵌入式系统、商用软件及系统软件等。

高级语言有相应的语法,独立于具体的计算机。为了使计算机能读懂高级语言源程序,就需要把源程序翻译成相应的机器语言源程序。常用的翻译方法有两种,一种是编译,另一种是解释,分别使用编译程序和解释程序。编译程序将源程序翻译成相应的机器语言目标程序,然后通过连接装配程序将目标程序连接成可执行程序,再直接运行可执行程序得到运行结果。解释程序将送入计算机中的源程序逐条解释,逐条执行。

世界上已公布的高级语言种类繁多,总数有上千种之多,常用的高级语言也有二十多种。为了有助于正确选择和使用它们,下面介绍常见的几种高级语言。

FORTRAN 语言是科学和工程计算中使用的主要编程语言。目前国内使用的版本多是 FORTRAN 66 和 FORTRAN 77 两种。FORTRAN 语言的主要缺点是不能直接支持结构化编程。

COBOL 语言是商业、金融业等数据处理领域中广泛使用的语言。由于它在结构上的特点,使得它能有效地支持与商业处理有关的、范围广泛的过程技术。它的缺点是不简洁。

ALGOL 语言是所有结构化语言的前驱,具有丰富的过程和数据结构。但是,这种语言并没有被广泛采用,这是由它本身和历史的原因造成的。

BASIC 语言是一种解释或编译执行的会话语言。由于它简单易学的特点,它被广泛地应用在微型计算机系统中。

PL/1 语言是一个用途广泛的语言。它能支持通常的科学工程和商业应用,能描述复杂的数据结构、多重任务处理、复杂的输入/输出和表格处理等。

Pascal 语言是 20 世纪 70 年代初期发展起来的结构化程序设计语言,具有特别丰富的数据结构类型。它自问世后,得到了众口赞誉,也得到了软件开发者的广泛支持。Pascal 语言已用于科学、工程和系统程序设计中。我国教育部计算机专业教育会议曾把 Pascal 语言定为计算机专业程序设计语言。

C 语言是 UNIX 操作系统使用的语言。由于 UNIX 操作系统的成功,C 语言也得到了广泛的使用。C 语言是由有经验的软件工程师设计的,因此它具有很强的功能以及高度的灵活性。它和其他的结构化语言一样,能提供丰富的数据类型、广泛使用的指针以及一组很丰富的供计算和数据处理用的运算符。适用于编写系统软件。

Ada 语言是在美国国防部大力扶植下发展起来的语言。它在语言结构上是 Pascal 型的,但它有完善的实时处理特性,其中包括中断处理、多重任务和进程通信等。Ada 语言经过了政府部门、学术界和工业界的专家多次复审和评价,所以它在国防系统以外的软件开发工程中也得到广泛的应用,主要应用于数值计算、系统程序设计、实时并行处理等领域。

APL语言是为数组和向量运算而设计的简洁而功能强大的语言。

SNOBOL语言是符号处理语言,适用于符号串的处理操作。

Smalltalk语言是面向对象的程序设计语言,适用于面向对象的程序设计。

LISP语言是人工智能语言,广泛应用于人工智能领域的各类问题求解。

PROLOG语言是逻辑推理语言,特别适合求解逻辑推理性质的问题,主要用来解决人工智能领域的问题。

C++语言是一种混合型面向对象的程序设计语言,目前已在图形图像软件设计中得到广泛应用。

Java语言是一种简单、面向对象、分布式、解释型、健壮、安全、体系结构中立、可移植、高性能、多线程和动态的编程语言。Java语言的设计体现了许多重要的软件工程原则,例如简单性、模块化、信息隐蔽、可重用、可移植等。

8.1.2 语言选择

选择编程语言时务必要慎重。用一种语言编好程序后,即使不满意,也很难再改了。因此,在选择语言时,要从问题需求入手,确定它的要求是什么以及这些要求的相对重要性,针对这些要求,需要用什么特性的程序设计语言来实现。由于一种语言不可能同时满足问题的各种要求,所以要对问题的各种要求进行权衡,比较各种可用语言的适用程度,最后选择最适用的语言。语言的选择可以从以下几个方面来考虑。

1. 项目的应用领域

项目的应用领域是选择语言最关键的因素。在其他条件都具备的情况下,尽量选取适合某个应用领域的语言。在科学工程领域中,FORTRAN仍然是一种最流行的语言。也可使用Pascal、PL/1、ALGOL等语言。在商用数据处理领域中,通常使用COBOL语言。开发系统软件和实时系统通常使用汇编语言或C、Ada等语言,在人工智能领域中,主要采用LISP和PROLOG语言。在图形图像信息处理及多媒体应用领域中,C语言几乎成为唯一的选择,并且由C语言扩展而来的面向对象的C++语言使软件编码更加高效、快捷。表8-1可作为选择语言的参考。

表8-1 不同应用领域的可选语言

应用领域	可选语言
商用数据处理	COBOL、4GLS
科学工程计算和模拟	FORTRAN、Pascal、PL/1
实时软件	汇编语言、Ada
系统软件	汇编语言、C、Ada
人工智能软件	LISP、PROLOG
图形图像与多媒体软件	C、C++

2. 算法和计算复杂性

一般来说,商用数据处理和系统软件的算法要简单一些,而科学工程计算和模拟、实时计算机系统以及人工智能的算法要复杂得多。要根据各个语言的特点,选取能够适应软件项目算法和计算复杂性的语言。实质上，这也是与工程的特点密切相关的。

3. 软件的开发环境

很显然，要选取的语言只能是计算机中已配置的语言及具有相应支持软件的语言。良好的编程环境不但能有效提高软件生产率，同时能减少错误，有效提高软件质量。近几年出现了许多可视化的软件集成开发环境，特别是 Microsoft 公司的 Visual Basic、Visual C、Visual FoxPro 及 Borland 公司的 Delphi 等，都提供了强有力的调试工具，能够帮助开发人员快速形成高质量的软件。

4. 性能因素

应结合工程的具体性能要求考虑编程语言的选择。例如实时系统要求响应时间快，当然最好选取汇编语言。

5. 软件开发人员的水平

软件开发人员已有的知识和经验对选择编程语言也有很大的影响。一般情况下，软件开发人员愿意选择曾经成功开发过项目的语言。新的语言虽然有吸引力，也会提供较多的功能和质量控制方法，但开发人员仍然习惯使用过去熟练使用过的语言。要使用新的语言，软件开发人员不仅要解决学习和使用问题，而且要克服心理上对新语言的抵制。

8.2 结构化程序设计方法与编程

结构化程序设计(Structured Programming，SP)是用于编程阶段的基本技术，是提高程序可读性的关键，其目的在于编写出结构清晰、易于理解、易于验证的程序，即结构化程序。

结构化程序是用结构化程序设计方法产生的。结构化程序是简单清晰的，是由许多只有一个入口和一个出口的块组成的且没有 GOTO 语句的程序。

结构化程序设计的要点是：自顶向下，逐步加细；程序有 3 种基本结构——顺序结构、选择结构、循环结构；程序可以用嵌套的形式来构成。结构化程序的特点是：单入口，单出口；不用 GOTO 语句；层次分明，易理解；容易验证；易测试，易维护；空间顺序与执行时间顺序一致。

检查和阅读结构化程序的方式有两种：自顶向下和自底向上。如果程序带有较详细的注释或其他说明材料，可用自顶向下、逐步细化的方式；如果程序的注释很少，则宜用自底向上、逐步抽象的方式。

结构化程序设计方法在实际应用中已获得了显著的效果，最有说服力的是 IBM 公司 Baker 和 Mills 等人在 20 世纪 70 年代初开发的《纽约时报》情报检索系统和空间实验室的飞行模拟系统。在开发过程中他们以结构化程序设计方法为指导，还配合了一些管理技术，使这两个大型系统获得了成功。统计数字说明采用结构化程序设计方法使软件生产率比传统的做法提高了一倍，而且在系统中没有发现严重的错误。

8.3 程序内部文档

程序文档是向读者解释程序做什么以及如何实现的书面描述。程序内部的说明性材料就是程序的内部文档，它是直接写在代码中的描述性材料。内部文档可用注释语句书写。

注释是程序员和程序阅读者沟通的重要手段,正确的注释非常有助于对程序的理解。注释原则上可以出现在程序中的任何位置,但是如果将注释与程序的结构配合起来,会使效果更好。

注释分为序言性注释和描述性注释。

1. 序言性注释

序言性注释是对整个程序和模块的说明,应该安排在每个程序和模块的首部。其内容一般包括以下几点:

(1) 模块功能的说明。

(2) 界面描述(接口描述)。包括调用语句格式、所有参数的解释和该模块需调用的模块名等。

(3) 调用其他语言的格式。

(4) 对有关数据的讨论。例如一些重要变量的使用、约束、限制以及其他信息。

(5) 开发历史。包括开发单位、开发者、开发时间、复查者、复查日期、修改者、修改日期和叙述等。

(6) 主要算法。大型的软件系统一般都是由多人同时并行编码的,任务分配的原则是以模块为单位。为了便于测试和维护,为每个模块写一个序言性注释是必要的。

2. 描述性注释

描述性注释是对局部的说明,是嵌在源程序内部的。它包括功能性注释和状态性注释。功能性注释说明程序段的功能,通常可放在程序段之前。状态性注释说明数据的状态,通常可放在程序段之后。

对于注释,还应注意以下几点:

(1) 注释应该与程序一致,否则就毫无价值,甚至还会影响人们对程序的理解,所以修改程序时应同时修改注释。

(2) 注释应当提供一些从程序本身难以得到的信息,而不是重复程序语句。

(3) 注释是对语句段作注释,即描述程序块,而不是对每个语句作解释。

(4) 注释要正确,错误的或容易引起误解的注释还不如没有注释。

(5) 注释是不可执行的。

不同的程序设计语言中使用的注释符是有差别的。例如,BASIC 的注释符是 REM, FORTRAN 的注释符是 C,DBASE 的注释符是 * 或 NOTE,Pascal 的注释符是{},C 语言的注释符是/* */或//,汇编语言的注释符是分号(;),C++ 的注释符是//。

例 8.1 程序结构书写示例。

```
//set x to min(a,b,c)
if(a<b)
    then                    //set x to min(a,c)
        if(a<c)
            then x=a;
            else x=c;
    else                    //set x to min(b,c)
        if (b<c)
            then x=b;
```

```
        else x=c;
//x=min(a,b,c)
```

此外,程序的书写格式应采用缩排法或阶梯形式,使程序的层次结构清晰,在程序段之间、程序和注释间使用空白行、空格或括号加以分隔。

8.4 编程风格

随着软件规模的扩大和复杂性的提高,人们体会到,在软件生命周期中,程序不仅要被计算机理解和执行,还要经常被人阅读。例如,设计测试用例、排错、修改扩充时,程序的作者和其他人会阅读程序。在今天,阅读程序仍然是发现错误的有效手段。因此,在编写程序时要多花些精力,使程序的可读性好一些。编程的风格在很大程度上影响程序的可读性、可测试性和可维护性。

编程风格是在不影响性能的前提下有效地编排和组织程序,以提高可读性和可维护性的做法。更直接地说,具有良好的编程风格意味着按照下面的编码原则进行编程。

8.4.1 编码原则

很多有经验的程序员认为:编写程序与作家写小说、散文有不少相似之处。作家写出的文章是给读者看的,程序员编写的程序也是要供人阅读的,只是两者采用的语言不同,前者采用的是自然语言,后者采用的是程序设计语言。一个逻辑绝对正确但杂乱无章的程序是没有什么价值的,因为它无法供人阅读,难于测试、排错和维护。研究文学的人会逐渐熟悉某位作家的风格,经常阅读程序的人也会发现程序的作者同样各具风格。许多有经验的程序员为计算机编程总结了一些体现风格的编码原则,下面汇集了一些编码原则,这些指导性原则对编写程序是有裨益的。

- 要写清楚,而不要过于精巧。
- 要简单、直截了当地说明用意。
- 使用库函数。
- 不要为了效率而丧失清晰性。
- 重复使用的表达式,要以调用公共函数代替。
- 使用括号以避免二义性。
- 选用不会混淆的变量名。
- 避免不必要的转移。
- 使用语言中好的特性,避开不好的特性。
- 用缩排格式限定语句块的边界。
- 让程序能够让阅读者按自顶向下方式阅读。
- 采用 3 种基本控制结构。
- 首先用容易理解的伪码语言编写,然后再翻译成编程使用的语言。
- 避免使用 THEN IF 和空 ELSE 语句。
- 把与判定相联系的动作尽可能接近判定。
- 选用能使程序更简单的数据表示法。

- 模块化,使用子程序。
- 使模块间的耦合可见。
- 每个模块应能做好一件事。
- 利用信息隐蔽,确保每个模块的独立性。
- 从数据出发去构造程序。
- 对不好的程序不要修补,要重新写。
- 把大程序分成小块来编写和测试。
- 对递归定义的数据结构使用递归过程。
- 应测试输入的合法性和合理性。
- 确保输入不违反程序的限制。
- 结束输入要用文件结束标记,而不要用计数方式。
- 程序应能识别错误的输入。
- 用统一的方式处理文件结束条件。
- 使输入容易准备,输出容易解释。
- 采用统一的输入格式。
- 使输入容易核对。
- 若有可能,使用自由格式输入。
- 把输入和输出局限在子程序中。
- 确保所有的变量在使用之前都已被赋初值。
- 在出现故障时不要停机。
- 注意因错误引起的中断。
- 不要出现两条等价的分支。
- 避免从循环引出多个出口。
- 不要进行浮点数的相等比较。
- 先保证正确,再提高速度。
- 先保证清晰,再提高速度。
- 不要一味追求代码重用,要重新组织代码。
- 不要着眼于用代码提高速度,而要设计一个较好的算法。
- 确保注释与代码一致。
- 对于不好的代码,不要利用注释进行解释,而要重新编码。
- 使用有意义的变量名。
- 使用有意义的语句标号。
- 程序的格式应有助于阅读者理解程序。
- 缩排书写,以显示程序的逻辑结构。
- 将数据编制成文件。
- 注释不要过多。

8.4.2 关于编程风格的几个重要问题

本节讨论关于编程风格的几个重要问题。

1. 变量名的选择

选择变量名时,应注意以下几点。

(1) 采用有实际意义的变量名。有实际意义的变量名能帮助理解和记忆,而缺乏实际意义或意义不确切的名字则不便记忆并可能妨碍理解。例如,应将 D=S * T 写成 DISTANCE=SPEED * TIME。变量名一般取 4～12 个字符为宜,最好事先能对变量名的选取约定统一的标准,以后阅读理解就会方便得多。这一技巧对过程名、类名、对象名和语句标号等同样适用。

(2) 不用过于相似的变量名,因为这样容易引起误解或打字错误。例如,ELL、EMM、ENN、EMMN、ENNN 等放在一起很容易混淆,打字时手指无意识地抖动就容易产生不易察觉的错误;又如,POSITIONX 和 POSITIONY 是仅仅末尾不相同的长标识符,如果编译程序只识别前 8 个字符就会出现错误,所以这是不安全的。

(3) 变量名中一般不要带有数字,因为字母 O、I、Z、S 分别与数字 0、1、2、5 极易混淆。

(4) 同一变量名不要具有多种含义。例如,变量 NEW 在程序的第一、第三和第四段分别表示不同的含义,则阅读时易于误解,将来修改时也容易造成错误。

(5) 显式说明一切变量。尽管有些语言(如 FORTRAN)允许对变量名不作说明就直接使用,但为了易于理解,还是显式说明为好。

(6) 对变量最好作出注释,说明其含义,尤其是 Pascal 中用户定义的数据类型或指针等必须加上注释。

2. 表达式的书写

书写表达式时,应注意以下几点。

(1) 尽量少用中间变量。例如,有的程序员为了追求效率,往往将表达式

```
TOTAL=Y+ A/B * C
VAR=X+ A/B * C
```

写成

```
ABC=A/B * C
TOTAL=Y+ ABC
VAR=X+ ABC
```

因为这样可以少做一次除法和乘法,虽然这样效率高一些,但引进了中间变量 ABC,将一个算式拆成几行,加大了理解上的困难,而且将来一些难以预料的修改有可能更动这几行表达式的次序或在其间插入其他语句,容易造成逻辑上的错误。前一种写法将计算一气呵成,则比较安全可靠。这又一次说明了效率和可理解性、可维护性、可靠性往往是矛盾的。

又如,将

```
X=A(I)+1/A(I)
```

写成

```
AI=A(I)
X=AI+1/AI
```

程序员考虑到简单变量的运算比下标变量快。

再如,将

```
FX=(X1-X2**2)**2+ (1.0-X2)**2
```

写成

```
F1=X1-X2* *2
F2=1.0-X2
FX=F1*F1+ F2*F2
```

程序员考虑到 F1*F1 比 F1* *2 快。

上述两例中虽然计算机的执行效率高一些,但引进了中间变量 AI 和 F1、F2,将一行算式拆成几行,理解上稍显困难。

(2) 注意添加括号,以清楚地表明计算意图。例如,算式-A**2 可能被人理解成(-A)**2,也可能理解成-(A**2),所以最好添加括号,免得以后误解。

(3) 注意浮点运算的误差。例如,10.0 乘以 0.1 一般不等于 1.0,10 个 0.1 相加一般也不等于 1.0,这主要是由于没有一个绝对精确的 0,这说明不要对浮点数作相等比较。

(4) 注意整数运算的特点。例如,1/2*2 可能不等于 1。

3. 简单、直接地反映意图

先看下面一段程序:

```
for (i=1; i<N; i++)
    for (j=1; j<N; j++)
        V(i,j)=(i/j)*(j/i);
```

该程序的功能十分简单,就是对矩阵 V 主对角线上的元素赋 1,对其余元素赋 0。但写成如上形式则可理解性不好。若写成下面的形式则十分容易理解。

```
for (i=1; i<N; i++)
    for (j=1; j<N; j++)
        V(i,j)=0.0;
    V(i,i)=1.0;
```

例 8.2 程序示例。

```
IF (X>Y) GOTO 30
IF (Y<Z) GOTO 50
SMALL=Z;
GOTO 70;
30  IF (X<Z) GOTO 60;
    SMALL=Z;
    GOTO 70;
50  SMALL=Y;
    GOTO 70;
60  SMALL=X;
70  …
```

例 8.2 的程序乍看起来十分复杂，仔细分析后发现其逻辑很简单，只是使 SMALL 取 X、Y、Z 中的最小值。可书写如下：

```
SMALL=X
IF(Y<SMALL) SMALL=Y;
IF(Z<SMALL) SMALL=Z;
```

所以，编程序应当简单、直接地反映意图，不必过于追求巧妙或深奥。

4. GOTO 语句的使用

Dijkstra 有一句名言："程序员的水平同他所编程序中使用的 GOTO 语句的密度成反比。"GOTO 语句引起流程迂回曲折，使程序难以理解，实际经验也说明了程序中不必要的到处跳转是出错的主要原因。从例 8.2 的程序中也可看出，大量 GOTO 语句的使用恰恰说明了程序员考虑问题的不周。

如果采用结构化程序设计方法，编程从原则上说已不需要 GOTO 语句了，但在某些情况下(例如出现例外情况时从循环体中跳出)，用 GOTO 语句描述还是比较直截了当的。此外，FORTRAN 和 BASIC 等语言的某些版本不可避免地要使用 GOTO 语句，所以下面就 GOTO 语句的使用说明要注意的问题。

(1) 避免不必要的 GOTO 语句。将上述求最小值的两个程序做比较，就能明白这一点。

(2) 不要使 GOTO 语句相互交叉。当发现 GOTO 语句相互交叉时，试着改变有关的逻辑条件。例如：

```
    GRVAL=A(1);                          GRVAL=A(1);
    for(I=2;I<10;I++)                       for(I=2;I<10;I++)
    IF(A(I)>GRVAL)GOTO 30;     ==>        IF(A(I)>GRVAL)GRVAL=A(I);
    GOTO 25;                                     CONTINUE;
30  GRVAL=A(I);
25  CONTINUE;
```

又如：

```
IF CTR>45 THEN GOTO OVFLO            IF CTR<=45 THEN GOTO RDCARD
ELSE GOTO RDCARD                     OVFOLO:
OVFLO:                  ==>            ⋮
  ⋮                                  RDCARD:
RDCARD:                                ⋮
  ⋮
```

(3) 尽量少用语句标号。

随意增加语句标号说明程序员考虑问题不周。避免不必要的语句标号，GOTO 语句就会减少。

5. 数据说明

虽然在设计期间就已经确定了数据结构的组织和复杂程度，但是数据说明的风格却是在编写程序时确定的。为了使数据更容易理解和维护，应该遵循一些比较简单的原则。

(1) 数据说明的次序应该标准化(例如按照数据结构或数据类型确定说明的次序)。有次序就容易查阅,因此能够加速测试、调试和维护的过程。

(2) 如果设计时使用了一个复杂的数据结构,则应该用注释来说明程序设计语言实现这个数据结构的方法和特点。

6. 语句构造

虽然在设计期间就已经确定了软件的逻辑结构,但是个别语句的构造却是编写程序的一个主要任务。构造语句时应该遵循的原则是,每个语句都应该简单而直接,不能为了提高效率而使程序变得过分复杂。下述规则有助于使语句简单明了。

(1) 不要为了节省空间而把多个语句写在同一行。

(2) 尽量避免复杂的条件测试。

(3) 避免大量使用循环嵌套和条件嵌套。

(4) 利用括号使逻辑表达式或算术表达式的运算次序清晰、直观。

7. 输入/输出

在设计和编写程序时应该考虑下述有关输入/输出风格的规则:

(1) 对所有输入数据都进行校验。

(2) 检查输入项重要组合的合法性。

(3) 保持输入格式简单。

(4) 使用数据结束标记,不应要求用户指定数据的数目。

(5) 明确提示交互式输入的请求,详细说明可用的选择或边界数值。

(6) 当程序设计语言对格式有严格要求时,应保持输入格式一致。

(7) 设计良好的输出报表。

(8) 给所有输出数据加标志。

8. 全局变量

全局变量,尤其是多个文件共享的全局数据结构,会阻碍编译器的优化,因为编译器需要在多个文件间分析其使用状态。为了保证不产生错误的结果,编译器极为保守,对于全局变量的优化非常复杂,像移除子表达式、合并某些操作的结果这些常见的优化方式,编译器也必须小心翼翼。

另外,全局变量的使用也使得程序员不便于追踪其变化,难以进行手工优化。假设一个程序中的 x 声明在另一个头文件中,而被多个函数引用,如何保证在某个函数中对它的优化不会影响其他函数呢?

对于并行程序来说,全局变量(除非是不可变的)应当是禁止的,因为多个控制流需要协调全局变量的更改,保证全局变量在各个控制流中的状态一致是并行编程的难点之一。

9. 函数调用参数

调用函数时,需要将调用参数通过寄存器或栈传递(在超量后),且将函数返回地址入栈。优化时需要减少这部分的消耗及其导致的优化障碍。

如果函数的参数是大的结构体或类,应当通过传指针或引用以减少调用时复制和返回时的开销,因为函数可能只使用大的结构体中的一部分域。例如:

```
struct BigStruct{
    int x[30];
    float y;
```

```
    float z;
}
float getYByValue(BigStruct bs){
    return bs.y;
}
float getYByPtr(const BigStruct *bs){
    return bs->y;
}
```

在调用 getYByValue 函数前,处理器会将结构体 bs 入栈,这意味着要复制 128B;而调用 getYByPtr 函数前,处理器只需要将一个指针入栈。

8.5 程序的效率

效率主要指处理机时间和存储器容量两个方面。虽然有必要提出效率的要求,但是在进一步讨论这个问题之前应该记住 3 条原则:首先,效率是性能要求,因此应该在需求分析阶段确定效率方面的要求,软件应该像对它要求的那样有效,而不应该如同人类可能做到的那样有效;其次,效率是依靠好的设计来提高的,即在设计阶段选择良好的数据结构和算法,而不是靠编程时对程序语句作调整(这类手段对提高程序效率所起的作用是微乎其微的),这一条也是提高程序效率的根本途径;最后,程序的效率和程序的简单程度是一致的,不要牺牲程序的可读性或可靠性来提高效率,否则还会给以后的维护工作带来严重困难。下面从 3 个方面进一步讨论效率问题。

1. 程序运行效率

源程序的运行效率直接由详细设计阶段确定的算法的效率决定,但是,写程序的风格也能对程序的执行速度和存储器要求产生影响。在把详细设计的结果翻译成程序时,要注意应用下述规则:

(1) 写程序之前先简化算术表达式和逻辑表达式。

(2) 仔细研究嵌套的循环,以确定是否有语句可以从内层往外移。

(3) 尽量避免使用多维数组。

(4) 尽量避免使用指针和复杂的表。

(5) 使用执行时间短的算术运算。

(6) 不要混合使用不同的数据类型。

(7) 尽量使用整数运算和布尔表达式。

在效率是决定性因素的应用领域,尽量使用有良好优化特性的编译程序,以自动生成高效的目标代码。

2. 存储器效率

在大型计算机中必须考虑操作系统页式调度的特点。一般来说,使用能保持功能域的结构化控制结构是提高存储器效率的好方法。在微处理机中,如果要求使用最少的存储单元,则应选用有紧缩存储器特性的编译程序,在非常必要时可以使用汇编语言。提高运行效率的技术通常也能提高存储器效率。提高存储器效率的关键同样是简单。

3. 输入/输出效率

如果用户为了给计算机提供输入信息或为了理解计算机输出的信息所需花费的脑力劳动比较少,那么人和计算机之间通信的效率就高。因此,简单清晰同样是提高人机通信效率的关键。硬件之间的通信效率是很复杂的问题,但是,从写程序的角度看,有一些简单的原则可以提高输入/输出的效率。例如:

(1) 所有输入/输出都应该有缓冲,以减少用于通信的额外开销。

(2) 对三级存储器(如磁盘)应选用最简单的访问方法。

(3) 三级存储器的输入/输出应该以信息组为单位进行。

(4) 如果“超高效”的输入/输出很难被人理解,则不应采用这种方法。

另外,还需要注意以下几点:

(1) 为程序运行搭建一个好的平台(包括硬件平台和软件平台)。

(2) 尽量利用好的编程工具,如程序生成器、菜单生成器。

(3) 尽量利用原有的软件开发成果,如标准件、模块。

(4) 注意安全性,如防病毒。

8.6 程序设计自动化

为了高效、低成本地生产出高度可靠的程序代码,人们研究出一类特殊的程序,用它们能生成用户需要的程序,这就是程序设计自动化的概念。至少有3种不同途径可以实现程序设计自动化。

第一种途径是使用某种方式精确地定义用户的需求,经检验后由一个专门的程序把对用户需求的定义转变成程序代码。定义用户需求可以使用高级需求说明语言,或者填写特定格式的表格。这种途径的优点是可以消除需求说明与程序代码之间可能存在的不一致性。

第二种途径本质上是软件设计的模块化概念的推广,它的基本想法是积累大量具有良好文档的模块,这些模块本身应该是高内聚的,有灵活而且精确定义的接口。此外,还应该提供构造主程序或新模块时可以使用的语句。用户与系统以问答的方式交互,使用系统提供的语句,确定调用哪些已有的模块以及调用的次序和方式。如果已有的模块不足以满足用户的需求,则以同样的通用模式书写新的模块,并可存入程序库中供将来使用。当应用领域比较狭窄时,有可能定义出足够多的通用模块,从而使这种途径成为可能。这种方法的优点是,可以由技术专家写出高质量的通用模块,供一般用户使用。这不仅降低了程序开发的成本,并且可以得到高质量的程序。

第三种途径是扩展的自动化程序设计基础,即基于知识的途径。

8.7 案例:图书管理系统详细设计说明书

详细设计说明书又称程序设计说明书。其编制目的是说明一个软件系统各个层次中的每一个程序(每个模块或子程序)的设计考虑。如果一个软件系统比较简单,层次很少,该文档可以不单独编写,将有关内容合并到概要设计说明书中。

图书管理系统详细设计说明书

1 引 言

1.1 编写目的

本文档的目的是说明图书管理系统各个层次中的每一个程序(模块)的设计考虑,便于确定该系统软件的开发途径及开发方法。

1.2 背景说明

本项目的名称:图书管理系统。

随着馆藏图书种类、数量的不断增长,图书检索速度变慢,统计工作量变大。为解决这些问题,应建立图书管理系统,科学地对图书馆数据进行管理,方便图书的检索和借阅。

1.3 定义

(略)

1.4 参考资料

(略)

2 程序系统的结构

系统结构图见第6章案例。

3 程序1(注册登录模块)设计说明

3.1 程序描述

读者第一次使用该系统时,需要注册为系统的用户。用户登录系统后,可以使用系统开放给用户的各种功能。注册用户还可以查看并修改自己的个人信息。

3.2 功能

注册部分:非会员输入注册信息,系统判断注册信息的正确性,如果正确,在数据库中插入新的用户信息,并返回欢迎信息。

登录部分:管理员输入用户名和密码,系统判断用户名和密码的正确性,如果正确,向其提供管理员相关功能。读者输入用户名和密码,系统判断用户名和密码的正确性,如果正确,向其提供读者相关功能。

3.3 性能

(1) 允许读者在注册时测试用户名的合法性。

(2) 提供足够的帮助信息,引导用户输入。

(3) 允许读者跳过某些非关键信息,允许读者更改输入次序。

3.4 输入项

注册部分:输入注册信息,包括用户名、姓名、所在院系、班级、联系方式、密码等。

登录部分:输入用户名与密码。

3.5 输入项

注册部分:如果成功,输出欢迎信息;否则提示注册失败。

登录部分:如果成功,输出欢迎信息;否则提示登录失败。

3.6 算法

注册部分:首先判断数据库中的用户名是否存在。如果存在,提示错误信息;如果不存在,再判断输入数据是否符合输入要求,不符合要求时提示具体错误信息,反之则将注册用户信息存入数据库。

登录部分：首先判断用户名是否存在。如果输入的用户名不存在，提示错误信息。然后检查密码与用户名是否对应，不对应则提示错误信息，反之则输出欢迎信息。

3.7　流程逻辑

该系统流程逻辑如下：

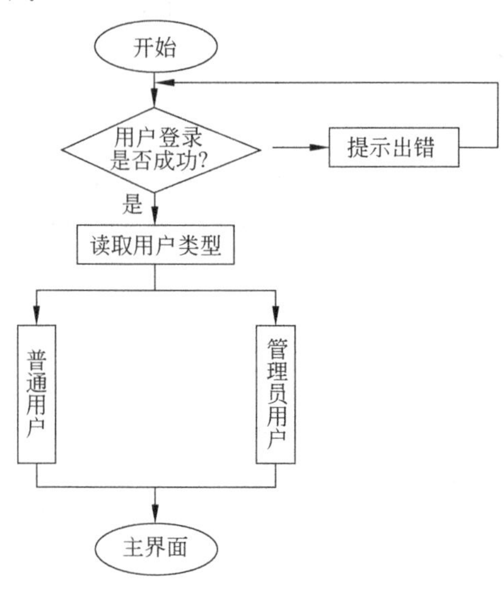

3.8　接口

接口为数据库接口。

3.9　存储分配

读者信息存储在数据库中的tb_reader表中，管理员信息存储在tb_admin表中。

3.10　注释设计

多行注释使用/*　*/，单行注释使用//。

3.11　限制条件

取回密码时读者的邮箱地址一定要合法，才能把密码发送到该邮箱中。

3.12　测试计划

用多组重复的用户名测试错误信息的检查与显示。用不符合要求的读者信息注册，测试系统错误处理能力。

3.13　尚未解决的问题

界面美化工作做得还不够完美。

4　程序1(图书查询模块)设计说明

4.1　程序描述

读者必须先登录成功，才能对图书信息进行查询。

4.2　功能

本模块为登录的读者提供精确查询、模糊查询、借阅、归还、修改个人信息、预览等功能。

4.3　性能

利用数据库的排序功能对所有图书数据进行关键字排序，使数据的查询、修改、插入、删除和显示更有效率，从而使本模块的数据处理速度提高，性能得到提升。

4.4 输入项

在本模块中,除了搜索关键字需要读者手动输入以外,其他输入都通过按钮的形式出现,读者只需要单击相应的按钮来选择要使用的功能。

4.5 输出项

系统会根据读者操作失败的原因输出具体的错误信息,让读者清楚地知道导致操作失败的原因,使读者能够及时联系管理员,有针对性地解决问题。操作成功时会显示成功信息。

4.6 算法

系统根据读者选择的不同按钮向数据库发送不同的数据库访问语句,进行不同的操作,并将返回的结果显示给读者。

4.7 流程逻辑

流程逻辑如下:

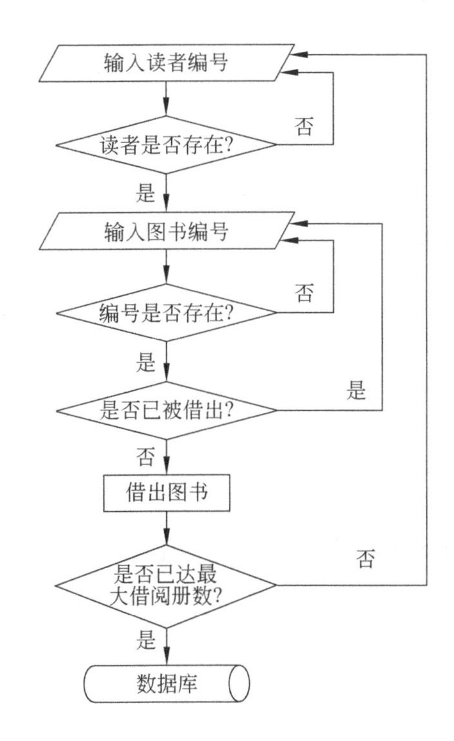

4.8 接口

接口为数据库接口。

4.9 存储分配

读者信息存储在数据库中的 tb_reader 表中,管理员信息存储在 tb_admin 表中。

4.10 注释设计

多行注释使用/* */,单行注释使用//。

4.11 限制条件

开发人员对界面设计技术掌握得有限,界面美化工作有一定难度。

4.12 测试计划

使用大量错误数据对借阅、归还图书以及查询图书等核心功能进行错误检查,确保各功能具有较高的检错性。

4.13　尚未解决的问题

图书的预览功能因为缺乏纸质书的电子版,还未能完全实现。因开发人员界面设计技术有限,界面美化工作做得还不够完美。

8.8　实训:学生管理系统详细设计说明书

1. 实训目的

(1) 了解人机界面设计。

(2) 掌握使用过程设计工具描述模块的详细数据结构和算法的方法。

(3) 掌握详细设计说明书的撰写。

2. 实训任务与实训要求

(1) 描述各个模块使用的数据结构、算法、控制流程图,详细描述数据输入/输出界面的设计。

(2) 撰写详细设计说明书。

3. 实训内容与步骤

根据学生管理系统的需求进行分析调查,然后按如下格式完成详细设计说明书。

1　引言
　1.1　编写目的
　1.2　背景说明
　1.3　定义
　1.4　参考资料
2　程序系统的结构
3　程序1(程序名称)设计说明
　3.1　程序描述
　3.2　功能
　3.3　性能
　3.4　输入项
　3.5　输出项
　3.6　算法
　3.7　流程逻辑
　3.8　接口
　3.9　存储分配
　3.10　注释设计
　3.11　限制条件
　3.12　测试计划
　3.13　尚未解决的问题
4　程序2(程序名称)设计说明
……

4. 实训注意事项

(1) 按上面的格式编写详细设计说明书,对格式中的个别内容可根据系统的复杂程度增减。

(2) 格式清晰,图表规范,文字通顺。

(3) 按照大作业分组进行本实训,各成员可分配不同的功能模块进行详细设计,最后综合为整个系统的详细设计。

5. 实训成果

参照案例格式和实训内容与步骤,结合本系统的需求分析和概要设计说明书,完成学生管理系统详细设计说明书。

小　　结

编码的目的是把详细设计的结果翻译成用选定的程序设计语言书写的源程序。程序的质量主要是由详细设计的质量决定的,但是编码的风格和使用的语言对编码质量也有重要的影响。因此,选择的程序设计语言应尽量自然地支持软件设计方法,适用于待求解问题的领域。

良好的编码风格应该以结构化程序设计的原则为指导。使用单入口、单出口的控制机制,有规律、有控制地使用 GOTO 语句,以及提倡源代码的文档化,是实现良好编码风格的重要途径。

程序设计语言的演变经历了机器语言、汇编语言和高级语言 3 个阶段。高级语言的巨大进展使机器语言和汇编语言的应用领域日益缩小。现阶段的程序设计主要是高级语言程序设计。软件工程师应该了解各种常用高级语言的特点,掌握选择语言的标准,以便根据问题的需要,合理地选择适当的程序设计语言。

习　　题

8.1　程序设计语言主要有哪几类?它们各有什么优缺点?

8.2　编码风格是什么?

8.3　举例说明各种程序设计语言的特点及适用范围。

8.4　为什么要对程序进行注释?应该怎样对程序进行注释?

8.5　什么是注释?它包含有哪些内容?

8.6　对效率的追求应明确哪几点?

8.7　在编写输入和输出程序时应考虑哪些原则?

8.8　语句构造的原则是什么?

8.9　在项目开发时选择程序设计语言通常应考虑哪些因素?

第9章　检验和测试方法

9.1　检验的基本概念

9.1.1　概述

软件检验是软件开发过程的最后一个阶段，是确保软件产品质量的一个关键步骤。在一个软件系统的整个开发过程中，往往会出现一系列信息转移。信息转移是发生错误的根源。例如，在需求分析阶段，系统分析员错误地理解了用户的要求，发生了从用户到系统分析员的信息转移的错误；系统分析员在书写需求规格说明书时不能正确表达自己的思维，发生了从系统分析员到文件的信息转移错误；等等。在分析、设计和编程各阶段中，人要参与很多活动，而且会有很多人参与活动。在这些活动中，人难免会犯各种各样的错误，尽管采用了先进的方法，软件中的错误仍然在所难免，对于规模大、复杂性高的大型软件系统更是如此。所以，开发人员必须接受这样一个事实：软件中存在着错误，这是由人类自身能力的局限性造成的，对此不必大惊小怪，或对开发人员过多地抱怨或责备。

当代计算机已经应用到国民经济的所有重要领域，如银行管理、经济决策部门的信息收集、空中交通管理或核反应堆控制等。软件系统的任何一个错误都可能使财产甚至生命遭到惨重损失，所以人们对软件系统的可靠性提出了很高的要求，这就同上面所述的基本事实构成了一对尖锐的矛盾。

面对这种矛盾，人们得出的结论是：伴随着软件的开发，必须在技术和管理上采取措施，对软件进行严格检验，所以要在每个开发阶段结束之前通过严格的技术审查尽可能早地发现并纠正差错。但是，经验表明，审查并不能发现所有差错，此外在编码过程中还不可避免地会引入新的错误。如果在软件投入生产性运行之前没有发现并纠正软件中的大部分差错，则这些差错迟早会在生产过程中暴露出来，那时不仅改正这些错误的代价更高，而且往往会造成很恶劣的后果。检验的目的就是在软件投入生产性运行之前尽可能多地发现其中的错误并及时纠正。软件检验在软件生命周期中横跨两个阶段。通常在编写出每个模块之后就对它做必要的检验(称为单元检验)，模块的编写者和测试者是同一个人，编码和单元检验属于软件生命周期的同一个阶段。在这个阶段结束之后，对软件系统还应该进行各种综合检验，这是软件生命周期中的另一个独立的阶段，通常由专门的检验人员承担这项工作。

大量统计资料表明，软件检验的工作量往往占软件开发总工作量的40%以上。而如果检验的是关系到人的生命安全的软件，如飞行控制软件或核反应监控软件等，检验所耗费的资金可能相当于软件工程其他步骤总开销的3～5倍。因此，必须高度重视软件检验工作，绝不要以为写出程序之后软件开发工作就接近完成了，实际上，大约还有同样多的工作量需要完成。

软件检验、纠错和软件可靠性是3个相互密切关联的问题。检验的目标是发现软件中的错误，但是，发现错误并不是最终目的。软件工程的根本目标是开发出高质量的完全符合用户需要的软件，因此，通过检验发现错误之后，还必须诊断并改正错误，这就是纠错或调试。调试是检验阶段最困难的工作。可靠性是衡量检验和纠错结果的基准。软件开发力求保证可靠性，但是到目前为止，100%的可靠性还是一个不可能达到的目标。一系列的全面检验步骤是软件可靠性的现实保证。

9.1.2 软件检验手段

在目前的软件开发中常用的检验手段有静态检查、动态检查和正确性证明。

1. 静态检查

静态检查一般指利用人工和计算机辅助的方法静态分析、评审各阶段的软件文档和程序，借以发现其中的错误。由于被评审的文档或程序不必运行，所以称之为静态。人工评审虽然比较简单，但事实证明这是一个相当有效的检验手段，相当比例的错误是通过人工评审发现的，人工评审已成为软件开发过程中一项必不可少的质量保证措施。由于人的评审能力有限，静态检查显然不可能发现所有的错误，它大约能查出30%的错误。

2. 动态检查

动态检查指传统意义上的测试，即，使程序有控制地运行，通过测试用例输入相关的数据，从多种角度观察程序运行时的行为，并通过输出结果发现其中的错误。测试的方法根据设计测试用例的方法分为两类：黑盒法、白盒法。

(1) 黑盒法。测试用例是完全根据程序的功能说明来设计的。如果想用黑盒法发现程序中所有的错误，就必须用输入数据的所有可能值来检查程序是否都能产生正确的结果。

(2) 白盒法。测试用例是根据程序的内部逻辑来设计的。如果想用白盒法发现程序中所有的错误，就至少必须使程序中每种可能的路径都执行一次。

静态检查和动态检查的基本问题在于它们不可能证明软件中不存在错误，人们能做到的只是尽可能多地发现错误。因此，人们自然希望找到某种方法能确切地证明程序是没有错误的，这就出现了程序正确性的研究领域。

3. 正确性证明

程序正确性证明最常用的方法是归纳断言法。它对程序提出一组命题，如果能用数学方法证明这些命题成立，就可保证程序中不存在错误，即它对所有的输入都会产生预期的正确输出。程序正确性证明是一个鼓舞人心的想法，它也许对未来的软件开发会有深远的影响，但程序正确性证明技术目前还处于早期阶段，近期内还不适用于大型软件系统。

评审、测试和正确性证明都是卓有成效的，但其功效也是有限的，任何一种技术都不足以保证软件的质量，所以软件检验应该是一种综合性技术，开发一个软件系统时，这3种技术往往都要予以考虑。例如，对系统最关键的核心部分可以采用正确性证明的技术，在软件开发过程中的每个阶段都要对交付的文档进行正规的评审，在程序完成后还要对软件进行全面的测试。只有将这3种技术结合起来，才有希望获得质量较好的软件产品。

本节的结论是：为了保证软件质量，检验是极其重要的。遗憾的是人们目前尚未掌握理想的检验方法，检验所需开支大，难度高，但其效果远远不能令人满意。人们能够做到的只是在一定的成本和时间进度限制下，尽可能多地发现错误。因此，在质量保证的两类技术——事前预防和事后检验之中，开发者只能寄希望于前者，也就是说，软件质量主要是开发时决定的，而不是靠检验来保证的，开发时掉以轻心，指望由检验发现错误的侥幸心理是错误的。

9.2 软件评审

9.2.1 评审过程

对软件进行静态分析的手段之一是人工阅读文档或程序,从而发现其中的错误,这种技术称为评审(review)。近年来的实践已证明评审是一种很有效的技术,它综合了技术性和管理性措施,方法并不复杂,难度不是很大,所需开支也不高,而效果甚好。专家们已经公认:正规的评审制度对软件的成功是绝对必要的。

评审的种类有很多,包括需求复查、概要设计复查、详细设计复查、程序复查和走查等,各种评审的正规化程度、方式和参加的人员略有不同。本节针对软件生命周期中几个主要的评审活动,概括地讨论评审过程和评审条款等问题。

1. 评审模式

一般,人们将评审工作与开发过程结合起来,使评审成为每个阶段之后必经的一道手续,这样的模式可用图9-1来说明。

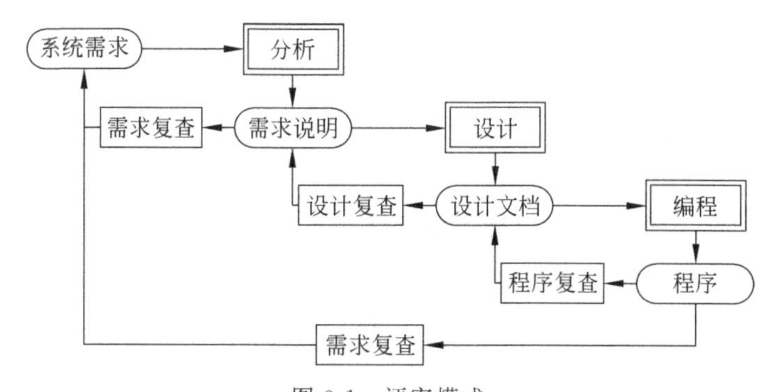

图9-1 评审模式

根据这一模式,需求分析阶段完成后,即对需求说明书进行复查;设计阶段完成后,即对设计文档进行复查;编程后可对程序进行复查或走查。由于设计分为概要设计和详细设计两步,所以其评审也有两次,分别在概要设计和详细设计完成后进行。复查的目的是避免错误传递到下一阶段。

由于错误发现得越早就越容易修改,而且副作用也越小,所以开发活动和评审活动并行进行是重要的质量保证措施之一。

由于评审的目的是发现错误,为了获得较好的效果,评审应由开发人员之外的人来主持,开发人员与评审人员相互独立也是质量保证的重要措施之一。评审人员应在软件开发技术、检验技术方面均受过良好的训练,也应具有较丰富的实际开发经验。

2. 评审参加人员

在需求复查阶段,一方面,需求分析阶段所犯的错误是比较重大的、整体性的错误,其修改涉及面广,纠正的代价较高;另一方面,由于需求分析的结果是不可执行的软件文档,其描述方式通常也不是形式化的,所以测试和证明技术均无法使用,只有评审是唯一可以发现错误的手段。基于上述两方面的原因，需求复查就特别重要，应该包括开发部门的负责人、用户（包括各个层次的代表）、资历较高并熟悉这类应用系统的专家和开发软件系统的专家等，以比较正规的方式慎重、认真地进行。

在概要设计复查阶段，评审的重要性与需求复查阶段相同。所以应该包括开发部门的负责人、用户（主要任务是评审用户手册）以及开发软件系统的专家等，以比较正规的方式慎重、认真地进行。

在详细设计复查和程序复查阶段，相对地说，这两个阶段的错误比较孤立，修改较易。同时程序是可以运行的，此时测试、证明技术都可用来发现错误。所以这两个阶段的复查可在开发部门内部同事之间相互进行，其正规化程度亦可略低。

评审人员不必太多，一般为3～10人，可由开发部门负责人担任评审组组长。

3. 评审过程

评审的过程如下：评审组组长在评审会举行前一两周将评审材料（文档或程序）发给评审人员，要求各人仔细阅读；评审人员阅毕，给评审组长一个书面通知，证实已读过所有材料。

在评审会上，先由材料作者用投影仪等设备介绍情况，通常在作者向评审人员介绍情况时，他就可能边讲边发现材料中的一些错误。然后，评审人员按照评审条款逐条对材料进行检查，发现其中的错误和不足。评审条款随后讨论。

对评审会进行的情况应有详细的记录。会议结束后，组长应交出一份评审报告，列出发现的错误及对修改工作的具体要求。

评审会上应注意以下几点：

(1) 必须强调评审是针对软件文档，而不是软件文档的作者，评审会上的发言除了用于修改软件之外绝不作他用（如作为编写人员晋升、调资的参考）。排除了这类心理障碍，评审人员才能畅所欲言，发挥其经验、学识方面的专长，取得良好的评审效果。

(2) 评审会的任务只是发现错误而不是纠正错误。纠正错误一般应由软件作者在会后再进行。

(3) 为了保证效果，评审会不要持续过长，以1～2h为宜。如果系统较大，材料较多，评审可分几次进行。

程序走查（code walkthrough）是另一种有效的评审活动。同程序复查一样，它也需先将材料发给评审人员，然后召集他们参加会议，但在会议上采取的步骤却有所不同。程序走查不是按评审条款逐条检查程序，所以不要求与会者充当“计算机”，与会者需携带一组典型的测试用例来参加会议，会上由程序作者在纸上或黑板上“运行”每个测试用例，即用这些测试数据沿着程序逻辑走一遍，与会者跟踪程序的状态（如检查变量的值等）。当然，这样的“运行”速度是极慢的，所以测试用例必须很简单。走查的关键在于：以人工“运行”作为媒介，通过它启发与会者向程序作者提出种种问题，从而发现程序中的错误。实践证明，通过向程序作者提问发现的错误比直接利用测试用例发现的错误要多。

9.2.2 评审条款

评审条款有不同的风格，可以是比较原则性的，也可以是比较具体的。

下面给出一些比较原则性的评审条款，这些条款反映了在需求分析阶段和概要设计阶段最常见的错误和不足之处。

需求复查条款：

(1) 完整性：系统的所有需求是否都写在需求说明书上了？

(2) 正确性：需求说明书上的每个条目是否均叙述正确？

(3) 精确性：需求说明书上的每个条目是否表达得确切，而且只有一种解释？

(4) 一致性：是否有条目同其他的条目相互冲突？

(5) 可测试性：在系统验收时，是否有界面能够明确地说某个条目满足或不满足？

(6) 可行性：在已知经费、进度和技术条件的限制下，每个条目是否可能实现？

(7) 可追踪性：每个条目在实现的用户环境中都能找到它的根据吗？

(8) 相关性：每个条目是否确实与系统的需求相关？

……

概要设计复查条款：

(1) 可追溯性：设计文档中的每个条目是否都能在需求说明书中找到它的根据？

(2) 现实性：设计方案是否是一个现实的解决方法？

(3) 可维护性：对某个部分进行修改时是否会牵涉到许多其他部分？

(4) 质量：设计方案是否体现了良好的软件结构应具有的种种特征？

(5) 界面：是否明确定义了系统各部分之间的界面？

(6) 清晰性：设计文档是否表达得清楚？

(7) 其他方案：是否已考虑过其他的设计方案？为什么最后选择了当前方案？

……

也有一些公司采用具体的评审条款。例如需求评审条款如下：

(1) 分层数据流图中的父图和子图是否平衡？

(2) 数据流图中的数据是否守恒？

(3) 数据流图中出现的数据名在数据词典中是否都已定义了？

(4) 数据词典中各个条目同数据流图是否有冲突？

(5) 每个数据项的值范围是否都确定了？

(6) 每个小说明是否表达得清晰、精确？

……

概要设计评审条款如下：

(1) 是否符合信息隐蔽原则？

(2) 模块是否具有最大的聚合度？

(3) 模块间耦合度是否最小？

(4) 软件结构的形态是否合理？

(5) 输入和输出是否平衡？

(6) 作用范围是否在控制范围之内？

(7) 模块间是否有病态的联系？

(8) 结构图中描述的数据流是否与数据流图相对应？

(9) 设计方案中是否避免了重复功能？

……

9.3 测试的基本概念

对软件开发人员来说,测试阶段表现出一种有趣的反常现象:在软件生命周期的测试阶段以前,人们力求从抽象的概念出发构造出实在的软件;然而在测试阶段,人们设计出一系列测试用例,目的是为了"破坏"已经建造好了的软件。这就像给产品做高低温试验、震动试验、破坏性试验一样,测试人员把产品置于一种特殊的、极端的、恶劣的环境中进行试验。从表面上看,这似乎是有意地想"破坏"它们,但实际上,这是考验产品在恶劣的环境中能否正常工作或保证质量。软件测试不是破坏性的,测试的目的是为了发现错误,只是在心理上被看作一种"破坏的步骤"。

下面简要地讨论测试的基本原则。

(1) 设计测试用例时,要给出测试的预期结果。一个测试用例必须由两部分组成:一是对程序输入数据的描述;二是由这些输入数据所产生的程序正确结果的精确描述(在执行程序之前应该对期望的输出有明确的描述),这样,测试后就可将程序的输出同它仔细地对照检查。如果不事先确定预期的输出,就可能把实际上是错误的结果当成正确的结果。这样才能做到有的放矢。

(2) 开发和测试小组分立。为了保证测试质量,应将开发和测试小组分立,也就是测试工作应该由另一个独立部门来主持。因为二者在思想上、方法上都不一样,前者是建设性的,后者是"破坏性"的。从心理学的角度来说,大多数开发人员要"破坏"自己亲手建设的东西是很难进行的,即不能有效地测试他们自己设计、编写的软件;此外,如果开发人员对问题的理解是错误的,由本人来测试显然不能查出这类错误。通常,系统中各个部件的检验可在开发人员间交换进行,而整个系统的评审和测试则应由用户或不参加该系统开发的其他人员来完成。

(3) 要设计非法输入的测试用例。一个程序不仅当输入是合法的时候能正确运行,而且当有非法输入(有意的或无意的)时,能够拒绝接受这些非法输入并给出提示信息。因此,要特别注意设计非法输入的测试用例来进行测试。

(4) 除了检查程序是否做了它应做的工作之外,还应检查程序是否做了它不应做的事情。

(5) 应该长期保留所有的测试用例。在对程序进行了修改之后,要进行回归测试。一方面,当初设计测试用例是很费人工的,一旦丢弃,今后再需要测试程序时就会麻烦很多;另一方面,对程序的任何修改都有可能引入新的错误,用以前的测试用例进行回归测试,有助于发现由于修改程序而引入的新错误。

(6) 在进行深入的测试时,要集中测试容易出错的程序段。对一些测试进行统计的结果表明:一段程序中已发现的错误数越多,则其中存在错误的概率也就越大。例如,在IBM/370的一个操作系统中,几乎有一半由用户发现的错误只与该系统中4%的模块有关。为了提高测试的效率,在进行深入的测试时,要集中测试那些容易出错(即出错多)的程序段。

(7) 在发现错误之后,排错应由软件的作者来完成。

测试是一项非常复杂的、创造性的和需要高度智慧的工作。

最后,将本节的重要结论概括如下:

- 测试是为了发现错误而执行程序的过程。
- 测试不能发现所有的错误。
- 测试的关键是设计一组“高产”的测试用例。
- 一次成功的测试是发现了至今尚未发现的错误的测试。

9.4 白 盒 法

软件产品与其他工程产品一样,可用下面两种方法进行测试:

(1) 如果已经知道产品具备的功能,则可以测试它的每一个功能是否都达到了预期的要求。

(2) 如果已经知道产品内部活动方式,则可以测试它的内部活动是否符合设计要求。

通常称第一种测试方法为黑盒法,称第二种测试方法为白盒法。

9.4.1 概述

白盒法是指测试人员将程序视为一个透明的盒子。也就是说,需要了解程序的内部结构,对程序的所有逻辑路径进行测试,在不同点检查程序的状态,确定实际状态与预期的状态是否一致。

图9-2是一个小程序的控制流图,每个圆圈代表一段源程序(或语句块)。这个程序由一个循环语句组成,左边的曲线代表执行次数可达20次。循环体中是一组嵌套的IF语句,其可能的路径有5条,所以从程序的入口A到出口B的路径数就达5^{20}条。如果1ms完成一条路径的测试,则测试这样一个程序需要3170年。无疑,这样大的测试工作量对于任何开发计划都是一场灾难。所以,白盒法不可能进行完全的测试,要企图遍历所有的路径,往往是不可能做到的。

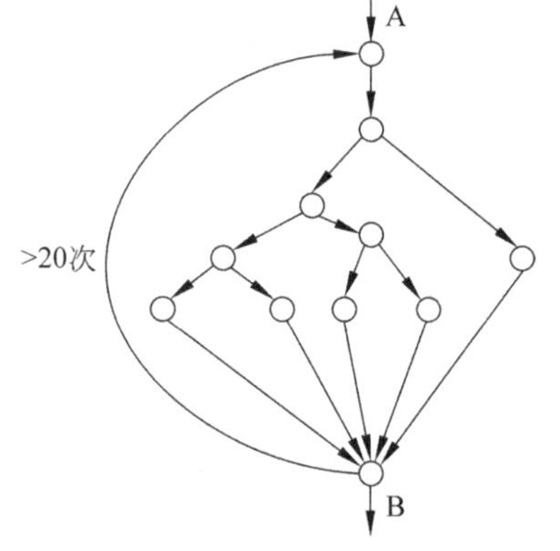

图9-2 被测试程序的控制流图

使用白盒法时,还应认识到:即使试遍所有的路径,仍不能保证程序符合它的功能要求,因为程序中有些错误是同数据有关的。例如,程序中的语句x=y*z被错误地写成x=y/z,但测试中执行该语句时,变量z的值恰好是1,这个错误就不能被发现。另外,程序中还可能遗漏了某些路径。

测试用例设计的基本目的是确定一组最有可能发现某个错误或某类错误的测试数据。前面已经介绍过,不可能进行完全测试。所以,测试用例的设计人员必须努力以最少量的测试用例来发现最大量的可能错误。白盒法的测试用例是以程序的内部逻辑来设计的,所以这个方法称为逻辑覆盖法。应用这种方法时,手头必须有程序的规格说明书以及程序清单。

白盒法考虑的是测试用例对程序内部逻辑的覆盖程度,前面已经指出,最彻底的白盒法是覆盖程序中的每一条路径。但是,由于程序中一般含有循环,所以路径的数目极大,要执行每一条路径是不可能的,所以只能希望覆盖的程度尽可能高些。

为了衡量测试的覆盖程度,需要建立一些标准。目前常用的一些覆盖标准从低到高如下：

- 语句覆盖。
- 判定覆盖。
- 条件覆盖。
- 判定/条件覆盖。
- 条件组合覆盖。

下面对这些标准逐个进行讨论。

9.4.2 语句覆盖

程序的某次运行一般并不能执行到其中的每个语句，因此，如果某语句中含有一个错误，而它在测试中没有被执行，这个错误就不可能被发现。为了提高发现错误的可能性，应该在测试时执行程序中的每个语句。语句覆盖是一个比较弱的测试标准，它的含义是：选择足够的测试用例，使得程序中的每个语句至少都能执行一次。

图 9-3 是一个被测试的程序，它的源程序如下：

```
int M(int A,int B,int X)
main()
{  …
    if(A>1)&&(B==0)
        X=X/A
    if(A==2)||(X>1)
        X=X+1
    …
    return(X)
}
```

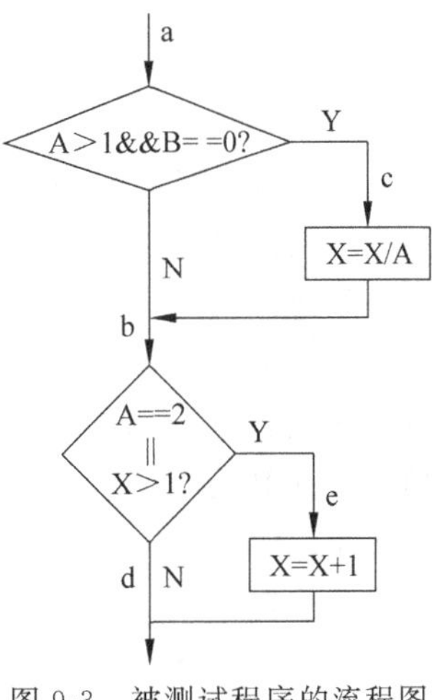

图 9-3 被测试程序的流程图

为使该程序中的每个语句至少执行一次，只需设计一个能通过路径 a→c→e 的例子就可以了。例如，选择输入数据为 A=2,B=0,X=3 就可达到语句覆盖标准。

从本例可看出，语句覆盖实际上是比较弱的。例如，如果第一个条件语句中的 AND 被错地误写成 OR，上面的测试用例是不能发现这个错误的；又如，如果第二个条件语句中的 X>1被错误地写成 X>0，上面的测试用例也不能暴露它；此外，沿着路径 a→b→d 执行时，X 的值应该保持不变，如果这方面有错误，上面的测试用例也不能发现它们。总之，一般认为语句覆盖是很不充分的一种测试标准。

9.4.3 判定覆盖

判定覆盖标准是指：选择足够的测试用例，使得程序中的每个判定至少都能获得一次“真”值和一次“假”值，或者说使得程序中的每一个分支至少都通过一次。对图 9-3 的程序，如果设计两个例子，使它们能通过路径 a→c→e 和 a→b→d，或者通过路径 a→c→d 和 a→b→e，就可达到判定覆盖标准。例如，选择路径 a→c→d 和 a→b→e，测试用例分别设计为 A=3,B=0,X=2 和 A=2,B=2,X=2。

判定覆盖比语句覆盖严格,因为如果每个分支都执行过了,则每个语句也就执行过了。但是判定覆盖测试仍不充分。例如,上面两个测试用例未能检查沿着路径 a→b→d 执行时 X 值是否保持不变或将第二个判定中的 X>1 写成 X<1 的错误。

9.4.4 条件覆盖

一个判定中往往包含了若干个条件。例如,在图 9-3 的程序中,判定(A>1) AND (B==0)包含了两个条件：A>1 以及 B==0,所以可引进一个更强的覆盖标准——条件覆盖。它的含义是：执行足够的测试用例,使得判定中的每个条件都获得各种可能的结果。图 9-3 的程序有 4 个条件：A>1、B=0、A=2、X>1,为了达到条件覆盖标准,需要执行足够的例子使得在 a 点有 A>1、A≤1、B=0、B≠0 等各种结果出现,在 b 点有 A=2、A≠2、X>1、X≤1等各种结果出现。

只需设计以下两个测试用例就可满足这一标准：

A=2,B=0,X=4

A=1,B=1,X=1

分别沿着路径 a→c→e、a→b→d 执行。

虽然同样只要两个测试用例,但这两个测试用例比判定覆盖中的两个测试用例更有效。条件覆盖通常比判定覆盖强,因为它使一个判定中的每一个条件都获得两个不同的结果,而判定覆盖则不保证这一点。但是也可能出现相反的情况。例如,对语句 IF (A AND B) THEN S 设计两个测试用例,使其满足条件覆盖,即,使 A 为“真”而且 B 为“假”,以及使 A 为“假”而且 B 为“真”,但是这两个例子都未能使语句 S 得以执行。

又如,对图 9-3 的程序,下面两个例子满足条件覆盖,即仅覆盖了路径 a→b→e,但不满足判定覆盖：

A=1,B=0,X=3

A=2,B=1,X=1

因为它们未能使程序中第一个判定的结果为“真”,也未能使第二个判定的结果为“假”。

9.4.5 判定/条件覆盖

针对上面的问题引出了另一种覆盖标准——判定/条件覆盖,它的含义是：执行足够的测试用例,使得程序判定中的每个条件获得各种可能的值,并使每个判定获得各种可能的结果。

对图 9-3 的程序,9.4.4 节中的两个测试用例可以满足这一标准：

A=2,B=0,X=4

A=1,B=1,X=1

判定/条件覆盖似乎是比较合理的,但事实并非如此,因为大多数计算机不能用一条指令对多个条件作出判定,而必须将源程序中对多个条件的判定分解成几个简单判定,所以较彻底的测试应使每一个简单判定都真正获得各种可能的结果。

9.4.6 条件组合覆盖

针对上述问题提出了另一种标准——条件组合覆盖。它的含义是：选择足够的测试用例，使得每个判定中的条件的各种组合都至少出现一次。显然，满足条件组合覆盖的测试用例一定也满足判定覆盖、条件覆盖和判定/条件覆盖。图 9-3 的程序必须使测试用例覆盖下列 8 种条件组合：

① A>1，B=0 ② A>1，B≠0 ③ A≤1，B=0 ④ A≤1，B≠0

⑤ A=2，X>1 ⑥ A=2，X≤1 ⑦ A≠2，X>1 ⑧ A≠2，X≤1

要覆盖这 8 种条件组合，并不一定需要设计 8 组测试数据，下面的 4 组测试数据就可以满足要求：

A=2，B=0，X=4　　覆盖①和⑤

A=2，B=1，X=1　　覆盖②和⑥

A=1，B=0，X=2　　覆盖③和⑦

A=1，B=1，X=1　　覆盖④和⑧

细心的读者会发现，上面 4 组测试数据虽然满足条件组合覆盖，但并不能覆盖程序中的每一条路径，例如路径 a→c→d 就没有执行。由此可以看出条件组合覆盖标准仍然是不彻底的。

以上列出的几种覆盖技术基本上是依次增强的(少数除外，如满足条件覆盖却不满足判定覆盖)，以条件组合覆盖最严格。随着覆盖级别的提高，需要设计的测试用例的数量会急剧地增加，使开销加大。对此，测试人员应注意权衡。

9.5 黑 盒 法

设计测试用例的另一种方法是黑盒法。与白盒法不同，黑盒法着眼于程序的外部特性，而不考虑程序的内部逻辑结构。测试人员将程序视为一个黑盒子，不关心程序内部结构和内部特性，而只想检查程序是否符合它的功能说明。所以，黑盒法根据程序的功能说明来设计测试用例。这时手头只要有程序的功能说明书就够了。

黑盒法是在程序的接口上进行测试，看它能否满足功能要求，输入能否正确地接收，并能否输出正确的结果，以及外部信息(如数据文件)的完整性能否保持。所以，用黑盒法发现程序中的错误时，必须用所有可能的输入数据来检查程序能否都产生正确的输出。

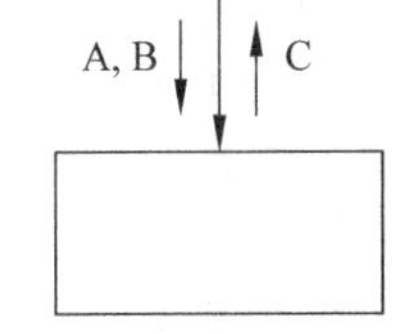

图 9-4 黑盒测试实例

很显然，黑盒法不可能进行完全的测试。要企图遍历所有输入数据的可能性，往往是不可能做到的。例如，图 9-4 是一个很简单的程序，它有两个输入变量 A、B，一个输出变量 C。假定 A、B、C 都是整型变量，在字长为 32 位的计算机上运行，用黑盒法测试，输入数据的可能性有 $2^{32}\times2^{32}=2^{64}$ 种。

如果这个程序执行一次需要 1ms，那么，用所有这些输入数据来测试这个程序将需要五亿年！显然遍历所有输入数据是不可能的。

按照测试用例的设计方法不同，黑盒法分为以下几种：

- 等价分类法。
- 边缘值分析法。
- 因果图法。

- 错误推测法。

9.5.1 等价分类法

上面已指出,彻底的黑盒法需要用所有可能的输入数据来测试某个程序,这是不可行的,而只能在输入数据中选择一个子集,因此问题就归结为如何选择一个适当的子集,使其可能发现较多的错误。

人们很自然地希望选择的测试用例具有代表性,即选择一个测试用例可以代表一大类其他的例子,这一想法形成了一种黑盒方法——等价分类法。

如果将输入数据的可能值分成若干个等价类,就可以合理地假定:每一类的一个有代表性的值在测试中的作用等价于这一类中的其他值。也就是说,如果某一类中的一个例子发现了错误,这一等价类中的其他例子也能发现同样的错误;反之,如果某一类中的一个例子没有发现错误,则这一类中的其他例子也不会查出错误(除非等价类中的某些例子又属于另一等价类,因为几个等价类是可能相交的)。

用等价分类法设计测试用例可分两步进行:第一步是划分等价类;第二步是选择测试用例。下面分别讨论这两步。

1. 划分等价类

这一步先从程序的功能说明中找出一个个输入条件(通常是功能说明中的一句话或一个短语),然后为每个输入条件划分两个或更多个等价类,此时可以使用表格,其格式如表9-1所示。

表9-1 等价类划分

输入条件	合理等价类	不合理等价类

该表格中有“合理等价类”“不合理等价类”两项。合理等价类也称有效等价类,是指程序的合理输入数据;不合理等价类也称无效等价类,指所有其他的数据(即非法的输入数据)。

划分等价类在很大程度上是试探性的,下面几点可供参考。

(1) 如果某个输入条件说明了输入值的范围(如“数据值”是1~99),则可划分一个合理等价类(大于或等于1而小于或等于99的数)和两个不合理等价类(小于1的数,以及大于99的数)。

(2) 如果某个输入条件说明了输入数据的个数(如每个学生可以选修1~3门课程),则可划分一个合理等价类(选修1~3门课程)和两个不合理等价类(未选修课程,以及超过3门课程)。

(3) 如果一个输入条件说明了一个必须成立的情况(如标识符的第一个字符必须是字母),则可划分一个合理等价类(第一个字符是字母)和一个不合理等价类(第一个字符不是字母)。

(4) 如果某个输入条件说明了输入数据的一组可能的值,而且认为程序是用不同的方式处理每一种值的(如“职称”的输入值可以是“助教”“讲师”“副教授”和“教授”4种),则可为每一种值划分一个合理等价类(如“助教”“讲师”“副教授”和“教授”4种),并划分一个不合理等价类(上述4种职称之外的任意值)。

(5) 如果认为程序将按不同的方式处理某个等价类中的各种例子,则应将这个等价类再分成几个更小的等价类。例如上面的例子就是将一个合理等价类又分成“助教”“讲师”等4个等价类。

2. 选择测试用例

这一步又可分以下3步进行。

(1) 为每个等价类编号。

(2) 设计一个新的测试用例,使它能包括尽可能多的尚未被包括的合理等价类;重复做这一步,直至这些测试用例已包括所有的合理等价类。

(3) 设计一个新的测试用例,使它包括一个(而且仅仅一个)尚未被包括的不合理等价类;重复做这一步,直至测试用例已包括所有的不合理等价类。

必须注意的是,这一步应使每个测试用例仅包括一个不合理等价类。这样做的原因是:程序中的某些错误检测往往会抑制其他的错误检测。例如,某个程序的功能说明中指出:输入数据是图书的“类型”(它可以是“精装”“平装”和“线装”)和图书的“数量”(其允许值是1~999),如果某个测试用例中,图书的“类型”是“活页”,图书的“数量”是0,它包括了两个不合理的条件(“类型”和“数量”都不合理),程序在发现“类型”不合理之后,可能不会再去检查“数量”是否合理,因此这一部分程序实际上并没有测试到。

例如,某城市的电话号码由以下3部分组成:

(1) 地区码:空白或3位数字。

(2) 前缀:非0或1开头的3位数字。

(3) 后缀:4位数字。

假定被测程序能接受一切符合上述规定的电话号码,拒绝所有不符合规定的电话号码,就可以用等价分类法来设计它的测试用例。

第一步,划分等价类。表9-2列出了划分的结果,包括4个合理等价类和11个不合理等价类。在每一等价类之后均有编号,以便识别。

表9-2 电话号码程序的等价类划分

输入条件	合理等价类	不合理等价类
地区码	空白(1),3位数字(2)	有非数字字符(5),少于3位数字(6),多于3位数字(7)
前缀	200~999的3位数字(3)	有非数字字符(8),起始位为0(9),起始位为1(10),少于3位数字(11),多于3位数字(12)
后缀	4位数字(4)	有非数字字符(13),少于4位数字(14),多于4位数字(15)

第二步,确定测试用例。表9-2中有4个合理等价类,可以共用以下两个测试用例:

测试数据	测试范围	期望结果
( )276-2345	等价类(1)、(3)、(4)	合理
(635)805-9321	等价类(2)、(3)、(4)	合理

对11个不合理等价类,应选择11个测试用例。例如,前3个不合理等价类可以使用下列的3个测试用例:

测试数据	测试范围	期望结果
(20A)211-4567	等价类(5)	不合理
(33)234-5678	等价类(6)	不合理
(7777)345-6789	等价类(7)	不合理

后8个不合理等价类的测试用例留给读者做练习。这样,本例的15个等价类将至少需要13个测试用例。

9.5.2 边缘值分析法

经验表明,程序往往在处理边缘情况时犯错误,所以检查边缘情况的测试用例是比较高效的。边缘情况是指输入等价类或输出等价类边界上的情况。

边缘值分析法与等价分类法的差别如下:

(1) 边缘值分析法不是从一个等价类中任选一个例子作代表,而是选一个或几个例子,使得该等价类的边界情况成为测试的主要目标。

(2) 边缘值分析法不仅注意输入条件,还根据输出的情况(即按输出等价类)设计测试用例。

运用边缘值分析法需要有一定的创造性,以下几点供使用时参考。

(1) 如果某个输入条件说明了值的范围,则可选择一些恰好取到边界值的例子;另外,再编写一些代表不合理输入数据的例子,它们的值恰好越过边界。例如,输入值的范围是$-1.0\sim1.0$,则可选-1.0、1.0、-1.001和1.001等例子。

(2) 如果一个输入条件指出了输入数据的个数,则以最小个数、最大个数、比最小个数少1、比最大个数多1分别作为例子。例如,一个输入文件可以有1~255个记录,则分别设计有0个、1个、255个和256个记录的输入文件。

(3) 对每个输出条件按(1)中的方法设计例子。例如,某个程序的功能是计算折扣量,最低折扣量是0元,最高折扣量是1050元,则设计一些例子,使它们恰好产生0元或1050元的结果,此外还应考虑是否可设计结果为负值或大于1050元的例子。

由于输入值的边界并不与输出值的边界相对应(例如计算$\sin x$的程序),所以要检查输出的边界不一定能做到,要产生输出值域之外的结果也不一定能做到。尽管如此,考虑这种情况还是非常值得的。

(1) 为每个输出条件按上面(2)中的方法设计例子。例如,一个情报检索系统根据用户输入的命令显示有关文献的摘要,但是最多只提供4篇摘要,则可设计一些例子,使得程序分别产生0篇、1篇或4篇摘要,并设计一个有可能使程序错误地显示5篇摘要的例子。

(2) 如果程序的输入或输出是有序集合(如顺序文件、线性表等),则应特别注意集合的第一个或最后一个元素。

下面举例说明边缘值分析法与等价分类法的差别。一个程序的功能说明中指出:3个输入数据表示一个三角形的3条边长,所以其中任意两个之和应大于第三个。如果采用等价分类法,至少可找出两个等价类:一类是满足上述条件的合理等价类,另一类是两个输入数之和不大于第三个的不合理等价类。因此可以设计两个例子:

a=3,b=4,c=5

a=1,b=2,c=4

如果程序中将表达式 a+b>c 错误地写成 a+b>=c,上述两个例子是不能发现这一错误的。而采用边缘值分析法,则会选择这样的例子: a=1,b=2,c=3,从而使上述错误暴露出来。由此可见,等价分类法与边缘值分析法的主要差别在于后者着重检查等价类边界上的情况。

9.5.3 因果图法

等价分类法和边缘值分析法的缺点是没有检查各种输入条件的组合。要检查输入条件的组合并非易事,因为即使可以将输入条件分成等价类,但它们的组合情况可能极多,如果没有一个系统的方法是难以设计测试用例的。

在第 5 章中曾指出: 程序的功能说明可以用判定表的形式来书写,这些程序将根据输入条件的组合情况执行某些操作。很自然地应该为判定表中的每一列设计一个测试用例,以便检查程序在输入条件的某种组合情况下其操作是否有误。

因果图法着重检查输入条件的各种组合情况,其基本思想是: 从用自然语言书写的功能说明中找出因(输入条件)和果(输出或程序状态的修改),通过画因果图将功能说明转换成一张判定表,然后为判定表的每一列设计测试用例。因果图法适合描述对于多种输入条件的组合相应产生多个动作的测试用例。因果图法最终生成的是判定表。

下面给出因果图法使用的基本图形符号:

- 恒等: 用连线表示。若原因出现,则结果出现;若原因不出现,则结果不出现。
- 非: 用标有～的连线表示。若原因出现,则结果不出现;若原因不出现,则结果出现。
- 或: 用标有∨的两条或多条相交的连线表示。若几个原因中有一个出现,则结果出现;若几个原因都不出现,则结果不出现。
- 与: 用标有∧的两条或多条相交的连线表示。若几个原因都出现,结果才出现;若其中有一个原因不出现,则结果不出现。

上述 4 种基本图形符号如图 9-5 所示。

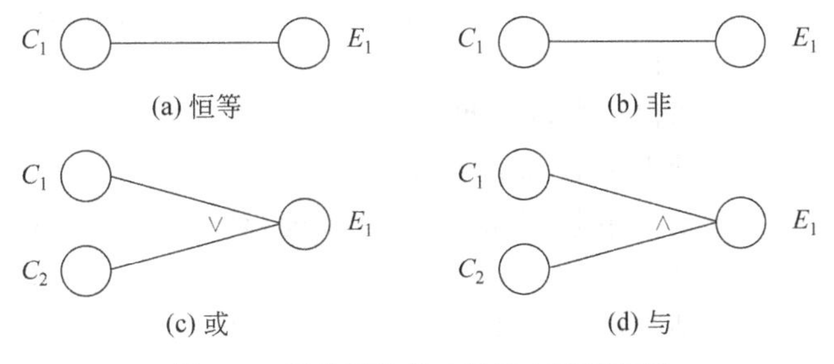

图 9-5 因果图法的 4 种基本图形符号

例如,某电力公司有 A、B、C、D 4 类收费标准,具体如下:

(1) 对于居民用电:

- 若小于 100 度/月,按 A 类收费。

- 若大丁或等丁 100 度/月,按 B 类收费。

(2) 对于动力用电:

- 若小于 10 000 度/月,非高峰,按 B 类收费。
- 若大于或等于 10 000 度/月,非高峰,按 C 类收费。
- 若小于 10 000 度/月,高峰,按 C 类收费。
- 若大于或等于 10 000 度/月,高峰,按 D 类收费。

用因果图表明输入和输出间的逻辑关系,如图 9-6 所示。

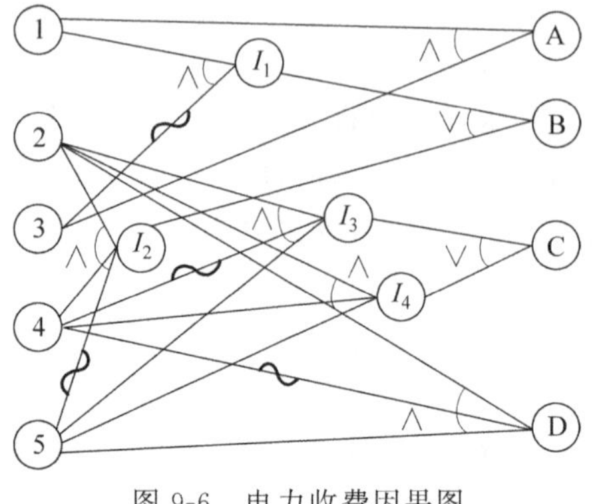

图 9-6 电力收费因果图

把因果图转换为判定表,如表 9-3 所示。

表 9-3 电力收费判定表

组合条件		1	2	3	4	5	6
条件(原因)	1	1	1	0	0	0	0
	2	0	0	1	1	1	1
	3	1	0				
	4			1	0	1	0
	5			0	0	1	1
动作(结果)	A	1	0	0	0	0	0
	B	0	1	1	0	0	0
	C	0	0	0	1	1	0
	D	0	0	0	0	0	1
测试用例							

为判定表中的每一列设计一个测试用例:

条件组合	测试用例(输入数据)	预期结果(输出动作)
1 列	居民用电,90 度/月	A
2 列	居民用电,110 度/月	B
3 列	动力用电,非高峰,8000 度/月	B
4 列	动力用电,非高峰,12 000 度/月	C
5 列	动力用电,高峰,9000 万度/月	C
6 列	动力用电,高峰,11 000 万度/月	D

9.5.4 错误推测法

人们也可以通过经验或直觉推测程序中可能存在的各种错误,从而有针对性地编写检查这些错误的测试用例,这就是错误推测法。

错误推测法没有确定的步骤,很大程度上是凭经验进行的,例如输入数据为零或输出数据为零是容易发生错误的情况，所以可选择输入值为零的例子，以及使输出值为零的例子；又如输入表格为“空”或输入表格只有一行是较易出错误的情况，所以可选择表示这些情况的例子。

例如，对一个排序程序，我们可以列出以下几种特别需要检查的情况：

(1) 输入表为空。

(2) 输入表中只有一个数据。

(3) 输入表为满表。

(4) 输入表中所有的行都具有相同的值。

(5) 输入表已经是排序的。

(6) 输入表的排序恰与所要求的顺序相反。

换句话说，这几点正是编程序时容易忽略的情况，应当重点检查。

9.6 综合策略

前面介绍了设计测试用例的白盒法和黑盒法，这些方法各有长处和短处(如表9-4所示)，每种方法都可提供一组有用的例子，这组例子容易发现某种类型的错误，但不易发现其他类型的错误，然而没有一种方法能提供一组“完整的”例子。所以，对于一个具体问题，应该将白盒法和黑盒法结合起来，选择最优的几种方法进行综合测试。

表9-4 白盒测试与黑盒测试优缺点比较

比较因素	白盒测试	黑盒测试
优点	① 可构成测试数据，使特定程序部分得到测试； ② 有一定的充分性度量手段； ③ 可获得较多工具支持	① 适用于各阶段测试； ② 从产品功能角度测试； ③ 容易入手生成测试数据
缺点	① 不易生成测试数据(通常)； ② 无法对未实现规格说明的部分进行测试； ③ 工作量大，通常只用于单元测试，有应用局限	① 某些代码得不到测试； ② 如果规格说明有误，则无法发现； ③ 不易进行充分性测试
性质	是一种验证技术，回答“我们在正确地构造一个系统吗?”	是一种确认技术，回答“我们在构造一个正确的系统吗?”

为了检验各种测试方法的实际效果，IBM公司的Myers做过一个实验，他请一些软件专家测试一个PL/1程序，该程序长度为70行，已知其中至少有15个错误。软件专家共59人，都有丰富的实际经验，平均工龄11年(最短7年，最长20年)。Myers将专家分为3组：第一组采用白盒法，即提供程序的功能要求及程序清单，请他们用计算机测试；第二组用黑盒法，即只提供程序的功能要求，请他们上机测试；第三组用评审的方法，即提供程序功能要求和程序清单，请他们评阅程序。3组人员均无测试时间的限制。这个实验的结果是：每个专家平均发现5.1个错误，成绩最好的发现9个错误，最差的发现1个错误，3个小组的情况大致相当。从这个实验可以得出两个结论：

(1) 运用目前的测试手段，其效果是很有限的。

(2) 评审法、白盒法和黑盒法的效果是相近的。

开发实际系统时，为了较全面而严格地进行检验，必须综合运用前面介绍的各种方法。可以把设计测试用例的各种方法结合起来，形成一些综合性的策略。以下的结合方式就是一种比较合理的策略：

(1) 在任何情况下都需使用边缘值分析法(这个方法应包括对输入和输出的边缘值进行分析)。

(2) 必要时再用等价分类法补充一些例子。

(3) 再用错误推测法附加例子。

(4) 检查上述例子的逻辑覆盖程度。如果未能满足某些覆盖标准，则再增加足够的例子。

(5) 如果功能说明中含有输入条件的组合情况，则一开始就可先用因果图法。

对于一个典型的FORTRAN模块(一般包含50～100个语句)，如果综合运用上述各种方法，据统计，需设计20～40个测试用例。由此可见测试的工作量有多大！而且即使如此，也不可能发现所有的错误，所以测试确实是相当困难的。

9.7 测试步骤

软件开发过程经历了分析、设计、编码等阶段，每个阶段都可能产生各种各样的错误。据统计，开发早期犯下的错误(如误解了用户的要求、模块界面之间有冲突等)比编码阶段犯的错误要多。为了发现各阶段产生的错误，测试过程应该同分析、设计、编码的过程具有类似的结构，以便针对每一阶段可能产生的错误采用某些特殊的测试技术。所以软件工程中的测试过程实际分为4步：单元测试、联合测试、有效性测试和系统测试，它们依次进行，如图9-7所示。

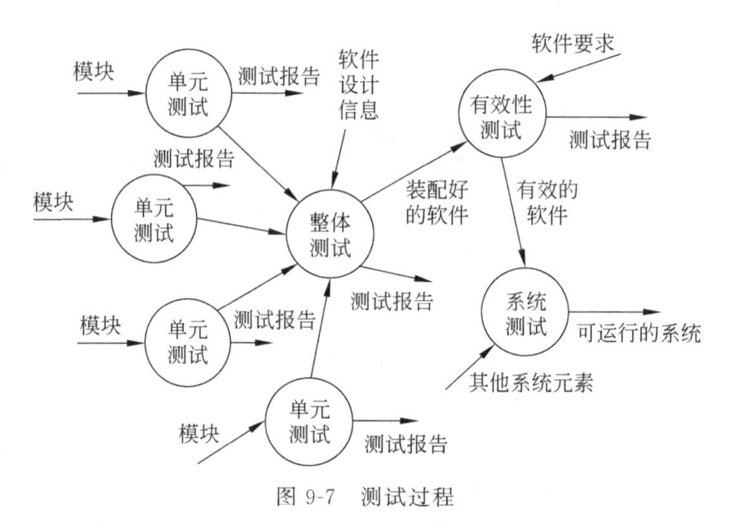

图9-7 测试过程

软件测试的全面计划以及对特定测试的描述都要写成测试报告，作为软件文档的一个重要部分。经过测试的软件系统仍然可能出错，正如Dijkstra的一句名言：“测试只能说明程序有错，不能证明程序无错。”

以下对各个测试步骤分别进行讨论。

9.8 单元测试

单元一般指程序中的一个模块或子程序，是程序中最小的独立编译单位。单元测试也叫模块测试(module testing)，就是逐个模块进行测试，通常称之为“分调”。单元测试一般在编码阶段进行。单元测试多采用白盒测试技术，系统内多个模块可以并行地进行测试。

9.8.1 单元测试概述

单元测试的目的是根据模块的功能说明模块是否有错误。单元测试主要可发现详细设计和编程时犯下的错误，如某个变量未赋值、数组的上下界不对等。

单元测试的内容主要是对模块的下述5个基本特征进行考察。

1. 模块接口

在其他测试开始之前，首先要对穿过模块接口的数据流进行测试，如果数据不能正确地输入和输出，那么其他的测试都无法进行。

2. 局部数据结构

对于一个模块来说，局部数据结构通常是错误的发源地。应该设计相应的测试用例，以便发现下列类型的错误：

(1) 不正确或不一致的说明。

(2) 错误的初始化或错误的默认值。

(3) 不相容的数据类型。

(4) 上溢、下溢和地址异常。

除局部数据结构外，如有可能，在单元测试期间也应检查全程数据对模块的影响。

3. 重要的执行路径

在单元测试期间，选择测试执行路径是一个基本的任务。应该设计测试用例，以发现由于不正确的计算、比较或不适当的控制流而造成的错误。在计算中常见的错误如下：

(1) 算术运算优先次序不正确或误解了运算次序。

(2) 运算方式不正确。

(3) 初始化不正确。

(4) 精度不够。

(5) 表达式的符号表示不正确。

比较和控制流向是紧密相关的。通常在比较之后发生控制流的变化。测试用例应发现下述错误：

(1) 不同数据类型的数进行比较。

(2) 逻辑运算符不正确或优先次序不正确。

(3) 因为精度错误造成本应相等的却不相等，又期待着相等条件的出现。

(4) 循环终止条件不正确。

(5) 不正确地修改循环变量。

4. 错误处理

有意识地进行不合理输入，使程序出错，检查程序的错误处理能力，检查是否出现如下情况：

(1) 输出的出错信息难以理解。

(2) 打印的错误与实际错误不符。

(3) 在错误处理之前,错误条件已引起系统干预。

(4) 错误处理不正确。

(5) 错误描述提供的信息不足以帮助用户确定造成错误的原因和错误的位置。

5. 边界测试

单元测试中的边界测试可能是最重要的一步。软件通常在边界值上出现错误。例如,当处理一个 n 维数组的第 n 个元素时,或者当遇到循环的最后一次重复时,常常发生错误。就是说,使用刚好小于、等于和大于最大值或最小值的数据结构、控制流和数据时,很有可能发生错误。

9.8.2 单元测试的方法

软件详细设计的过程描述是设计单元测试的测试用例的根据,使用设计的测试用例有可能发现上述各类错误。每一测试用例应有一个预期的结果。单元测试要测试的是模块,不是一个独立的程序,模块自己不能运行,要靠其他模块调用和驱动,同时它的执行又依赖于它调用的一些下层模块。例如,在图 9-8 中,要测试模块 H 时,需要为它设计一个驱动模块和若干个支持模块。

驱动模块的作用是模拟被测模块的调用模块。它接收不同测试用例的数据,并把这些数据传送给被测试的模块,最后打印或显示出来。例如,在图 9-9 中,要测试模块 B,设计了模块 A 作为 B 的驱动模块。

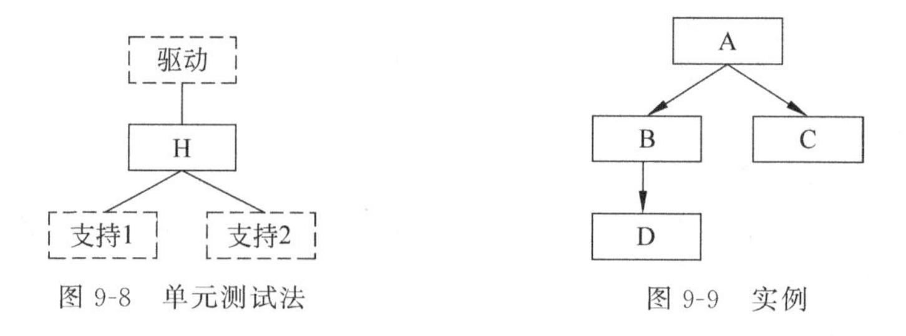

图 9-8　单元测试法　　　图 9-9　实例

支持模块的作用是模拟被测模块的下层模块,即支持模块是用来代替被测模块所调用的模块。在图 9-9 中,为了测试模块 A,支持模块必须模拟 A 的下层模块 B、C、D 的功能。

驱动模块和支持模块在单元测试结束后就没有用了。但是为了进行单元测试,它们又是必要的。因此,这个开销也是测试费用的一部分。实际上,许多模块不能进行充分的单元测试。在这种情况下,完全的测试可以推迟到整体测试时进行。

当设计的模块具有高内聚时,单元测试就简单些。例如,一个模块只有一个功能,这时测试就可能很容易地预测和发现错误。

9.9 联合测试

联合测试又称集成测试、整体测试或联调。所有单个模块经过单元测试后工作都应是正常的,但为什么还要把它们装配在一起进行整体测试呢?这里有一个接口问题。例如,数据通过接口时可能会丢失，一个模块可能会破坏另一个模块的功能，把子功能组合起来可能不产生要求的主功能，全程数据结构可能出问题。另外，还有误差积累问题，即单个模块可以接受的误差在模块装配后可能会放大到不可接受的程度。由于以上的问题，必须进行联合测试。所以联合测试的目的是根据模块结构图将各个模块连接起来，装配成一个符合设计要求的软件系统。联合测试的方法分为非渐增式和渐增式两种。非渐增式是指先独立地测试每一个模块，然后将所有这些模块连接到一起运行。渐增式是指在已测试过的 N 个模块的基础上增加一个模块，再对 $N+1$ 个模块进行测试。

人们经过比较得出结论：渐增式是比较优越的。这里主要讨论两种渐增式测试方式：自顶向下和自底向上。

必须指出的是：自顶向下设计和自顶向下测试是两回事，一个用自顶向下方式设计的程序既可用自顶向下方式测试，又可用自底向上方式测试。

1. 自顶向下测试

这种渐增式装配软件结构的方式不需要驱动模块，但需要设计支持模块，如图 9-10 所示。

图 9-10 是一个树形结构。自顶向下的结合从主控制模块 A 开始，沿着控制层次向下移动，从而把各个模块都结合起来。把主控制模块下的所有模块都装配起来的方法有两种：先深度后宽度的方法和先宽度后深度的方法。

1) 先深度后宽度的方法

先把软件结构中处于一条主控制路径上的模块一个一个地结合起来。主控制路径的选择取决于软件的应用特性。在如图 9-10 所示的例子中，选择最左边的路径为主控制路径，先结合模块 A、B、E、F、J，再结合中间和右边的路径。具体步骤如下(以测试主控模块 A 为例)：

(1) 编写模拟 B 的支持模块(称之为支持模块 B)，如图 9-11 所示。如何编写这个支持模块呢？既然 A 调用 B，说明 A 希望 B 做某些工作，例如回送给 A 某个有意义的结果。如果支持模块 B 仅仅回送给 A 一个固定的结果，这往往是不够的。因为 A 对 B 的某次调用可能希望 B 产生一个特殊的值。但是，如何将几个不同的测试数据传送给 A 呢？方法是：

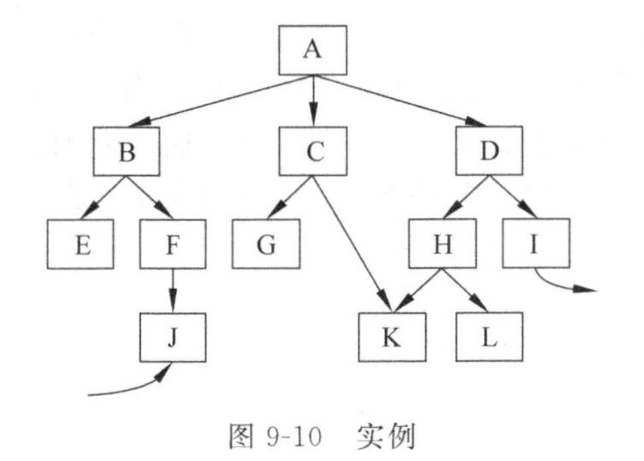

图 9-10 实例

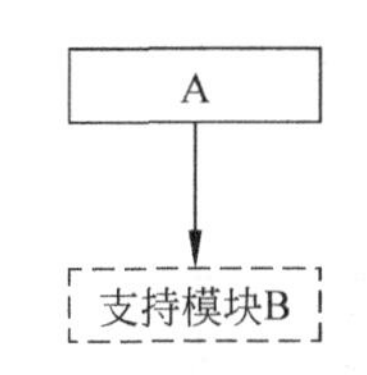

图 9-11 测试主控模块 A

- 编写几个不同的支持模块 B，检查某个测试用例时，相应地使用某个支持模块。
- 将测试数据放在某个文件中，使支持模块 B 读该文件，再将数据传送给 A。

可以想象，无论使用哪一种方法，支持模块的编写都是比较复杂的，这是自顶向下方式的缺点之一。

(2) 用实际模块B代替支持模块B,再为实际模块B配上所需的支持模块。这样主控模块A就测试完了,然后可按此方法继续测试余下各模块。

2) 先宽度后深度的方法

逐层结合直接下属的所有模块,即把每一层同一水平线的模块结合起来。从图9-10中可见,先结合B、C、D这一层,接着结合E、F这一层……具体每一模块的测试方法与上面介绍的方法相同。

联合测试过程可归纳为以下5个步骤:

(1) 先测试主控制模块。用支持模块代替下面属于主控制模块的模块。

(2) 根据选择的结合方式(先深度后宽度或先宽度后深度),结合其中一个支持模块,进行相应的测试。

(3) 完成测试后,用实际模块替换相应的支持模块。

(4) 为了保证不引入新的错误,可以进行回归测试,即重复以前进行过的部分或全部测试。

(5) 按结合的方式依次进行,重复(1)~(4)步,直至所有模块都测试完成为止。

在测试模块的步骤中,应尽可能结合以下原则:

(1) 尽早测试关键的模块。所谓关键的模块是指比较复杂、可能出错或含有新的算法的模块。

(2) 尽早测试包含输入/输出操作的模块(如图9-10中的模块J、I)。因为这些模块被测试后,向程序送入测试数据以及检查输出结果就方便了。

自顶向下结合,在测试过程早期对较高层次模块或主控制路径进行测试,可尽早发现主控制模块是否有问题。如果结合以上原则,可以较早地形成一个包含输入/输出操作的程序框架,向用户和有关开发人员做演示,向他们说明程序的总体设计是可行的,以增强开发人员和用户双方的信心。

自顶向下的结合看起来比较简单,但实际上可能会发生逻辑上的问题。为了充分测试较高层次模块的功能,可能需要在低层次模块上进行处理,这类问题最常见。如果上层模块对下层模块的依赖性很大,那么在自顶向下结合的测试初期,用支持模块作为低层次的模块,由于高层次模块比低层次模块返回的信息量大、种类多,所以有可能支持模块不能传送这么多信息量。因而,这种方法有一定的局限性。如果碰到这类问题,只有下述两种选择:

(1) 把许多测试推迟到用实际模块替换了支持模块之后再进行,这就使测试人员对一些特定的测试和装配特定的模块间的对应关系失去某些控制,从而在确定错误原因时将发生困难。

(2) 与自底向上结合模块的方法配合进行。

2. 自底向上测试

采用这种结合方式,由软件总体结构图的最底层模块开始进行装配和测试。它不需要支持模块,但需要驱动模块。

用自底向上结合方式测试时,需要为每个模块准备一个驱动模块,它的作用是调用被测试的模块,包括设置输入参数、显示输出结果(或将实际输出与预期的输出作比较)。一般来说,驱动模块的作用是比较标准的,编写驱动模块比编写支持模块容易,可以用工具来实现。自底向上渐增式测试在选择哪一个模块作测试时,应该让其下层所有模块都已作过测试。

测试步骤如下：

(1) 从程序的较低层找出一个叶模块(即不再调用其他模块的模块)，自底向上地逐步添加新模块，组成程序的一个子系统或具有某一功能的模块群(cluster)。

(2) 从另一子系统或群中选择一个模块，仿照第(1)步再组成一个子系统。

(3) 重复第(2)步，得出所有的子系统，然后把它们组装为程序。

在图9-10所示的示例中，当采用这种方法测试时，模块的组装顺序如下：

(1) J—F—E—B。

(2) K—G—C。

(3) L—H—I—D—A。

(4) 全部模块。

自底向上方式的程序框架要到测试最后一个模块(主控制模块)时才能形成。

本节的结论是：自顶向下和自底向上渐增式测试各有优缺点，测试人员可根据软件的具体特点、任务的进度和测试工具的情况决定选用哪一种方式。这两种方式也可结合起来使用(称为"三明治"方式或混合方式测试)，即对软件的上层模块使用自顶向下的结合方法，对下层模块使用自底向上的结合方法。

对于一些较大的程序，例如包括50～100个模块的程序，采用纯粹的自顶向下测试方式，将使接近顶层的模块重复测试50～100遍。除了耗费机时，每次重复的链接与执行对测试人员的精力也耗费很大。如果把某些子系统作为单独的部分进行自底向上的测试，在测试通过以后将其暂时放在一边，然后在适当时机将它们加入自顶向下的程序结构，就可能节约大量的人力与机器资源，又不致降低测试的质量。

9.10 有效性测试

在整体测试之后，软件已装配完毕，接口错误已经被发现和纠正，这时就可以开始对软件进行有效性测试。什么是有效性？如果软件的功能与用户所要求的一致，那么软件就是有效的。软件有效性测试是通过黑盒法测试来证实软件功能与用户要求是否一致。测试计划和测试过程的目标是：检查功能和性能要求是否达到、文档资料是否正确完整以及其他要求(如易移植性、兼容性、错误的恢复能力和易维护性等)是否满足。

在每个有效性测试用例测试完成之后，可能出现两种情况：

(1) 功能、性能与需求规格说明书一致，可以被用户接收。

(2) 发现功能、性能与需求规格说明书有偏差。此时要列出一个缺陷表。一般来说，对这样的错误进行修改，工作量相当大。为了确定解决在这个阶段发现的偏差和错误的方法，往往需要和用户协商。

事实上，软件开发人员不可能完全预见用户实际使用程序的情况。例如，用户可能错误地理解命令，或提供一些奇怪的数据组合，也可能对设计者自认为明了的输出信息迷惑不解，等等。因此，为了检验软件是否真正满足最终用户的要求，应由用户进行一系列验收测试。验收测试既可以是非正式的测试，也可以是有计划、有系统的测试。有时，验收测试长达数周甚至数月，可能会不断暴露错误，导致开发延期。一个产品可能拥有众多用户，不可能让每个用户都参与验收，此时多采用称为α测试、β测试的过程，以期发现那些通常只有最终用户才能发现的问题。

α测试是指软件开发公司组织内部人员模拟各类用户行为,对即将面市的软件产品进行测试,试图发现错误并修正。在α测试中使用的软件产品称为α版本。经过α测试和相应调整后的软件产品称为β版本。紧随其后的β测试是指软件开发公司组织各方面的典型用户在日常工作中实际使用β版本,并要求用户报告异常情况,提出批评意见。然后,软件开发公司再对β版本进行改错和完善。

9.11 系统测试

软件仅仅是计算机系统的一个组成部分,最终要把软件与其他系统元素,如硬件、环境、操作人员等结合在一起,把它们视为一个整体,检查系统同需求规格说明书是否相符,只要系统有不符合需求规格说明书的地方,就认为有错误存在。这一步可以发现分析和设计阶段的错误,也可能继续发现一些模块内部的错误。虽然软件经过了单元测试和联合测试,隐含的错误往往还是不少的。

用于系统测试的测试类型包括恢复测试、安全性测试、强度测试和性能测试。

1. 恢复测试

恢复测试主要检查系统的容错能力,即,当系统出错时,能否在指定的时间内修正错误并重新启动系统。在进行恢复测试时,首先要采用各种办法强迫系统失败,然后验证系统是否能尽快恢复。对于自动恢复系统,需验证重新初始化、检查点、数据恢复和重新启动等机制的正确性;对于人工干预的恢复系统,还需估测平均修复时间,确定其是否在可接受的范围内。

2. 安全测试

安全测试检查系统对非法入侵的防范能力。在进行安全测试期间,测试人员模仿非法入侵者,采用各种办法试图突破防线。因此系统安全设计的准则是使非法入侵的代价超过被保护信息的价值,此时非法入侵者已无利可图。

3. 强度测试

强度测试检查程序对异常情况的抵抗能力。强度测试总是迫使系统在异常的资源配置下运行。

4. 性能测试

对于实时系统和嵌入式系统,软件部分即使满足功能要求,也未必能够满足性能要求。虽然从单元测试起,每一测试步骤都包含性能测试,但只有当系统真正集成之后,在真实环境中才能全面、可靠地测试运行性能,系统性能测试就是为了完成这一任务。

9.12 综合测试文档

综合测试文档将作为软件配置的一部分交给用户。下面给出部分测试文档模板。

1. 测试日志

测试都有一个结果,而这些结果对于软件质量保证活动来说是十分重要的,因此应该将这些结果完整地记录下来,这就是测试日志所要解决的问题。

测试日志模板如下：

第1章 描述

1.1 测试项

序　号	测试项名称	标识符	版　本	相关传递报告

1.2 测试的环境

1.2.1 硬件

1.2.2 软件

第2章 活动和事件条目

2.1＜日期＞

时　间	活动描述	事　件

2.2 ＜日期＞

……

2. 测试设计说明

如果说测试计划是对测试的活动、人员进行安排，那么测试设计说明则是对测试方法、测试技术的说明。

测试设计说明模板如下：

第1章 被测试的特性

1.1 单项特性

1.2 组合特性

1.3 引用文档

第2章 方法详述

2.1 方法描述

2.2 测试评价标准

2.3 测试用例选择原则

2.4 测试用例的共同属性和依赖关系

3. 测试用例说明

测试计划解决的是怎么安排测试活动的问题，测试设计说明解决的是怎么测试的问题，而测试用例说明解决的是测试什么的问题，也就是列出具体的测试项目，以使得测试有目的、有计划。

测试用例说明模板如下：

第1章 测试项

1.1 测试项名称

测试项名称	标 识 符	说 明

1.2 引用文档

编 号	文档名称	章 节 名

第2章 输入说明

序 号	名 称	值	类 型	允许误差	输入方式

第3章 输出说明

序 号	名 称	值	类 型	允许误差	输出方式

第4章 环境要求

4.1 硬件

4.2 软件

4.3 其他

第5章 特殊的规程要求

第6章 用例间的依赖关系

6.1 依赖的用例

序 号	用例名称或标识

6.2 依赖关系的性质

9.13 案例:图书管理系统测试分析报告

在测试阶段,软件将被全面地测试,已编制的文档将被检查审阅。在测试阶段结束时一般要完成测试分析报告,作为开发工作的结束,开发阶段所生产的程序、文档以及开发工作本身将逐项被评价。最后写出项目开发总结报告。

图书管理系统测试分析报告

1 引　　言

1.1　编写目的

本文档作为指导测试的基础，帮助测试人员安排合适的资源和进度，避免可能的风险。本文档有助于实现以下目标：

(1) 确定现有项目的信息和应测试的软件结构。

(2) 列出推荐的测试需求。

(3) 推荐可采用的测试策略，并对这些策略加以详细说明。

(4) 确定所需的资源，并对测试的工作量进行估计。

(5) 列出测试项目的可交付元素，包括用例以及测试报告等。

1.2　背景

开发软件名称：图书管理系统。

项目开发者：××学院××系图书管理系统开发小组。

1.3　定义

(略)

1.4　参考资料

(略)

2　测试概要

组装测试：测试系统各模块的配合运作情况和正常工作流程。

确认测试：测试系统的各项功能，尤其是对异常状况以及非法输入的响应以及处理。

具体的测试项目如下：

编号	名　称	目　的	进度安排	内　容
测试1	身份验证测试	测试系统登录界面	年/月/日	用户名、密码输入，合理性检查，合法性检查；系统操作界面显示控制
测试2	借书测试	测试借书功能	年/月/日	借阅证号输入，合理性检查，合法性检查；借书对话显示控制；图书书号提交，合理性检查，合法性检查；借书登记
测试3	还书测试	测试还书功能	年/月/日	还书对话框显示控制；图书书号提交，合理性检查，合法性检查；还书登记
测试4	查询测试	测试图书查询、借阅证查询、借阅信息查询功能	年/月/日	图书查询对话框显示控制；借阅证信息查询对话框显示控制；借阅信息查询对话框显示控制；输入数据合理性检验和提交；图书查询结果显示；借阅证查询结果显示；借阅信息查询结果显示

3 测试结果及发现

3.1 测试1

考虑5种情况：

输入数据	选择策略	命令	输出数据
用户名为空 密码：123456	测试当用户名为空时的情况	登录按钮	“用户名或密码不能为空”的提示框
用户名：×× 密码为空	测试当密码为空时的情况	登录按钮	“用户名或密码不能为空”的提示框
用户名：×× 密码：111	测试当密码错误时的情况	登录按钮	“用户名或密码错误”的提示框
用户名：×××× 密码：123456	测试当用户名错误或不存在时的情况	登录按钮	“用户名或密码错误”的提示框
用户名：×× 密码：123456	测试用户名和密码都正确的情况	登录按钮	进入用户或管理界面

3.2 测试2

考虑以下7种情况：

输入数据	选择策略	命令	输出数据
借阅证号为空，正确的书号	测试借阅证号为空的情况	借书按钮	“借阅证号不能为空”的提示框
正确的借阅证号，书号为空	测试书号为空的情况	借书按钮	“书号不能为空”的提示框
错误的借阅证号，正确的书号	测试借阅证号错误的情况	借书按钮	“该读者不存在”的提示框
正确的借阅证号，错误的书号	测试书号错误的情况	借书按钮	“该书不存在”的提示框
修改数据库，使某读者的已借图书中有逾期的图书，输入该读者的借阅证号和逾期图书号	测试读者已借书中有逾期图书的情况	借书按钮	“该书已超期”的提示框
使某读者已借阅8本书，该读者继续借书	测试读者已借阅图书达到8本书的情况	借书按钮	“该读者已借书8本”的提示框
以上情况都没有且借阅证号和书号都正确	测试读者符合借书条件的情况	借书按钮	“借书成功”的提示框

3.3 测试3

考虑以下6种情况：

输入数据	选择策略	命令	输出数据
借阅证号为空,正确的书号	测试借阅证号为空的情况	还书按钮	“借阅证号不能为空”的提示框
正确的借阅证号,书号为空	测试书号为空的情况	还书按钮	“书号不能为空”的提示框
错误的借阅证号,正确的书号	测试当不存在改借阅证时的情况	还书按钮	“该读者不存在”的提示框
正确的借阅证号,错误的书号	测试书号错误的情况	还书按钮	“该书不存在”的提示框
修改数据库,使某读者已借的某图书逾期,输入该读者借阅证号和该图书的书号	测试读者借书已逾期的情况	还书按钮	“该书已超期”和“还书成功”的提示框
以上情况都没有且借阅证号和书号都正确	测试读者符合还书条件的情况	还书按钮	“还书成功”的提示框

4 对软件功能的结论

4.1 功能1(系统登录模块)

该部分经黑盒测试及集成测试,可识别不同登录者的身份,分别提供不同的功能。

4.2 功能2(借书模块)

可根据借阅证号和书号借书,并判断图书逾期和借书册书限制。

4.3 功能3(还书模块)

可根据借阅证号和书号还书,并判断图书逾期情况。

5 分析摘要

5.1 能力

经测试,本软件的各项功能基本实现。

5.2 缺陷和限制

经测试发现本软件存在以下缺陷:输入数据的约束不够强,与数据库同步有待加强,安全性有待加强,软件功能还需进一步完善。

5.3 建议

(1) 加强数据库和软件的安全性,信息需要同步修改,以避免可能导致的数据混乱。

(2) 图书、读者信息的唯一性有待加强,以避免出现数据重复而无法觉察的情况。

(3) 增加程序代码注释,提高语句结构的清晰性,以利于以后软件的维护升级。

5.4 评价

该软件测试通过,已达到预定目标,可以交付使用。

6 测试资源消耗

本项目测试工作共有×人参加,全部测试工作用时×天,使用了×台计算机。

9.14 实训:学生管理系统测试分析报告

1. 实训目的

(1) 掌握软件测试的方法和辅助测试工具,了解测试步骤。

(2) 掌握测试分析报告编写的步骤和方法,明确测试分析报告的内容和格式,并完成实际系统的测试分析报告。

2. 实训任务与实训要求

(1) 根据应用系统的功能要求及性能需求,采用以黑盒法为主、白盒法为辅的测试方法,检查学生管理系统各模块的输入、输出、系统性能等是否符合需求分析和系统设计的要求,检查系统对异常情况的处理能力。

(2) 按照测试分析报告的内容和格式要求,依据设计用例,撰写测试分析报告。

3. 实训内容与步骤

按如下格式完成测试分析报告。

1 引言
  1.1 编写目的
  1.2 背景说明
  1.3 定义
  1.4 参考资料
2 测试概要
3 测试结果及发现
  3.1 测试1(标识符)
  3.2 测试2(标识符)
  ……
4 对软件功能的结论
  4.1 功能1(标识符)
  4.2 功能2(标识符)
  ……
5 分析摘要
  5.1 能力
  5.2 缺陷和限制
  5.3 建议
  5.4 评价
6 测试资源消耗

4. 实训注意事项

(1) 按以上格式编写测试分析报告,对格式中的个别内容可根据系统的复杂程度增减。

(2) 记录测试用例,分析相关结果,图表规范,文字通顺。

(3) 分两个阶段进行，第一阶段为用例设计，第二阶段为测试。测试用例设计过程完整。

5. 实训成果

参照案例格式和实训内容与步骤，完成学生管理系统测试分析报告，详细记录测试过程。

小　结

软件测试既是软件开发阶段的最后一个活动，又是软件质量保证的最后一项措施，在项目开发中花费的精力较多。

软件测试的原则是用最少的测试用例暴露尽可能多的错误。为达到此目的，就要选择相应的测试方法。软件测试方法有静态测试法和动态测试法。动态测试法的主要技术是白盒测试和黑盒测试。在进行动态测试时，要先设计测试用例，然后执行程序，将得到的结果和预期的结果比较，从而发现错误。

设计测试用例的方法有逻辑覆盖方法、等价分类法、边缘值分析法、错误推测法和因果图法等。

软件测试过程可概括为以下 4 个步骤：用单元测试保证模块能正确工作，用集成测试保证模块集成到一起后能正常工作，用有效性测试保证软件需求得到满足，用系统测试保证软件与其他系统元素合成后达到系统各项性能要求。在测试中一旦发现错误，必须定位并纠正错误，即通常所说的排错(或调试)过程。因此排错与测试是密不可分的两个活动。软件调试是一件非常困难的工作，因为软件错误的种类和原因非常多，目前还没有十分有效的调试方法。

软件检验既包括在计算机上执行被测的程序，也包括人工进行的复审与静态分析。两者相互补充，不可偏废。

习　题

9.1　为什么要进行软件检验？软件检验的主要手段有哪几种？

9.2　为什么要进行软件评审？怎样有效地进行软件评审？

9.3　什么是测试用例？动态测试有哪些方法？

9.4　软件测试的目的是什么？

9.5　什么是黑盒测试法？什么是白盒测试法？

9.6　白盒测试法有哪些覆盖标准？对它们的检错能力进行比较。

9.7　采用黑盒技术设计测试用例有哪几种方法？这些方法各有什么特点？

9.8　简要说明如何划分等价类。

9.9　使用边缘值分析法设计测试用例的设计原则有哪些？

9.10　软件测试要经过哪些步骤？这些测试与软件开发各阶段之间有什么关系？

9.11　单元测试有哪些内容？测试中采用什么方法？

9.12　什么是集成测试？为什么要进行集成测试？

第10章　软件维护

在开发系统时，开发人员主要关注的是产生实现需求并且正确运行的代码。在开发的每一阶段，开发小组不断地引用前面阶段中产生的工作成果。设计组件与需求说明紧密联系，代码组件交叉引用并不断审核，以实现设计目标；而测试是为了检验功能和约束是否能根据需求和设计来工作。因此，开发是一种谨慎的、受控的过程。

维护并非如此。作为维护人员，不仅要回顾开发出的产品，而且要与用户和操作人员建立一种工作关系，了解他们对系统运行的满意程度。软件维护是软件生命周期的最后一个阶段，它是软件系统投入使用后要进行的工作，不属于软件开发过程。软件维护的工作量非常大，据统计，软件开发机构将60%以上的精力用在维护已有的软件上。随着软件产品的不断增加，这个百分比还会提高。这将使开发机构无法生产新的软件，因为它几乎把所有资源都用来维护已有的软件了。维护的范围越广，需要跟踪和控制的东西越多。下面研究保持一个系统平稳运行所需的活动，并探讨由哪些人来执行它们。

10.1　维护的基本概念

为什么需要这样大量的维护，而维护又耗费这么多精力呢？这是因为计算机程序总是在变化：故障要排除，改进的要加进去，而且优化工作也要做。不仅当前的版本要改变，仍在使用的过去的版本要修改，而且，即将投入使用的新版本也要修改。除了解决原有的问题需要精力外，修改本身又会带来新的问题，也要花精力去解决。软件人员对软件不断地进行修改的工作称为维护(maintenance)。软件通过维护就构成了一系列不同的版本。软件工程学的一个主要目标就是减少维护上的总工作量。

使用与维护是软件生命周期里的一个重要阶段。对于一个已交付使用的具体的软件而言，它的实际使用时间的长短在很大程度上取决于维护工作的好坏。再好的软件，如果没有维护，它在市场上的竞争力也会很快消失。特别是大型软件，交付使用后总是潜伏着许多问题。例如，结构分析软件SAP-5是一个拥有近3万行FORTRAN语句的软件，是在1971年公开的SAP版本的基础上经过4次较大规模的修改、更新而形成的，而且经过了许多工程实际问题的考验。1979年7月，我国从美国引进SAP-5，通过我国科学和工程计算工作者的使用，1979—1984年，又发现和修改了原版本中的49个缺陷和错误。因此，在大型软件投入使用之后，经常地进行诊断和纠正错误的工作是完全必要的，这种维护活动称为纠错性维护。此外，一个大型应用软件的，生命周期应该在10年以上，否则研制这个软件就极不合算。在这10年间，硬件至少要升级5次，因此必须有适应环境改变的修改活动。用户也需要扩充现有的应用软件功能。修改现有的软件比重新开发一个软件要合算得多，这就需要进行以功能扩充为目标的完善性维护。因此，维护不仅是保证现行软件正常使用的手段，而且是派生新软件产品的重要途径。维护的直接效果是提高了软件的商业竞争力，我们经常会听到人们对没有维护的软件产品的抱怨和对有人维护的软件产品的赞扬。软件的特点之一是一次生产、多次销售,保持良好的声誉是大大有利可图的。另外,维护软件不同于维护机械产品,经过维护的软件是不留痕迹的,可以使新用户不知道现行软件的前身存在的任何问题。

10.2 维护的种类

软件测试不可能找出一个大型软件系统中的所有潜伏的错误。所以,任何大型软件在使用期间都有可能出现错误,例如用到了从未用过的输入数据组合,或者与其他软件、硬件接口不符。维护活动可分为纠错性维护、适应性维护、完善性维护和预防性维护4类。

1. 纠错性维护

诊断和改正软件中遗留的种种错误称为纠错性维护(corrective maintenance)。这种维护对软件的修改限制在原需求说明书的范围之内。由于计算机技术日新月异,所以计算机领域的各个方面都在急剧变化。随着计算机硬件系统的不断更新,新的操作系统或者操作系统的新版本会经常出现,外部设备和其他部件也要经常更新和改进。另一方面,应用软件的使用寿命一般都超过最初开发这个软件时的系统环境的寿命。随着时间的推移,就会出现很多新的问题,例如数据库的变动、数据格式的变动、数据输入/输出方式的变动以及数据存储介质的变动等。

2. 适应性维护

为适应新的变化对软件进行的修改称为适应性维护(adaptive maintenance)。当一个软件投入使用和成功地运行后,用户会提出增加新功能、修改已有的功能以及一般的改进要求和建议等,例如改进界面友好性、改进输入方式、增加监控设施等。

3. 完善性维护

为了提高系统性能或扩充其功能对软件进行的修改称为完善性维护(perfective maintenance)。这类维护占软件维护工作量的大部分。它和适应性维护一样,一般要改动系统的需求说明书。

4. 预防性维护

为了进一步改进软件的易维护性和可靠性或者为进一步改进提供更好的基础而对软件进行的修改称为预防性维护(preventive maintenance)。在软件维护中这类维护的工作量相对来说是很少的。

软件维护可以概括为一句话:把今天的方法用于昨天的系统,支持明天的需求。软件维护绝不仅限于纠正使用中发现的错误,事实上,在全部维护活动中,一半以上是完善性维护。据国外的统计数字,完善性维护占全部维护活动的50%~66%,纠错性维护占17%~21%,适应性维护占18%~25%,预防性维护活动只占4%左右。

在过去几十年中,维护费用不断上升。据统计,1970年维护费用占软件总支出的35%~40%,1980年为40%~60%,1990年则为70%~80%,尽管确切的数字很难统计,对维护的解释也可能是多方面的,但是,大多数软件开发机构把40%~60%的经费用于维护。这种经济上的耗费只是有形的代价,而其他无形的代价是无法估量的,例如,由于软件错误而延迟和错失的开发良机,合理的修改要求得不到及时处理而导致的用户不满,维护中引入的新的软件错误,等等。而如果开发机构把许多熟练人员都用在维护工作上,又势必会影响新的软件系统的开发,降低软件的生产率。

导致软件维护困难的根源大多来自软件计划和开发阶段的工作缺失。如果用户得到的只有源程序代码,那么,维护活动就得煞费苦心地从评价代码开始。由于缺乏内部文档资料,使得这种评价工作变得复杂而难于进行,例如软件结构、全程数据结构、系统接口、性能要求、设计约束等具体的特点由于缺乏相关文档资料而常常被曲解,最终对源程序代码所做变动的结果是难于确定的。因为没有测试记录,就不可能进行回归测试(即为了保证所做的修改没有把错误引入先前运行软件中而重复过去已进行过的测试)。进行这样的维护要付出很大的代价,因而浪费了精力,并使人的积极性受到挫伤。这都是没有用定义良好的软件工程方法开发软件的必然结果。

10.3 维护的步骤与方法

10.3.1 维护步骤

图10-1描绘了由一项维护请求引出的一系列事件。对一项维护请求,首先应该确定请求进行的维护的类型。用户常常把一项维护请求看作为了纠正软件错误的纠错性维护,而软件开发人员则可能把这项维护请求看作适应性维护或完善性维护。当双方存在不同意见时必须协商解决。从图10-1描绘的事件流可以看到,对一项纠错性维护请求的处理要从估量错误的严重程度开始。如果是一个严重的错误(例如一个关键性的系统不能正常运行),则在系统管理员的指导下分派人员,并且立即开始问题分析过程;如果错误并不严重,那么对于纠错性维护和其他需要软件开发资源的任务可以统筹安排。

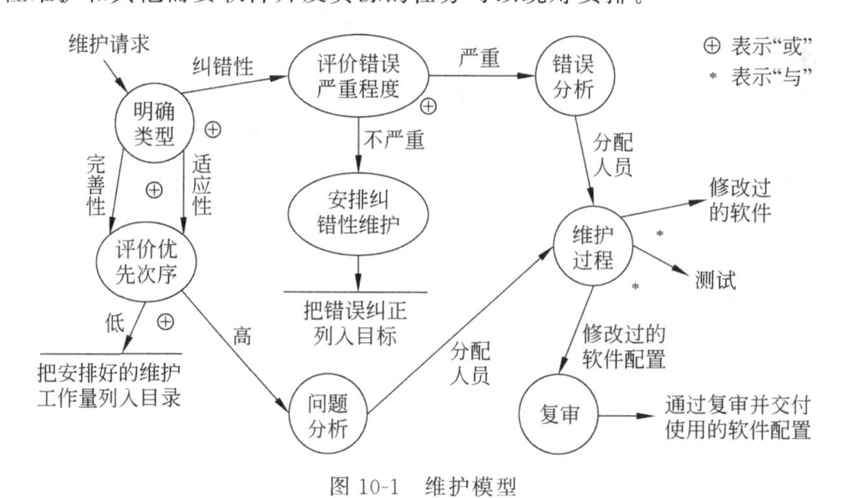

图10-1 维护模型

适应性维护和完善性维护的请求沿着相同的事件流通路前进。应该确定每个维护请求的优先次序并且安排请求的工作时间,就好像它是另一个开发任务一样(从所有意图和目标来看,维护都属于开发工作)。如果一项维护请求的优先次序非常高,可能就要求立即开始维护工作。

不管维护类型如何,都需要进行同样的技术工作。这些工作包括:修改软件设计;复查;必要的代码修改;单元测试;整体测试;有效性测试和复审。不同类型的维护强调的重点不同，但是，基本途径是相同的。维护事件流中的最后一个事件是复审，它再次检验软件结构中所有成分的功能，并且要保证满足维护请求表中的要求。

当然，也有并不完全符合上述事件流的维护请求。例如，当发生恶性的软件故障时，就出现所谓"救火"的维护请求。这种情况需要立即把所有资源用来解决软件故障。如果对一个组织来说，"救火"是常见的过程，那么必须怀疑它的管理能力和技术能力存在严重问题。

在完成软件维护任务之后，进行处境复查常常是有好处的。一般来说，这种复查要回答下述问题：

- 在当前处境下设计、编码或测试的哪些方面能用不同方法进行？
- 哪些维护资源是应该有而事实上却没有的？
- 对于这项维护工作什么是主要的(以及次要的)障碍？
- 要求的维护类型中有预防性维护吗？

处境复查对将来维护工作的进行有重要影响，而且其提供的反馈信息对有效地管理软件组织十分重要。

10.3.2 维护方法

1. 保存维护记录

对于软件生命周期的所有阶段而言，如果对以前记录的保存都是不充分的，而对软件维护记录的保存也不重视，或者根本没有记录和保存下来，就往往无法确定一个软件产品的优良程度，也不能评估维护技术的有效性，并且很难确定维护的实际代价是什么。

保存维护记录遇到的第一个问题就是哪些数据是值得记录的。Swanson 提出应记录下述内容：

(1) 程序标识。

(2) 源程序语句的数目。

(3) 机器指令的条数。

(4) 使用的程序设计语言。

(5) 程序交付的日期。

(6) 自交付以来程序运行的次数。

(7) 自交付以来程序失败的次数。

(8) 程序变动的次数和标识。

(9) 因程序变动而增加的源语句数目。

(10) 因程序变动而删除的源语句数目。

(11) 每个改动耗费的人时数。

(12) 程序改动的日期。

(13) 软件工程师的名字。

(14) 维护请求表的标识。

(15) 维护类型。

(16) 维护开始和结束的日期。

(17) 用于维护的累计人时数。

(18) 与所完成的维护相联系的纯效益。

应该为每项维护工作都收集上述数据。可以利用这些数据构成维护数据库的基础,并且像下面介绍的那样对它们进行评价。

2. 评价维护活动

缺乏有效的数据就无法评价维护活动。如果已经开始保存维护记录了,则可以对维护工作做定量评价。至少可以从下述7个方面评价维护工作:

(1) 程序运行失效的平均次数。

(2) 用于每一类维护活动的总人时数。

(3) 每个程序、每种语言、每种维护类型所做的程序变动数。

(4) 维护过程中增加或删除一个源语句所花费的人时数。

(5) 维护各种语言源程序花费的人时数。

(6) 维护请求表的平均处理时间。

(7) 不同维护类型所占的百分比。

由于软件维护还没有得到足够的重视,所以对维护的评价,目前很少有人专门从事这方面的研究。但根据对维护工作定量评价的结果,可以作出关于开发技术、语言选择、维护工作量规划、资源分配及其他许多方面的决定,而且可以利用这样的数据去分析、评价维护任务,对系统的继续运行、改进和开发新的系统无疑会有很大的帮助。

10.4 可维护性

这个问题在第3章中介绍软件质量评价时曾简单地作过讨论,在这里对软件的可维护性问题作较详细的介绍。

可维护性是指维护人员为纠正软件系统出现的错误或缺陷以及为满足新的要求而理解、修改和完善软件系统的难易程度。应当特别强调,可维护性是支配软件开发的各个步骤的一个关键目标。

10.4.1 决定软件可维护性的因素

软件的可维护性受各种因素的影响。影响软件可维护性的因素主要有以下6个:可理解性、可测试性、可修改性、文档、软件的开发方法、软件的开发条件。

1. 可理解性

可理解性(understandability)是指人们通过阅读源代码和相关文档了解软件系统的结构、接口、功能、内部过程以及软件系统如何运行的难易程度。一个可理解的系统应具备以下特性:

- 采用模块化结构。
- 程序设计风格具有一致性。
- 不使用令人捉摸不定或含糊不清的代码。
- 使用有意义的数据名和过程名。
- 采用结构化的程序设计方法。
- 具有正确、一致和完整的文档。

2. 可测试性

可测试性(testability)是指诊断和测试系统的难易程度。一个可测试的系统应具备以下特性：

- 具有模块化和良好的结构。
- 具有可理解性。
- 具有可靠性。
- 能显示任意的中间结果。
- 以清楚的描述方式说明系统的输出。
- 能根据要求显示所有的输入。
- 能跟踪及显示逻辑控制流程。
- 能适应软件开发每一阶段结束的检查要求。
- 能显示带说明的错误信息。
- 具有正确、一致和完整的文档。

3. 可修改性

可修改性(modifiability)是指修改软件系统的难易程度。一个可修改的系统应具备以下特性：

- 具有模块化和良好的结构。
- 具有可理解性。
- 避免在算术表达式、逻辑表达式、表/数组的大小以及输入输出设备命名符中使用文字常数。
- 具有用于支持系统扩充的附加存储空间。
- 具有评价修改系统所带来的影响以及修改内容的资料。
- 建立公用模块/子程序以消除冗余的代码。
- 使用提供常用功能的标准库程序。
- 尽可能固定每一变量的使用。
- 具有通用性和灵活性。

4. 文档

软件系统的文档可以分为用户文档和系统文档两类。

1) 用户文档

用户文档是用户了解系统的第一步,它应该能使用户获得对系统的准确的初步印象。用户文档的结构形式应该使用户能够方便地根据需要阅读有关的内容。

用户文档主要描述系统功能和使用方法,并不关心这些功能是怎样实现的。用户文档至少应该包括下述5个方面的内容：

(1) 功能描述。说明系统能做什么。

(2) 安装文档。说明怎样安装这个系统以及怎样使系统适应特定的硬件配置。

(3) 使用手册。简要说明如何着手使用这个系统(应该通过丰富的示例说明怎样使用常用的系统功能,还应该说明用户在发生操作错误时怎样恢复和重新启动系统)。

(4) 参考手册。详尽描述用户可以使用的所有系统功能以及它们的使用方法,还应该解释系统可能产生的各种出错信息的含义(对参考手册最主要的要求是完整,因此通常使用形式化的描述技术)。

(5) 操作员指南(如果需要有系统操作员的话)。说明操作员应该如何处理使用中出现的各种情况。

上述内容可以分别作为独立的文档,也可以作为一个文档的不同分册,具体做法应该由系统规模决定。

2) 系统文档

所谓系统文档指从问题定义、需求说明、系统设计、系统实现到测试等一系列有关文档。各阶段所产生的相应的文档对于理解程序和维护程序是极端重要的。和用户文档类似,系统文档的结构也应该能把读者从对系统概貌的了解引到对系统每个方面、每个特点的更形式化、更具体的认识。前面各章已经详细地介绍了各个阶段应该产生的系统文档。

5. 软件的开发方法

软件的开发方法直接影响软件的易维护性。模块化、详细的设计文档有助于理解软件的结构、界面功能和内部流程。错误发生后,纠错的难易程度依赖于对软件的理解程度。好的文档资料是很重要的,有无可用的"纠错工具"也很重要。改进和移植的难易程度与设计阶段所采用的设计方法有直接关系。模块间的联系程度对软件修改的难易程度也影响很大。

6. 软件的开发条件

软件开发过程中所涉及的开发条件也对软件的易维护性有影响,例如,以下几点有助于改善软件的易维护性:

(1) 选择合格的软件工作人员。

(2) 使用标准的程序设计语言。

(3) 使用标准的操作系统接口。

(4) 使用规范化的文档资料。

(5) 保证测试用例的有效性。

10.4.2 可维护性复审

可维护性是所有软件都应该具备的基本特点。在软件设计的每个阶段都应该努力提高系统的可维护性,在每个阶段结束前的审查和复审中都应着重对可维护性进行复审。

(1) 在需求分析阶段的复审中,应对将来要扩充和修改的部分加以说明。在讨论软件可移植性问题时,要考虑可能影响软件维护的系统界面。

(2) 在软件设计的复审中,应从便于修改、模块化和功能独立的目标出发,评价软件的结构和过程,从软件质量的角度全面评审数据设计、总体结构设计、过程设计和界面设计。还应对将来可能修改的部分预先作准备。

(3) 在软件代码复审中,应强调编码风格和内部说明文档这两个影响可维护性的因素。

最后,每一阶段性测试都应指出软件正式交付之前应该进行的预防性维护。在完成每项维护工作后,都应该对软件维护本身进行仔细复审。为了从根本上提高软件系统的可维护性,很多软件企业尝试通过直接维护软件规格说明书来维护软件,同时也在大力发展软件重用技术。

10.5 维护工作的管理

维护过程本质上是修改和压缩了的软件定义和开发过程，而且事实上远在提出一项维护需求之前，与软件维护有关的工作已经开始了。首先必须建立一个维护组织，随后必须确定报告和评价的过程，而且必须为每个维护要求规定一个标准化的事件序列。此外，还应该建立一个适用于维护活动的记录保管过程，并且规定复审标准。

10.5.1 维护的管理和组织

1. 维护的管理

软件配置是软件在生命周期中各种形式、各种版本的文档与程序的总称。如果有完备的软件配置，那么，维护任务就从评价设计文档开始，验证软件结构中的所有成分的功能，满足维护请求表中的要求，确定这个软件的重要的结构特性、性能特性和接口特性，确定软件的修改所带来的影响，并找出一种处理方法。接下来，先修改设计（采用前几章所讨论的技术），并且进行复审；再编写源程序代码，并利用以前在测试过程中使用的测试用例进行回归测试；最后，把修改过的软件交付使用。由于在软件开发阶段使用了软件工程方法，所以这种维护方式的维护工作量并不大。很显然，用软件工程方法开发的软件系统不仅易于维护，而且可以提高维护质量。为了方便对多种产品和多种版本进行跟踪和控制，常常借助于自动的配置管理工具。

第一类工具是配置管理数据库。它存储关于软件结构的信息、产品的当前版本号及其状态以及关于每次改版和维护的简单历史。配置管理数据库能够回答管理人员的种种问题。

第二类工具称为版本控制库。它可以是配置管理数据库的一个组成部分，也可以单独存在。它与配置管理数据库的差别是，配置管理数据库是对所有软件产品进行宏观管理的工具，而版本控制库则着眼于单个产品，以文件的形式记录每一产品每种版本的源代码、目的代码、数据文件及其支持文件。

2. 维护的组织

虽然通常并不需要建立正式的维护组织，但是，即使对于一个小的软件开发团队而言，非正式地委托专人也是绝对必要的。每个维护要求都通过维护管理员转交给相应的系统管理员去评价。系统管理员是被指定去熟悉一小部分产品程序的技术人员。系统管理员对维护任务作出评价之后，由变化授权人决定应该进行的活动。图10-2描绘了上述组织方式。

在维护活动开始之前就明确维护责任是十分必要的，这样做可以大大减少维护过程中可能出现的混乱。软件开发单位根据自身规模的大小，可以指定一名高级管理人员担任维护管理员，或者建立由高级管理人员和专业人员组成的修改控制组（Change Control Board，CCB），管理本单位开发的软件的维护工作。管理的内容应包括对申请的审查与批准、维护活动的计划与安排、人力和资源的分配、批准并向用户分发维护的结果以及对维护工作进行评价与分析等。

具体的维护工作可以由原开发小组承担，也可以指定专门的维护小组进行。前者的优点是原开发小组熟悉被维护的软件。但由于原开发小组很可能已接受新的开发任务，对旧

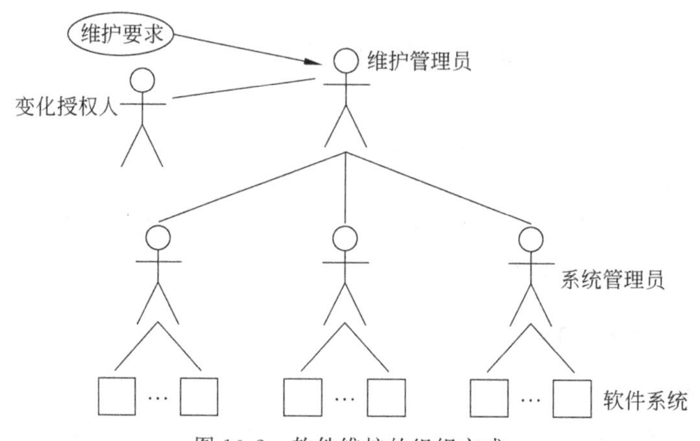

图 10-2　软件维护的组织方式

软件的维护会分散他们的精力。后者的优点是精力集中，且能使其他开发人员无后顾之忧。不足的是多数人不安心长期从事专职的维护工作，认为维护程序员的名声不及开发人员好听。有人认为，采取开发人员与维护人员定期轮换的方法，其效果可能更好。

10.5.2　维护报告

软件维护阶段产生的文档主要有两个：一个是软件问题报告，另一个是软件修改报告。

所有关于软件维护的请求应该用标准化的格式表达。软件维护人员通常向用户提供空白的维护请求表，又称为软件问题报告表，这个表格是由提出维护请求的用户填写的。具体包括以下内容：

- 登记号和登记日期。
- 软件名称、编号、版本号。
- 开发单位名称。
- 报告人姓名、单位、电话。
- 报告时间。
- 问题来源（程序、数据库、文件或其他来源）。
- 问题描述（包括运行环境、测试用例、问题特征及其影响）。
- 处理意见（包括负责人签名和签名日期）。
- 附注。

对于纠错性维护，必须完整描述导致出现错误的条件，包括输入数据、全部输出数据、错误情况、有关的源程序及其支持文档资料。对于适应性或完善性维护的申请，应该提出一个简要的维护说明。如前所述，由维护管理员和系统管理员评价用户提交的维护请求表。

软件维护请求表是一个来自用户的外部文件，是计划维护活动的基础。维护人员对软件进行修改、测试并经审查后，软件组织内部应该提交软件修改报告。软件修改报告应给出下述信息：

- 登记号和登记日期。
- 软件名称、编号、版本号。
- 开发单位名称。

- 上次修改登记号。
- 修改日期。
- 软件修改申请报告的登记号和登记日期。
- 修改时的运行环境(包括硬件、软件和其他环境)。
- 修改内容(包括程序、数据库、文件等)。
- 测试情况(包括测试项目、测试用例和测试成功与否的结论)。
- 修改的影响(包括对软件系统、运行环境和使用者)。
- 修改时的资源消耗(包括人时数和计算机时数)。
- 附注。
- 修改者和校审者姓名。
- 标准化情况。
- 批注者姓名。

并且还要给出以下内容:

- 为满足维护请求表中指出的要求所需要的工作量。
- 要求修改的性质。
- 该项要求的优先次序。
- 修改的实际数据。

在制订进一步的维护计划之前,软件修改报告应提交给变化授权人审查批准。

10.6 维护的副作用

维护过程中应该特别注意的一个问题就是维护的副作用。对一个复杂的软件进行修改,产生潜在错误的可能性就会增加。配置好的文档资料和细致的回归测试将有助于消除错误,但仍然会遇到维护的副作用问题。

维护的副作用是指由于修改而导致的错误或其他多余的动作,主要有以下3种。

1. 修改代码的副作用

对一个语句的简单修改有时可能带来灾难性的后果。例如,由于粗心把一个“,”写成一个“.”,又没有检查出来,竟导致阿波罗宇宙飞船的飞行控制系统失效这一悲剧后果。虽然不是所有的副作用都有这样严重的后果,但修改有可能导致错误,错误总会导致各种问题。

人们通过使用编程语言的源程序代码与计算机通信,产生副作用的可能性是很大的。下面的修改特别容易引入错误:

- 删除或修改子程序。
- 删除或修改语句标号。
- 删除或修改标识符。
- 为改进执行性能所做的修改。
- 修改文件的打开和关闭命令。
- 修改逻辑运算符。
- 把设计的修改翻译成代码的修改。
- 对边界测试所做的修改。

修改代码所产生的副作用一般可以在退化测试过程中对其造成的系统故障进行查明和纠正来消除。

2. 修改数据的副作用

在对一个数据结构中的个别元素或数据本身进行修改以后，当数据发生变化时，该系统的数据结构可能不再适合这个数据，并且可能出现错误。

修改数据引起的副作用经常发生在下述数据的修改之中：

- 重新定义局部常量和全局常量。
- 重新定义记录格式和文件格式。
- 增加或减少一个数组或更高阶数据结构的规模。
- 修改全程数据。
- 重新初始化控制标志或指针。
- 重新排列输入/输出或子程序的自变量。

完善设计文档资料可以减小修改数据的副作用。在文档中应描述数据结构，并提供把数据元素、记录、文件以及其他结构与系统模块联系起来的交叉对照表。

3. 修改文档资料的副作用

如果对源程序代码的修改没有反映到设计文档资料和用户手册中，就会出现文档资料的副作用。因此，维护应该着眼于整个软件配置，而不仅仅限于修改源程序代码。

如果要对数据流、软件系统结构、模块过程和其他有关特性进行修改，就必须对相应的文档资料进行更新，否则，设计文档不能正确地反映软件系统的当前状态，甚至比完全没有文档资料的情况更糟，因为在以后的维护工作中阅读这些文档资料时，将会导致对软件系统特性做出不正确的评价。例如，交互式输入的次序或格式的修改如果没有相应地反映在有关的文档资料中，可能会引起严重的问题。在软件系统再次交付使用之前，对整个软件配置进行复审，能大大减小修改文档资料的副作用。

10.7 软件维护文档

软件维护工作是一个持续的过程，软件维护需求表用于在客户服务部门与开发部门之间的联系。它将维护的要求详细地提供给开发部门，以帮助开发部门更好地、有针对性地安排维护工作。

软件维护需求表

维护需求的编制者：____________________ 申请者：____________________ 模块/程序名：____________________ 完成人员：____________________ 紧急程度：[ ]紧急 [ ]高 [ ]中 [ ]低
问题/需求描述：

续表

<table>
<tr><td>维护案例的标志：____________________
维护活动的标志：____________________
估计成本：____________________
维护工作开始时间：____________________
预计维护工作结束时间：____________________
累计成本：____________________</td></tr>
<tr><td>对产品和修改的模块所产生的影响/注释：</td></tr>
<tr><td>接收/拒收：____________________
完成的维护工作：____________________
日期/签名：____________________</td></tr>
</table>

软件维护通常从软件问题报告表开始，上门维护的人员有义务对问题进行整理，以便开发人员找到原因，提供解决方案。

软件问题报告表

<table>
<tr><td colspan="3" rowspan="3">软件问题报告</td><td colspan="8">登记号：</td></tr>
<tr><td colspan="8">登记日期：</td></tr>
<tr><td colspan="8">时间：</td></tr>
<tr><td colspan="3">阶段：</td><td>状态：</td><td>1</td><td>2</td><td>3</td><td>4</td><td>5</td><td>6</td><td>7</td></tr>
<tr><td>报告人资料</td><td>姓名</td><td></td><td>电话</td><td colspan="7"></td></tr>
<tr><td>地址</td><td colspan="10"></td></tr>
<tr><td colspan="11">问题：程序[ ]　　数据库[ ]　　文档[ ]</td></tr>
<tr><td colspan="3">文档/模块：</td><td colspan="4">版本号：</td><td colspan="4">磁带：</td></tr>
<tr><td colspan="3">数据库：</td><td colspan="8">文档：</td></tr>
<tr><td colspan="3">测试用例：</td><td colspan="8">硬件：</td></tr>
<tr><td colspan="11">问题描述/影响：

签名：　　　　　　　　　　日期：</td></tr>
<tr><td colspan="11">软件开发部意见：

签名：　　　　　　　　　　日期：</td></tr>
<tr><td colspan="11">附注：</td></tr>
</table>

软件问题解决记录表由于上门维护人员填写,记录其发现问题之后的解决过程,它对于维护工作有很重要的价值。

软件问题解决记录表

<table>
<tr><td colspan="2">软件问题报告号:</td></tr>
<tr><td>软件维护人:</td><td>维护时间:</td></tr>
<tr><td colspan="2">软件解决过程:

签名:　　　　　　　　　　　　日期:</td></tr>
<tr><td colspan="2">软件用户意见:

签名:　　　　　　　　　　　　日期:</td></tr>
<tr><td colspan="2">软件开发部意见:

签名:　　　　　　　　　　　　日期:</td></tr>
<tr><td colspan="2">备注:

签名:　　　　　　　　　　　　日期:</td></tr>
</table>

软件维护报告表用于记录开发部门对软件所做出的维护性修改,将其记录在案是十分必要的,可以防止文档的不一致性带来的维护困难。

软件维护报告表

维护案例的标志:________

维护活动的标志:________

维护需求的类型:[ ]改正　　[ ]改编　　[ ]调整　　[ ]扩充

需要维护的原因和维护后产生的影响:

维护内容	维护原因	影　　响
需求定义		
设计		
软件环境		
硬件环境		
优化		
其他		

续表

<table>
<tr><td colspan="5">所有维护过的模块和系统的结果及成本/工作量：</td></tr>
<tr><td rowspan="2">模块</td><td colspan="3">维护成本</td><td rowspan="2">工作量
/人时</td></tr>
<tr><td>源码</td><td>文档</td><td>小计</td></tr>
<tr><td></td><td></td><td></td><td></td><td></td></tr>
<tr><td></td><td></td><td></td><td></td><td></td></tr>
<tr><td></td><td></td><td></td><td></td><td></td></tr>
<tr><td></td><td></td><td></td><td></td><td></td></tr>
<tr><td></td><td></td><td></td><td></td><td></td></tr>
<tr><td></td><td></td><td></td><td></td><td></td></tr>
<tr><td></td><td></td><td></td><td></td><td></td></tr>
<tr><td></td><td></td><td></td><td></td><td></td></tr>
<tr><td></td><td></td><td></td><td></td><td></td></tr>
<tr><td></td><td></td><td></td><td></td><td></td></tr>
<tr><td></td><td></td><td></td><td></td><td></td></tr>
<tr><td>总计</td><td></td><td></td><td></td><td></td></tr>
<tr><td colspan="5">对所做维护工作的注释：</td></tr>
<tr><td colspan="5">维护人签名：

日期：</td></tr>
</table>

10.8 案例：图书管理系统软件维护手册

在运行和维护阶段，软件将在运行中不断地被维护，根据新提出的需求进行必要而且可能的扩充、删改、更新和升级。

图书管理系统软件维护手册

1 引 言

1.1 编写目的

软件维护是软件生命周期的最后一个阶段，处于系统投入生产性运行以后的时期，因此不属于系统开发过程。软件维护就是在软件已经交付使用之后，为了改正错误或者满足新的需要而修改软件的过程。

1.2 项目背景

开发软件名称：图书管理系统。

项目开发者：××学院××系图书管理系统开发小组。

1.3 定义

(略)

1.4 参考资料

(略)

需求规格说明书，概要设计说明书，详细设计说明书。

2 系统说明

2.1 系统用途

负责图书信息存档、图书查询、读者信息的管理和借阅图书的管理。

2.2 安全保密

系统提供一定的方式让用户表示自己的身份，由系统进行核实，通过核实后才向其提供系统使用权。系统管理员还可对读者进行操作权限控制。

2.3 总体说明

系统的具体功能如下：

(1) 图书管理。添加、修改、删除图书的基本信息。

(2) 读者管理。添加、修改、删除读者的基本信息。

(3) 借阅管理。添加、修改、删除借阅信息。接收读者借阅请求并判断错误，输出相应的出错消息。

(4) 系统管理。管理用户注册、登录。如果成功，输出欢迎信息；反之则提示失败信息。

2.4 程序说明

2.4.1 程序1(借阅管理模块)的说明

1. 功能

通过该模块完成读者的图书借阅、续借以及还书工作。该模块是图书管理系统的重点，其中主要包括借阅、续借、还书3部分。

(1) 借阅部分。在办理图书借阅手续时，除了要对读者的信息进行确认外，还要进行图书信息的确认，在最后进行借出该书的操作时，除了在借阅信息表中添加相应记录外，还要将数据库中该书的状态设置为已经借出，以避免其他读者对该书进行借阅。

(2) 续借部分。相对于借阅部分，续借部分比较简单，在进行了用户信息确认之后，只需要更新需要续借图书的借书日期即可完成图书的续借。

(3) 还书部分。首先要进行图书信息的确认。注意，在判断该书是否已经借出时，与借阅流程做相反的处理，只有借出的书才能够归还，同时在归还图书的操作时，除了更新借阅信息中的内容外，还要更新该图书的状态为没有借出，以允许其他读者借阅。

2. 处理

借阅管理模块主要完成图书借阅管理的功能，包括借书、续借和还书。工作人员可以根据使用的需要，单击标签页中的标签分别进入不同的操作。

在“正常借书”标签页，工作人员输入读者编号以及图书编号，系统便会对这两项信息进行确认。如果确认成功，工作人员只要单击“借出该书”按钮，便完成了借书的操作。

在“续借图书”标签页下，工作人员输入读者编号，系统便会列出该读者所借的所有图书。工作人员选择读者要续借的图书后，在“借书日期改为”日期选择框中选择要修改的借书日期，最后单击“确定”按钮，就完成了图书的续借。

在“还书”标签页，工作人员输入图书编号，系统会自动对该信息进行确认。确认成功后，单击“归还图书”按钮，就完成了还书的操作。

在加载该窗体时要对两个DTPicker控件进行初始化，将它们的值设为当前日期。同时，为了简化程序的编码，要进行数据库的连接，一直到该窗体关闭时才断开与数据库的连接，这样，在程序的其他地方就不需要再进行数据库的连接，直接使用该连接即可。

单击窗体中的菜单项和工具栏按钮，可弹出对应的窗体，进行相应的操作。

在进行“正常借书”操作时，输入读者编号，然后按Enter键，系统便会通过查询数据库来对输入的读者编号进行有效性确认，通过确认后，便会在下面的DataGrid控件中进行已借阅图书信息的显示。接着输入图书编号，然后按Enter键，系统便会对输入的图书编号进行有效性确认。最后单击“借出该书”按钮，系统便会更新数据库中的相应信息。

在进行“续借图书”操作时，输入读者编号，然后按Enter键，系统便会通过查询数据库来对输入的读者编号进行有效性确认，通过确认后，便会在下面的DataGrid控件中进行已借阅图书信息的显示。接着选择读者要续借的图书，对“借书日期改为”DTPicker控件的值进行设置。最后单击“确定”按钮，系统便会更新数据库中的相应信息。

在进行“还书”操作时，输入图书编码，然后按Enter键，系统便会通过查询数据库来对输入的图书编号进行有效性确认，通过确认后，便会在下面的文本框中显示该书的信息。最后单击“归还图书”按钮，系统便会更新数据库中的相应信息。

2.4.2　程序2(图书查询模块)的说明

1. 功能

工作人员通过该模块进行借阅记录的查询。该模块提供了包括读者编号、读者姓名、图书编号、图书名称以及借书日期在内的各种查询条件，工作人员可根据单个的查询条件或者它们的组合进行查询，既可以查询某本书或者某个读者的借阅历史，也可以查询某天所有的借阅信息。同时，该模块在查询时提供了模糊查询功能，以方便工作人员快速查询。

2. 处理

图书查询模块主要完成图书信息的查询功能，根据不同的查询条件以及查询方式进行图书信息的查询，以方便读者找到所需的图书。在窗体中输入各个查询条件，单击“开始查找”按钮，系统便会根据输入的查询条件查找满足要求的数据。如果选中“执行模糊查询”复选框，系统便会根据输入的查询条件进行模糊查询。

在加载窗体时要对查询条件中的“图书类别”复选框进行初始化，根据数据库中的数据插入所有可选类别。接着进行查询条件的输入。在输入时如果选中“登记日期”复选框，查询条件就增加了登记日期这一项。输入完毕，单击“开始查找”按钮，系统根据录入的查询条件动态地生成查询语句,然后利用ADO Data控件进行数据库的连接,按照生成的查询语句进行数据库的查询操作,在DataGrid控件中显示查询结果。单击"清空"按钮可清空所有的查询条件。单击"关闭"按钮可关闭该窗体。

3 操作环境

3.1 设备

共享一个数据库的若干台计算机。

3.2 支持软件

支持软件为常用的数据库应用软件,如SQL Server、Access。

3.3 数据库

3.3.1 总体特征

静态数据:存储在硬盘上的数据。

动态数据:正处于处理过程中的数据。

数据库的存储媒体:硬盘。

3.3.2 结构及详细说明

详见概要设计说明书和详细设计说明书。

4 维护过程

4.1 约定

(1) 设计原则如下:

- 密切结合结构(数据)设计和行为(处理)设计。
- 有机结合硬件、软件、技术和管理的界面。
- 具体程序实现过程中,对记录、字段的引用参照PersInfo类。
- 存储区的标识符也参照PersInfo类。
- 在设计过程中参照瀑布模型、E-R模型、层次图、Jackson程序设计方法。

(2) 设计程序变更的准则如下:

- 检查可供选择的设计方案,寻找一种与程序的原始设计原理相容的变更设计。
- 努力使设计简化。
- 设计应能满足可变性要求。
- 不降低程序质量。
- 用可测试的并具备测试方法的术语描述设计。
- 考虑处理时间、存储量和操作过程方面的变化。
- 考虑变更对用户服务的干扰以及实施变更的代价与时间。

(3) 修改程序代码的准则如下:

- 必须先熟悉整个程序的控制流程。
- 不要做不必要的修改。
- 不影响原始程序的风格和相容性。
- 记录所做的修改。
- 审查软件质量是否符合标准。
- 更新程序文档以反映修改,并保留修改前的程序代码版本。

(4) 重新验证程序的准则如下：

- 首先测试程序故障，然后测试程序的未改动部分，最后测试程序的修改部分。
- 不允许负责修改的维护程序员作为唯一重新验证程序的人。
- 鼓励终端用户参与到重新验证进程中。

在重新验证进程中，记录出错的次数与类型，并把结果同测试功能进行比较，以便估量程序是否退化。

4.2 验证过程

每当软件被修改后，都要验证其正确性。维护员应该有选择地作一些重新测试工作，不仅要验证新的逻辑的正确性，而且要验证程序的未修改部分是否未受影响，并且整个程序运行正确。若发现错误，则要马上进行修正。

4.3 出错及纠正方法

有时查询某图书还有剩余，但输入图书信息后却发现已没有剩余。发生这种情况的原因是：有多台计算机同时输入同一图书信息，在查询时，其他计算机的输入信息并未写入磁盘，图书册数并未修改。此时，应该等待数秒后重新查询。

4.4 专门维护过程

系统运行一段时间后，由于记录的不断增加、删除和修改，会使数据库的物理存储变差。例如，逻辑上属于同一记录或同一关系的数据被分散到了不同的文件或文件的多个碎片上。这样就会降低数据库存储空间的利用率和数据的访存效率，使数据库的性能下降。这时就要进行数据库的重组织。

4.5 专用维护程序

(无)

4.6 程序清单和流程图

详见概要设计和详细设计阶段产生的相应文档。

10.9 实训：学生管理系统软件维护手册

1. 实训目的

(1) 了解软件维护的目的和维护的步骤与方法。

(2) 掌握软件维护手册编写的步骤和方法，明确软件维护手册的内容和格式，并编写实际系统的软件维护手册。

2. 实训任务与实训要求

(1) 根据软件维护步骤和方法，模拟实际系统的维护过程。

(2) 撰写软件维护手册。

3. 实训内容与步骤

现代的软件项目通常由项目小组来分析、设计、编码，由专门的测试小组对已完成编码和调试的软件进行全面测试，由专职维护人员进行维护。按如下格式完成软件维护手册。

1 引言
  1.1 编写目的
  1.2 项目背景
  1.3 定义
  1.4 参考资料
2 系统说明
  2.1 系统用途
  2.2 安全保密要求
  2.3 总体说明
  2.4 程序说明
    2.4.1 程序1的说明
    2.4.2 程序2的说明
3 操作环境
  3.1 设备
  3.2 支持软件
  3.3 数据库
    3.3.1 总体特征
    3.3.2 结构及详细说明
4 维护过程
  4.1 约定
  4.2 验证过程
  4.3 出错及纠正方法
  4.4 专门维护过程
  4.5 专用维护程序
  4.6 程序清单和流程图

4. 实训注意事项

(1) 按上面的格式编写软件维护手册,对格式中的个别内容可根据所选系统的复杂程度增减。

(2) 格式清晰,图表规范,文字通顺。

5. 实训成果

参照案例格式和实训内容与步骤,每个项目小组完成一份学生管理系统软件维护手册。

小　结

软件可维护性是软件开发各个阶段都努力追求的目标之一。维护活动可分为纠错性维护、适应性维护、改善性维护和预防性维护4类。花在维护上的费用通常要占软件总费用的一半以上。对于大型和复杂的软件,维护费用可以达到开发费用的十至数十倍。

软件的可维护性主要取决于开发时期的活动。用软件工程方法开发软件,编制齐全的文档，严格进行软件测试和阶段复审，是改善软件可维护性、降低维护费用的关键。每个开发人员都应该经常想到维护工作的需要，在开发中尽力提高软件的可维护性。

维护工作是开发工作的缩影，但又有自己的特点。要减小维护的副作用，尽量避免在维护中因引入新错误而降低软件的质量。要加强对维护的管理，尤其是配置管理，有效地对软件配置进行跟踪和控制，避免造成文档的混乱。维护人员须知，不适当和不充分的维护会把一个原来好端端的软件变成一个不可维护的软件，造成灾难性的后果。明白了这个道理，即使对于微小的修改，也要严格遵守规定的步骤和标准，绝不能掉以轻心。

习　　题

10.1　为什么要进行软件系统的维护？

10.2　什么是软件可维护性？影响软件可维护性的因素有哪些？

10.3　软件维护有哪些内容？其中哪一类维护是最主要的？

10.4　软件维护的流程是什么？

10.5　纠错性维护与排错是否同一件事？说明你的理由。

10.6　维护的副作用有哪些？

10.7　如何控制因修改而引起的副作用？

10.8　试述维护过程。

第 3 篇

面向对象方法学

第11章　统一建模语言

面向对象软件开发方法是软件工程领域中的一种全新方法，它采用了与人类相似的思维方式来建立模型，对自然界的客观实体进行模拟，使得设计出的软件能够直接地表现出问题求解过程。

在本章中将详细介绍面向对象的基本概念、统一建模语言的基本语法、建模方法等内容。

11.1　面向对象方法概述

11.1.1　面向对象方法的特点

面向对象（Object Oriented，OO）技术是软件工程领域中的重要技术。与传统的结构化软件开发方法不同，面向对象技术是一种将面向对象的思想应用于软件开发过程的系统方法。

面向对象的思想起源于20世纪60年代的仿真程序设计语言Simula 67。在20世纪80年代初，Smalltalk语言的出现成为面向对象技术发展的一个重要里程碑，到20世纪80年代后期，面向对象技术逐渐成熟。目前，面向对象的软件工程方法已成为软件人员开发软件的首选方法。实践证明，这是一种极具发展潜力的软件开发方法。

面向对象方法具有以下4个特点。

1. 与人类习惯的思维方法一致

客观世界是由各种对象组成的。面向对象方法依据人类传统的思维方式，对客观世界建立软件模型。在进行软件开发时，面向对象方法以系统实体为基础，并将其属性与方法封装为对象。在软件的分析、设计、实现、测试等阶段，系统实体均以对象的形式体现出来，容易被人们理解和接受。

2. 软件系统结构稳定

面向对象方法以对象为中心构造软件系统，根据问题域模型建立软件系统的结构。由于对象的属性与方法已封装在对象中，当软件系统的功能需求发生变化时，不会引起软件的整体结构变化，仅需对一些局部对象进行修改。

3. 软件系统具有可复用性

软件复用可以提高软件的生产效率。由于对象具有封装、继承等特性，使其更易实现软件复用。当由父类派生子类时，子类可以继承父类的所有属性和方法，还可以扩充子类的属性和方法。

4. 软件系统易于维护

使用面向对象方法开发的软件，其系统结构稳定，对象之间通过消息进行联系，开发人员通过接口访问对象。继承机制使得软件的维护工作更加容易。当系统产生错误或需求发生变更时,只需要修改相应的对象即可。

11.1.2 面向对象的概念

面向对象由对象、类、继承、通信4个部分组成,这是软件工程学家Coad和Yourdon提出的。面向对象的基本思想是:客观世界由对象组成,具有相同属性和操作的对象可以抽象为类,类可以派生子类,子类继承了父类的所有属性和操作,对象之间通过消息进行通信。

与面向对象有关的概念包括对象、类、封装、继承、多态性、消息等,其中封装、继承、多态性是类的3个特征,这些概念是学习面向对象方法的基础。

1. 对象

对象(object)是指问题域中某些事物的抽象,可表现出该事物的特征和行为,是一个由属性及操作组成的封装体。其中,对象的属性也称为数据或特征,对象的操作也称为方法、行为或服务。问题域是指开发软件时要解决的问题所涉及的业务范围。

在现实世界中存在着许多实体,例如汽车、图书、学生、列车时刻表等,无论是可感知的事物还是抽象的概念,均可以抽象为对象。每一个对象都有其属性和操作,属性是静态特征,操作是动态特征。例如,"学生"对象具有学号、姓名、性别、出生日期、专业、班级等属性,也具有选课、考试、评教等操作。

2. 类

类(class)是指具有相同属性和操作的对象集合,是对象的抽象。类抽象地描述了属于该类的全部对象的属性和操作,对象是类的一个实例,类可以产生许多对象,每个对象具有不同的属性值和不同的操作内容。

例如,"计算机"可以定义为一个类,由CPU、存储器、输入/输出设备等组成,具有科学计算、数据处理、工业控制、辅助设计、人工智能等功能,这是所有计算机所具有的特征和行为。将这些共同点抽象出来,便构造了一个类。图11-1描述了类与对象之间的关系,即类是对象的抽象,对象是类的实例。

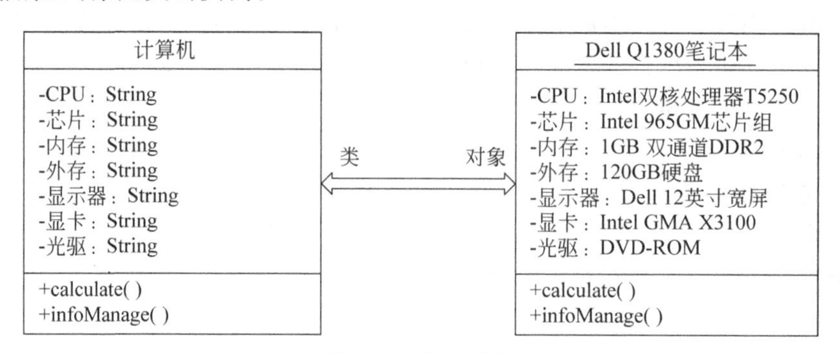

图11-1 类与对象

3. 封装

封装(encapsulation)是指将类的属性与操作结合在一起,形成一个独立的整体。在实际应用中,对象的外部属性和操作是可以访问的,但其内部细节看不到。封装实现了信息隐藏,这是面向对象方法的一个重要原则。

4. 继承

继承(inheritance)是指子类具有父类的所有属性与操作,当由父类创建子类时,子类便继承了父类的特性和行为,并且可以为子类添加新的属性和操作。图 11-2 描述了类之间的继承关系,其中 Motorcar(汽车)为父类,Bus(公共汽车)与 Truck(卡车)为父类的两个子类。父类与子类之间是继承关系,两个子类继承了父类的 brand(商标)、type(型号)、colour(颜色)属性以及 drive(开车)、brake(刹车)操作,为子类 Bus 添加了 busLoad(载客量)属性和 swerve(转向)操作,为子类 Truck 添加了 loadingCapacity(载重量)属性和 swerve(转向)操作。

5. 多态性

多态性(polymorphism)是指在父类中定义的属性和操作被不同的子类继承后,可以具有不同的特征和行为。同一个属性或操作在父类与子类中有不同的语义,可产生不同的动作或执行结果。图 11-3 描述了一个父类 Polygon(多边形)和两个子类 Triangle(三角形)和 Rectangle(矩形),父类中的操作 calculateArea(计算面积)被两个子类继承后,将执行不同的操作,体现了类的多态性。

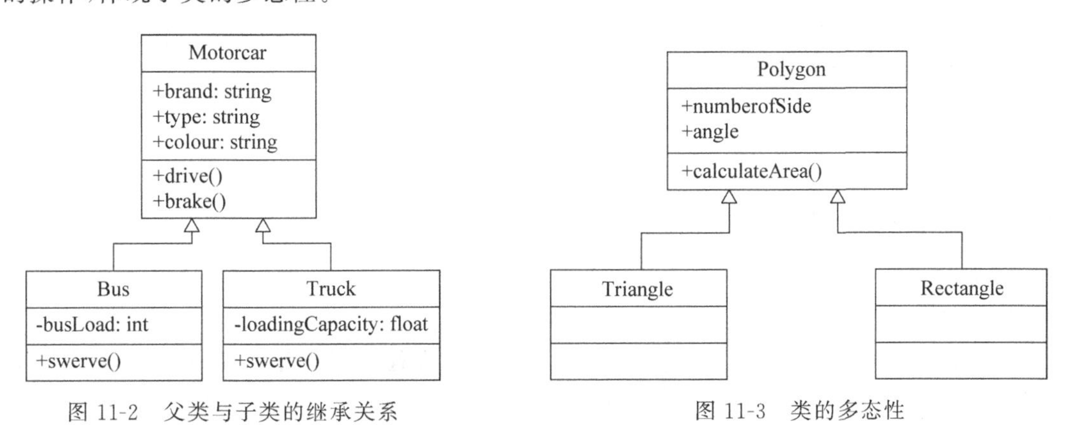

图 11-2　父类与子类的继承关系　　　　图 11-3　类的多态性

6. 消息

消息(message)是指一个对象向另一个对象发出的请求,消息包括消息名、接收消息的对象名、操作名、输入信息和回答信息等。面向对象技术使对象之间是相互独立的,对象之间的消息传递实现了通信机制。

11.2 UML 概述

随着面向对象技术的日趋成熟,在软件工程领域出现了多种支持软件开发的面向对象方法,其中最具代表性的方法是 1986 年由 Grady Booch 提出的面向对象分析设计(Object Oriented Analysis Design,OOAD)方法、1991 年由 James Rumbaugh 提出的对象建模技术(Object Modeling Technique,OMT)以及 1994 年由 Ivar Jacobson 提出的面向对象软件工程方法学(Object Oriented Software Engineering,OOSE)。每一种方法均有其特点和优势,经过探索与研究,这 3 位软件工程学家将各自的面向对象建模方法融合到一起,形成了统一建模语言(Unified Modeling Language,UML),于 1996 年 6 月和 10 月分别发布了两个版本,即 UML 0.9 和 UML 0.91,在 1997 年 1 月将 UML 1.0 提交给 OMG(Object Management Group,对象管理组织),成为软件建模的标准语言。UML 一直在不断发展,目前较新的版本为 UML 2.0。

11.2.1 UML 的特点

UML 具有以下 4 个特点。

1. 统一标准

UML 统一了 Booch、OMT 和 OOSE 等方法中的概念和语法,提供了面向对象模型元素的定义与表示,已成为面向对象软件建模的标准语言。

2. 面向对象

UML 是一种面向对象的统一建模语言,模型元素的建立以对象为基础,与人类的思维模式相符,并且易学易用。

3. 图形建模

UML 提供了 5 种视图和 10 种模型图,以图形的方式实现系统建模,建模过程清晰、直观,可用于复杂软件系统的建模。

4. 独立于程序设计语言

UML 是一种建模语言,整个建模过程与程序设计语言无关。在进行系统实现时,软件人员可以选用合适的程序设计语言编程。

11.2.2 UML 的构成

UML 由视图、图、模型元素、公共机制 4 个部分组成。

1. 视图

UML 的视图包括用例视图、逻辑视图、组件视图、进程视图和配置视图,分别从不同的角度描述系统,每一种视图由若干个图组成。

2. 图

UML 的图包括用例图、类图、对象图、包图、顺序图、协作图、状态图、活动图、组件图和配置图等。图是视图的组成部分,不同的图具有不同的用途,分别用于面向对象分析阶段和面向对象设计阶段。

3. 模型元素

模型元素包括事物和事物之间的关系。事物指图中的对象。事物之间的关系可以将事物联系起来,组成有意义的结构模型。

4. 公共机制

UML 的公共机制可以为模型元素提供注释、修饰、规格说明、通用划分和扩展机制。

11.2.3 UML 与 RUP

UML 的 3 位创建者在创建 UML 的同时,于 1998 年提出了统一开发过程(Rational Unified Process,RUP),这是一种面向对象的软件开发过程。RUP 综合了多种软件开发过程的优点,考虑了软件开发的技术因素和管理因素,并将核心过程模型化。将 UML 与 RUP 结合在一起,可以更好地实现面向对象软件开发过程。

RUP 是一种二维结构的软件开发过程，横轴是时间，纵轴是过程。横轴以软件的生命周期划分，分为开始、详细规划、系统构造、交付 4 个阶段以及一系列的迭代；纵轴是过程包含的内容，包括业务模型、需求、分析与设计、实现、测试、配置、配置与变更管理、项目管理和环境等，其中前 6 个为核心过程工作流，后 3 个为非核心过程工作流。

使用 UML 开发软件系统时，以用例驱动的方式进行。用例贯穿于分析阶段、设计阶段、实现阶段和测试阶段。UML 建模是一种螺旋上升式的过程，开发过程由循环的活动组成。UML 以体系结构为中心，并以质量控制和风险管理为目标。

11.3 UML 的视图

UML 使用若干种视图从不同角度描述一个软件系统的体系结构，每一种视图说明了软件系统的一个侧面，将这些视图组合起来可以构成软件系统的完整模型。UML 的视图分为用例视图、逻辑视图、组件视图、进程视图和配置视图 5 种，其中用例视图是其他视图的核心。

1. 用例视图

用例视图(use case view)用于描述系统的功能需求，即系统参与者所需要的功能。用例视图主要包括用例图，也可以辅以活动图对用例内部的细节进一步加以说明。在用例视图中列出所有的用例和参与者，并指定参与者参与了哪些用例的执行。

用例视图是最重要的视图，是其他视图的核心，其内容直接驱动其他视图的开发，如图 11-4 所示。在系统的需求分析阶段完成用例视图的创建，当修改用例视图时，将会影响其他视图，在系统的测试阶段，用例视图也是对软件系统进行检测的一个依据，用于确认和最终验证系统。用例视图的使用者主要是用户、分析设计人员、开发人员和测试人员。

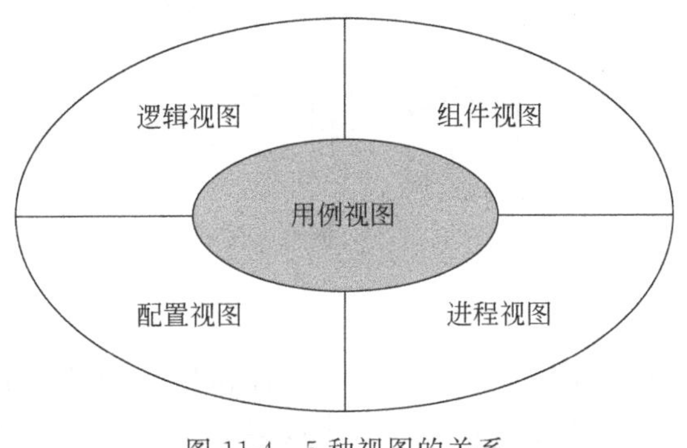

图 11-4　5 种视图的关系

2. 逻辑视图

逻辑视图(logical view)用于描述如何实现用例视图中提出的系统功能。和用例视图相比，逻辑视图更关注系统内部，可描述系统的静态结构和动态协作关系。系统的静态结构由类图、对象图和包图描述，系统内部的动态协作关系由顺序图、协作图、状态图和活动图描述。逻辑视图的使用者主要是分析设计人员和开发人员。

3. 进程视图

进程视图(process view)用于描述系统的并发执行以及如何处理线程之间的通信和同

步。进程视图由状态图、协作图、活动图、顺序图、组件图和配置图组成,其使用者主要是开发人员和系统集成人员。

4. 组件视图

组件视图(component view)用于描述系统组件(代码模块)及组件之间的依赖关系。组件视图主要由组件图组成,该视图可实现软件组件的划分及代码编写方法,其使用者主要是设计人员和开发人员。

5. 配置视图

配置视图(deployment view)用于描述系统的物理设备部署,以及设备之间的连接方式。配置视图由配置图组成,其使用者主要是开发人员、系统集成人员和测试人员。

11.4 UML的模型元素

UML的模型元素由事物及事物之间的关系组成,是UML的重要组成部分。

11.4.1 事物

UML的图由若干个模型元素组成,模型元素是指在建模过程中涉及的概念元素与物理元素。模型元素也称为事物,事物分为结构事物、行为事物、分组事物和注释事物。在UML的模型图中使用相应的符号表示模型元素,如图11-5所示。

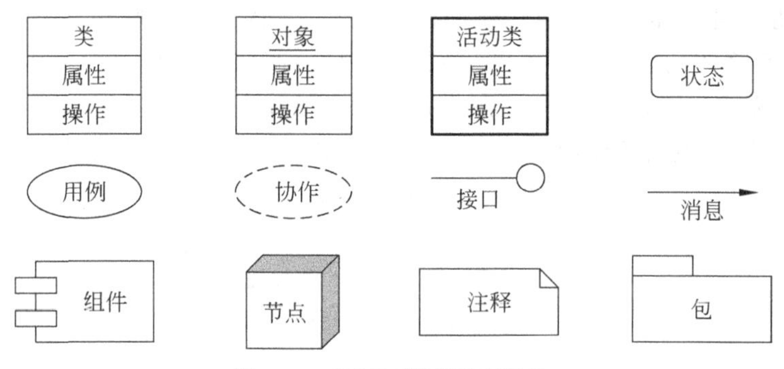

图11-5 UML模型元素符号

1. 结构事物

结构事物包括类、用例、协作、接口、活动类、组件和节点,共有7种类型。类是对具有相同属性和操作的对象的抽象,一个类可实现一个或多个接口;用例描述参与者对系统的功能需求;协作定义了交互操作;接口是为类或组件提供服务的一组操作集合,描述了类或组件的动作;活动类是指具有一个或多个进程或线程的类;组件是定义了良好接口的物理实现单元,是系统中可替换的物理部件;节点是系统的一个物理设备,通常代表可计算的物理资源。

2. 行为事物

行为事物是UML模型中的动态部分,包括交互和状态机。交互是指一组对象为实现某种特定目的而进行的信息交换动作,每一个动作包括消息、动作次序和连接;状态机由对象的状态组成,状态描述了对象动态行为所产生的结果。

3. 分组事物

分组事物是 UML 模型中有组织的部分。包是一种分组事物。包可以将有组织的元素进行分组，仅存在于开发阶段，而不能存在于运行阶段。在包中可以放置结构事物、行为事物和其他分组事物。

4. 注释事物

注释事物是 UML 模型中的解释部分。注释是一种注释事物。

11.4.2 关系

模型元素之间的关系也是模型元素，包括关联关系（association）、依赖关系（dependency）、泛化关系（generalization）、实现关系（realization）和聚合关系（aggregation），相应的符号如图 11-6 所示。

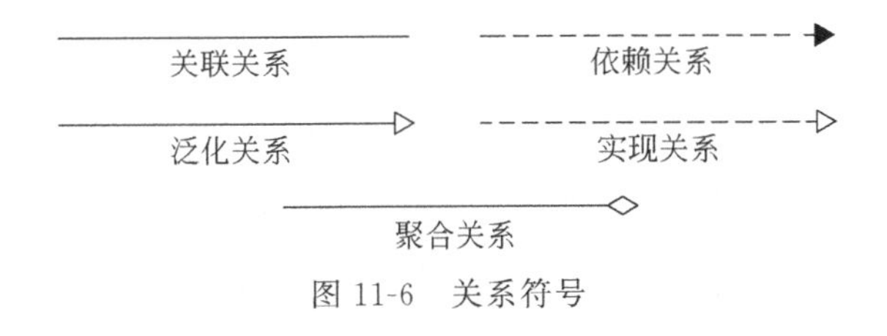

图 11-6 关系符号

关联关系是一种结构关系，用于表示元素之间的连接关系；依赖关系表示两个元素之间以某种方式进行依赖的关系；泛化关系是一种一般类与特殊类之间的继承关系；实现关系表示类与接口之间的实现关系；聚合关系是一种特殊的关联，表示整体与部分之间的关系。

11.5 UML 的模型图

UML 在分析与设计阶段涉及 3 种模型图，共包括 10 种图。3 种模型图分别为用例模型图、静态模型图和动态模型图，其中，用例模型图由用例图组成，静态模型图由类图、对象图、包图、组件图、配置图组成，动态模型图由顺序图、协作图、状态图、活动图组成。

11.5.1 用例图

1. 组成

用例图（use case diagram）由用例、参与者及其之间的关系组成。其中，用例是系统的一个功能单元，用户对系统的需求以用例的方式描述；参与者是系统的一个用户或另一个软件系统。在用例图中，表示用例，表示参与者，连线表示两者之间的关系，矩形框表示系统边界，如图 11-7 所示。

图 11-8 所示为教务管理系统用例图。该系统内有 4 个用例：“选课管理”“评教管理”“成绩管理”和“课程管理”；在系统外有 3 个参与者：教师、学生和管理员。参与者与用例之间具有关联关系。

2. 关系

用例图中存在以下 4 种关系。

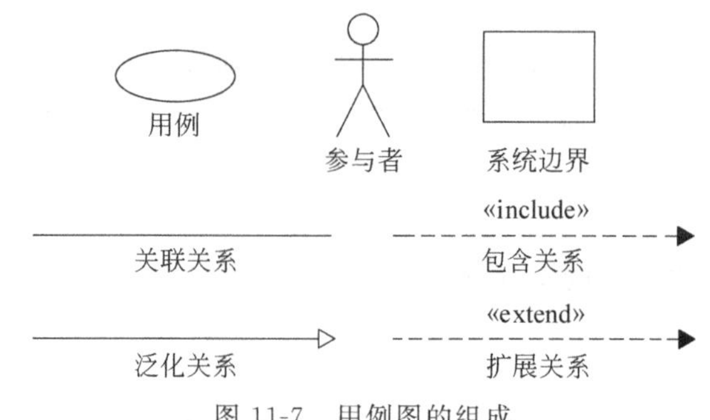

图 11-7 用例图的组成

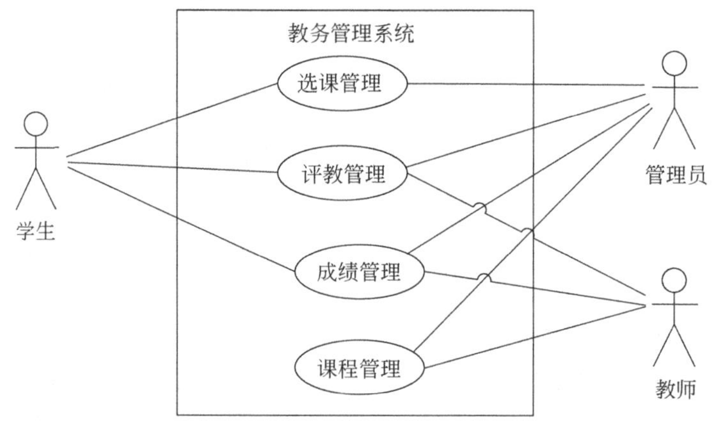

图 11-8 教务管理系统用例图

1) 关联关系

用例与参与者之间具有关联关系,用于表示用例与参与者之间的通信。UML 使用直线表示关联关系,如图 11-9 所示。

图 11-10 描述了图书管理信息系统中参与者 borrower 与用例 searchBook、borrowBook、reserveBook、returnBook 之间的关联关系,该用例图表示借阅者在系统中具有查询、借书、预约、还书等功能。

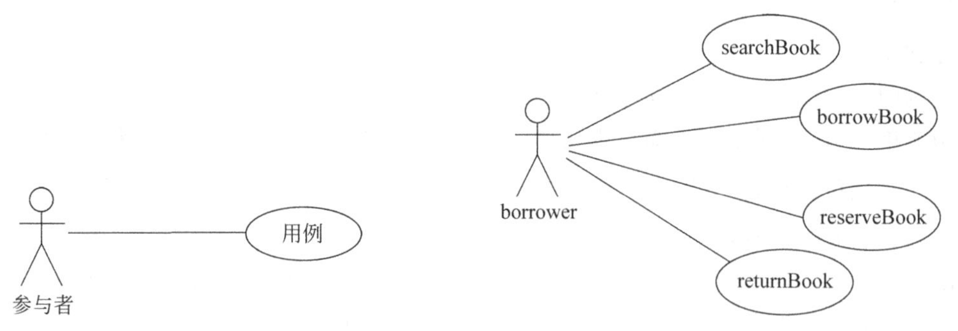

图 11-9 用例与参与者的关联关系　　图 11-10 用例与参与者的关联关系示例

2) 泛化关系

当一个用例特殊化为若干个子用例时,则建立了用例之间的泛化关系,子用例可以继承父用例的属性和行为。在UML中使用带空心三角箭头的连线表示，箭头指向父用例，箭尾连接子用例，如图11-11所示。

图11-12描述了用例reserveBook与其两个子用例reserveByPhone(电话预约)、reserveOnWeb(网上预约)之间的泛化关系。

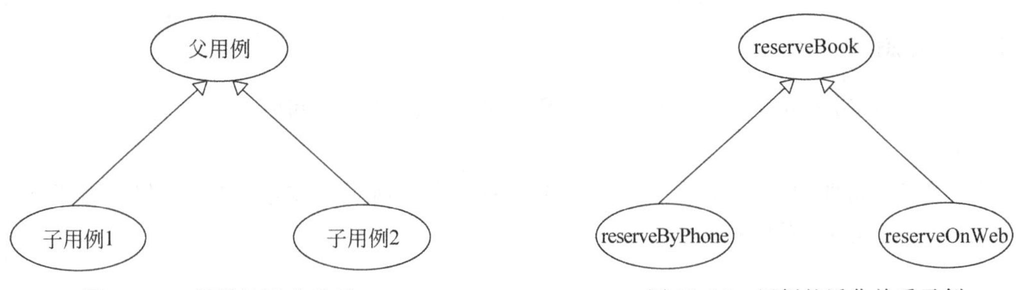

图11-11　用例的泛化关系　　图11-12　用例的泛化关系示例

需要说明的是，在用例图中的参与者之间也具有泛化关系。由于参与者是一个类，所以参与者之间的泛化关系可以看作类之间的泛化关系，如图11-13所示。

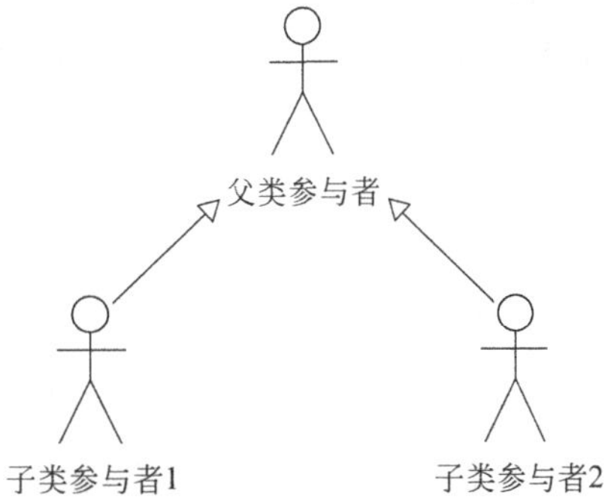

父类参与者

子类参与者1　　子类参与者2

图11-13　参与者的泛化关系

3) 包含关系

用例之间的包含关系与扩展关系属于特殊的依赖关系。包含关系是指一个用例可以包含其他用例的功能，并将其所包含的用例功能作为本用例功能的一部分。UML中的包含关系以一个带箭头的虚线表示，并在虚线上方标出构造型«include»，箭头指向被包含的用例，如图11-14所示。

用例的包含关系使得一个用例的功能可以在另一个用例中实现。当一个用例的功能过多时，可以将该用例分解为两个具有包含关系的小用例；若多个用例具有某种相同的功能时，可将该功能分解出来，单独建立一个被其他用例包含的小用例。

图11-15描述了具有包含关系的两个用例，用例reserveOnWeb包含用例fillTable，表示在网上预约图书时需要填写相关的电子表格。

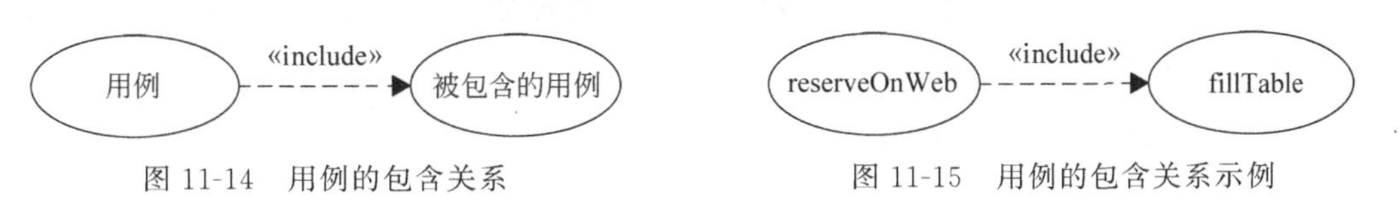

图11-14　用例的包含关系　　图11-15　用例的包含关系示例

4) 扩展关系

将基本用例的功能扩展，形成一个扩展用例，则两个用例之间的关系为扩展关系。UML中的扩展关系以一个带箭头的虚线表示，并在虚线上方标出构造型«extend»，箭头指向基本用例，如图11-16所示。

图11-17描述了具有扩展关系的两个用例。returnBook为基本用例；payFine为其扩展用例，表示在借阅者在还书时，若图书超期或损坏，需要交纳罚金。

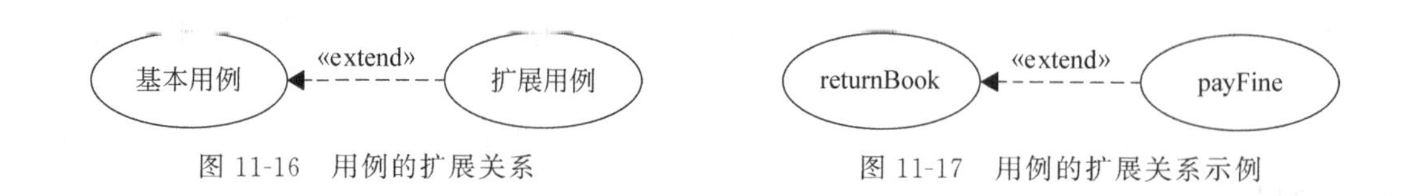

图 11-16　用例的扩展关系　　　　图 11-17　用例的扩展关系示例

11.5.2　类图

类图(class diagram)描述了系统中涉及的所有类以及类之间的关系。

1. 类

类由类名、属性和操作组成,其图形符号如图 11-18 所示。左边为短式,仅含有类名;右边为长式,含有类名、属性和操作。

图 11-18　类的图形符号

1) 类名

类名(class name)是每一个类必有的组成部分,以区别于其他的类。类名是一个字符串,首字母一般大写,可分为简单名与路径名两种类型。独立的类名为简单名,例如 Course;若在类名前加上该类所属的包名,则为路径名,例如 LogicalObject::Course 表示类 Course 从属于包 LogicalObject。

2) 属性

属性(attribute)描述了类的特征,一个类可以具有多个属性,也可以没有属性。在 UML 中,类属性的语法格式为

[可见性] 属性名[:类型][=初始值][{属性字符串}]

类属性的可见性包括公有(public)、私有(private)和受保护(protected)3 种类型,分别使用符号+、-和#表示。对于公有类型的属性,在该类的外部可以使用和查看;对于私有类型的属性,在其他类中不可使用该类的属性;对于受保护类型的属性,该类的子类可以继承。属性名是一个字符串,首字母一般小写。属性的类型一般为 Boolean、Char、Double、Float、Integer、Object、Short、String 等,用户也可以定义其他类型。在定义属性时可以为属性加上初始值。属性字符串用于为属性加上说明信息,需用花括号将说明信息括起来。

3) 操作

操作(operation)也称为行为、方法或服务,是对类的对象的行为的一种抽象。在 UML 中,类操作的语法格式为

[可见性] 操作名[(参数表)][:返回类型][{属性字符串}]

类操作的可见性包括公有、私有、受保护和包内公有(package)4 种类型,分别使用符号+、-、#和~表示。对象可以调用公有类型的操作;属于同一个类的对象可以调用该类的私有类型的操作,但属于其他类的对象不可调用;对于受保护类型的操作,该类的子类对象可以继承;属于同一个包的对象可以调用包内公有类型的操作。操作名是一个字符串,首字母一般小写。若操作的返回类型为空,用关键字 void 表示。

图 11-19 描述了一个类,类名为 Teacher。其属性为 name、teacherID、sex、age、degree、title 和 isManager,其类型是私有的;其操作为 login、find 和 print,其类型是公有的。

4）职责

职责(responsibility)是为类指定的一种信息，用于说明类的契约和义务。职责由类的属性和操作决定，是一段自由的文本，位于类操作的下一栏。图 11-20 描述了 Teacher 类的职责。

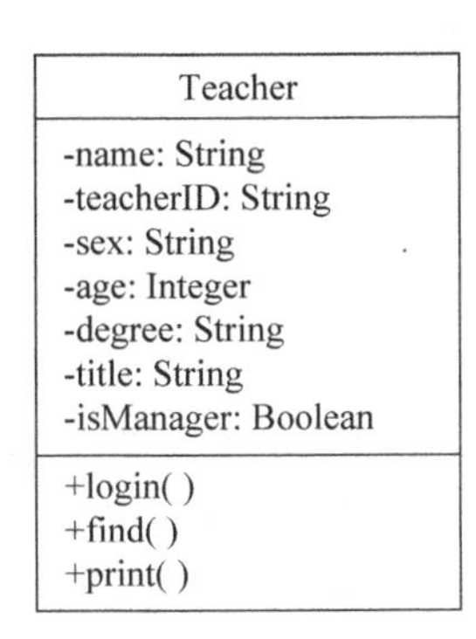

图 11-19　Teacher 类

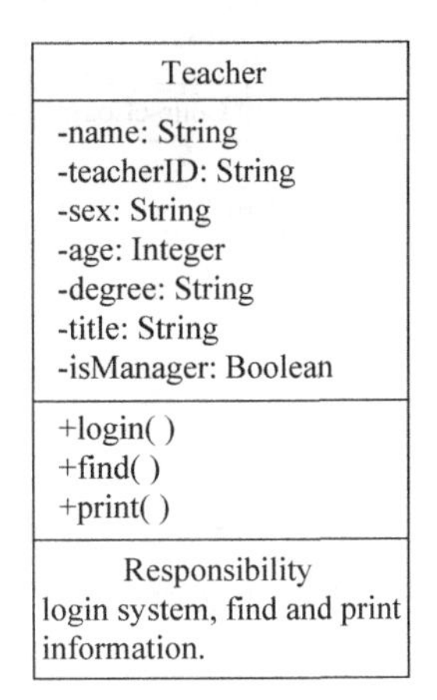

图 11-20　Teacher 类的职责

5）约束

约束(constraint)规定了类需要满足的规则。

6）注释

注释(note)可以为类添加更多的说明信息。

2. 类之间的关系

类之间的关系包括关联关系、泛化关系、依赖关系、聚合关系、组合关系等。

1）关联关系

关联关系表示两个类或对象之间的一种连接关系，使用直线表示。需要为关联命名，关联是双向的，使用符号▸指出其命名方向。

在关联的两端可以给出重数，重数是一个数值范围，表示该类有多少个对象可以与被关联对象相连。重数的符号包括：

0：表示 0 个。

1：表示 1 个。

0..1：表示 0 个或 1 个。

0..* 或 0..n：表示 0 个或多个。

* 或 n：表示多个。

1..* 或 1..n：表示 1 个或多个。

在关联的两端，还可以给出角色名，表示在这个关联中类所扮演的特定角色，同时也表明该类对另一个类的职责。

图 11-21 描述了 CourseLogin(选课注册)类与 Course(课程)类之间的关联关系，一个学生允许选择零门或多门课程，一门课程允许零个或多个学生选择，Student 与 Course 分别为角色名。

对于复杂的多对多关联关系，可以将关联定义为关联类，如图 11-22 所示。

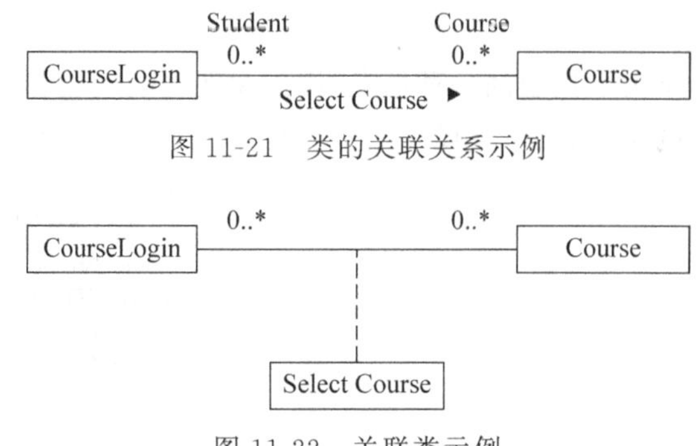

图 11-21　类的关联关系示例

图 11-22　关联类示例

2）泛化关系

泛化关系也称为继承关系，表示类之间的一般与特殊关系。一般类为父类或超类，特殊类为子类，子类可以继承父类的公有或受保护属性和操作。泛化关系使用带空心三角箭头的连线表示，空心三角箭头指向父类，箭头尾部连到子类，如图 11-23 所示。一个子类可以继承多个父类的属性和操作，这种继承称为多重继承，如图 11-24 所示。有时，子类与父类之间是一种多态继承关系。泛化关系可以实现多态继承，支持代码复用，并以结构化的方法描述对象。

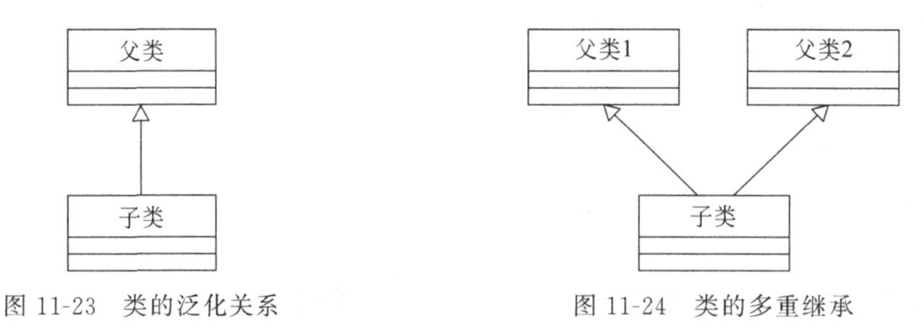

图 11-23　类的泛化关系

图 11-24　类的多重继承

图 11-25 描述了具有泛化关系的类，Figure(图形)类按照维数泛化，具有 ZeroDimensional(零维图)、OneDimensional(一维图)和 TwoDimensional(二维图)3 个子类，其中 ZeroDimensional 具有子类 Point(点)，OneDimensional 具有子类 Line(线)和 Arc(弧)，TwoDimensional 具有子类 Polygon(多边形)和 Circle(圆)，这是一个具有多层继承关系的类图。

3）依赖关系

依赖关系是两个模型元素之间的一种语义连接，一个模型元素依赖于另一个独立的模型元素，当独立的模型元素变化时，将影响依赖于它的模型元素。依赖关系使用带箭头的虚线表示，位于虚线箭头尾部的类依赖于箭头所指向的类。图 11-26 描述了具有依赖关系的两个类，CourseTable(课程表)类依赖 Course(课程)类。

4）聚合关系与组合关系

聚合关系是一种表示整体与部分的关联，描述了“has a”的关系。聚合关系使用带空心菱形头的实线表示，空心菱形头指向表示整体的类，连线尾部指向表示部分的类，如图 11-27 所示。其中，类 University 为整体，表示一个大学；类 College 为部分，表示该大学中的一个学院。

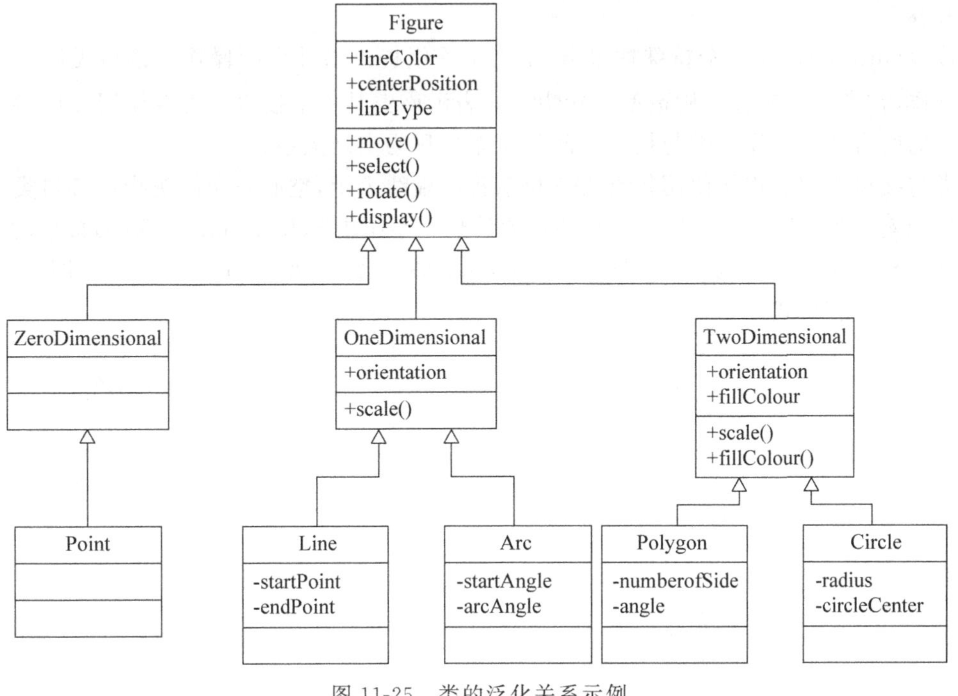

图 11-25 类的泛化关系示例

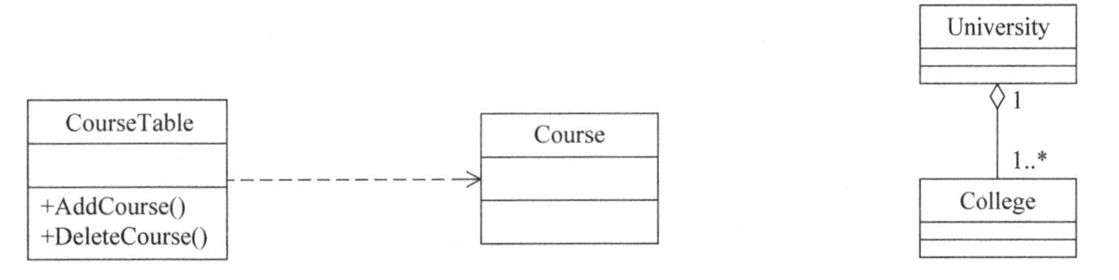

图 11-26 类的依赖关系示例

图 11-27 聚合关系示例

组合关系是聚合关系的特殊情况,描述了"contain a"的关系。若组合关系中的整体不存在,则部分也随之消亡。组合关系使用带实心菱形头的实线表示,实心菱形头指向表示整体的类,连线尾部指向表示部分的类,如图 11-28 所示。其中,类 Window 为整体,类 Toolbar、Menu 和 Button 为部分,当窗体不存在时,窗体所属的工具栏、菜单和按钮也不存在。

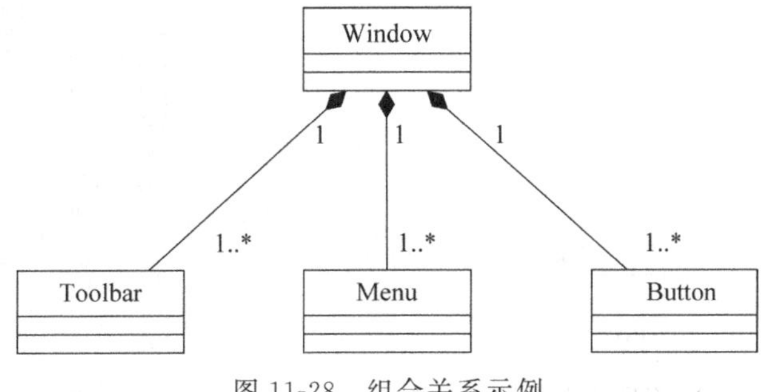

图 11-28 组合关系示例

3. 接口

接口(interface)是一个特殊抽象类,定义了一组提供给外界的操作。接口无属性,只有抽象操作,在类名上应标示构造型«interface»,表示该类是一个接口。类在使用接口时,应实现接口的所有抽象操作。类与接口之间的关系也称为实现关系。

类与接口之间的连接使用带空心三角箭头的虚线表示,空心三角箭头指向接口类,虚线尾部连到实施类。图 11-29 是一个有关选课管理子系统中 SelectCourse(选课)接口的例子,接口类为 SelectCourse,实施类为 SelectCourseImpl,图 11-29(a)的接口是类图形式,图 11-29(b)的接口是"棒糖"形式。

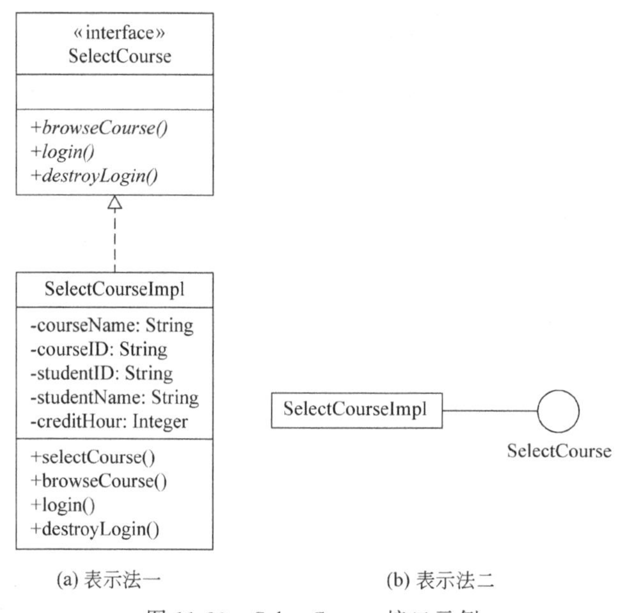

图 11-29 SelectCourse 接口示例

11.5.3 对象图

对象图(object diagram)与类图相似,是在类图的基础上将类实例化形成的。与类图不同的是,对象图在对象名下方需加下画线,属性及操作中的参数具有具体值,其图形符号如图 11-30 所示。Teacher 类的对象图如图 11-31 所示。

图 11-30 对象的图形符号

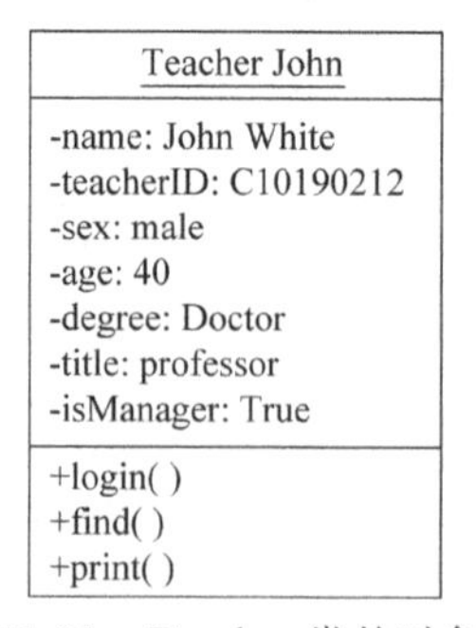

图 11-31 Teacher 类的对象图

11.5.4 包图

包图(package diagram)由若干个包以及包之间的关系组成。包是一种分组机制，它将一些相关的类集合为一体，形成高内聚、低耦合的类集合，一个包相当于一个子系统。

包与包之间具有依赖关系和泛化关系。若两个包中的对象类之间具有依赖关系，则两个包之间具有依赖关系。包之间的泛化关系描述了系统的接口。

若在一个包中含有其他包，则称为包嵌套。包嵌套具有内嵌式和树型层次式两种表示方法。

包的图形符号为🗀。图 11-32 为 Stock Sell Store Management System(进销存管理系统)的包图，采用内嵌式表示。该系统分为 Stock Management(进货管理)、Sell Management(销售管理)和 Store Management(库存管理)3 个子系统，每一个子系统以一个包表示；Database Interface(数据库接口)也以一个包表示。图 11-32 中各包之间具有依赖关系。«subsystem»为包的预定义构造型，表示该包为子系统模型。

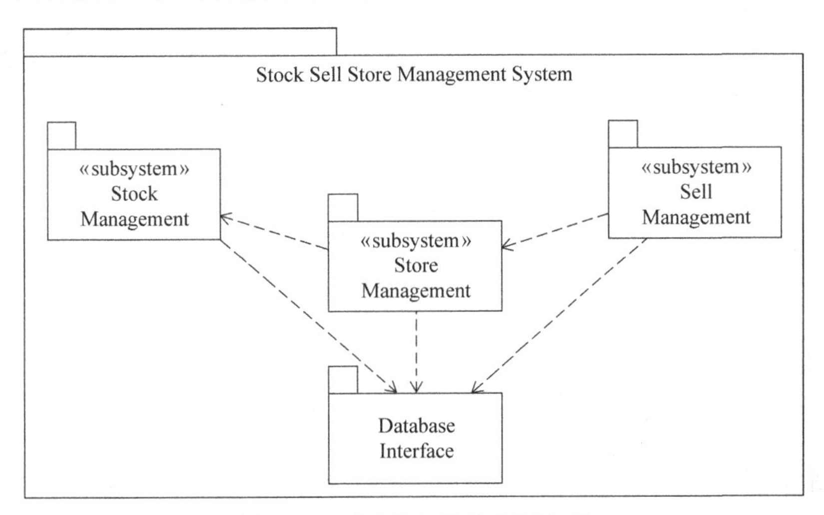

图 11-32 “进销存管理系统”包图

11.5.5 状态图

状态图(state diagram)是在系统分析阶段使用的一种常用工具，是对类的补充描述。UML 使用状态图对软件系统的动态特征进行建模。一个状态图描述一个类的实例，由状态、转换、事件、活动和动作组成。

一个状态图仅包含一个起始状态，表示对象创建时的状态，用实心圆点表示。一个状态图可以包含多个终止状态，表示对象生命期的结束，用实心圆点外加一个圆圈表示。状态图中的其他状态以圆角矩形表示，在圆角矩形内应标出状态名、状态变量和活动，状态名应具有唯一性，状态变量指状态图所描述的类属性，活动列出了该状态要执行的事件和动作，3 个标准事件分别是 Entry 事件、Exit 事件和 Do 事件。转换指一个状态至另一个状态的变化，用一个带箭头的连线表示，在连线旁给出相应的事件或监护条件。活动由一系列动作组成。状态图的基本图形符号如图 11-33 所示。

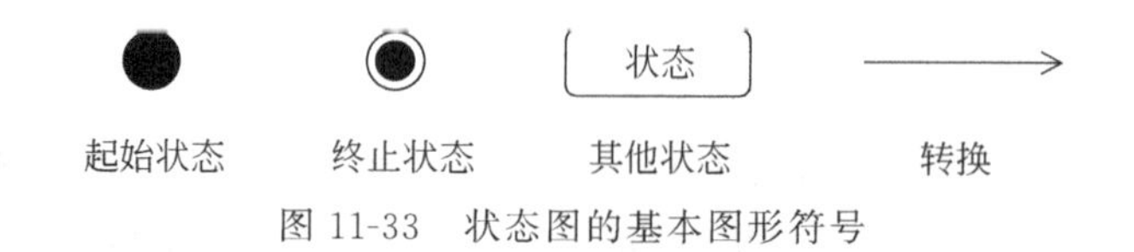

图 11-33 状态图的基本图形符号

下面以选课管理子系统中的 Course（课程）类为例，绘出其状态图。Course 类的对象（即一门具体的课程）的状态变化为：首先课程对象被创建，并加入到数据库中；管理员可以修改、删除课程信息；在某学期开设该课程，若选修人数已达到指定的最大人数，就不允许其他学生选该课程；当学期结束时，该课程的状态终止。Course 类的状态图如图 11-34 所示。

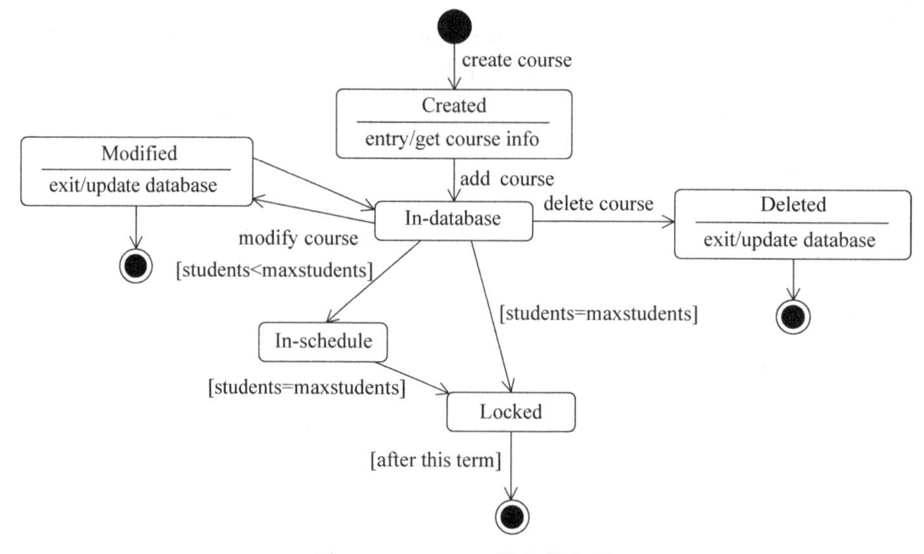

图 11-34 Course 类的状态图

11.5.6 活动图

活动图（activity diagram）是 UML 中的一种重要图形，可以实现对系统的动态行为建模。在将用例图中的用例细化时，用例内部的细节通常以活动图的方式描述。活动图用于描述活动的顺序，主要表现出活动之间的控制流，是内部处理驱动的流程，其在本质上是一种流程图。活动图的基本图形符号如图 11-35 所示。

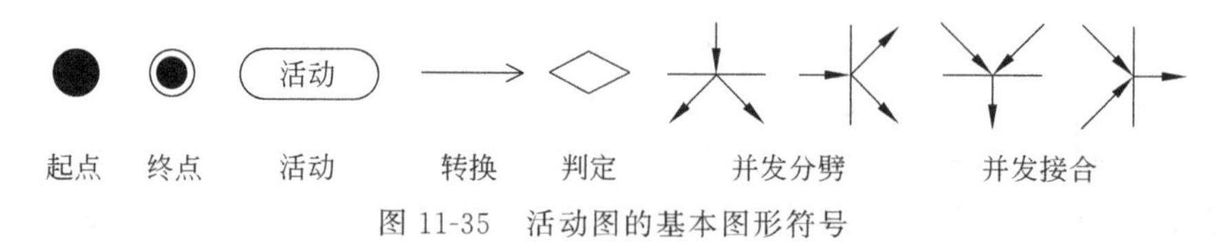

图 11-35 活动图的基本图形符号

活动表示控制流程中的任务执行，或者表示算法过程中的语句执行，每个活动应由一个活动名标示。当一个活动完成时，控制流将转至下一个活动，这个过程称为活动转换，可以设置监护条件，在条件满足时触发。判定用一个菱形表示，可根据不同的判定条件，选择执行不同的活动。还可以使用并发图形符号表示同步控制流，分为并发分劈和并发接合，以同步线描述这种同步流程，并发分劈表示一个活动分为两个同步活动，并发接合表示两个同步活动合并为一个活动。

若需指出某些活动所属的对象，可以使用泳道表示，泳道将活动图用线条纵向地分成若干个矩形，矩形内的所有活动属于相应的对象，应在泳道的顶部标出泳道名。

在绘制活动图时，应首先画出泳道，然后画出各个活动，并给出活动的起点和终点，最后画出活动之间的转换，根据需要可以加上判定分支和同步控制流。

图 11-36 描述了选课管理子系统中 AddCourse(添加课程)用例的活动图，在该活动图中包含 User Interface(用户接口)、Business Logical Interface(业务逻辑接口)和 Database Interface(数据库接口)3 个泳道。首先，由系统管理员输入课程信息(Input Course Information)。接着，系统验证课程信息(Validate Course)，创建课程对象(Create Course Object)，然后在数据库中查询(Search Course In Database)，确定添加课程是否合法(Whether Add Course Legality)。若合法，则将该课程添加至数据库中(Add Course In Database)，并显示添加课程成功或失败的信息(Display Success/Failure Information)，活动结束；若不合法，则提示再次输入，需要管理员重新输入课程信息。

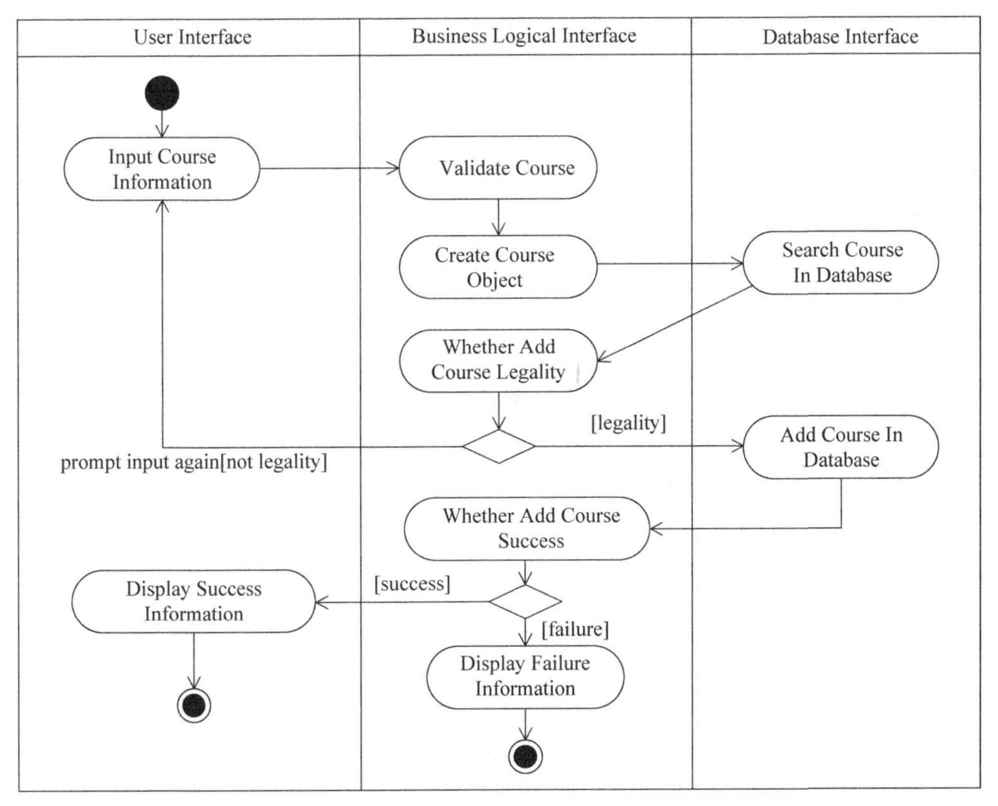

图 11-36 AddCourse 用例活动图

11.5.7 顺序图

顺序图(sequence diagram)用于描述对象之间动态的交互关系，主要体现对象之间进行消息传递的时间顺序。在顺序图中包含对象、生命线、激活条和消息，若干个对象横向排列，对象之间通过消息连接，每一个对象下部是该对象的生命线和激活条，如图11-37所示。

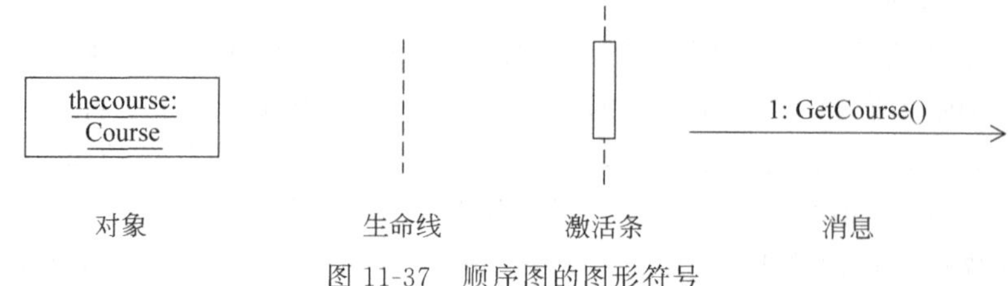

图 11-37　顺序图的图形符号

图11-38所示为选课管理子系统的AddCourse(添加课程)用例的顺序图，两个参与者对象分别为Admin和db，3个类对象分别为theform、thecourse和thecontrolobject，共有9条消息，消息实现了对象之间的连接，并体现出时间的顺序。

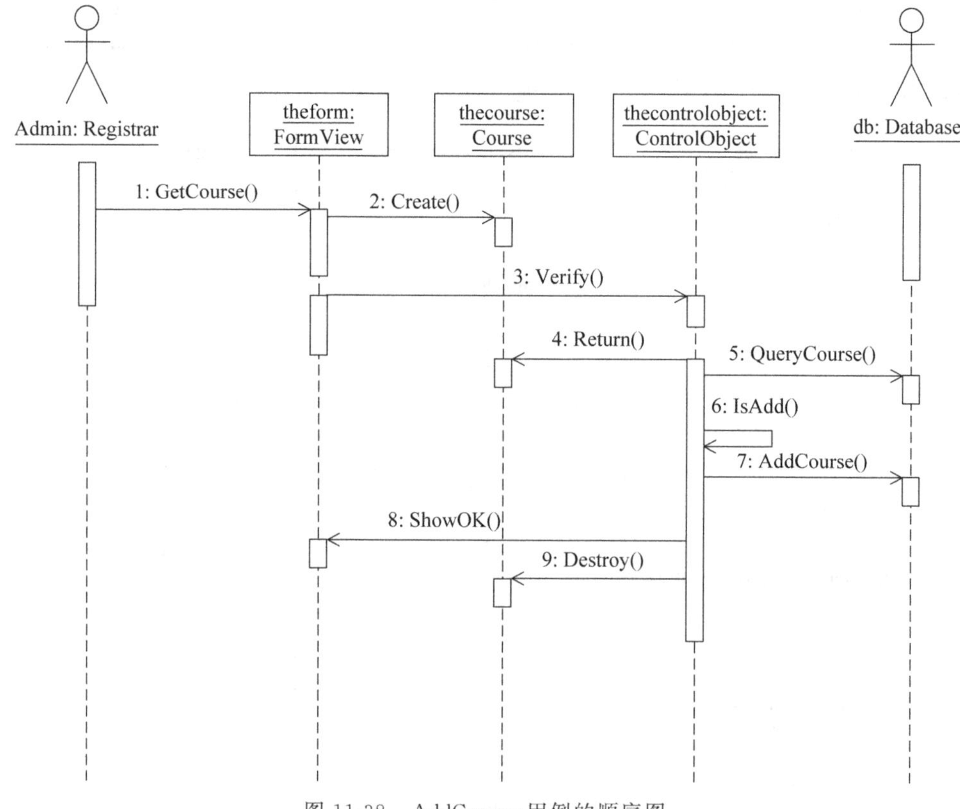

图 11-38　AddCourse 用例的顺序图

11.5.8　协作图

协作图(collaboration diagram)用于描述相互合作的对象之间的交互关系与连接关系，它与顺序图是UML的两种交互图。在实际应用中，若强调时间和顺序，则选择顺序图；若强调对象之间的相互关系，则选择协作图。协作图由对象、消息以及对象之间的连接组成。

图11-39所示为选课管理子系统的AddCourse(添加课程)用例的协作图，在该协作图中没有对象的生命线和激活条，强调了对象之间的连接关系和消息传递。

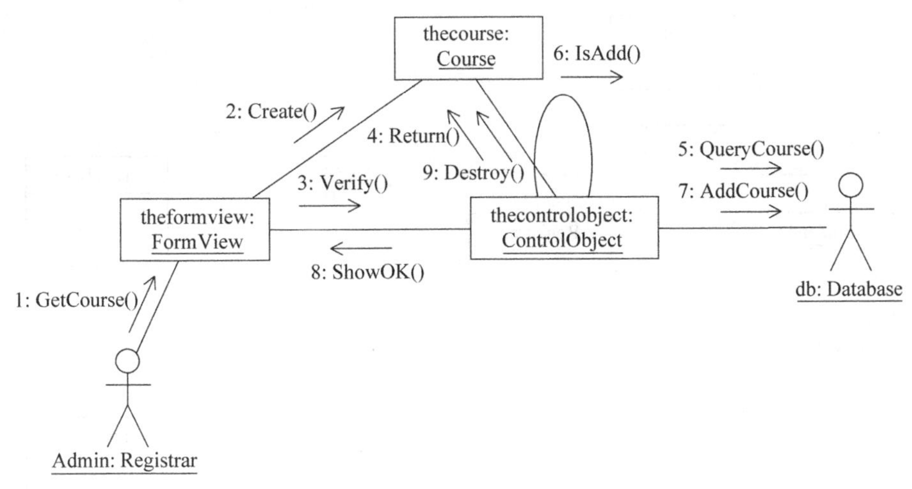

图 11-39 AddCourse 用例的协作图

11.5.9 组件图

组件图(component diagram)是组件视图的主要部分,用于显示组件及组件之间的依赖关系。一个组件即为一个文件。

组件的类型包括源代码组件、二进制组件和可执行组件,其中源代码组件表示一个源代码文件或与一个包对应的若干个源代码文件,二进制组件表示一个目标码文件或一个库文件,可执行组件表示一个可执行程序文件。

组件图的图符如图 11-40 所示。

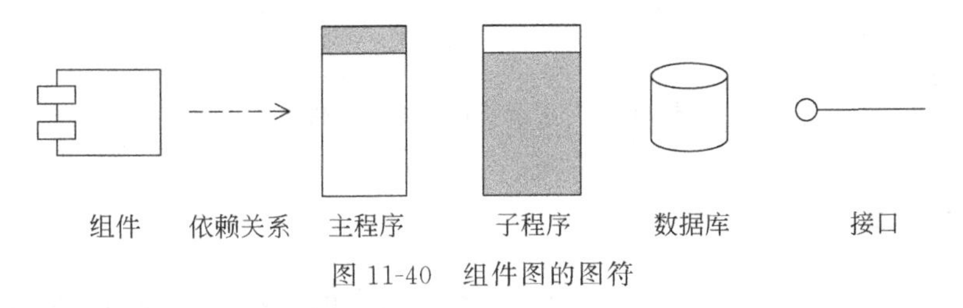

图 11-40 组件图的图符

在 UML 的组件图中,一个组件对应于一个类,类之间的关联、泛化、实现、聚合、组合等关系将转化为组件图中的依赖关系。

在选课管理子系统中包含 People(人)类、Registrar(管理员)类、Student(学生)类、FormObject 类(窗体对象)、ControlObject(控制对象)类、Course(课程)类和 Database(数据库)类,其中 People 类与 Registrar 类、Student 类之间是泛化关系,Registrar 类、Student 类、FormObject 类、ControlObject 类、Course 类和 Database 类之间具有关联关系。选课管理子系统的类图如图 11-41 所示。

依据图 11-41 所示的类图,按照组件图的绘制方法,可以画出选课管理子系统的组件图,如图 11-42 所示。组件 Registrar、Student 依赖组件、People,组件 FormObject、ControlObject 依赖组件 Course,组件 Database 依赖组件 ControlObject。

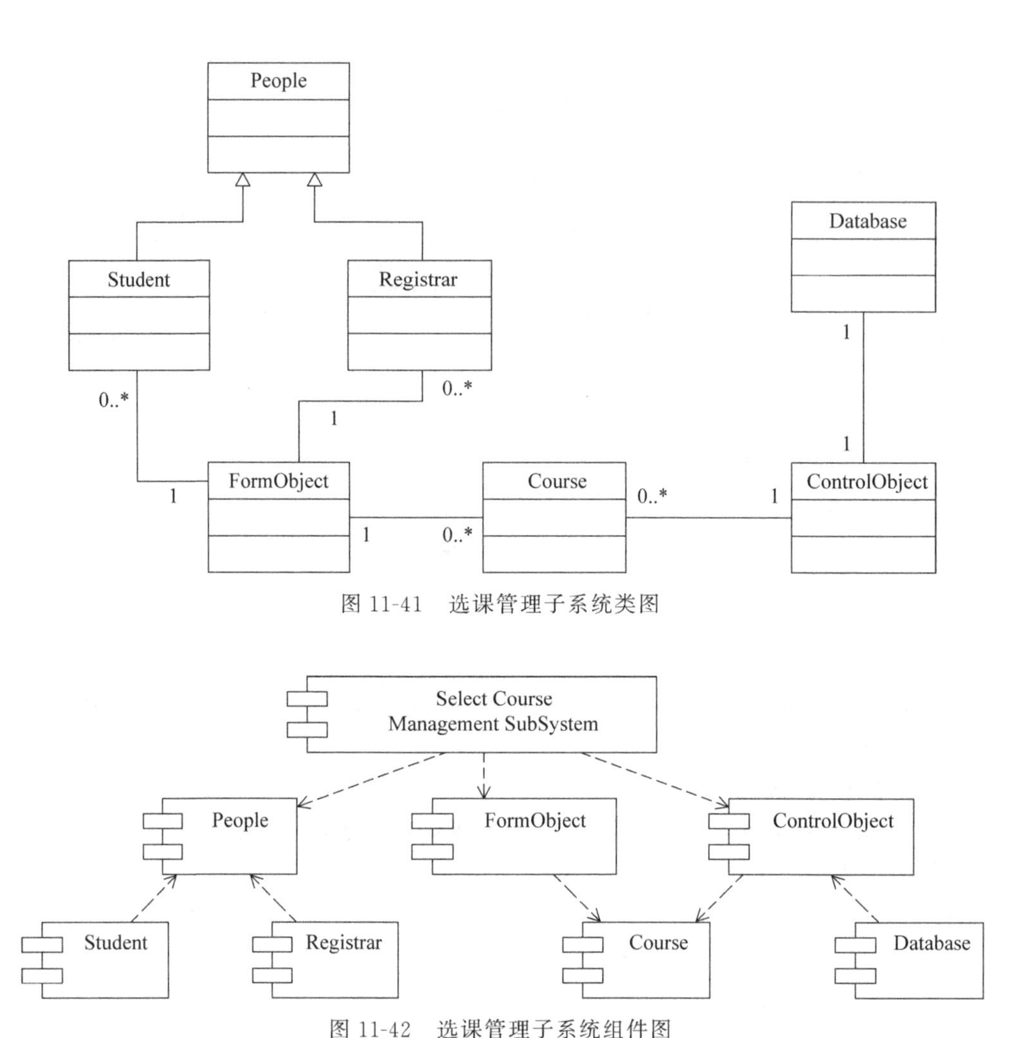

图 11-41 选课管理子系统类图

图 11-42 选课管理子系统组件图

11.5.10 配置图

配置图(deployment diagram)用于显示计算机节点的拓扑结构和通信路径以及在节点上执行的组件。对于分布式系统,配置图可以清晰地描述系统中硬件设备的配置、相互间的通信方式和组件的设置。

配置图主要由节点及节点之间的关联关系组成,其中节点是配置图的基本元素。节点包括处理器和设备,处理器是指能够运行软件并具有计算能力的节点,如服务器、工作站、主机等;而设备是指没有计算能力,但可以通过接口为外部提供服务的节点,如打印机、扫描仪等。关联关系表示节点之间的通信路径,可以在其上标出网络名或协议。

选课管理子系统的配置图如图 11-43 所示,其中包括 HTTP 服务器、数据库服务器、客户端浏览器和打印机,两台服务器通过局域网连接,客户端浏览器与 HTTP 服务器通过 Internet 连接,HTTP 服务器与打印机通过局域网连接。

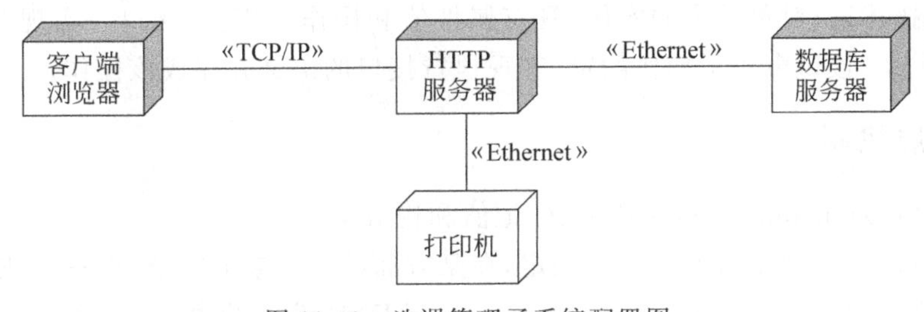

图 11-43 选课管理子系统配置图

11.6 UML 的公共机制

UML 提供了一组公共机制，通过为模型元素添加注释、修饰、规格说明，定义通用划分、扩展机制，使得 UML 更加易用、易理解，可以更好地实现建模过程。

11.6.1 注释

注释(note)增强了模型图的可读性。它以自由的文本形式出现，可以将其放在被注释的模型元素旁边。注释的图形符号为▭。图 11-44 以注释的方式描述了 Title(书题名)类与 Item(图书项)类[①]之间的关系。

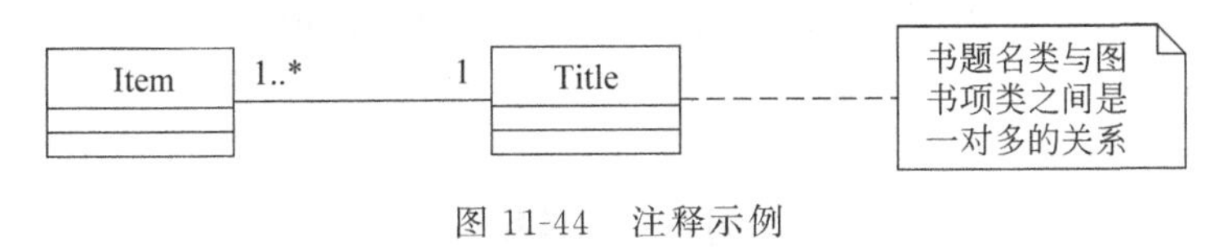

图 11-44 注释示例

11.6.2 修饰

修饰(adornment)是指一种可以为 UML 的模型元素增加语义的图形符号。例如，在定义类的属性与操作时，需要指定是 Public(公有的)还是 Private(私有的)，在 UML 中以＋和－表示，而在建模工具 Rational Rose 中以图标◆和🔒表示。

11.6.3 规格说明

规格说明(specification)是定义模型元素的重要环节，包括为模型元素命名，设置模型元素的类型、作用范围、文档说明、职责、永久性和并发性。在 Rational Rose 环境中可以在 Specification 窗口设置规格说明。

11.6.4 通用划分

通用划分(general division)包括"型—实例"和"接口—实现"两种类型。"型—实例"描述型元素与实例元素之间的关系。例如，类与对象是一种"型—实例"划分，类是对象的抽

① 在图书馆中，一种图书往往收藏多本(件)。一种图书可以用一个图书题名标识，每一本(件)称为一个图书项。

象,具有通用描述符;对象是类的实例,具有属性值和操作引用。"接口—实现"描述接口与实现之间的关系,接口声明了操作约定,实现执行接口的语义并完成该操作。

11.6.5 扩展机制

扩展机制(extensibility)包括约束、标记值和构造型。

约束通过添加新规则对元素进行限定,在某方面约束元素的特征,以一对花括号将约束字符串括起来。图 11-45 实现了对类 Item 的 bookID 属性的约束,要求该属性的取值必须唯一。

标记值是附加在模型元素中的命名信息,可进一步对模型元素加以说明,以一对花括号将标记值括起来。图 11-46 描述了 Print Program 包的标记值,包括代码行数、完成人和预期日期等信息。

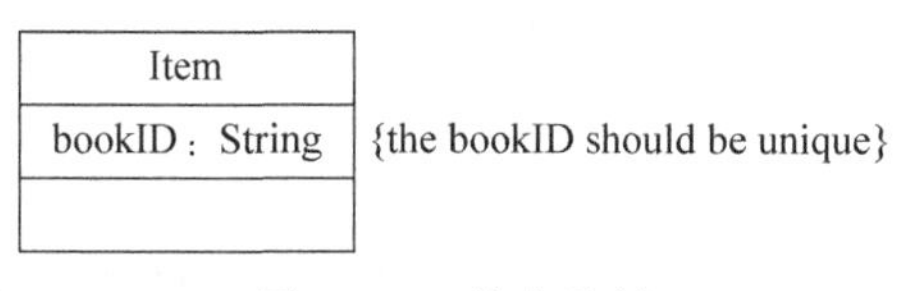

图 11-45 约束示例

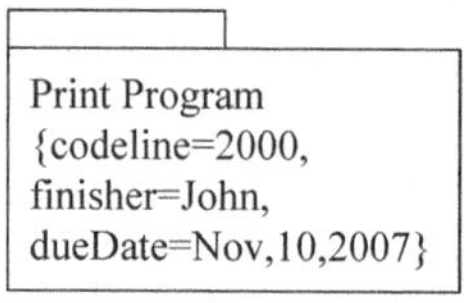

Print Program
{codeline=2000,
finisher=John,
dueDate=Nov,10,2007}

图 11-46 标记值示例

构造型是基于已定义的 UML 模型元素,由设计人员设计的新模型元素。构造型标识符以一对« »符号引起来,如«interface»(接口)、«extend»(扩展)、«include»(包含)、«table»(表)等。

小　结

面向对象建模是软件工程领域中最重要的技术之一,这种全新的软件开发思想比较自然地模拟了人类认识客观世界的方式,它也是一种对真实世界的抽象思维方式。在长期的研究中,人们越来越深刻地认识到,建立简明、准确的表示模型是把握复杂系统的关键。

本章介绍了 UML 的产生、发展、特点及内容,着重讲述了 UML 各种模型的作用、模型元素的含义和表示以及各种模型图的示例,同时介绍了面向对象的基本概念,如对象、类、属性、操作、关系、消息和方法等,讨论了面向对象的特征和要素。

对象最基本的特征是封装和继承。作为一种抽象数据类型,对象把实体的相关属性和操作封装在一起,允许人们用自然的方式去模拟外部实体的结构和行为。继承是类实现可重用性和可扩充性的关键特征。在继承关系下,类之间组成网状或树形的层次结构。

习　题

11.1 简述面向对象方法的特点。

11.2 类与对象的关系是什么?简述类的 3 个特征。

11.3 UML 由哪几部分组成?

11.4 UML 包括哪几种视图?各视图的功能是什么?

11.5 UML 的模型图包括哪些?各模型图的作用是什么?

11.6 绘制选课管理子系统中 Student(学生)类的类图和状态图。

11.7 以选课管理子系统为例,在 UML 下绘制 SelectCourse(选课)的活动图、顺序图和协作图。

第 12 章　面向对象分析

面向对象软件开发方法包括面向对象分析(Object Oriented Analysis,OOA)、面向对象设计(Object Oriented Design,OOD)、面向对象实现(Object Oriented Implementation,OOI)、面向对象测试(Object Oriented Test,OOT)和面向对象维护(Object Oriented Maintenance,OOM)等几个阶段,在本章和下一章将分别介绍面向对象分析和面向对象设计。

面向对象分析使用面向对象的概念和方法为软件需求建立模型,以使用户的需求逐步精确、完全、一致,这个阶段的工作非常重要,将创建用例模型、对象类静态模型和对象类动态模型。

在本章中将详细介绍面向对象需求分析方法和面向对象系统分析方法,以及用例建模、活动图建模、对象类静态建模的过程,最后以图书管理信息系统案例描述系统的面向对象分析过程。

12.1　需求分析与用例建模

软件需求分析是软件生命周期中的一个重要阶段,在这一阶段将明确系统的职责、范围和边界,确定软件的功能与性能,并构建需求模型。在 UML 中,需求模型由用例建模实现。在需求分析阶段,首先对问题域的业务模型建模,然后由业务模型向外延伸,建立系统模型。

12.1.1　用例建模概述

用例模型表示系统的外部事物(参与者)与系统之间的交互,由若干个用例图组成。在需求分析阶段,不但要准确地描述用户的需求,还要进一步确定系统建立的对象及对象之间的关系。用例模型是用户和软件开发人员之间进行通信的工具,充分反映出用户的需求。在绘制用例图及描述用例时,应使用用户能够理解的语言和方式。由于 UML 使用用例驱动的方式进行软件开发,用例模型也是软件开发人员进行软件开发的一个指南。

用例建模确定了系统的功能需求,可将需求规约转换为可视化模型,为需求分析、系统分析、系统设计、系统实现各阶段提供度量标准,为系统测试提供基准,为项目管理提供依据。

用例建模的步骤如下:

(1) 确定系统的范围和边界。

(2) 确定系统的用例和参与者。

(3) 描述用例。

(4) 对用例进行分类,并确定用例之间的关系。

(5) 建立用例图,并定义用例图的层次结构。

(6) 评审用例模型。

12.1.2 确定系统的范围和边界

系统是指基于问题域的计算机软硬件系统，如图书管理信息系统、学籍管理系统、商品进销存管理系统等。通过分析用户领域的业务范围、业务规则和业务处理过程，可以确定软件系统的范围和边界，明确系统需求。软件开发人员应与用户充分地交流，学习相关领域的知识，还应去用户所在的工作场所，通过观察和实践获取第一手资料，阅读与问题域相关的文档资料，认真听取问题域专家的意见，并参考相关的需求分析文档资料。

系统范围是指系统问题域的目标、任务、规模以及系统所提供的功能和服务。例如教务管理系统，其问题域是教务工作管理，系统的目标与任务是在网络环境下实现以下功能：学生选课、评教、查询成绩，教师登录成绩、查询课表，系统管理员管理教务信息，等等。该系统分为选课管理、评教管理、成绩管理和课程管理 4 个子系统。

系统边界是指一个系统内部所有元素与系统外部事物之间的分界线。在用例模型中，系统边界将系统内部的用例与系统外部的参与者分隔开。

在需求分析阶段，确定系统的范围与边界是首要任务，接下来需要对系统内部的元素进行设计、实现和测试。

12.1.3 确定系统的参与者

系统的参与者是指系统的外部事物，包括与系统进行交互的人和其他系统。参与者可以向系统发送消息，也可以从系统接收消息。例如，教务管理系统中的参与者包括学生、教师和系统管理员。学生可以选课，也可以查询成绩信息，实现了与系统的信息交互。

参与者是一种特殊的类，在 UML 中，有两种描述参与者的图形，一种为人图形，另一种为类图形。

系统的参与者之间可以具有泛化关系。例如，将 User(用户)分为 Student(学生)、Teacher(教师)和 SysAdministrator(系统管理员)，则 User 是父类，Student、Teacher 和 SysAdministrator 是子类，子类继承了父类的属性和操作。

参与者代表一种角色而不是一个具体的人。需对参与者进行权限约束。例如，学生可以查询课程信息，但不可以修改课程信息；若要修改课程信息，需由系统管理员操作。

根据参与者是否使用系统的主要功能，可以将参与者分为主参与者和副参与者。若参与者在使用系统时启动了一个或多个用例，则称为主动参与者；若不启动用例，仅参与了用例，则称为被动参与者。

当系统的范围和边界确定后，可以从系统应用的角度寻找与系统进行信息交换的外部事物，包括使用系统的人员、系统的硬件设备以及外部软件系统，对这些外部事物进行筛选，则可以确定系统的参与者。例如，可以从以下几个方面确定系统参与者：

(1) 分析哪些人员使用系统的主要功能，以确定系统的主参与者。

(2) 分析哪些人员对系统进行日常的维护和管理，以确定系统的副参与者。

(3) 分析哪些人员对系统信息直接进行读、写与修改操作，以确定系统的主动参与者。

(4) 分析哪些人员需要系统的运行结果，以确定系统的被动参与者。

(5) 分析系统需要哪些硬件设备。

(6) 分析系统与哪些外部软件系统进行交互。

12.1.4 确定系统的用例

用例表示系统所提供的一项功能。在一个系统中,可以包含多个用例。用例由参与者启动,描述了参与者与系统交互的完整过程。通过关联关系将用例与参与者连接,一个用例可以与多个参与者相关联,表示多个参与者均具有该功能,如"查询信息"用例、"登录系统"用例等。一个参与者也可以和多个用例关联,表示该参与者可执行系统的多项功能,如教务管理系统中的参与者"学生"可进行选课、评教、查询成绩等操作。

用例具有响应性、回执性和完整性等特征。其中,响应性是指用例不能自行执行,必须由参与者通过系统启动;回执性是指当用例执行完毕时,需向参与者提供可以识别的返回值;完整性是指用例表示一个完整的功能,需对用例进行完整的描述。

用例与类一样,也有实例,用例的实例称为场景。一个用例可以有多个场景。例如"选课"用例,学生可以多次执行选课操作,每次选定的课程名称与数量不同,每次选课可以称为一个场景。

根据用例在软件生命周期的不同产生阶段可以将用例分为业务用例和系统用例。业务用例是在确定用户需求时产生的,系统分析员通过与用户进行交流,根据业务模型生成业务用例;系统用例是在系统构造阶段产生的,系统分析员与系统设计员在进行系统分析与设计时,根据系统需要建立系统用例。

业务用例是指系统提供的业务功能,体现了用户与系统业务的交互,描述了问题域中各实体之间的联系和业务往来。在创建业务需求模型时,通过用户与系统进行交互以确定相关的业务用例,例如,用户需要系统提供哪些功能,用户关心系统中的哪些事件,系统在运行中将发生哪些事件,用户在系统中需要做哪些事情,用户是否在系统中对业务数据进行操作。

系统用例是指系统的功能需求与动态行为,体现了参与者与系统的交互,可用于建立系统用例模型。通过分析系统的业务流和控制流确定系统用例。例如,为了维护系统的正常运转,需增加哪些功能和信息交互;系统所处理的信息从哪里来,到何处去;实现当前系统的关键问题是什么。

从以上问题可以寻找并确定用例。对这些用例进行归纳、抽象、分类,最终选取合适数量的用例,以准确、完整地描述系统的功能需求。

12.1.5 描述用例

可以用文本方式描述用例,要求文本结构清晰,文字容易理解。只需将系统"做什么"描述出来,不必描述系统"怎么做"。

描述用例的文本应包括以下几项内容:

(1) 用例的功能。

(2) 用例在何种情况下被哪个参与者启动。

(3) 用例与参与者之间交互哪些信息。

(4) 用例与参与者之间交互的信息流及相应的实体。

(5) 用例中的异常事件流。

(6) 用例的结束标志。

以下是选课管理子系统中“选课注册”用例的描述：

> 用例编号：0101
> 用例名称：选课注册
> 执行者：学生
> 功能：实现学生选课注册的过程
> 类型：主要用例、基本用例
> 级别：一级
> 过程描述：
> a. 学生输入账号和密码，系统进行校验；
> b. 查询课程信息；
> c. 查询个人选课信息；
> d. 若可以选课，则进行选课注册，并将选课信息写入数据库；
> e. 返回选课注册是否成功的信息。
> 异常事件流处理：
> a. 学生的账号和密码错误，允许重新输入(最多3次)；
> b. 学生未按时交纳学费，不可选课；
> c. 学生人数已达到最大选课人数，不可选课。

12.1.6 用例分类和用例之间的关系

在系统开发的前期，确定用例与参与者是十分重要的工作。不同的软件系统具有不同的用例与参与者。可以根据用例在系统中的作用将用例端点用例、基本用例、主要用例、辅助用例等类型。

端点用例是指使系统开始运行与终止运行的用例。基本用例是指维持系统基本功能的用例。主要用例是指主业务流用例，只有当主要用例执行后，其他基本用例才可执行。辅助用例是指为使系统提高执行效率而增加的用例。

用例之间具有泛化关系、扩展关系、包含关系、关联关系等。根据需要可以建立用例之间的相应关系，详细内容见第11章，这里不再赘述。

12.1.7 定义用例图的层次结构

在软件开发过程中，对于复杂的系统，一般按功能分解为若干个子系统。当以用例模型描述系统功能时，可将用例图分层，这样可以更加清晰、完整地描述系统功能和层次关系。一个用例图包括若干个用例，根据需要，可将上层系统的一个用例分解，形成下层的一个子系统,每一个子系统对应一个用例图。

图 12-1 为教务管理系统用例图,采用分层结构描述。第一层为系统用例图,包括“选课管理”“评教管理”“成绩管理”和“课程管理”等用例。该系统可分解为“选课管理子系统”“评教管理子系统”“成绩管理子系统”和“课程管理子系统”,每一个子系统对应一个用例图,形成该系统的第二层用例图。对于第二层用例图还可以继续分解,直至能够将用户的需求详细、完整地表达出来为止。

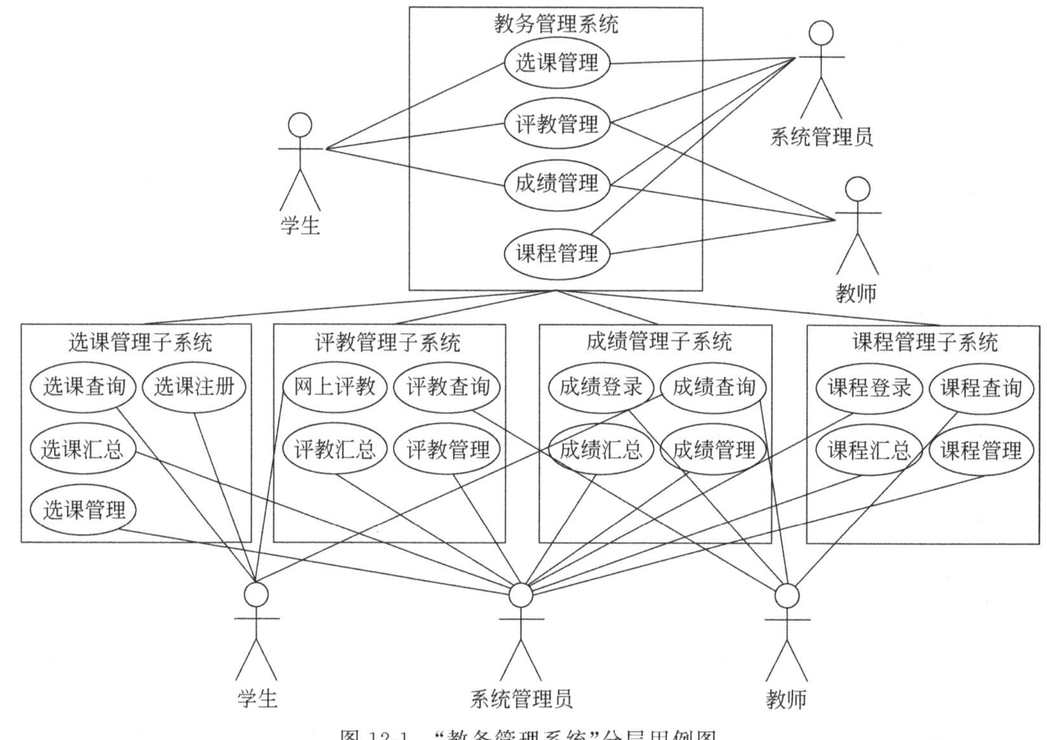

图 12-1 “教务管理系统”分层用例图

12.1.8 软件需求分析规格说明书

软件需求分析规格说明书是需求分析阶段产生的文档,以用例模型、活动图、对象图以及正文的方式描述系统的功能与性能。基于 UML 模式的软件需求分析规格说明书的格式如下:

1 引言

1.1 编写目的及阅读对象

1.2 项目背景

1.3 术语定义及概念

1.4 参考资料

2 软件项目概述
 2.1 软件运行环境及配置
 2.2 软件的功能
 2.3 用户特征
 2.4 限制与约束
3 系统功能行为需求
 3.1 业务需求功能模型——用例模型
 3.2 用例描述——活动图
 3.3 输出结果
4 系统性能需求
 4.1 数据精确度
 4.2 时间特性(响应时间、传输时间、运行时间)
 4.3 适应性
 4.4 故障处理
5 系统运行需求
 5.1 用户界面
 5.2 硬件界面
 5.3 软件界面
6 其他
 6.1 可使用性
 6.2 安全保密性
 6.3 可维护性
 6.4 可移植性

12.2 活动图建模

在UML中,除了使用文本的方式描述用例,还可以使用活动图描述用例。使用图形方式描述用例更形象直观,使读者能够更加准确地理解用例的功能和具体实现要求,在活动图中可以更好地标示过程、对象等内容。活动图用于描述活动的序列,即系统从一个活动到另一个活动的控制流。在需求分析与系统分析过程中,对于重要的用例,将使用活动图进一步描述用例的实现流程。

下面以选课管理子系统中的"选课注册"用例为例,用活动图的方式进行描述,如图12-2所示。该活动图包括3个泳道,分别为User Interface(用户接口)、Business Logic Interface(业务逻辑接口)和Database Interface(数据库接口)。

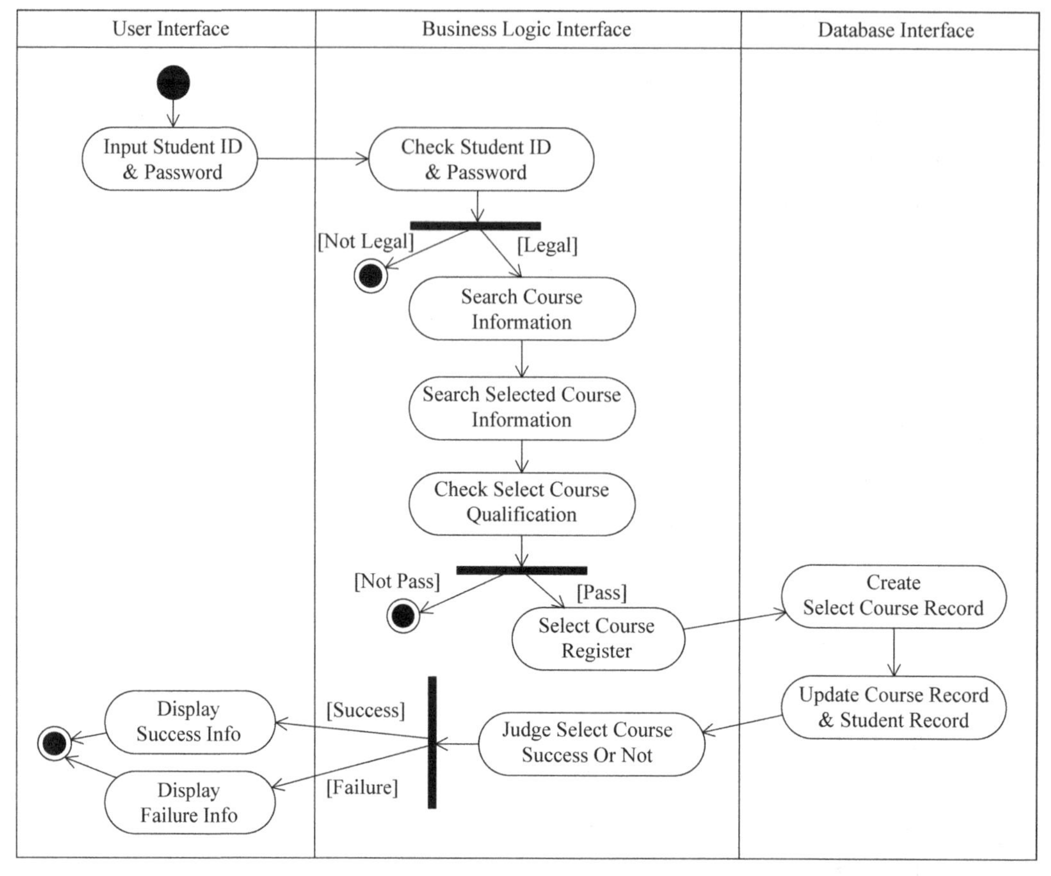

图 12-2 “选课注册”用例活动图

12.3 系统分析与建模

系统分析是在需求分析的基础上对已建立的用例模型进一步细化。在这一阶段确立 3 个新的系统模型,即对象类静态模型、对象类动态模型和系统功能模型,其中对象类静态模型与对象类动态模型在系统设计阶段还将进一步细化。

12.3.1 建立对象类静态模型

在需求分析与系统分析阶段,将建立对象类静态模型。对象类静态模型描述了系统的静态结构。建立对象类静态模型的步骤如下:

(1) 确定系统的对象类。

(2) 定义类的接口。

(3) 定义类之间的关系。

(4) 建立对象类图。

(5) 建立系统包图。

(6) 评审对象类静态模型。

(7) 撰写相关的文档资料。

1. 定义系统的类和对象

当用例模型建立成功后,需要建立系统的类和对象,并指定类属性和类操作。使用类-责任-协作者(Class-Responsibility-Collaborator,CRC)技术可以完成类和对象的定义,CRC卡片的格式如图12-3所示。

类名:	
类的类型:	
类的特征:	
责任:	协作者:

图12-3 CRC卡片格式

1) 确定对象类

从用例模型中可以确定对象类。UML的对象类包括实体对象类、边界对象类和控制对象类。

实体对象类表示系统内部的永久信息,如选课管理子系统中的Student(学生)类。边界对象类表示参与者与系统之间的接口与交互,从用例图中可以寻找和定义边界对象类,每个参与者与用例的交互至少需要一个边界对象类。控制对象类负责协调其他类的工作,辅助用例的实现,每一个用例通常都有一个控制对象类,以控制用例中的事件顺序。

在UML中可以借助构造型说明对象类的类别,其中实体对象类的构造型为«entity»,边界对象类的构造型为«boundary»,控制对象类的构造型为«control»。

确定对象类的过程包括发现潜在对象、为对象命名、筛选对象、为对象分类、将对象抽象为类等。

问题描述或用例描述中的名词或名词短语可能为一个对象,例如,系统的参与者,系统的工作环境场所,概念实体、发生的事件,系统涉及的部门,硬件设备与外部实体等。

对象与类的名称应该规范、标准,可以使用用户所熟悉的行业标准术语。

可使用一些特征筛选对象,以选择和确定最终的对象。对象应具有关键性和可操作性,其信息量大,并含有一组公共的属性和操作。还可以使用一些特征为对象分类,如按有形性分为具体对象与抽象对象,按包含性分为原子对象与聚合对象,按顺序性分为并发对象与顺序对象,按持久性分为短暂对象、临时对象和持久对象,按完整性分为易被侵害对象与受保护对象。

将具有相同属性和操作的对象抽象定义为一个类,这样就确定了对象类,将类名、类的类型和类的特征填入CRC卡片。

2) 标识对象类的属性

对象类的属性表示其内部静态特征。标识对象类的属性的过程包括发现对象类的潜在属性、筛选对象类属性、为对象类属性命名等。

从常识性、专业性、系统功能性、管理性、可操作性、标志性、外联性等不同的角度可以发现对象类的属性。

接下来需要按照抽象性与特征性的原则进一步筛选对象类的属性,将冗余、重复、不一致的属性删除,将未能表示对象内部特征及未参加运算的属性删除,将受关联影响较大的属性转换为关联类。若一个对象类具有多值属性,应将其分解为多个对象类。若一个对象类的一个属性对应一个重要的实体,可以将该属性分离出来,转化为一个新的对象类。

对象类的属性的命名规则与类的命名规则一致。应对每一个属性进行详细说明,包括属性的类型、是否具有初始值、属性值的取值范围等内容。

3)标识对象类的操作

对象类的操作表示该类的外部行为,标识对象类的操作的过程包括发现对象类的潜在操作、筛选对象类的操作、操作分类、操作命名与说明等。

从系统功能、问题域、对象状态等方面可以设定对象类的操作。从功能性、关联性、单一性、完整性等角度可以进一步筛选对象类的操作。若一个操作包括多个独立的功能,则可以将该操作分解;若多个操作共同完成同一功能,则可以将这几个操作合并为一个操作。

可以将操作划分为对象操作、计算操作和监控操作3个类型。其中,对象操作可以实现对象的创建、维护和删除,计算操作可以实现对象的计算,监控操作可以实现对象与事件的监控。

操作的命名应采用动词或动名词的形式,并且能够见名知义,可以表达对象类的行为。需要对每一个操作进行详细说明,包括该操作实现的功能与流程、入口消息(参数)格式、操作返回值类型、约束条件和发送的消息等。

当对象类的属性与操作标识完成后,需将其填入CRC卡片的“责任”栏。

4)标识对象类之间的关联

对象类之间的关联也称为对象类之间的协作。应从问题的描述过程中寻找一些动词和动词词组,以发现潜在的对象类之间的关联。

关联由实例连接和消息传递组成。

实例连接是指对象类之间的静态联系,通过对象属性表示一个对象对另一个对象的依赖,是一种二元关系。通过分析对象的属性和操作,可以建立对象的实例连接,如包含关系、关联关系、依赖关系等。

消息传递引发对象的行为,用以描述对象之间的依赖关系。对象之间的通信通过发送与接收消息完成。消息的类型与用途有多种,可以激活对象,询问对象,为对象提供信息,命令对象完成某项功能,请求对象提供服务,等等。

图12-4表示对象类之间的关联,Borrower(借阅者)类与Item(图书)类之间是一种借阅关系,Title(书题名)类与Item类之间是一种包含关系,一个书题名包含多本图书(多个图书项)。

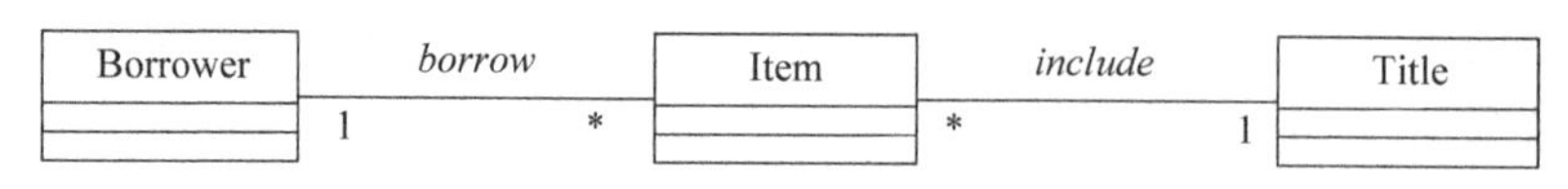

图12-4 对象类之间的关联示例

关联关系确定之后,需要进一步进行筛选,删除冗余、重复的关联,删除多重关联,删除与操作无关的关联,删除临时性且无结构的关联。

当对象类之间的关联标识完成后,需要将其填入CRC卡片的“协作者”栏,这样一张完整CRC卡片便制作成功了。接下来需要复审对象类,这由用户与软件开发人员共同完成。

2. 定义类的结构

系统类确定之后，需要定义类的结构，可以使用泛化关系或聚合关系实现这一任务，因此系统类的结构也分为“一般—特殊”结构和“整体—部分”结构。

“一般—特殊”结构表示类之间是一种泛化关系，相应的类图一般以树形图的方式表示。可以从用例模型中寻找可复用的系统成分，或者分析类的属性和操作，寻找具有继承特性的类。对于候选的类结构，需进行进一步筛选和调整。

图 12-5 描述了图书管理信息系统中有关“图书种类”类的结构，其结构关系为“一般—特殊”结构。

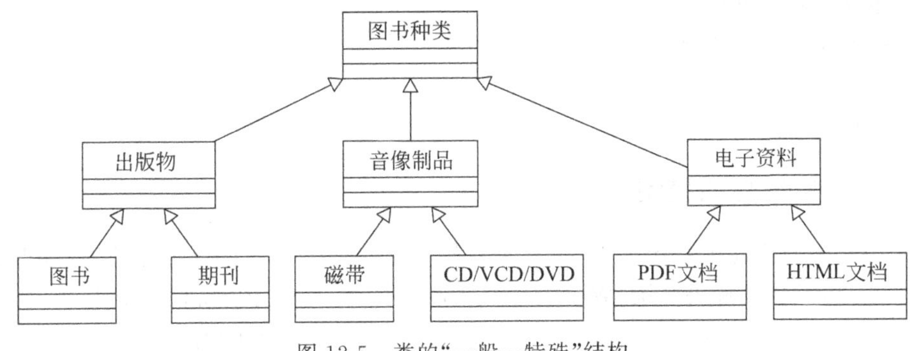

图 12-5　类的“一般—特殊”结构

“整体—部分”结构表示类之间是一种聚合关系，相应的类图一般也以树形图的方式表示。可以从系统的物理结构、组织结构、空间结构和具有包含、从属关系的对象中寻找类的“整体—部分”结构。对于候选的类结构，也需要进一步地筛选和调整。

图 12-6 描述了大学院系组织的类结构，其结构关系为“整体—部分”结构。

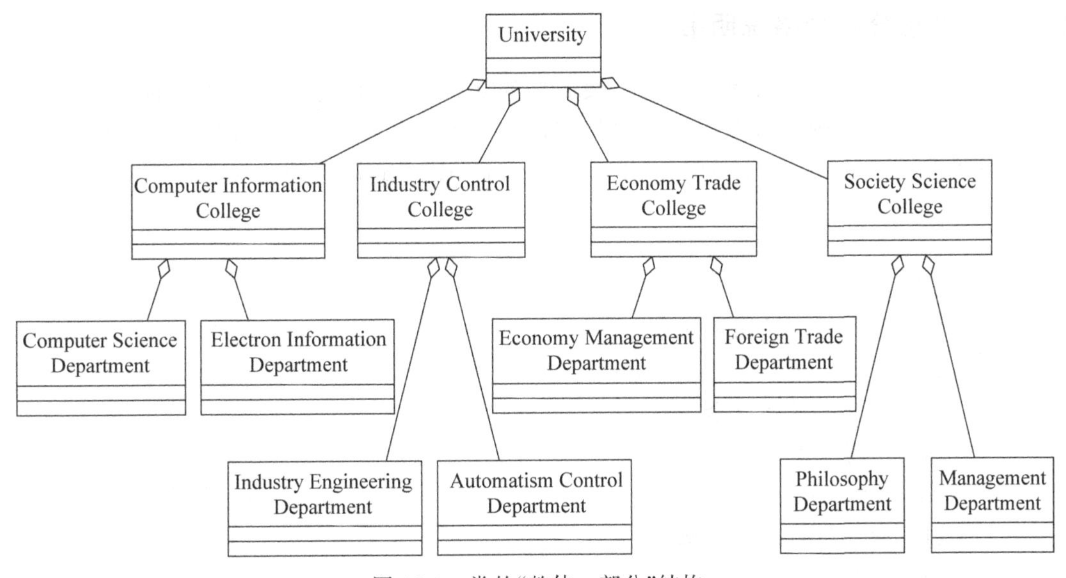

图 12-6　类的“整体—部分”结构

12.3.2 建立对象类动态模型

动态模型描述了系统的动态行为。在系统分析、系统设计阶段建立动态模型。动态模型涉及对象的执行顺序和状态的变化,侧重于系统控制逻辑的描述,其实质是解决系统"How to do"的问题。

对象类动态模型包括对象交互模型和对象状态模型。其中,对象交互模型由顺序图和协作图组成,对象状态模型由状态图和活动图组成。

建立对象类动态模型的步骤如下:

(1) 建立对象交互模型。

(2) 建立对象状态模型。

(3) 评审对象类动态模型。

(4) 撰写相关的文档资料。

12.3.3 建立系统功能模型

系统功能模型描述了系统的功能,其主要任务是对输入数据进行计算处理,以得到需要的输出数据,其实质是解决系统"What to do"的问题。在需求分析阶段建立业务用例模型,在系统分析阶段建立系统用例模型。系统功能模型以用例图和活动图表示。

建立系统功能模型的步骤如下:

(1) 确定系统功能需求,建立业务用例模型和系统用例模型。

(2) 建立活动图,用于描述重要用例的流程。

(3) 评审系统功能模型。

(4) 撰写相关的文档资料。

12.3.4 系统分析规格说明书

系统分析规格说明书是系统分析阶段产生的文档,主要描述计算机系统的软硬件环境和算法模型的逻辑分析与实现。系统分析规格说明书由软件开发人员制定,不需要用户参与,该说明书是系统设计阶段的工作依据。基于UML模式的系统分析规格说明书的格式如下:

1 引言
  1.1 编写目的及阅读对象
  1.2 项目背景
  1.3 术语定义及概念
  1.4 参考资料
2 软件项目概述
  2.1 软件运行环境及配置
  2.2 软件的功能
  2.3 用户特征
  2.4 限制与约束

3 系统功能行为分析
 3.1 系统功能模型——系统用例模型
 3.2 用例描述——活动图
 3.3 系统静态模型——对象类静态模型
 3.4 系统动态模型
 3.5 系统体系结构模型
 3.6 输出结果
4 系统性能分析
 4.1 数据精确度
 4.2 时间特性(响应时间、传输时间、运行时间)
 4.3 适应性
 4.4 故障处理
5 系统运行分析
 5.1 运行界面
 5.2 硬件界面
 5.3 软件界面
6 其他
 6.1 可使用性
 6.2 安全保密性
 6.3 可维护性
 6.4 可移植性

12.4 面向对象分析案例

下面以图书管理信息系统为例,介绍其用例建模、用例描述、活动图建立和对象类静态建模的过程。

12.4.1 需求与系统功能

图书管理信息系统模拟了图书馆流通部的工作流程,可以实现图书借阅与归还、图书预约、图书管理、图书统计、借阅者管理、管理员管理和网络管理等功能。本系统基于客户/服务器(Client/Server,C/S)模式,所有功能均可以实现远程操作,以方便远程管理图书借阅活动,并可实现多用户操作。

用户需求包括以下几个方面:

(1) 借阅者可以在网络环境下查询图书信息和预约图书。

(2) 图书管理员可以处理借阅者的借阅图书与归还图书请求。

(3) 系统管理员可以对系统中的所有数据进行维护。

软件系统功能如下:

(1) 图书管理:可以实现图书数据的编辑与维护,包括图书的入库与出库处理、增加新书与下架旧书处理、图书信息的查询等内容。

(2) 借阅者管理：可以实现借阅者信息的处理与维护，包括借阅者的增加与删除、借阅者信息的查询等内容。

(3) 图书借阅与归还：可以实现借阅者借阅图书、归还图书与交纳罚金的处理过程，该功能是系统的主要功能。图书的借阅与归还需严格按照图书馆的规章执行。

(4) 图书预约：借阅者可以预约图书，以方便借阅。

(5) 图书统计：可以实现图书借阅统计、图书分类统计、图书库存统计等功能。

(6) 管理员管理：可以管理和维护管理员的数据信息，并确定不同管理员的管理权限。

(7) 网络管理：用于管理和显示连接到服务器的客户端数量、客户端管理员 ID 和网络连接状态。

12.4.2 创建用例模型

用例模型在需求分析阶段具有十分重要的作用，这是系统外部参与者能够观察到的系统功能模型。在建立用例模型时，按照确定系统边界与范围、确定参与者、确定用例、描述用例、筛选用例、绘制用例图、将用例图层次化等步骤进行。

图书管理信息系统的问题域是图书管理，系统的目标与任务是在网络环境下实现借阅图书、归还图书等管理过程，系统的功能包括图书管理、图书借阅与归还、图书统计、图书预约、借阅者管理、管理员管理、网络管理等内容，参与者包括借阅者、图书管理员和系统管理员。

1. 系统分层用例图

图书管理信息系统(Book Management Information System)的用例图如图 12-7 所示。3 类参与者分别为 Borrower(借阅者)、Librarian(图书管理员)和 SysAdministrator(系统管理员)，不同的参与者具有不同的权限，可以访问系统的相应功能。用例包括 Book Management(图书管理)、Loan Management(借阅管理)和 User Management(用户管理)。下面对该用例图进行细化，绘出分层的用例图。

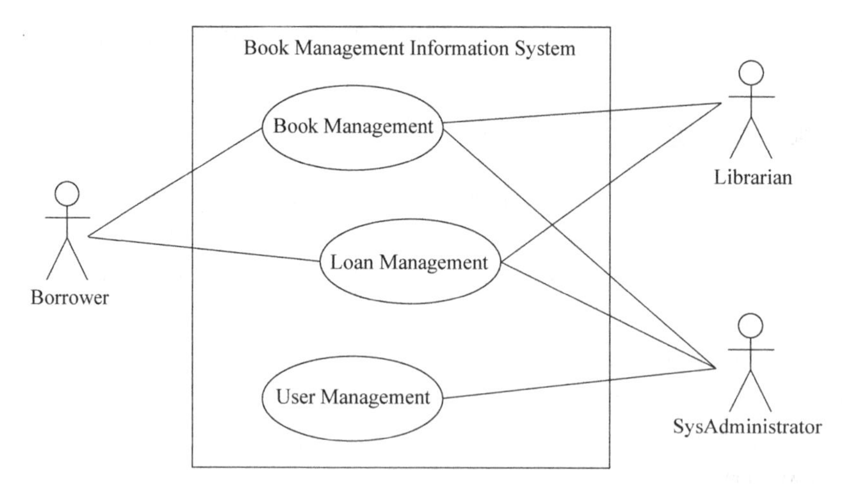

图 12-7 图书管理信息系统用例图(顶层)

图书管理子系统(Book Management SubSystem)的用例图如图 12-8 所示，该用例图的用例包括 Search Book(查询图书)、Maintain Book(维护图书)、Total Book(统计图书)和 Query Book Information(查询图书信息)。

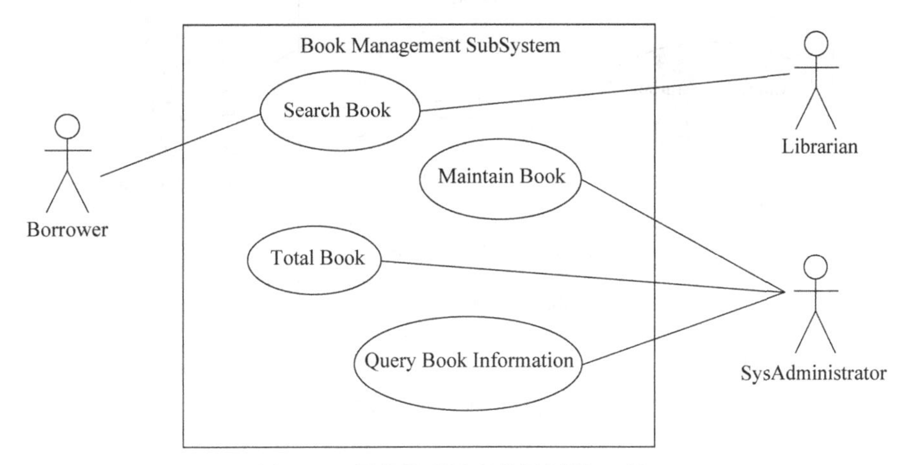

图 12-8 图书管理子系统用例图(一层)

借阅管理子系统(Loan Management SubSystem)的用例图如图 12-9 所示。该用例图的用例包括 Reserve Book(预约图书)、Loan Book(借书)、Get Book(还书)和 Query Loaned Information(查询借阅信息)。

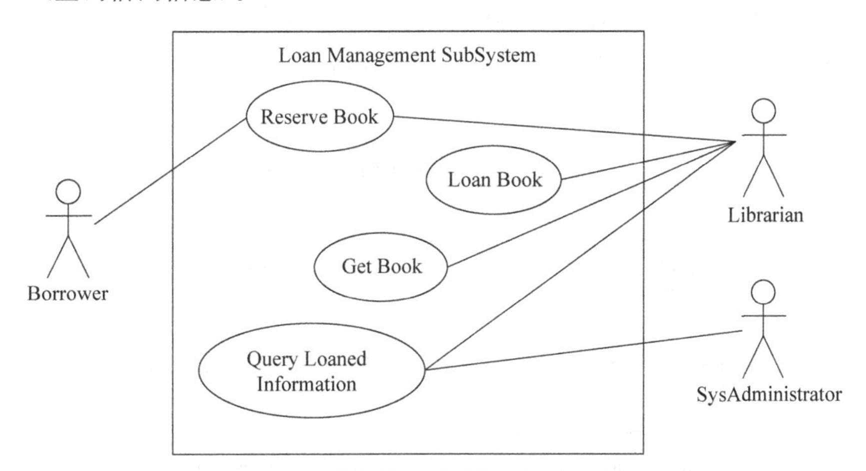

图 12-9 借阅管理子系统用例图(一层)

用户管理子系统(User Management SubSystem)的用例图如图 12-10 所示。该用例图的用例包括 Maintain Borrower(维护借阅者)、Maintain Librarian(维护图书管理员)、Maintain SysAdministrator(维护系统管理员)和 Query User Information(查询用户信息)。

统计图书用例图如图 12-11 所示。该用例图的用例包括 TotalbookByLoan(按借阅统计)、TotalbookBySort(按分类统计)和 TotalbookByStore(按库存统计)。

维护图书用例图如图 12-12 所示。该用例图的用例包括 Add Title(添加图书题名)、Remove Title(删除图书题名)、Update Title(更新图书题名)、Add Item(添加图书项)、Remove Item(删除图书项)和 Update Item(更新图书项)。

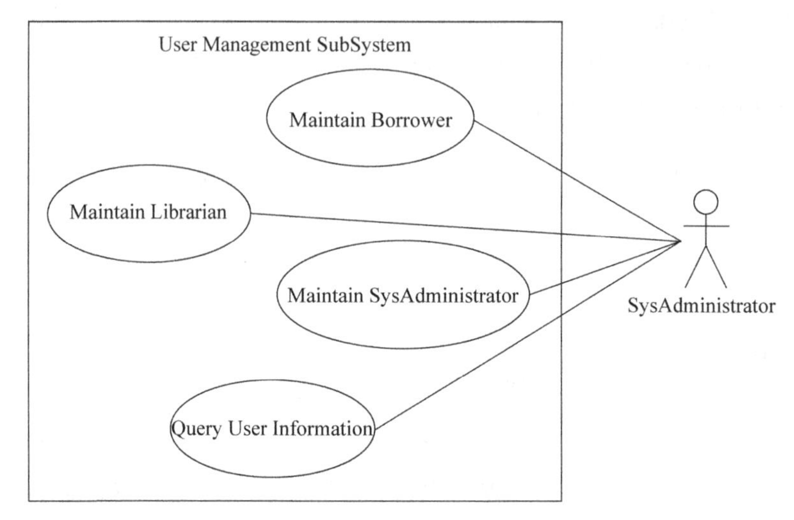

图 12-10　用户管理子系统用例图(一层)

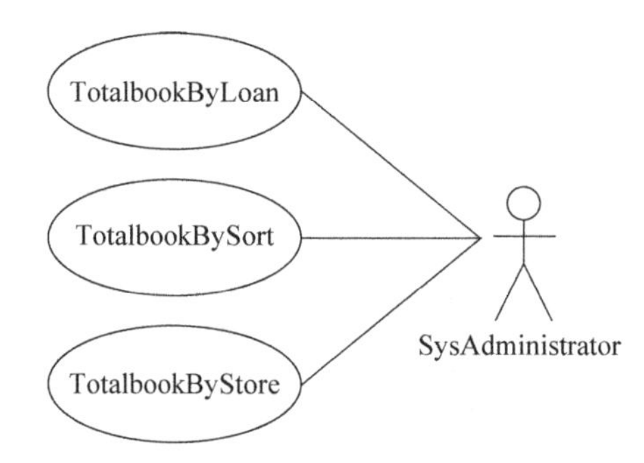

图 12-11　统计图书用例图(二层)

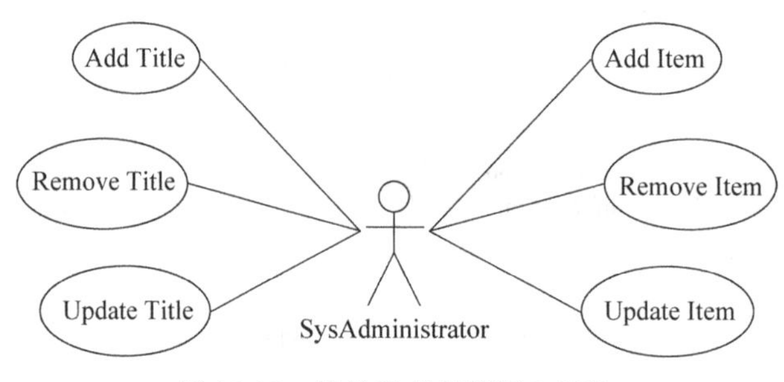

图 12-12　维护图书用例图(二层)

按此方法可以对用例 Maintain Borrower(维护借阅者)、Maintain Librarian(维护图书管理员)和 Maintain SysAdministrator(维护系统管理员)进一步细化。

2. 参与者需求用例图

也可以从参与者的需求及系统功能的角度对用例图进行细化,建立借阅者请求服务的用例图、图书管理员处理图书借阅与归还的用例图和系统管理员维护系统的用例图。

借阅者请求服务的用例图如图 12-13 所示。该用例图的用例包括 Login System(登录系统)、Query Borrowed Information(查询借阅信息)、Search Book(查询图书)、Reserve Book(预约图书)、Borrow Book(借书)、Return Book(还书)和 Return With Fine(交纳罚金),其中 Return With Fine 是 Return Book 的扩展用例。借阅者可以登录系统,进行信息查询和预约图书操作。借阅者在归还图书时,若图书损坏或超期,需交纳罚金。

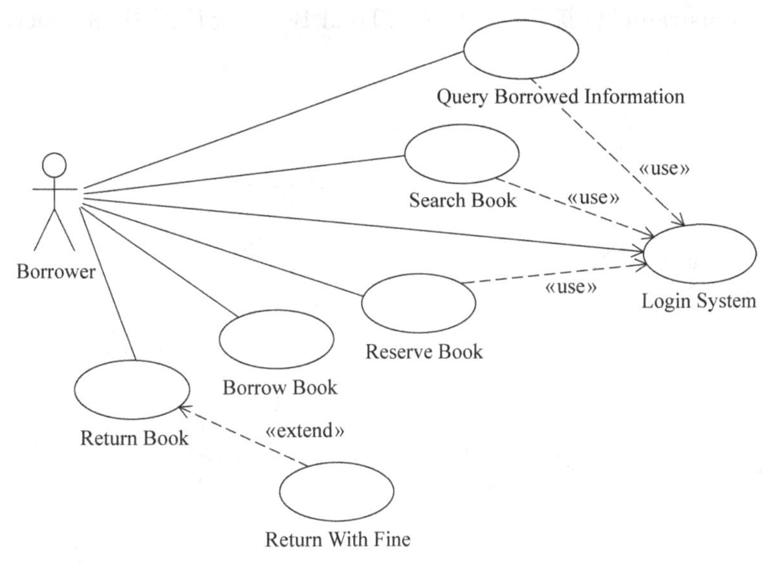

图 12-13 借阅者请求服务的用例图

图书管理员处理图书借阅与归还的用例图如图 12-14 所示。该用例图的用例包括 Loan Book(借书)、Get Book(还书)、Remove Reservation(删除预约)、Check Borrower(核查借阅者)、Query Loaned Information(查询借阅信息)和 Get With Fine(收取罚金),其中 Loan Book 用例包括 Check Borrower 用例,Get With Fine 用例是 Get Book 用例的扩展用例。图书管理员在处理借阅图书时,需核查借阅者,并删除预约;在处理还书时,若图书超期或损坏,则收取罚金。

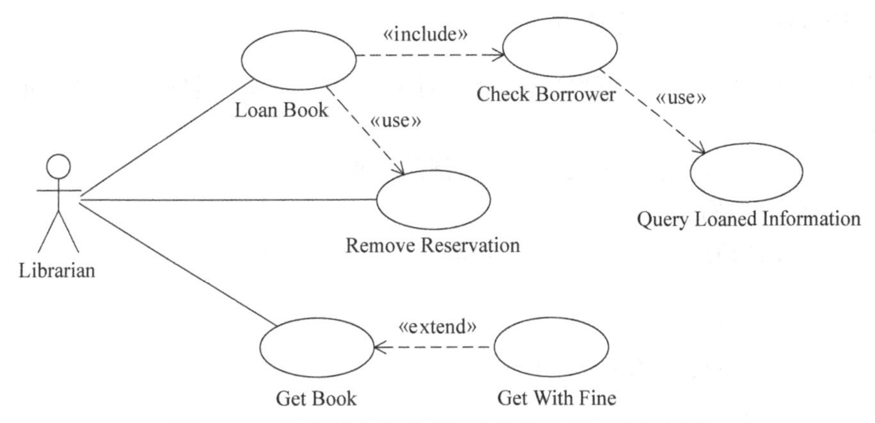

图 12-14 图书管理员处理图书借阅与归还的用例图

系统管理员维护系统的用例图如图 12-15 所示。该用例图的用例包括 Add Title(添加图书题名)、Remove Title(删除图书题名)、Update Title(更新图书题名)、Add Item(添加图书项)、Remove Item(删除图书项)、Update Item(更新图书项)、Add Borrower(添加借阅者)、Remove Borrower(删除借阅者)、Update Borrower(更新借阅者)、Add Librarian(添加图书管理员)、Remove Librarian(删除图书管理员)、Update Librarian(更新图书管理员)、Add SysAdministrator(添加系统管理员)、Remove SysAdministrator(删除系统管理员)、Update SysAdministrator(更新系统管理员)、Total Book(统计图书)和 Query Information(查询信息)。

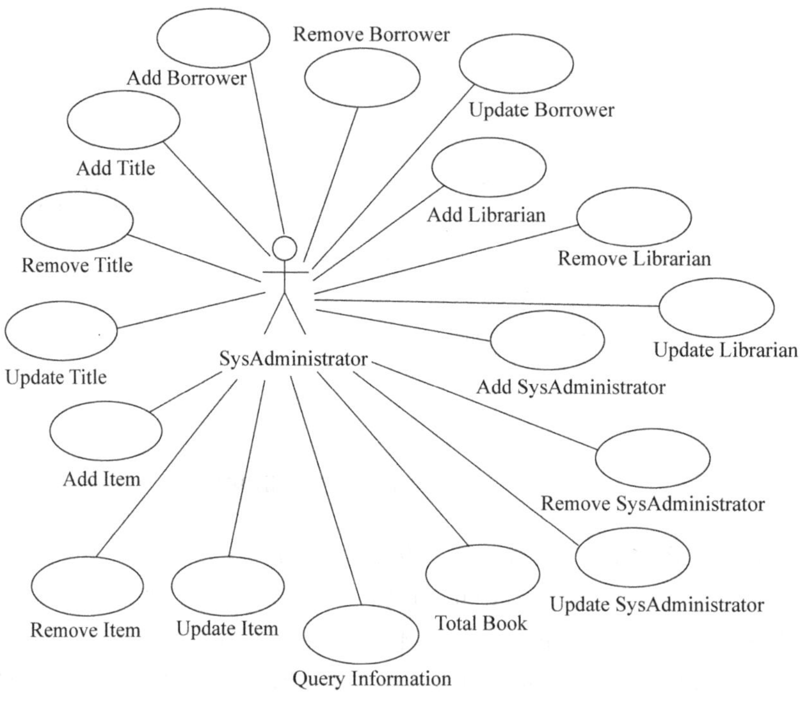

图 12-15 系统管理员维护系统的用例图

12.4.3 用例描述与活动图建立

在创建用例图之后,需对用例进行描述。对于重要的用例,一般以文本描述和建立活动图两种方式进行。

以下是图书管理信息系统中几个重要用例的说明。

1. “预约图书”用例

“预约图书”用例的文本描述如下,其活动图如图 12-16 所示。

用例编号:020100 用例名称:预约图书(Reserve Book) 执行者:借阅者 功能:实现借阅者预约图书的过程 类型:主要用例、基本用例 级别:一级

过程描述：
a. 借阅者输入借阅证号，系统进行校验；
b. 借阅者查询图书信息；
c. 若可以预约，则进行预约处理，并将预约信息写入数据库；
d. 返回预约是否成功的信息。
异常事件流处理：
a. 借阅者的借阅证号无效，允许重新输入（最多 3 次）；
b. 借阅者预约的图书不存在，不可预约。

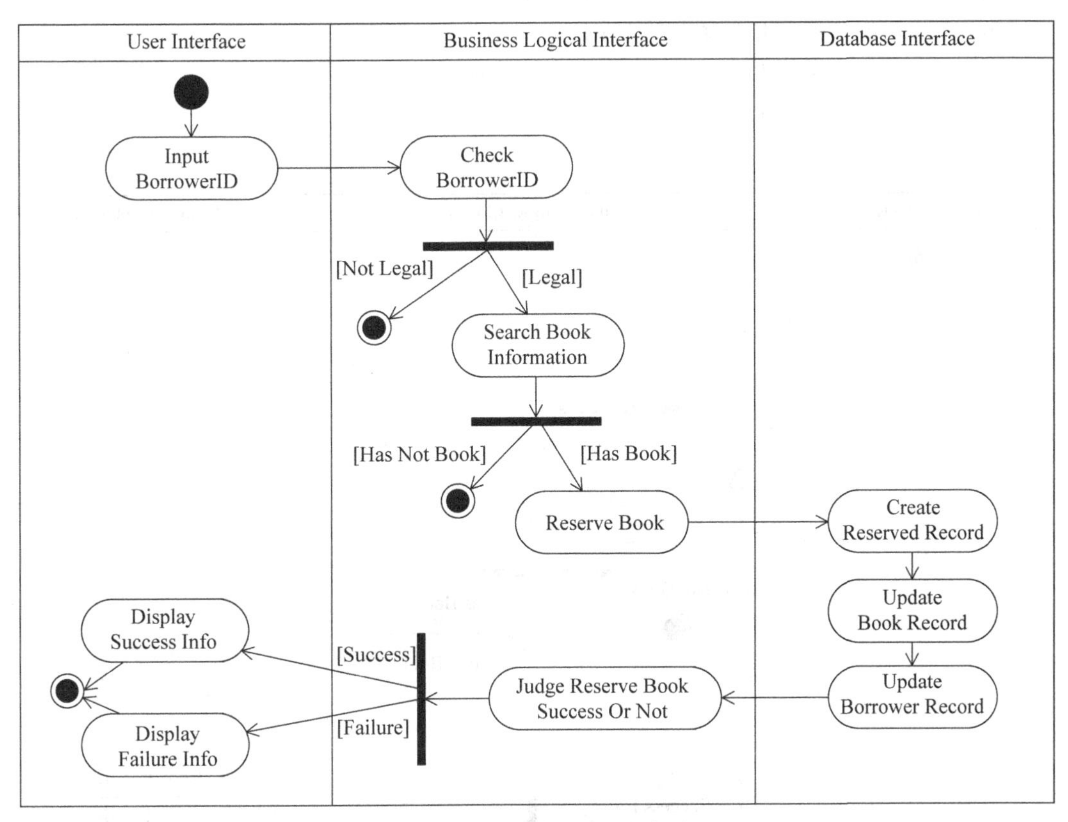

图 12-16 "预约图书"活动图

2. "借阅图书"用例

"借阅图书"用例的文本描述如下，其活动图如图 12-17 所示。

用例编号：020200
用例名称：借阅图书（Loan Book）
执行者：图书管理员
功能：实现图书管理员处理借阅图书的过程
类型：主要用例、基本用例

级别：一级

过程描述：

a. 图书管理员输入借阅者的借阅证号，系统进行校验；

b. 系统进一步检查该借阅者是否具有借阅资格；

c. 若具有借阅资格，图书管理员查询预约信息或图书书号；

d. 若图书存在，则进行借阅处理，并将借阅信息写入数据库；

e. 返回借阅是否成功的信息。

异常事件流处理：

a. 借阅者的借阅证号无效，允许重新输入(最多3次)；

b. 借阅者所借图书超期未还，不可借阅；

c. 借阅者所借图书已达到最大数量，不可借阅；

d. 借阅者所借图书不存在，不可借阅。

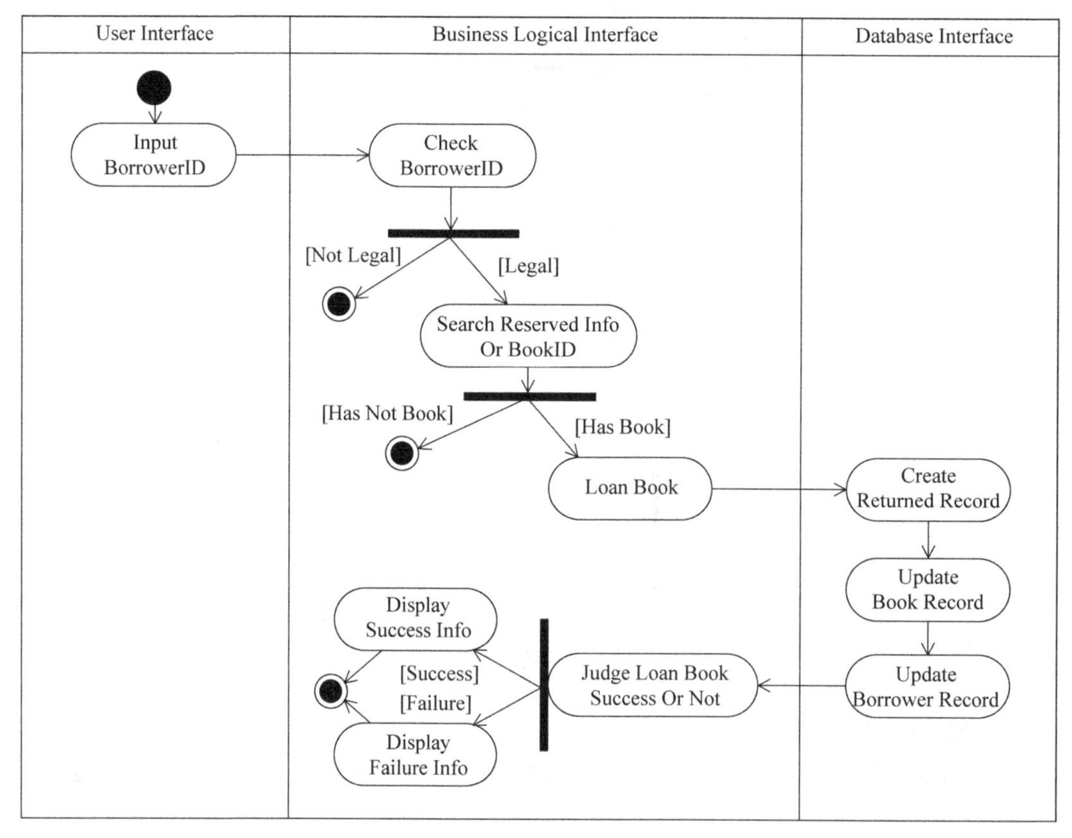

图 12-17 “借阅图书”活动图

3. “归还图书”用例

“归还图书”用例的文本描述如下，其活动图如图12-18所示。

用例编号：020300
用例名称：归还图书(Get Book)
执行者：图书管理员
功能：实现图书管理员处理归还图书的过程
类型：主要用例、基本用例
级别：一级
过程描述：
a. 图书管理员输入归还图书的书号，系统进行校验；
b. 图书管理员查询借阅信息；
c. 若图书超期，则进行罚款处理；
d. 若可以归还，则进行归还处理，并将归还信息写入数据库；
e. 返回归还成功的信息。
异常事件流处理：
a. 归还图书的书号无效，允许重新输入(最多3次)；
b. 借阅者未交罚款，则图书不能归还。

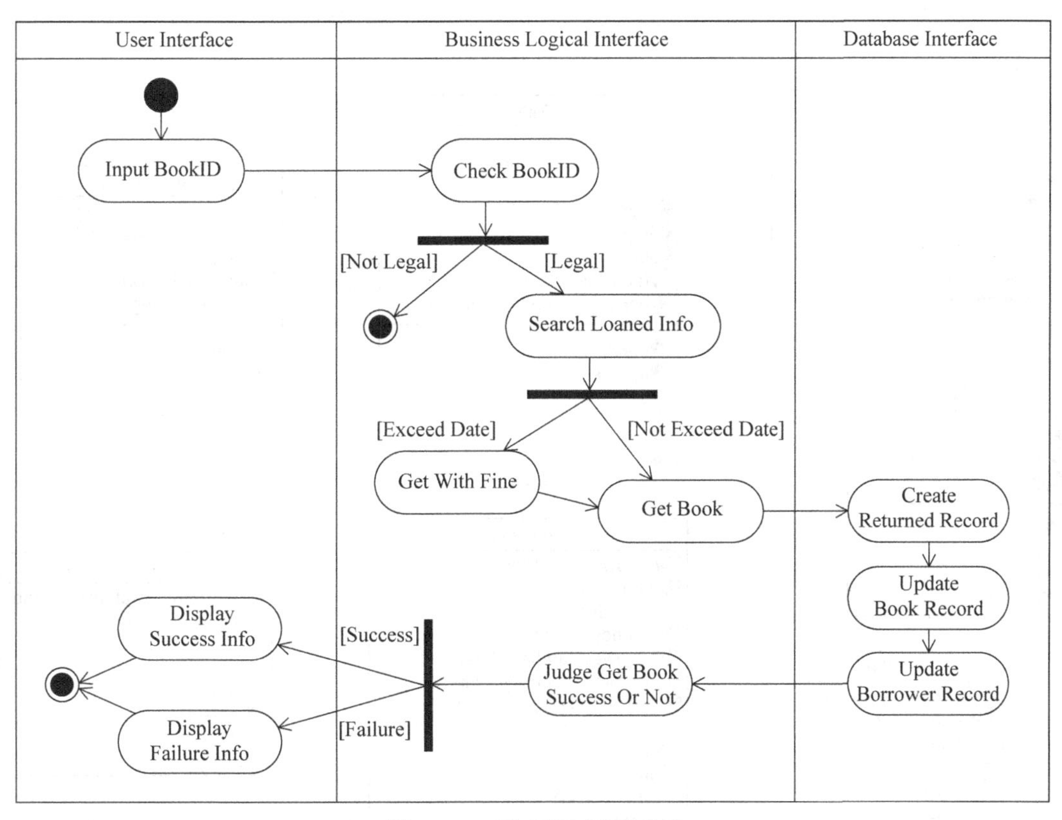

图12-18 "归还图书"活动图

12.4.4 创建对象类静态模型

用例模型创建成功后,接下来需要创建对象类静态模型。创建对象类静态模型是系统分析中一个重要的部分,主要包括类图与包图的创建。

1. 创建类图

分析系统涉及的类,可以从系统的参与者与系统功能两个方面入手,通过分析用例模型可以获得系统的参与者并确定系统功能。

1) 创建类

图书管理信息系统的参与者包括 Borrower(借阅者)、Librarian(图书管理员)和 SysAdministrator(系统管理员),因此相应的类也应包括 Borrower、Librarian 和 SysAdministrator,这里的类名与参与者名相同。

通过分析系统的功能,可以确定系统的其他类。图书管理信息系统具有借阅图书及管理图书的功能,图书管理员负责图书的借阅,将借书功能抽象为 Loan(借阅)类;借阅者可以预约图书,将预约图书功能抽象为 Reservation(预约)类;系统管理员可以管理图书,借阅者可以借阅图书和预约图书,将图书抽象为 Title(书题名)类和 Item(图书项)类,其中 Title 类用于记录某一图书的书名信息,Item 类用于记录某本具体图书。

分析这些类在软件系统中的特征与行为,进一步确定其属性与操作。图书管理信息系统包含的类如图 12-19 所示。

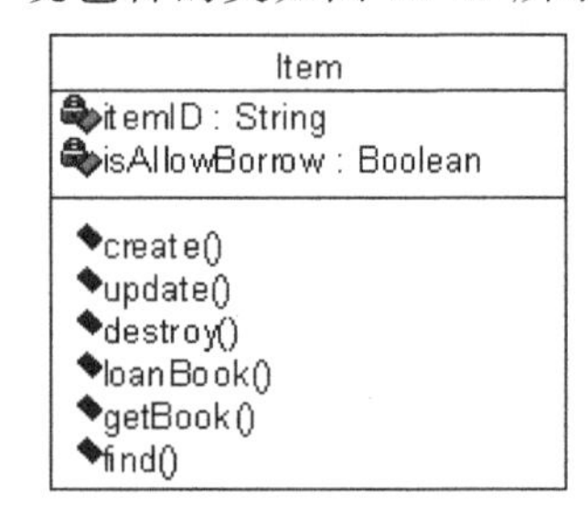

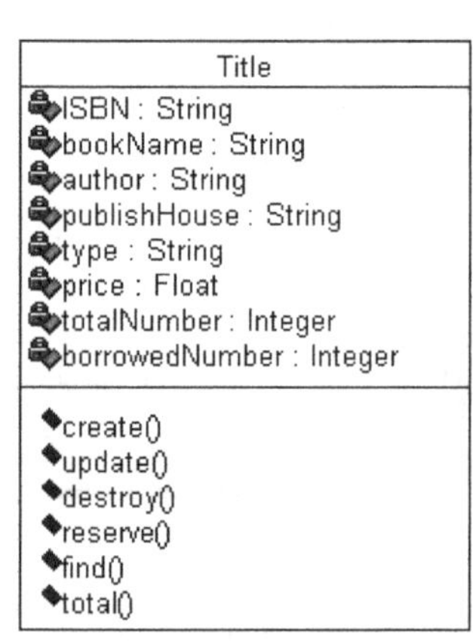

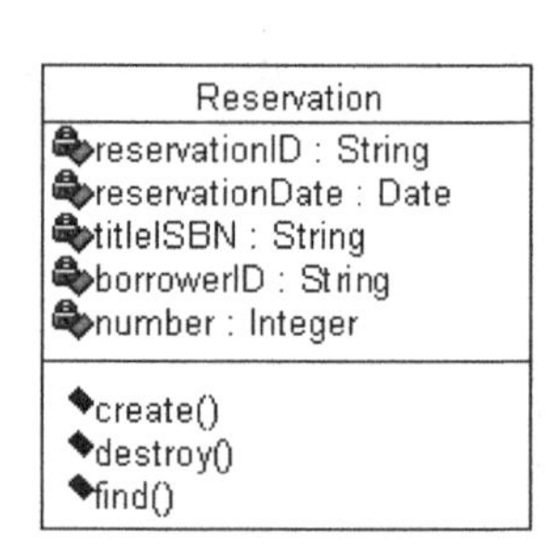

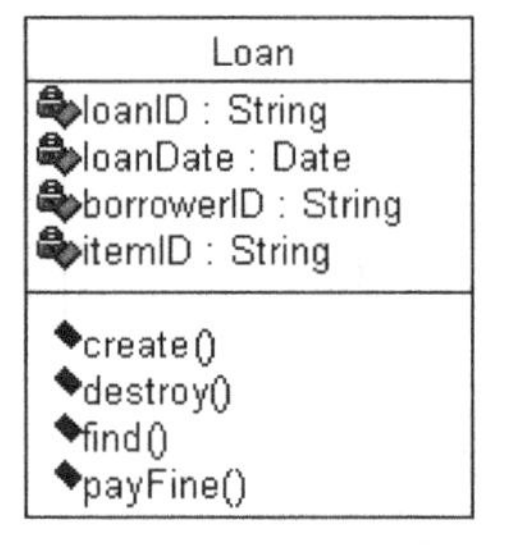

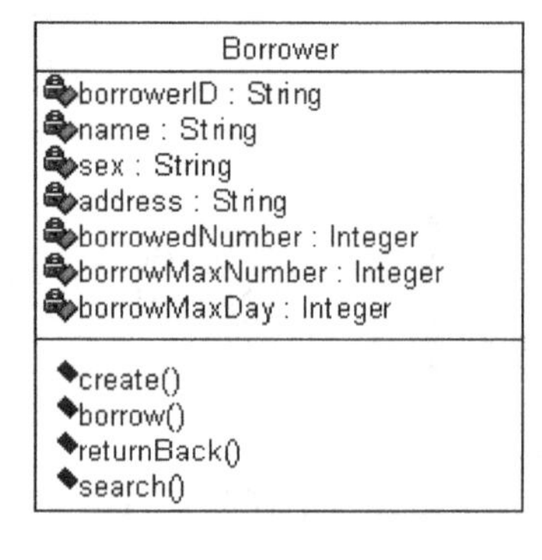

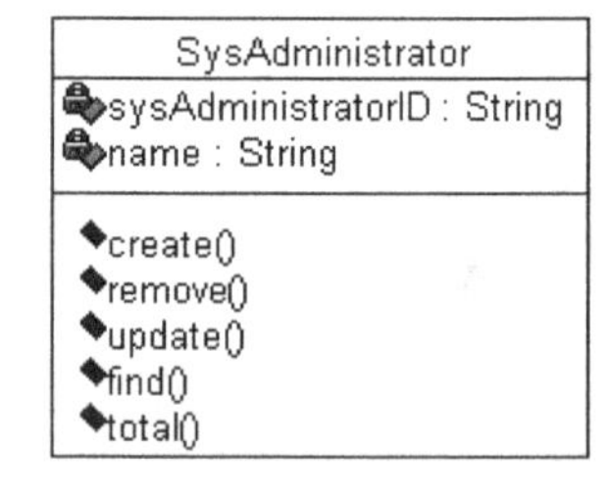

图 12-19 图书管理信息系统包含的类

Borrower 类具有 borrowerID(借阅者编号)、name(姓名)、sex(性别)、address(地址)、borrowedNumber(已借图书数量)、borrowMaxNumber(可借阅图书的最多数量)和 borrowMaxDay(可借阅图书的最多天数)属性，其操作包括 create(创建)、borrow(借阅)、returnBack(归还)和 search(查询)。

Librarian 类具有 LibrarianID(图书管理员编号)、name(姓名)和 address(地址)属性，其操作包括 create(创建)、loanBook(借书)、getBook(还书)、destroy(销毁)和 find(查询)。

SysAdministrator 类具有 SysAdministratorID(系统管理员编号)和 name(姓名)属性，其操作包括 create(创建)、remove(删除)、update(更新)、find(查询)和 total(统计)。

Loan 类具有 loanID(借阅编号)、loanDate(借阅日期)、borrowerID(借阅者编号)和 itemID(图书项编号)属性，其操作包括 create(创建)、destroy(销毁)、find(查询)和 payFine(交付罚金)。

Reservation 类具有 ReservationID(预约编号)、ReservationDate(预约日期)、titleISBN(书号)、borrowerID(借阅者编号)和 number(数量)属性，其操作包括 create(创建)、destroy(销毁)和 find(查询)。

Title 类具有 ISBN(书号，即国际标准图书编号)、bookName(书名)、author(作者)、publishHouse(出版社)、type(类型)、price(定价)、totalNumber(总数量)和 borrowedNumber(已借阅数量)属性，其操作包括 create(创建)、update(更新)、destroy(销毁)、reserve(预约)、find(查询)和 total(统计)。

Item 类具有 itemID(图书项编号)和 isAllowBorrow(是否允许借阅)属性，其操作包括 create(创建)、update(更新)、destroy(销毁)、loanBook(借书)、getBook(还书)和 find(查询)。

2) 建立类之间的联系

图书管理信息系统中的 Borrower 类、Loan 类、Reservation 类、Title 类和 Item 类之间存在着关联关系，如图 12-20 所示。其中，Borrower 类分别与 Loan 类和 Reservation 类之间建立了一对多的关系，表示一个借阅者可以借阅或预约多本图书；Title 类分别与 Loan 类和 Reservation 类之间建立了一对多的关系，表示一个图书题名对应的图书可以被多次借阅或预约；Loan 类与 Item 类之间建立了一对一的关系，表示一本图书一次只能借阅一个复本。

2. 创建包图

为了更好地实现图书管理信息系统的功能，除了以上创建的类以外，还需要其他边界类和控制类的辅助，因此需要增加 User Interface(用户界面)类、Database(数据库)类和 ErrorProcess(出错处理)类，每一个类以一个包表示。为图书管理信息系统建立包 Book Management Information System，该包分别依赖于 User Interface 包、Database 包和 Error Process 包，如图 12-21 所示。

图书管理信息系统包括 3 个子系统，每一个子系统以一个包表示。图 12-22 描述了系统与子系统包图，采用内嵌式表示，包之间存在着依赖关系，Loan Management 包分别依赖于 Book Management 包和 User Management 包。

可以对 Loan Management 包进行细化，该包由 4 个子包——Reserve Book、Loan Book、Get Book 和 Query Loaned Information 组成，在每一个子包中包含若干个对象类，如图 12-23 所示。

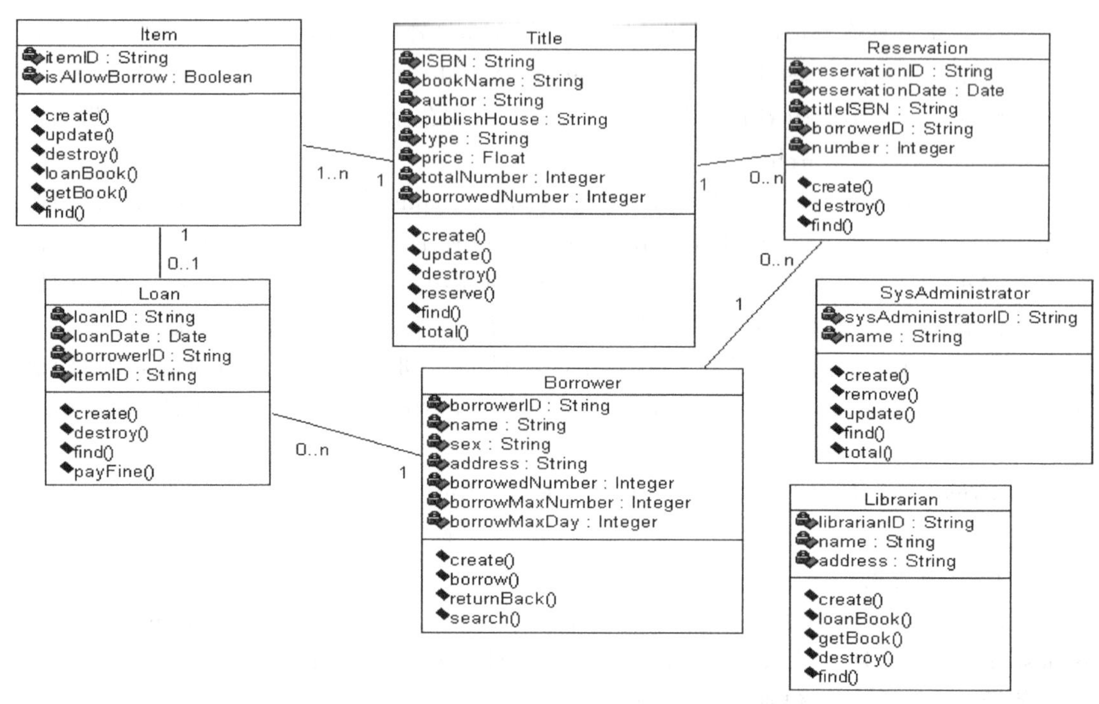

图 12-20　图书管理信息系统 7 个类之间的关系

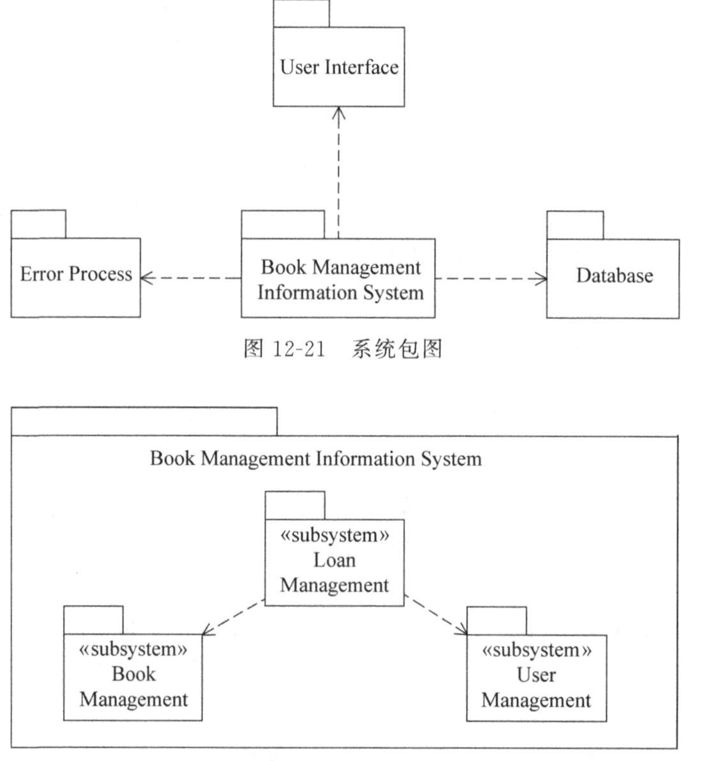

图 12-21　系统包图

图 12-22　系统与子系统包图

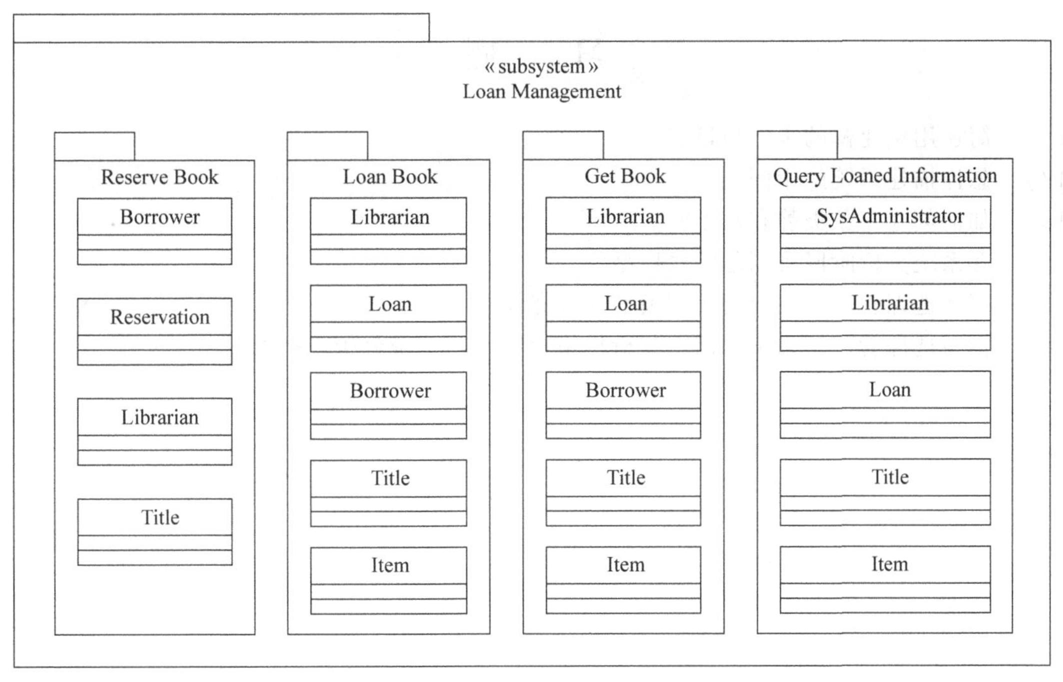

图 12-23 Loan Management 包的细化

按照此方法,可以对其他子包进行细化、分解。如有必要,可为对象类和包增加文字说明,这样便可建立一个完善的对象类静态模型。

小　结

本章给出了面向对象的需求分析方法和需求描述机制。面向对象的需求分析过程大致为:分析领域的业务范围、业务规则和业务处理过程,明确系统的责任、范围和边界,确定系统需求,建立需求模型。要解决的问题可用 UML 的用例视图、逻辑视图和动态视图来描述。

用例图主要用于系统的功能描述,可以表示客户的需求,通过用例建模可以对外部的角色以及它们所需要的系统功能建模。

类图、对象图和包图是静态模型的 3 种图。其中,类图是各种模型的核心,是 UML 最重要的内容之一,它描述系统的静态结构、构成该系统的各个类以及相互的各种关系;对象图是类图的实例,也是类图的一个快照,可以了解复杂系统类图所表达的丰富内涵;包图描述系统存在的各个包以及包之间的关系,而包是由许多类组成的一个更高层次的单位。

动态模型描述系统的动态结构,包括顺序图和活动图。活动图描述系统中各种活动的执行顺序,通常用来刻画一个方法中要进行的各项活动的执行流程,也用于描述一个用例的处理流程。顺序图描述几个对象之间的动态协作关系,直观地展示对象之间传递消息的时间顺序,反映对象之间的一次特定的交互过程。

习 题

12.1 简述用例建模的步骤与过程。

12.2 怎样描述系统的用例?

12.3 如何创建对象类静态模型?

12.4 在系统分析阶段将创建哪些模型?

12.5 创建选课管理子系统的用例模型和静态模型。

12.6 撰写选课管理子系统的需求分析规格说明书和系统分析规格说明书。

第 13 章　面向对象设计

面向对象设计是软件开发过程的一个重要阶段，在该阶段将对系统分析阶段创建的对象类静态模型和对象类动态模型进行进一步细化，并创建系统体系结构模型，建立更加完善的系统模型，为后续的软件开发工作奠定基础。

本章将详细介绍面向对象设计方法，以及对象类动态建模、系统体系结构建模的过程，最后以图书管理信息系统为案例，介绍其设计过程。

13.1　面向对象设计方法

在系统分析之后需进行系统设计，系统设计阶段将对系统分析阶段产生的模型进行设计与完善，并转换为系统设计模型。在对象设计过程中，将进一步细化对象类，对每个类的属性和操作进行详细设计，并设计连接类和消息规约。

13.1.1　面向对象设计概述

1. 系统设计

系统分析与系统设计是两个联系紧密的阶段。系统设计采用反复迭代的方式逐步细化与完善系统，按照高内聚、低耦合的原则对系统进行分解，并定义子系统之间的接口。系统设计的内容包括系统对象设计、系统动态模型设计和系统体系结构设计。需要对系统设计进行优化，并评审系统设计。

在系统设计时，首先定义系统目标，确定系统的功能和范围，然后将系统分解为若干个子系统，并将子系统映射到软硬件平台，还要进行数据库设计，定义访问策略，设计系统流程。在 UML 中，可以借助于模型图完成系统设计过程。

2. 对象设计

对象设计包括对象服务及标准说明设计、类库设计和组件选择、对象设计分类重组、对象设计优化等内容。

在设计对象时，应首先细化对象的属性和操作。为了进一步明确对象的行为边界和属性取值范围，应设计类的约束条件。类还可以进行异常处理，这是一种由类操作处理错误的机制，通过检查操作的参数或调用操作可进行相应的处理。设计类库可以提高代码的复用性。选择组件可以提高开发效率，组件模型由于具有稳定、可靠的特点，有利于快速构建复杂的系统。类的重组和优化可以缩短系统的响应时间和执行时间，并减少资源的占用。

13.1.2　系统分解

为了降低应用系统的复杂性，在进行系统设计时需将系统分解为若干个子系统。在

UML中,每一个子系统以包或类表示。在进行系统设计时还可使用分层结构表示系统内部各部分的关系,可以将系统结构分为顶层、中间层和底层,其中顶层为主控界面,中间层为业务处理子系统,底层为实体类与报表。

例如,学籍管理系统按照系统功能可以分为Student Archives Management Subsystem(学生档案管理子系统)、Achievement Management Subsystem(成绩管理子系统)、Course Management Subsystem(课程管理子系统)、Class Management Subsystem(班级管理子系统)、PayTuition Management Subsystem(交费管理子系统)和User Management Subsystem(用户管理子系统),各子系统还具有打印报表的功能,其分层设计结构如图13-1所示。

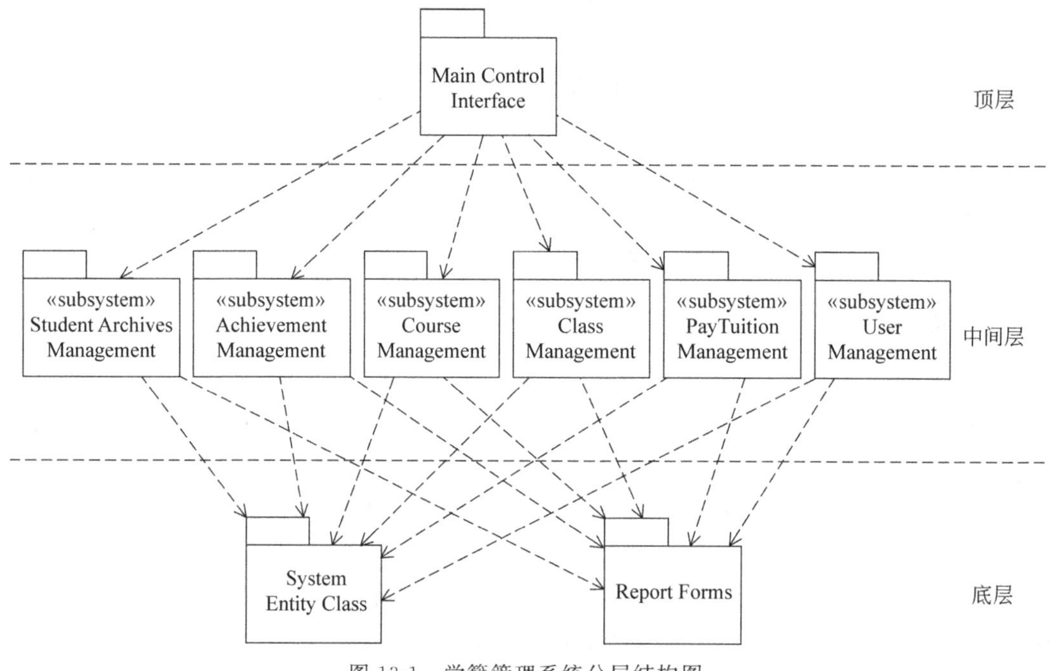

图13-1 学籍管理系统分层结构图

可以对子系统进行进一步细化。例如,交费管理子系统用于管理学生学费的交纳情况。学费可根据学制、专业、年级、学期的不同划分为不同的类型与标准,以一个类表示学费类型与标准(TuitionType&Standard),另外还需设置学费收取类(TuitionReceive)、学费明细查询类(TuitionDetailQuery)、学生收费明细类(StudentTuitionReceiveDetail)、学生个人收费情况类(StudentTuitionReceive)、学生收费查询类(StudentTuitionReceiveQuery)等,这些类均以窗体类的形式描述。交费管理子系统分解图如图13-2所示。

13.1.3 系统设计规格说明书

系统设计规格说明书是系统设计阶段产生的文档,在该文档中以对象类静态模型、对象类动态模型和系统体系结构模型的方式描述系统功能实现过程。基于UML模式的软件系统设计规格说明书格式如下:

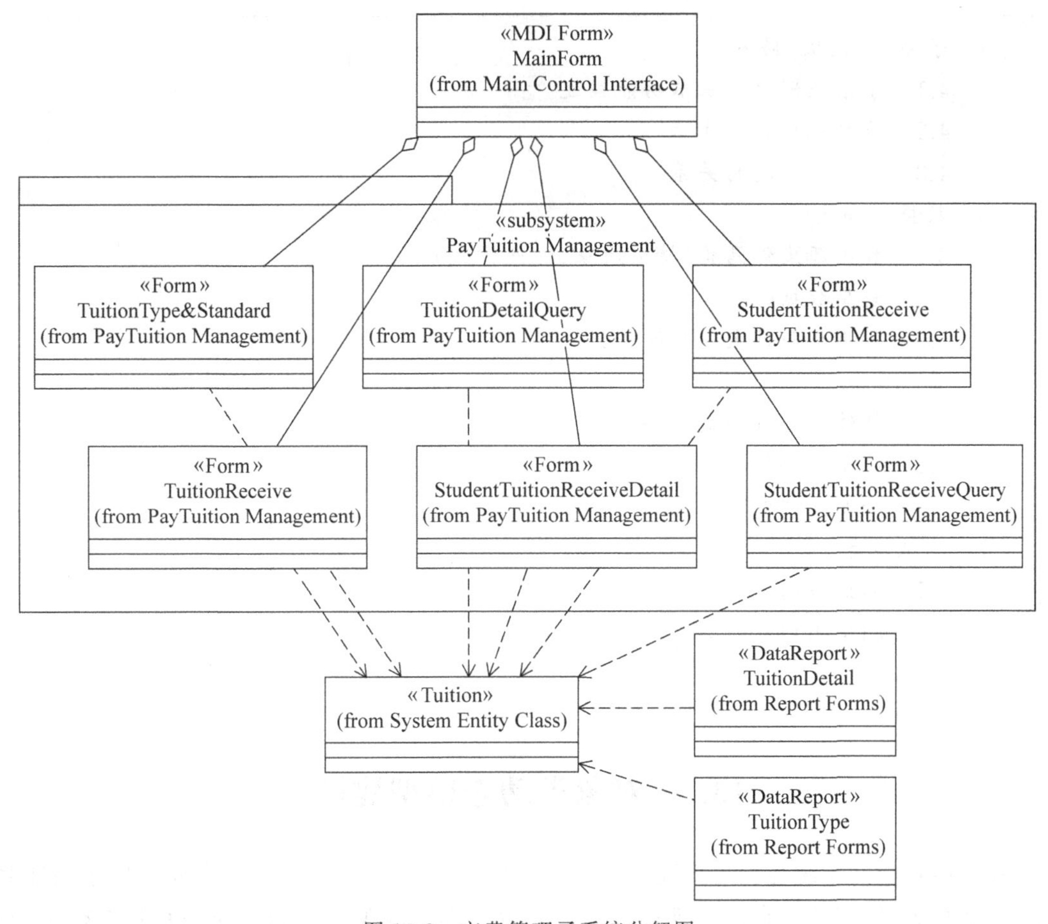

图 13-2 交费管理子系统分解图

4 子系统(模块)描述
  4.1 子系统划分与基本功能描述
  4.2 子系统接口描述
  4.3 子系统之间的关系
5 数据库描述
  5.1 数据库文件结构(持久对象、访问方式)
  5.2 全局数据(类)
  5.3 数据库与持久对象的关系
6 系统集成
  6.1 特殊软件程序覆盖要求
  6.2 跨平台操作描述
  6.3 并发线程处理描述
7 测试准备
  7.1 测试指南
  7.2 测试用例
8 其他

13.2 对象类动态模型建模

在面向对象的系统分析与系统设计阶段涉及对象类的动态模型,动态模型用于描述系统的动态行为,体现系统在运行期间的动态交互。动态模型分为交互模型和状态模型,其中,交互模型包括顺序图与协作图,状态模型包括状态图和活动图。

13.2.1 交互模型建模

顺序图与协作图从不同的角度描述了系统的行为,顺序图主要用于描述对象之间交互的时间顺序,而协作图主要用于描述对象之间的协作关系。顺序图与协作图可实现用例图中控制流的建模,用于描述用例图的行为。

1. 对象之间的通信

对象之间通过发送消息进行通信,在进行消息发送时应遵守通信协议。消息可以通过对象之间的操作调用实现。当消息被发送后,系统控制权由消息发送者转移至消息接收者;当消息被执行后,系统控制权再返还给消息发送者,并返回一个值。

消息内容标识格式如下:

[序号][警戒条件] * [重复次数][返回值表:=] 操作名(参数表)

序号表示消息在对象之间交互的时间顺序号;警戒条件是一个布尔表达式,当其取值为真时才可发送消息;重复次数表示消息重复发送的次数,* 表示可以多次发送;返回值表表示消息结束后返回给消息发送者的值;操作名是接收消息的对象类角色中的操作;参数表中的参数为实参,实参应与形参在个数、类型、次序方面相一致。

在交互图中，当执行某些操作时需要进行消息发送。例如，创建一个对象或释放一个对象，调用本对象或另一个对象的操作，将发送消息给操作的目标对象，将返回消息给发起操作的对象。

2. 顺序图建模

顺序图具有两个坐标，垂直坐标表示时间顺序，水平坐标表示一组对象。顺序图由对象、生命线、消息和激活条组成。

对象以一个对象框表示。若是参与者对象，则以表示。对象名加下画线，并在其后加“:”和类名。对象框一般位于顺序图的顶部；但对于交互过程中产生的对象，其对象框应位于该对象的时间点处；进行初始化的对象应位于顺序图的左部；交互频繁的对象应集中在一起；若在交互过程中改变了对象的属性、操作，应在相应位置绘出对象图副本，并注明有关的变更。

在对象框或参与者图形符号下方绘制的一条垂直虚线称为该对象的生命线，表示对象的生命时间。生命线从对象创建开始，直至该对象被释放时终止。生命线也表示对象正处于休眠状态，等待消息的激活。

在生命线上的细长方形框称为激活条，表示该对象已被消息激活，处于活动状态。激活条展示了在某一个时间点一些对象的活动状态，如发送消息、接收消息等。

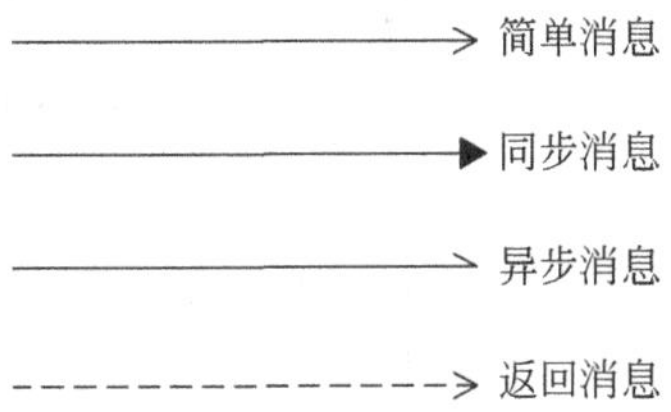

对象之间的通信通过消息传递实现，消息箭头指向消息的接收者。消息的类型包括简单消息、同步消息、异步消息和返回消息，发送消息以实线箭头表示，返回消息以虚线箭头表示，如图 13-3 所示。同步消息表示发送对象必须等待接收对象完成消息的处理之后才能继续执行操作；而异步消息表示发送对象在发送消息之后可继续执行操作，无须等待接收对象的返回消息。

简单消息
同步消息
异步消息
返回消息

图 13-3 消息类型的图形符号

对象之间的操作可以是同步操作，也可以是异步操作。同步消息的接收者是一个被动对象，需要通过消息的驱动才可执行动作；异步消息的接收者是一个主动对象，不需要消息驱动。

同步操作的过程如下：

(1) 同步消息的发送者将进程控制传递给同步消息的接收者，并暂停活动，等待同步消息的接收者返回控制。

(2) 同步消息的接收者执行该消息所请求的操作，完成后将控制返回同步消息的发送者。

异步操作的过程如下：

(1) 异步消息的发送者将消息发给异步消息的接收者，继续自身的活动，不等待异步消息的接收者返回控制(异步消息的发送者与接收者采用并发工作方式)。

(2) 异步消息的接收者执行该消息所请求的操作，完成后将控制返回异步消息的发送者。

图 13-4 描述了课程管理子系统中 Modify Course(修改课程)的顺序图。在该顺序图中包括 3 个对象(ModifyCourse、ModifyCourse:Course、ModifyCourse:DatabaseInterface)和 9 条不同类型的消息。ModifyCourse 是一个临时对象，首先以异步操作的方式创建，然后以同步操作的方式输入需要修改课程的课程号(courseNO)，这时 ModifyCourse:Course 对

象停止活动,等待返回消息。接着激活 ModifyCourse:DatabaseInterface 对象,在数据库中找到需修改的课程,并将课程号返回 ModifyCourse 对象,修改该课程,再将已修改的课程保存到数据库对象中,并向 ModifyCourse 对象返回 OK 消息。再由 ModifyCourse 对象向 ModifyCourse:Course 对象返回完成修改的消息,最后释放临时对象 ModifyCourse。

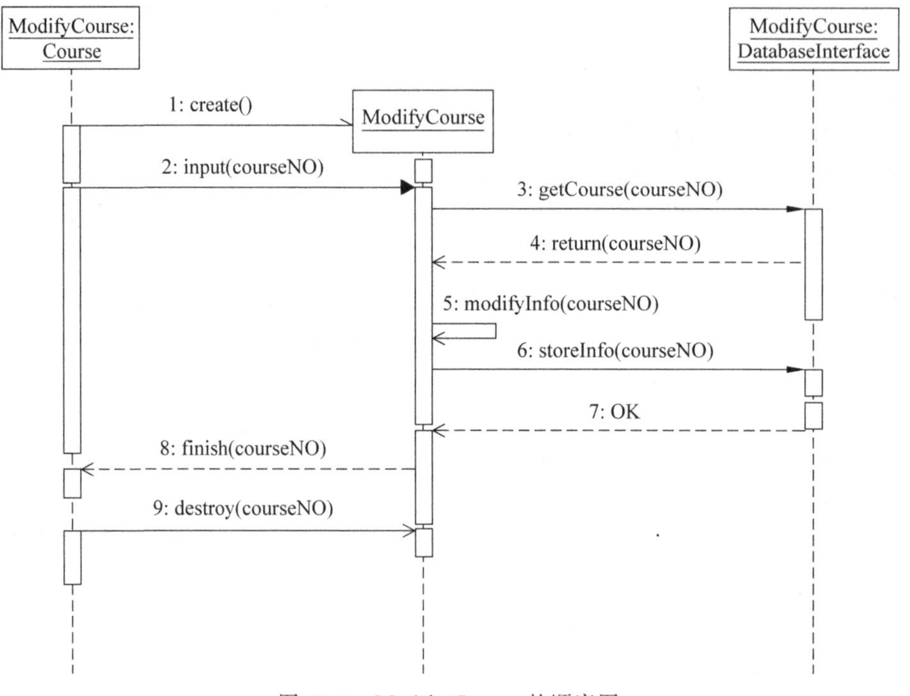

图 13-4　Modify Course 的顺序图

3. 协作图建模

协作图与顺序图均可以描述系统对象之间的交互。在协作图中包含一组对象及对象之间的关联,通过消息传递描述对象之间如何协作完成系统的行为。

协作图由对象、链接和消息组成。对象的表示方法与顺序图一致。对象之间的链接以连接两个对象的实线表示,说明两个对象之间具有关联,关联角色和多重性标志可以在关联的两端标出。另外,在关联的两端还可以标明约束,约束的种类包括 Global(全局性)、Local(局部性)、Parameter(参数性)和 Self(自身性)等。

消息表示对象之间的信息流,由序号、条件、重复和返回值组成。消息的类型包括嵌套消息、并发消息、条件发送消息和循环发送消息。

在协作图中,每一条消息均有一个序号,序号以阿拉伯数字及圆点表示,最小序号为 1。例如,序号 1.1 是一条嵌套消息的序号,表示消息 1 处理中的第 1 个嵌套消息。若在序号中加上字母,则表示并发消息,例如,1.1a 和 1.1b 是两条并行发送的消息。

当满足条件时发送的消息称为条件发送消息,需在条件发送消息中添加“[执行条件]”。例如,消息 2.2:[studentNum<maxNum]:selectcourse()表示在学生选课时,系统需判定选课人数是否已达到最大值,若选课人数小于最大值,则可以选课,否则不可选课。

循环发送消息可以按循环条件重复执行,需在循环发送消息中添加“*[执行条件]”。

例如,消息 3.2：*[scoreFile!＝NULL]：printFile()表示当成绩文件非空时,重复执行打印文件操作。

13.2.2 状态模型建模

UML 中的状态图和活动图用于建立状态模型。一个对象的各种状态及状态之间的转换组成了状态图,状态图展示了一个对象在生命周期内的行为、状态序列和经历的转换等。活动图描述了系统对象从一个活动到另一个活动的控制流、活动序列、工作流程和并发处理行为等。

1. 状态图建模

利用状态图可以为某一对象在其生命周期的各种状态建立模型,步骤如下：

(1) 确定状态图描述的主体和范围,主体可以是系统、用例、类或对象。

(2) 确定主体在其生命周期的各种状态,并为状态编写序号。

(3) 确定触发状态转移的事件以及动作。

(4) 进一步简化状态图。

(5) 确定状态的可实现性,并确定无死锁状态。

(6) 审核状态图。

在绘制状态图时,应注意以下几点：为每一个状态正确命名;先建立状态,再建立状态之间的转换;考虑分支、并发、同步的绘制;将元素放于合适的位置,以避免连线交叉。

一个结构良好的状态图能够准确描述系统动态模型的一个侧面,在该图中只包含重要元素,可以在状态图中增加解释元素,以增加状态图的可读性。

2. 活动图建模

活动图建模包括业务工作流建模和操作建模。

业务工作流建模的步骤如下：

(1) 确定负责实现工作流的对象。对象是业务工作中的一个实体或抽象的概念。为重要对象分配泳道。

(2) 确定范围边界,明确起始状态与结束状态。

(3) 确定活动序列。

(4) 确定组合活动。

(5) 确定转换,应按优先级别依次处理顺序流活动转换、条件分支转换、分劈接合转换。

(6) 确定工作流中的重要对象,并将其加入活动图。

操作建模的步骤如下：

(1) 确定与操作有关的元素。

(2) 确定范围边界,明确起始状态与结束状态。

(3) 确定活动序列。

(4) 利用条件分支说明路径和迭代。

(5) 描述同步与并发。

一个结构良好的活动图能够准确描述系统动态模型的一个侧面。在活动图中只包含重要元素,需提供与其抽象层次一致的细节,不应过分简化和抽象信息。可以在活动图中增加解释元素,以增加活动图的可读性。

13.3　系统体系结构建模

系统体系结构用于描述系统各部分的结构、接口以及用于通信的机制,包括软件系统体系结构模型和硬件系统体系结构模型。软件系统体系结构模型对系统的用例、类、对象、接口以及相互间的交互和协作进行描述,硬件系统体系结构模型对系统的组件、节点的配置进行描述。在UML中,使用组件图与配置图建立系统体系结构模型。

13.3.1　软件系统体系结构模型

软件系统体系结构模型即系统逻辑体系结构模型,该模型将系统功能分配至系统的不同组织,并详细描述各组织之间如何协调工作以实现系统功能。

软件系统体系结构模型指出系统应具有的功能,明确完成系统功能涉及的类和类之间的联系,指明系统功能实现的时间顺序。

为了能够清晰地描述一个复杂的软件系统,需将软件系统分解为更小的子系统,每一个子系统以一个包描述。包是一种分组机制,它将一些模型元素组织成语义相关的组。包中的所有模型元素称为包的内容,包之间的联系构成了依赖关系。

图13-5是一个3层结构的通用软件系统体系结构,由通用接口界面(General Interface)、系统业务对象(System Business Object)和系统数据库(System Database)3层组成,每一层中有其内部的体系结构。

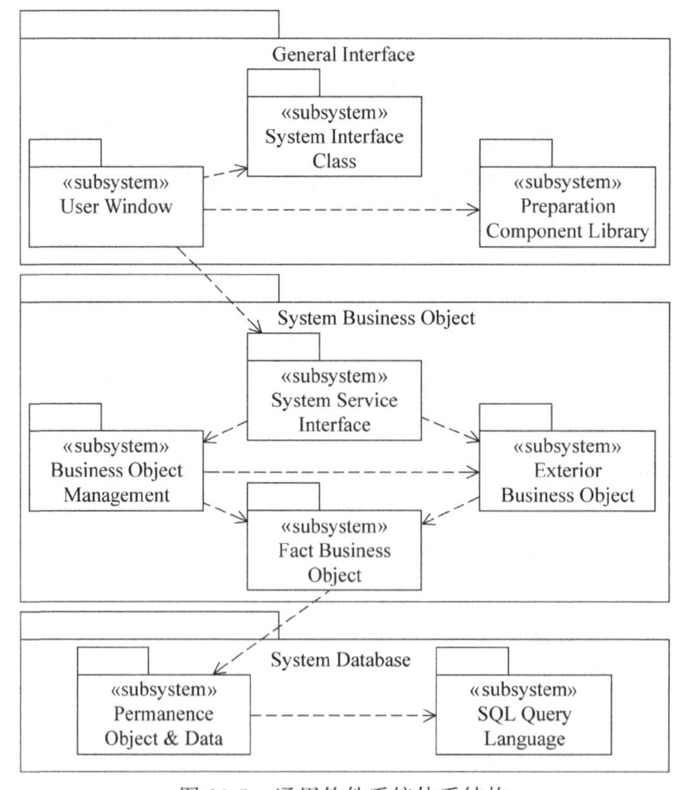

图13-5　通用软件系统体系结构

通用接口界面层由系统接口界面类(System Interface Class)、用户窗口(User Window)和备用组件库(Preparation Component Library)3个包组成,该层可以设置软件系统的运行环境接口界面以及用户窗口接口界面。

系统业务对象层由系统服务接口(System Service Interface)、业务对象管理(Business Object Management)、外部业务对象(Exterior Business Object)和实际业务对象(Fact Business Object)3个包组成,该层可以设置用户窗口与系统功能服务接口的连接,通过对系统业务对象进行有效管理以及对外部业务对象进行包装,形成能够实现系统功能的实际业务对象集。

系统数据库层由持久对象及数据(Permanence Object & Data)和SQL查询语言(SQL Query Language)两个包组成,该层可以将实际业务对象集作为持久对象及数据存储在磁盘中,并可对这些持久对象及数据进行SQL查询。

13.3.2 硬件系统体系结构模型

硬件系统体系结构模型显示系统硬件结构组成和各节点连接状况,以图形的方式展示代码模块的物理结构和依赖关系,并给出进程、程序、组件等软件在运行时的物理分配。

硬件系统体系结构模型指出系统中的类和对象涉及的具体程序或进程,标明系统中配置的计算机和其他硬件设备,指明系统中的各硬件设备如何连接,明确不同代码文件之间的相互依赖关系。

13.3.3 组件图建模

组件是逻辑体系结构中定义的概念与功能在物理体系结构中的实现,通常为软件开发环境中的实现性文件。在UML中,对象库、可执行体、COM+组件以及企业级JavaBeans均可描述为组件。组件可分为源代码组件、二进制代码组件和可执行代码组件。组件是一种特殊的类,它有操作而无实现,其操作的实现需由相应的组件实施。

组件属于系统的组成部分,可在多个软件系统中复用,是软件复用的基本单位。每个组件均具有一个名字,称为组件名。组件可定义一组接口,用以实现其内部模型元素的服务。在组件中可以包含类,类通过组件实现,两者之间是依赖关系。

组件通过消息传递方式进行操作,操作包含参数,每个操作具有前置条件与后置条件。在执行操作前需判定前置条件是否满足,若满足,则执行该操作,否则不执行。后置条件是指操作执行结束时必须满足的条件,若不满足,则操作的执行不完全,需进行调整。

一个大型的软件系统一般由多个可执行程序和相关的持久对象库组成,使用组件图建模可以清晰、完整地描述系统组成,便于软件开发人员进行软件开发。

1. 组件分类

在UML中,将组件分为源代码组件(编译时组件)、二进制代码组件(连接时组件)和可执行代码组件(运行时组件),而二进制代码组件和可执行代码组件是由源代码组件经过编译后产生的。

源代码组件是在软件开发过程中产生的,是实现一个或多个类的源代码文件,用于产生可执行系统。通常在源代码组件上标示构造型符号«file»、«page»或«document»,其中«file»表示包含源代码或数据的文件,«page»表示Web页,«document»表示文档。

二进制代码组件是源代码组件经过编译后产生的目标代码文件或静态/动态库文件,目标代码文件和静态库文件在运行前连接为可执行组件,动态库文件在运行时连接为可执行组件。通常在二进制代码组件上标示构造型符号«library»,用以指明该组件是静态库或动态库。

可执行代码组件是系统运行时使用的组件,表示在处理机上运行的可执行单元。通常在可执行代码组件上标示构造型符号«application»或«table»,其中«application»表示一个可执行程序,«table»表示一个数据库表。

图13-6所示组件图描述了一个软件系统的组成,包括C++源代码组件、编译生成的二进制代码组件以及连接生成的可执行代码组件。其中,mainProgram.cpp(主程序)组件、commandManager.cpp(命令管理器)组件和windowManager.cpp(窗口管理器)组件为软件系统的源代码组件;mainProgram.obj组件、commandManager.obj组件和windowManager.obj组件为软件系统的二进制代码组件,二进制代码组件依赖于源代码组件;application.exe(应用程序)为软件系统的可执行代码组件,可执行代码组件依赖于二进制代码组件和图形动态链接库组件graphic.dll。

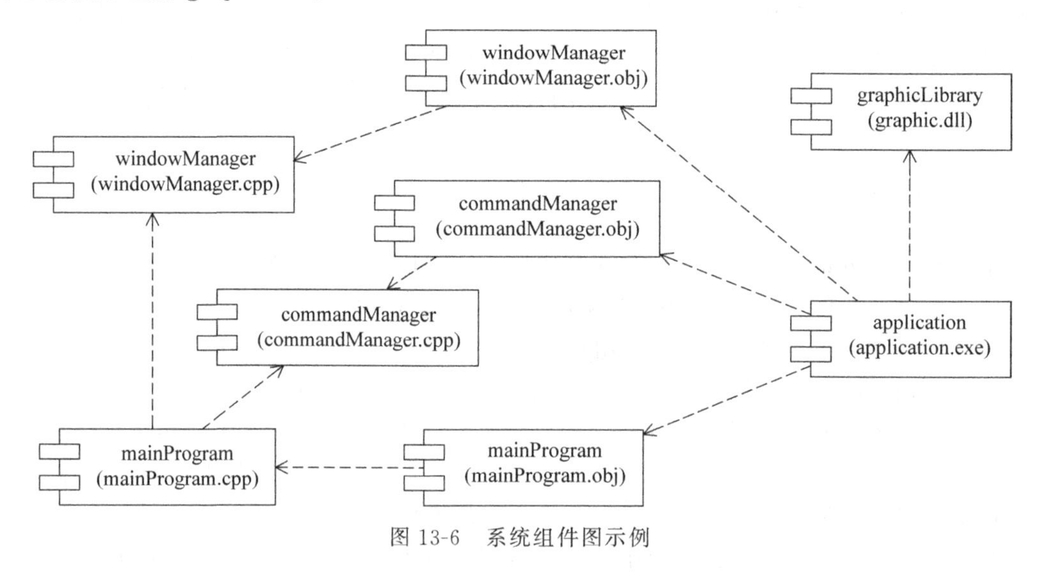

图13-6　系统组件图示例

2. 组件接口

组件具有接口,通过接口可描述一个组件能够提供服务的操作集合。接口一般位于两个组件之间,阻断了两个组件之间的依赖关系,使得组件自身具有良好的封装性。

UML组件具有输入接口与输出接口。其中,输入接口是该组件使用其他组件的接口,该组件以输入接口为基础可以构造其他组件;输出接口是该组件的实现接口,即该组件被其他组件使用的接口。一个组件可以具有多个输入接口与多个输出接口,一个接口可以被一个组件用于输出,也可以被另一个组件用于输入。

图13-7描述了选课管理子系统中selectCourse组件与student组件之间的接口,其中包括student(学生)组件与selectCourse(选课)组件以及一个selectCourse(选课)接口。student组件依赖于selectCourse接口,selectCourse组件实施选课操作。学生通过selectCourse接口进行选课,由selectCourse组件实现selectCourse接口中的操作。

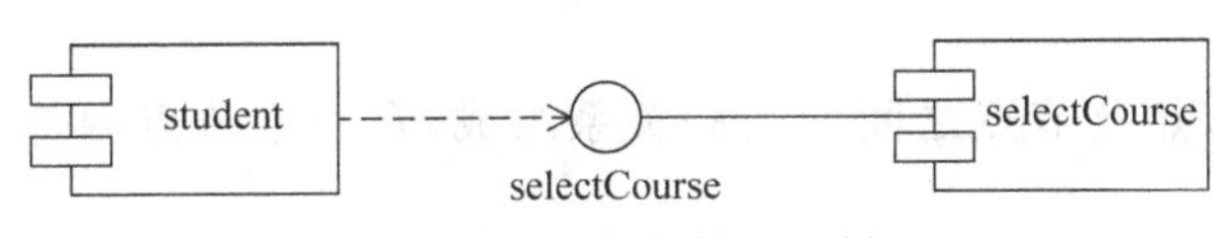

图 13-7　组件与接口示例

3. 组件图建模步骤与方法

1）组件图建模步骤

组件图建模步骤如下：

（1）分析系统，从系统组成结构、软件复用、物理节点配置、系统归并、组件组成等几个方面寻找并确定组件。

（2）使用构造型说明组件，并为组件命名。组件的命名应有意义。

（3）标示组件之间的依赖关系。对于接口应注意是输出接口还是输入接口。

（4）进行组件的组织。对于复杂的软件系统，应使用包组织组件，形成清晰的结构层次图。

2）组件图建模方法

组件图包括组件、接口和组件之间的关系。在创建组件图时，应保证组件图的结构良好。

一个结构良好的组件图应具有以下特点：

（1）一个组件图应主要描述系统静态视图的某一侧面；若要描述系统的完整静态视图，则要将系统的所有组件图结合起来。

（2）在组件图中只包含与系统某一侧面描述有关的模型元素，并未包含所有的模型元素。

（3）在组件图中提供与抽象层次相一致的描述，还可以绘出相应的修饰与注释，这样有助于理解组件图。

（4）在绘制组件图时，图形不应过于简化，以防止软件开发人员产生误解。

在绘制组件图时，还应注意以下几点：

（1）为每一个组件图及组件图中的每一个组件标示出能够准确表达其意义的名字。

（2）各组件的位置应放置恰当，以防在建立组件之间的联系时出现交叉连线。

（3）语义相近的模型元素在组件图中应集中绘制，其位置应尽量相互靠近。

（4）对于组件图中的重要部分应加上适当的注释，并标示出醒目的颜色。

（5）为使组件图更易理解，应谨慎使用用户自定义的构造型元素。

（6）应保持所有的组件图风格一致。

13.3.4　配置图建模

在 UML 中，组件图用于软件系统体系结构建模，配置图用于硬件系统体系结构建模。面向对象的系统模型由软件模型与硬件模型组成。在软件开发过程中创建的组件和重用模块必须在硬件上才可执行，应将组件的实例标示在配置图中。配置图主要用于在网络环境下运行的分布式系统或嵌入式系统建模；对于单机系统，不需进行配置图建模，仅仅需要包图或组件图描述即可。

1. 配置图组成

配置图主要由节点及节点之间的关联关系组成,在一个节点内部还可以包含组件和对象。

在配置图中,最基本的元素是节点。节点用一个立方体表示。每一个节点均有一个名字,在节点上还可以用标记值说明该节点的性质。节点有短式与长式两种表示法,短式表示法仅包含节点名,长式表示法包括节点名、节点的硬件性能指标及配置在节点上的组件,如图13-8所示。

可执行组件实例可出现在节点中,表示该组件实例在节点内驻留并执行。图13-9所示的节点为一台IBM PC,这是一个节点实例,名称为IBM PC:WebServer,其内部包括SelCourse.EXE(选课)、StuFile.EXE(学生档案)和Score.EXE(成绩)3个可执行组件实例,这些组件实例之间存在依赖关系。在UML图中,实例名需加下画线。

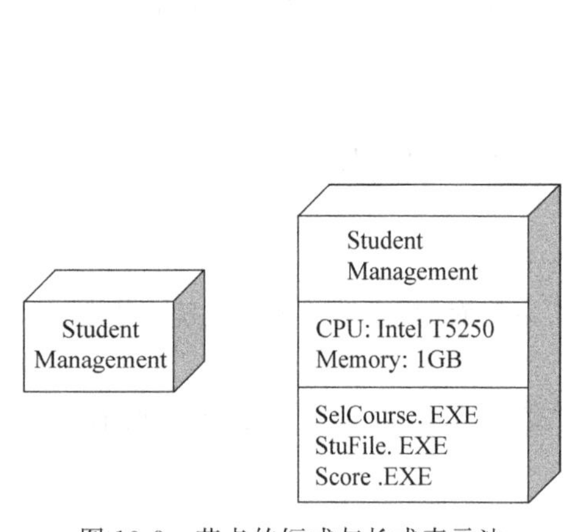

图13-8 节点的短式与长式表示法

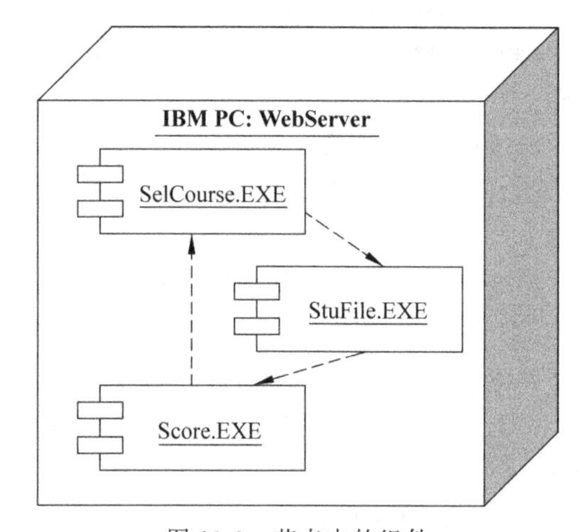

图13-9 节点中的组件

配置图中的节点之间按通信关系相互连接,节点之间的连线表示节点之间存在通信路径。通常在连接线上标示通信协议或网络名称,如TCP/IP、Ethernet等。

2. 配置图建模步骤

在UML面向对象软件设计过程中,网络应用系统的配置图建模步骤如下:

(1) 根据硬件设备配置(如服务器、工作站、交换机、I/O设备等)和软件体系结构功能(如网络服务器、数据库服务器、应用服务器、客户机等)确定节点。

(2) 确定驻留在节点内的组件和对象,并标明组件之间以及组件内对象之间的依赖关系。

(3) 用构造型注明节点的性质。

(4) 确定节点之间的通信联系。

(5) 对节点进行统一组织和分配,绘制结构清晰并具有层次的配置图。

13.4 面向对象设计案例

下面仍以图书管理信息系统为例,介绍其动态建模、系统体系结构建模的过程。

13.4.1 创建动态模型

动态模型的创建包括顺序图建模、协作图建模、状态图建模和活动图建模。以下描述图书管理信息系统的主要动态模型。

1. 顺序图建模

顺序图按照时间顺序描述模型元素之间的交互。通过系统分析,从参与者的角度设计图书管理信息系统的顺序图,主要包括图书管理员处理图书借阅顺序图、图书管理员处理图书归还顺序图、借阅者查询图书信息顺序图、借阅者预约图书顺序图、系统管理员添加/删除/更新图书顺序图、系统管理员添加/删除/更新借阅者信息顺序图、系统管理员添加/删除/更新图书管理员或系统管理员信息顺序图等。

图 13-10 所示为图书管理员处理图书借阅顺序图。图书管理员首先检验借阅者的合法性,然后查询图书,并查询借阅者是否已预约图书。若借阅者合法且图书存在,则办理借阅,创建借阅记录。

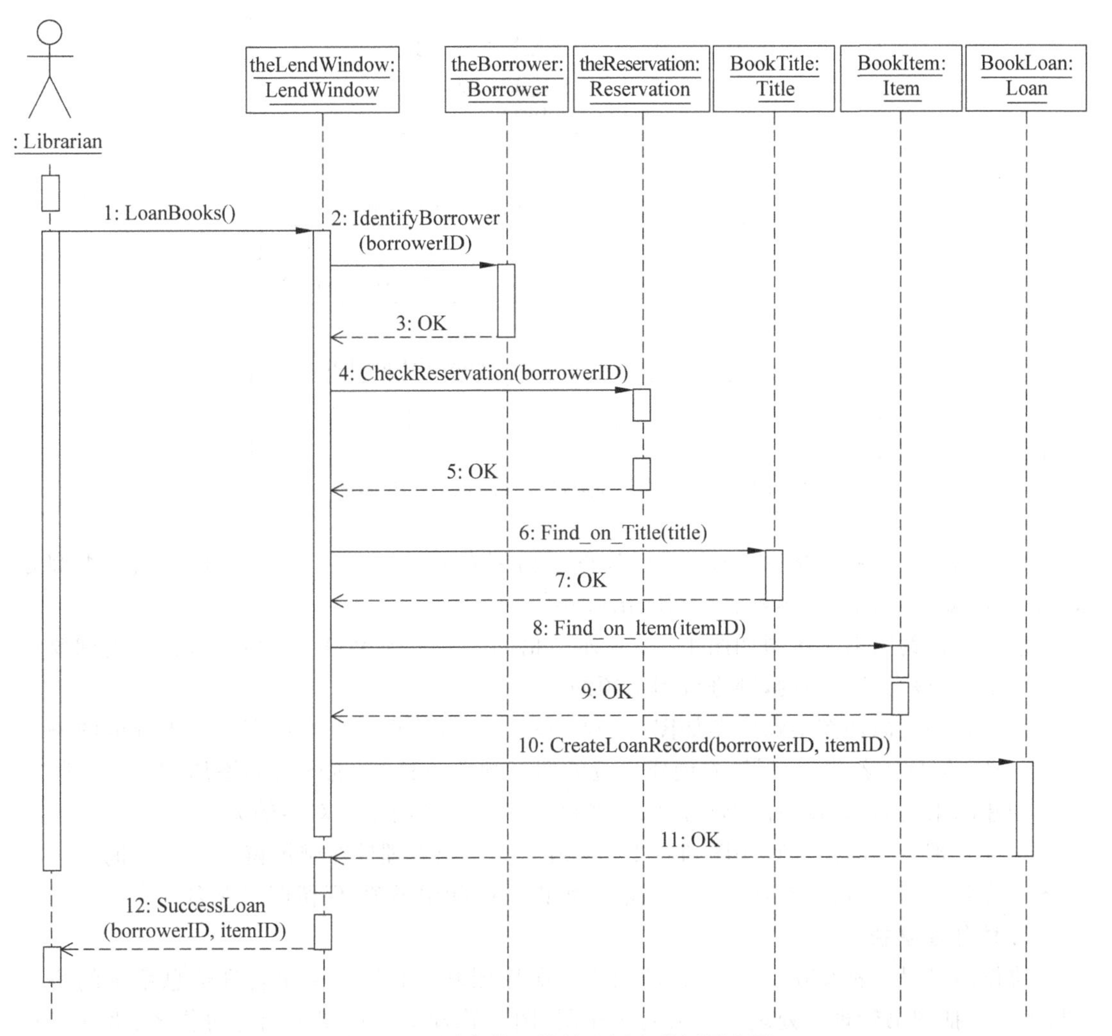

图 13-10 图书管理员处理图书借阅顺序图

图13-11所示的顺序图描述了图书管理员处理图书归还的过程。借阅者将所借图书交给图书管理员;图书管理员执行归还图书操作,首先检查该书是否超期,若超期则应收取罚金,然后分别修改借阅信息和图书信息。

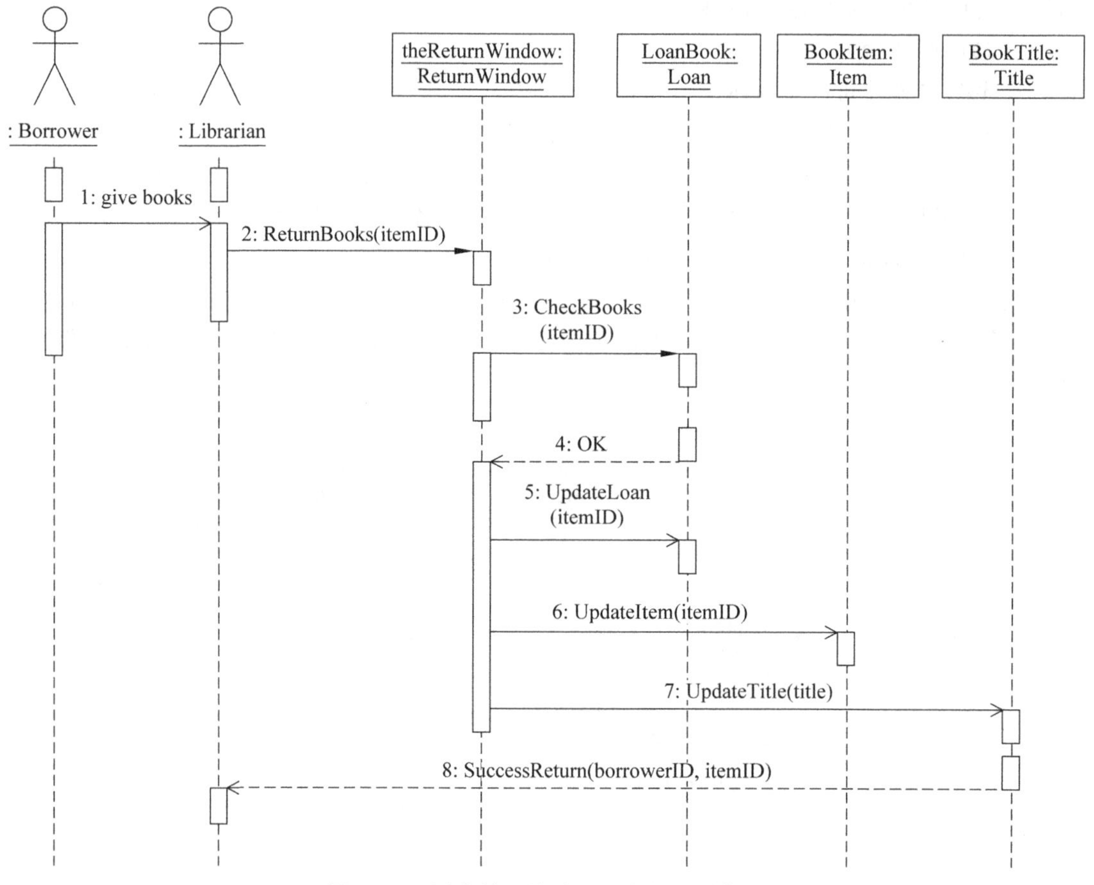

图13-11 图书管理员处理图书归还顺序图

图13-12为借阅者查询图书信息顺序图。借阅者通过查询窗口查询图书信息,查询方式有多种,如书号、书名、作者、出版社、出版年等。

借阅者预约图书顺序图如图13-13所示。借阅者登录到Web应用界面,首先查询要预约的图书,若该书可以预约,则进行图书预约。

系统管理员添加图书顺序图如图13-14所示。系统管理员在维护窗口首先查询图书的题名(title)信息。若找到,则接着创建相应的图书项(item),实现图书的添加;若未找到,则应先创建图书题名,再创建图书项。图书题名与图书项之间是一对多的关系。

系统管理员删除图书顺序图如图13-15所示。系统管理员在维护窗口分别查询图书项和图书题名,找到后进行删除处理。当然也可以仅删除图书项,保留图书题名。

2. 协作图建模

协作图是另一种交互图,其描述的内容与顺序图基本相同。图书管理信息系统的协作图,主要包括图书管理员处理图书借阅协作图、图书管理员处理图书归还协作图、借阅者查询图书信息协作图、借阅者预约图书协作图、系统管理员添加/删除/更新图书协作图、系统

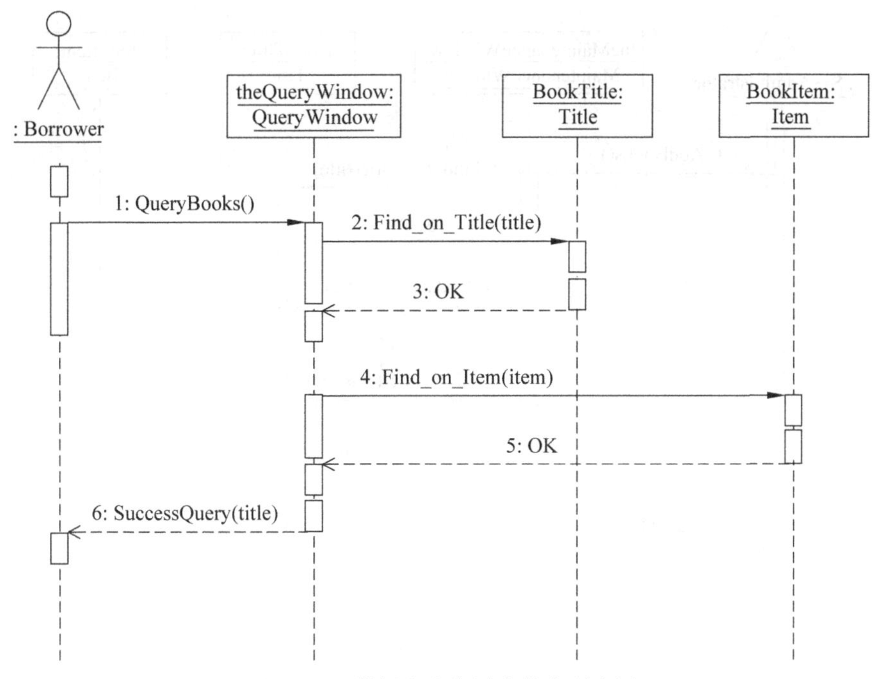

图 13-12 借阅者查询图书信息顺序图

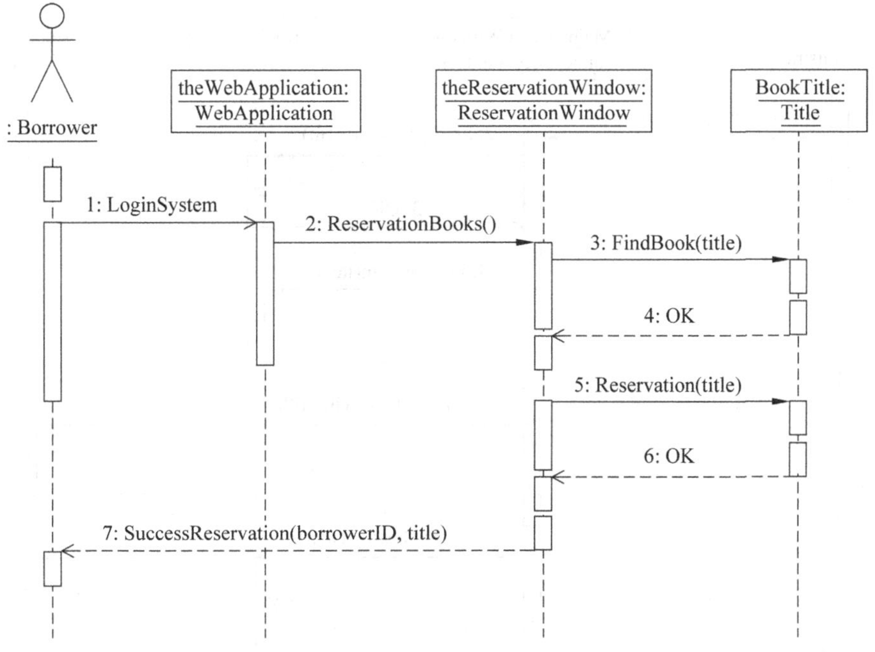

图 13-13 借阅者预约图书顺序图

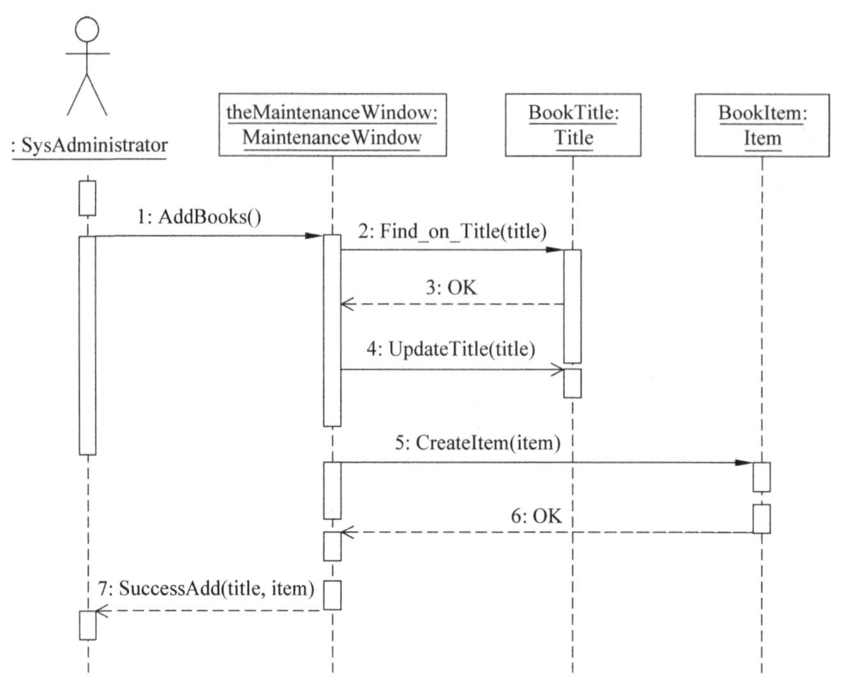

图 13-14 系统管理员添加图书顺序图

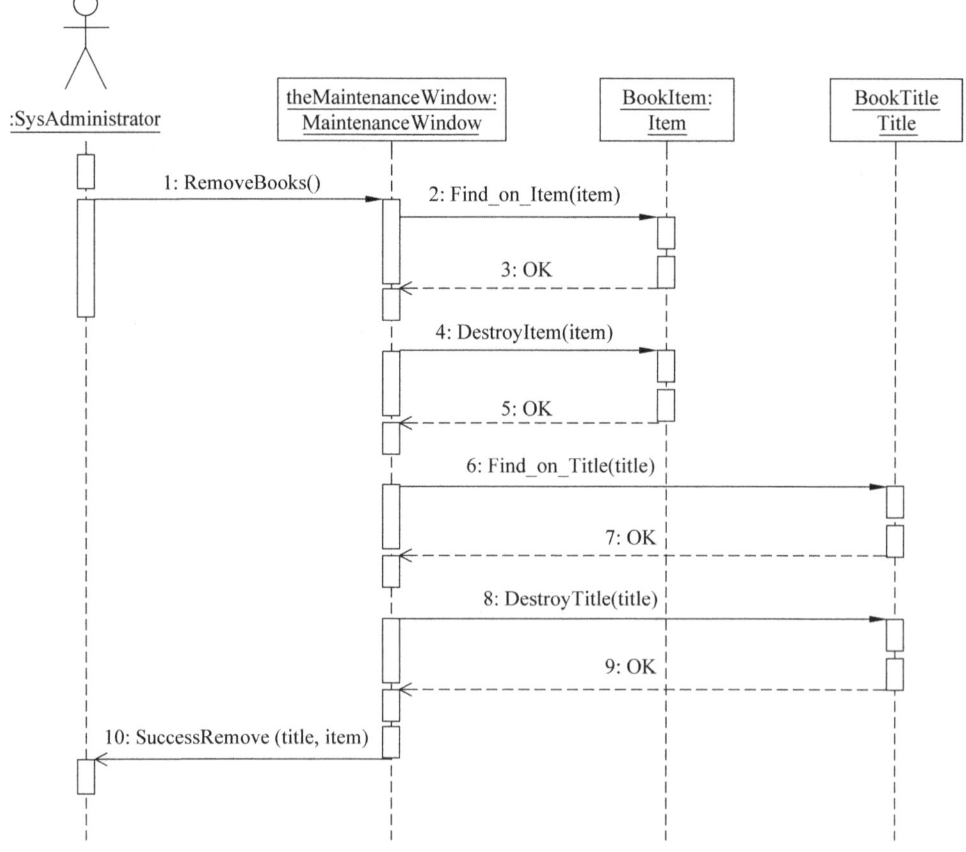

图 13-15 系统管理员删除图书顺序图

管理员添加/删除/更新借阅者信息协作图、系统管理员添加/删除/更新图书管理员或系统管理员信息协作图等。

图书管理员处理图书借阅协作图如图 13-16 所示。在借阅之前，需检验借阅者的合法性，并查询借阅者是否预约了图书。

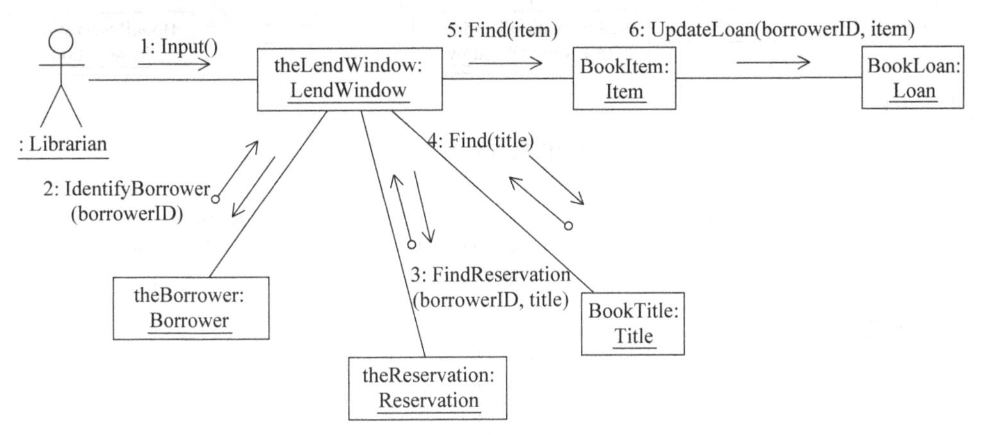

图 13-16 图书管理员处理图书借阅协作图

图书管理员处理图书归还协作图如图 13-17 所示。图书归还后，需分别更新图书及借阅者的信息。

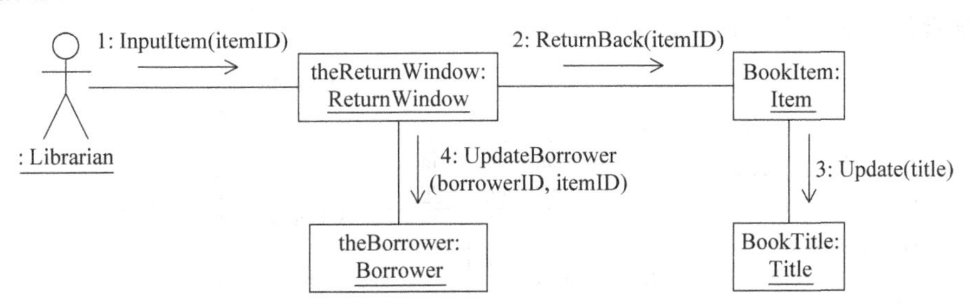

图 13-17 图书管理员处理图书归还协作图

借阅者查询图书信息协作图如图 13-18 所示。可从图书题名和图书项进行查询。

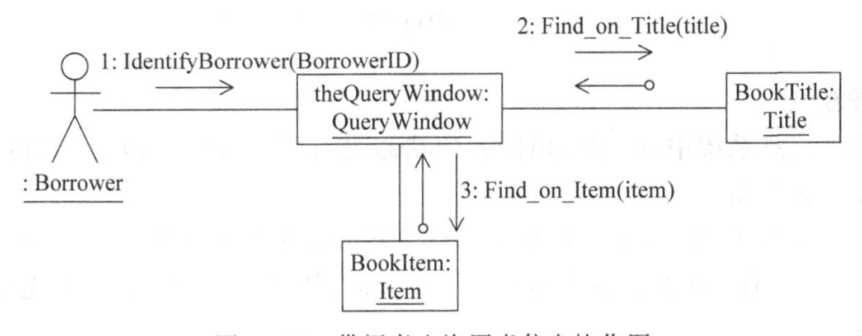

图 13-18 借阅者查询图书信息协作图

借阅者预约图书协作图如图 13-19 所示。系统首先验证借阅者的合法性，然后借阅者查询图书，若借阅者合法且图书存在，则可进行图书预约。

系统管理员添加图书协作图如图 13-20 所示。

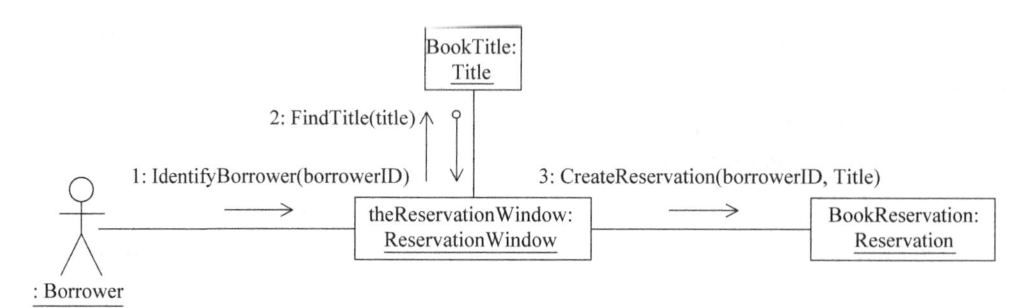

图 13-19　借阅者预约图书协作图

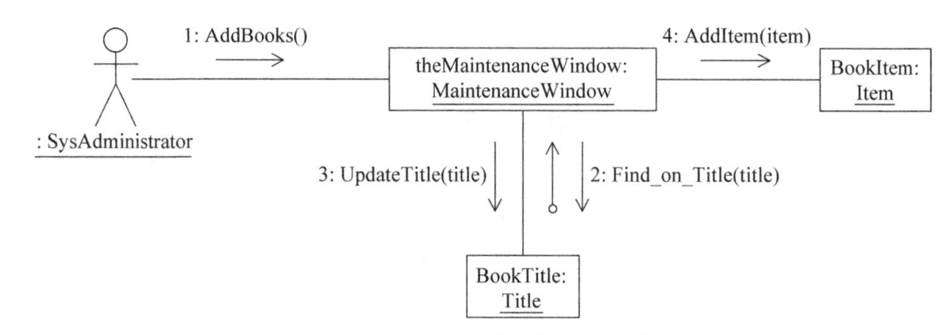

图 13-20　系统管理员添加图书协作图

系统管理员删除图书协作图如图 13-21 所示。

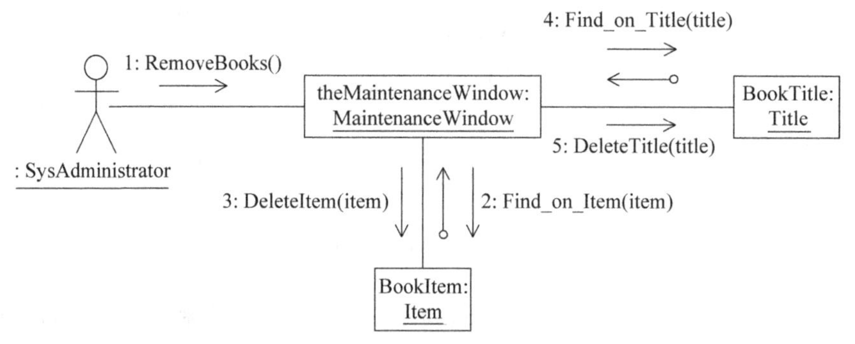

图 13-21　系统管理员删除图书协作图

3. 状态图建模

在图书管理信息系统中，图书与借阅者的状态具有明显变化。以下分别介绍图书状态图和借阅者账户状态图。

图书状态图如图 13-22 所示。在整个软件系统中，图书具有新书状态、可使用状态、预约状态、借阅状态和销毁状态。新书经过入库处理后，便可预约、借阅，一些无用的旧图书需从书库中剔除。

借阅者账户状态图如图 13-23 所示。借阅者的状态包括新注册借阅者账户、有效借阅者账户、无效借阅者账户、删除借阅者账户。系统管理员将借阅者信息加入软件系统后，便产生了新注册借阅者账户，借阅者可以预约、借阅图书。若借阅者所借图书已达到最大借阅册数或所借图书超期未还，则借阅者账户由有效状态转为无效状态；但当借阅者归还了部分

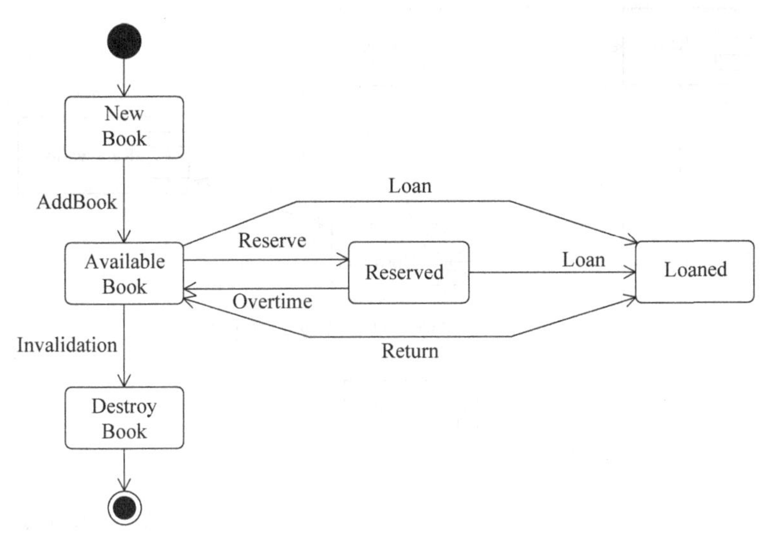

图 13-22 图书状态图

图书或超期图书后，其账户还可由无效状态转为有效状态。若借阅者不再进行借阅活动时，可以销毁其账户。

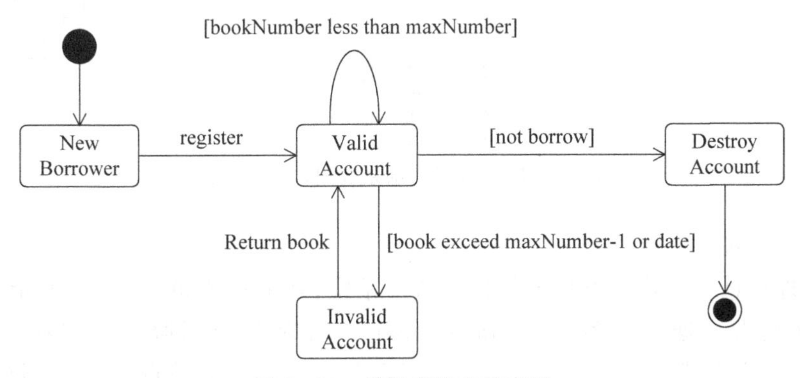

图 13-23 借阅者账户状态图

13.4.2 创建系统体系结构模型

系统体系结构模型的创建包括组件图建模和配置图建模。

1. 组件图建模

图书管理信息系统的组件图包括业务对象组件图和用户界面组件图。

图 13-24 为业务对象组件图，包括 Title、Item、Loan、Reservation 和 Borrower 组件。在该图中，每一个组件对应于系统的一个类(或业务对象)，各组件之间的依赖关系对应于类之间的依赖关系。

用户界面组件图如图 13-25 所示，包括 Main Window(主窗口)、Maintenance Window(维护窗口)、Query Window(查询窗口)、Total Window(统计窗口)、Reserve Window(预约窗口)、Business Window(业务窗口)、Loan Window(借阅窗口)、Return Window(归还窗口)、Login Window(登录窗口)9 个用户界面组件，各组件之间存在着相应的依赖关系。

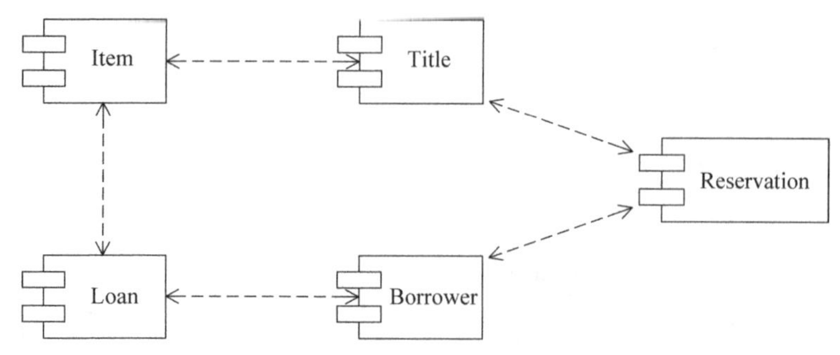

图 13-24 图书管理信息系统业务对象组件图

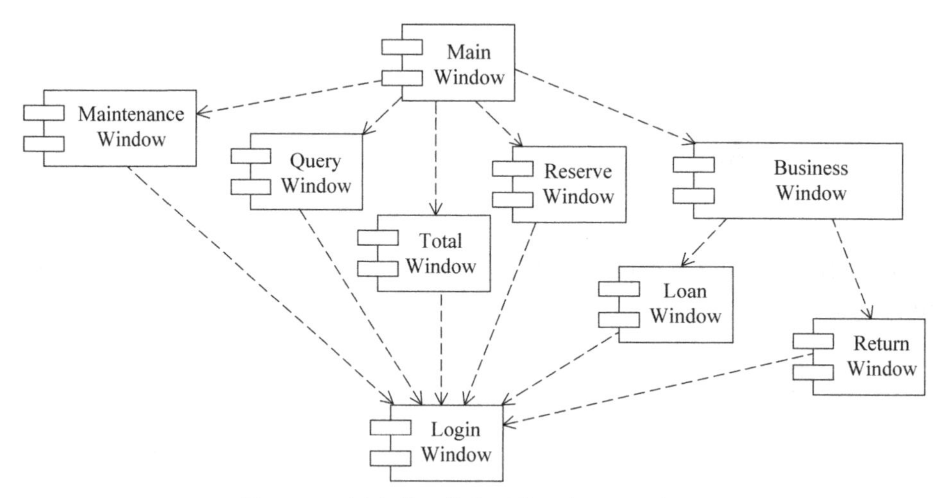

图 13-25 图书管理信息系统用户界面组件图

2. 配置图建模

图书管理信息系统是基于C/S架构的软件系统,其配置图如图13-26所示。其中包括6个节点,分别为数据库服务器(Database Server)、Web应用服务器(Web Application Server)、3个客户终端(Client1~Client3)和打印机(Printer),各节点之间通过网络连接。

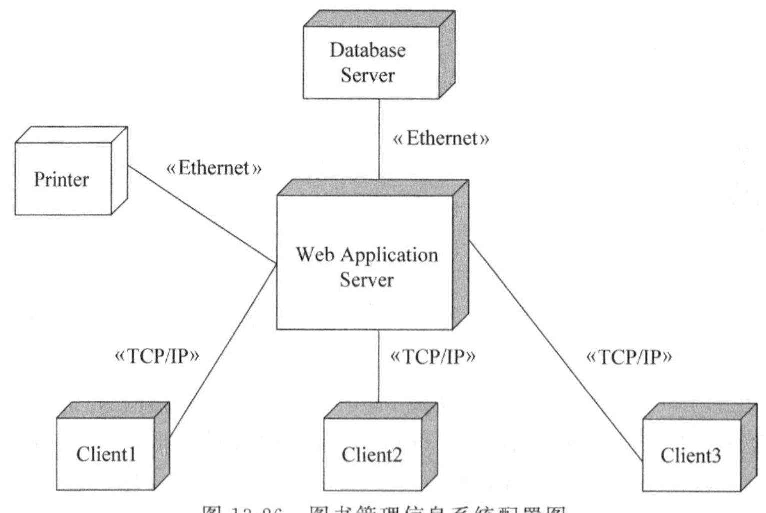

图 13-26 图书管理信息系统配置图

小　　结

面向对象设计就是用面向对象观点建立求解域模型的过程。它分为系统结构设计和对象设计两个阶段。系统结构设计确定实现系统的策略和目标系统的高层结构，对象设计确定解空间中的类、关联、接口形式及实现服务的算法。

系统体系结构模型由组件图和配置图实现。组件图用于描述系统中存在的组件以及组件之间的关系，组件是指系统中的各种代码文件，因此，组件图描述了系统中程序代码的组织结构。配置图描述系统中硬件和软件的物理配置情况和系统体系结构。配置图中的节点是指实际的物理设备以及在该节点上运行的可执行组件或对象，同时配置图还描述这些节点之间的连接以及通信类型。

UML 的内容非常丰富，在具体应用中不必面面俱到，应根据应用问题的特点建立相应的模型，即对每一个应用问题，不必把 10 种图都画出来，应有所侧重，有所选择。

习　　题

13.1　如何进行系统分解？

13.2　简述动态建模的步骤与过程。

13.3　简述动态模型的构成。

13.4　顺序图中的消息分为哪几种类型？

13.5　描述软件系统体系结构的组成。

13.6　简述组件图的分类以及组件图的建模步骤。

13.7　简述配置图的建模步骤。

13.8　在系统设计阶段将创建和完善哪些模型？

13.9　创建选课管理子系统的动态模型与系统体系结构模型。

13.10　撰写选课管理子系统的系统设计规格说明书。

第14章　面向对象软件开发工具 Rational Rose

在软件开发过程中，软件人员通常借助于计算机辅助工具进行软件开发。许多CASE工具均在不同程度上提供了对UML建模的支持，例如IBM公司的Rational Rose、Sparx Systems公司的Enterprise Architect、Microsoft公司的Visio以及Borland公司的Model Maker等，而其中Rational Rose在面向对象软件工程应用中占主导地位。

本章将详细介绍Rational Rose的特点、功能、安装、操作方法与建模过程。

14.1　Rational Rose 简介

Rational Rose是一种可视化的面向对象建模工具，该工具可以实现系统建模、分析与设计，并可实现双向工程(round-trip engineering)，便于软件人员开发与维护软件系统。Rational Rose最初是由美国Rational公司开发的。在2002年，Rational公司被IBM公司收购，成为IBM公司的一个著名品牌。Rational Rose 2003是目前使用较为广泛的版本。

Rational Rose包括统一建模语言(UML)、面向对象软件工程(Object-Oriented Software Engineering，OOSE)和对象建模技术(Object Modeling Technique，OMT)，支持UML描述的各种图形，实现了UML的软件建模。

Rational Rose具有以下特点。

1. 模型与代码高度一致

Rational Rose具有双向工程功能，既可以从模型产生代码框架，又可以将代码转换成模型。若修改了模型，Rational Rose可以修改相应的代码，若修改了代码，则可以自动将这些改变加入到模型中，从而实现了模型与代码的高度一致。

2. 支持UML建模

在Rational Rose环境下可以实现UML的建模过程。该工具提供了相应的视图和各种图形模板，用户可以构建出各种所需的模型。

3. 可支持多种程序设计语言

Rational Rose可支持多种程序设计语言，如C++、Visual C++、Visual Basic、Java、Oracle、CORBA等，并可自动生成这些语言的代码框架。

4. 支持关系型数据库的建模

对于一些关系型数据库语言，如Oracle、SQL Server、Sybase、ANSI、Watcom等，Rational Rose可以建立其数据库模型，并可以自动生成数据库描述语言。

5. 自带RoseScript脚本语言

使用Rational Rose的RoseScript脚本语言，可以对功能进行扩展，如自动改变模型、创建报表等。

6. 支持模型的Internet发布

Rational Rose创建的模型可以进行Internet发布，这通过建立一个基于Web的

HTML 版本模型来实现。这样就使得软件开发人员可以通过浏览器浏览模型，便于软件开发人员之间的通信。

7. 可生成软件文档

文档是组成软件产品不可缺少的部分，可便于软件开发人员、软件管理人员、用户之间的信息交流。Rational Rose 具有文档自动生成功能，可以将 Rational Rose 模型转化为相应的文档，并与 Rational 公司的文档生成工具 SoDA 无缝集成。SoDA 提供了模型文档模板，可生成各种需求文档与设计文档，文档类型为 Word 格式。

8. 辅助软件开发

Rational Rose 作为一项 CASE 工具，在面向对象的软件开发中发挥着强大的作用，在面向对象分析阶段与面向对象设计阶段可辅助软件人员进行软件开发。

14.2 Rational Rose 的安装、启动与退出

14.2.1 Rational Rose 安装前的准备工作

1. 硬件环境

安装 Rational Rose 的硬件环境为：Pentium Ⅲ 600MHz 以上的 CPU，512MB 内存，2GB 以上的硬盘，并配有鼠标、键盘、CD-ROM 光驱、显示器等输入/输出设备。

2. 软件环境

操作系统为 Windows XP Professional 或 Windows 2000 Professional 系列。若为 Windows 2000 Professional，则应安装 Server Pack 2 或 Server Pack 3。数据库系统可以是 SQL Server 6.x/7.x/2000、Oracle 7.x/8.x/9.x 或 Sybase System 12。

3. 怎样获取 Rational Rose 安装系统

建议用户购买 Rational Rose 的正版软件，也可以登录 IBM 公司的官方网站（http://www.ibm.com）下载 Rational Rose 的试用版。

14.2.2 Rational Rose 的安装

下面以 Rational Rose 2003 版本为例，介绍 Rational Rose 的安装步骤。

（1）启动 Rational Rose 2003 的安装程序，系统进行安装准备，出现安装向导，如图 14-1 所示。

（2）在安装向导界面中单击“下一步”按钮，则进入 Rational 产品选择界面，如图 14-2 所示，选择要安装的 Rational Rose Enterprise Edition 选项，再单击“下一步”按钮，进入安装方式选择界面。

（3）在如图 14-3 所示的安装方式选择界面中包括 3 种不同的安装方式，选择 Desktop installation from CD image 单选按钮，进行本地安装，然后单击“下一步”按钮，进入安装向导说明界面。

（4）安装向导说明界面如图 14-4 所示，单击 Next 按钮，进入版权声明界面。

（5）在如图 14-5 所示的版权声明界面中，选择 I accept the terms in the license agreement 单选按钮，再单击 Next 按钮，进入设置安装路径界面。

图 14-1　Rational Rose 2003 安装向导

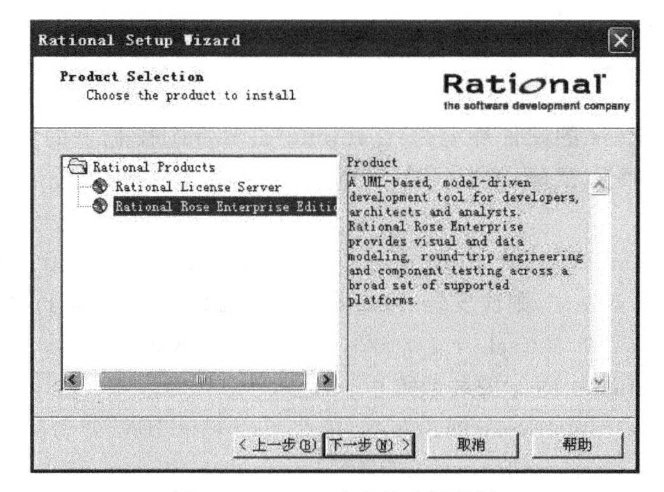

图 14-2　Rational 产品选择界面

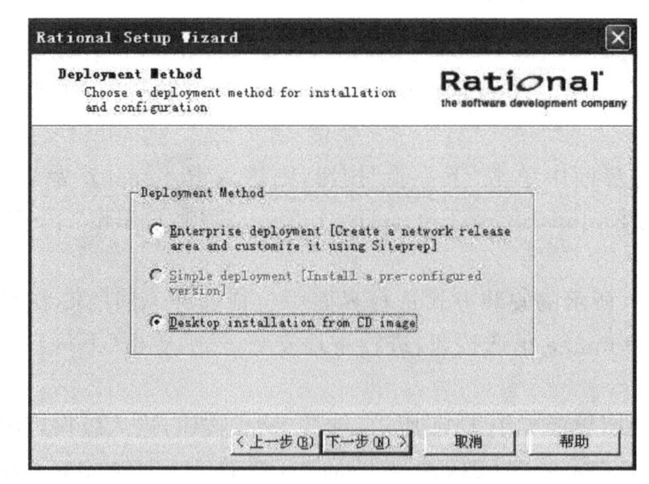

图 14-3　安装方式选择界面

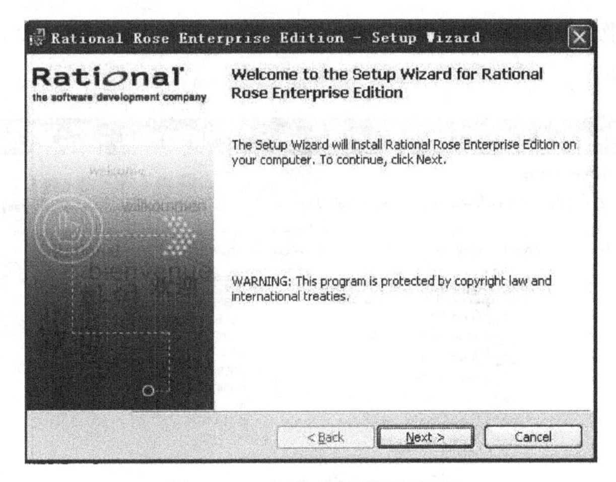

图 14-4 安装向导说明界面

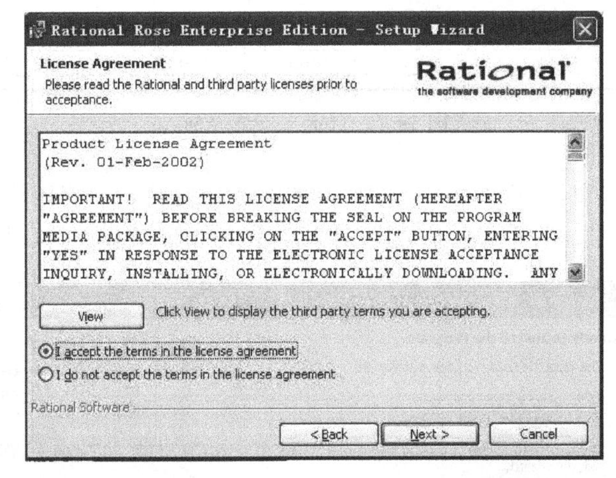

图 14-5 版权声明界面

(6) 在如图 14-6 所示的设置安装路径界面中给出了系统默认的安装路径 C:\Program Files\Rational\。若想改变安装路径,则可单击 Change 按钮,重新选择路径。

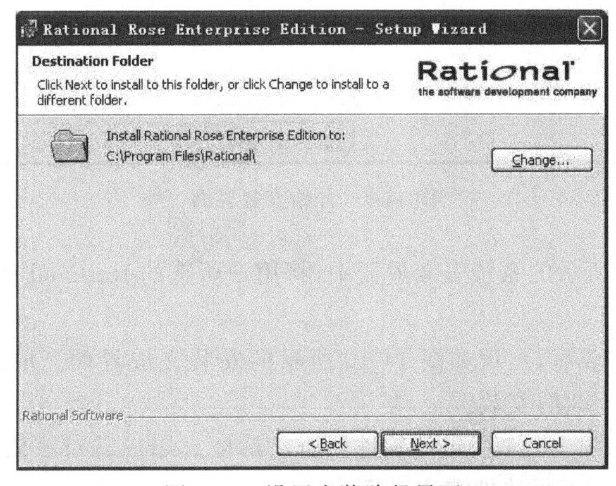

图 14-6 设置安装路径界面

(7) 单击 Next 按钮,出现如图 14-7 所示的自定义安装界面,用户可以根据自己的需要选择相应的程序组件。

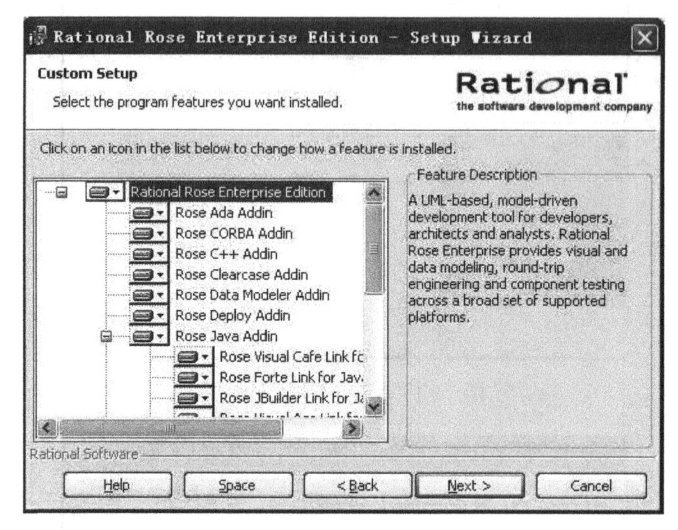

图 14-7 自定义安装界面

(8) 单击 Next 按钮,出现如图 14-8 所示的开始安装界面。若用户需要重新更改安装设置,可单击 Back 按钮;若继续进行安装,可以单击 Install 按钮,进入系统安装界面。

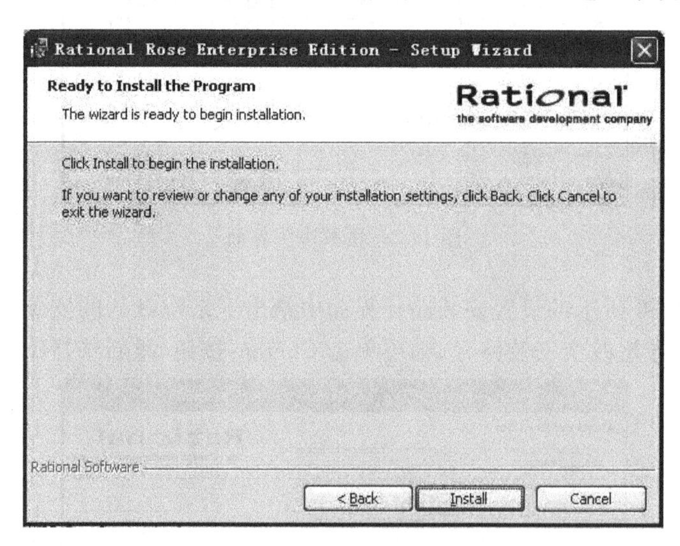

图 14-8 开始安装界面

(9) 在如图 14-9 所示的系统安装界面中,将用户所选的 Rational Rose 组件安装到指定的路径下。

(10) 系统安装完成后,出现如图 14-10 所示的安装完成界面。单击 Finish 按钮,即可完成 Rational Rose 2003 的安装。

(11) 接着出现如图 14-11 所示的软件注册对话框。用户需对该软件进行注册,可以使用多种方法进行注册。正版软件需注册后才可使用。

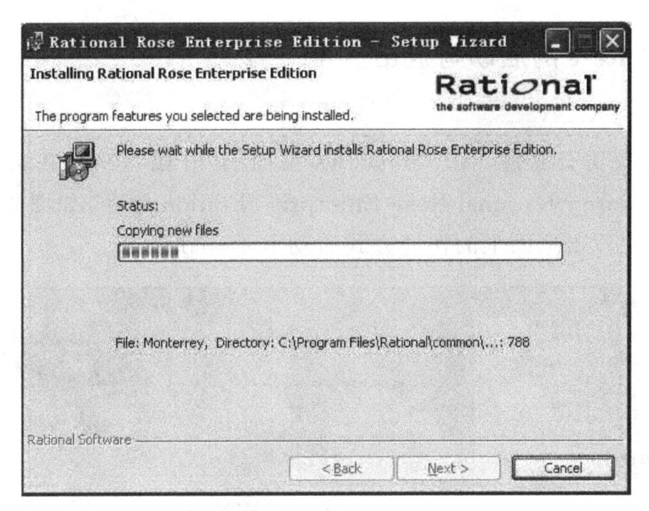

图 14-9 系统安装界面

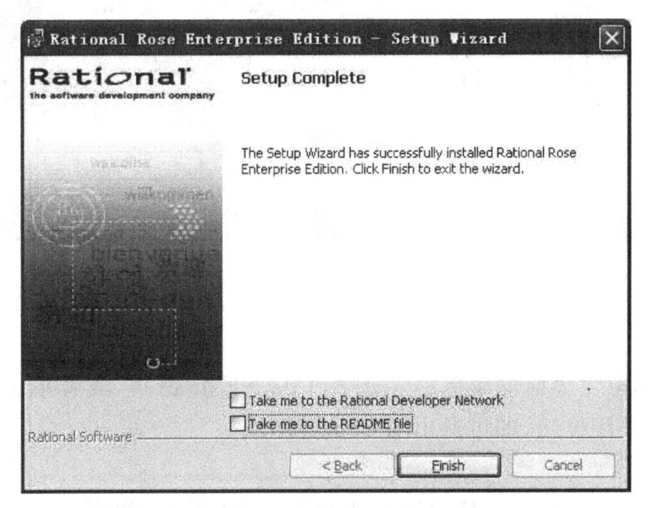

图 14-10 安装完成界面

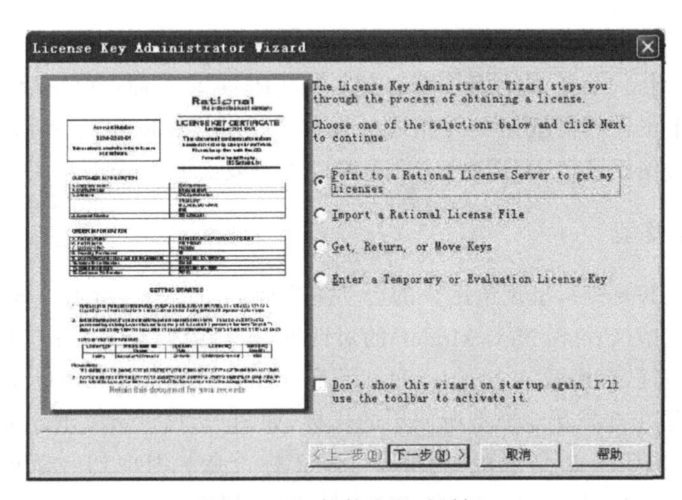

图 14-11 软件注册对话框

14.2.3 Rational Rose 的启动与退出

1. 启动

Rational Rose 成功安装后,单击 Windows 桌面的“开始”按钮,在菜单中依次选择“程序”→Rational Software→Rational Rose Enterprise Edition 命令,如图 14-12 所示,即可完成启动操作。也可以双击桌面上的快捷方式启动 Rational Rose。

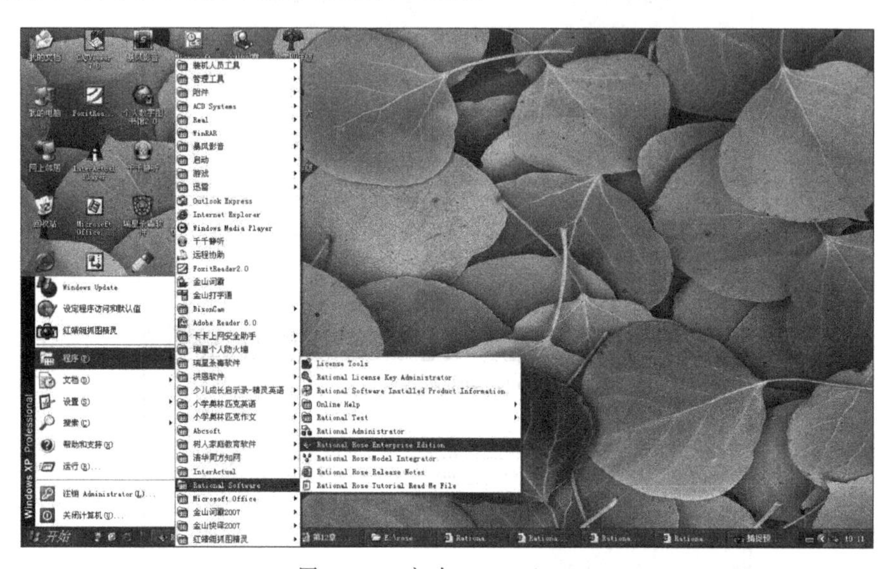

图 14-12 启动 Rational Rose

2. 退出

在 Rational Rose 主界面的菜单栏中选择 File→Exit 命令,或者单击 Rational Rose 主界面标题栏右侧的关闭按钮,即可退出 Rational Rose。

14.3 Rational Rose 的界面操作

Rational Rose 的界面环境比较复杂,在这一环境下,可以完成面向对象建模的分析与设计过程,并可绘制出 UML 的各种图形。Rational Rose 是一种菜单驱动式应用软件,可以选择菜单命令和单击工具栏按钮实现相应的操作。Rational Rose 主界面是一个多窗口界面,由浏览器、图形编辑窗口、文档窗口、日志窗口等组成。

14.3.1 创建新模型

启动 Rational Rose 后,呈现给用户的启动主界面如图 14-13 所示。该界面会自动弹出一个用于创建新模型(Create New Model)的对话框,该对话框包含 3 个选项卡,可以实现新建模型(New)、打开已有模型(Existing)和显示最近打开的模型(Recent)等功能。

New 选项卡用于选择新建模型所使用的模板,如图 14-14 所示。Rational Rose 2003 支持的模板包括 J2EE(Java2 企业版)、J2SE(Java2 标准版)、JDK(Java 开发工具包)、JFC(Java 基础类库)、Oracle 8-datatypes(Oracle 8 数据类型)、Rational Unified Process

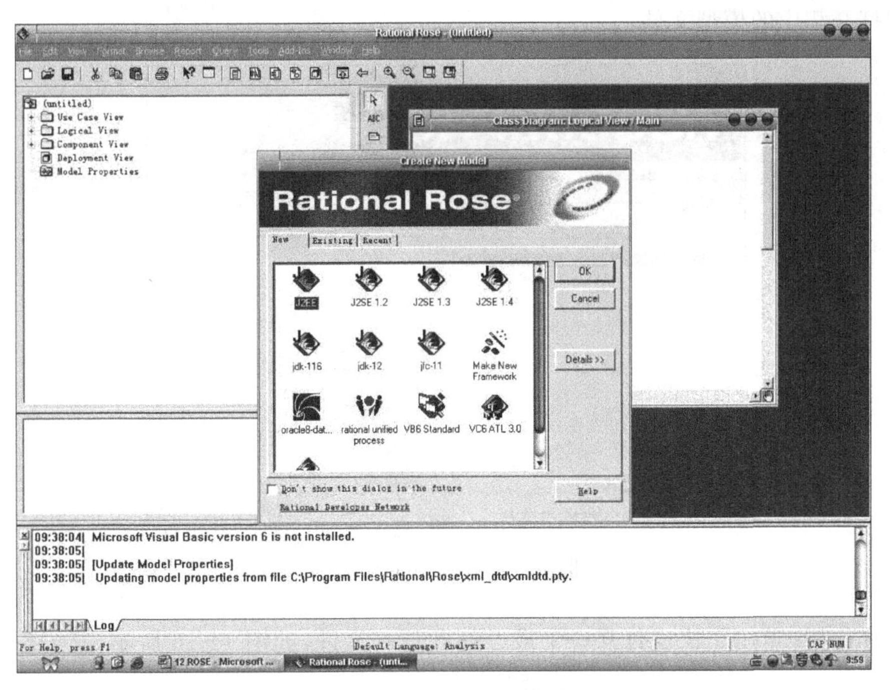

图 14-13　Rational Rose 的启动主界面

(Rational 统一过程)、VB6 Standard(VB6 标准程序)、VC6 ATL(VC6 活动模板库)和 VC6 MFC(VC6 基础类库)。用户可以选择所需的模板，然后单击 OK 按钮即可，系统将自动装入该模板的默认包、类和组件。单击 Cancel 按钮表示创建一个只包含默认内容的空白模型。若想了解所选模板的详细内容，可以单击 Details 按钮。若用户要创建新的模板，可以选择 Make New Framework 选项，打开模板向导，根据向导的提示创建用户所需的模板。

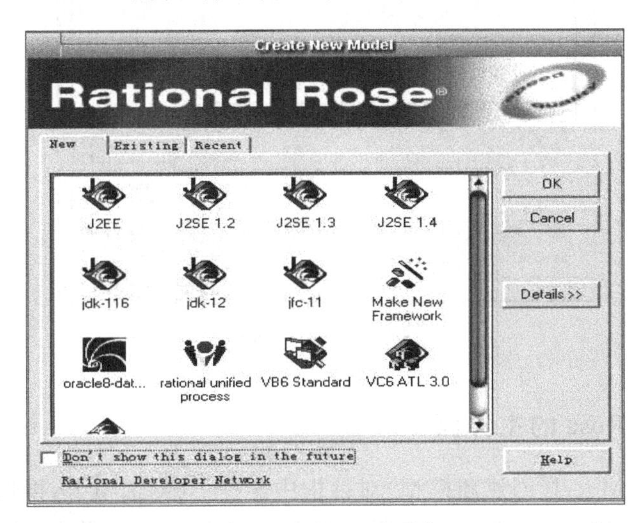

图 14-14　New 选项卡

Existing 选项卡用于打开已经存在的模型，如图 14-15 所示。左侧是目录列表，可以选择模型文件所在的文件夹；右侧是模型文件列表。选中文件后，单击 Open 按钮或者双击文件,便可打开相应的模型文件。

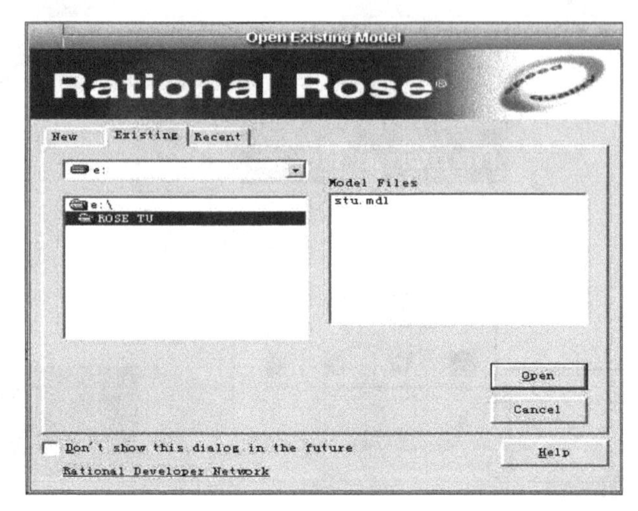

图 14-15　Existing 选项卡

Recent 选项卡用于快速打开一个最近打开过的文件,如图 14-16 所示。选择所需的文件后,单击 Open 按钮或者双击文件图标即可。

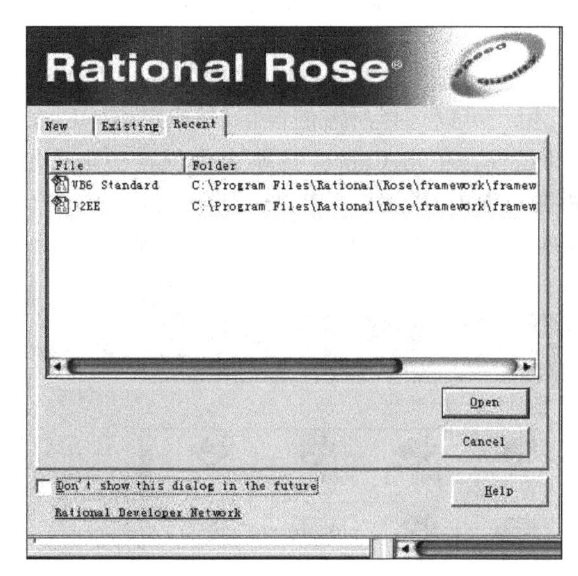

图 14-16　Recent 选项卡

14.3.2　Rational Rose 的主界面

在 Create New Model(创建新模型)对话框中选择 New 选项卡,再选择 VB6 Standard 选项,单击 OK 按钮,则出现如图 14-17 所示的 Rational Rose 主界面,该界面由标题栏、菜单栏、工具栏、工作区和状态栏组成。

标题栏显示 Rational Rose 的图标和名称、正在编辑的模型文件名和最小化/最大化、还原、关闭按钮。菜单栏与工具栏包含了 Rational Rose 的所有操作与功能。工作区由浏览

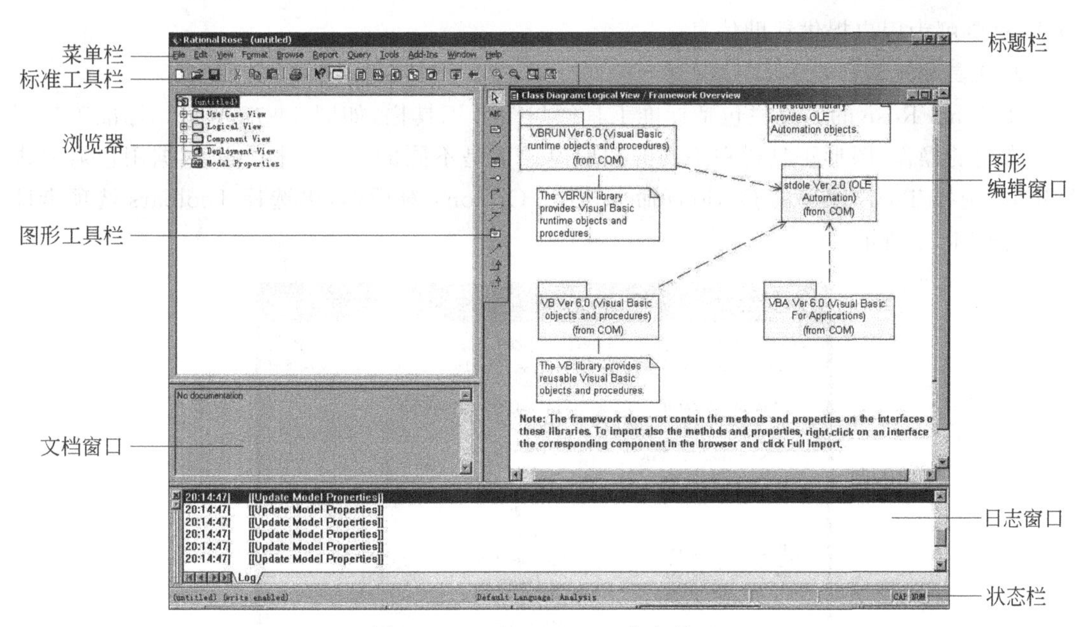

图 14-17 Rational Rose 的主界面

器、图形编辑窗口、文档窗口与日志窗口组成，是主界面的主要部分。状态栏显示系统的部分状态信息。

1. 系统主菜单

菜单栏给出了 Rational Rose 的主菜单，是一个下拉式菜单，其中包括 File(文件)、Edit(编辑)、View(视图)、Format(格式)、Browse(浏览)、Report(报告)、Query(查询)、Tools(工具)、Add-Ins(附加)、Window(窗口)和 Help(帮助)等，如图 14-18 所示。

File Edit View Format Browse Report Query Tools Add-Ins Window Help

图 14-18 菜单栏

File 菜单包含一组与文件、模型、工作区、日志、打印等有关的操作。Edit 菜单可以实现元素、图的各种编辑操作，对于不同种类的图，其命令是不同的。View 菜单可以定制 Rational Rose 界面。Format 菜单可以实现图形元素外观的设置。Browse 菜单用于浏览各种图形。Report 菜单以列表的形式显示一些与图有关的信息。Query 菜单可以添加、扩展、隐藏元素组件，并可过滤关系。Tools 菜单功能较多，可以创建各种图形元素，设置模型属性，还提供了系统集成外部软件的相关操作。Add-Ins 菜单仅包含一个 Add-In Manager 命令，选择该命令，则打开 Add-In Manager(Add-In 管理器)对话框，如图 14-19 所示，Add-In 管理器可以集成外部软件，使系统开发软件用户化，根据需要可以选择 Add-In 管理器中的软件。Window 菜单提供了一组有关窗口操作的功能。

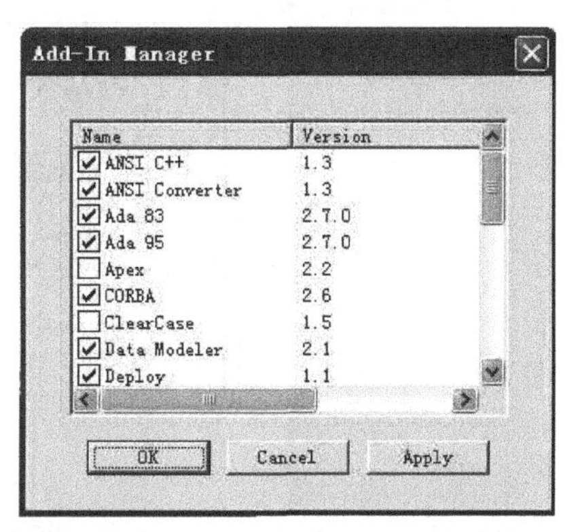

图 14-19 Add-In Manager 对话框

Help 菜单可为用户提供帮助信息。

2. 工具栏

Rational Rose 的工具栏包括标准工具栏与图形工具栏,如图 14-17 所示。标准工具栏包含常用的操作,图形工具栏在不同的图形模式下是不同的。工具栏可以根据用户需要进行定制,选择 Tools 菜单的 Options 命令,打开 Options 对话框,再选择 Toolbars 选项卡即可,如图 14-20 所示。

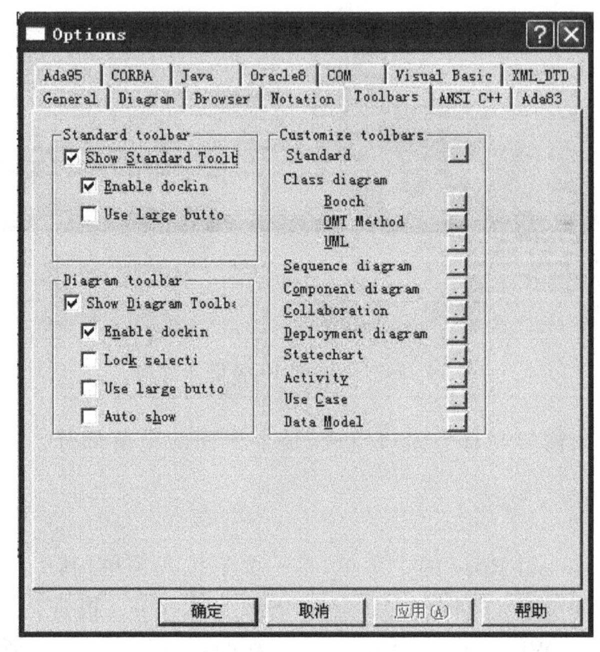

图 14-20　定制工具栏

3. 浏览器

浏览器是一个树形的层次结构,用于显示某一模型文件的组成元素,由用例视图(Use Case View)、逻辑视图(Logical View)、组件视图(Component View)、配置视图(Deployment View)、模型属性(Model Properties)等组成,如图 14-21 所示。在浏览器中不仅可以浏览模型元素,而且可以增加、删除、重命名模型元素。

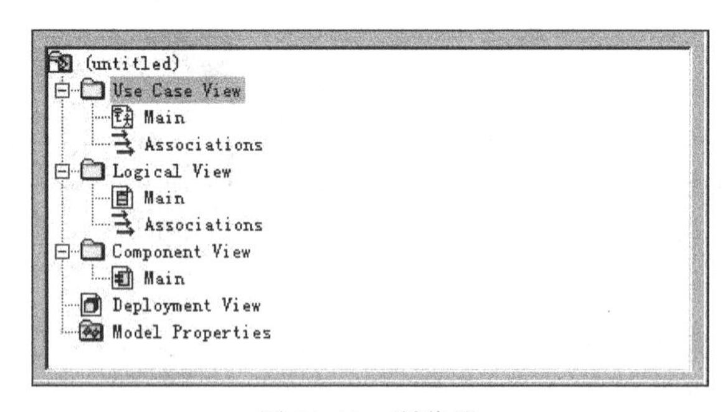

图 14-21　浏览器

用例视图用于建立系统的概念模型,由用例图、参与者、用例以及一些活动图、时序图、协作图和状态图等组成，是一种与系统实现无关的视图，描述了系统的完整功能。逻辑视图用于建立系统的逻辑模型，包括分析模型与设计模型，由类图、类、状态图、活动图、时序图和协作图等组成，该视图根据用例图中描述的系统功能，提供系统的详细图形，描述了系统之间的关联。组件视图显示了代码模块之间的关系，由模型代码库、可执行文件、运行库和组件图组成，每一个组件图包含了若干个组件及其之间的联系，组件是一个代码模块。配置视图体现了系统的实际物理配置，主要由配置图组成，配置图包括若干个节点及其之间的关系。表14-1至表14-4详细列出了每一种视图及其所包含的模型元素。

表14-1 用例视图及模型元素

图 标	含 义	图 标	含 义
	Package(包)		Use Case(用例)
	Actor(参与者)		Class(类)
	Use Case Diagram(用例图)		Class Diagram(类图)
	Collaboration Diagram(协作图)		Sequence Diagram(顺序图)
	Statechart Diagram(状态图)		Activity Diagram(活动图)
	File(文件)		URL(网址)
	Attribute(属性)		Operation(操作/方法)
	State(状态)		Activity(活动)
	Start State(起始状态)		End State(结束状态)
	Swimlane(泳道)		

表14-2 逻辑视图及模型元素

图 标	含 义	图 标	含 义
	Class(类)		Class Utility(类的效用)
	Use Case(用例)		Interface(接口)
	Package(包)		Class Diagram(类图)
	Use Case Diagram(用例图)		Collaboration Diagram(协作图)
	Sequence Diagram(顺序图)		Statechart Diagram(状态图)
	Activity Diagram(活动图)		File(文件)
	URL(网址)		Attribute(属性)
	Operation(操作/方法)		State(状态)
	Activity(活动)		Start State(起始状态)
	End State(结束状态)		Swimlane(泳道)

表 14-3 组件视图及模型元素

图 标	含 义	图 标	含 义
	Package(包)		Component(组件)
	Component Diagram(组件图)		File(文件)
	URL(网址)		

表 14-4 配置视图及模型元素

图 标	含 义	图 标	含 义
	Process(进程)		Processor(处理器)
	Device(设备)		Deployment Diagram(配置图)
	File(文件)		URL(网址)

4. 图形编辑窗口

图形编辑窗口是一个非常重要的区域,在 Rational Rose 环境下,所有的绘图工作均是在该窗口完成的,如图 14-22 所示。在图形编辑窗口可以创建 UML 图形,包括用例图、类图、包图、顺序图、状态图、活动图、协作图、组件图、配置图等。在创建不同的图形时,图形工具栏中的图标也随之变化。选择图形工具栏的某一图标,在图形编辑窗口单击便可绘出相应的图形元素。若要绘制元素之间的关系连线,可以拖动鼠标实现。

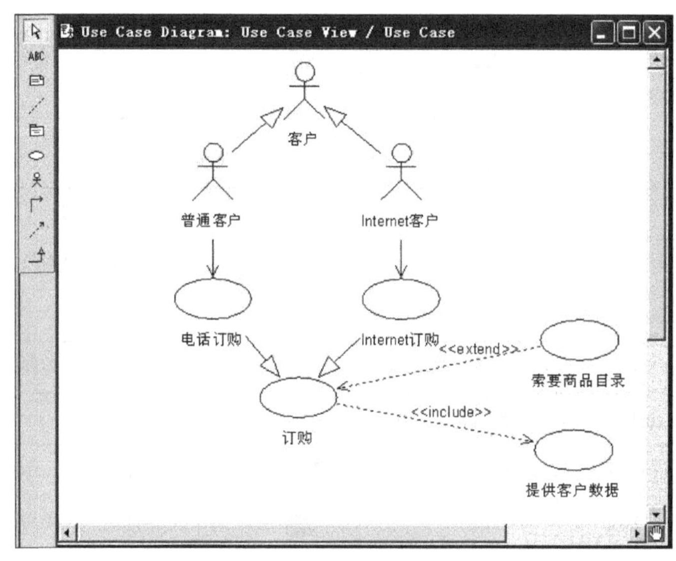

图 14-22 图形编辑窗口

5. 其他

Rational Rose 主界面还包括文档窗口、日志窗口和状态栏。其中,文档窗口用于为 Rational Rose 的模型元素建立定义与注释,日志窗口记录了系统对模型所做的所有重要动作,状态栏可以显示一些提示信息和当前所用的语言。

14.3.3 Rational Rose 建模

1. 创建新模型

创建模型是 Rational Rose 的第一步工作,可以在启动时创建,如图 14-13 所示。也可以选择 File(文件)菜单的 New(新建)命令,或者单击标准工具栏的按钮,这样便可打开如图 14-14 所示的创建新模型对话框,从中选择需要的模板,然后单击 OK 按钮即可。

2. 保存模型

模型文件的扩展名为.mdl。保存模型文件可以通过菜单或标准工具栏实现。选择 File 菜单的 Save 命令,或者单击标准工具栏的按钮,打开如图 14-23 所示的 Save As(保存为)对话框,选择保存位置,填写文件名,然后单击"保存"按钮。

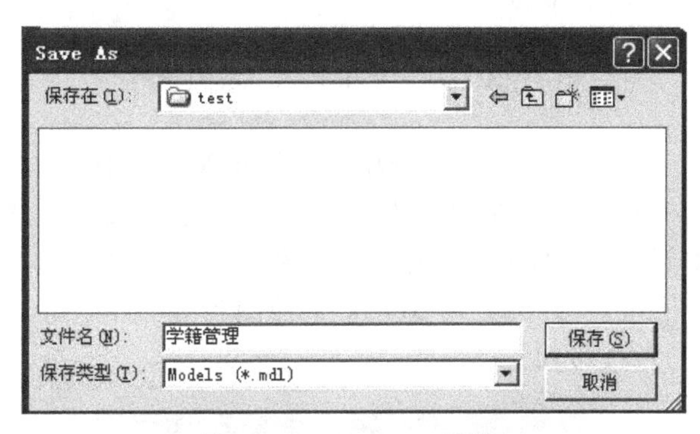

图 14-23 Save As 对话框

保存日志的方法类似,选择 File 菜单的 Save Log As 命令,或者右击日志窗口并在快捷菜单中选择 Save Log As 命令,在打开的 Save Log As(保存日志为)对话框中输入文件名即可。

3. 发布模型

Rational Rose 可以将创建的模型发布到 Internet,这样更多的用户就能够浏览该模型。具体步骤如下:

(1) 选择 Tools 菜单的 Web Publisher 命令,打开如图 14-24 所示的 Rose Web Publisher 对话框。

(2) 在 Level of Detail 下设定细节内容,该选项区包含 Documentation Only(文档)、Intermediate(中间层)、Full(全部)3 个单选按钮,默认为 Full。其中,Documentation Only 选项仅发布模型元素的注释,不包括操作、属性、关系等细节内容;Intermediate 选项允许发布模型元素中定义的细节,但不包括细节表或语言表内的细节;Full 选项可以发布模型元素中大部分的细节,也包括细节表中的信息,但不发布细节表中的信息。

(3) 在 Notation 下可以选择发布的模型符号,包括 Booch、OMT 和 UML 3 种方式,默认为 UML。

(4) 根据要发布的内容确定是否选择 Include Inherited Items(包括继承项目)、Include Properties(包括属性)、Include Associations in browser(包括浏览器中的关联)和 Include Document Wrapping in browser(包括浏览器中的文档包)复选框,系统默认为全选。

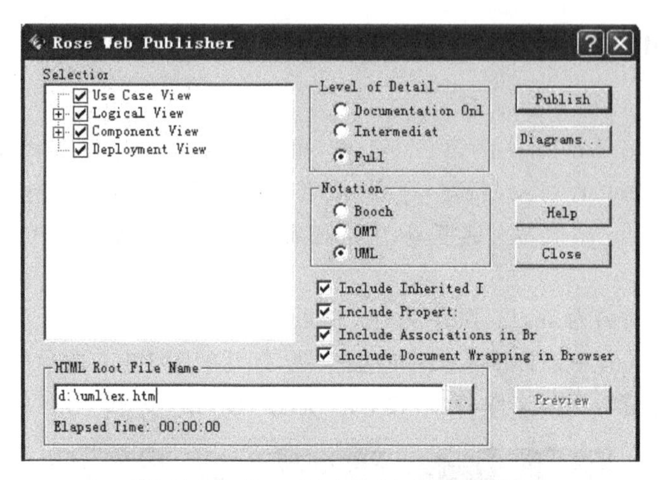

图 14-24　Rose Web Publisher 对话框

(5) 在 HTML Boot File Name 文本框中输入发布模型的根文件名。

(6) 若要选择发布模型的图形文件格式,可以单击 Diagrams 按钮,弹出 Diagrams Options(图形选项)对话框,如图 14-25 所示。在该对话框中可以选择 Windows Bitmaps、Portable Network Graphics (PNG)、JPEG 这 3 种图形格式,也可以选择 Don't Publish Diagrams(不发布图形)单选按钮。

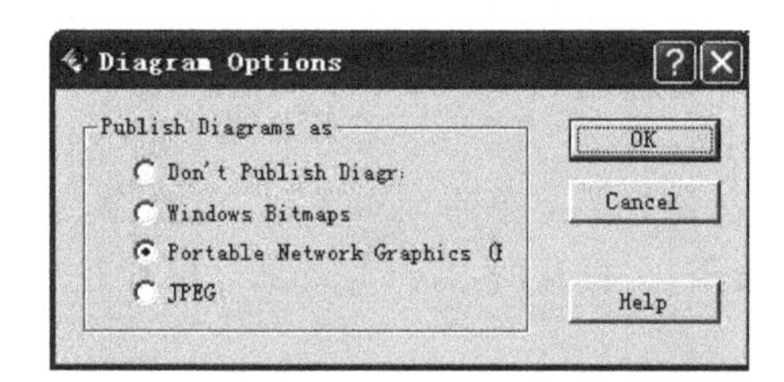

图 14-25　Diagrams Options 对话框

(7) 设置完成后,单击 Publish 按钮,进行 Web 发布。

14.4　创建用例图

用例图是软件需求分析阶段绘制的第一张 UML 图,包括参与者、用例、关联关系、包含关系、扩展关系、泛化关系以及注释、约束和包。

14.4.1　打开用例图窗口

在 Rational Rose 的浏览器中包含了 4 种视图目录树。右击 Use Case View 图标,在弹出的快捷菜单中选择 New→Use Case Diagram 命令,如图 14-26 所示,这样便在用例视图目录中添加了一个用例图。可以重新命名该图,如图 14-27 所示。

双击新创建的用例图图标或 Main 的图标,在图形编辑窗口打开用例图窗口,其左部有用例图工具栏,如图 14-28 所示。

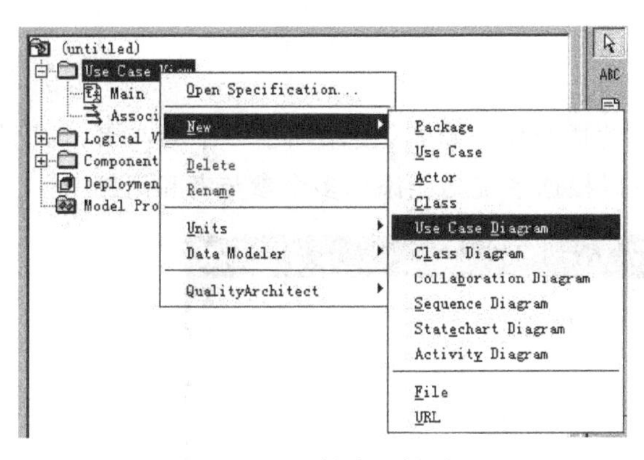

图 14-26 创建用例图

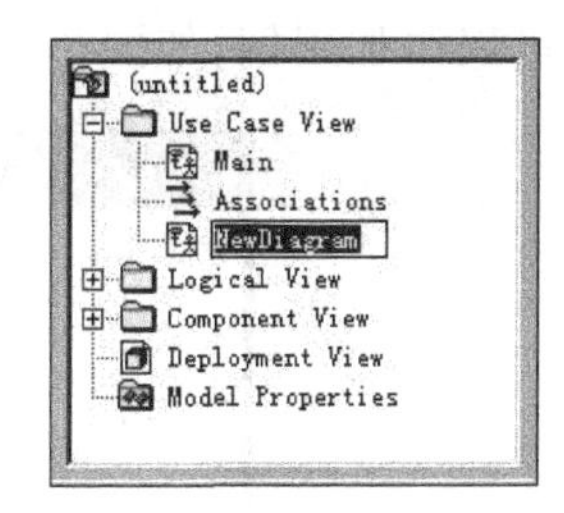

图 14-27 重新命名用例图

图 14-28 用例图窗口

14.4.2 用例图工具栏

用例图工具栏各图标的功能如表 14-5 所示。

表 14-5 用例图工具栏图标

图 标	按 钮 名 称	功 能
	Selection Tool	选择工具
ABC	Text Box	文本框
	Note	注释
	Anchor Note to Item	将注释与元素连接
	Package	包
	Use Case	用例
	Actor	参与者
	Unidirectional Association	单向关联关系
	Dependency or Instantiates	依赖关系或实例关系(扩展、包含)
	Generalization	泛化关系

14.4.3 添加参与者和用例

单击参与者图标，在图形编辑窗口的适当位置单击，便添加了一个参与者，以同样的方法可以添加用例，如图 14-29 所示。可以根据系统功能添加多个参与者和用例。

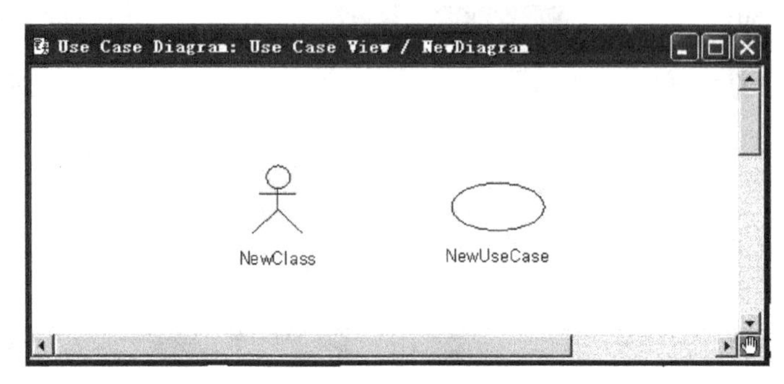

图 14-29 添加参与者和用例

14.4.4 设置属性

右击参与者模型元素，在弹出的快捷菜单中选择 Open Specification 命令，或者双击该模型元素，打开参与者属性设置对话框，如图 14-30 所示。系统自动选择 General 选项卡，在该选项卡中设置参与者的名字（Name）和版型（Stereotype），根据需要在文档区（Documentation）对参与者进行详细说明。

按照同样的方法打开用例属性设置对话框，如图 14-31 所示。在 General 选项卡中设置用例的名称、版型、层次(Rank)和文档说明。对于复杂的软件系统，通常以分层的方式绘制用例图，高层的用例图比较抽象。

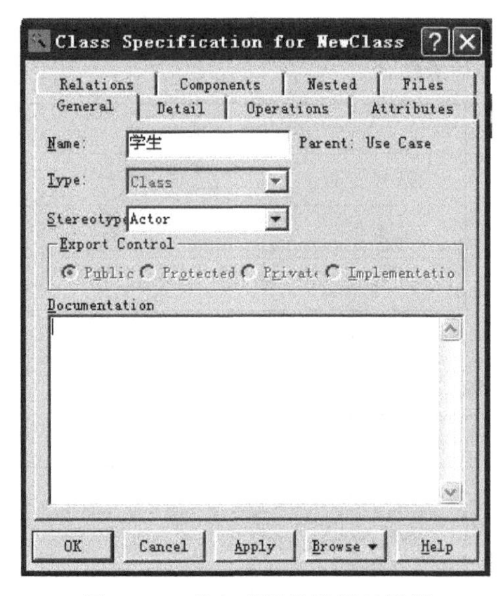

图 14-30 参与者属性设置对话框

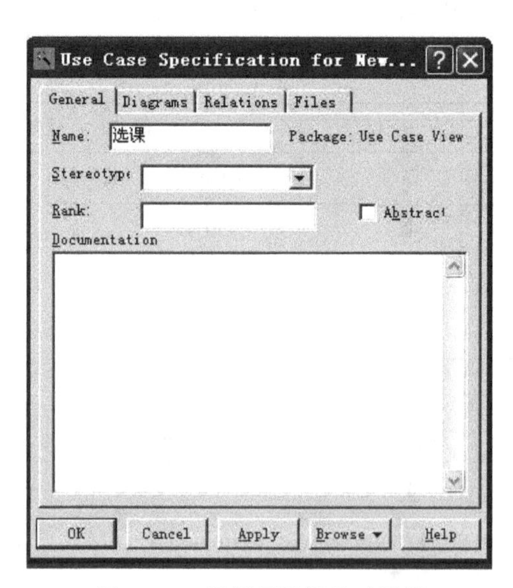

图 14-31 用例属性设置对话框

14.4.5 添加关系

在用例图中可以添加模型元素之间的关系，参与者和用例之间、用例和用例之间以及参与者和参与者之间均可以添加相应的关系。选择图形工具栏中相应的关系图标、、，在两个模型元素之间拖动鼠标即可，如图14-32所示。

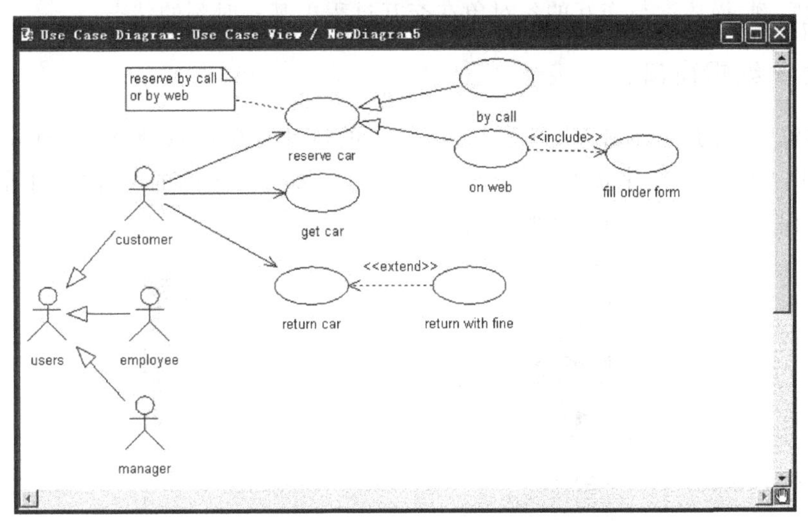

图14-32 设置模型元素之间的关系

若使用图标添加关系时，需进一步指明是包含关系(Include)还是扩展关系(Extend)。双击关系连线，弹出如图14-33所示的依赖关系属性设置对话框，在Stereotype下拉列表框中选择关系类型。

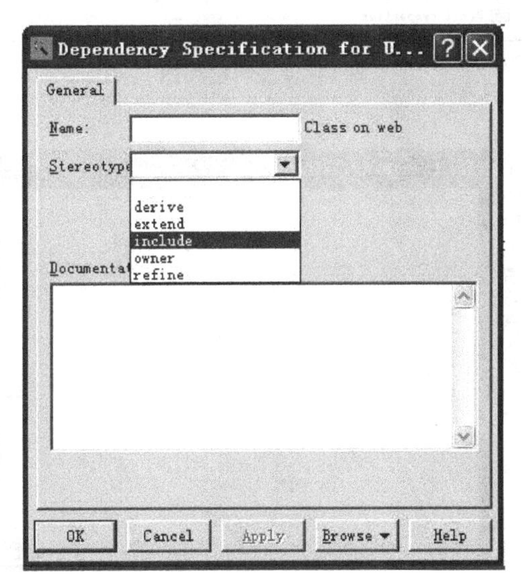

图14-33 依赖关系属性设置对话框

14.5 创建类图

类图是面向对象系统建模中最常用的一种图,用于描述系统中类的静态结构。类图包括类、接口、协作、依赖关系、泛化关系、关联关系、实现关系,也可以包括注释和约束。对象图是类图的实例,描述参与交互的各对象在交互过程中某一时刻的状态。

14.5.1 类图编辑窗口

右击浏览器中的 Logical View 图标,在弹出的快捷菜单中选择 New→Class Diagram 命令,如图 14-34 所示,便建立了一个新的类图文件。双击该类图的图标,打开如图 14-35 所示的类图编辑窗口,用户可以在此创建类图。

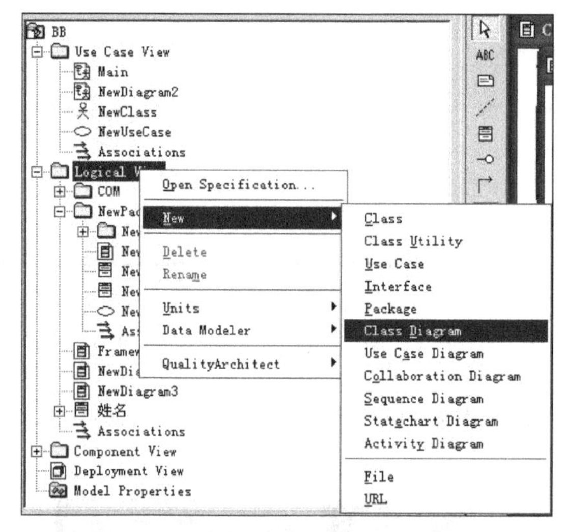

图 14-34　创建类图

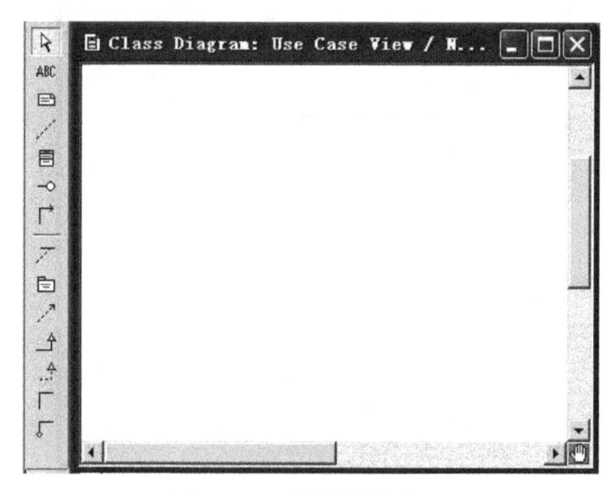

图 14-35　类图编辑窗口

类图工具栏各图标的功能如表 14-6 所示。

表 14-6 类图工具栏图标

图 标	按钮名称	功 能
	Selection Tool	选择工具
ABC	Text Box	文本框
	Note	注释
	Anchor Note to Item	将注释与元素连接
	Class	类
	Interface	接口
	Unidirectional Association	单向关联关系
	Association Class	关联类
	Package	包
	Dependency or Instantiates	依赖关系或实例关系
	Generalization	泛化关系
	Realization	实现关系
	Association	关联关系
	Aggregation	聚合关系

14.5.2 创建类

单击图形工具栏的类图标，在图形编辑窗口的适当位置再次单击，便可创建一个新类，如图 14-36 所示。可以为新类命名、添加属性和方法。

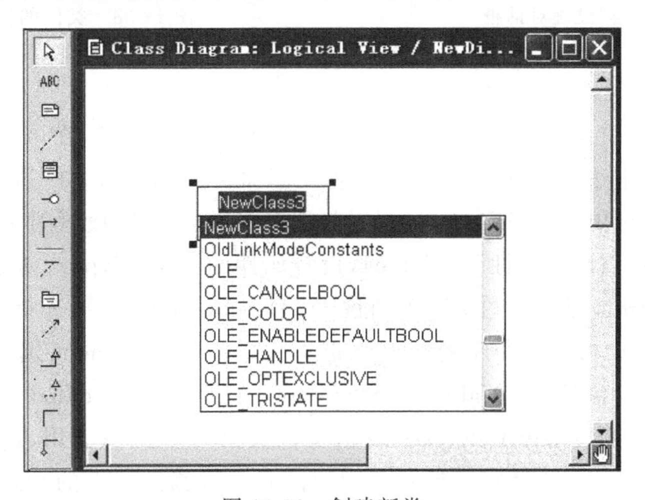

图 14-36 创建新类

1. 类的命名

可以在创建新类时直接命名,或者右击类,在弹出的快捷菜单中选择 Open Specification 命令,出现如图 14-37 所示的类设置对话框,在 General 选项卡的 Name 文本框中为类命名。在该对话框中还可以设置类的版型(Stereotype)、类的导出控制(Export Control)和类的文档说明(Documentation)。

2. 添加类的属性

添加类的属性有以下两种方法。

1) 在类图中直接添加

右击类图,在如图 14-38 所示的快捷菜单中选择 New Attribute 命令,便可以在类图中为类添加新属性,属性名由用户根据需要确定。若需修改属性,可将鼠标移至类图中要修改处,单击即可进行修改。

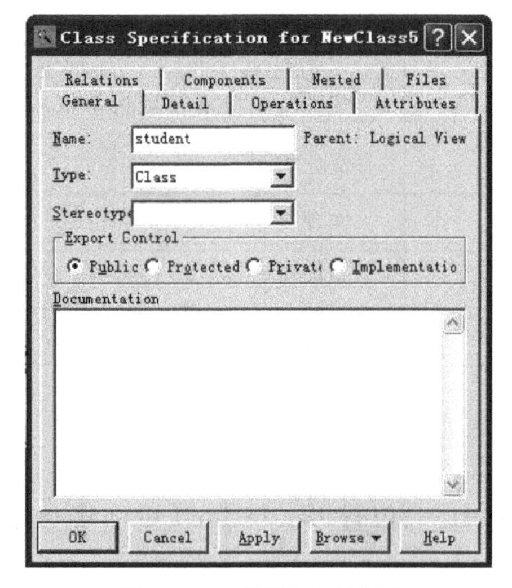

图 14-37 类设置对话框

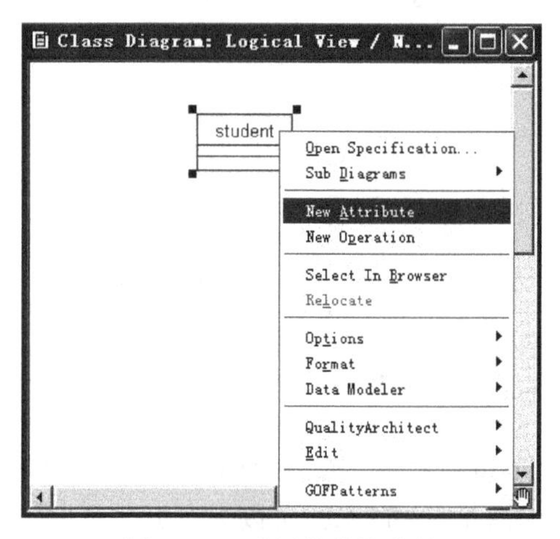

图 14-38 类图的快捷菜单

2) 利用类属性设置对话框添加

双击类图,打开类设置对话框,选择 Attributes(属性)选项卡,在该选项卡空白处右击,在弹出的快捷菜单中选择 Insert 命令,便可为类添加属性,如图 14-39 所示。

在 Attributes 选项卡中双击已添加的属性名,弹出类属性设置对话框,如图 14-40 所示,在该对话框内可以修改属性名(Name),设置属性的类型(Type)、初始值(Initial)、输出控制(Export Control,即可见性)和文档说明(Documentation)。选择 Detail 选项卡,如图 14-41 所示,在其中可以进一步对类属性进行设置。Containment 选项区用于设置属性在类中放置的形式,包括 By Value、By Reference 和 By Unspecified 3 种形式,其中,By Value 表示属性可以赋值,By Reference 表示属性是另一个类的引用,By Unspecified 表示未指定属性的放置形式(这是默认形式)。另外,还可以指定属性的状态: Static 表示属性是静态的,由该类所建立,可以由该类创建的所有对象共享;Derived 表示属性是通过继承方式形成的。

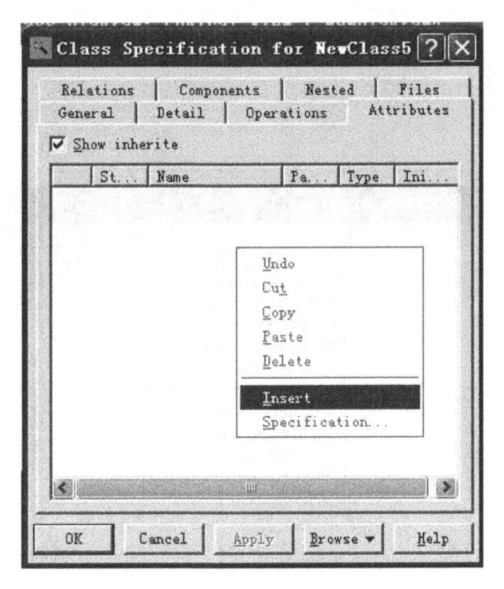

图 14-39 为类添加属性

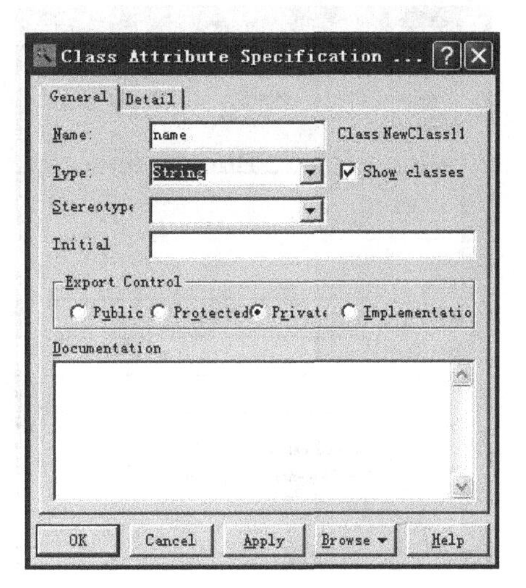

图 14-40 类属性设置对话框

3. 添加类的方法

添加类的方法与添加类的属性在操作上基本一致。双击类图，打开类设置对话框，选择Operations(方法)选项卡，再双击添加的方法名，弹出如图 14-42 所示的方法设置对话框，在其中可以对方法的名称(Name)、返回类型(Return Type)、输出控制(Export Control，即可见性)、文档说明(Documentation)进行设置。选择 Detail 选项卡，如图 14-43 所示，可以在其中为方法设置参数(Arguments)、协议(Protocol)、限制(Qualification)、大小(Size)、时间(Time)、是否抽象方法(Abstract)及同步性(Concurrency)。

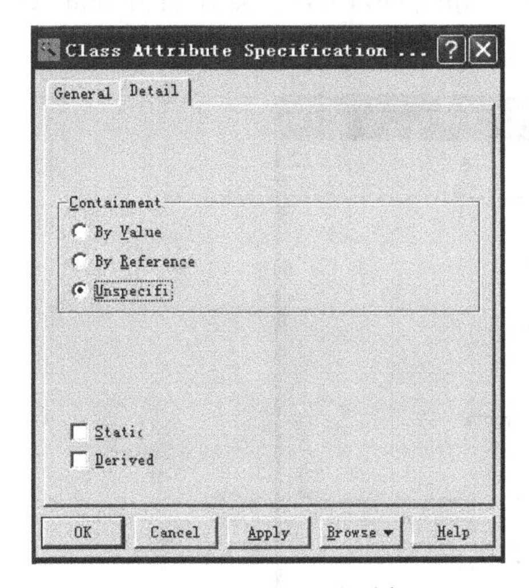

图 14-41 Detail 选项卡

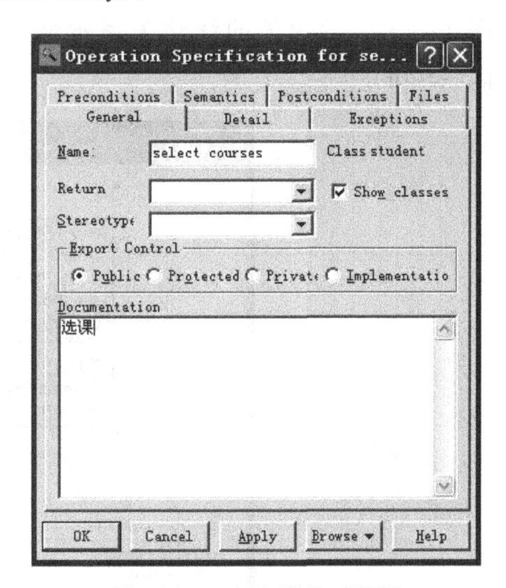

图 14-42 方法设置对话框

图 14-44 所示为创建的类，类名是 student，其属性包括 name(姓名)、stunumber(学号)、sex(性别)、borndate(出生日期)和 class(所在班级)，方法包括 select courses(选课)、find information(查询信息)、download(下载)、remark teaching(评教)和 exam(考试)。

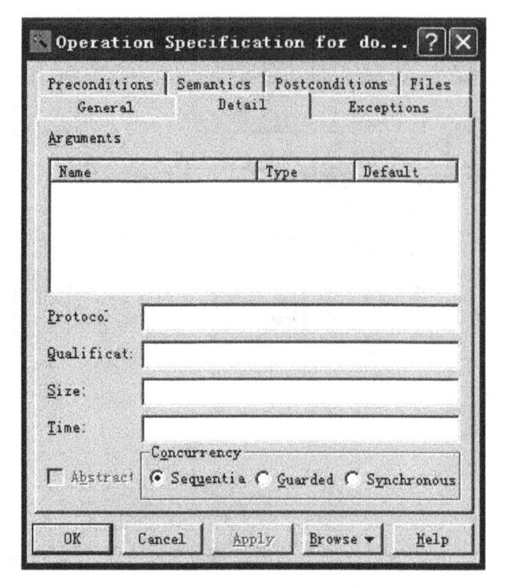

图 14-43 Detail 选项卡

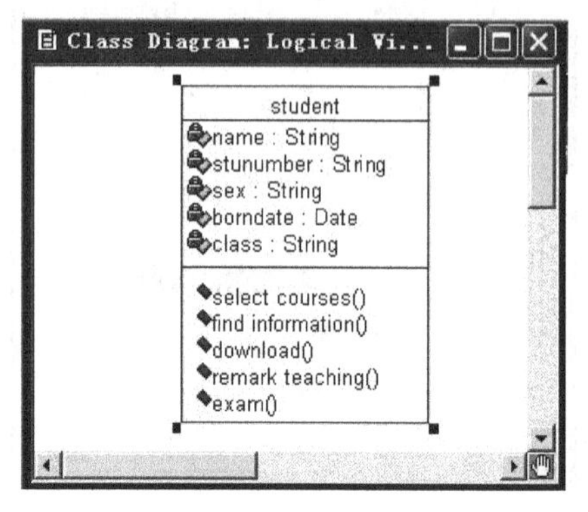

图 14-44 类示例

14.5.3 建立类之间的关系

1. 泛化关系

在父类与子类之间可以创建泛化关系(继承关系),子类可以继承父类的属性和方法,但父类中可被继承的属性和方法必须是公共的(Public)或受保护的(Protected),而私有的(Private)属性和方法不可被子类继承。

类图建立成功后,单击图形工具栏的图标,从子类向父类拖动鼠标,便可添加泛化关系。图 14-45 所示为类的泛化关系示例,父类为 employee,两个子类分别为 manager 和 sale-personnel。

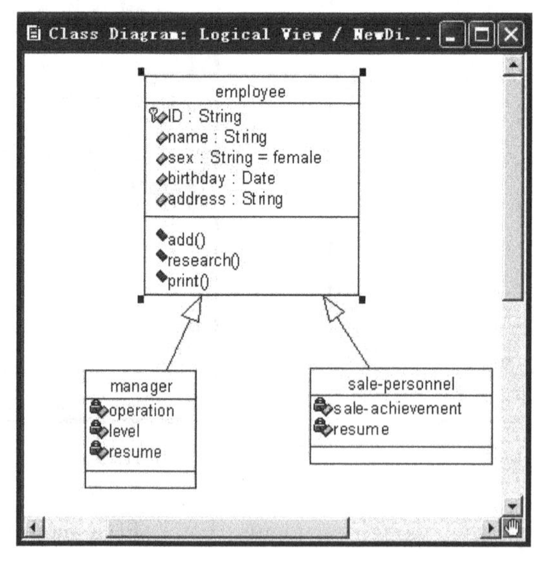

图 14-45 类的泛化关系示例

双击 manager 类图，弹出类设置对话框，分别选择 Attributes 选项卡和 Operations 选项卡，可以看到该类继承了父类的一些属性和方法，如图 14-46 和图 14-47 所示。

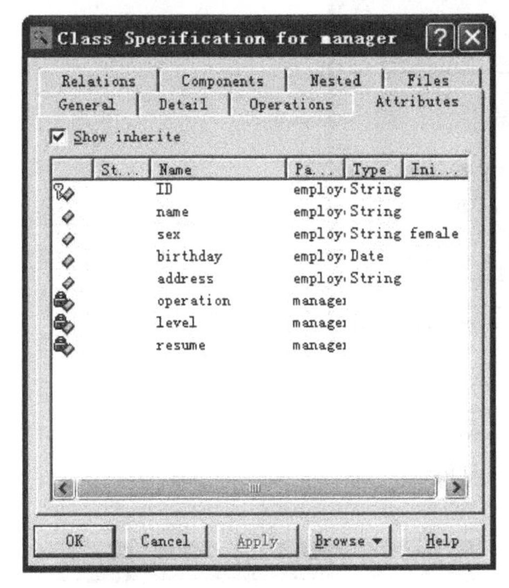

图 14-46 继承父类属性

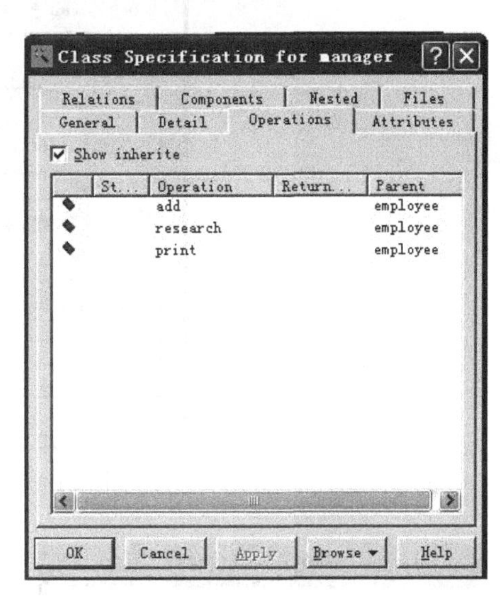

图 14-47 继承父类方法

2. 关联关系

选择图形工具栏的图标，在两个类图之间拖动鼠标，便为它们建立了关联关系，如图 14-48 所示，箭头指向的一方称为 Role A，另一方称为 Role B。

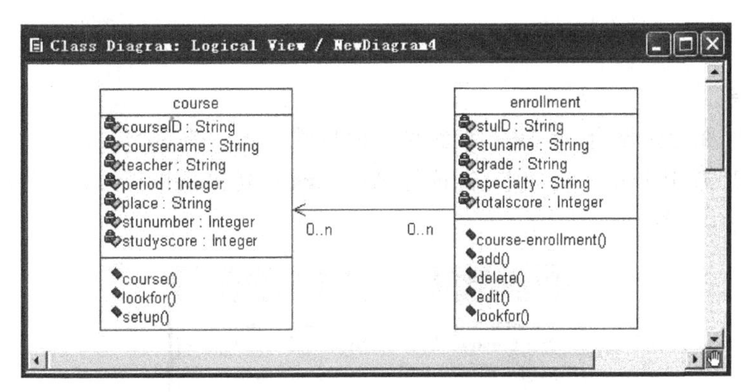

图 14-48 类的关联关系

可以在关联设置对话框中设置关联的属性，双击表示关联的连线，打开该对话框，如图 14-49 所示。选择 Role A Detail 选项卡，在 Multiplicity 下拉列表框中设置关联关系的多重性。要取消关联关系的箭头，只需取消 Navigable 复选框的选中状态即可。

3. 聚合关系

聚合关系表示整体与部分的关联。首先建立类之间的关联关系，如图 14-50 所示，然后打开关联设置对话框，选择 Role B Detail 选项卡，再选择 Aggregate 复选框，则在两个对象之间建立了聚合关系，如图 14-51 所示。

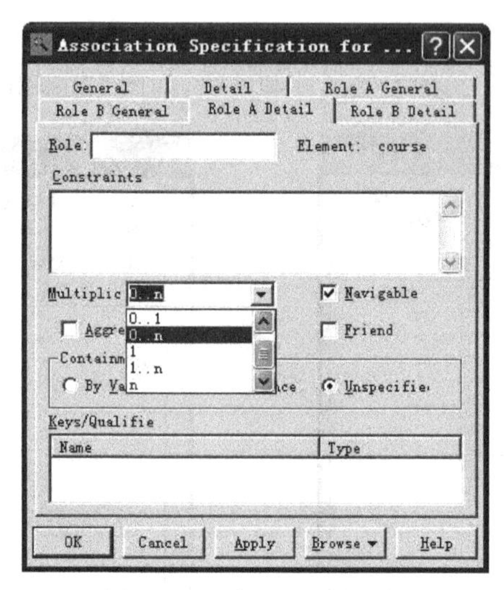

图 14-49　关联设置对话框

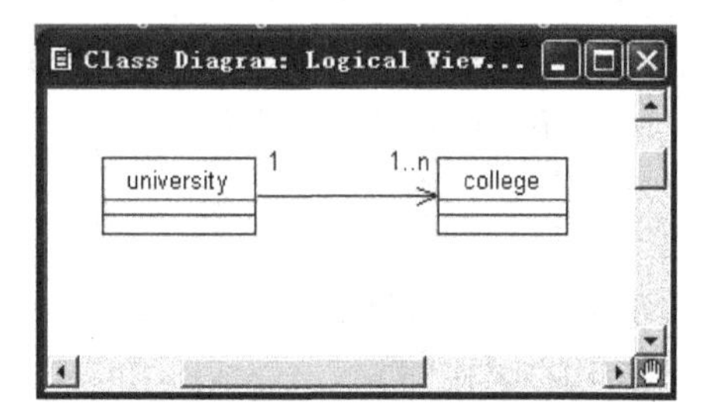

图 14-50　类的关联关系

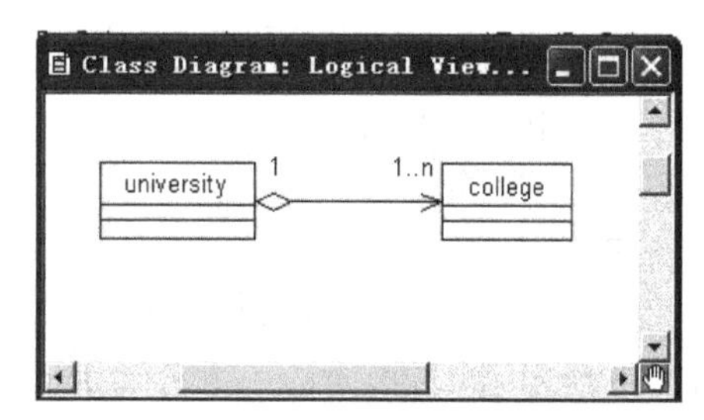

图 14-51　类的聚合关系

4. 组合关系

组合关系也称为强聚合,是聚合关系的一种特殊情况。在如图 14-52 所示的关联设置对话框中选择 Role B Detail 选项卡,再选择 Aggregate 复选框以及 By Value 单选按钮,即可建立组合关系,如图 14-53 所示。

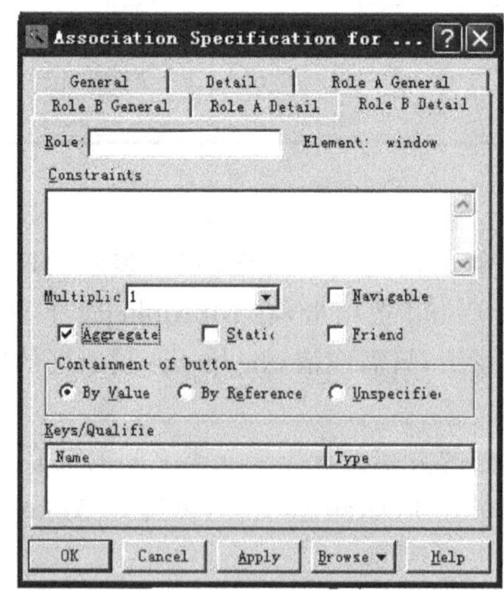

图 14-52　Role B Detail 选项卡

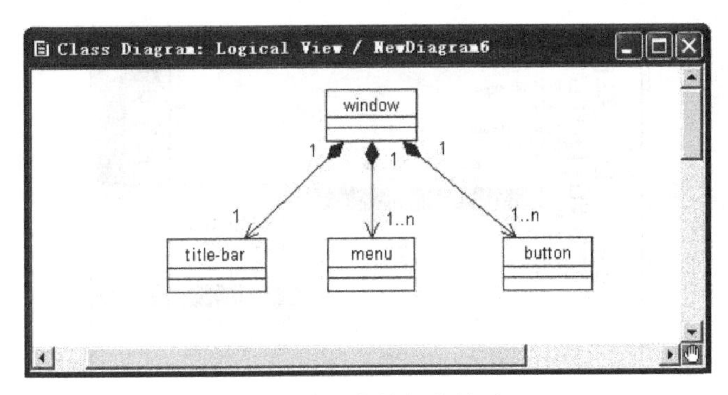

图 14-53 类的组合关系

5. 依赖关系

选择图形工具栏的图标，在具有依赖关系的两个类之间拖动鼠标，就为它们建立了依赖关系，如图 14-54 所示。

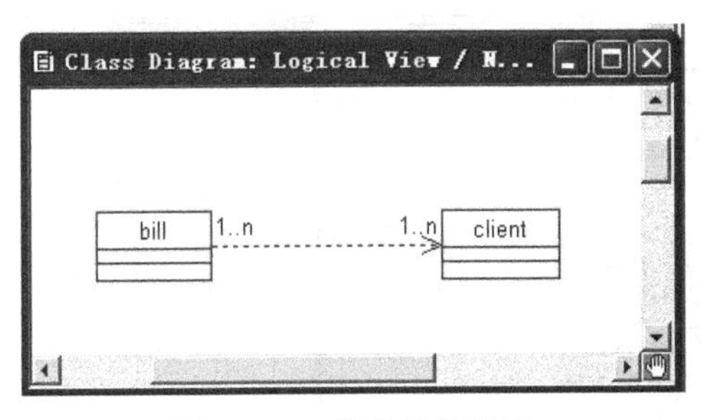

图 14-54 类的依赖关系

14.6 创建包图

包是 UML 的一种分组机制，通常用于将用例或类等模型元素划分为组。在 UML 中用包表示子系统，这样可以将复杂问题简单化，以清晰简洁的体系结构描述整个软件系统。

14.6.1 创建包

包可以在用例视图、逻辑视图或组件视图中创建。右击浏览器的 Logical View 图标，在弹出的快捷菜单中选择 New→Package 命令，如图 14-55 所示，则在 Logical View 目录树中创建一个包。

右击包图标，在弹出的快捷菜单中选择 Rename 命令，可以为包改名。选择包，将其拖动至类图窗口，如图 14-56 所示。

14.6.2 设置包的属性

右击包，在弹出的快捷菜单中选择 Open Specification 命令，打开包设置对话框，如图 14-57 所示。在该对话框中可以设置包的名字(Name)、版型(Stereotype)和文档说明(Documentation)等。

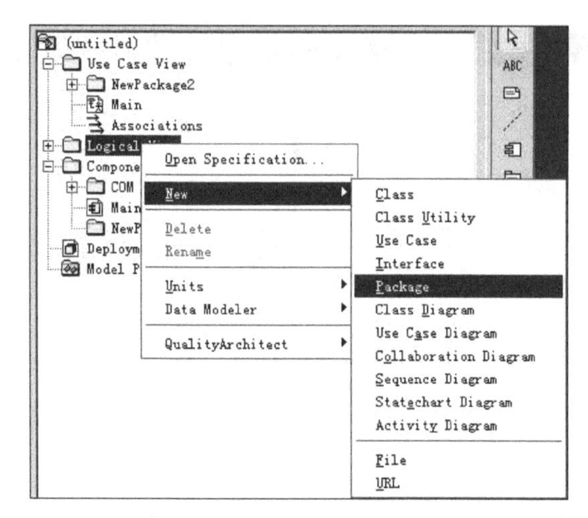

图 14-55　创建包

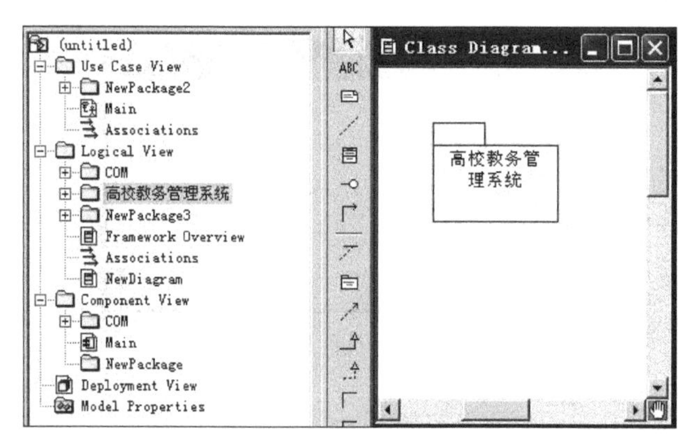

图 14-56　类图窗口中的包

图 14-57　包设置对话框

14.6.3 在包中添加元素

在浏览器窗口中右击包图标，在弹出的快捷菜单中选择 New 命令，可根据需要在包中添加用例、类、包、接口、图等元素。例如，在“高校教务管理系统”包中添加“选课管理子系统”包、student 类和 course 类，如图 14-58 所示。

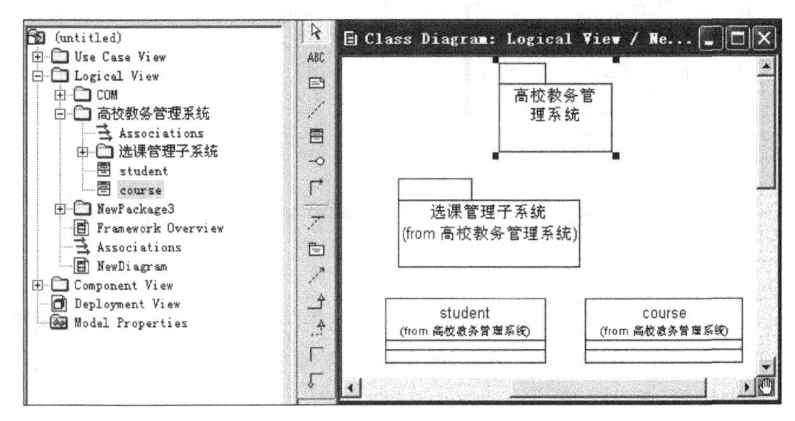

图 14-58 在包中添加元素

14.6.4 添加包信息

在包中添加元素后，可以将这些元素的信息在包图中显示出来。右击包，在弹出的快捷菜单中选择 Select Compartment Items 命令，打开 Edit Compartment 对话框，如图 14-59 所示。在左边的列表框内选择要显示的元素，单击 >>>> 按钮将其移入右边的列表框中即可；单击 All >> 按钮可以显示所有元素的信息。若要清除元素信息，需单击 <<<< 按钮或 << All 按钮。

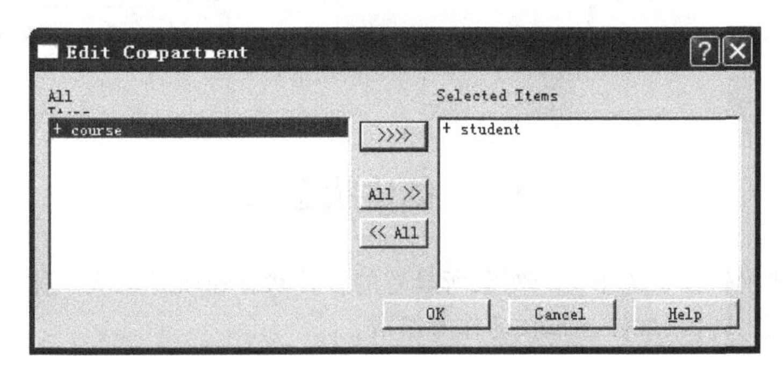

图 14-59 添加包信息

如图 14-60 所示，在“选课管理子系统”包中添加了 student 类和 course 类，相应的元素信息就显示在包图中。

14.6.5 添加包之间的依赖关系

要在两个包之间添加依赖关系，需选择图形工具栏的图标，从子包向父包拖动即可。

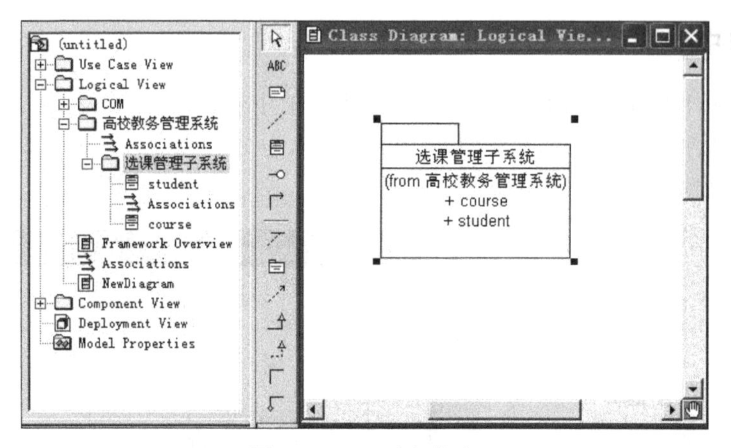

图 14-60　显示包信息

如图 14-61 所示,“高校教务管理系统”包中含有“学生管理子系统”包、“教师管理子系统”包、“选课管理子系统”包、“课程管理子系统”包和“成绩管理子系统”包 5 个子包,父包与各子包之间存在着依赖关系。

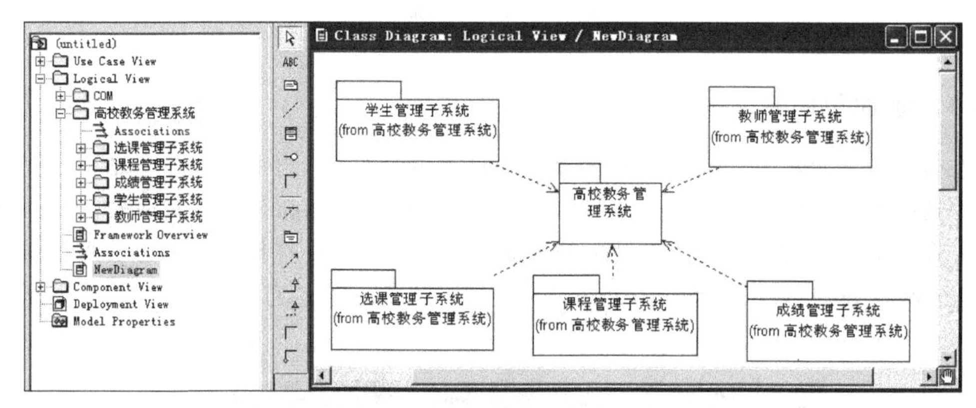

图 14-61　添加包之间的依赖关系

14.7　创建状态图

状态图描述了软件系统中一个对象所具有的各种状态和该对象从一种状态至另一种状态的转换,由状态、转换、事件、活动、动作等组成。

14.7.1　状态图编辑窗口

右击浏览器中的 Logical View 图标,在弹出的快捷菜单中选择 New→Statechart Diagram 命令,如图 14-62 所示,就建立了一个状态图。双击状态图图标,打开状态图编辑窗口,如图 14-63 所示。

状态图工具栏各图标的功能如表 14-7 所示。

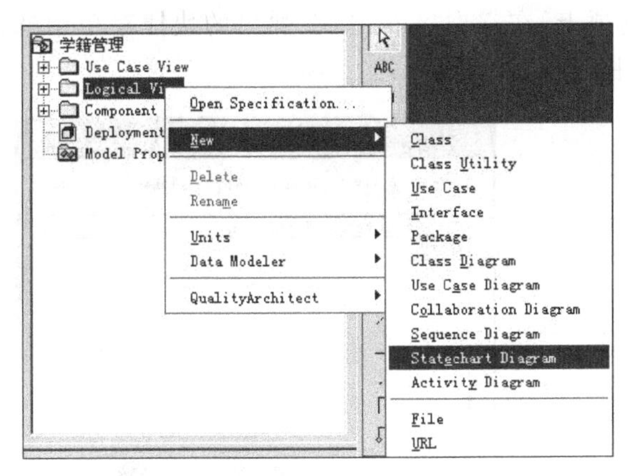

图 14-62 创建状态图

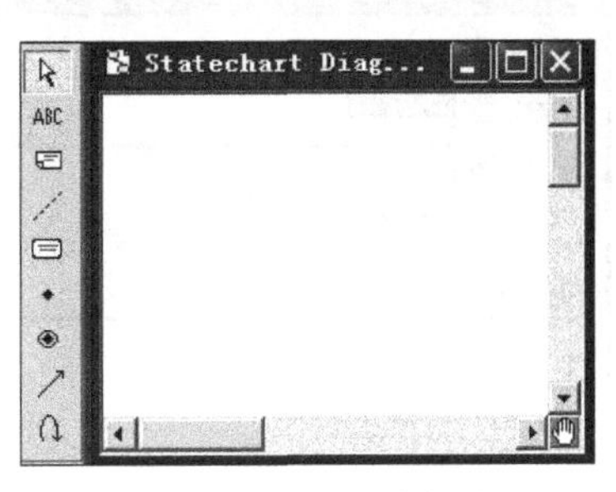

图 14-63 状态图编辑窗口

表 14-7 状态图工具栏图标

图 标	按 钮 名 称	功 能
	Selection Tool	选择工具
ABC	Text Box	文本框
	Note	注释
	Anchor Note to Item	将注释与元素连接
	State	状态
	Start State	起始状态
	End State	结束状态
	State Transition	状态间转换
	Transition to Self	状态自转换

14.7.2 状态图建模

绘制状态图的过程如下。

1. 添加起始状态

起始状态是状态图的第一个状态，使用状态图工具栏中的图标实现。

2. 添加新状态

单击状态图工具栏中的图标，在状态图编辑窗口的合适位置再次单击，即可添加一个新状态。右击该状态，在弹出的快捷菜单中选择 Open Specification 命令，打开状态设置对话框，如图 14-64 所示。

1) 为状态命名

在状态设置对话框中选择 General 选项卡，在 Name 文本框内为状态命名。

2）为状态添加活动

在状态设置对话框中选择 Actions 选项卡，在空白区右击，在弹出的快捷菜单中选择 Insert 命令，就为状态添加了一个活动，如图 14-65 所示。

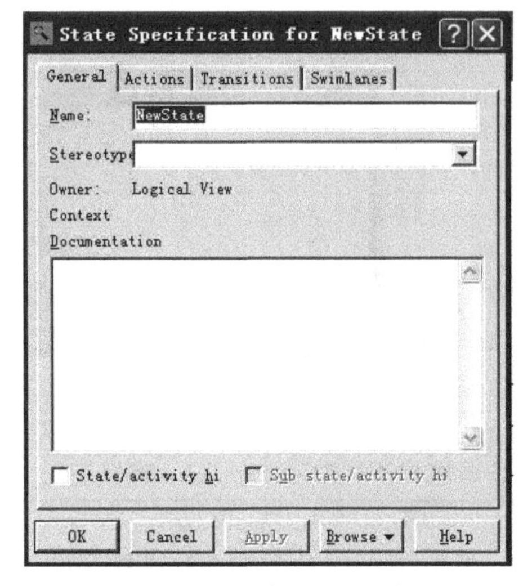

图 14-64　状态设置对话框

图 14-65　为状态添加活动

3）设置活动属性

双击已添加的活动，打开活动设置对话框，如图 14-66 所示。在该对话框内可以设置活动的发生时间(When)、类型(Type)和活动名称(Name)等属性。

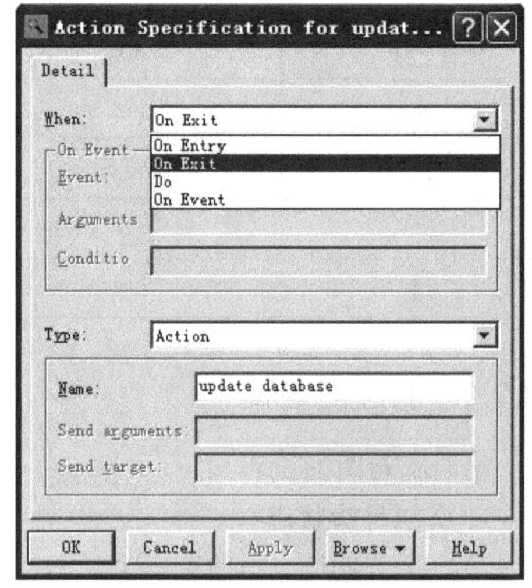

图 14-66　设置活动属性

当所有的新状态都添加完成后，可以使用状态图工具栏中的图标添加结束状态。

3. 添加状态转换

单击状态图工具栏中的图标，在两个状态之间拖动鼠标，即可添加状态转换。在必要时可以为状态转换控制流增加事件或监护条件。事件可导致状态的转换；当监护条件为真时，状态才可转换。

双击状态转换控制流，弹出状态转换设置对话框，在该对话框内可以设置状态转换的属性。选择 General 选项卡，在 Event 文本框内输入事件名称，可为状态转换添加事件，如图 14-67 所示。选择 Detail 选项卡，在 Guard Condition 文本框内输入监护条件，可为状态转换添加监护条件，如图 14-68 所示。

图 14-69 描述了图书管理信息系统中图书对象的状态及状态之间的转换。从新书入库至图书下架，一个图书对象包含 NewBook(新书)、AvailableBook(可用书)、Reserved(预约)、Borrowed(借出)和 DeletedBook(删除书)5 个状态。

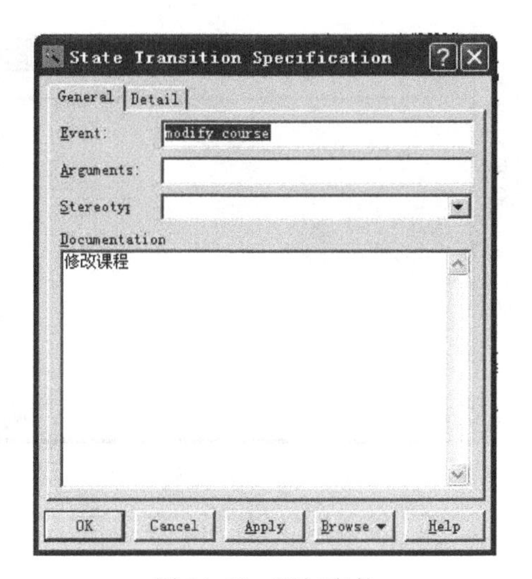

图 14-67　添加事件

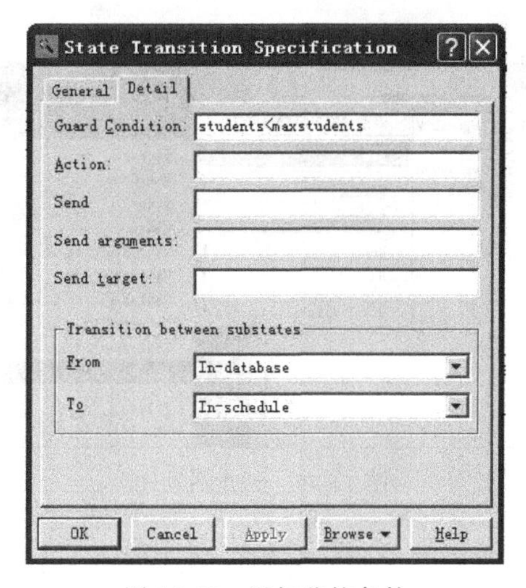

图 14-68　添加监护条件

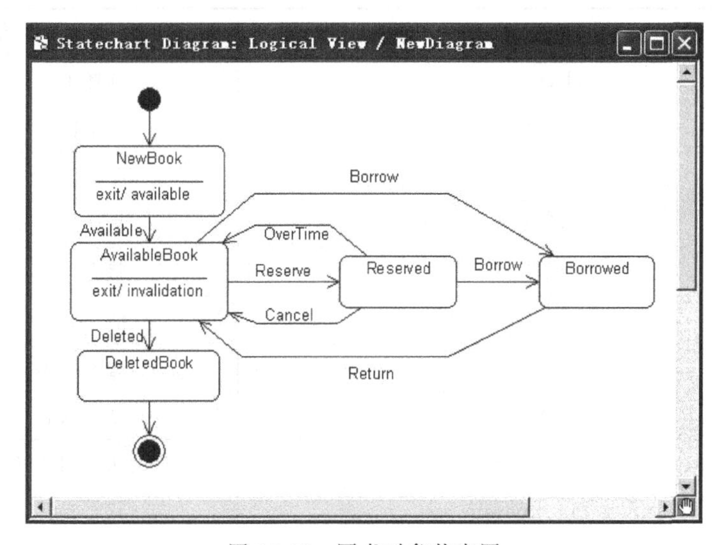

图 14-69　图书对象状态图

14.8　创建活动图

活动图用于为系统的动态行为建模，可描述用例中的事件流。以活动图配合用例图描述系统的重要用例，显得更直观、易理解。

14.8.1　活动图编辑窗口

在浏览器窗口右击 Use Case View 图标，在弹出的快捷菜单中选择 New→Activity Diagram 命令，如图 14-70 所示，就在 Use Case View 目录树中创建了一个活动图。双击活动图图标，打开活动图编辑窗口，如图 14-71 所示。

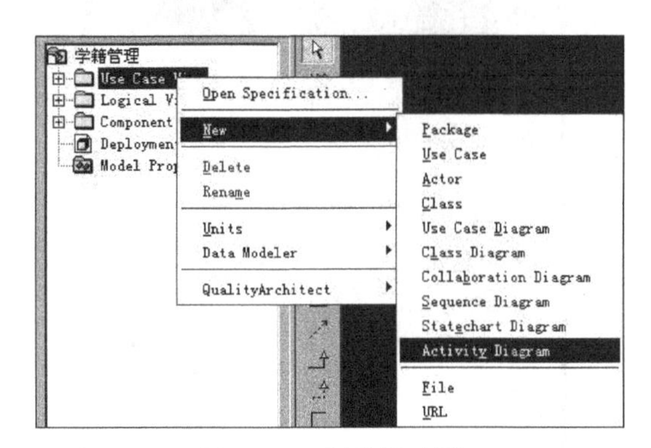

图 14-70 创建活动图

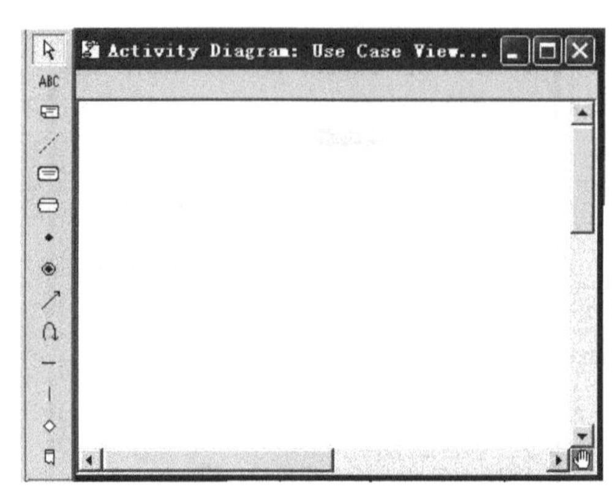

图 14-71 活动图编辑窗口

活动图工具栏各图标的功能如表 14-8 所示。

表 14-8 活动图工具栏图标

图　　标	按 钮 名 称	功　　能
	Selection Tool	选择工具
ABC	Text Box	文本框
	Note	注释
	Anchor Note to Item	将注释与元素连接
	State	状态
	Activity	活动
	Start State	起始状态
	End State	结束状态
	State Transition	状态间转换
	Transition to Self	状态自转换
	Horizontal Synchronization	水平同步
	Vertical Synchronization	垂直同步
	Decision	判断
	Swimlane	泳道

14.8.2 活动图建模

绘制活动图可以分为以下几个步骤。

1. 添加泳道

泳道可以将活动图中的活动分组。对于复杂的活动图,添加泳道是必要的。单击活动图工具栏中的图标,在活动图编辑窗口的合适位置再次单击,即可绘制一条泳道。可以在泳道设置对话框中为泳道重新命名,并调整泳道的宽度。

2. 添加初态

与状态图一样,活动图也具有初态与终态。选择◆图标添加起始状态。

3. 添加新活动

选择图标▭,在图形窗口单击,即可为活动图添加一个新活动。在活动设置窗口为新活动重新命名,设置类型和文档说明。根据活动图的布局,可以继续添加其他新活动。当新活动添加完毕,可以选择◉图标添加结束状态。

4. 添加同步活动

同步活动用于描述对象的并发行为,分为水平同步与垂直同步两种方式。在绘图时根据需要可以选择水平同步或垂直同步,这两种同步方式在意义上是完全一致的。单击活动图工具栏中的—图标或|图标,在活动图编辑窗口的合适位置再次单击,即可添加同步活动。

5. 添加活动转换

选择活动图工具栏中的图标↗,在活动图中的两个活动之间拖动鼠标,即可建立活动之间的转换控制流,箭头指向目标活动。双击活动转换控制流,系统弹出活动转换设置对话框,在该对话框中可为活动转换添加事件和监护条件。

按照上述步骤创建进销存管理系统中的销售合同活动图,该活动图包括 Sign SaleContract(签订销售合同)、Check Contract(核对合同)、Check GoodsListing(核对货物清单)、Do & Grant LeavingStorehouseListing(制作并发放出库单)、Check PaymentBill(核对付款单)、Consignment(发货)和 Perform Contract(合同履约)7 个活动,分别属于 ContractManagement(合同管理)泳道、StorehouseManagement(仓库管理)泳道和 FinanceManagement(财务管理)泳道,如图 14-72 所示。

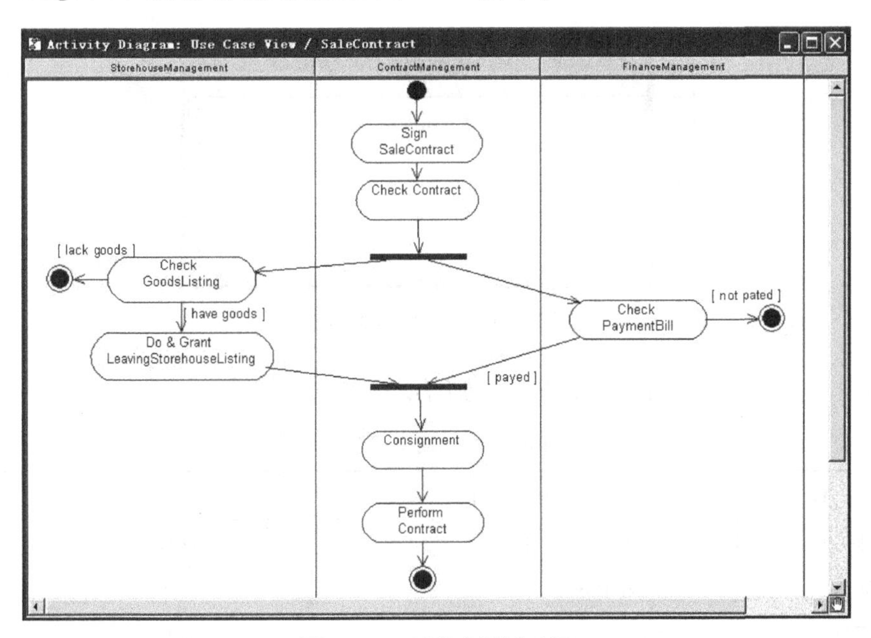

图 14-72　销售合同活动图

14.9　创建顺序图

顺序图用于描述对象之间的交互行为,注重消息的时间顺序,是一种交互图。当执行一个用例行为时,顺序图中的每条消息对应一个类方法,或者对应状态机中的状态转移触发事件。

14.9.1　顺序图编辑窗口

在浏览器的 Use Case View 图标上右击,在弹出的快捷菜单中选择 New→Sequence Diagram 命令,如图 14-73 所示,就创建了一个新的顺序图。双击 Use Case View 目录树的顺序图图标,可打开顺序图编辑窗口,如图 14-74 所示。

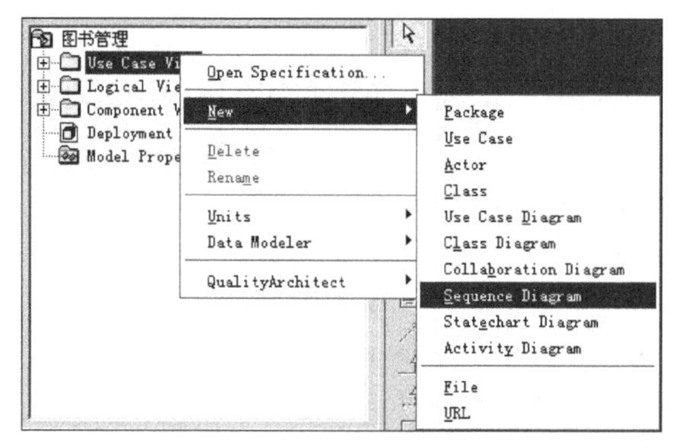

图 14-73　创建顺序图

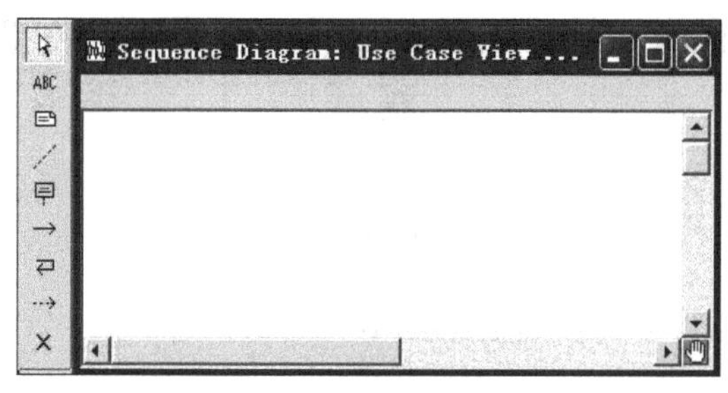

图 14-74　顺序图编辑窗口

顺序图工具栏各图标的功能如表 14-9 所示。

表 14-9　顺序图工具栏图标

图　标	按钮名称	功　能
	Selection Tool	选择工具
ABC	Text Box	文本框
	Note	注释

续表

图　标	按钮名称	功　能
	Anchor Note to Item	将注释与元素连接
	Object	对象
	Object Message	对象间消息
	Message to Self	反身消息
	Return Message	返回消息
	Destruction Marker	生命线终止符

14.9.2 顺序图建模

顺序图包含对象、参与者、生命线、消息、控制焦点等元素，可以按照添加参与者、添加对象、添加消息的步骤创建顺序图。下面以汽车租赁系统中客户取车这一过程为例，介绍顺序图的建模过程。

1. 添加参与者

客户取车过程的参与者是Customer(客户)，该参与者已在Use Case View目录树下建立。单击参与者图标，将其拖入顺序图编辑窗口，则添加了一个参与者，并在顺序图中自动形成了一个泳道，如图14-75所示。

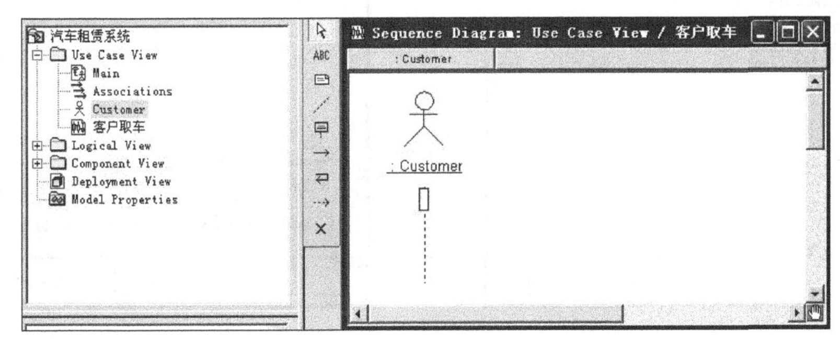

图14-75　添加参与者

2. 添加对象

客户取车过程包括the RequestOrder(预约请求)、the CommonWorker(工作人员)、the WorkRecord(工作记录)、the Car(汽车)等对象。选择顺序图工具栏图标，在顺序图编辑窗口单击，则添加了一个对象，并自动形成一个无名泳道，如图14-76所示。

接下来需要为对象命名并创建类。双击该对象，打开对象设置对话框，如图14-77所示。在Name文本框中输入对象名the RequestOrder，在Class下拉列表框中选择New选项，弹出类设置对话框，如图14-78所示。

在Name文本框中输入类名the RequestOrder，单击OK按钮，返回对象设置对话框，在Persistence(持续)选项区中选择Persistent单选按钮，如图14-79所示。单击OK按钮，对象the RequestOrder创建成功，如图14-80所示。

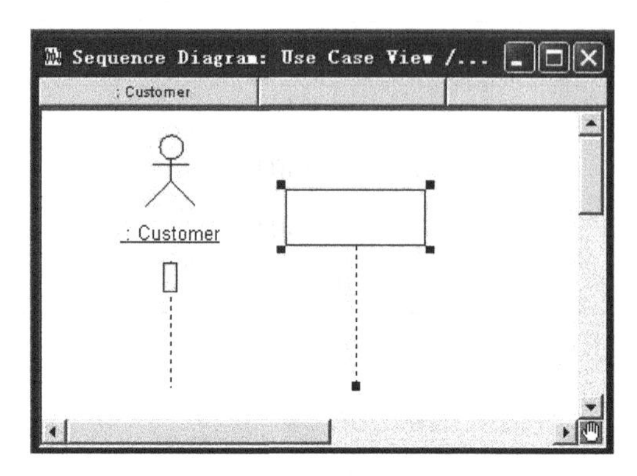

图 14-76　添加一个对象

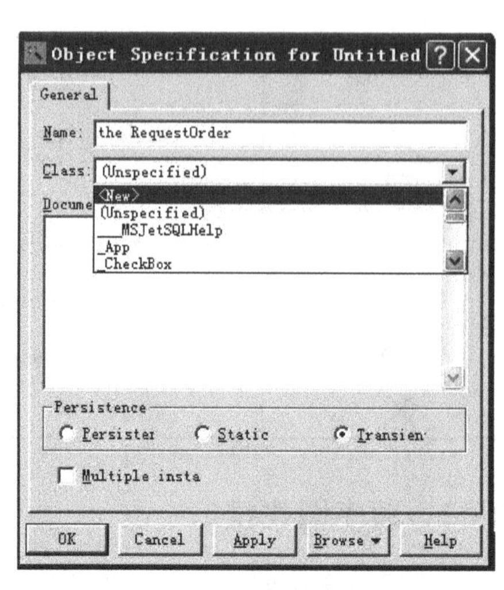

图 14-77　为对象命名

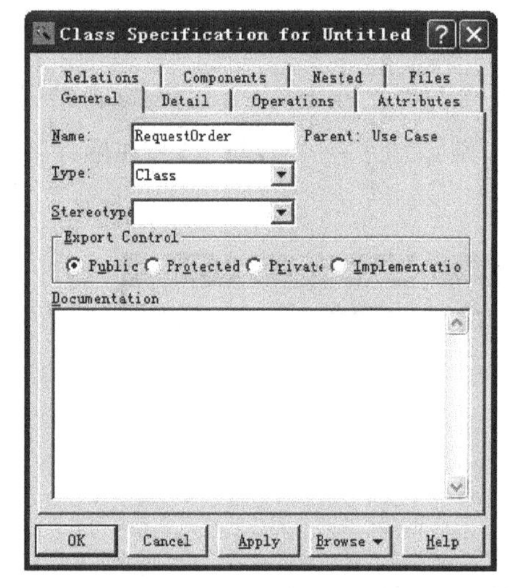

图 14-78　定义类

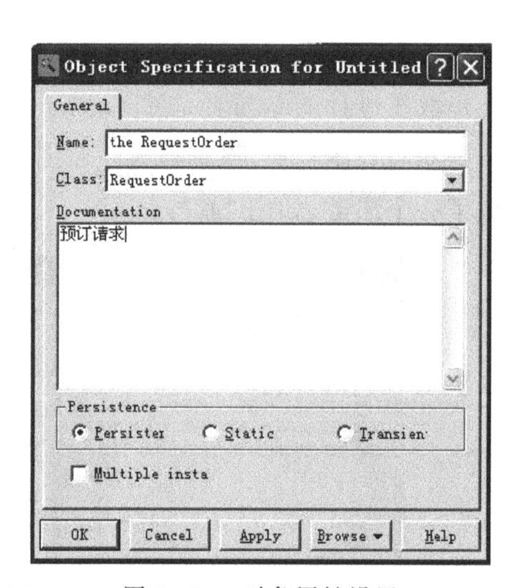

图 14-79　对象属性设置

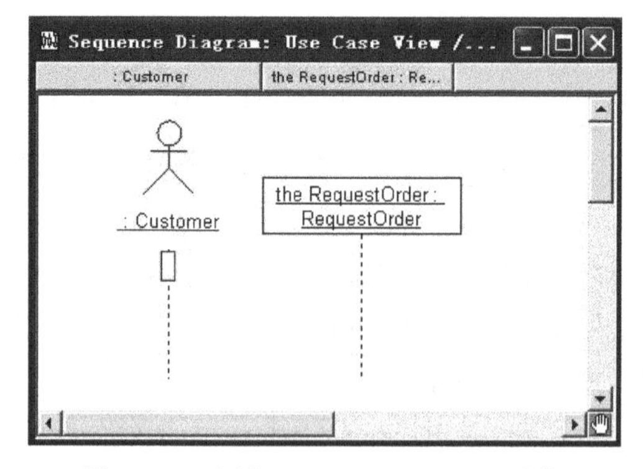

图 14-80　添加 the RequestOrder 对象

按照此方法可创建其他对象，如图 14-81 所示。

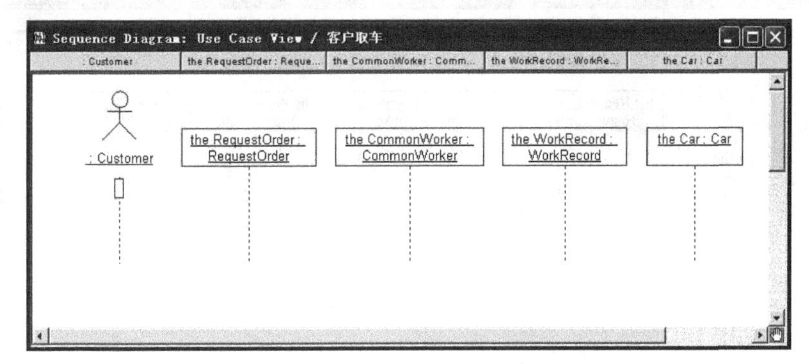

图 14-81 添加全部对象

3. 添加消息

单击顺序图工具栏图标→，在对象的生命线之间拖动，可以添加对象之间的消息。

若要为消息加上编号，可选择菜单 Tools→Options 命令，打开 Options 对话框，选择 Diagram 选项卡，在 Display 选项区中选择 Sequence numbering 复选框即可，如图 14-82 所示。

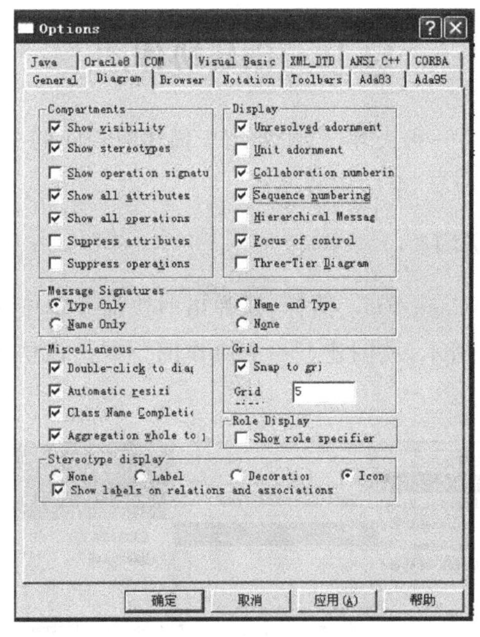

图 14-82 Options 对话框

双击消息线，打开消息配置对话框，在 Name 文本框中为消息命名，这样便添加了对象之间的消息。

客户取车顺序图如图 14-83 所示。其顺序为：首先客户向工作人员出示取车单，工作人员检查取车单，若取车单合法，则客户交纳订金，工作人员填写工作记录，并更改汽车的当前状态，最后由客户将汽车取走。

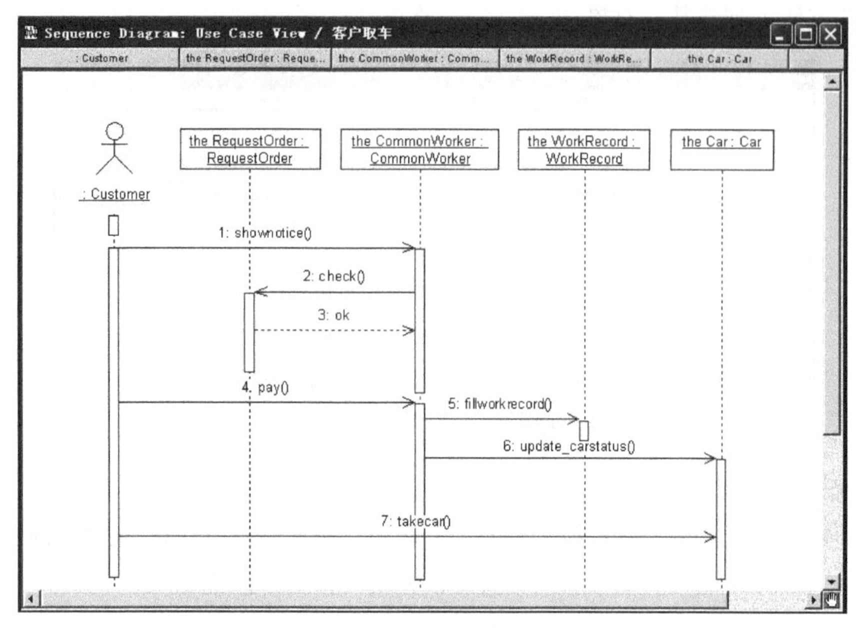

图 14-83　客户取车顺序图

14.10　创建协作图

协作图是UML中的另一种交互图,主要用于描述对象间的交互关系,表示类操作的实现。协作图包括对象、链、消息、参与者等元素。

14.10.1　协作图编辑窗口

右击浏览器中的Use Case View图标,在弹出的快捷菜单中选择New→Collaboration Diagram命令,如图14-84所示,就创建了一个协作图。双击该协作图图标,打开协作图编辑窗口,如图14-85所示。

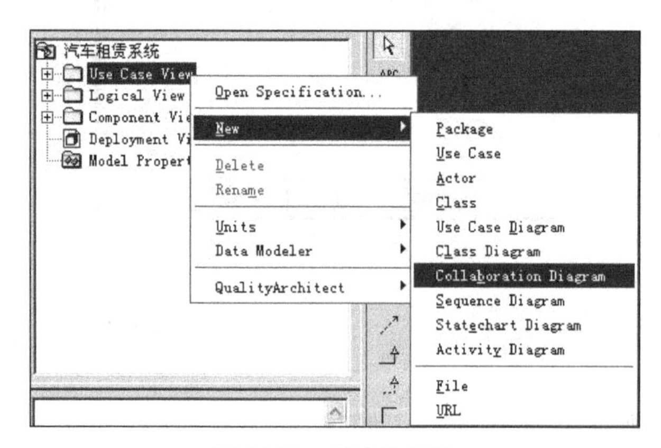

图 14-84　创建协作图

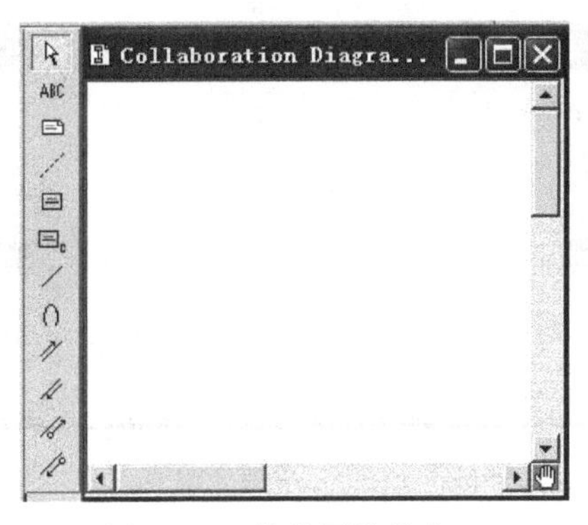

图 14-85 协作图编辑窗口

协作图工具栏各图标的功能如表 14-10 所示。

表 14-10 协作图工具栏图标

图 标	按钮名称	功 能
	Selection Tool	选择工具
ABC	Text Box	文本框
	Note	注释
	Anchor Note to Item	将注释与元素连接
	Object	对象
	Class Instance	类实例
	Object Link	对象链接
	Link to Self	链接自身
	Link Message	对象间链接消息
	Reverse Link Message	反向链接消息
	Data Token	数据标记
	Reverse Data Token	反向数据标记

14.10.2 协作图建模

协作图建模与顺序图建模的方法基本一致，分为添加参与者、添加对象、添加链接与消息等几个步骤。下面仍以汽车租赁系统中客户取车这一过程为例，介绍协作图的建模过程。

1. 添加参与者

在本例中包括 Customer（客户）、Employee（公司职工）两个参与者。在浏览器中选择已创建的用例，拖动鼠标，直接将其添加到协作图中，如图 14-86 所示。

2. 添加对象

在浏览器中分别选择类 RequestOrder、WorkRecord、Car（已在客户取车顺序图示例中创建），将其拖动至协作图的适当位置，则实现了对象的添加。若要为对象命名，双击该对

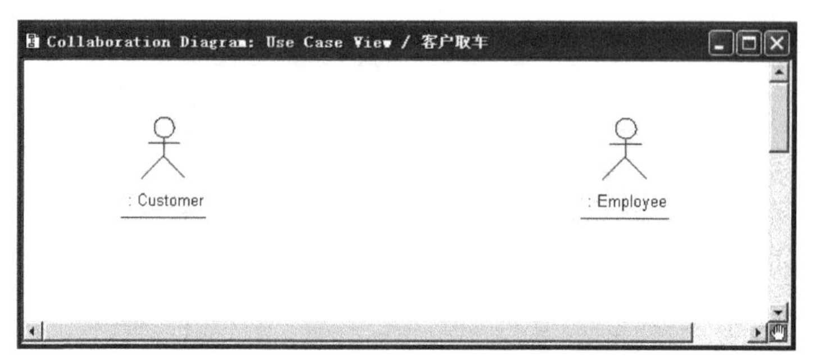

图 14-86　添加参与者

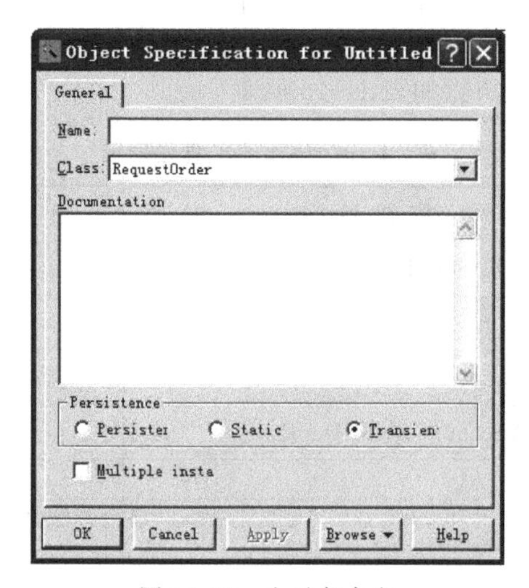

图 14-87　为对象命名

象,打开对象设置对话框,如图 14-87 所示,可在 Name 文本框中为对象命名,并在 Persistence(持续)选项区中选择 Persistent 单选按钮。图 14-88 是一个添加了对象的协作图。

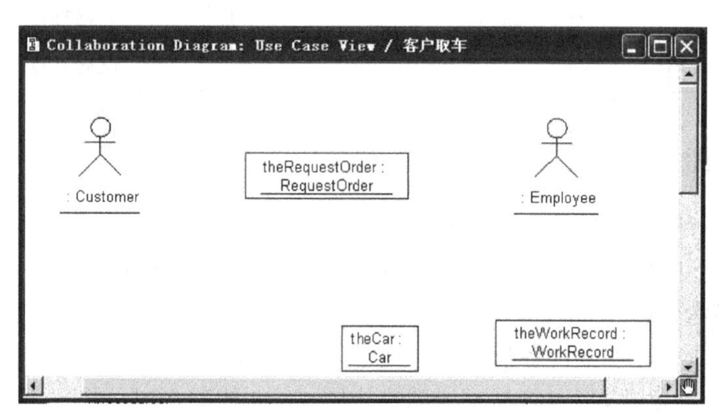

图 14-88　添加了对象的协作图

需要说明的是,添加新对象的方法和在顺序图中一致。

3. 添加链接和消息

单击协作图工具栏图标，在对象之间拖动，就添加了链接，如图 14-89 所示。

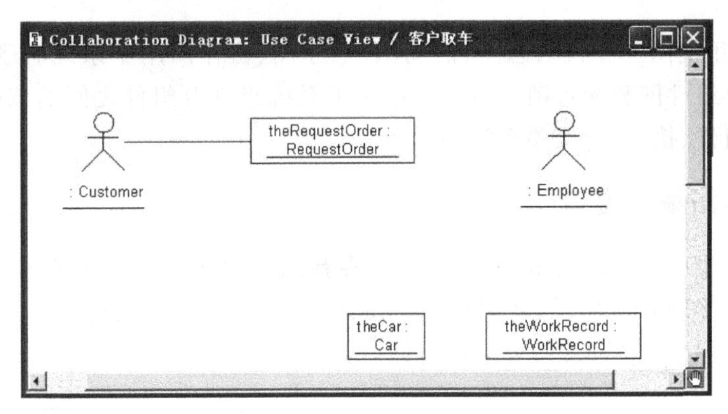

图 14-89 添加链接

接下来可以为对象间的链接添加消息。选择协作图工具栏图标或，单击对象之间的链接，则画出消息箭头。双击消息箭头，弹出消息设置对话框，在 Name 文本框中为消息命名，如图 14-90 所示。

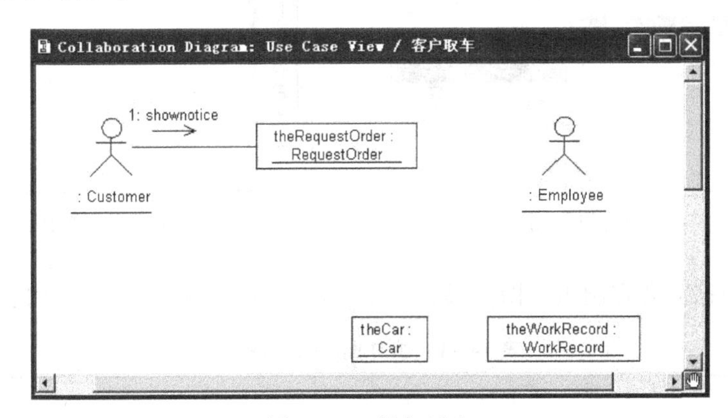

图 14-90 添加消息

按照此方法可为其他对象添加链接和消息。完整的客户取车协作图如图 14-91 所示。

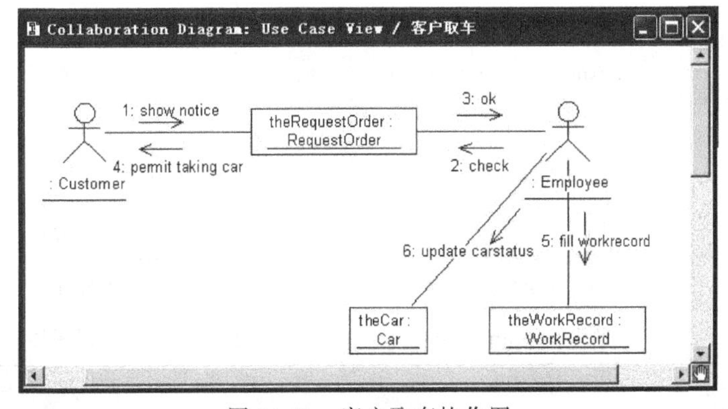

图 14-91 客户取车协作图

14.11 创建组件图

UML中的用例图、类图、状态图、活动图、顺序图、协作图用于系统的逻辑设计。系统的物理设计需要组件图和配置图。组件图描述了系统组件及组件之间的依赖关系，在组件图中通常包括组件、接口、依赖关系等元素。

14.11.1 组件图编辑窗口

右击浏览器中的Component View图标，在弹出的快捷菜单中选择New→Component Diagram命令，如图14-92所示，就在Component View文件夹下创建了一个新的组件图，双击该组件图的图标，就打开组件图编辑窗口，如图14-93所示。

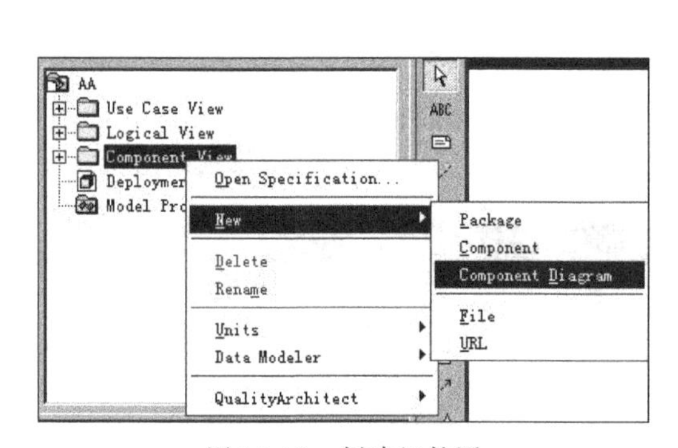

图14-92 创建组件图

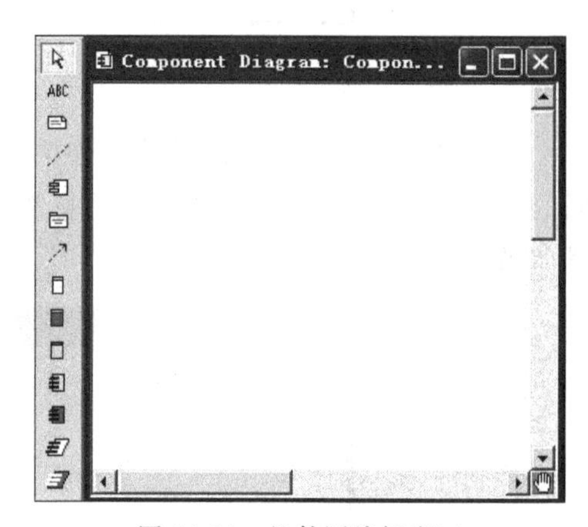

图14-93 组件图编辑窗口

用户可以根据需要定制组件图工具栏。组件图工具栏各图标的功能如表14-11所示。

表14-11 组件图工具栏图标

图 标	按钮名称	功 能
	Selection Tool	选择工具
ABC	Text Box	文本框
	Note	注释
	Anchor Note to Item	将注释与元素连接
	Component	组件
	Package	包
	Dependency	依赖关系
	Subprogram Specification	子程序规范
	Subprogram Body	子程序体

续表

图　　标	按 钮 名 称	功　　能
	Main Program	主程序
	Package Specification	包规范
	Package Body	包体
	Task Specification	任务规范
	Task Body	任务体
	Database	数据库
	Generic Package	虚包
	Generic Subprogram	虚子程序

14.11.2 组件图建模

组件是定义了良好接口的实现单元，体现了系统中类的实现。组件图的创建与类有很大的关系，一个组件对应一个类，类之间的关系反映为组件之间的依赖关系。

下面以图书管理信息系统为例，介绍组件图的建模过程。图书管理信息系统中的类包括 Title（图书题名）、Item（图书项）、Loan（借阅）、Reservation（预约）、Borrower（借阅者）、Librarian（图书管理员）和 SysAdministrator（系统管理员），其中前 5 个类之间具有一定的关系，其类图（省略类的属性和方法）如图 14-94 所示。

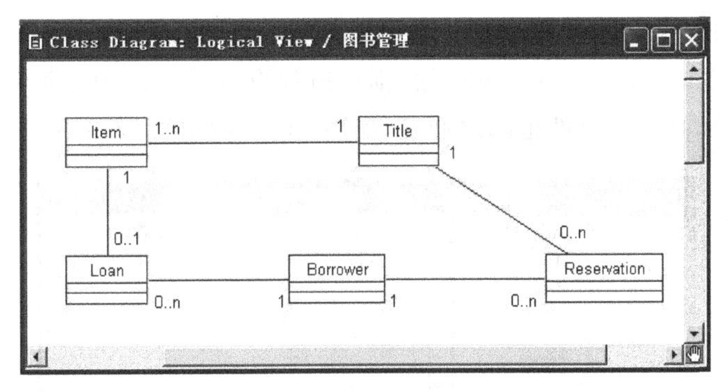

图 14-94　图书管理信息系统类图

1. 添加组件

在组件图工具栏选择组件图标，在组件图编辑窗口中单击，就添加了一个组件，如图 14-95 所示。

2. 设置组件属性

双击新添加的组件，打开组件设置对话框，在该对话框内可以为组件设置属性，如图 14-96 所示。

1) General 选项卡

在 General 选项卡中的 Name 文本框内为组件命名。在 Stereotype 下拉列表框内选择组件的类型，组件类型包括 ActiveX、Applet、Application、Database、DLL、EXE、Generic Package、Generic Subprogram、Main Program、Package Body、Package Specification、Subprogram Body、Subprogram Specification、Task Body 和 Task Specification 等。在 Language 下拉列表框内选择语言，Rational Rose 支持的语言包括 ANSI C++、CORBA、Java、Oracle 8、COM、V C++、Web Module 和 XML_DTD 等。在 Documentation 文本框内写出组件文档说明。

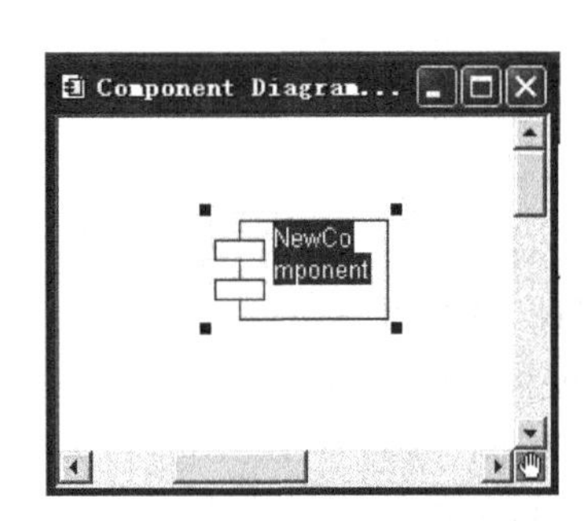

图 14-95　添加组件

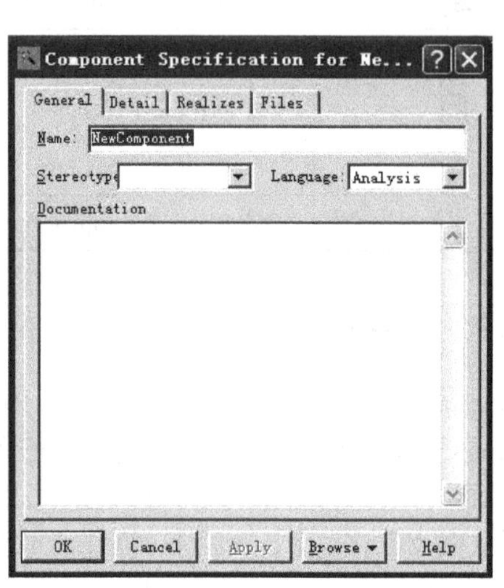

图 14-96　组件设置对话框

将新添加的组件命名为 Title，将组件类型设置为 Package Specification，将语言设置为 ANSI C++，设置完成后，单击 Apply 按钮，则在组件设置对话框中添加了一个 ANSI C++ 选项卡，组件图编辑窗口的组件也随之而变，如图 14-97 所示。

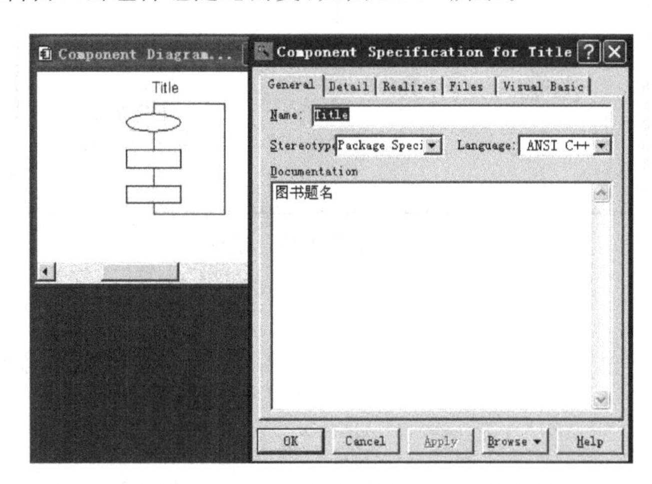

图 14-97　在 General 选项卡中设置组件属性

2) Realizes 选项卡

在 Realizes 选项卡中可以将与组件对应的类映射到组件。

单击 Realizes 选项卡，在类列表框内查找与组件对应的类名，右击该类名，在弹出的快捷菜单中选择 Assign 命令，如图 14-98 所示，则实现了类到组件的映射。在该类的图标上会显示一个红钩，如图 14-99 所示。

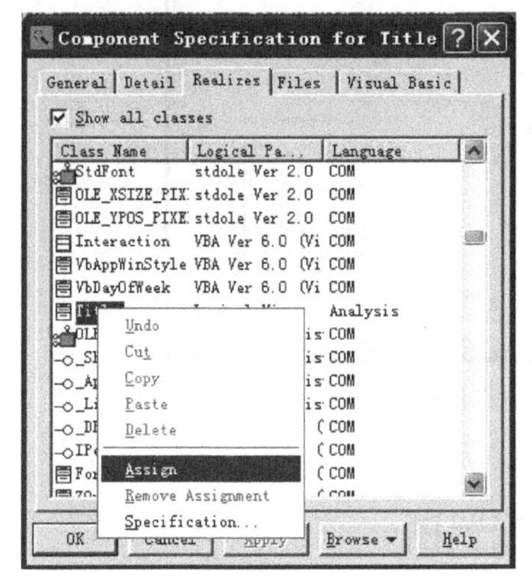

图 14-98 Realizes 选项卡

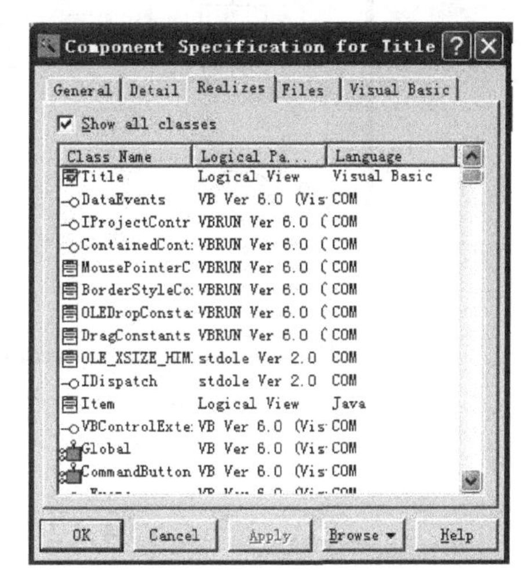

图 14-99 将类映射到组件

也可以通过其他方法实现类到组件的映射。在浏览器选择相应的类，将其拖动至组件图编辑窗口的组件上即可。

若要删除类到组件的映射，只需在图 14-99 所示的类列表框中，右击类名，在弹出的快捷菜单中选择“Remove Assignment”命令即可。

另外，在 Detail 选项卡中可以为组件添加声明，在 Files 选项卡中可以为组件指定实现的文件。

3. 添加依赖关系

选择组件图工具栏中的图标，在具有依赖关系的两个组件之间拖动鼠标，就为它们添加了依赖关系，如图 14-100 所示。

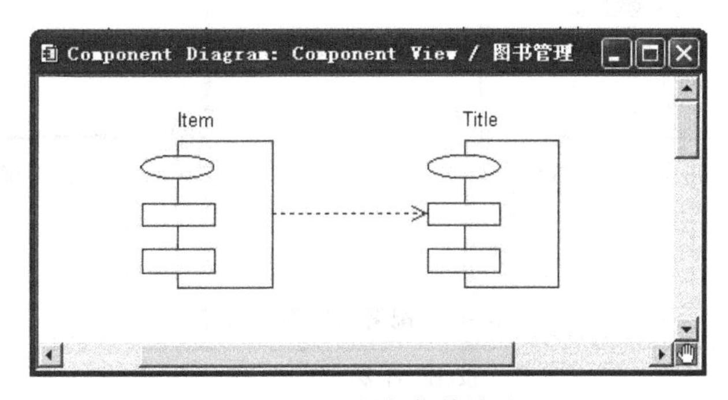

图 14-100 添加依赖关系

按照上述方法添加组件图中的其他组件。完整的组件图如图 14-101 所示。

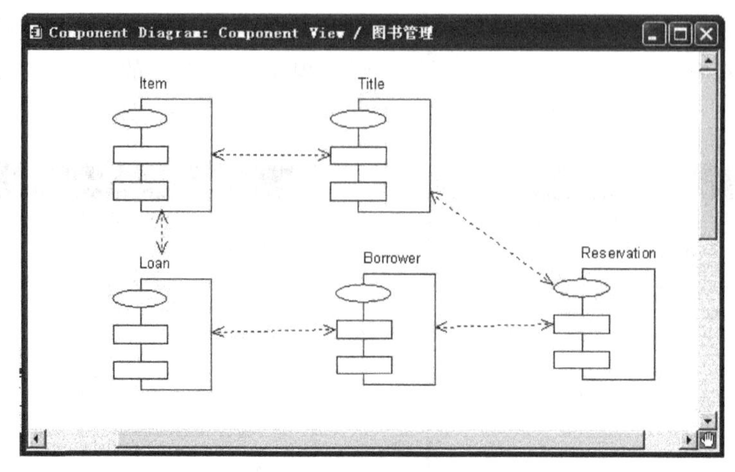

图 14-101 图书管理信息系统组件图

14.12 创建配置图

UML 在对系统进行实际建模时,将使用组件图和配置图。组件图描述了系统的各种组件和组件之间的依赖关系;而配置图描述了软件执行时所需物理设备的拓扑结构,在该图中包含节点、关联关系两种元素。

14.12.1 配置图编辑窗口

在浏览器窗口右击 Deployment View 图标,在弹出的快捷菜单中选择 Open 命令,如图 14-102 所示,或者双击 Deployment View 图标,就创建了一个配置图,打开配置图编辑窗口,如图 14-103 所示。

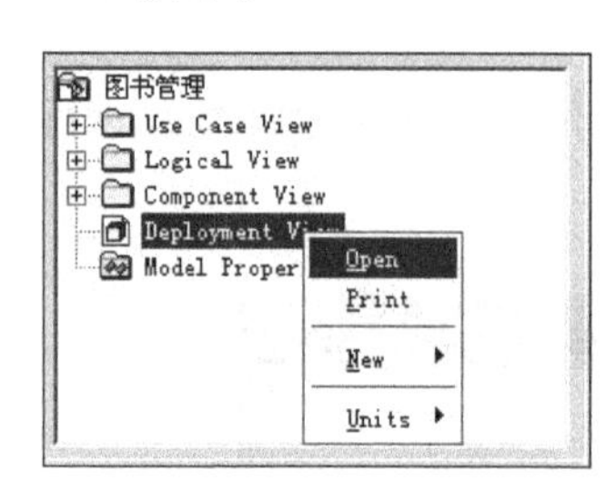

图 14-102 创建配置图

图 14-103 配置图编辑窗口

配置图工具栏各图标的功能如表 14-12 所示。

表 14-12 配置图工具栏图标

图 标	按钮名称	功 能
(箭头图标)	Selection Tool	选择工具
ABC	Text Box	文本框
(注释图标)	Note	注释

续表

图　　标	按钮名称	功　　能
	Anchor Note to Item	将注释与元素连接
	Processor	处理器
	Connection	关联关系(连接)
	Device	设备

14.12.2　配置图建模

1. 添加处理器

选择配置图工具栏中的图标，在配置图编辑窗口的合适位置单击，就添加了一个处理器。双击该处理器，打开处理器设置对话框，如图14-104所示。

1) General 选项卡

在General选项卡的Name文本框中输入处理器的名字，在Stereotype下拉列表框中选择处理器的类型，在Documentation文本框中输入处理器的文档说明。

2) Detail 选项卡

在Detail选项卡中可以为处理器设置细节，如图14-105所示。

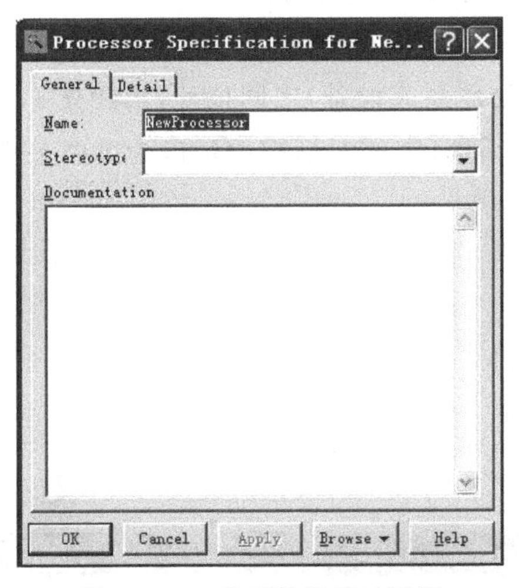

图14-104　处理器设置对话框

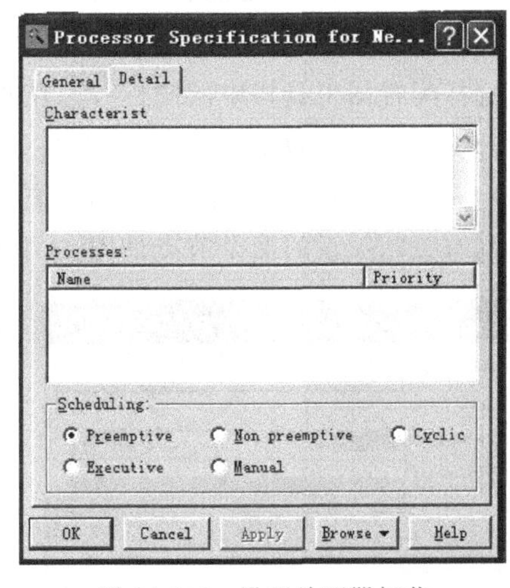

图14-105　设置处理器细节

在Characterist文本框中输入处理器的特性。

在Processes区域为处理器添加进程。右击进程列表的空白区域，在弹出的快捷菜单中选择Insert命令，然后双击已添加的进程名，打开进程设置对话框，如图14-106所示，可以在该对话框内为进程重新命名以及设置进程的优先级。

在Scheduling选项区指定处理器所使用的进程调度类型。其中，Preemptive表示进程按优先级调度(为默认值)，Non preemptive表示进程无优先级，Cyclic表示进程按时间片轮转执行，Executive表示用算法控制进程，Manual表示进程由用户控制。

处理器的属性设置完成后，返回配置图编辑窗口，右击该处理器，在弹出的快捷菜单中选择 Show Processes 命令,在处理器下方将出现进程名,如图 14-107 所示。

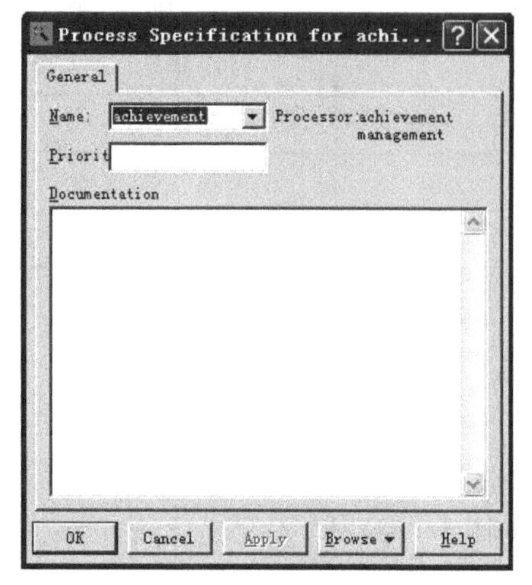

图 14-106 进程设置对话框

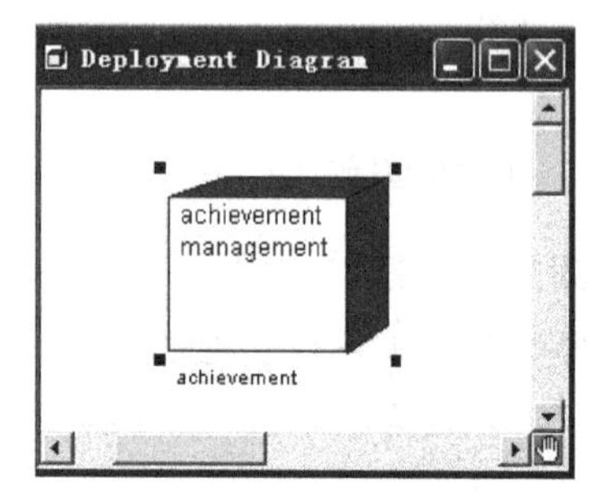

图 14-107 添加处理器

2. 添加设备

选择配置图工具栏中的图标,在配置图编辑窗口单击,就添加了一个设备。与对处理器的操作一致,在设备设置对话框中为设备命名,并指定类型和特征。

3. 添加关联关系

选择配置图工具栏中的图标,在两个节点(处理器或设备)之间拖动,就建立了节点之间的关联关系。双击关系连线,打开关联设置对话框,在该对话框中可以为关联关系命名,设置关系类型,如图 14-108 所示。

具有关联关系的两个节点如图 14-109 所示。

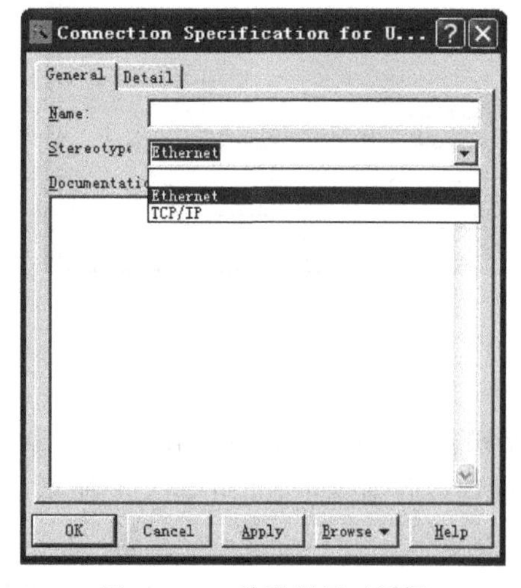

图 14-108 关联配置对话框

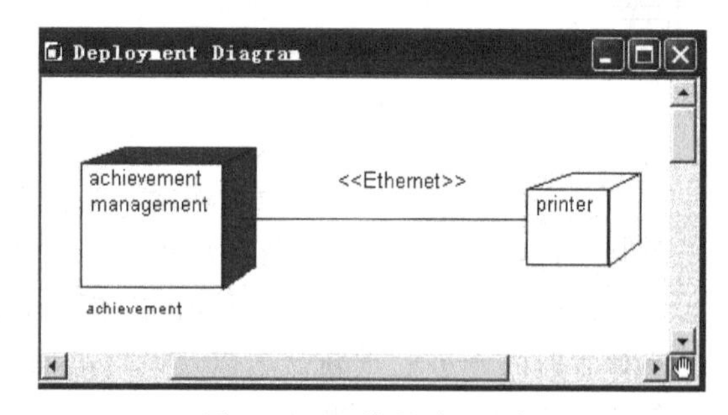

图 14-109 关联关系示例

图 14-110 是考务管理系统的配置图。考务管理系统包括试题管理(Test Question Management)子系统、学生管理(Student Management)子系统、考试管理(Examination

Management)子系统、考卷管理(Paper Management)子系统等。

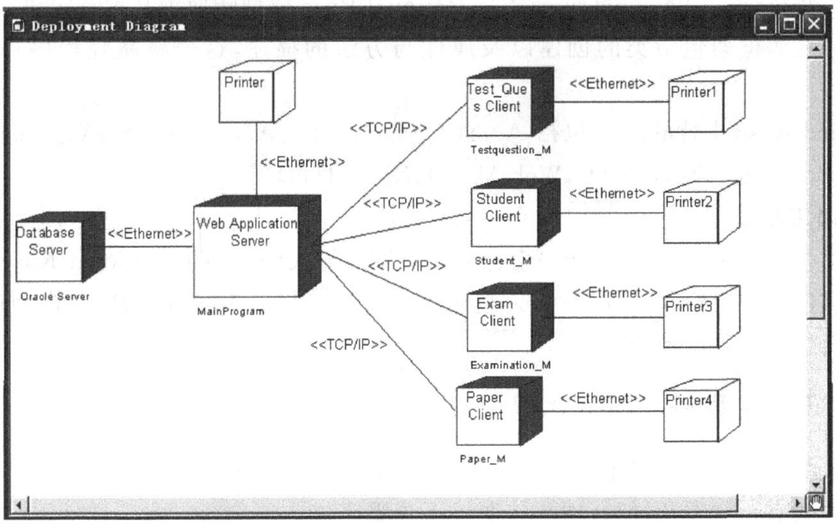

图 14-110 考务管理系统配置图

14.13 Rational Rose的双向工程

Rational Rose 的模型与代码保持高度统一,即模型与代码之间可以相互转换,这一特征称为 Rational Rose 的双向工程。双向工程为软件开发人员提供了方便:由模型转换为代码框架,减少了程序员的编码量;由代码转换为模型,便于软件人员了解软件的分析与设计过程。

14.13.1 双向工程概述

1. 基本概念

Rational Rose 的双向工程(round-trip engineering)指在模型与代码之间相互转换的功能,这有助于维护系统架构的完整性,如图 14-111 所示。

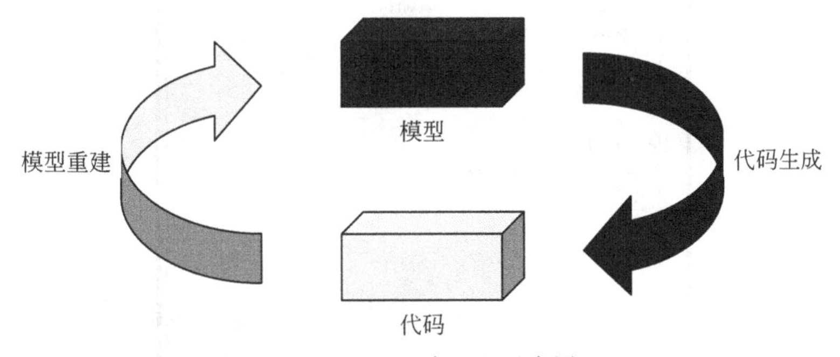

图 14-111 双向工程示意图

2. 正向工程

正向工程(forward engineering)指从 Rational Rose 模型转换为某种特定语言代码的过程。生成的代码框架包括类的创建以及属性与方法的描述,这样将减轻程序员的编码工作量。

Rational Rose 支持的语言包括 ANSI C++、Ada 83、Ada 95、CORBA、Java、Oracle 8、COM、Visual Basic、Visual C++、Web Model、XML_DTD 等。

3. 逆向工程

逆向工程(reverse engineering)指将某种特定语言代码转换为 Rational Rose 模型的过程。若在软件开发中修改了程序代码,利用逆向工程可以对 Rational Rose 模型进行重建,实现模型与代码的高度统一。

14.13.2 正向工程——Java 代码生成

Rational Rose 的正向工程可以实现多种语言代码的生成。对于不同的语言,其代码生成的操作方法有一些差别,但一般可按照以下步骤完成:

(1) 检查模型。

(2) 创建组件,并将类映射到组件。

(3) 设置项目属性。

(4) 设置代码生成属性。

(5) 选择类、组件和包,生成代码。

这里以生成 Java 代码为例,介绍 Rational Rose 的正向工程。

在创建新模型时,应该选择相应的语言模板。在如图 14-13 所示的 Rational Rose 启动主界面中选择 J2EE 选项,单击 OK 按钮即可。接着需要设置系统默认语言,在 Rational Rose 主界面中选择菜单 Tools→Options 命令,打开 Options 对话框,选择 Notation 选项卡,在 Default 下拉列表框中选择 Java,如图 14-112 所示。然后,按照软件系统的要求,创建相应的类图,完成建模过程。

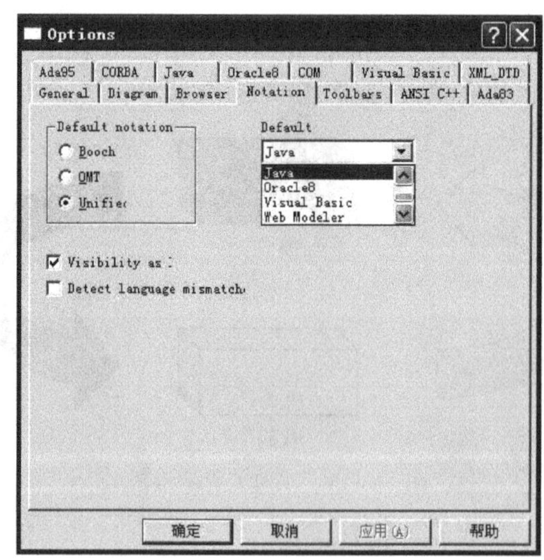

图 14-112 设置默认语言

1. 检查模型

检查模型可以发现模型中的错误和不一致问题，使代码能够正确生成。要检查模型，在主界面中选择菜单 Tools→Check Model 命令即可。若模型中有错误，系统会将错误信息写入日志窗口。

2. 创建组件并将类映射到组件

这一步骤可以按照 14.11.2 节介绍的方法实现。在 Java 模式下，也可以由类自动创建组件并实现映射。

在生成代码前，可以选择对模型组件进行语法检查。若开发者未进行语法检查，系统将在代码生成时自动进行语法检查。首先选择组件，然后选择菜单 Tools→Java/J2EE→Syntax Check 命令，即可进行语法检查。语法检查结束后，可以查看日志窗口，若有错误，需要修改组件。

3. 设置项目属性

在生成代码之前，需对项目属性进行必要的设置，包括代码生成(Code Generation)设置和类路径(Classpath)设置两部分。

选择菜单 Tools→Java/J2EE→Project Specification 命令，打开项目配置对话框。

1) Code Generation 选项卡

Code Generation 选项卡如图 14-113 所示。

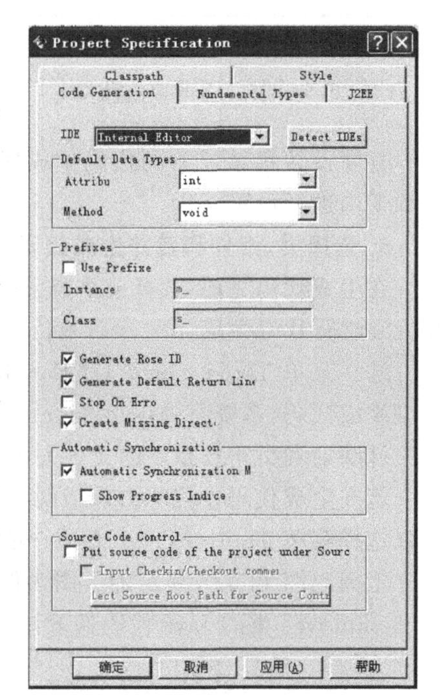

图 14-113　Code Generation 选项卡

其中，IDE 下拉列表框用于指定与 Rational Rose 相关联的软件开发环境；Default Data Types 选项区用于设置默认的数据类型；Prefixes 选项区用于设置是否使用前缀；Generate Rose ID 复选框用于设置是否在代码中为每个方法加上 ID；Generate Default Return Line 复选框指定是否在每一个类声名后生成一个返回行；Stop On Error 复选框用于设置在生成代码时是否遇到错误就停止；Create Missing Directories 复选框用于设置是否可以创建目录；Automatic Synchronization Mode 复选框用于设置是否自动保持模型与代码的同步；Show Progress Indicator 复选框用于设置在遇到复杂的同步操作时是否显示进度栏；Source Code Control 选项区用于源代码的控制。

2) Classpath 选项卡

Classpath 选项卡如图 14-114 所示。在该选项卡中可为模型指定一个 Java 类路径，生成的 Java 文件将保存至这个类路径中。从模型生成代码，或从代码重建模型，均会使用这个类路径。

4. 设置代码生成属性

可以对 Rational Rose 中的属性、类、模块、方法、项目、角色等模型元素设置代码生成属性，系统提供常用的默认属性。Rational Rose 支持的每一种语言均有多个代码生成属性。在生成代码之前，需要浏览代码生成属性并进行设置。

选择菜单 Tools→Options 命令,打开 Options 对话框,选择 Java 选项卡,可以浏览 Java 代码生成属性,如图 14-115 所示。

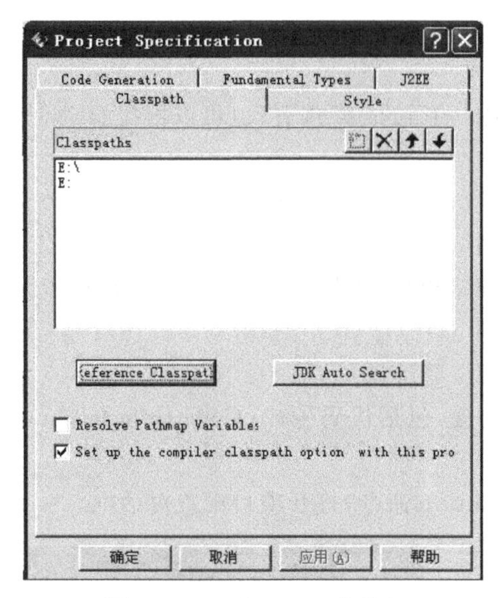

图 14-114　Classpath 选项卡

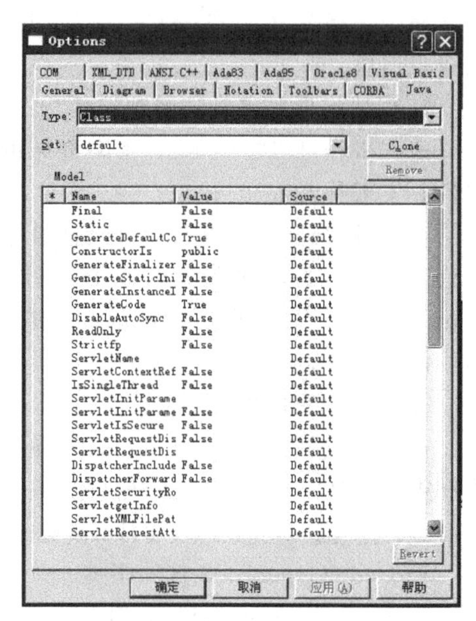

图 14-115　Java 代码生成属性

若要设置模型元素的代码生成属性,可以打开该模型元素对应的设置对话框,在 Java 选项卡内进行设置。

5. 选择类、组件和包并生成代码

在生成代码之前,选择一个类、一个组件或一个包,这样 Rational Rose 可以对选择的模型元素进行代码生成。

选择菜单 Tools→Java/J2EE→Generate Code 命令,即可生成代码。若是第一次对该模型生成代码,系统将弹出 Assign CLASSPATH Entries 对话框,在该对话框内可以将包和组件映射到类路径指定的文件夹中。

若在生成代码过程中出现错误或警告,相应的信息将显示在日志窗口。若要编辑代码,可以选择菜单 Tools→Java/J2EE→Edit Code 命令,系统会弹出代码编辑窗口。

下面以图 14-116 所示的类图为例,按照上述步骤生成 Java 代码。

employee 类的 Java 代码如下:

```
//Source file: E:\\employee.java
public class employee
{
   private string workerid;
   private string wname;
   private date birth;
   private string sex;
   private int wtype;

   /**
```

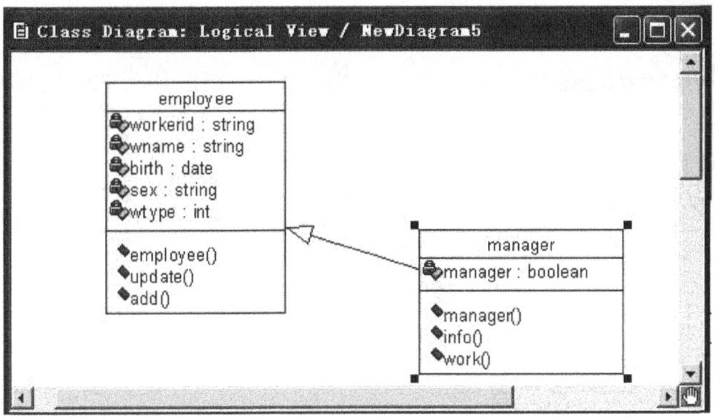

图 14-116 类图示例

```
  @roseuid 47DE3D1E01A5
    * /
  public employee()
  {
  }

  /**
  @roseuid 47E0CD0101E4
* /
  public void update()
  {
  }

  /**
  @roseuid 47E0CD21007D
    * /
  public void add()
  {
  }
}
```

manager 类的 Java 代码如下：

```
//Source file: E:\\manager.java
public class manager extends employee
{
  private boolean manager;

/**
  @roseuid 47DE3CB3001F
    * /
  public manager()
  {
  }
```

```
        /**
        @roseuid 47DE3CBA0186
          */
        public void info()
        {
        }

        /**
        @roseuid 47DE49B40232
          */
        public void work()
        {
        }
    }
```

14.13.3　逆向工程——Java 模型重建

在实现逆向工程时,Rational Rose 将用户已编辑的 Java 代码转换到类、组件中,对模型进行重建。

1. 设置环境变量

右击"我的电脑",在弹出的快捷菜单中选择"属性"命令,打开"系统属性"对话框,选择"高级"选项卡,再单击"环境变量"按钮,弹出"环境变量"对话框,如图 14-117 所示。在"系统变量"区域寻找 CLASSPATH 变量。若未找到,单击"新建"按钮,新建一个 CLASSPATH 变量。若想重新设置该变量,单击"编辑"按钮即可。

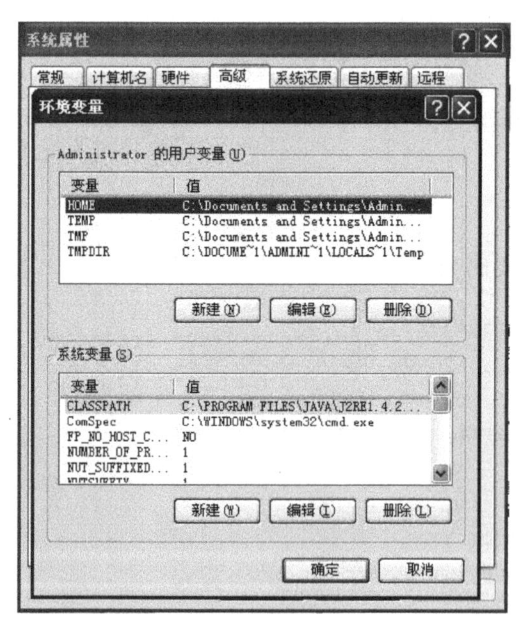

图 14-117　设置环境变量

2. 启动逆向工程

选择需要重建的类，右击该类，在弹出的快捷菜单中选择 Java/J2EE→Reverse Engineering 命令，打开 Java Reverse Engineering 对话框，如图 14-118 所示。在左侧的目录结构中选择 CLASSPATH 变量所指定的路径，在右侧的列表框中选择已编辑的.java 文件，依次单击 Reverse 按钮和 Done 按钮，完成逆向工程，就实现了模型的重建。

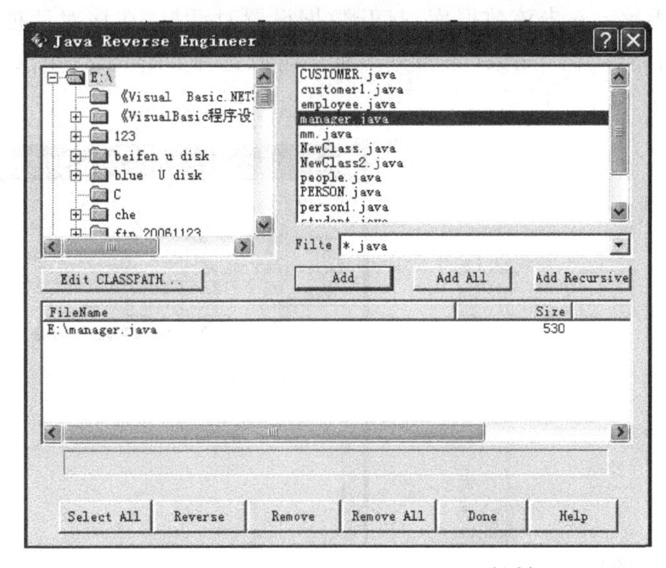

图 14-118 Java Reverse Engineer 对话框

下面仍以图 14-116 所示的类图为例，重新编辑 manager 类的 Java 代码，增加一个方法：

```
public void printer() {}
```

按照上述步骤启动逆向工程，可以实现 manager 类的重建。

14.14 数据库设计建模

在软件开发过程中，数据库设计是关键部分。进行数据库设计时，应确保数据的完整性与安全性，并减少数据冗余。在 Rational Rose 环境下，不但可以创建对象的数据模型，还可以创建关系型数据库的数据模型。

关系型数据库的结构使用二维表描述。在 Rational Rose 中进行数据库建模，是将面向对象的数据模型转换为关系模式的数据模型，即将类映射为表结构，将对象映射为表记录，将类之间的关系映射为数据库表之间的关系。

14.14.1 设置 DBMS

Rational Rose 支持的数据库管理系统(Database Management System，DBMS)产品包括 ANSI SQL 92、IBM DB2 5.x、IBM DB2 6.x、IBM DB2 7.x、IBM DB2 OS390 5.x、IBM DB2 OS390 6.x、Microsoft SQL Server 6.x、Microsoft SQL Server 7.x、Microsoft SQL

Server 2000.x、Oracle 7.0、Oracle 8.0 和 Sybase Adaptive Server 12.x,用户可以选择所需的DBMS。

1. 选择 DBMS

右击浏览器的 Component View 文件夹,在弹出的快捷菜单中选择 Data Modeler→New→Database 命令,就创建了一个新的数据库,接着将该数据库命名为"图书管理数据库",如图 14-119 所示。双击该数据库,打开数据设置对话框,在该对话框的 Name 文本框中可为数据库重新命名,在 Target 下拉列表框中可以选择 DBMS,这里选择 Microsoft SQL Server 2000.x,如图 14-120 所示。

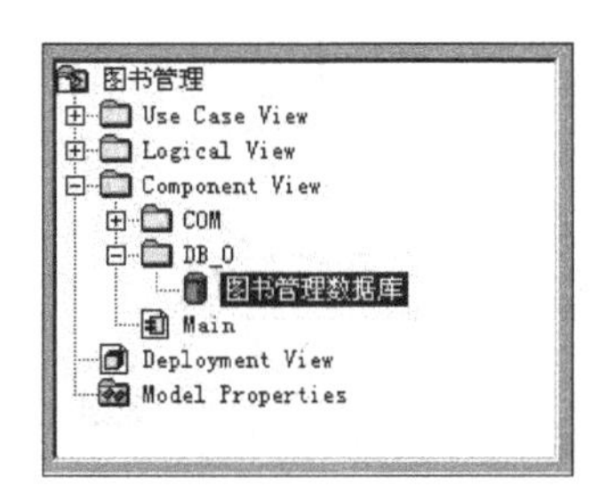

图 14-119 创建数据库

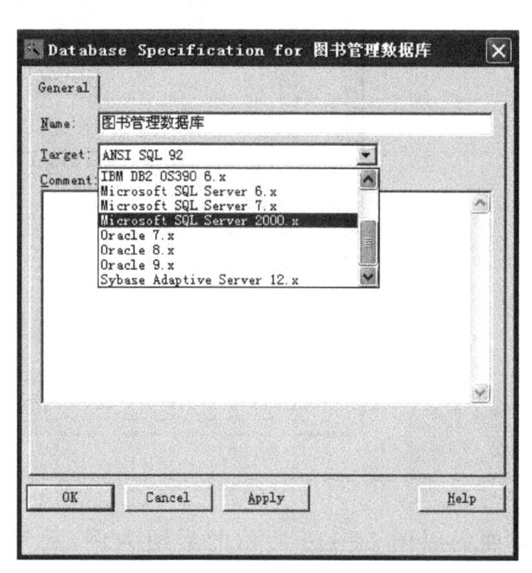

图 14-120 选择 DBMA

2. 增加表空间

DB2、Microsoft SQL Server 和 Oracle 需要在数据库中增加表空间。每个表空间中包含若干个容器,每个容器是一个物理存储设备,每个容器可分为更小的存储单元。建立表空间后,可以将表加入表空间中。

右击 Component View 文件夹下的数据库,在弹出的快捷菜单中选择 Data Modeler→New→Tablespace 命令,就创建了一个新的表空间。双击表空间,打开表空间设置对话框,如图 14-121 所示,选择 Default 复选框可设置默认的表空间,在 Containers 选项卡中可以进行容器的设置。

14.14.2 创建数据库关系模式

下面以如图 14-122 所示的图书管理信息系统类图为例,介绍在 Rational Rose 环境下进行数据库建模的过程。图书管理信息系统类图描述了 Borrower、Title、Item、Reservation、Loan 等若干个类(未包括 SysAdministrator 类与 Librarian 类),其中 Loan 类与 Item 类之间是一对一的关系,其余的类之间是一对多的关系。

1. 创建模式

右击浏览器中的 Logical View 文件夹,在弹出的快捷菜单中选择 Data Modeler→

图 14-121 表空间设置对话框

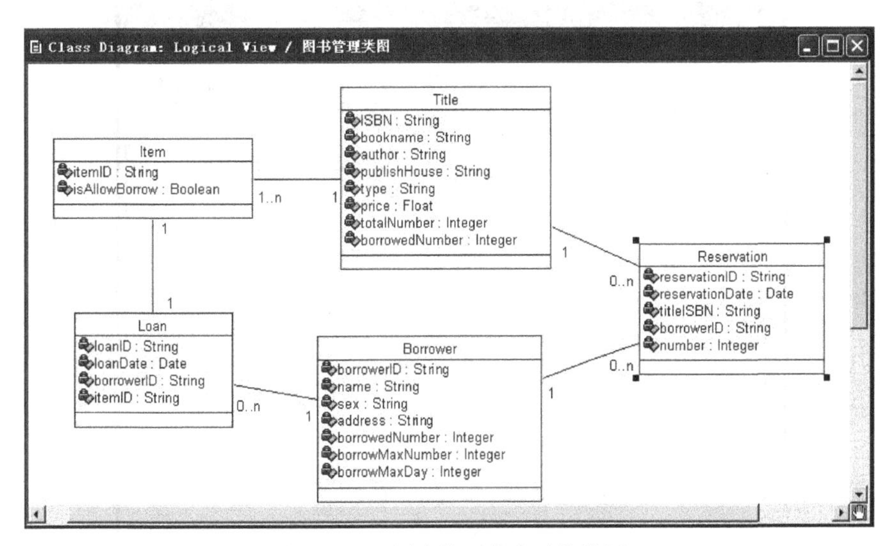

图 14-122 图书管理信息系统类图

New→Schema 命令，就创建了一个模式。双击模式，打开模式设置对话框，在该对话框内将模式命名为图书管理模式，并选择数据库为“图书管理数据库”，数据库的 DBMS 为 Microsoft SQL Server 2000.x，如图 14-123 所示。

2. 创建表

下面以 Borrower 类为例，介绍将类映射为数据库表的过程。

右击“图书管理模式”，在弹出的快捷菜单中选择 Data Modeler→New→Table 命令，就创建了一个表。双击表，打开表设置对话框。在该对话框的 General 选项卡中将表命名为 Borrower，并选择表空间，如图 14-124 所示。

选择 Columns 选项卡，在该选项卡内可以将类属性映射为数据库表中的列(也称为

图 14-123　模式设置对话框

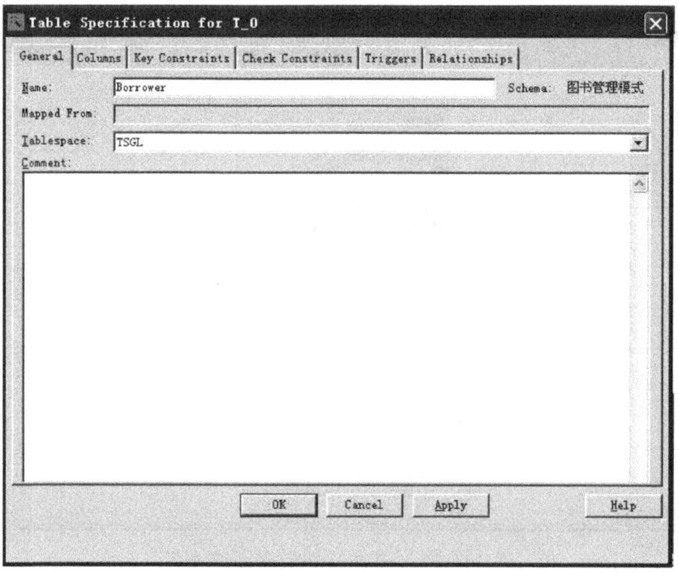

图 14-124　为表命名

域),其中类的对象标识符属性映射为数据库表中的主键。单击增加新列图标,或右击空白区域,在弹出的快捷菜单中选择 Insert 命令,可为数据库表增加一个列(域),如图 14-125 所示。

右击新添加的列,在弹出的快捷菜单中选择 Specification 命令,打开列设置对话框,在该对话框中可以为新列命名(Name),如图 14-126 所示。在 Type 选项卡中可以设置新列的数据类型(Datatype)、长度(Length)和默认值(Default Value),若将新列设置为主键(Primary Key),可进一步设置非空属性(Not Null)和唯一性属性(Unique Constraint),如图 14-127 所示。

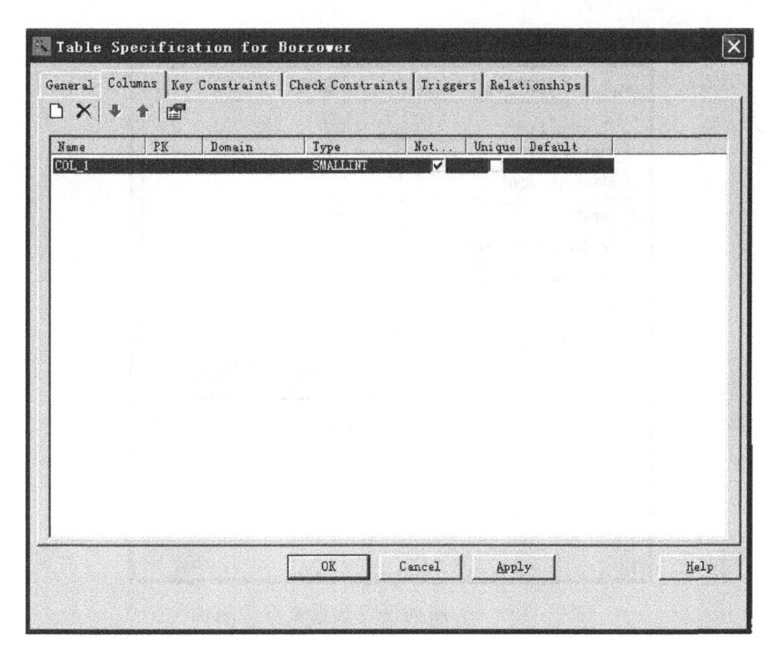

图 14-125 为表增加新列

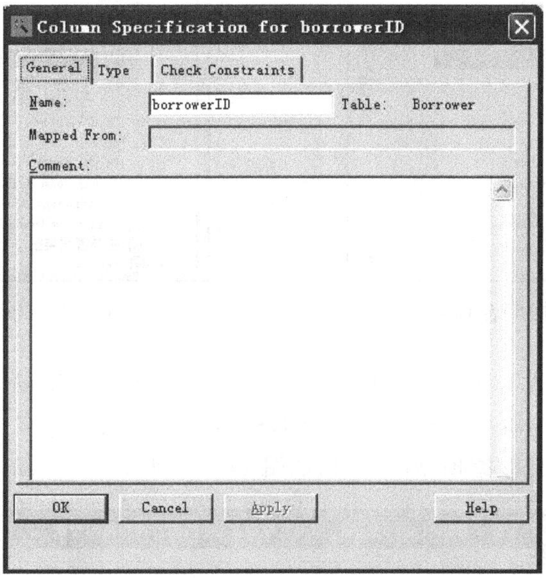

图 14-126 为新列命名

按照该方法为数据库表 Borrower 添加其他列，这样便完成了数据库表的创建，如图 14-128 所示，红色标志«PK»表示该列为主键。

按照同样的方法，可以创建其他数据库表，如图 14-129 所示。

3. 创建数据模型图

数据库表创建完成后，可以创建数据模型图，然后将数据库表添加到数据模型图中。具体方法如下：

Column Specification for borrowerID

General Type Check Constraints

Data Column

Domain:

Datatype: CHAR

Length: 10

Unique Constraint For Bit Data

Primary Key Identity

Not Null

Default Value:

Computed Column

Expression:

OK Cancel Apply Help

图 14-127 为新列设置数据类型等属性

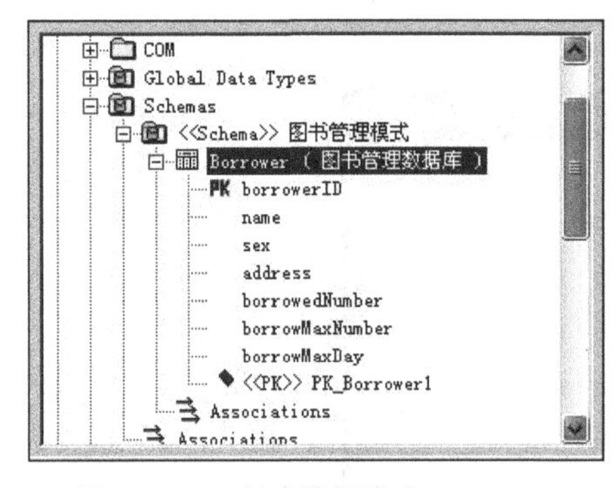

图 14-128 创建数据库表 Borrower

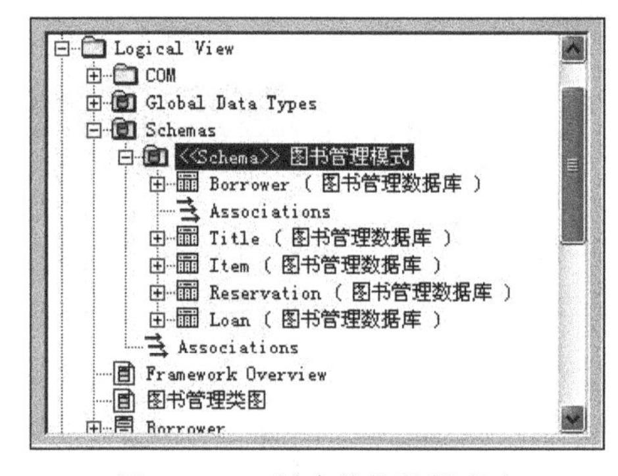

图 14-129 创建其他数据库表

右击“图书管理模式”,在弹出的快捷菜单中选择 Data Modeler→New→Data Modeler Diagram 命令,就在浏览器中创建了一个数据模型图。将该图命名为“图书管理数据模型图”,然后双击该图,打开数据模型图窗口,如图 14-130 所示。

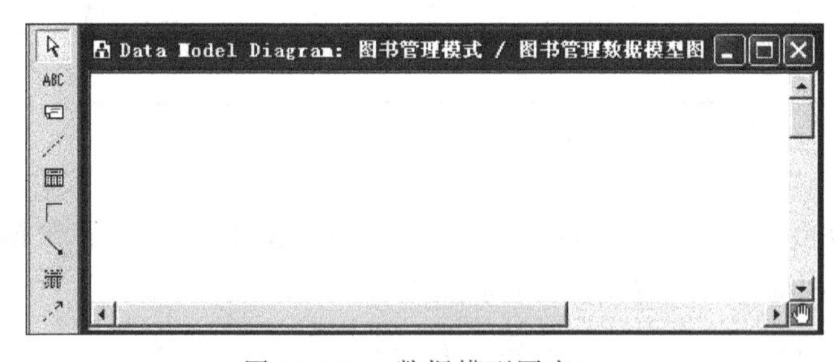

图 14-130 数据模型图窗口

数据模型图工具栏各图标的功能如表 14-13 所示。

表 14-13 数据模型图工具栏图标

图 标	按 钮 名 称	功 能
	Selection Tool	选择工具
	Text Box	文本框
	Note	注释
	Anchor Note to Item	将注释与元素连接
	Table	表
	Non-identifying Relationship	不确定关联关系
	Identifying Relationship	确定关联关系
	View	视图
	Dependency	依赖关系

4. 类的映射

将已创建的数据库表添加至数据模型图中，这样便完成了类向数据库表的映射，如图 14-131 所示。

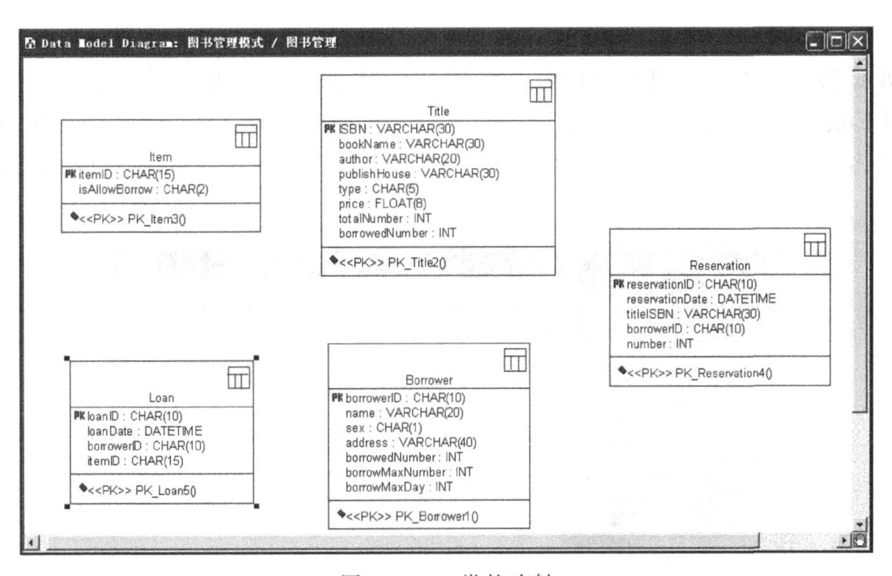

图 14-131 类的映射

5. 类关系的映射

根据类图中类之间的关系，在数据模型图的数据库表之间建立相应的关联关系，这样便实现了类关系的映射，如图 14-132 所示。

若两个类之间是多对多关系，需增加一个关联类，这样可以将多对多关系转换为两个一对多关系。在进行关联关系的映射时，系统将在子表中添加一个外键(Foreign Key，FK)，指向父表的主键，以实现两个数据库表之间的关联。

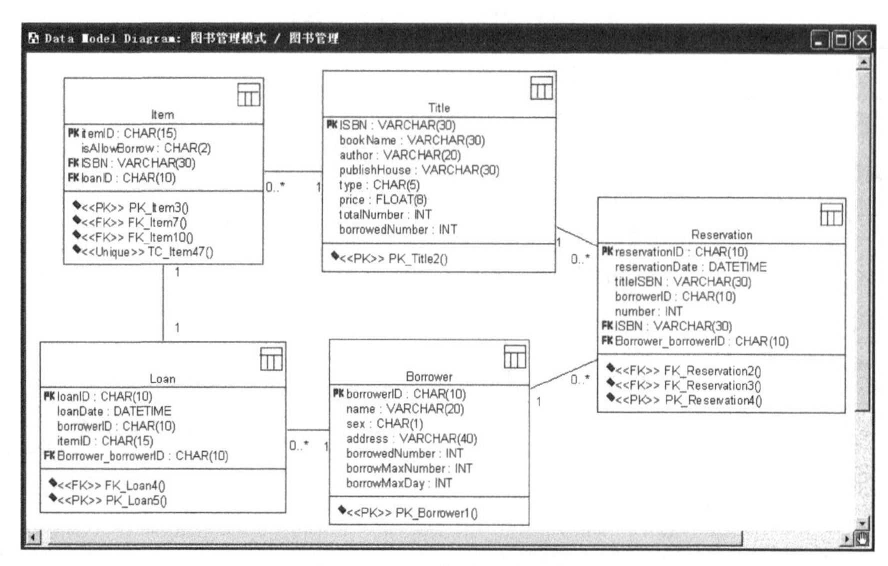

图 14-132　类关系的映射

14.14.3　生成数据库代码

Rational Rose 对于数据模型提供了正向工程功能，可以将数据模型转换为数据库代码，即 DDL 脚本。右击浏览器中的数据模式，在弹出的快捷菜单中选择 Data Modeler→Forward Engineering 命令，打开正向工程向导(Forward Engineering Wizard)，如图 14-133 所示。单击 Next 按钮，正向工程向导进入选择选项(Choose Options)界面，如图 14-134 所示。

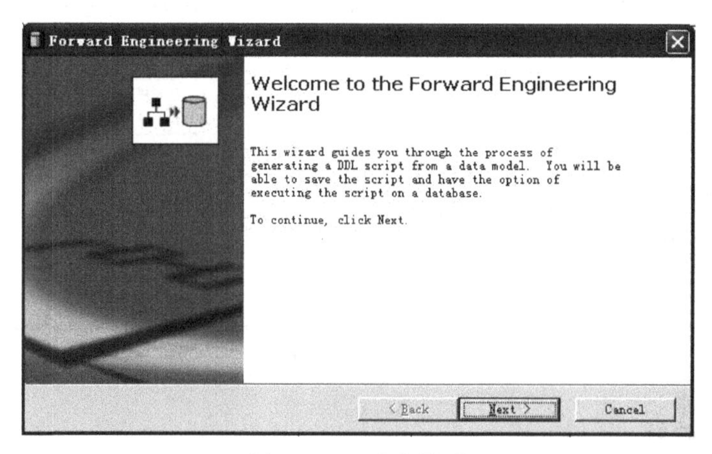

图 14-133　欢迎界面

单击 Next 按钮，正向工程向导进入选择保存并执行 DDL 脚本(Choose to Save and Execute DDL)界面，如图 14-135 所示。在 File name 文本框内输入 DDL 脚本的文件名和保存路径。若要运行 DDL 脚本，可选择 Execute 复选框，输入 DBMS 的连接信息，并单击 Test Connection 按钮进行检测连接。

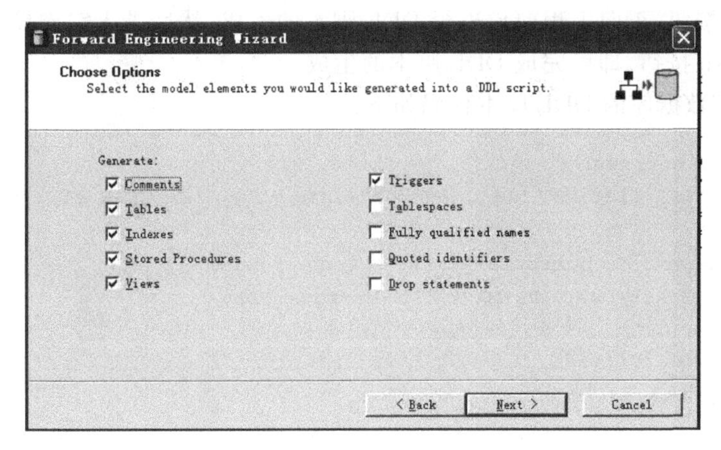

图 14-134 选项界面

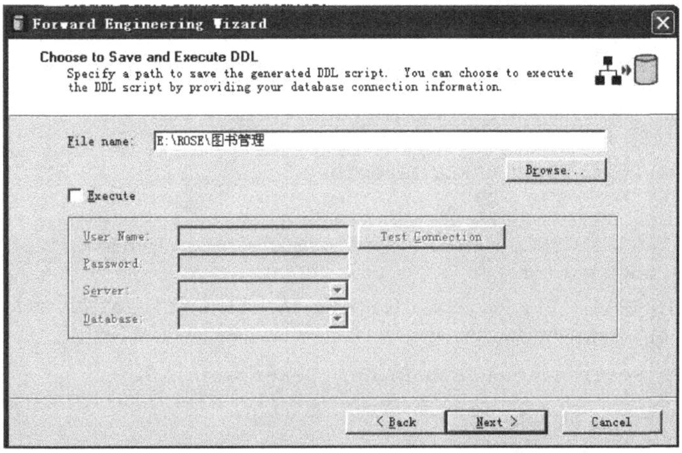

图 14-135 选择保存并执行 DDL 脚本界面

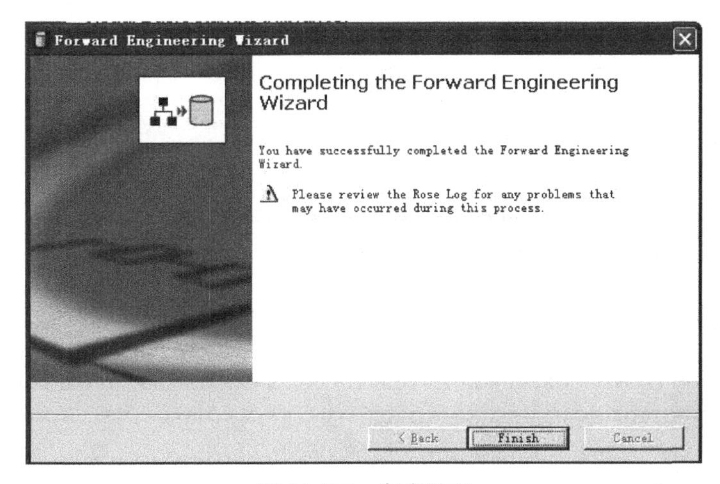

图 14-136 完成界面

单击 Next 按钮,正向工程向导进行 DDL 脚本的生成,然后进入完成界面,如图 14-136 所示,单击 Finish 按钮,即可完成 DDL 脚本的生成。

“图书管理”数据库的 DDL 脚本代码如下:

```
CREATE TABLE Borrower (
borrowerID CHAR (10) NOT NULL, name VARCHAR (20), sex CHAR (1), address VARCHAR
(40),
borrowedNumber INT, borrowMaxNumber INT, borrowMaxDay INT,
CONSTRAINT PK_Borrower1 PRIMARY KEY (borrowerID)
);

CREATE TABLE Title (
ISBN VARCHAR (30) NOT NULL, bookName VARCHAR (30), author VARCHAR (20),
publishHouse VARCHAR (30), type CHAR (5), price FLOAT (8), totalNumber INT,
borrowedNumber INT,
CONSTRAINT PK_Title2 PRIMARY KEY (ISBN)
);

CREATE TABLE Item (
ItemID CHAR (15) NOT NULL, isAllowBorrow CHAR (2),
CONSTRAINT PK_Item3 PRIMARY KEY (ItemID)
);

CREATE TABLE Reservation (
ReservationID CHAR (10), ReservationDate DATETIME, titleISBN VARCHAR (30),
borrowerID CHAR (10), Number INT
CONSTRAINT PK_Reservation4 PRIMARY KEY (ReservationID)
);

CREATE TABLE Loan (
loanID CHAR (10) NOT NULL, loanDate DATETIME, borrowerID CHAR (10), ItemID CHAR
(15),
CONSTRAINT PK_Loan5 PRIMARY KEY (loanID)
);

ALTER TABLE Item
ADD
CONSTRAINT FK_Item7 FOREIGN KEY (ISBN) REFERENCES Title (ISBN)
ON DELETE NO ACTION ON UPDATE NO ACTION;

ALTER TABLE Item
ADD
CONSTRAINT FK_Item10 FOREIGN KEY (loanID) REFERENCES Loan (loanID)
ON DELETE NO ACTION ON UPDATE NO ACTION;

ALTER TABLE Item
ADD
CONSTRAINT TC_Item47 UNIQUE (loanID);
```

```
ALTER TABLE Reservation
ADD
CONSTRAINT FK_Reservation2 FOREIGN KEY (ISBN) REFERENCES Title (ISBN)
ON DELETE NO ACTION ON UPDATE NO ACTION;

ALTER TABLE Reservation
ADD
CONSTRAINT FK_Reservation3 FOREIGN KEY (Borrower_borrowerID) REFERENCES
Borrower (Borrower_borrowerID)
ON DELETE NO ACTION ON UPDATE NO ACTION;

ALTER TABLE Loan
ADD
CONSTRAINT FK_Loan4 FOREIGN KEY (Borrower_borrowerID) REFERENCES
Borrower (Borrower_borrowerID)
ON DELETE NO ACTION ON UPDATE NO ACTION;
```

通过日志窗口可以查看在生成代码时是否出现了问题。若有问题,需要进一步修改数据模型图,然后重新进行数据库代码生成。在本例中,出现了数据冗余,需要删除冗余的数据,并且要保证数据的完整性。另外,还需按照关系型数据库理论的要求对数据库进行完善,以产生高效、合理的设计方案。

14.14.4 数据库建模的逆向工程

在 Rational Rose 中使用逆向工程可以将已修改的数据库或 DDL 脚本再次转换为数据模型,具体步骤如下:

首先,选择菜单 Tools→Data Modeler→Reverse Engineering 命令,打开逆向工程向导(Reverse Engineering Wizard),如图 14-137 所示。单击 Next 按钮,出现选择界面,在该界面内用户可以选择 Database(数据库)或 DDL Script(DDL 脚本)进行逆向工程的转换,如图 14-138 所示。

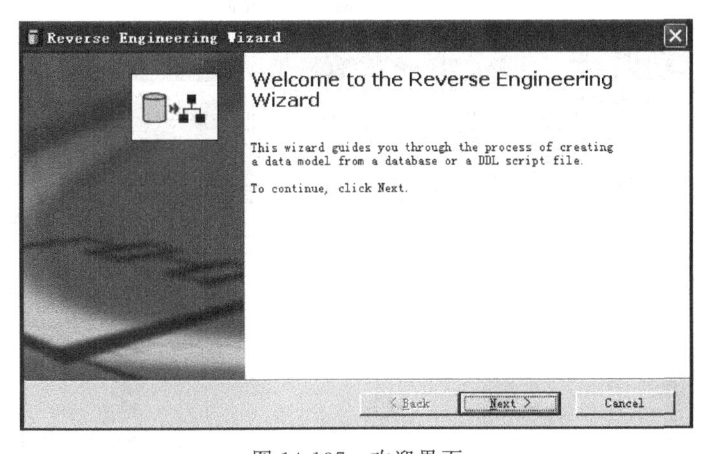

图 14-137 欢迎界面

Reverse Engineering Wizard
Specify Database or Script
Specify whether you would like to reverse engineer a database or a DDL script.
Reverse engineer from:
Database
DDL Script
< Back
Next >
Cancel

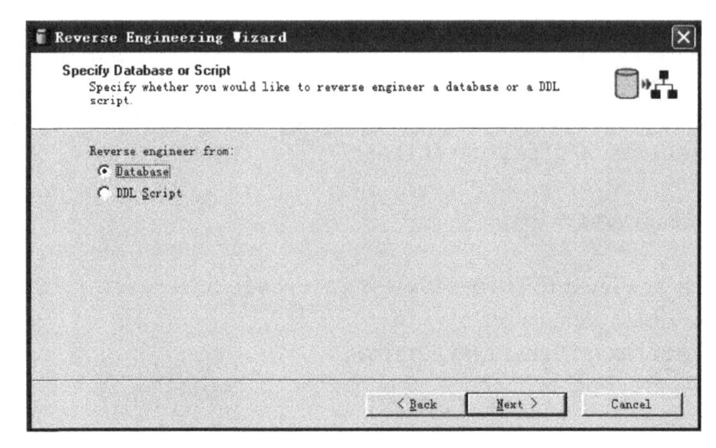

图 14-138　选择界面

若选择 Database,则进入如图 14-139 所示的界面,需要用户输入数据库连接信息;若选择 DDL Script,则进入如图 14-140 所示的界面,需要用户输入 DDL 脚本文件名。

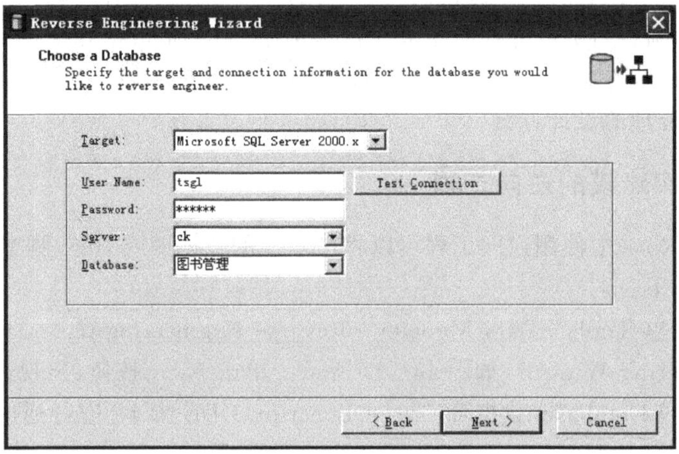

Reverse Engineering Wizard
Choose a Database
Specify the target and connection information for the database you would like to reverse engineer.
Target:
Microsoft SQL Server 2000.x
User Name:
tsgl
Test Connection
Password:
******
Server:
ck
Database:
图书管理
< Back
Next >
Cancel

图 14-139　数据库连接界面

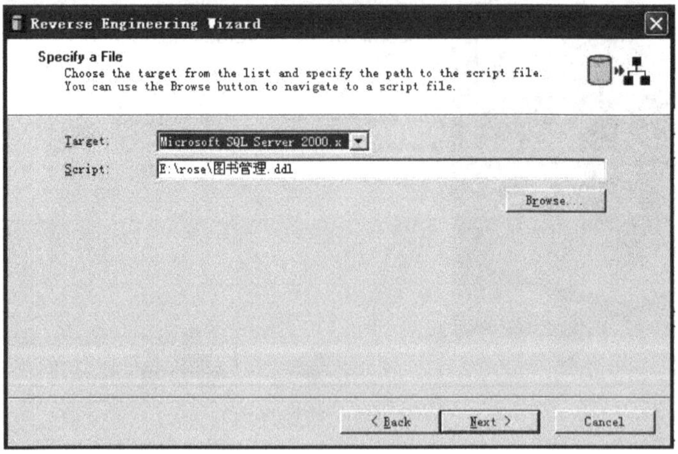

Reverse Engineering Wizard
Specify a File
Choose the target from the list and specify the path to the script file. You can use the Browse button to navigate to a script file.
Target:
Microsoft SQL Server 2000.x
Script:
E:\rose\图书管理.ddl
Browse...
< Back
Next >
Cancel

图 14-140　DDL 脚本界面

单击 Next 按钮，出现如图 14-141 所示的选择选项(Choose Options)界面，在该界面内选择需要附加的数据库元素，其中表及约束已自动地包含在内。

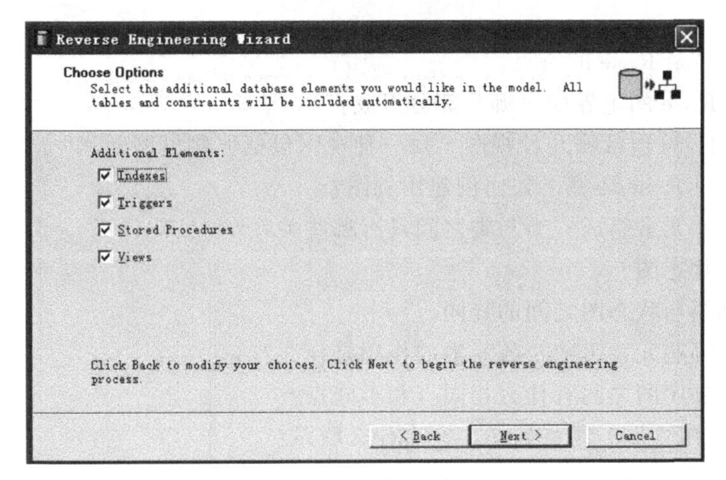

图 14-141　选择选项界面

然后单击 Next 按钮，系统会对数据模型进行重建。最后出现完成界面，如图 14-142 所示，单击 Finish 按钮，即可完成逆向工程。

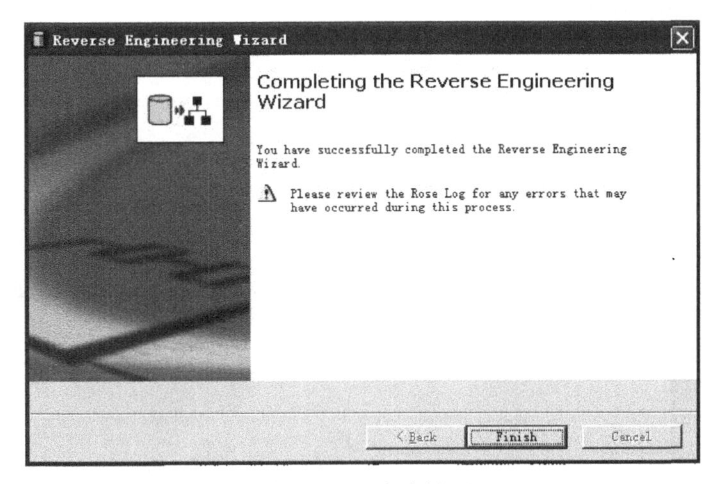

图 14-142　完成界面

小　结

本章介绍了 Rational Rose 的菜单栏、浏览器、标准工具栏、图形工具栏、图形编辑窗口、文档窗口、日志栏、状态栏、设置对话框及其他的功能。

Rose 创建一个新的系统模型时自动生成 4 种视图：用例视图、逻辑视图、组件视图和部署视图。视图由模型图构成，模型图分为用例图、顺序图、协作图、类图、对象图、包图、活动图、状态图、组件图和部署图，它们从不同角度描述系统的特征。

习　题

14.1　简述 Rational Rose 的特点。

14.2　Rational Rose 的主界面由哪几部分组成?

14.3　Rational Rose 包括哪几种视图?每一种视图包括哪些模型元素?

14.4　在 Rational Rose 环境下如何创建用例图?

14.5　类图由哪些元素组成?类与类之间具有哪些关系?

14.6　如何创建状态图?

14.7　比较活动图与状态图之间的异同。

14.8　顺序图由哪些元素组成?各元素的作用是什么?

14.9　协作图与顺序图之间有什么相同点和不同点?

14.10　如何创建组件图?组件与类之间有什么联系?

14.11　配置图包含哪些元素?简述创建配置图的过程。

14.12　正向工程与逆向工程的概念是什么?如何实现 Java 代码生成?

14.13　如何创建数据库模型?

14.14　按照面向对象软件工程的思想,以学籍管理系统为例,在 Rational Rose 环境下建模,绘制出相关图形。

第 4 篇

软件项目管理

第 15 章　软件项目管理概述

15.1　项目的定义

什么是项目？美国的项目管理权威机构——项目管理协会(Project Management Institute,PMI)在《项目管理知识体系指南》中的定义为：项目是为创建某一独特产品、服务或成果而临时进行的一次性努力。对项目更具体的解释是：用有限的资源、有限的时间为特定客户完成特定目标的一次性工作。这里的资源指完成项目所需要的人、财、物；时间指项目明确的开始和结束时间；客户指提供资金、确定需求并拥有项目成果的组织或个人；目标则是满足要求的产品和服务，并且有时它们是不可见的。下面通过一个项目实例来进一步阐述项目的含义。

某个街道社区信息管理系统分 5 个板块、17 个功能，其功能涵盖人口、楼房、商铺卫生、绿化、安全、社区服务等。该系统旨在把社区日常管理的功能集合起来，使社区管理工作更加有条理和方便，从而提高社区管理的工作效率。该社区信息管理系统计划从 2021 年 2 月开始建设，要求在 2021 年 10 月完成，建设预算为 120 万元。

上面的社区信息管理系统就是一个信息化建设项目。以下活动也都是项目：

- 开发新产品或服务，如一款新手机。
- 改变企业治理结构或其他组织结构、人员配备或作风，实施全新的经营流程。
- 开发或购买新的信息系统。
- 向火星发射探测器。
- 在互联网上建立电子商务网站。
- 影视创作。

……

项目通常是实现组织战略计划的手段。与公司的运作不同，项目具有非常明显的几个特点：临时性、独特性、渐进性、约束性、目的性。

- 临时性。是指每一个项目都有一个明确的开始时间和结束时间。项目是一次性的，当项目目标已经实现，或者由于项目目标明显无法实现，或者由于项目需求已经不复存在而终止项目时，就意味着项目的结束。临时性并不意味着项目历时短，有些项目历时数年，如三峡工程。不管什么情况，项目的历时总是有限的，项目不是一项无限期持续的工作。
- 独特性。项目可以创造独特的可交付成果，如产品、服务等。独特性是项目可交付成果的一种重要特征，即“没有完全一样的项目”，每个项目都有区别。
- 渐进性。也可以称为逐步完善，是项目伴随临时性和独特性而来的特点之一。逐步完善意味着分步且连续的积累。因为项目的产品或服务事先不可见，在项目前期只能粗略地进行项目定义，随着项目的进行才能逐渐完善和精确。这意味着项目在执行过程中与实际情况难免有差异，还会遇到各种始料未及的风险和意外，使项目不能按计划运行。

- 约束性。也叫资源约束。每一个项目都会在时间、成本和质量等方面受到约束,这些在项目管理中有时候被称为项目成功的“三约束”。
- 目的性。项目工作的目的在于得到特定的结果,即项目是面向目标的。其结果可能是一种产品,也可能是一种服务。目标贯穿于项目始终,一系列项目计划和实施活动都是围绕目标进行的。

15.2 软件项目

15.2.1 软件项目失败的原因

根据美国 Hackett 公司的一项调查发现,只有37%的软件项目能够在计划时间内完成,只有42%的软件项目能够在预算内完成。另外据统计,在已经实施的软件项目中,大约有80%的项目失败了,只有20%左右的软件项目是成功的。在失败的软件项目中,有80%左右是非技术因素导致的,只有20%是由技术因素导致的失败。在这里,非技术因素包括企业业务流程与组织结构的改造问题、企业领导的观念问题、企业员工的素质问题、项目管理问题等。在绝大多数情况下,软件项目的失败最终表现为费用超支和进度拖延。软件项目成功率低,一方面也许是人们对软件项目的成功评判标准有过高的期望值导致的,另一方面主要是由于管理上的失误造成的。

项目失败的原因多种多样,即使是成功的项目也有很多值得总结的经验教训。以下是项目失败的常见原因。

1. 需求内容不明确、把握不充分

一方面,由于客户(需求方)IT 知识缺乏,一开始自己也不知道要开发什么样的系统,或者懒于将其需求系统地整理出来,而经常是走一步算一步,不断地提出更改需求,使得实现方叫苦连天。另一方面,实现方由于行业知识的缺乏和设计人员水平的不足,不能完全理解客户的需求说明,而且又没有加以严格的确认,经常是以想当然的态度进行系统设计,结果是造成项目局部或整体返工。

2. 工作量估算过少

软件开发类项目需要根据当前的人员状况给出合适的工作量估算。必须将开发的阶段、人员的生产率、工作的复杂程度历史经验等因素综合起来加以考虑,将一些定性的内容量化。然而现实中,经常对工时估算的重要性认识不足,对用“拍脑袋”的方式估算习以为常。软件项目中另一个常见的问题是忽略一些平时不可见的工作量,如人员的培训、各个开发阶段的评审等,经验不足的项目经理经常会遗漏这些工作量。除此之外,还有一些容易造成工时数估算过少的客观情况,例如:由于受到客户和公司上层的压力,在工时数估算上予以妥协;设计者过于自信或“要面子”,对一些技术问题不够重视,或者担心估算多被嘲笑;依赖过去的成功经验,没有具体分析就照搬以往的估算,而没有考虑到项目在规模和业务复杂性上的不同。

3. 项目团队能力不足

每个公司都希望以最低的成本完成项目,但巧妇难为无米之炊,人手不足是大多数软件项目都会面临的问题。技术人员能力不足会产生更多的问题。项目团队技术水平达不到项目的要求,公司只能提供现有的技术人员凑数。项目经理能力不足肯定会造成项目失误。例如,在项目工作量估算时没有明确要求技术水平,而是指望员工拼命加班;又如,一些项目经理认为,在项目启动时不需要高水平的技术人员;等等。

4. 开发计划不充分

开发计划太细或太粗略都会造成项目实施上的麻烦。没有良好的开发计划和开发目标,项目的成功就无从谈起。更多的时候,项目团队遇到的是开发计划不充分的问题。

5. 系统分析与设计能力不足

这实际上也是一种技术水平上的不足,项目团队设计人员能力的不足是项目失败的重要原因之一。由于项目主管和项目经理没有对技术问题的难度进行正确的评价,而是草率地将设计任务交给了与项目要求的技术水平不相称的人员,造成设计结果无法实现。另外,一些公司经常因工期紧而匆忙将中标的项目部分转包给其他协作公司,对这些公司的设计能力如果不加仔细评价,也会对整个项目造成影响。

6. 项目经理的管理能力不足

项目经理是软件项目的灵魂。如果项目经理没能及时把握进度,他自己也不知道项目的状态,项目肯定会出问题。例如,由于项目经理的失误而使下属人员报喜不报忧,害怕报告问题后给自己添麻烦等情况会时有发生;进度管理必须随时收集有关项目管理的数据,团队成员总是担心管理工作会增加自己的工作量,不愿配合;有的项目经理不知道应该收集哪些数据;管理人员总是轻信下属的报告而没有加以核实。当出现严重问题时,项目经理没有根据现阶段状况重新评价需求分析结果、工作量估算、设计结果等就匆忙采取"头痛医头,脚痛医脚"的措施,致使问题更严重。

7. 其他问题

作为项目管理大家族的一个组成部分,软件项目在实施和管理过程中存在一些与其他项目相同或类似的共性问题。这些问题如下:

(1) 工期拖延,进度滞后问题。

(2) 成本增加问题。

(3) 项目风险问题。

(4) 团队管理混乱问题。

(5) 投资决策问题。

(6) 项目评价问题。

对于软件项目管理,除了以上的问题之外,还有以下几个问题值得特别关注:

(1) 人力资源管理。

(2) 企业、项目中的知识管理。

(3) 服务、咨询的管理。

(4) 客户关系管理。

(5) 客户满意度的管理。

这些问题在IT项目管理中显得极为突出。

15.2.2 软件项目管理问题分析

软件项目管理日益受到重视,这是非常好的现象。人们所面临的项目管理问题既有理论上的也有实践上的,造成上述软件项目失败的主要管理问题如下。

1. 项目管理意识淡薄

项目实施和项目管理是两个不同性质的工作。项目经理的核心工作是管理,而不是实施。在中小型项目中,管理任务可能不饱和,项目经理可以兼任项目、技术主管或业务咨询,但他必须要有将项目管理工作区分出来的意识和责任心。在实际的项目过程中,项目经理却往往处于两难境地。在IT企业中,软件项目经理通常由技术骨干兼任。若他专做项目管理而不做任何分析、设计、编码、测试等具体的技术实施工作,就会给项目团队一个错觉,他没事可做或者他在打杂;若他把全部精力忙于具体的技术工作,则不可避免地疏于顾及项目中的各种项目管理任务(如项目分析评估、项目计划的制订/检查/调整、上下左右的沟通、专业资源调配、项目组织调整、项目财务控制、风险分析/对策等),必然会出现项目失控的危险。

2. 项目成本管理基础不足

项目管理的核心任务是在规格说明、成本、资源和进度之间取得平衡。而目前国内的IT企业普遍没有建立专业的成本结构及运用控制体制,因而无法确立和实现项目成本的指标、考核和控制,导致公司与项目经理之间的责任划分不明确。项目经理可以不计成本地申请资源;而公司处于两难境地,答应则可能投入太大,拒绝则必须承担项目失败的责任。此时,上级主管便成了项目经理。是否需要在IT企业中建立专业资源成本结构,如何建立这种成本结构,都成了非常现实的问题。

3. 项目管理制度欠缺

要进行项目管理,必须有项目管理制度,这是不言而喻的。规范化而且切实可行的项目管理制度必须因企业、因项目而异。但是国内目前的普遍情况是:或者企业没有建立项目管理制度,仅凭个人经验实施项目管理;或者是教条主义,纸上谈兵。其结果不仅使实际的项目管理无所依循,而且也使项目监管难以落实。项目管理制度是具有一定理论素养的资深项目管理专家结合企业的具体情况有针对性地制定,并经培训、试行和调整后予以落实贯彻的。一般而言,它应是项目管理原理、企业行业特点和项目规模性质、企业开发文化等各种因素综合的产物。

4. 专业服务组织少

IT企业大体上分为产品研发、专业服务及应用开发3类。软件项目也因此有不同的组织和表现形式。其中,专业服务企业还比较少见,而直接面向客户需求的应用开发和产品研发为主的企业较多。实际上,一些服务类的软件项目不是由专业的服务组织去实施的,而由产品研发类的企业和应用开发类的企业承担。这样,一方面,服务项目的成本不能独立核算,无法独立发展其业务方向;另一方面,IT服务类项目缺乏业务管理和专业管理(如运营经理、资源调配、资源开发、行政助理、项目会计、项目质量监控等)的分工合作的矩阵结构。另外,IT服务项目也缺乏纵向的专业深度,不利于专业队伍建设,不能持续有效地发展和提高技术队伍的专业素养。

15.2.3 软件项目成功的标志

软件项目实施是一项复杂的系统工程,涉及各方面的因素,在实际工作中很容易出现各种各样的问题,甚至面临失败。分析、总结软件项目失败的原因,吸取教训,是在今后的项目中取得成功的关键。

例如，在软件开发项目中经常看到两种情况发生：一是高速度、低质量地完成任务，二是项目被拖延很长时间。前一种情况的主要特征是：在很短的时间内甚至在几乎不可能完成的时间内开发出软件产品，创造了软件开发的纪录，满足了上级所要求的上线日期。但是，由于发时间太短，过于仓促，项目上线时问题百出，试运行时间长达几个月甚至一年，而且程序一改再改，维护工作量很大，维护时间很长。后一种情况的主要特征是：在项目实施前，由于未弄清楚需求或设计出现问题而导致开发失败，或者陷于无休止的变动、返工之中。显然，这样的项目是失败的。软件项目的关键要素有3个，即时间、成本、质量。评价这3个因素的指标就是考察项目成功与否的标准。

关于项目是否成功，可以先问以下3个问题：

(1) 项目在进度上有没有超出计划？

(2) 项目在成本上有没有超出预算？

(3) 项目在质量上有没有满足需求？

对以上问题的评估还可以进一步分解成更细的标准，例如：

(1) 系统的功能是否符合需求计划？

(2) 系统的信息处理和运行方式是否合适？

(3) 项目的整体运行状态是否适应企业的运营体系？

如果对以上问题的回答是否定的，则基本可以判定项目是失败的；如果对以上问题的回答是不确定的，则说明项目的建设是不彻底的，也是存在风险的；如果对以上问题的回答是肯定的，则基本可以判定项目是成功的。例如，具有以下特征的项目可以认为是失败的。

(1) 由于费用超支或计划执行超时而终止。

(2) 由于质量或性能上的原因引起与客户的纠纷。

对于软件项目的失败，通过具体分析可能会发现很多种原因，上面提到的关于项目失败的原因只是很少的一部分，实际上还有很多，也很难一一列举。

15.2.4 软件项目科学化管理

很多企业有建设大型ERP系统的经历，也曾经遇到过许多挫折，至今流传着“上ERP找死，不上ERP等死”的行业警句。例如，投资数千万元建设企业内部的ERP系统，结果却是项目工期一拖再拖，项目人员也一变再变。当最终完成系统的建设时，却发现企业的业务需求已经发生了很大的改变，系统无法很好地满足新的需求。没有科学的项目管理是ERP系统建设面临如此尴尬局面的主要原因之一。

项目管理是一种科学的管理手段，目的是在指定时间和资源的条件下，保质保量地完成预定的任务。一般来说，项目管理涉及的要素包括进度、成本、人力和质量。如何根据项目的进度、资源需求和人员变动等状况协调这些要素之间的关系并取得相互之间的平衡，是项目管理要解决的问题。在各类项目中，信息系统建设算得上是最复杂的项目，这主要因为3方面的原因：首先，信息系统建设的主要资源是人，而人是最难管理的；其次，信息系统建设的核心是软件开发，从某种意义上讲，软件是无形的，是智慧型产品，对其质量的评价存在很多主观因素；第三，信息系统的业务需求具有多变性。这些因素导致信息系统建设项目的复杂程度高于其他系统。

好的项目管理不仅避免了开发人员相互推卸责任,而且也使各个角色做到互相制约、互相监督,特别是让负责不同工作的项目经理、技术经理、质量经理、产品经理等角色形成互相制约的关系。决定一个项目实施成功的因素很多。一个项目是否会成功与有没有项目管理没有必然的联系,但可以肯定地说,项目管理在项目实施中发挥着很重要的作用。它就像催化剂,能让开发团队的能量得到更大的释放,让开发团队更有效率。可以说,是否应用项目管理,在项目实施中带来的效果是不同的。一个项目也许最终要达到的质量标准是相同的,但在项目实施的过程中,资金规划、工期安排并不相同。

项目实施过程中可变因素很多,项目管理会促使开发团队向一个较好的目标努力。通过项目管理中的需求分析,可以了解项目的细节问题,从而把未知因素的影响降到最低;项目管理中的项目计划可以使项目经理能够随时监控项目的进度,及时发现问题,能对出现的异常现象作出快速反应;项目管理中的设计和过程的文档化可以保证项目流程的清晰和计划性,也能使经验得到充分的积累和总结。这些无疑都保证了项目实施的可控性。

15.3 项目管理的定义

15.3.1 项目管理的产生与发展

古代埃及的金字塔、古代中国的都江堰和万里长城等许多大型建筑工程都可以认为是古人完成的项目。尽管人类的项目实践可以追溯到几千年前,但古代对项目的管理还只是凭借优秀建筑师个人的经验和智慧,依靠个人的才能和天赋,还谈不上科学的标准。项目管理真正成为一门科学的历史并不长。

早在20世纪初,人们就开始探索管理项目的科学方法。1917年,亨利·甘特发明了甘特图,用于车间日常工作安排。20世纪40年代,曼哈顿工程将项目管理侧重于计划和协调。20世纪50年代,美国杜邦公司创造了关键路径法(Critical Path Method,CPM),用于生产控制和计划编排,使维修停工时间由125h锐减为7h。同一时期,美国海军提出了在北极星号潜水舰艇研究中采用的计划评审技术(Program Evaluation and Review Technique,PERT),顺利解决了组织、协调200多个主要承包商和11 000多个企业的复杂问题,工期缩短了约两年。20世纪60年代前期,美国国家航空航天局(National Aeronautics and Space Administration,NASA)在阿波罗计划中开发了矩阵管理技术。1965年,国际项目管理协会(International Project Management Association,IPMA)在瑞士洛桑成立。它是一个非营利的专业性国际学术组织,其职能是促进国际项目管理专业化发展。国际项目管理协会资质标准(IPMA Competence Baseline,ICB)就是IPMA建立的知识体系。1969年,美国项目管理协会(PMI)在美国宾夕法尼亚州成立。它是全球项目管理行业的倡导者,创造性地制定了行业标准。由PMI组织编写的《项目管理知识体系(PMBOK)指南》已成为项目管理领域中最权威的教科书,被誉为项目管理的“圣经”。

20世纪80年代后,项目管理进入现代项目管理阶段。

15.3.2 项目管理在中国的发展

一般认为,在20世纪60年代由数学家华罗庚引入的PERT技术、网络计划与运筹学相关的理论体系是我国现代项目管理理论第一发展阶段的重要成果。

1984年的鲁布革水电站项目是利用世界银行贷款的项目，并且是中国第一次聘请外国专家，采用国际招标的方法，运用项目管理进行建设的水利工程项目。由于项目管理的运用，该项目大大缩短了工期，降低了项目造价，取得了明显的经济效益。随后，在二滩水电站、三峡水利枢纽工程、小浪底工程和其他大型工程建设中，都采用了项目管理这一有效手段，并取得了良好的效果。1991年，中国成立了项目管理研究委员会，随后出版了刊物《项目管理》，建立了许多项目管理网站，有力地促进了我国项目管理的研究和应用，同时也推动了我国培训体系建设。我国计算机技术与软件专业技术资格（水平）考试（即软考）专业类别、级别和资格名称如表15-1所示。其中，信息系统项目管理师（高级）、系统集成项目管理工程师（中级）要求掌握信息系统项目管理的知识体系，具备管理大型、复杂信息系统项目和多项目的经验和能力。

表15-1 计算机技术与软件专业技术资格（水平）考试专业类别、级别和资格名称

<table>
<tr><th>专业类别</th><th>高级资格</th><th>中级资格</th><th>初级资格</th></tr>
<tr><td>计算机软件</td><td rowspan="5">信息系统项目管理师
系统分析师
系统架构设计师
网络规划设计师
系统规划与管理师</td><td>软件评测师
软件设计师
软件过程能力评估师</td><td>程序员</td></tr>
<tr><td>计算机网络</td><td>网络工程师</td><td>网络管理员</td></tr>
<tr><td>计算机应用技术</td><td>多媒体应用设计师
嵌入式系统设计师
计算机辅助设计师
电子商务设计师</td><td>多媒体应用制作技术员
电子商务技术员</td></tr>
<tr><td>信息系统</td><td>系统集成项目管理工程师
信息系统监理师
信息安全工程师
数据库系统工程师
信息系统管理工程师</td><td>信息系统运行管理员</td></tr>
<tr><td>信息服务</td><td>计算机硬件工程师
信息技术支持工程师</td><td>网页制作员
信息处理技术员</td></tr>
</table>

15.3.3 项目管理定义与要素

项目管理是在项目中运用知识、技能、工具和技术来实现项目要求的活动。项目管理是快速开发满足用户需求的新设计、新产品的有效手段，是快速改进已有的设计及已投放市场的成熟产品的有效手段。例如，通过项目管理，可以实现图纸设计、工艺设计、施工准备、质量控制、部件装配及测试和原材料采购供应等方面的集成，从而覆盖整个供应链活动。

项目管理的目标一般包括：如期完成项目，以保证用户需求得到确认和实现；在控制项目成本的基础上保证项目质量；妥善处理用户的需求变动。为实现上述目标，企业在项目管理中应该采用成本效益匹配、技术先进、充分交流与合作等原则。项目管理的要素包括范围、时间、成本和质量等。

- 范围,也称为工作范围,指为了实现项目目标必须完成的所有工作。一般通过定义交付成果和交付成果的标准来定义工作范围。工作范围根据项目目标分解得到,它指出了"完成哪些工作就可以达到项目的目标",或者说"完成哪些工作项目就可以结束了"。后一点非常重要,如果没有工作范围的定义,项目就可能永远做不完。要严格控制工作范围的变化,一旦失控就会出现"出力不讨好"的尴尬局面:一方面做了许多与实现目标无关的额外工作;另一方面却因额外工作影响了原定目标的实现,造成商业和声誉的双重损失。
- 时间,也称为项目进度。与项目时间相关的因素用进度计划描述,进度计划不仅说明了完成项目工作范围内所有工作需要的时间,也规定了每个活动的具体开始和完成日期。项目中的活动根据工作范围确定,在确定活动的开始和结束时还要考虑它们之间的依赖关系。
- 成本,也叫项目费用,指完成项目需要的所有款项,包括人力成本、原材料成本设备租金、分包费用和咨询费用等。项目的总成本以预算为基础,项目结束时的最终成本应控制在预算内。值得特别注意的是,在软件项目中人力成本比例很大,而工作量又难以估计,因而制定预算难度很大。
- 质量,与绩效和满意度密切相关,是指项目满足明确或隐含需求的程度。通过定义工作范围中的交付物标准来明确定义,这些标准包括各种特性及这些特性需要满足的要求,因此交付物在项目管理中有重要的地位。

对一个项目来说,项目管理的这4个要素最理想的情况就是"多、快、好、省"。"多"指工作范围大,"快"指时间短,"好"指质量高,"省"指成本低。但是,这四者是相互关联的,提高一个指标的同时往往会降低另一个指标,所以,实际上这种理想的情况很难达到。在实际工作中往往只能均衡多种因素作出取舍,使最终的方案对项目的目标影响最小。

15.3.4 项目管理研究体系

目前国际上存在两大项目管理研究体系:其一是以欧洲为首的体系,即国际项目管理协会(IPMA);其二是以美国为首的体系,即美国项目管理协会(PMI)。项目管理知识体系首先由PMI提出,1987年PMI公布了第一个项目管理知识体系——PMBOK(Project Management Body of Knowledge)。2018年,PMBOK修订了第6版,把项目管理的知识划分为9个领域,分别是范围管理、时间管理、成本管理、质量管理、人力资源管理、沟通管理、风险管理、采购管理及整体管理。

15.4 项目管理的高级话题

15.4.1 大项目和大项目管理

大项目是以协同的方式管理,以获取单个项目管理无法取得的效益的一组相关的项目。大项目可能包括一些超出单个项目范围的相关工作。例如:

- 一个新车大项目可分成多个项目,包括模型设计和每一主要部件的升级。
- 许多电子企业设置了大项目经理,他们不仅负责单个产品的研发(单个项目),同时也负责一段时间内多个项目的协调。

大项目也包含一系列重复或循环的工作。例如：

- 公用事业部门常说的年度“施工计划”是一个涉及许多项目的定期、持续进行的日常运作。
- 许多非营利组织有“筹款计划”，这是一种为获取资助而持续进行的业务，往往包括一系列互不相干的项目，如会员征集活动或拍卖活动。
- 期刊出版工作也是一种大项目。期刊本身是一项持续的业务，但每期期刊作为一个项目来管理。这也是日常管理可变为项目管理的一个例子。

和项目管理相比，大项目管理就是对大项目的集中协同管理，以达到大项目的战略目标和效益。

15.4.2 子项目

项目通常被分成更好管理的组成部分，即子项目，它们也被认为是项目，并且同样也要进行管理。子项目经常分包给外部的企业或执行组织中的其他职能部门。以下是子项目的例子：

- 根据项目过程规定的子项目，如项目生命周期的某一个阶段。
- 根据人力资源的技能要求规定的子项目，如在施工项目中的管道或电气设备安装。
- 需要使用专业技术的子项目，如软件开发项目中的计算机程序自动化测试。

在一个大的项目中存在很多子项目，子项目也可以由一系列更小的项目组成。

15.4.3 项目、项目集、项目组合和组织级项目之间的关系

项目管理通过制订和实施计划来完成既定的项目范围，为所在项目集或项目组合的目标服务，并最终为组织战略服务。

项目集是一组相互关联且被协调管理，以便获得分别管理所无法获得的利益的项目和子项目。项目集中的项目通过产生共同的结果或整体能力而相互联系。例如，建立一个新的通信卫星系统就是项目集的一个实例，其中的项目包括卫星与地面站的设计、卫星与地面站的建造、系统整合以及卫星发射。

项目组合是指为了实现战略目标而组合在一起管理的项目、项目集、子项目组合和运营工作。例如，以投资回报最大化为战略目标的某基础设施公司可以把油气、供电、供水、道路、铁路和机场等项目混合成一个项目组合。在这些项目中，又可以把相互关联的项目作为项目集来管理。例如，所有供电项目合成供电项目集，所有供水项目合成供水项目集。这样，供电项目集和供水项目集就是该基础设施公司的企业级项目组合中的基本组成部分。

组织级项目管理是一种战略执行框架，通过应用项目管理、项目集管理、项目组合管理及组织驱动实践，不断地以可预见的方式取得更好的绩效、更好的结果及可持续的竞争优势，从而实现组织战略。

以某房地产集团公司为例，该公司以房地产开发、建筑工程总承包、酒店经营和物业经营为核心业务。在该公司范围内，房地产开发这一板块适用项目组合管理，某个大型小区综合开发适用项目集管理，该小区内的各个项目适用项目管理。

小　　结

项目是用有限的资源、有限的时间为特定客户完成特定目标的阶段性工作。再次强调:这里的资源指完成项目所需要的人、财、物;时间指项目有明确的开始和结束时间;客户指提供资金、确定需求并拥有项目成果的组织或个人;目标则是满足要求的产品和服务,并且有时它们是不可见的。

软件项目实施中必须有环境基础、技术基础和管理基础,这样,项目才能顺利实施。任何事物都需要管理,管理使社会从低级走向高级,从自发走向自觉,从分散、孤立的思想和方法走向综合、统一的科学体系并逐渐完善。作为管理科学的一部分,项目管理的发展也经历了这样一条发展的道路。一般项目中存在的问题,在软件项目中依然会存在,同时软件项目的特殊性也使其有特殊的问题需要管理。只有充分学习项目管理知识体系,掌握成功项目的经验,避开失败项目的教训,在实践中锻炼提高,解决各种各样的问题,才能使软件项目管理工作越做越好。

习　　题

15.1　项目的定义是什么?

15.2　项目管理的目标是什么?

15.3　项目管理中常见的问题是什么?

15.4　如何判断一个项目的成败?

15.5　项目、项目集、项目组合和组织级项目有什么联系与区别?

第 16 章　项目组织

16.1　项目组织结构

组织是为了达到特定的目标，经过分工和合作，由不同层次的权力和责任制度所构成的人的集合。项目组织是为完成特定的项目目标而建立起来的从事项目具体工作的组织。项目组织是完成项目主要工作的相关利益主体，是开展项目管理工作的基础，也是项目正常实施的保证体系。它是在项目生命周期内临时组建的，是暂时的组织，具有临时性、灵活性的特点。项目组织同一般组织一样，具有相应的领导（项目经理）、规章制度（项目章程）、相关人员（项目团队）及组织文化等。

项目组织结构有时也称组织类型。常见的项目组织结构有 3 种类型：职能型、项目型和矩阵型。

1. 职能型组织结构

职能型组织结构是最普及的金字塔型项目组织形式，如图 16-1 所示。

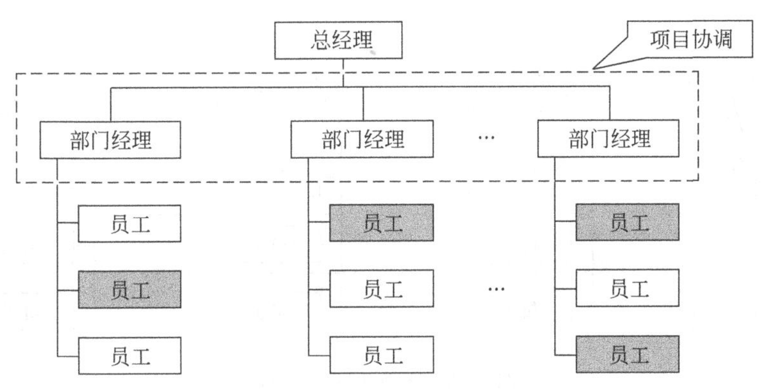

图 16-1　职能型组织结构

职能型组织结构是一种常规的线型组织结构。采用这种组织结构时，项目是以部门为主体来承担项目的，一个项目由一个或者多个部门承担，一个部门也可能承担多个项目。在这种组织结构中，由部门经理兼任项目经理，所以项目成员只向一个负责人汇报工作。这个组织结构适用于主要由一个部门完成的项目或技术比较成熟的项目。

2. 项目型组织结构

在项目型组织结构中，部门完全按照项目进行设置，这种组织结构是一种单目标的垂直组织方式，如图 16-2 所示。

在项目型组织结构中，项目经理有足够的权力控制项目的资源。项目成员向唯一的负责人汇报工作。这种组织结构适用于开拓性等风险比较大的项目或对进度、成本、质量等指标有严格要求的项目，不适合人才匮乏或规模小的企业。

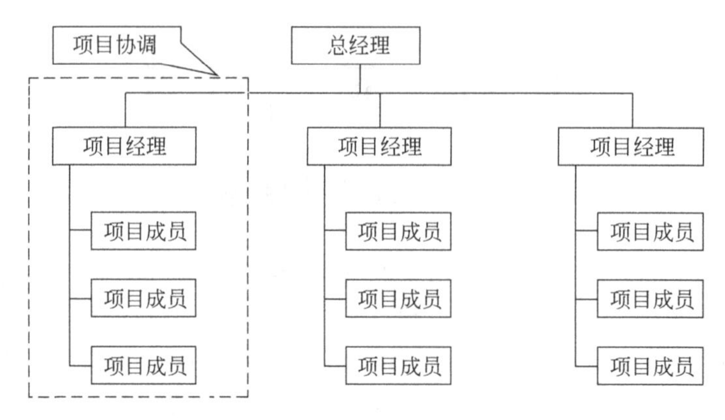

图 16-2　项目型组织结构

3. 矩阵型组织结构

矩阵型组织结构是职能型组织结构和项目型组织结构的混合体，既具有职能型组织结构的特征，又具有项目型组织结构的特征，如图 16-3 所示。

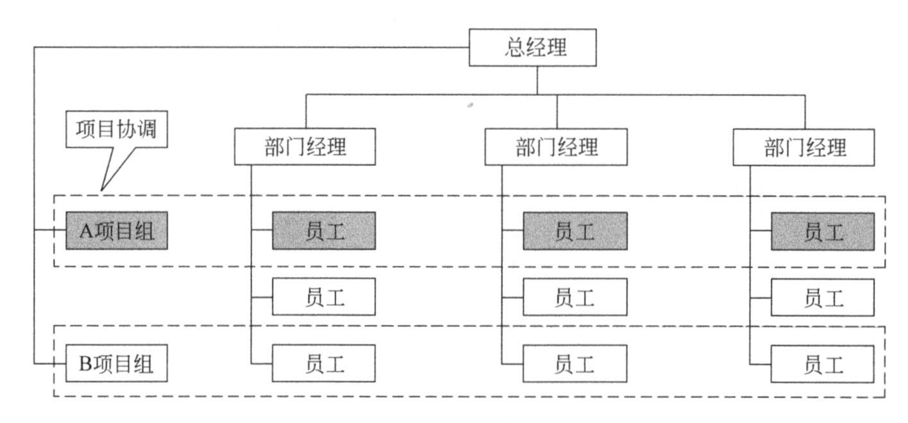

图 16-3　矩阵型组织结构

它是根据项目的需要，从不同的部门中选择合适的项目人员组成一个临时性项目组；项目结束之后，这个项目组也就解散了，然后各个成员回到各自原来的部门，团队的成员需要向不同的部门经理汇报工作。这种组织结构的关键是：项目经理需要具备良好的谈判和沟通技能，项目经理与部门经理之间需要建立友好的工作关系。项目成员需要适应两个负责人协调工作的模式。这种组织结构在加强横向联结、充分整合资源、实现信息共享、提高反应速度等方面的优势恰好符合当前的行业发展要求。这种组织结构适用于管理规范、分工明确的公司或者跨越职能部门的项目。

组织结构类型优缺点分析如表 16-1 所示。

表 16-1 组织结构类型优缺点分析

类 型	优 点	缺 点
职能型	• 简单 • 对专家更易于管理，管理更具灵活性 • 只向一个负责人汇报工作 • 项目成员有“家”——他们在部门里工作，部门给予相应的技术支持 • 员工可以不断得到提高	• 项目经理没有足够的权力 • 没有明确的责任人 • 客户可能找不到专门的联络点 • 当项目范围需要从一个部门转移至另一部门时，整体管理不太容易 • 项目成员往往首先做部门工作，后考虑项目工作 • 建立项目管理生涯的机会较少
项目型	• 项目经理拥有全权 • 项目经理拥有所有必需的资源 • 所有项目成员直接向项目经理汇报 • 更有效的沟通 • 有利于快速决策 • 容易被激励，对项目忠诚，有责任心	• 项目结束时“无家可归” • 公司资源利用率不高 • 比平常占用更多的资源与设备 • 决策时项目导向因素更甚于技术可行性
矩阵型	• 非常清楚的项目目标，责任点单一 • 改进的资源控制 • 最有效地利用公司资源，几个项目可以共享稀缺的资源，资产成本也可以由项目和职能部门共同承担 • 客户与项目经理直接沟通，对客户的响应速度快 • 部门是“家”；技术专家依然保留在各部门，有利于知识库的建立 • 部门能给予项目更多的支持：能够更好地协调，集思广益，有利于解决问题 • 信息流畅通，包括跨越部门的水平（项目信息）沟通与穿越组织的垂直（技术信息）沟通	• 结构比职能型或项目型更复杂 • 即使有奖励机制，员工也不愿意在一个项目中工作很长时间 • 部门经理不可能为了项目放弃最好的资源；同时有多个项目实施时，分享稀缺资源会导致部门间出现矛盾 • 当问题涉及的人比较多时，会延长决策时间 • 双重责任、权力平衡及不良的沟通体系会带来困扰 • 运作矩阵型组织的成本更高，需要的环节更多，有更多管理人员牵涉到决策过程中；重复汇报和管理将增加成本 • 容易出现信息混乱；良好的信息流（水平与垂直）只在拥有完好的流程体系及优秀的协调者的情况下才能实现

16.2 项目管理办公室

项目管理办公室（Project Management Office，PMO）是对与项目相关的治理过程进行标准化，并促进资源、方法论、工具和技术共享的组织部门。PMO的职责范围可大可小，可以提供项目管理支持服务，也可以直接管理一个或多个项目。它所承担的功能主要应包括以下几个方面：

- 按照项目管理知识体系为组织编制各种管理制度和规范流程。当然，PMO只有提交方案的建议权，决定这些制度和流程的权力在董事会或总经理手中。
- 通过培训的手段，普及项目管理知识体系，使整个组织可以在统一术语和规范概念的基础上进行思维和对话,为组织搭建有效沟通的管理平台。

- 编制各类项目管理计划,负责不同项目的管理计划之间的衔接或者同一个项目不同领域的管理计划之间的衔接。
- 为评估项目计划的实施效果制定指标体系,即绩效考核指标体系。
- 跟踪计划实施的绩效情况,通过对绩效报告的收集、汇编、分析及时发现偏差,并根据对偏差的评估,制定纠偏措施,或者提交计划修正方案。

PMO有几种不同的类型,它们对项目的控制和影响程度各不相同,常见的类型如下:

- 支持型。这种类型的PMO担当顾问的角色,向项目提供模板、最佳实践、培训以及来自其他项目的信息和经验教训。这种类型的PMO其实就是一个项目资源库,对项目的控制程度很低。
- 控制型。这种类型的PMO不仅向项目提供支持,而且通过各种手段要求项目服从,例如要求采用项目管理框架或方法论,使用特定的模板、格式和工具,或者服从治理。这种类型的PMO对项目的控制程度属于中等。
- 指令型。这种类型的PMO直接管理和控制项目。这种类型的PMO对项目控制程度很高。

项目经理与PMO的角色差异如下:

- 项目经理和PMO追求不同的目标,受不同的需求所驱使。项目经理的所有工作都必须在组织战略要求下进行调整。
- 项目经理负责在项目约束条件下完成特定的项目目标;而PMO是具有特殊授权的组织部门,其工作目标包含组织级的观点。
- 项目经理关注特定的项目目标;而PMO管理主要的大项目范围的变化,并将之视为更好地达到业务目标的潜在机会。
- 项目经理控制赋予项目的资源,以最好地实现项目目标;而PMO对所有项目之间的共享组织资源进行优化配置。
- 项目经理的管理工作包含产品的范围、进度、费用和质量;而PMO管理整体的风险、整体的机会和所有的项目依赖关系。

16.3 项目经理

16.3.1 项目经理的定义和职责

项目经理的角色不同于职能经理或运营经理。一般而言,职能经理专注于对某个职能领域或服务部门的管理监督,运营经理负责保证业务运营的高效性。项目经理是由执行组织委派,领导项目团队实现项目目标的个人。项目经理是在整个项目开发过程中对项目组内所有非技术性重要事情做出最终决定的人。其主要职责体现在以下4个方面。

1. 计划

具体职责是:项目范围、项目质量、项目时间、项目成本的确认;项目过程/活动的标准化、规范化;根据项目范围、质量、时间与成本的综合因素的考虑,进行项目的总体规划与阶段计划;使各项计划得到上级领导、客户方及项目组成员认可。

2. 组织

具体职责是：组织项目所需的各项资源；设置项目组中的各种角色，并分配好各角色的责任与权限；定制项目组内外的沟通计划；安排组内需求分析师、客户联系人等角色与客户的沟通与交流；处理项目组与其他项目干系人之间的关系，处理项目组内各角色之间的关系、处理项目组内各成员之间的关系；安排客户培训工作。

3. 实施

具体职责是：保证项目组内目标明确，并且理解一致；创建项目组良好的开发环境及氛围，在项目范围内保证项目组成员不受项目其他方面的影响；提升项目组士气，加强项目组凝聚力；合理安排项目组内各成员的工作，使各成员工作都能达到一定的饱满度；制订项目组需要的招聘或培训的计划；定期组织项目组成员进行相关技术培训以及与项目相关的行业培训等；及时发现并处理项目组中出现的问题。

4. 控制

具体职责是：保证项目在预算成本范围内按规定的质量和进度达到项目目标；在项目生命周期的各个阶段，跟踪、检查项目组成员的工作质量；定期向领导汇报项目工作进度以及项目开发过程中的难题；对项目进行配置管理与规划；控制项目组内各成员的工作进度，随时了解项目组成员的工作情况，并能快速解决项目组成员所遇到的难题；不定期组织项目组成员进行项目以外的短期活动，以培养团队精神。

16.3.2 项目经理应该具备的技能和素质

项目经理是大多数组织中最难选拔的人才，因为项目经理不仅是项目的执行者，而且是项目的管理者，负责从项目启动到项目结束的整个项目过程。因此，一个合格的项目经理至少应当具备如下6个技能和素质。

1. 广博的知识

知识通常是指通过阅读、学习、实践等学到的关于特定主题的信息。认证和文凭的目的就是证明某人对某学科知识的掌握程度。信息系统项目的项目经理所需要的知识包括以下3个部分。

(1) 项目管理知识。包括项目管理的理论、方法论和相关工具。

(2) 系统集成行业知识。一般说来，对相关系统集成领域应该有全面的了解，例如对与本企业核心业务有关的IT知识都应该有所了解。如果是实施企业信息化等覆盖多个技术领域的项目，则对系统集成知识要求得更全面。

(3) 客户行业知识。时下的信息系统项目基本都是覆盖部门或企业范围的项目，因此，必须掌握客户行业的相关知识，这样才能找准IT系统和业务运作的结合点，使得信息系统项目投入运行后能够支持企业效益的提升。

对项目经理所要求的系统集成行业知识更侧重于全面和了解，而非专业技术人员的细节掌握。知识掌握是否扎实，是否全面，是否应用自如，决定了项目经理的管理水平。

2. 丰富的经历

丰富的经历包括3个方面：项目管理经历、系统集成行业经历和客户行业经历。对于企业来说，在寻找合适的项目经理时，如果候选者这3个方面的经历都具备，那是再好不过的。如果无法全部满足，首先可以降低的要求应该是客户行业经历，但最好能够具有其他类似行业的经历;其次是系统集成行业经历,可以不要求有相同产品的经历,但最好能够具有类似产品的经历;最后是项目管理经历,至少应该有项目经理助理或者项目组织的中层骨干人员的经历。

3. 良好的协调能力

项目经理的协调能力表现在以下方面:

(1) 公正无私,能够虚心接受他人建议。

(2) 能够公正、妥当地分析他人的失误并提出建设性的批评意见,主动帮助他人纠正失误,同时还应能够接受他人的批评意见。

(3) 能够在团队中讨论、调解争议。

(4) 接受团队合作原则,支持团队决策。

(5) 能促进团队进步。有能力影响团队过程,与他人寻找一致方案,以达到共同的利益目标。

4. 良好的职业道德

某信息系统项目由于项目经理蓄意隐瞒了项目的真实进展情况,没有兑现对客户的承诺,而导致用户不信任该人,向公司提出了撤换项目经理的要求。客户对于项目有知情权,向客户暴露问题不一定是坏事,只有双方能够互相理解,才能保证项目的顺利进行。如果项目经理明知完不成进度,却故意隐瞒真相,当然是要受到惩罚的。

5. 良好的沟通与表达能力

项目经理要和方方面面的人员沟通,包括项目组内的人员、市场人员、客户、上级主管,也要和各个层次的人员打交道,为了项目的成功,要通过沟通交流消除来自各方面的阻力。这就要求项目经理具有良好的沟通与表达能力,具体表现在以下方面:

(1) 能够允许别人发表意见,能够仔细聆听他人的意见。

(2) 能够正确传播各种信息。

(3) 能说服别人并能获得理解。

(4) 项目经理所做的工作要能被整个队伍和环境接受。

(5) 以友好、恰当的方式待人,平易近人。

(6) 欣赏、鼓励他人的有效劳动。

6. 良好的领导能力

项目经理要具有良好的领导能力,具体表现如下:

(1) 以团队绩效激励他人,接受全体成员且具忍耐力,能容纳不同意见。

(2) 接受和尊重少数派和团队成员的自主性,鼓励他人成功。

(3) 激励处于困难环境中的项目成员。

(4) 提供解决问题的方案。

(5) 富有创造性,且愿意接受新的建议,具有首创精神。

(6) 有协商的气度,有坚持到底的能力、精力和毅力。

(7) 有激情,鼓励他人的积极进取。

(8) 坚持有效的合作,寻求不同观点的共识。

(9) 为实现团队的共同目标,能平衡不同利益。

(10) 权衡多种选择,努力寻找最佳解决方案。

16.3.3 怎样做好项目经理

要做一个好的项目经理，一定要扎实掌握项目管理的基础知识，进行项目管理的技能训练，既要有管理意识，还要有管理的基本技能。项目经理最好既是行业专家又是管理专家。那么，对于那些对行业技术知识掌握较少的管理人员（如拿到PMP证书的高级项目经理）应当如何使用呢？对于不懂技术的项目经理，可以让他主要对项目的进度等行政事务负责，进行项目组内外的协调；同时，为了弥补其在能力上的不足，必须给他配一个助手，专门负责技术。对于大的项目，这种方式是可行的；对于小的项目，肯定不能这样做，否则就会出现资源浪费。当然，如果条件允许还是要使用懂技术的项目经理，这样他能清楚地知道组织成员在做什么、做得怎么样，能够发出正确的方向性指令，而不是瞎指挥，外行领导内行。

做一个项目经理很容易，但是要做一个好的项目经理就有些难了。一个好的项目经理能够使项目完成得出色，把握项目计划，包括成本、进度、范围以及质量等，提高客户的满意度。那么，怎样才能做好一个项目经理呢？以下是一些建议。

1. 真正理解项目经理的角色

对项目经理角色的理解一定要避免两个极端：一是过分强调项目经理的技术能力，认为项目经理应该是团队中技术能力最强的人，项目实施中的任何疑难问题最终都要归集到项目经理，项目经理必须说Yes或No，否则就无以服众；二是过分强调项目经理的领导能力，认为项目经理的首要任务是管理团队成员、协调团队成员之间的关系等。

首先，项目经理应该有类似的项目实施经验，对项目有清醒的认识，同时对该行业的相关知识有扎实的基础；对项目能够提出科学的、切合实际情况的实施方案，在必要的时候能够帮助团队成员解决问题，但并不是说项目经理必须对任何技术问题都非常精通，例如，对于项目的网络架构，项目经理可以咨询相关专业人员。但无论如何，项目经理都应该熟悉和了解项目中的每一项技术，只有这样才能全面掌握项目。其次，项目经理应具有协调、组织的能力，能够调节整个项目团队的氛围，在遇到挫折时给团队"升温"，在过分乐观时给团队"降温"；同时，应具有同客户单位进行沟通、协调的能力，为项目实施做好环境的准备；在遇到关键或疑难问题时，能够通过各种途径找到问题的答案。

项目经理与一般的职业经理人不同，具有较强的专业性，一个丝毫不懂专业技术的人是绝对不能担任项目经理的。项目经理应该是技术和管理的结合体。

2. 重视对项目团队的管理

在项目的实施过程中，必须建立一套切实可行的项目管理制度，特别是对于多方组成的项目团队，更是如此。只有这样，才能保证整个项目实施的有序进行。规范化而且切实可行的项目管理制度必须因企业、因项目而异。要严格执行项目管理制度，做到奖罚及时、分明。在制度建设上一定要避免两种情况：一是忽视项目管理制度，仅凭个人经验实施项目管理；二是有制度而不执行，纸上谈兵，束之高阁。项目管理的核心是"三角平衡"，即在范围、成本、进度3个方面保持平衡。在大部分项目的实施过程中，往往无法确立和实现项目成本的指标、考核和控制，资金的支配权往往不在项目经理手中，而由公司决定，这样导致公司与项目经理之间的责权不清，对于项目管理制度也无法贯彻执行，不能很好地实现项目经理负责制。

3. 重视计划

几乎所有的人都知道项目的实施需要制订计划。但是在具体操作过程中还是存在以下几种现象：一是项目计划的制订不够严谨，随意性大，可操作性差，因而实施中无法遵循(如项目计划过于粗略，落实不足)，没有做到任务、进度、资源三落实；二是缺乏贯穿项目全程的详细项目计划，甚至采取每周都制订下周工作计划的方式，其实质是“项目失控合法化”；三是项目进度的检查(与进度计划的比对)和控制不足，不能维护项目计划的严肃性。

再完美的计划也会时常遭遇各种意外，但这并不是说就不需要制订计划了。如果没有计划，项目实施就失去了参照。项目经理应该能够预测变化并且能够适应变化。经常做一些“如果……那么……”的假设，避免安于项目现状，在项目发生变化时能够及时作调整。计划总在变化，计划没有变化快，关键是计划能够跟上变化。在项目的实施过程中，经常会将整个项目分成若干个小的项目，项目经理应有效地利用时间，使各个小项目有效、合理衔接，保持项目整体计划的合理性和连贯性。

4. 真正理解“一把手工程”

ERP项目的实施是“一把手工程”，这是公认的准则。很多项目在实施前期都强调“一把手工程”，并且运用得特别好，例如，由总经理召开会议，成立项目小组，等等，但是往往在实施开始之后就不能很好地发挥“一把手”的作用，使得“一把手工程”变成了“撒手工程”。项目经理应该自始至终地发挥“一把手”的作用，应该定期地(一般为一个月)或在某个小项目结束时将阶段性总结呈交给“一把手”，并且进行简短的交流，听取“一把手”对于项目的看法，在必要时提议“一把手”召开会议。同时，项目经理也要定期向客户公司的“一把手”进行汇报，与之交流，以获取客户公司的支持、理解和资源的有效调配。

5. 注重用户参与

因为信息系统项目涉及的技术和业务模式都比较新，所以往往造成客户对自己的需求不是很明白，并且对项目中提出的一些方案以及计划等不是很理解，以至于在项目中不够配合，这样就会导致项目的范围扩大、进度推迟、成本增加。应该在项目实施过程中从概念阶段、计划阶段、实施阶段到收尾阶段都让客户参与到项目实施活动中来，让客户真正了解项目，对项目实施工作及时给予确认，减少不必要的变更，保证项目顺利完成。

16.4 项目干系人

项目干系人是指参与项目和受项目活动影响的人，包括项目发起人、项目经理、项目团队、客户和使用者，甚至是项目的反对人。项目干系人的需要和期望从项目开始直至结束都是非常重要的。成功的项目经理会与各项目干系人发展良好的关系，以确保对其需要和期望有较好的了解。项目管理队伍必须识别项目干系人，确定他们的需要和期望，然后对这些需要和期望进行管理并施加影响，以确保项目的成功。对所有项目而言，主要的项目干系人如下：

(1) 项目发起人：项目团队内部或者外部的个人或团体，他们以现金和实物的形式为项目提供资金和资源。

(2) 项目经理：负责管理项目的人。

(3) 项目团队：直接实施项目的各项工作的人，也包括可能影响他们的工作投入的其他社会成员。

(4) 客户和使用者：使用项目成果的组织或个人。客户和使用者可能是多层次、多方面的。例如，建一个商场，将来可能在商场购物的人都是该项目的项目干系人。

项目发起人是项目成功的一个关键因素，有助于项目目标的集中，为项目团队搬走主要的绊脚石，当企业高层作为项目发起人时尤其如此。项目发起人必须有清除障碍的能力，他一定要有权利在利益发生冲突的情况下解决问题。他还需要坚定地支持开发队伍。如果项目没有明确的发起人，在开发过程中出现的障碍就必然会影响项目的进展。在项目发起人离开公司的情况下更会产生很多的问题，例如，项目发起人为什么要离开公司？他是被迫出走的吗？项目发起人的"敌手"会试图停止项目或者改变其范围吗？这些问题可能成为阻碍项目经理顺利完成项目的重要问题。

处理好项目经理和职能经理的关系对项目的成功是至关重要的。职能经理有责任规定任务如何完成以及在哪里完成，有责任在项目限定范围内提供充足的资源来完成目标，同时，职能经理对项目的可交付性负责。

项目管理并非一定要设计成一个统一的指挥体系，而往往是在项目经理和职能经理之间分享权力和职责。项目经理计划、指挥和控制项目，而职能经理负责技术工作。处理好项目经理同职能经理的关系，使双方能够有效地协调、利用资源，往往是项目成败的关键。

客户是使用项目产品的个人或组织。客户可能是多层次的。例如，一个银行信息系统项目。客户可能是银行信息部的信息系统维护人员，也可能是使用这个信息系统进行存取款操作的普通储户。在一些应用领域，客户和用户具有同样的意义；而在另一些领域，客户专指购买项目成果的实体，用户专指直接使用项目产品的实体或个人。

小　结

项目管理在管理机构上采用临时性动态组织形式(项目团队)。项目团队同一般组织一样，具有相应的领导、规章制度、相关人员及组织文化等。在领导方式上，它强调个人责任，实行项目经理负责制。项目经理是由执行组织委派，领导项目团队实现项目目标，并且在整个项目开发过程中对所有非技术性的重要事情作出最终决定的人。人是组织和项目最重要的资产，因此，项目经理同时也应该是一个优秀的人力资源管理人员。影响项目团队如何工作和如何很好地工作的心理因素包括激励、影响权力和效率。

虽然项目经理是一个项目的核心人物，但他所具备的知识不一定比项目组的每个人都强，因此，项目经理应该善于向别人学习，发挥大家的优点，积极收集大家的意见，不搞一言堂，更不能不懂装懂。

项目经理责任重大。作为一个合格的项目经理，与目标一致的策略性工作是首先应该关注的，但是这还不足以保持项目进度，还得尽量撇开不合理需求，防止技术人员追求"完美"的倾向，尽量减少对产品没有改善效果的工作。如果项目经理无法学会说"不"，或者无法了解别人真正的需要是什么，那么就会发现自己深陷泥沼，做了不该做的事情。项目经理若想确保项目按计划进行，其关键就在于完全明白自己该做什么，并且不让该做的事受到不当的干扰。从管理角度而言，项目管理部门和项目经理的能力往往决定项目的成败，其重要性不言而喻。

习　题

16.1　项目组织结构有哪些类型?它们各有哪些特点?

16.2　项目管理办公室与项目经理的联系与区别是什么?

16.3　列举图书管理系统项目中的项目干系人。

16.4　结合自己掌握的知识和性格特征,简述如何做好一个合格的项目经理。

第 17 章　项目立项管理

项目立项是项目正式实施之前不可缺少的工作，一般要经过项目识别、项目机会研究、项目可行性研究、项目论证与评估等几个阶段。对于需要招投标的项目，招投标管理也是项目实施之前的重要工作。项目识别比较常见的方法是从政策导向中寻找项目机会，从市场需求中寻找项目机会，或从技术发展中寻找项目机会，从而发现潜在的项目，为企业得到项目打好基础。通常，项目立项管理包括提交项目建议书、项目可行性研究、项目招标与投标等。

17.1　项目建议书

项目建议书（又称立项申请）是项目建设单位向上级主管部门提交项目建设申请时必备的文件，是项目筹建单位或项目法人根据国民经济的发展、国家和地方中长期规划、产业政策、生产力布局、国内外市场、所在地的内外部条件、本单位的发展战略等提出的某一具体项目的建议文件，是对拟建项目提出的框架性的总体设想。项目建议书是项目发展周期的初始阶段，是国家或上级主管部门选择项目的依据，也是项目可行性研究的依据。涉及利用外资的项目，在项目建议书获得批准后，方可开展对外工作。企业单位根据自身发展需要自行决定建设的项目也参照这一模式首先编制项目建议书。项目建议书应该包括的内容如下：

一、项目总论
　（一）项目背景
　（二）项目介绍
二、项目分析
　（一）项目建设必要性
　（二）项目建设有利条件
　（三）项目建设思路
　（四）项目经营理念
三、项目建设规划及实施方案
　（一）项目建设规划
　（二）规划实施方案
四、项目筹建状况
　（一）公司组建概况
　（二）前期准备
五、投资估算与资金筹措
　（一）项目投资估算
　（二）资金来源
　（三）投资配套预算

六、项目效益分析

(一) 投资效益

(二) 经济效益

(三) 社会效益

七、项目风险及预防

(一) 建设风险及预防

(二) 市场风险及预防

(三) 投资风险及预防

八、项目结论与建议

17.2 项目可行性研究

可行性研究是系统投资决策的一种科学分析方法。项目可行性研究是指在项目投资决策前,通过对项目有关工程技术、经济、社会等方面的条件和情况进行调查、研究和分析,对各种可能的技术方案进行比较论证,并对投资项目建成后的经济效益和社会效益进行预测和分析,以考察项目技术上的先进性和通用性、经济上的合理性和盈利性以及建设的可能性和可行性,继而确定项目投资建设是否可行的科学分析方法。

信息系统项目的可行性研究就是对技术、经济、社会和人员等方面的条件和情况进行调查研究,对可能的技术方案进行论证,最终确定整个项目是否可行。信息系统项目可行性研究包括很多方面的内容,可以归纳为技术可行性分析、经济可行性分析、运行环境可行性分析以及其他方面的可行性分析等。

1. 可行性研究的内容

1) 技术可行性分析

技术可行性分析是指对以下问题进行分析:在当前市场的技术、产品条件限制下,能否利用现在拥有的以及可能拥有的技术能力、产品功能、人力资源来实现项目的目标、功能、性能,能否在规定的时间期限内完成整个项目。技术可行性分析往往决定了项目的方向,一旦在技术可行性分析时估计错误,将会出现严重的后果,造成项目根本上的失败。技术可行性分析一般应该考虑以下几个问题:

- 完成项目的风险。在给定的限制范围和时间范围内,能否设计出预期的系统并实现必需的功能和性能。
- 人力资源的有效性。可以用于项目开发的技术人员队伍是否可以建立,是否存在人力资源不足、技术能力欠缺等问题,是否可以在市场上或者通过培训获得需要的熟练技术人员。
- 技术能力的可能性。相关技术的发展趋势和当前所掌握的技术是否支持该项目的开发,市场上是否存在支持上述技术的开发环境、平台和工具。
- 物资(产品)的可用性。是否存在可以用于建立系统的其他资源,如一些设备以及可行的替代产品等。

2）经济可行性分析

经济可行性分析主要是对整个项目的投资及产生的经济效益进行分析，具体包括支出分析、收益分析、投资回报分析以及敏感性分析等。

（1）支出分析。

软件项目的支出可以分为一次性支出和非一次性支出两类。

- 一次性支出包括开发费、培训费、差旅费、设备购置费等费用。
- 非一次性支出包括软、硬件租金、人员工资及福利、水电等公用设施使用费以及其他消耗品支出等。

（2）收益分析。

软件项目的收益包括直接收益、间接收益以及其他方面的收益等。

- 直接收益指通过项目实施获得的直接经济效益，如销售项目产品的收入。
- 间接收益指通过项目实施，以间接方式获得的收益，如成本的降低。
- 其他收益。

（3）投资回报分析。

对投入和产出进行对比分析，以确定项目的收益率和投资回收期等经济指标。

（4）敏感性分析。

敏感性是指当设备和软件配置、处理速度要求、系统的工作负荷类型和负荷量等关键性因素变化时对支出和收益产生的影响。

除了上述经济方面的分析外，一般还需要对项目的社会效益进行分析。

3）运行环境可行性分析

信息系统项目的可行性分析不同于一般项目的可行性分析。信息系统项目的产品大多数是一个软硬件配套的信息系统，或一套需要安装并运行在用户单位的软件、相关说明文档、管理与运行规程。只有硬件运转正常可靠，软件正常使用，并达到预期的技术（功能、性能）指标、经济效益指标和社会效益指标，才能认为软件项目开发是成功的。

而运行环境是制约软件系统在客户单位发挥效益的关键。因此，需要从客户单位（企业）的管理体制、管理方法、规章制度、工作习惯、人员素质（甚至包括人员的心理承受能力、接受新知识和技能的积极性等）、数据资源积累、硬件（包含系统软件）平台等多方面进行评估，以确定软件系统在交付以后是否能够在客户单位顺利运行。因此，在进行运行环境可行性分析时，可以重点评估是否可以建立系统顺利运行所需要的环境以及建立这个环境所需要进行的工作，以便可以将这些工作纳入项目计划之中。

4）其他方面的可行性分析

信息系统项目的可行性研究除了前面介绍的技术、经济和运行环境可行性分析外，还包括法律可行性、社会可行性等方面的可行性分析。

信息系统项目也会涉及合同责任、知识产权等法律方面的可行性问题。特别是在系统开发和运行环境、平台和工具方面，以及产品功能和性能方面，往往存在一些软件版权问题，是否能够购置所需环境、工具的版权，有时也可能影响项目的实施和运行。

此外，在可行性分析方面，还包括项目实施对社会环境、自然环境的影响以及可能带来的社会效益分析。

项目的可行性分析在上述几个方面内容的基础上，对于具体的项目，应该根据实际情况选取重点进行可行性研究分析。

2. 可行性研究的步骤

一般,可行性研究分为初步可行性研究、详细可行性研究、可行性研究报告3个阶段,可以归纳成以下基本步骤:

(1) 确定项目规模和目标。

(2) 研究正在运行的系统。

(3) 建立新系统的逻辑模型。

(4) 导出和评价各种方案。

(5) 推荐可行性方案。

(6) 编写可行性研究报告。

(7) 递交可行性研究报告。

3. 可行性研究报告

可行性研究报告视项目的规模和性质而简繁不同。编写一份关于信息系统项目的可行性研究报告,可以按如下框架中内容进行:

第1部分　概述
1. 项目背景
1) 项目名称
2) 项目承担单位、主管部门及客户
3) 承担可行性研究的单位
4) 可行性研究的工作依据
5) 可行性研究工作的基本内容
6) 基本术语和一些约定
2. 可行性研究的结论
1) 项目的目标、规模
2) 技术方案概述及特点
3) 项目的建设进度计划
4) 投资估算和资金筹措计划
5) 项目财务和经济评价
6) 项目综合评价结论
第2部分　项目技术背景与发展概况
3. 项目提出的技术背景
1) 国家、地区、行业或企业发展规划
2) 客户业务发展及需求的原因、必要性
4. 项目的技术发展现状
1) 国内外的技术发展历史、现状
2) 新技术发展趋势
5. 编制项目建议书的过程及必要性

第3部分 现行系统业务、资源、设施情况分析
6. 市场情况调查分析
1）项目所生产产品用途、功能、性能的市场调研
2）市场相关（或替代）产品的调研
3）项目开发环境、平台、工具所需产品的市场调研
4）市场情况预测
7. 客户现行系统业务、资源、设施情况调查
1）客户拥有的资源（硬件、软件、数据、规章制度等）及使用情况调查
2）客户现行系统的功能、性能、使用情况调查
3）客户需求
第4部分 项目技术方案
8. 项目总体目标
1）项目的目标、范围、规模、结构
2）技术方案设计的原则和方法
3）技术方案特点分析
4）关键技术与核心问题分析
第5部分 实施进度计划
9. 项目实施进度计划
1）项目实施的阶段划分
2）阶段工作及进度安排
3）项目里程碑
第6部分 投资估算与资金筹措计划
10. 项目投资估算与资金筹措计划
1）项目总投资概算
2）资金筹措方案
3）投资使用计划
第7部分 人员及培训计划
11. 项目组人员组成及培训计划
1）项目组组织形式
2）人员构成
3）培训内容及培训计划
第8部分 不确定性（风险）分析
12. 项目风险
1）关键技术、核心问题（攻关）的风险
2）项目规模、功能、性能（需求）不完全确定性分析
3）其他不可预见性因素分析
第9部分 经济和社会效益预测与评价
13. 经济效益预测

14. 社会效益分析与评价
第10部分　可行性研究结论与建议
15. 可行性研究报告结论
1）可行性研究报告结论、立项建议
2）可行项目的修改建议和意见
3）不可性项目的问题及处理意见
4）可行性研究中的争议问题及结论
16. 附件

17.3　项目评估与论证

17.3.1　项目评估

1. 项目评估的含义及其依据

项目评估指在项目可行性研究的基础上，由第三方(国家、银行或有关机构)根据国家颁布的政策、法规、方法、参数和条例等，从与项目(或企业)相关的国民经济、社会角度出发，对拟建项目建设的必要性、建设条件、生产条件、产品市场需求、工程技术、经济效益和社会效益等进行评价、分析和论证，进而判断其是否可行的评估过程。项目评估是项目投资前期进行决策管理的重要环节，其目的是审查项目可行性研究的可靠性、真实性和客观性，为银行的贷款决策或行政主管部门的审批决策提供科学依据。项目评估的最终成果是项目评估报告。项目评估的依据如下：

(1) 项目建议书及其批准文件。

(2) 项目可行性研究报告。

(3) 报送单位的立项申请报告及主管部门的初审意见。

(4) 有关资源、设备、资金等方面的协议文件。

(5) 必需的其他文件和资料。

2. 项目评估的步骤

项目评估工作一般可按以下步骤进行：

(1) 成立评估小组，进行分工，制订评估工作计划。评估工作计划一般应包括评估目的、评估内容、评估方法和评估进度。

(2) 开展调查研究，收集数据资料，并对可行性研究报告和相关资料进行审查和分析。尽管大部分数据在可行性研究报告中已经提供了，但评估单位必须站在公正的立场上，核准已有数据的可靠性，并收集、补充必要的数据资料，以提高评估的准确性。

(3) 分析与评估。在上述工作基础上，按照项目评估内容和要求，对项目进行技术经济分析和评估。

(4) 编写评估报告。

(5) 讨论、修改评估报告。

(6) 举行专家论证会。

(7) 评估报告定稿。

3. 项目评估报告的内容

项目评估报告一般包括以下内容:

(1) 项目概况。概述项目基本情况和综合评估结论,提出是否批准或可否贷款的结论性意见。

(2) 详细评估意见。

(3) 总结和建议。包括存在或遗留的重大问题、潜在的风险和项目评估建议。

17.3.2 项目论证

"先论证,后决策"是现代项目管理的基本原则。项目论证是指对拟实施项目技术上的先进性和适用性、经济上的合理性和盈利性以及实施上的可能性和风险性进行全面、科学的综合分析,为项目决策提供客观依据的一种技术经济研究活动。

项目论证应该围绕着市场需求、开发技术、财务经济3个方面展开调查和分析,市场需求是前提,开发技术是手段,财务经济是核心。通过详细论证,要回答以下5个问题:

(1) 项目产品或市场的需求如何?为什么要实施这个项目?

(2) 项目实施需要多少人力、物力资源?供应条件如何?

(3) 项目需要多少资金?筹资渠道如何?

(4) 项目采用的技术是否先进、适用?项目的生命力如何?

(5) 项目规模有多大?物理布局的指向性如何?

1. 项目论证的作用

任何项目都可能有多种可供实施的方案,不同的方案将产生不同的效果。同时,未来的环境也具有不确定性,同一方案在不同的状态下也可能产生出不同的效果。为了从多种可供实施的方案中选优,就需要对各种可供实施的方案进行分析、评价,预测其可能产生的各种后果。项目前评价通过对实施方案的技术、产品、配件未来的市场需求与供应情况以及项目的投资与收益情况的分析,从而得出各种方案的优劣以及在实施技术上是否可行、经济上是否合算等信息,供决策参考。

项目前评价的作用主要体现在以下几个方面:

(1) 项目论证是确定项目是否实施的依据。

(2) 项目论证是筹措资金的依据。

(3) 项目论证是编制计划、设计、采购、施工以及设备、资源配置的依据。

(4) 项目论证是防范风险、提高项目效率的重要保证。

2. 项目论证的一般程序

项目论证是一个连续的过程,它包括问题的提出、制定目标、拟订方案、分析评价,最后从多种可行的方案中选出一种比较理想的最佳方案,供投资者决策。具体地讲,一般有以下7个主要步骤:

(1) 明确项目范围和客户目标。

(2) 收集并分析相关资料。

(3) 拟定多种可行的能够相互替代的实施方案。

(4) 多方案分析、比较。

(5) 选择最优方案,进一步详细、全面地论证。

(6) 编制项目论证报告、环境影响报告和采购方式审批报告。

(7) 编制资金筹措计划和项目实施进度计划。

以上步骤只是进行项目论证的一般流程,而不是唯一的流程。在实际工作中,根据所研究问题的性质、条件、方法的不同,也可采用其他适宜的流程。

17.4 项目招投标

招投标,是招标和投标的简称。招标和投标是一种商品交易行为,是交易过程的一部分。招投标是一种国际惯例,是商品经济高度发展的产物,是应用技术、经济的方法和市场经济的竞争机制的作用,有组织地开展的一种择优成交的方式。这种方式是在货物、工程和服务的采购行为中,招标人通过事先公布的采购项目和要求,吸引众多的投标人按照同等条件和规定流程进行平等竞争,并组织技术、经济和法律等方面的专家对众多的投标人进行综合评审,从中择优选定项目的中标人的行为过程。其实质是以较低的价格获得最优的货物、工程和服务。

小　结

项目立项与项目开工是两个不同的概念,分属两个不同的项目阶段,有时候项目立项过程是被当成一个单独的项目来实施的,而不是作为它所研究的项目的一部分。软件项目立项过程的核心内容是项目评估和论证,主要阶段是项目识别、项目机会研究、项目可行性研究、项目论证与评估等。

立项管理是决策行为,其目标是“做正确的事情”。而立项之后的研发活动和管理活动的目标是“正确地做事情”。只有“正确的决策”加上“正确地执行”才可能产生优秀的产品。只有通过立项管理,才能使项目建议成为正式的项目,意味着项目正式启动,项目管理才能行之有效。要注意的是,由于立项调查和可行性分析通常比较费时费力,往往被人忽视。没有深入地进行立项调查与可行性分析,就草率地撰写相关方案,对项目是有危害的。

习　题

17.1　结合实际案例编写项目建议书和可行性研究报告。

17.2　立项应该做好哪几方面的工作?

17.3　如何进行项目评估?

17.4　项目论证的流程是什么?

第18章 项目过程管理

18.1 项目管理过程组

任何项目都需要以下5个项目管理阶段，也称为项目管理过程组。这5个项目管理过程组具有明确的依存关系，并在各个项目中按一定的次序执行，它们与应用领域或特定产业无关。在项目完工前，个别项目管理过程组可能会反复出现。

1. 启动过程组

启动过程组定义并批准项目或阶段。项目在启动阶段的主要任务是决策立项，涉及的领域首先是项目的范围。范围的核心问题是决定做什么、不做什么，这也是立项的最基本决策。做什么的决策取决于对项目效益的评估，这离不开与项目干系人的沟通协调，使他们的共同利益达到最大化；而不做什么的决策则取决于对项目风险的评估，一件事情尽管会产生效益，但如果它的风险大于效益或超出项目干系人的承受能力，也最好放弃不做。因此，范围的取舍实际上是基于对项目干系人需求的了解，然后通过效益与风险的对比来决定的，而整个需求管理及权衡利弊的综合分析过程构成了集成管理决策的重要内容。

2. 计划过程组

计划过程组定义和细化目标，规划最佳的行动方案。即从各种备选方案中选择最优方案，以实现项目或阶段的目标和范围。项目计划阶段贯穿整个项目管理过程，由此可以看出它是项目管理中最重要的环节。在项目管理知识体系中，唯一可以通过理论学习掌握的技能只有计划，而其他技能，无论是决策还是控制，都需要在实践中感悟，单凭理论知识是不够的。计划阶段最能体现集成管理的特点，评价项目是否成功使用的是一个满意值，体现为一个综合性指标，而不是“多快好省”中的任意一个最优化的独立指标，这就要求项目计划制订者站在宏观的立场上综合考虑问题，使各领域的独立计划相互衔接，最终集成为一个综合性的满意计划。

3. 执行过程组

执行过程组整合人员和其他资源，在项目的生命周期或某个阶段执行项目管理计划。项目实施阶段虽然在大多数项目的实际进程中占有最长的时间和最多的资源，但是这个阶段的知识含量却较低。它具体体现为对团队成员的授权和激励，保证质量和保障人力及物力的供应，涉及质量管理、人力资源管理、采购供应管理和沟通管理4个领域。集成管理的作用是在实施过程中协调这四者的关系。

4. 监督与控制过程组

监督与控制过程组要求定期测量和监控进展，识别项目进展与项目管理计划的偏差，以便在必要时采取纠正措施，确保项目或阶段目标达成。控制是针对计划进行的，控制的对象就是实际绩效相对于计划的偏差，因此控制涵盖了计划所涉及的所有领域。控制如同计划的影子，只要是计划，就有控制的必要。集成管理在控制阶段与在计划阶段一样发挥非常关键的作用，任何局部的调整都会引起其他领域的连锁反应，因此这种操作必须从宏观的角度把握,使局部的调整服从整体目标,形成综合控制。

5. 收尾过程组

收尾过程组正式接收产品、服务或工作成果,有序地结束项目或阶段。项目收尾主要体现在合同的收尾上。项目的合同基本上分为两类:一类是项目实施组织与供应商和分包商之间的合同,收尾工作包括质量保证款的支付和合同纠纷的处理等,涉及采购供应管理;另一类是项目实施组织与项目客户之间的合同,涉及项目的最终验收,属于集成管理。此外,项目收尾还会涉及一项重要内容,就是整理项目文档,建立检索系统,为今后的项目留下历史信息资产。

18.2 项目管理知识体系

除了项目管理过程组,项目管理体系还可以按知识领域进行分类。知识领域指按所需知识内容来定义的项目管理领域,并用其所含过程、输入、输出、工具和技术进行描述。从项目管理的角度来看,通常有9个知识领域:

- 项目整合管理。为识别、定义、组合、统一和协调各项目管理过程组的各个过程和活动而开展的过程与活动。
- 项目范围管理。确保项目做且只做所需的全部工作以成功完成项目的各个过程。
- 项目进度管理。为管理项目按时完成所需的各个过程。
- 项目成本管理。为使项目在批准的预算内完成而对成本进行规划、估算、预算、管理和控制的各个过程。
- 项目质量管理。把组织的质量制度应用于规划、管理、控制项目和产品质量要求,以满足相关方的期望的各个过程。
- 项目资源管理。识别、获取和管理所需资源以成功完成项目的各个过程。
- 项目沟通管理。保证及时准确地产生、收集、传播、储存以及最终处理项目信息所需的各个过程。
- 项目风险管理:规划风险管理、识别风险、开展风险分析、规划风险应对、实施风险应对和监督风险的各个过程。
- 项目采购管理。从项目团队外部采购或获取所需产品、服务或成果的各个过程。

项目管理知识领域如表18-1所示。

表18-1 项目管理知识领域

知识领域	项目管理过程组				
	启动过程组	计划过程组	执行过程组	监督与控制过程组	收尾过程组
项目整体管理	1. 制订项目章程	2. 制订项目管理计划	3. 指导与管理项目执行工作	5. 监控项目工作 6. 实施整体变更控制	7. 项目收尾
项目范围管理		1. 规划范围管理 2. 收集需求 3. 定义范围 4. 创建WBS		5. 确认范围 6. 控制范围	

续表

知识领域	项目管理过程组				
	启动过程组	计划过程组	执行过程组	监督与控制过程组	收尾过程组
项目进度管理		1. 规划进度管理 2. 定义活动 3. 排列活动顺序 4. 估算活动持续时间 5. 制订进度计划		6. 控制进度	
项目成本管理		1. 规划成本管理 2. 估算成本 3. 编制预算		4. 控制成本	
项目质量管理		1. 规划质量管理	2. 管理质量	3. 控制质量	
项目资源管理		1. 规划资源管理 2. 估算活动资源	3. 获取资源 4. 建设团队 5. 管理团队	6. 控制资源	
项目沟通管理		1. 规划沟通管理 2. 识别项目干系人	3. 管理沟通	4. 监督沟通	
项目风险管理		1. 规划风险管理 2. 识别风险 3. 定性风险分析 4. 定量风险分析 5. 规划风险应对	6. 实施风险应对	7. 监督风险	
项目采购管理		1. 规划采购管理	2. 实施采购	3. 控制采购	

在学习后面 8 个项目管理知识领域（18.4 节至 18.11 节）之前，一定要先仔细地阅读 18.3节关于项目整体管理的知识，以便获得宏观理解问题的观念和方法。通过整个项目管理知识体系的完整框架，也可以看到项目管理的知识领域与 5 个项目管理过程组之间纵横交错的关系。

下面介绍项目管理过程中的输入、工具和技术、输出。例如，制订项目章程要用到协议、工作说明书、商业论证、事业环境因素、组织过程资产，这些就是输入。制订项目章程也会用到专家判断、项目选择方法、会议和引导技术等方法和手段，这些就是工具和技术。该过程执行完毕后，得到的是一份项目章程，即为输出。项目管理过程中的输入、工具和技术、输出如图 18-1 所示。

项目管理过程中的输入（依据）是指当前进行的项目管理过程中必须用到的文档等。

项目管理过程中的工具和技术就是当前进行的项目管理过程中用到的方法或手段等。

项目管理过程中的输出（成果）是指当前进行的项目管理过程结束后产出的文档等工作成果。

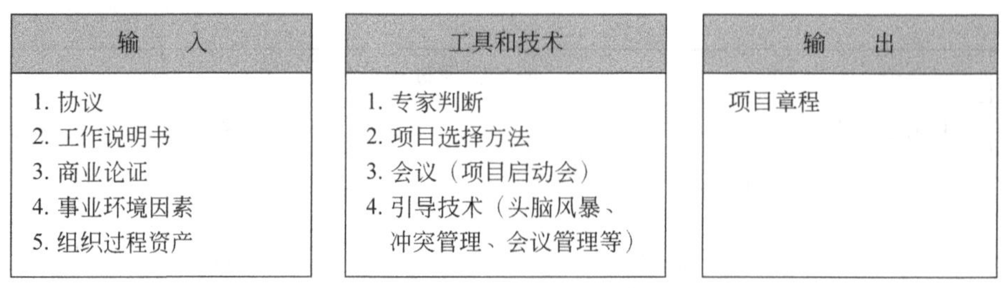

输 入
1. 协议
2. 工作说明书
3. 商业论证
4. 事业环境因素
5. 组织过程资产
工具和技术
1. 专家判断
2. 项目选择方法
3. 会议(项目启动会)
4. 引导技术(头脑风暴、
冲突管理、会议管理等)
输 出
项目章程

图 18-1 项目管理过程中的输入、工具和技术、输出

18.3 项目整体管理

18.3.1 项目整体管理概况

1. 项目整体管理概念

当一个项目交给项目经理去管理时,他如何对项目的生命周期进行管理,如何管理项目的全局,如何计划、执行、协调、监控、变更项目?项目整体管理将为项目经理提供思路,项目整体管理也是最重要的项目管理知识领域。项目整体管理知识将帮助项目经理把握项目的全局和全过程。

项目整体管理包括为识别、定义、组合、统一和协调各项目管理的各种过程和活动而开展的工作,是项目管理中一项综合性和全局性的管理工作。项目整体管理就是要决定在什么时间把工作量分配到相应的资源上,判断有哪些潜在的问题并在其出现问题之前积极处理,以及协调各项工作,使项目整体上取得一个好的结果。项目整体管理包括选择资源分配方案、平衡相互竞争的关系和方案以及协调项目管理各知识领域之间的关系。

项目的整合者就是项目经理,项目经理需要从项目整体利益的角度协调、整合项目,实现项目整体管理。因此项目经理一定要有全局观,其核心的工作就是沟通、协调、整合管理,所以项目经理的大部分时间是花在沟通上的。项目整体管理的主要工作如下:

- 整合相互竞争的项目各目标,如时间、成本、质量、范围等。
- 整合具有不同利益的各项目干系人,如出资人、客户、分包商等。
- 整合项目所需的不同专业工作,比如研发、测试、软件、硬件之间。
- 整合项目管理的各个过程,例如,在赶进度的同时需要考虑对成本、质量、风险的影响和管理,对任何一项变更都需要考虑引起的其他相应的变更。

2. 项目整体管理的特点

项目整体管理的作用是从全局、整体的观点出发,通过有机协调项目各要素,在相互影响的各项目标和方案中进行权衡和选择,尽可能突破各单项管理的局限性,以满足各项目干系人的需要。其主要特点如下:

(1) 综合性。包括以下3个方面:

- 项目策划。综合考虑总体计划及各子系统计划。
- 项目组织。由不同单位、部门、人员组成项目组。
- 项目控制。对变更进行综合控制,包括需求、范围、进度、成本、质量、人力资源、沟通、风险、采购。

（2）全局性。包括以下 3 个方面：

- 贯穿整个项目生命周期。
- 需要全局平衡项目中相互冲突的目标或可选择的目标。
- 负责项目的整体管理，包括管理工作、技术工作、商务工作。

（3）系统性。应用系统工程“整体—分解—综合”的方法和思想。

3. 项目整体管理的知识领域

项目整体管理主要关心项目管理过程组内为达到项目目标所需的过程集成，这些项目管理过程组是为了完成一个项目的目标所要求的。项目管理中的整体管理过程如图 18-2 所示，主要包括以下 6 个方面：

项目整体管理

1. 制订项目章程

输入
- 协议
- 工作说明书
- 商业论证
- 事业环境因素
- 组织过程资产

工具和技术
- 专家判断
- 项目选择方法
- 项目启动会
- 引导技术

输出
- 项目章程

2. 制订项目管理计划

输入
- 项目章程
- 其他过程的输出结果
- 事业环境因素
- 组织过程资产

工具和技术
- 专家判断
- 引导技术

输出
- 项目管理计划

3. 指导和管理项目执行

输入
- 项目管理计划
- 批准的变更请求
- 事业环境因素
- 组织过程资产

工具和技术
- 专家判断
- 项目管理信息系统
- 会议

输出
- 可交付成果
- 工作绩效数据
- 变更请求
- 更新的项目管理计划
- 更新的项目文件

4. 监督和控制项目工作

输入
- 项目管理计划
- 进度预测
- 成本预测
- 确认的变更
- 工作绩效信息
- 事业环境因素
- 组织过程资产

工具和技术
- 专家判断
- 分析技术
- 项目管理信息系统
- 会议

输出
- 变更请求
- 工作绩效数据
- 更新的项目管理计划
- 更新的项目文件

5. 实施整体变更控制

输入
- 项目管理计划
- 工作绩效信息
- 变更请求
- 事业环境因素
- 组织过程资产

工具和技术
- 专家判断
- 变更控制工具
- 会议

输出
- 批准的变更请求
- 变更日志
- 更新的项目管理计划
- 更新的项目文件

6. 项目收尾

输入
- 项目管理计划
- 验收的可交付成果
- 组织过程资产

工具和技术
- 专家判断
- 分析技术
- 会议

输出
- 最终产品
- 更新的组织过程资产

图 18-2　项目整体管理过程

(1) 制订项目章程,以对项目进行正式授权。

(2) 制订项目管理计划。定义、准备、集成以及协调所有子计划,形成项目管理计划所需要的行为。

(3) 指导和管理项目执行。执行在项目管理计划中所定义的工作,以实现项目的目标。

(4) 监督和控制项目工作。监督和控制为达成项目管理计划所定义的工作,以实现项目绩效目标。

(5) 实施整体变更控制。评审所有的变更请求,批准变更,控制对可交付物和组织过程资产的变更。

(6) 项目收尾。完成所有项目过程中的所有活动,以正式结束一个项目或阶段。

18.3.2 制订项目章程

1. 项目章程的定义

项目章程宣告一个项目的正式启动、项目经理的任命,并对项目的目标、范围、主要可交付成果、主要制约因素与主要假设条件等进行总体性描述。项目章程是由项目实施组织以外的实体签发的,通常由高级管理层签发。项目章程用来体现高级管理层对项目的原则性要求,授权项目经理为实施项目而动用组织资源,是项目经理寻求各主要干系人支持的依据。

项目经理可以参与甚至起草项目章程,但必须由项目实施组织以外的实体来发布,如发起人、项目集成或项目管理办公室人员、项目综合管理委员会主席或授权代表。项目章程只有管理层和发起人有权进行变更,章程修改不在项目经理的权责范围之内,而是遵循“谁签发,谁有权修改”的原则。

项目章程的主要作用是:确定项目经理,规定项目经理的权利;正式确认项目的存在,给项目一个合法的地位;规定项目的总体目标,包括范围、时间、成本和质量等;通过叙述启动项目的理由,把项目与执行组织的日常经营运作及战略计划等联系起来。

项目章程的编制主要关注记录商业需求、项目缘由、对顾客需求的理解和满足这些需求的新产品、服务或结果。项目章程可以直接描述或引用其他文档来描述以下信息:

- 概括性的项目描述和项目产品描述。
- 项目的目的、目标,批准项目的理由。
- 项目的总体要求,包括总体范围和总体质量要求。
- 可测量的项目目标和相关的成功标准。
- 概要的里程碑和进度计划。
- 项目干系人的影响。
- 职能组织、委派的项目经理及其职责和职权。
- 发起人或其他批准项目章程的人员的姓名和职权。
- 项目业务方案论证,包括投资回报率。
- 概要预算。

……

以下是项目章程的框架。

一、项目概述

1.1 项目名称

1.2 项目背景

1.3 项目目的

本节可来自项目建议书，或对项目建议书中的相关内容进一步细化。

1.4 项目主要工作

本节可对项目建议书的相关内容继续细化，对项目的范围进行初步描述。本节将作为划分项目主要阶段和里程碑的依据。

二、项目目标

2.1 时间目标

本项目要求于________年____月____日开始，于________年____月____日结束。项目的结束以正式发布“项目结项通知”的日期为准。

2.2 可交付成果目标

项目应于________年____月____日前提交________。由________负责组织评审，须满足的质量要求为________。

2.3 费用目标

本项目总预算为人民币________元整。费用预算明细请见________。

三、项目管理团队

3.1 项目经理

3.2 项目 PMO 代表

3.3 项目技术负责人

四、项目主要阶段及里程碑

本节给出阶段、名称、阶段负责人、里程碑交付成果名称、交付成果验收标准、验收人和阶段结束日期。

五、项目团队成员名单

本节给出项目团队成员姓名、所属部门、项目工作内容、技能要求、预计开始日期和预计工期。

六、项目干系人名单

本节给出项目干系人序号、姓名、职务、项目角色、对项目的影响。本节不包括项目团队成员。

七、项目沟通、汇报需求

本节给出项目沟通、汇报发出者、沟通事项、接收者、发送方式和周期。

2. 制订项目章程的依据与方法

制订项目章程的依据、工具和技术、成果如图 18-3 所示。这些内容在其他项目管理过程中也会经常遇到，在后面的其余 8 个项目管理知识领域介绍中将不再阐述。

1）协议

协议有多种形式，包括合同、谅解备忘录、服务品质协议、意向书或其他形式的书面或口头协议。通常合同是制订项目章程的重要依据。

依　据	工具和技术	成　果
1. 协议 2. 工作说明书 3. 商业论证 4. 事业环境因素 5. 组织过程资产	1. 专家判断 2. 项目选择方法 3. 会议 4. 引导技术	项目章程

图 18-3　制订项目章程的依据、工具和技术、成果

2）工作说明书

工作说明书是对项目要提供的产品或服务的描述。对内部项目而言，项目发起人或投资者基于业务的需要或产品或服务的需求提出工作说明书；对外部项目而言，工作说明书作为招标文档的一部分从客户那里得到，或者作为合同的一部分得到。工作说明书需要说明如下事项：

- 业务要求。一个组织的业务要求可能基于培训的需要，市场需求、技术的进步、法律的要求或政府的标准而产生的。
- 产品范围描述。记述项目要创建的产品的功能需求以及产品或服务的特性。通常，产品需求在项目的启动过程中并不是很详细，在后续的过程中会逐渐细化。另外，本部分还要项目所创造的产品或服务与业务要求或其他引出产品要求的刺激因素之间的关系。
- 战略计划。所有项目都要支持组织的战略目标，因此，要将执行组织的战略计划作为项目选择的一个要素来考虑。

3）商业论证

商业论证或类似文件从商业角度提供必要的信息，决定项目是否值得投资。为论证项目的价值，在商业论证中通常要包含业务需求和成本效益分析等内容。对于外部项目，可以由项目发起组织或客户撰写商业论证。

- 市场需求(例如，为应对汽油紧缺，某汽车公司批准了一个低油耗汽车研发项目)。
- 组织需要(例如，为提高收入，某公司批准了一个新课程开发项目)。
- 客户要求(例如，为了给新工业园区供电，某电力公司批准了一个新变电站建设项目)。
- 技术进步(例如，在计算机存储和芯片技术取得进步之后，某公司批准了一个项目来开发更快速、更便宜、更小巧的笔记本电脑)。
- 法律要求(例如，某油漆制品厂批准一个项目，编写有毒物质处理指南)。
- 生态影响(例如，某公司实施一个项目来减小对环境的影响)。
- 社会需要(例如，为应对流感频发，某国的非政府组织批准了一个项目，开发流感疫苗)。

4）事业环境因素

在制订项目章程时，对所有存在于项目周围并对项目成功有影响的组织事业环境因素与制度都必须加以考虑。其中包括如下事项：

- 组织或公司文化和结构。

- 政府或行业标准(如管理部门的规章制度、产品标准、质量标准与工艺标准)。
- 基础设施(如现有的软件与硬件基础设施)。
- 现有的人力资源(如技能、专业知识)。
- 市场情况。
- 项目干系人对风险的容忍度。
- 业界的风险研究信息和风险数据库。

5)组织过程资产

在制订项目章程和后续的项目文档时,可以从组织得到能够促进项目成功的任何组织过程资产。参与项目的部分或全部组织应考虑正式的和非正式的企业计划、政策方针、规程、指南和管理系统的影响。组织过程资产也代表了组织的知识和经验教训,如从以前的项目中得到的信息。组织过程资产依据行业的类型、组织和应用领域等几方面的情况可以有不同的组成形式。例如,组织过程资产可以分成以下两类:

(1)组织中指导工作的过程和程序。

- 组织的标准过程,如标准、政策、标准产品和项目生命周期、质量政策和规程。
- 标准指导方针、模板、工作指南、建议评估标准、风险模板和性能测量准则。
- 用于满足项目特定需要的修正组织中一系列标准过程的指南和标准。
- 组织的沟通需求,如可以使用的特定通信技术、允许的通信媒介及保管的要求。
- 项目收尾指南和需求,如结项审计、项目评估、产品确认和验收标准指南。
- 财务控制程序,如汇报周期、必要开支、支出评审、财务编码和标准合同条款。
- 问题和缺陷管理程序,问题和缺陷控制的定义,问题和缺陷的识别和解决,行动项的追踪。
- 国家或行业标准,如机构规则、产品标准、质量标准和工艺标准。
- 变更控制规程,包括公司哪些正式标准、方针、计划、规程及项目文件可以被调整,如何批准和确认变更。
- 风险控制规程,包括风险的分类、概率和影响定义、概率和影响矩阵。

(2)组织的全部检索知识库。

- 过程测量数据库,用于收集和利用过程和产品的测量数据。
- 经验学习系统,包括以往项目的选择决策和以往项目的绩效信息。
- 历史信息(项目文件、记录、文档和所有项目收尾信息和文档),包括来自风险管理的信息,如确定风险、计划的响应措施和任何影响。
- 问题和缺陷管理数据库,包括问题和缺陷状态、控制、解决方案和结果。
- 配置管理知识库,包括所有正式的公司标准、政策、程序和项目文档的各种版本和基线。
- 财务数据库,包括劳动时间、产生的费用、预算和项目超支费用等信息。

6)专家判断

专家意见在项目管理过程中被用于任何技术和管理的细节。这些专家意见由具有专门知识或受过专门培训的团体或个人提供,并可以有多个来源,包括执行组织中的其他部门、咨询顾问和项目干系人。

专家判断的具体方法包括专家会议法、头脑风暴法、德尔菲法、个人判断法和集体判断法。

(1) 专家会议法。又称专家会议调查法,是根据项目的目的和要求,向一组经过挑选的有关专家提供一定的背景资料,通过会议的形式对项目及其前景进行评价,在综合专家的分析判断的基础上,对项目作出定量估计。

(2) 头脑风暴法。即组织各类专家交流意见,畅谈自己的想法,发表自己的意见,进行智力碰撞,产生新的思想火花,使预测观点不断集中和深化,从而提炼出符合实际的方案。

(3) 德尔菲法。按一定的程序,采用背对背的方式反复征询,专家小组成员的意见,经过几轮的征询与反馈,使各种不同的意见渐趋一致,经汇总和用数理统计方法进行收敛,得出一个比较合理的结果,供决策者参考。

(4) 个人判断法。用规定程序对专家个人进行调查,依靠专家的个人专业知识和特殊才能进行判断。个人判断法的优点是能发挥专家个人的创造能力,不受外界影响,简单易行,费用也不多。但依靠专家个人的判断,容易受专家的知识面、知识深度、占有资料是否充分以及对预测问题有无兴趣所左右,难免带有片面性。专家的个人意见往往容易忽略或贬低相关部门或相关学科的研究成果,多位专家当面讨论又可能产生不一致。因此,这种方法最好与其他方法结合使用,让被调查的专家之间不发生直接联系,并留出充分的时间让专家反复修改个人的见解,才能取得较好的效果。

(5) 集体判断法。是在个人判断法的基础上,通过会议进行集体的分析判断,将专家个人的见解综合起来,寻求较为一致的结论的预测方法。这种方法参加的人数多,拥有的信息量远远大于个人拥有的信息量,因而能凝集众多专家的智慧,避免个人判断法的不足,在一些重大问题的预测方面较为可行、可信。但是,集体判断的参与人员也可能受到感情、个性、时间及利益等因素的影响,不能充分或真实地表明自己的判断。

专家判断法的优点和缺点如表18-2所示。

表18-2 专家判断法的优点和缺点

优　点	缺　点
• 判断过程迅速,成本较低; • 预测过程中,各种不同的观点都可以表达并加以调和; • 如果缺乏基本数据,可以运用这种方法加以弥补	• 专家意见未必能反映客观现实; • 责任较为分散; • 一般仅适用于总体情况的估计和判断

7) 项目选择方法

项目选择方法分为净值分析法、投资收益率分析法和投资回收期分析法。

净值分析法是一种能全面衡量项目进度状态、成本趋势的科学方法,其基本要素是用货币量代替实物量来测量项目的进度。

投资收益率又称投资利润率,是指项目在达到一定生产能力后一个正常年份的年净收益总额与项目投资总额的比率。

投资回收期也称投资回收年限,是指项目投产后获得的收益总额达到该项目投资总额所需要的时间(以年为单位)。

8) 会议管理

良好的开端是成功的一半,项目启动会议是一个项目的开始,对于项目的顺利开展非常重要。召开项目启动会议的主要目的在于使项目的主要利益相关者明确项目的目标、范围、需求、背景及各自的职责与权限。通常，项目启动会议一般由项目经理负责组织和主持。然而，有不少项目经理对项目启动会议不重视，虽然知道其重要，但不知道如何才能将其开好。对于项目经理来说，组织一次有效的会议极为重要。以下是关于如何开好项目启动会议的几点建议：

（1）确定会议目标。项目启动会议的具体目标包括建立初始沟通、相互了解、获得支持、对项目方案达成共识等。

（2）做好会议前的准备工作。包括审阅项目文件、召开预备会议、明确关键问题、编制初步计划、编制人员和组织计划、准备会议材料等。

（3）明确并通知参加会议的人员。典型的项目启动会议都由项目经理作为主持人，参加的人员有项目委托人、组织的高层领导、客户方项目经理、客户业务部门负责人、职能部门经理及项目全体人员。

（4）明确会议的主要议题。包括采用的项目开发过程、项目产品、项目资源和进度、项目管理系统及下一步的工作等。

（5）做好记录。对项目启动会议一定要做好记录，将记录存档，今后如果有类似的活动时可以参考，而且可以供自己很好地进行总结，将好的方面继续发扬，对不好的方面进行改进。

9）引导技术

头脑风暴、冲突处理和会议管理等，都是引导者可以用来帮助团队和个人完成项目活动的关键技术。

18.3.3 制订项目管理计划

1. 项目管理计划

项目管理计划是综合性计划，是一系列分项的管理计划和其他内容的结果，用于指导项目的执行、监控和收尾工作。项目管理计划是在其他规划过程的成果基础上制订的。所有其他规划过程都是制订项目管理计划过程的依据。项目管理计划必须是自下而上制订出来的，项目成员对自己负责的部分制订相应计划，逐层上报和汇总，最后由项目经理进行综合，形成项目管理计划。在项目执行开始之前，要制订出尽可能完整的项目管理计划，但是项目管理计划也需要在项目生命周期的后续阶段中不断审阅、细化、完善和更新。因此，在初次制订项目管理计划时，由于各方面的信息还不十分明朗，项目经理只需从宏观上把握住项目的主体管理思路，切记不能理想化而期望项目管理计划一步到位。项目的渐进性特点说明项目管理计划需要经过一个由粗到细、不断完善的过程。

项目管理计划包括如下内容：

- 项目管理团队选择的过程。
- 由项目管理团队确定的每个选定过程的实施级别。
- 对用于完成这些过程的工具和技术的描述。
- 选择的项目的生命周期和相关的项目阶段。
- 如何用选定的过程来管理特定的项目，包括过程之间的依赖与交互关系和基本的输入/输出。
- 如何执行工作来完成项目目标。

- 如何监督和控制变更。
- 如何实施配置管理。
- 如何维护项目管理基线的完整性。
- 与项目干系人进行沟通的要求和技术。

项目管理计划可以是概括的或详细的,可以包含一个或多个辅助计划,辅助计划包括范围管理计划、需求管理计划、进度管理计划、成本管理计划、质量管理计划、过程改进计划、人力资源管理计划、沟通管理计划、风险管理计划、采购管理计划、干系人管理计划等。

以下是项目管理计划示例:

1. 项目名称

××电子商城系统。

2. 项目背景

……

3. 项目范围管理计划(范围基准)

项目范围定为:采用现有的各种网络技术,构建一个商品多级查询、选择、订购的网上销售系统,为客户提供方便、快捷、安全的网上购物环境。

详细的可交付物说明参见WBS文档。

项目可交付成果包括电子商城系统、各类管理文档以及开发技术文件。

注意:

(1) 范围说明书只有项目经理有权更新和发布。

(2) 范围说明书是制订WBS的基础和依据。

(3) 对范围说明书的更改或调整可能会引起合同变更,对此要慎重。

4. 项目进度管理计划(进度基准)

项目建设周期约12个月。

5. 项目成本管理计划(成本基准)

项目建设预计投入300万元,用于平台搭建、软硬件资源购买、技术支持及管理和人员的费用。

成本预算方案如下:

- 服务器费用。……
- 软件费用。……
- 系统开发费用。……
- 运营维护费用。……

6. 项目质量管理计划

项目开发按照公司制定的CMM三级标准过程进行。在里程碑会议上按照公司的软件开发质量检查表、质量评审过程进行质量审查,提出改进措施,并及时进行改进。详细的质量检查表、质量检查过程标准参见公司标准。

7. 项目人力资源计划

项目经理:……

项目成员:……

> 8. 项目沟通计划
>
> 建立内部项目共享区，所有项目干系人都通过这个共享区进行交流。项目的进展情况通过项目例会和里程碑会议进行检查与收集。项目沟通计划可根据项目实际情况及时调整。
>
> 9. 项目风险管理计划（风险登记册）
>
> 项目实施过程中可能遇到的风险及防范措施如下：
>
> （1）技术风险。……
>
> （2）经营风险。……
>
> （3）管理风险。……
>
> （4）市场风险。……
>
> 10. 采购计划
>
> ……

2. 制订项目管理计划的依据与方法

在制订项目管理计划时，要根据项目目标，在项目确定范围内，依据确定的需求和质量标准，并在项目成本预算许可的范围内，制订出全面的管理计划。项目管理计划是指导项目团队工作的结构化方法。大多数项目管理计划采用“硬”工具（项目管理软件）和“软”工具（如项目动员会）相结合的办法来编制。对于IT项目，特别是软件项目，不确定因素多，工作量估计困难，在项目初期难以制订一个科学、合理的管理计划。因此，在项目管理中，计划编制是最复杂的工作，然而也往往是最不受重视的工作。许多人对管理计划编制抱消极态度，这对项目经理是一个严峻的挑战。制订项目管理计划的依据、工具和方法、成果如图18-4所示。

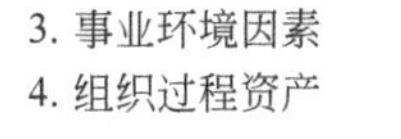
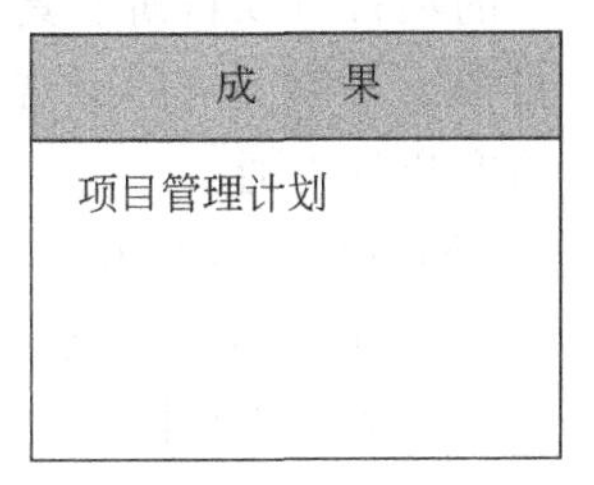

依　据	工具和技术	成　果
1. 项目章程 2. 其他过程的输出结果 3. 事业环境因素 4. 组织过程资产	1. 专家判断 2. 引导技术	项目管理计划

图18-4　制订项目管理计划的依据、工具和技术、成果

3. 编制项目管理计划的注意事项

编制项目管理计划时应注意以下几点。

1）项目管理计划的弹性

IT项目总是让人感觉到“计划没有变化快”，这说明要制订一个符合实际情况、可行的项目管理计划是非常困难的。如果计划只是纸上谈兵，是为了应付检查，那么就毫无意义。IT项目采用弹性的计划方法比较合适，使计划具有较好的预见性和适应性，能够有效地预防项目的风险，适应软件需求的变化，提高计划的应变能力。滚动计划方法具有较好的弹性，是一种动态编制计划的方法。它的具体做法是：按照“近细远粗”的原则制订一个时期内的计划，然后按照计划的执行情况和环境变化，调整和修订未来的计划，并逐步向后移动。

它是把短期计划和中期计划结合起来的一种计划方法。例如,对于软件开发项目,在项目初期可先制订一个总体计划以及近期的详细计划(需求计划),包括时间安排、任务分配等,而设计、编程和测试阶段的计划就比较粗。这是因为设计还没开始,还不需要为部署制订计划。等需求分析即将完成时,设计任务变得很清楚了,这时就应该细化设计计划并开始制订部署的初步计划。滚动计划是一种迭代的方法,以计划的变化来主动适应用户需求和软件开发环境的变化,即“以变应变”。这样就可以使项目中短期计划随时间的推移不断更新,可以解决生产的连续性和计划的阶段性之间的矛盾。

2)项目管理计划的层次性

根据项目的规模,项目管理计划应分为高级计划、分阶段计划、详细计划等层次。高级计划是项目早期的计划,该计划比较概括,主要是进行项目的阶段划分、确定重大里程碑、明确所需资源等。分阶段的项目管理计划是指在大的阶段交替之前应做好的下一阶段的详细计划。详细计划包括各项任务的负责人、开始时间、结束时间、任务之间的依赖关系、设备资源等具体安排。分层制订项目管理计划,有利于项目管理计划的落实,便于项目监控,有助于确保计划的合理性、指导性和可实施性。

3)项目管理计划的现实有用性

制订项目管理计划仅靠个人的经验是不够的,有效的办法如下:

- 充分鼓励、积极接纳项目干系人来参与项目管理计划的制订。客户参与计划制订有利于明确需求,获得支持和配合;公司高层领导参与计划制订有利于获得精神和物质上的支持;开发成员参与计划制订有利于项目实施和计划落实,并有利于提高团队士气。
- 充分利用历史数据。利用模板、历史数据有利于不断提升计划水平和总结经验。需要特别提到的是,有些软件项目失败后,项目组成员一般不愿再问津此事。其实,失败的项目对项目研发具有重要的参考价值。对做过的项目认真总结,会为今后的项目留下一笔宝贵的财富。

4)与客户的沟通

在计划制订期间保持和客户的良好沟通是很重要的。项目管理计划中的一些条款需要客户认可,特别是项目的进度安排,应当和客户共享这些信息。有时客户会提出一些对项目时间、进度、质量上的要求,这些往往带有强制性,但并不一定合理,因此需要通过沟通说服客户认清实际的需求。另外,让客户了解项目管理计划,有利于客户主动、积极地参与项目,实现项目的最终目标。项目管理计划取得双方的签字认可也是非常重要的,这意味着双方对项目管理计划的认同。有了这个约定,既让客户放心,也让项目组有了责任感,有督促和促进的作用。

18.3.4 指导和管理项目执行

1. 指导和管理项目执行的工作内容

指导和管理项目执行是为了确保项目可以及时执行,并持续进行下去。本过程的主要作用是对项目工作和可交付成果开展综合管理,以提高项目成功的可能性。指导和管理项目执行过程需要项目经理和项目团队开展多项行动来执行项目管理计划,以完成项目范围说明书中所定义的工作。这些行动如下:

- 执行活动以实现项目或阶段目标。
- 付出努力和支出资金以实现项目或阶段目标。
- 配置人员，进行培训，管理已分配到项目或阶段中的项目团队成员。
- 获得报价、投标、出价或提交方案书。
- 从潜在的供应商中选择合适的供应商。
- 获取、管理和使用包括原料、工具、设备和设施在内的资源。
- 实施计划中规定的方法和标准。
- 创建、验证和确认项目或阶段的可交付物。
- 管理风险和实施风险响应活动。
- 管理供应商。
- 使已批准的变更适应项目的范围、计划和环境。
- 建立和管理项目组内部和外部的项目通信渠道。
- 收集项目或阶段数据，并汇报成本、进度、技术、质量的进展和状态信息，以便对项目进展进行预测。
- 收集和记录经验教训并实施已批准的过程改进活动。

2. 指导和管理项目执行的依据与方法

项目执行是执行项目管理计划的主要过程，该阶段会占用大部分资源，因此项目团队和项目经理需要全面协调、管理项目执行过程，这是最有影响的项目过程。指导和管理项目执行的依据、工具和技术、成果如图 18-5 所示。

依　据	工具和技术	成　果
1. 项目管理计划 2. 批准的变更请求 3. 事业环境因素 4. 组织过程资产	1. 专家判断 2. 项目管理信息系统 3. 会议	1. 可交付成果 2. 工作绩效数据 3. 变更请求 4. 更新的项目管理计划 5. 更新的项目文件

图 18-5　指导和管理项目执行的依据、工具和技术、成果

指导和管理项目执行的依据是项目管理计划、批准的变更请求、事业环境因素和组织过程资产。其中的主要依据就是项目管理计划，包括范围管理、风险管理、采购管理等具体领域的计划、辅助资料和组织方针；批准的变更请求是实施整体变更控制过程的输出，包括经变更控制委员会审查和批准的变更请求。

指导和管理项目执行的工具和技术是专家判断、项目管理信息系统和会议。在该过程中，可利用专家判断和专业知识来处理各种技术和管理问题；利用项目管理信息系统可以高效、有序、规范地对项目全过程的纸介质信息资源进行管理；利用会议来讨论和解决项目的相关问题，并进行决策。

项目管理信息系统由用于归纳、综合和传播项目管理程序输出的工具和技术组成。它用于提供从项目开始到项目最终完成，包括人工系统和自动系统的所有信息。下面介绍的配置管理系统和变更控制系统是项目管理信息系统的重要子系统。配置管理系统包括提交建议的变更、对建议变更的评审和批准的跟踪、定义好的授权变更的批准级别以及对已批准

的变更的确认。在大多数应用领域内,配置管理系统包括变更控制系统。配置管理系统在软件项目中具有非常重要的作用,目前常用的配置管理软件工具有 CVS、VSS、ClearCase 等。变更控制系统是定义了如何控制、变更和批准项目可交付物和文档的正式文件化规程的集合。变更控制系统是项目管理信息系统的子系统。例如,对于信息技术系统,变更控制系统包括对每个软件组件的规格说明书(脚本、源代码、数据定义等)。

3. 指导和管理项目执行的成果

1) 可交付成果

可交付成果是任何在项目管理规划文件中记录的,并且是为了完成项目而必须生成和提交的独特并可核实的产品、成果或提供服务的能力。可交付成果通常是为实现项目目标而完成的有形的组件,也可包括项目管理计划。可交付成果一定是可以验证和核实的。

2) 工作绩效数据

工作绩效数据是在项目执行过程中,从每个正在执行的活动中收集到的原始观察结果和测量值。数据是指底层的细节,由其他过程从中提炼出项目信息。在项目执行过程中收集数据,再交由各控制过程做进一步分析。工作绩效数据包括以下项目:

(1) 进度的进展情况。

(2) 质量的绩效情况。

(3) 成本的消耗情况。

(4) 资源的利用情况。

(5) 中间阶段的各种产出工件和状态报告。

(6) 经验教训的积累。

3) 变更请求

变更请求是关于修改任何文档、可交付成果或基准的正式提议(参见附录 A 中的变更申请单)。变更请求被批准之后,将会引起对相关文档、可交付成果或基准的修改,也可能导致对项目管理计划其他相关部分的更新。如果在项目实施过程中发现问题,就需要提出变更请求,对项目范围、项目成本或预算、项目进度计划或项目质量进行修改。其他变更请求包括必要的预防措施或纠正措施,用来防止以后的不利后果。变更请求可以是直接或间接的,可以由外部或内部提出,可能是自选的或由法律/合同所强制的。

4) 更新的项目管理计划

项目管理计划可能需要更新如下内容:范围、进度、成本、质量管理计划,过程改进计划,人力资源管理计划,风险管理计划,采购管理计划,干系人管理计划,项目范围、成本、进度基准。

5) 更新的项目文件

需要更新的项目文件可能有需求文件、项目日志、风险登记册、干系人登记册等。

18.3.5 监督和控制项目工作

1. 监督和控制项目工作的内容

好的项目管理计划是项目成功的一半,而另一半就在于监督和控制。监督和控制项目工作的内容是监督项目启动、规划、执行和收尾,采取纠正和预防措施控制项目绩效。监督是从项目开始直到完成的一个项目管理过程。监督包括收集、测量和发布绩效信息,以及评估会影响过程改进的度量项和趋势。持续的监督为项目管理团队对项目的监管提供了保证,并且能够鉴别出任何可能需要特别关注的区域。在监督和控制项目工作的过程中主要关注以下问题:

(1) 进展监督。

- 定期测量实际完成的活动和里程碑。
- 将实际完成的活动和里程碑与项目计划中的进度进行比较。
- 识别项目进展与项目管理计划中的估算的重要偏差。

(2) 工作量与成本监督。

- 定期测量实际工作量、成本以及指派的人员。
- 将实际的工作量、成本、人员以及培训与项目管理计划中的估算和预算相比较。
- 识别工作量、成本与项目管理计划中的预算的重要偏差。

(3) 监督工作产品与任务的属性。

- 定期测量工作产品与任务的实际属性。
- 将工作产品与任务的实际属性与项目管理计划中的估算值相比较。
- 识别上述实际属性与项目计划中的预算值的重要偏差。

(4) 监督提供并使用的资源,包括物理设施、软件及网络。

(5) 监督项目成员的知识与技能。定期测试项目人员得到的知识与技能,比较项目人员实际接受的培训与项目计划中的培训情况。

(6) 项目风险监督。

- 定期在项目的当前状态和环境下详审风险文档。
- 得到新信息时修订风险文档。
- 向相关干系人通报风险状态。

2. 监督和控制项目工作的依据与方法

监督和控制项目工作包括监督和控制启动、规划、执行和结束项目的各个过程,是贯穿项目始终的项目管理的一个方面,其主要依据、工具和技术、成果如图18-6所示。

依　据	工具和技术	成　果
1. 项目管理计划	1. 专家判断	1. 变更请求
2. 进度预测	2. 分析技术	2. 工作绩效数据
3. 成本预测	3. 项目管理信息系统	3. 更新的项目管理计划
4. 确认的变更	4. 会议	4. 更新的项目文件
5. 工作绩效信息		
6. 事业环境因素		
7. 组织过程资产		

图18-6　监督和控制项目工作的依据、工具和技术、成果

对项目执行进行有效监督和控制的主要依据包括以下内容:

(1) 项目管理计划。包括具体项目的管理计划(例如范围管理计划、风险管理计划、进度管理计划等)和绩效测量基准,是项目管理计划实施的主要依据。项目绩效测量基准代表了一种管理控制,这种管理控制通常只会周期性地变化,而且通常只要求对范围变化作出相

应的反应。

(2) 进度预测。

(3) 成本预测。

(4) 确认的变更。批准的变更是实施整体变更控制过程的结果,需要对其执行情况进行确认,以确保变更得到正确的落实。确认变更时,要用数据说明变更已经得到正确落实。

(5) 工作绩效信息。

(6) 事业环境因素。

(7) 组织过程资产。

对项目执行进行有效监督和控制常用的工具与方法有以下几种:

(1) 专家判断。

(2) 分析技术。可用于本过程的分析技术如下:

- 备选方案分析。用于在出现偏差时选择要执行的纠正措施或纠正措施和预防措施的组合。
- 成本效益分析。有助于在项目出现偏差时确定最节约成本的纠正措施。
- 挣值分析。对范围、进度和成本绩效进行综合分析。
- 根本原因分析。关注识别问题的主要原因,可用于识别出现偏差的原因以及项目经理为达成项目目标应重点关注的领域。
- 趋势分析。根据以往结果预测未来绩效,它可以预测项目的进度延误,提前让项目经理意识到在既定趋势下后期进度可能出现的问题。应该在足够早的项目时间进行趋势分析,使项目团队有时间分析和纠正任何异常。可以根据趋势分析的结果提出必要的预防措施建议。
- 偏差分析。审查目标绩效与实际绩效之间的差异(或偏差),可涉及持续时间估算、成本估算、资源使用、资源费率、技术绩效和其他测量指标。可以在每个知识领域针对特定变量开展偏差分析。在监控项目工作的过程中,通过偏差分析对成本、时间、技术和资源偏差进行综合分析,以了解项目的总体偏差情况,以便采取合适的预防或纠正措施。

(3) 项目管理信息系统。

(4) 会议。

3. 监督和控制项目工作的成果

监督和控制项目工作的成果包括以下4个方面:

(1) 工作绩效报告。工作绩效信息可以用实体或电子形式加以合并、记录和分发。基于工作绩效信息,以实体或电子形式编制工作绩效报告,以制订决策、采取行动或引起关注。根据项目沟通管理计划,通过沟通过程向项目干系人发送工作绩效报告。工作绩效报告的内容主要包括状态报告和进展报告。

(2) 变更请求。包括以下3种活动:

- 纠正措施。是为使项目工作绩效重新与项目管理计划一致而进行的有目的的活动。
- 预防措施。是为确保项目工作的未来绩效符合项目管理计划而进行的有目的的活动。
- 缺陷补救。是为了修正不一致产品或产品组件而进行的有目的的活动。

（3）更新的项目管理计划。项目管理计划的任何变更都以变更请求的形式提出，且通过组织的变更控制过程进行处理。在监控项目工作的过程中提出的变更可能会影响整体项目管理计划。

（4）更新的项目文件。更新的项目文件包括：进度和成本预测、工作绩效报告、问题日志等。

18.3.6 实施整体变更控制

1. 整体变更控制过程的内容

整体变更控制是指在项目生命周期的整个过程中对变更进行识别、评价和管理，其主要目标是：对引起变更的各种因素施加影响，以保证这些变更是征得同意的；确定变更是否已经发生；当变更发生时，对实际变更进行管理；维护绩效测量基准计划的完整性；确保产品范围的变更反映在项目范围定义中；在各个知识域中协调变更。

整体变更控制在不同的层次上包含以下变更管理活动：

（1）识别需要发生的变更。

（2）管理每个已识别的变更。

（3）维持所有基线的完整性。

（4）控制并基于已批准的变更更新范围、成本、预算、进度和质量需求。

（5）在整体项目内协调变更。例如，一项进度变更通常会影响成本、风险、质量和人员配置。

（6）基于质量报告控制项目质量，使其符合标准。

（7）及时、精确地维护关于项目产品及其相关文档的信息库，直至项目完成。

对提出的变更可能需要重新进行成本估算、进度活动排序，或对进度日期、资源需求、风险响应方案进行分析，或对项目管理计划、项目范围说明书、项目可交付物进行调整，或对这些内容进行修订。带有变更控制系统的配置管理系统为集中管理变更提供了一个标准、有效和高效的过程。具有变更控制的配置管理包括识别、记录、控制项目基线内可交付物的变更。变更控制的应用级别依赖于应用领域、特定项目的复杂性、合同要求、项目执行时的背景与环境。

2. 实施整体变更控制的依据与方法

实施整体变更控制的依据、工具和方法、成果如图 18-7 所示。其主要依据是项目管理计划、工作绩效信息、变更请求、事业环境因素、组织过程资产；其主要工具和方法有专家判断、变更控制工具和会议。这里的会议通常是指变更控制会议。根据项目需要，由变更控制委员会开会审查变更请求，并作出批准、否决或其他决定。

依　据	工具和技术	成　果
1. 项目管理计划	1. 专家判断	1. 批准的变更请求
2. 工作绩效信息	2. 变更控制工具	2. 变更日志
3. 变更请求	3. 会议（变更控制会议）	3. 更新的项目管理计划
4. 事业环境因素		4. 更新的项目文件
5. 组织过程资产		

图 18-7　整体变更控制的依据、工具和技术、成果

变更控制委员会是项目的所有者权益代表，负责裁定接受哪些变更。它由项目所涉及的多方人员共同组成，通常包括客户和实施方的决策人员。变更控制委员会是决策机构，不是实施机构。项目的任何干系人都可以提出变更请求。所有变更都必须以书面形式记录，并纳入变更管理以及配置管理系统中。每项记录在案的变更请求都必须由一位责任人批准或否决，这个责任人通常是项目发起人或项目经理。必要时，应该由变更控制委员会来决定是否实施整体变更控制过程。对于某些特定的变更请求，在变更控制委员会批准之后，还可能需要客户或发起人批准。

3. 实施整体变更控制的成果

整体变更控制的成果如下：

（1）批准的变更请求。

（2）变更日志。

（3）更新的项目管理计划。

（4）更新的项目文件。

18.3.7 项目收尾

项目收尾工作是项目全过程的最后阶段，无论是成功、失败还是被迫终止的项目，收尾工作都是必要的。如果没有这个阶段，一个项目就不算全部完成。对于IT项目，收尾阶段包括验收、正式移交运行、项目评价等工作。这一阶段仍然需要进行有效的管理，适时作出正确的决策，总结分析项目的经验教训，为今后的项目管理提供有益的经验，为开展新工作释放组织资源。项目收尾的依据、工具和方法、成果如图18-8所示。

依　据	工具和技术	成　果
1. 项目管理计划 2. 验收的可交付成果 3. 组织过程资产	1. 专家判断 2. 分析技术 3. 会议	1. 最终产品 2. 更新的组织过程资产

图18-8　项目收尾的依据、工具和方法、成果

项目收尾包括行政收尾和合同收尾。行政收尾主要是指收集项目记录，分析经验教训，收集、整理、分发和归档各种项目文件，以便正式确认项目产品合格性等，同时进行组织过程资产的更新和人力及非人力资源的释放。每个项目阶段完成时，都要及时整理项目信息和经验教训，从而防止项目信息丢失。合同收尾针对外包形式的项目，通常在行政收尾之前进行，一个合同只需进行一次合同收尾，由项目经理向卖方签发合同结束的书面确认。合同收尾和行政收尾的关键差别在于前者还包括产品核实。

18.4 项目范围管理

18.4.1 项目范围管理概况

在项目研发过程中会出现这样一种情况：项目刚开始实施了一段时间，需求方就要求对项目需求进行变更，以便将竞争对手最新推出的新功能加入项目，新的需求导致了项目的

延期；又实施了一段时间，需求方又要求对项目需求进行变更，以便将当前最新技术加入进来，这又导致了项目的进一步延期；到了项目验收的时候，需求方又提出新的需求……项目需求方、项目经理和其他相关人员一定都会觉得很郁闷，整个项目就好像是一个无底洞，不知道项目到底什么时候才能真正结束，要使项目结束到底还需要投入多少资源。然而这样的情况出现并不罕见，如果要列一个在项目研发过程中最讨厌状况的清单，相信所有参与过项目开发和代码编写的开发人员和测试人员都会将上述情况列入其中，而且排名还会非常靠前。其实这种状况是完全可以改善甚至避免的，而改善的办法也很简单，就是从项目开始就重视项目范围管理，运用项目范围管理的理论、工具和方法，做好项目范围管理的相关工作。

1. 项目范围管理概念

要讨论项目范围管理，就必须先理解项目范围的概念。项目范围是为了达到项目目标而要交付的具有某种特质的产品和服务以及项目所规定要做的工作。项目范围管理就是要确定哪些工作是项目应该做的，哪些不应该包括在项目中。项目范围是项目目标更具体的表达。简单地理解，项目范围管理就是要做项目范围内的事，而且只做项目范围内的事，既不少做也不多做。如果少做，会影响项目既定功能的实现；如果多做，又会造成资源浪费。具体来说，项目范围管理需要做以下 3 个方面的工作：

(1) 明确项目边界，即明确哪些工作是包括在项目范围之内的，哪些工作不是。

(2) 对项目执行工作进行监控，确保所有该做的工作都做了，而且没有多做。对不括在项目范围内的额外工作说"不"，杜绝额外工作。

(3) 防止项目范围发生蔓延。范围蔓延是指未对时间、成本和资源作相应调整，使产品或项目范围未经控制地扩大。

2. 项目范围管理的重要意义

对于项目管理者而言，只清楚项目范围的含义还是不够的，最重要的是正确、清楚地定义项目范围，如果项目范围确定得不好，就会直接关系到项目工作内容的意外变更，有可能造成整体项目费用的提高，进度严重延迟，偏离原定项目目标，影响整个项目发展和项目团队成员的积极性。因此，确认项目范围对项目管理有以下重要意义：

(1) 清楚了项目的具体工作范围和具体工作内容，为控制费用、准确估算时间和资源性打下基础。

(2) 定义项目范围是确定要完成哪些具体的工作，项目范围管理和控制是项目管理计划的一部分，也是项目各项计划的基础，因此项目范围计划编制是项目进度测量和控制的基准。

(3) 项目范围确定了，也就确定了项目的具体工作任务，这样有助于清楚地划分责任和分派任务，为进一步安排工作和任务打下了基础。

3. 项目范围管理的知识领域

项目范围管理主要是通过规划范围管理、收集需求、定义范围、创建工作分解结构、确认范围和控制范围 6 个过程来实现，如图 18-9 所示。各过程主要内容包括：

(1) 规划范围管理。编制项目范围管理计划，对如何定义、确认和控制项目范围进行书面描述。

(2) 收集需求。为实现项目目标而确定、记录并管理项目干系人的需要和需求。

项目范围管理

1. 规划范围管理

输入
- 项目管理计划
- 项目章程
- 事业环境因素
- 组织过程资产

工具和技术
- 专家判断
- 会议

输出
- 范围管理计划
- 需求管理计划

2. 收集需求

输入
- 范围管理计划
- 需求管理计划
- 干系人管理计划
- 项目章程
- 干系人登记册

工具和技术
- 引导技术

输出
- 需求文件
- 需求跟踪矩阵

3. 定义范围

输入
- 范围管理计划
- 需求管理计划
- 需求文件
- 组织过程资产

工具和技术
- 专家判断
- 产品分析
- 备选方案
- 研讨会议

输出
- 范围说明书
- 更新的项目文件

4. 创建工作分解结构

输入
- 范围管理计划
- 范围说明书
- 需求文件
- 事业环境因素
- 组织过程资产

工具和技术
- 专家判断
- 分解

输出
- 范围基准
- 更新的项目文件

5. 确认范围

输入
- 项目管理计划
- 需求文件
- 需求跟踪矩阵
- 工作绩效
- 确认的可交付成果

工具和技术
- 检查（审查、评审、审计、走查、巡查）
- 群体决策工具

输出
- 验收的可交付成果
- 变更请求
- 工作绩效信息
- 更新的项目文件

6. 控制范围

输入
- 项目管理计划
- 需求文件
- 需求跟踪矩阵
- 工作绩效
- 组织过程资产

工具和技术
- 偏差分析

输出
- 工作绩效信息
- 验收的可交付成果
- 变更请求
- 更新的项目计划
- 更新的项目文件

图 18-9 项目范围管理过程

(3) 定义范围。确定项目和产品详细描述。

(4) 创建工作分解结构。将项目的主要可交付成果和项目工作细分为更小、更易于管理的部分。

(5) 确认范围。正式验收已完成的项目可交付成果。

(6) 控制范围。控制项目范围变更。

18.4.2 项目范围管理过程

1. 规划范围管理

规划范围管理就是编制项目范围管理计划,对如何定义、确认和控制项目范围进行描述的过程,其主要作用是在整个项目中对如何管理项目范围提供指南和方向。本节主要介绍范围管理计划和需求管理计划。

1）范围管理计划

范围管理计划是项目或项目集管理计划的组成部分，描述如何定义、监督、控制和确认项目范围。由于范围管理计划描述如何管理项目范围、项目范围怎样变化才能与项目要求相一致等问题，所以它也应该对怎样变化、变化频率如何以及变化了多少等项目范围预期的稳定性进行评估。范围管理计划就是项目管理团队对如何管理项目范围提供的指导。范围管理计划的组成成分如下：

- 基于初步范围说明书准备一个详细的项目范围说明书的过程。
- 基于详细的项目范围说明书创建工作分解结构的过程。
- 详细说明已完成项目的可交付物如何得到正式确认和认可以及获得与之相伴的工作分解结构的过程。
- 控制需求变更如何落实到详细的项目范围说明书中的过程。这个过程直接与综合变更控制相关联。

项目范围管理计划可能在项目管理计划之中，也可能作为单独的一项。对于不同的项目，项目范围管理计划可以是详细的或者概括的，可以是正式的或者非正式的。如果没有范围管理计划，那么在面对项目范围管理出现的问题（例如，需求的变化、设计中的错误等意外情况）时，项目团队就缺乏一个行动指导方针，对于用户提出的新的需求，要么全部说"不"，要么全部说"是"，或者全凭想象说"是"或者"不"，这无疑会严重打击项目团队的积极性，对项目的进度、资源使用和完成带来非常不利的影响。

2）需求管理计划

需求管理计划描述在整个项目生命周期内如何分析、记录和管理需求。生命周期各阶段间的关系对如何管理需求有很大影响。项目经理必须为项目选择最有效的阶段之间关系，并记录在需求管理计划中。需求管理计划的许多内容都是基于这种关系的。需求管理计划是对项目的需求进行定义、确定、记载、核实、管理和控制的行动指南。其主要内容如下：

- 如何规划、跟踪和汇报各种需求活动。
- 需求管理需要使用的资源。
- 培训计划。
- 项目干系人参与需求管理的策略。
- 判断项目范围与需求不一致的准则和纠正规程。
- 需求跟踪矩阵（参见附录A中的需求跟踪矩阵检查单）。

2. 收集需求

收集需求是为实现项目目标而确定、记录并管理项目干系人的需要和需求的过程，其作用是为定义和管理项目范围（包括产品范围）奠定基础。认真掌握和管理项目需求与产品需求，对促进项目成功有重要作用。

1）需求的分类

收集需求旨在定义和管理客户期望。需求是工作分解结构的基础，成本、进度和质量计划也都要在这些需求的基础上制订。需求开发始于对项目章程和项目干系人登记册中相关信息的分析。需求可分为以下几种：

- 业务需求。是整个组织的高层级需要,例如,解决业务问题或抓住业务机会,或者实施项目的其他原因。
- 项目干系人需求。是指项目干系人或项目干系人群体的需要。
- 解决方案需求。是为满足业务需求和项目干系人需求,产品、服务或成果必须具备的特性、功能和特征。解决方案需求又进一步分为功能需求和非功能需求。功能需求是关于产品功能的描述,例如流程、数据,以及与产品的互动等;非功能需求是对功能需求的补充,是产品实现功能需求所需的环境条件或质量,例如可靠性、安全性、性能、服务水平等。
- 过渡需求。从当前状态过渡到将来状态所需的临时能力,例如数据转换和培训需求。
- 项目需求。项目需要满足的行动、过程或其他条件。
- 质量需求。用于确认项目可交付成果的成功完成或其他项目需求的实现的任何条件或标准。

2) 收集需求的工具与技术

收集需求是一件看上去很简单,做起来却很难的事情。收集需求是否科学、准备充分,对收集的结果影响很大,这是因为大部分项目干系人无法完整地描述需求,而且也不可能看到产品的全貌。因此,收集需求只有通过与项目干系人的有效合作才能成功。收集需求的工具与技术主要有访谈、焦点小组、引导式研讨会、群体创新技术、群体决策技术、问卷调查、观察、原型法、标杆对照、系统交互图、文件分析等。

(1) 访谈。

访谈是通过与项目干系人直接交谈来获取信息的正式或非正式的方法,是最基本的收集需求的手段,其形式包括结构化和非结构化两种。结构化是指事先准备好一系列问题,有针对性地进行;而非结构化则是只列出一个粗略的想法,根据访谈的具体情况发挥。最有效的访谈是结合这两种方法进行,毕竟不可能把什么事情都一一计划清楚,应该保持良好的灵活性。

访谈的典型做法是向被访谈者提出预设和即兴的问题,并记录他们的回答。通常,对有经验的项目参与者、项目干系人和主题专家进行访谈,有助于识别和定义项目可交付成果的特征和功能。总的来说,访谈具有良好的灵活性,有较宽广的应用范围。但是它也存在许多困难,例如:

- 项目干系人经常较忙,难以安排时间。特别是需要多个被访谈者一起进行访谈时,这种困难显得更加突出。
- 面谈时信息量大,记录较为困难。一般情况下,在访谈时只能使用纸笔进行记录。不能录音或录像,因为涉及被访谈者的隐私问题。如果必须录音或录像,则应事先告知被访谈者。
- 沟通需要很多技巧,同时需要项目经理具有足够的领域知识等。

(2) 焦点小组。

焦点小组是将预先选定的项目干系人和主题专家集中在一起组成的,以了解他们对所提议产品、服务或成果的期望和态度,由经验丰富的主持人引导大家进行互动式讨论。焦点小组往比一对一的访谈气氛更加热烈。焦点小组是一种群体访谈而非一对一访谈,可以有

6～10个被访谈者参加。针对访谈者提出的问题，被访谈者之间开展互动式讨论，以求得到更有价值的意见。

(3) 引导式研讨会。

通过邀请主要的跨职能项目干系人一起参加会议，对产品需求进行集中讨论与定义。研讨会是快速定义跨职能需求和协调项目干系人差异的重要技术。由于群体互动的特点，被有效引导的研讨会有助于建立信任、促进关系、改善沟通，从而有利于参加者达成一致意见。该技术的另一个好处是它能够比一般会议更快地发现和解决问题。

(4) 群体创新技术。

群体创新技术是指组织一些群体活动来识别项目和产品需求。群体创新技术包括头脑风暴法、名义小组技术、德尔菲技术、概念/思维导图、亲和图和多标准决策分析等。

(5) 群体决策技术。

群体决策就是为达成某种期望结果而对多个未来行动方案进行评估。群体决策技术可用来开发产品需求，以及对产品需求进行归类和优先排序。达成群体决策的方法很多，例如：

- 一致同意(unanimity)。所有人都同意某个行动方案。
- 大多数原则(majority)。获得群体中50%以上的人的支持，就能做出决策。一般将决策的人数定为奇数，以防止因平局而无法达成决策。
- 相对多数原则(plurality)。根据群体中相对多数者的意见作出决定，即使未得到大部分人的支持，也能达成决策。通常在选项超过两个时使用该原则。例如，某个物件的功能有3种实现方案(标记为A、B、C)，在群体决策时，同意A方案的人有40%，同意B方案的人有35%，同意C方案的人有25%，则根据相对多数原则最终确定采用A方案。
- 独裁(dictatorship)。由某一个人(例如项目经理)为群体作出决策。

(6) 问卷调查。

问卷调查是指通过设计书面问卷，向为数众多的受访者收集信息。如果受访者众多，需要快速完成调查，受访者位置分散，并想要使用统计分析法，就适宜采用问卷调查方法。与访谈法相比，问卷调查有以下优点：问卷调查可以在短时间内以低廉的代价从大量的回答中收集数据；问卷调查允许回答者匿名填写，大多数项目干系人可能会提供真实信息；问卷调查的结果容易整理和统计。问卷调查最大的不足就是缺乏灵活性。因此，较好的做法是将访谈和问卷调查结合使用。具体来说，就是首先设计问题，制作成问卷，下发给受访者填写完后，对回收的问卷进行详细的分组、整理和分析，以获得基础信息；然后再针对分析的结果进行小范围的项目干系人访谈，作为补充。

(7) 观察。

可以通过直接观察个人在各自的环境中如何开展工作和实施流程来收集需求。观察也可以由参与观察者进行，参与观察者需要实际执行一个流程或程序，体验该流程或程序是如何实施的，以便挖掘出隐藏的要求。

(8) 原型法。

原型法是根据项目干系人的初步需求，利用产品开发工具，快速地建立产品模型展示给项目干系人，在此基础上与项目干系人交流，最终实现项目干系人需求的产品快速开发方法。

(9) 标杆对照。

标杆对照将实际或计划的做法与其他类似组织的做法(例如流程、操作过程等)进行比较,以便识别最佳实践,形成改进意见,并为绩效考核提供依据。

(10) 系统交互图。

系统交互图是范围模型的一个例子,它是对产品范围的可视化描述,显示系统(过程、设备、信息系统等)与参与者(用户、本系统之外的其他独立系统)之间的交互方式。系统交互图显示了业务系统的输入和输入的提供者和接收者。例如,软件需求分析中的数据流图、用例图都可以看作系统交互图。

(11) 文件分析。

文件分析就是通过分析现有文件,识别与需求相关的信息来挖掘需求。可供分析的文件有很多,包括商业计划、营销文档、协议、招投标文件、建议邀请书、业务流程、逻辑数据模型、业务规则库、应用软件文档、用例文档、其他需求文档、问题日志、政策、程序和法规文件等。

3. 范围定义

圈定了项目范围,并不代表项目范围就是可控制的。要对项目范围进一步细化,使之具体化、层次化和结构化,从而达到可管理、可控制、可实施的目的,减少项目风险。定义详尽的项目范围说明书对于项目的成功是至关重要的。它主要是基于项目的主要可交付物、假设条件、限制条件等,这些在初期的项目范围说明书中已经进行了定义。在项目规划中,随着项目信息的不断丰富,项目范围应被逐步细化。

项目范围说明书详细描述了项目的可交付物和为了产生这些可交付物所必须作的项目工作。项目范围说明书在所有项目干系人之间建立了对项目范围的共识,描述了项目的主要目标,使团队能进行更详细的规划,指导团队在项目实施期间的工作,并为评估根据客户需求进行变更或附加的工作是否在项目范围之内提供基线。详细的项目范围说明书直接或以引用其他文档的方式包括以下内容:

(1) 项目范围的目标。可能有多种业务、成本、进度、技术和质量上的目标。要成功完成项目,如果没有量化的目标,就会潜伏较高的风险。

(2) 产品范围描述。描述了项目承诺交付的产品、服务或结果的特征。这种需求在早期很少有详细说明,在后期,随着产品特征的逐渐细化,这种描述会更详细。当需求的形式和实质改变的时候,它将提供充分的细节来支持后期的项目计划。

(3) 项目需求。描述了项目可交付物要满足合同、标准、规范或其他强制性文档所必须具备的条件或能力。通过项目干系人分析把项目干系人的要求、期望翻译成项目需求,并进行排序。

(4) 项目边界。严格定义了项目内包括什么和不包括什么,以免项目干系人假定某些产品或服务是项目中的一部分。

(5) 项目的可交付物。包括项目的产品和附属产出物(如项目管理报告和文档)。对可交付物的被描述可以比较概要,也可以很详细。

(6) 产品可接受的标准。定义了接收可交付物的标准。

(7) 项目的约束条件。描述和列出与项目范围相关的具体的约束条件,其对项目团队的选择会造成限制。项目范围说明书的约束条件比项目章程中列出的约束条件更为详尽。

(8) 项目的假设。描述并且列出了与项目范围相关的特定的假设以及当这些假设被证明为假时对项目的潜在影响。作为计划过程的一部分,项目团队经常识别、记录和确认假设。项目范围说明书中列出的假设比项目章程中列出的假设更多、更详细。

(9) 初始的项目组织。确定团队成员和项目干系人。

(10) 初始被定义的风险。识别已知的风险。

(11) 进度里程碑。客户或组织给项目团队强制规定日期。这些日期可当作进度里程碑,应该对其加以说明或作为约束处理。

(12) 资金限制。描述了与项目资金相关的所有限制条件,不管是总体上的还是某个时间段内的。

(13) 项目成本估算。包括项目的成本、资源和历时,这些总是在修改之前进行估算。成本估算包括一些精确性指标。

(14) 项目规范。描述了项目所必须遵守的规范。

4. 创建工作分解结构

工作分解结构(Work Breakdown Structure,WBS)是最常用的工作分解方法。这是一种以结果为导向的分析方法,用于分析项目所涉及的工作,所有这些工作构成了项目的整个工作范围,为项目进度、成本、变更的计划和管理提供了基础。当前常用的工作分解结构表示形式主要有两种。

一种是树形结构,如图 18-10 所示。这种结构层次清晰,结构性强,但是不易修改,而且对于较大、较复杂的项目难以表示项目全景,因此一般应用在小型项目中。

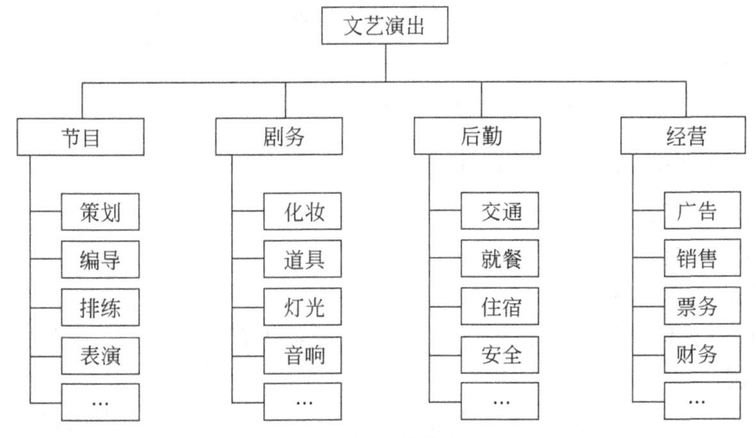

图 18-10 树形结构的 WBS

另一种是表格形式,如图 18-11 所示。这种结构直观性较差,但是能够反映出项目的所有工作要素,一般用于大型、复杂的项目中。

工作分解是最重要的工作,在很大程度上决定了项目能否成功。工作分解是将主要项目可交付物分解为更小的、更易管理的单元,直到细分为足以用来支持未来的项目活动的工作包。工作包是 WBS 的最底层,可以在该层次上对其成本和进度进行可靠的估算。工作分解一般采取以下步骤:

	任务名称	工期	开始时间	完成时间	前置任	资源名称
1	**项目范围规划**	**3.5 个工作日**	**2019年10月9日**	**2019年10月14日**		
2	确定项目范围	4 工时	2019年10月9日	2019年10月9日		管理人员
3	获得项目所需资金	1 个工作日	2019年10月9日	2019年10月10日	2	管理人员
4	定义预备资源	1 个工作日	2019年10月10日	2019年10月11日	3	项目经理
5	获得核心资源	1 个工作日	2019年10月11日	2019年10月14日	4	项目经理
6	项目范围规划完成	0 个工作日	2019年10月14日	2019年10月14日	5	
7	**分析/软件需求**	**14 个工作日**	**2019年10月14日**	**2019年11月1日**		
8	行为需求分析	5 个工作日	2019年10月14日	2019年10月21日	6	分析人员
9	起草初步的软件规范	3 个工作日	2019年10月21日	2019年10月24日	8	分析人员
10	制定初步预算	2 个工作日	2019年10月24日	2019年10月28日	9	项目经理
11	工作组共同审阅软件规范/预算	4 工时	2019年10月28日	2019年10月28日	10	项目经理,分析人员
12	根据反馈修改软件规范	1 个工作日	2019年10月29日	2019年10月29日	11	分析人员
13	确定交付期限	1 个工作日	2019年10月30日	2019年10月30日	12	项目经理
14	获得开展后续工作的批准(概念、期限和预算)	4 工时	2019年10月31日	2019年10月31日	13	管理人员,项目经理
15	获得所需资源	1 个工作日	2019年10月31日	2019年11月1日	14	项目经理
16	分析工作完成	0 个工作日	2019年11月1日	2019年11月1日	15	
17	**设计**	**14.5 个工作日**	**2019年11月1日**	**2019年11月21日**		
18	审阅初步的软件规范	2 个工作日	2019年11月1日	2019年11月5日	16	分析人员
19	制定功能规范	5 个工作日	2019年11月5日	2019年11月12日	18	分析人员
20	根据功能规范开发原型	4 个工作日	2019年11月12日	2019年11月18日	19	分析人员
21	审阅功能规范	2 个工作日	2019年11月18日	2019年11月20日	20	管理人员
22	根据反馈修改功能规范	1 个工作日	2019年11月20日	2019年11月21日	21	管理人员
23	获得开展后续工作的批准	4 工时	2019年11月21日	2019年11月21日	22	管理人员,项目经理
24	设计工作完成	0 个工作日	2019年11月21日	2019年11月21日	23	
25	**开发**	**21.75 个工作日**	**2019年11月22日**	**2019年12月23日**		
26	审阅功能规范	1 个工作日	2019年11月22日	2019年11月22日	24	开发人员
27	确定模块化/分层设计参数	1 个工作日	2019年11月25日	2019年11月25日	26	开发人员
28	分派任务给开发人员	1 个工作日	2019年11月26日	2019年11月26日	27	开发人员
29	编写代码	15 个工作日	2019年11月27日	2019年12月17日	28	开发人员
30	开发人员测试(初步调试)	15 个工作日	2019年12月2日	2019年12月23日	29FS	开发人员
31	开发工作完毕	0 个工作日	2019年12月23日	2019年12月23日	30	
32	**测试**	**48.75 个工作日**	**2019年11月22日**	**2020年1月29日**		
33	根据产品规范制定单元测试计划	4 个工作日	2019年11月22日	2019年11月27日	24	测试人员

图 18-11 表格形式的 WBS

(1) 识别项目可交付物和相关项目工作。

(2) 对 WBS 的结构进行组织。

(3) 对 WBS 进行分解。

(4) 对 WBS 中的各级工作单元分配标识符或编号。

(5) 对当前的分解级别进行检验,以确保它们是必要的,而且是足够详细的。

5. 确认范围

确认范围是正式验收项目已完成的可交付成果的过程。其主要作用是:使验收过程具有客观性;同时,通过验收每个可交付成果,提高最终产品、服务或成果通过验收的可能性。对于项目经理或项目管理人员来说,可以通过检查来实现范围的确认。检查包括测量、测试、检验等活动,以判断结果是否满目项目干系人的要求和期望。检查也可称为审查、产品评审和走查等。

在软件项目中,确认范围并不是一件容易的事情,这主要体现在与客户的沟通上。特别是对定制的产品,项目团队倾向于让客户确认范围,以尽快开始后续的工作;而客户则可能认为自己什么也没有看到,无法确认范围。因此,项目团队必须有足够的能力与客户沟通,让客户意识到:虽然确认项目范围是正式的,但并不意味着该项目的范围就是固定不变的,不能再修改了；只不过，无论是现在更改范围还是以后更改范围，都会引起项目在时间、进度和资源上的变化。

确认范围与核实产品、质量控制、项目收尾是有区别的。

(1) 确认范围与核实产品的区别。核实产品是针对产品是否完成，在项目(或阶段)结束时由客户或发起人来验证产品的过程，它强调产品是否完整；确认范围是针对项目可交付成果，由客户或发起人确认验收的过程。

(2) 确认范围与质量控制的区别。确认范围主要强调可交付成果被客户或发起人接受；质量控制强调可交付成果的正确性，并符合为其制定的具体质量要求(质量标准)。确认范围一般在阶段性工作末尾进行；质量控制一般在确认范围前进行，也可两者同时进行。确认范围是由外部干系人(客户或发起人)对项目可交付成果进行检查验收；质量控制属内部检查，由执行组织的质量部门实施。

(3) 确认范围与项目收尾的区别。虽然确认范围与项目收尾工作都在阶段性任务末尾进行，但确认范围强调的是核实与接受可交付成果，而项目收尾强调的是结束项目(或阶段)所要做的流程性工作。确认范围与项目收尾都有验收工作，确认范围强调验收项目可交付成果，项目收尾强调验收产品。

6. 控制范围

控制范围是监督项目和产品的范围状态、管理范围基准变更的过程，其主要作用是在整个项目期间保持对范围基准的维护。对项目范围进行控制，就必须确保所有请求的变更、推荐的纠正措施或预防措施都经过实施整体变更控制过程的处理。在变更实际发生时，也要采用范围控制过程来管理这些变更。

造成项目范围变更的主要原因是项目外部环境发生了变化，例如：

- 政府政策的发生了变化。
- 项目范围的计划不够周密详细，有一定的错误或遗漏。
- 市场上出现了或者设计人员提出了新技术、新手段或新方案。
- 项目执行组织本身发生了变化。
- 客户对项目、项目产品或服务的要求发生了变化。

未经控制的产品或项目范围的扩大(未对时间、成本和资源作相应调整)称为范围蔓延。“范围镀金”是指项目人员为了讨好客户而做的不解决实际问题、没有应用价值的项目活动。不论是“范围镀金”还是范围蔓延，都应该在项目过程中被严格禁止。

18.5 项目进度管理

18.5.1 项目进度管理概况

项目进度管理又称为项目时间管理。在项目的所有资源中，时间是一个具有特殊意义的资源。它不能储存，不可再生，不能中断，不能逆转，不能控速，甚至不能回避。它强迫“消费”，人们不想用它都不行。无论人嫌时间过得太快还是太慢，它都不以人的意志为转移地匀速流逝。在面对时间资源的时候，人们无法采取主动态势，所以项目进度管理极为困难。

1. 项目进度管理概念

项目进度管理是指为保证项目各项工作及项目总任务按时完成所需要的一系列工作与

过程。其主要目标是：在给定的限制条件下，用最少时间、最小成本，以最少风险完成项目工作，时间是一种特殊的资源，以其单向性、不可重复性、不可替代性而有别于其他资源。按时、保质完成项目是对项目的基本要求，但软件项目工期拖延的情况时有发生。进度问题在项目实施中是造成项目各方发生冲突的主要原因，因而合理地安排项目时间是项目管理中的一项关键内容。或许导致项目失败的原因有很多，但由于时间太容易测量，不需要任何依据，没有按时完成的项目是一目了然的。因此，项目经理常常把按时交付项目视为最大的挑战和避免冲突的主要措施。

2. 项目进度管理的特点与意义

软件项目具有一次性建设和结构与技术复杂等特点，无论是进度编制还是进度控制，均有特殊性，主要表现在以下几点：

(1) 项目进度管理是一个动态过程。开发建设一个大的软件项目往往需要一年甚至几年的时间。一方面，在这样长的时间里，工程建设环境在不断变化；另一方面，实施进度和计划进度会发生偏差。因此，在项目实施中要根据进度目标和实际进度不断调整进度计划，并采取一些必要的控制措施，排除影响进度的障碍，确保进度目标的实现。

(2) 项目进度计划和进度控制是一个复杂的系统工程。项目进度计划按工程单位可分为整个项目的总进度计划、单位工程进度计划、分部分项工程进度计划等，按生产要素可分为投资计划、设备供应计划等，因此，项目进度计划十分复杂。而项目进度控制更加复杂，它要管理整个计划系统，而绝不仅限于控制项目实施过程中的实施计划。

(3) 项目进度管理有明显的阶段性。由于各阶段的工作内容不同，因而有不同的控制标准和协调内容。每一阶段完成后，都要对照计划做出评价，并根据评价结果作出下一阶段工作的进度安排。

(4) 项目进度管理风险性大。由于项目进度管理是一个不可逆转的工作，因而风险较大。在管理中既要沿用前人的管理理论知识，又要借鉴同类工程进度管理的经验和成果，还要根据本工程的特点创造性地对进度加以科学管理。

3. 项目进度管理的知识领域

防止项目延迟的唯一办法是做好项目进度管理。项目进度管理过程如图18-12所示。项目进度管理涉及的主要过程包括规划进度管理、定义活动、排列活动顺序、估算活动持续时间、制订进度计划、控制进度等。

(1) 规划进度管理是为规划、编制、管理、执行和控制项目进度而制订政策、程序和文档的过程。

(2) 定义活动是识别和记录为完成项目可交付成果而需采取的具体行动的过程。

(3) 排列活动顺序是识别和记录项目活动之间的关系的过程。

(4) 估算活动持续时间是根据资源估算的结果，对完成单项活动所需工期进行估算的过程。

(5) 制订进度计划是分析活动顺序、持续时间、资源需求和进度制约因素，创建项目进度模型的过程。

(6) 控制进度是监督项目活动状态、更新项目进展、管理进度基准变更，以实现计划的过程。

项目进度管理

1. 规划进度管理

输入
- 项目章程
- 项目管理计划
- 事业环境因素
- 组织过程资产

工具和技术
- 专家判断
- 数据分析
- 会议

输出
- 进度管理计划

2. 定义活动

输入
- 进度管理计划
- 范围基准
- 事业环境因素
- 组织过程资产

工具和技术
- 专家判断
- 分解
- 滚动式规划
- 会议

输出
- 活动清单
- 活动属性
- 里程碑清单

3. 排列活动顺序

输入
- 进度管理计划
- 活动清单
- 活动属性
- 里程碑清单
- 事业环境因素
- 项目范围说明书

工具和技术
- 紧前关系绘图法
- 确定和整合依赖关系
- 提前量和滞后量
- 项目管理信息系统

输出
- 项目进度网络图
- 更新的项目文件

4. 估算活动持续时间

输入
- 进度管理计划
- 活动清单
- 活动属性
- 资源日历
- 风险登记册
- 事业环境因素
- 组织过程资产
- 项目范围说明书

工具和技术
- 专家判断
- 类比估算
- 参数估算
- 三点估算
- 自下而上估算
- 数据分析
- 决策
- 会议

输出
- 持续时间估算
- 估算依据
- 更新的项目文件

5. 制订进度计划

输入
- 进度管理计划
- 活动清单
- 活动属性
- 资源日历
- 协议
- 事业环境因素
- 组织过程资产

工具和技术
- 进度网络分析
- 关键路径法
- 资源优化
- 数据分析
- 提前量和滞后量
- 进度压缩
- 项目管理信息系统
- 敏捷发布规则

输出
- 进度基准
- 项目进度计划
- 进度数据
- 项目日历
- 变更请求
- 更新的项目管理计划
- 更新的项目文件

6. 控制进度

输入
- 项目管理计划
- 进度数据
- 工作绩效数据
- 组织过程资产

工具和技术
- 数据分析
- 关键路径法
- 项目管理信息系统
- 资源优化
- 提前量和滞后量
- 进度压缩

输出
- 工作绩效信息
- 进度预测
- 变更请求
- 更新的项目管理计划
- 更新的项目文件

图 18-12 项目进度管理过程

18.5.2 项目进度管理过程

1. 规划进度管理

规划进度管理是为实施项目进度管理制订政策、程序并形成文档化的项目进度管理计划的过程。本过程的主要作用是为在整个项目过程中管理、执行和控制项目进度提供指南和方向。

项目进度管理计划是项目管理计划的组成部分,项目进度管理过程及其相关的工具和技术应写入项目进度管理计划。根据项目需要,项目进度管理计划可以是正式的或非正式的,可以是非常详细的或高度概括的。项目进度管理计划应包括合适的控制临界值,还可以规定如何报告和评估进度紧急情况。在项目执行过程中,可能需要更新项目进度管理计划,以反映在管理进度过程中所发生的变更。项目进度管理计划是制订项目管理计划过程的主要输入。

2. 定义活动

为了得到工作分解结构中最底层的交付物,必须执行一系列的活动,对这些活动的识别以及归档的过程就叫作活动定义。通过工作分解结构,项目管理者将项目工作分解为一系列更小、更易于管理的活动。这些小的活动是为了保证完成项目、最终交付产品的具体的、可实施的详细任务。在项目实施中,要将这些活动编制成明确的项目活动清单,并且让项目团队的每个成员都能够清楚有多少工作需要完成。活动清单应该采取文档形式,以便于项目其他过程的使用和管理。

项目活动清单是项目活动定义过程的主要输出。在项目活动清单中必须列出一个项目需开展的全部活动。项目活动清单与项目工作分解结构相结合,就能准确而详细地描述项目的活动,并确保项目团队成员能够明确自己的工作和责任(工作内容、目标、结果、负责人和日期)。项目活动清单必须包括本项目中将要进行的所有活动。项目活动清单应作为项目工作分解结构的扩充,确保项目工作分解结构的完整,并且要确保它不包括任何项目范围没有要求的活动。与项目工作分解结构类似,项目活动清单应当包括对每个活动的说明,以确保项目团队能够了解该项工作应该如何完成。表18-3是项目活动清单示例。

表18-3 项目活动清单示例

活动编号	活动名称	负责人
1	系统调查	张三
2	需求分析	李四
3	系统设计	王五
⋮	⋮	⋮

3. 排列活动顺序

排列活动顺序简称活动排序,也称为工作排序,即确定活动之间的依赖关系,并形成文档。任何活动的执行都必须依赖于某些活动的完成,也就是说它的执行必须在某些活动完成之后,这就是活动的依赖关系,也称先后关系。

1）活动排序的步骤

项目的活动排序分3个步骤进行：活动分析、确定关系、表达顺序。

（1）活动分析。核心内容是活动属性定义。与时间排序相关的活动属性主要包括以下内容：

- 产品描述。即对项目可交付产出物的说明。
- 约束条件。如期限的约束、质量标准的约束或者政策法规以及社会舆论的约束等。
- 假设前提。任何判断都不同程度地建立在某些假设基础之上。

（2）确定关系。确定活动之间的逻辑关系。这是活动属性定义最重要的环节，它决定了活动的顺序。一般情况下，相关活动之间的逻辑关系可以分为3类：

- 客观依存关系。又称为硬逻辑关系，通常是指由自然规律而形成的依赖关系。例如，必须在代码写出来后，才能对之进行检验。
- 主观依存关系。又称为软逻辑关系，通常指可以由主观意志任意决定的依赖关系。这种依赖关系是人为确定的。
- 间接依存关系。又称为第三方依存关系。例如，新操作系统与其他软件的安装可能会依赖于外部硬件供应商的交货。

（3）表达顺序。逻辑关系确定之后，就可以对活动进行排序了。排序的操作实际上就是对各种活动之间逻辑关系的表达。最常用的表达方法是网络图。可以采用网络图来表达4种最基本的逻辑关系：完成→开始，开始→开始，开始→完成，结束→结束。

2）网络图

网络图是活动排序的常用工具。网络图是由作业（箭线）、事件（又称节点）和路线3个因素组成的。根据网络图中有关作业之间的相互关系，可以将作业划分为紧前作业、紧后作业和交叉作业。紧前作业是指紧接在当前作业之前的作业。紧前作业不结束，则当前作业不能开始。紧后作业是指紧接在当前作业之后的作业。当前作业不结束，紧后作业不能开始。交叉作业是指能与当前作业交替进行的作业。常用的网络图方法有前导图法和箭线图法。

（1）前导图法。

前导图法（Precedence Diagramming Method，PDM）又称为单代号网络图法。其表达方法是：将活动的内容及工时信息填在方框内，用连接方框的箭线表示活动之间的逻辑关系。

PDM包括4种活动依赖关系，如图18-13所示。

- 完成→开始（FS型）：某活动必须先完成，然后另一活动才能开始。
- 完成→完成（FF型）：某活动完成前，另一活动必须完成。
- 开始→开始（SS型）：某活动必须在另一活动开始前开始。
- 开始→完成（SF型）：某活动完成前，另一活动必须开始。

图18-14是用前导图法表达的“25min完成做饭”的示例，由此可以看出前导图的绘制方法。

图18-14中每项活动有唯一的活动号，每项活动都注明了预计工期。通常，每个节点的活动有如下几个时间点：最早开始时间（ES）、最迟开始时间（LS）、最早结束时间（EF）、最迟结束时间（LF），这几个时间点通常作为每个节点的组成部分。英国标准BS6046所标识的

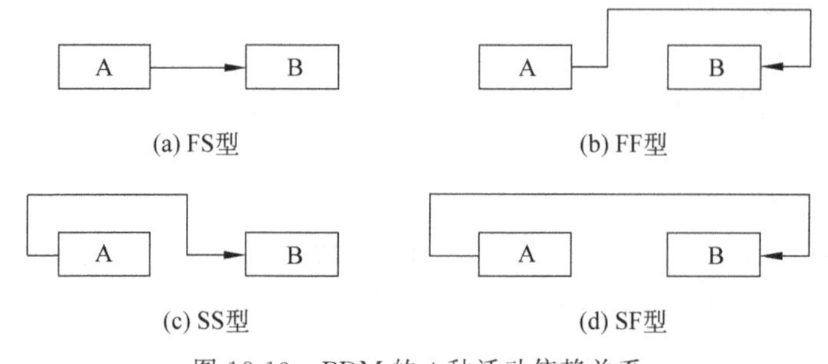

图 18-13　PDM 的 4 种活动依赖关系

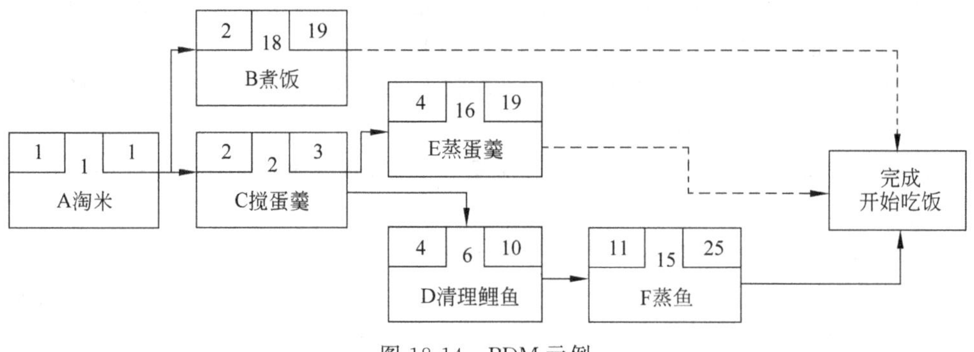

图 18-14　PDM 示例

节点如图 18-15 所示。

最早开始时间（ES）	工期	最早结束时间（EF）
活动名称		
最迟开始时间（LS）	总浮动时间	最迟结束时间（LF）

图 18-15　英国标准 BS6046 所标识的节点

以图 18-14 中的“B 煮饭”活动为例，其最早开始时间(ES)为第 2 分钟，最早结束时间(EF)为第 19 分钟，由于整体结束时间为第 25 分钟，因此，“B 煮饭”活动最迟开始时间(LS)为第 7 分钟，最迟结束时间(LF)为第 25 分钟。

(2) 箭线图法。

箭线图法(Arrow Diagramming Method，ADM)又称为双代号网络图法。其表达方法是：用圆圈表示事件，称为节点，用填在圆圈内的数字表示事件的顺序，而把活动的内容和工时信息写在箭线上。在箭线图法中，给每个事件而不是每项活动指定一个唯一的代号。活动的开始(箭尾)事件叫作该活动的紧前事件，活动的结束(箭头)事件叫作该活动的紧后事件。图 18-16 是用 ADM 绘制的一个简单项目网络图。

项目 1：活动 A 和 B 可以同时进行。只有活动 A 完成后，活动 C 才能开始。

项目 2：活动 A 和 B 可以同时进行。只有活动 A 和活动 B 完成后，活动 D 才能开始。

虚箭线表示虚活动，它不消耗时间，其作用是更好地识别活动，更清楚地表达活动之间的关系。

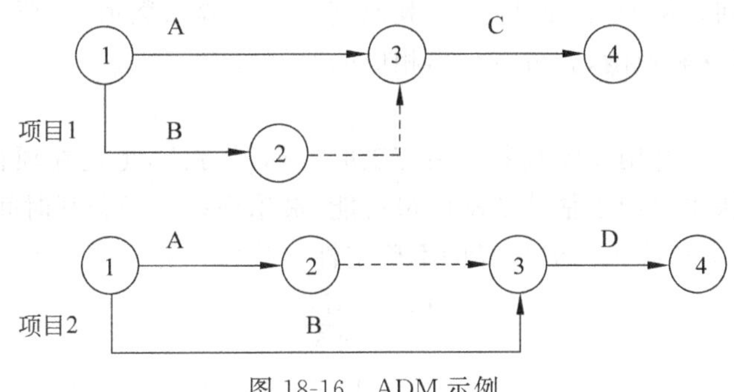

图 18-16 ADM示例

在箭线图法中，有3个基本原则：

(1) 箭线图中每一事件必须有唯一的代号，即箭线图中不会有相同的代号。

(2) 任意两项活动的紧前事件和紧后事件至少有一个不同，节点序号沿箭线方向越来越大。

(3) 流入(流出)同一节点的活动有共同的后继活动(或先行活动)。

4. 估算活动持续时间

估算活动持续时间简称活动估算，包括活动资源估算与活动历时估算。

活动资源估算包括决定需要什么资源(人力、设备、原料)、每一个资源应该用多少以及何时使用资源，以有效地执行项目活动。活动资源估算可以形成工作量估算表(参见附录A中的工作量估算表)。

活动历时估算是制订项目计划的一项重要工作，它直接关系到各事项、各工作网络时间的计算和完成整个项目任务所需要的总时间。若历时估算得太短，则在工作中会出现被动、紧张的局面；若历时估算得太长，则会使整个项目的完工期限延长，造成无谓的损失。因此，项目团队需要对项目的工作时间作出客观、合理的估计。在估算时，要在综合考虑各种资源(人力、物力、财力)的情况下，对项目中的各个工作分别进行时间估计，同时要从大局考虑，不应顾此失彼。在对各个工作进行时间估计时，可以选择项目团队中最熟悉具体活动性质的成员来完成具体估计工作。活动历时估算的工具和方法有以下几种。

1) 专家判断

因为影响活动历时的因素很多(例如资源水平、资源生产率)，很难找到一个通用的计算方法，所以通常很难对其进行估算。专家的判断是历时估算行之有效的方法，专家的判断主要依赖于历时的经验和信息，因此其对历时的估算也会有一定的不确定性和风险性。为了弱化个人因素，可以让专家背对背地估算所有活动的工时，以免他们互相影响，这种方法被称为德尔菲法。

2) 类比估算法

顾名思义，类比估算法就是参考别人或前人相同或相似的经验作出判断，即用以前类似项目工作的完成时间来估计当前工作的完成时间。当难以获得项目工作的详细信息时，用这种方法来估计项目工作的完成时间是一种较为常用的方法。

3) 参数估算法

参数估算法就是根据经验值设置标准单位参数，然后用标准单位参数乘以工作量，求出整个活动的持续时间。例如,打字速度、驾驶速度都是经验参数值,只要用总字数除以打字速度,用总里程除以驾驶速度,就可以求出相应的时间。

4) 三点估算法

三点估算法是一种利用专家判断来估算工时的简易方法,也是在项目管理中最经常使用的方法。这种方法主要用于估计活动的最可能、最乐观以及最悲观时间。在估算时,通过设置权重,利用统计规律降低历时估算的不确定性。具体计算公式如下:

$$E = \frac{O + 4M + P}{6} \tag{18-1}$$

其中,O 是最乐观估计的工期,P 是最悲观估计的工期,M 是最可能实现的工期,E 是最后估算出的工期。

例如,使用专家判断法估算从北京开车到天津的时间。找若干经验丰富的老司机(专家),让他们估算在不同情况下(前提是不超速)的行车时间。结果如下:

- 在路况和天气非常好的情况下,可以在 90min 之内到达。
- 在最糟糕的情况下,如气候恶劣及堵车严重,可能需要花 240min。
- 在一般情况下,老司机都有把握在 120min 之内到达。

$$\text{最后工期估算} = (90\text{min} + 120\text{min} \times 4 + 240\text{min})/6 = 135(\text{min})$$

5. 制订进度计划

制订进度计划就是确定项目活动的开始和完成的日期。根据对项目工作进行的分解,找出项目活动的先后顺序并估计出工作历时之后,就要安排好活动的进度计划。制订进度计划的常用工具和技术有甘特图、里程碑图、关键路径法、假设情景分析、超前和滞后工具。

1) 甘特图

甘特图(Gantt chart),也叫横条图,是一种能有效显示活动时间的计划编制方法,主要用于项目计划和项目进度安排。甘特图把计划和进度安排两种职能结合在一起,纵向列出项目活动,横向列出时间跨度。每项活动计划或实际的完成情况用横条表示。横条还显示了每项活动的开始时间和结束时间。图 18-17 是甘特图的简单例子。

ID	任务名称	开始时间	完成	持续时间	2018年 10月													
					10	11	12	13	14	15	16	17	18	19	20	21	22	23
1	任务 1	2018/10/10	2018/10/10	1天	■													
2	任务 2	2018/10/10	2018/10/10	1天	■													
3	任务 3	2018/10/10	2018/10/10	1天	■													
4	任务 4	2018/10/10	2018/10/10	1天	■													
5	任务 5	2018/10/10	2018/10/10	1天	■													

图 18-17 甘特图示例

甘特图的优点是简单、明了、直观,能较清楚地反映工作任务的开始和结束时间,能表达工作任务之间的活动时差和逻辑关系。甘特图可用于工作分解结构的任何层次,其时间单位可以是年、月、日。

2) 里程碑图

与甘特图类似,里程碑图仅表示主要可交付物的计划开始和完成时间以及关键的外部界面。图 18-18 为里程碑图的示例。

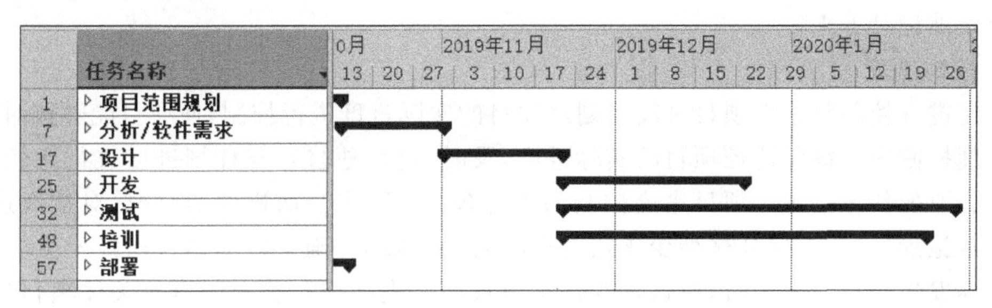

图 18-18 里程碑图示例

3）关键路径法

关键路径法（Critical Path Method，CPM）是在制订进度计划时使用的一种进度网络分析技术，是由雷明顿-兰德（Remington-Rand）公司的 JE Kelly 和杜邦公司的 MR Walker 在 1957 年提出的，用于对化工工厂的维护项目进行日程安排。它适用于有很多作业而且必须按时完成的项目。关键路径法是一个动态系统，它会随着项目的进展不断更新。该方法采用单一时间估计法，其中时间被视为一定的或确定的。

对于一个项目而言，只有项目网络中最长或耗时最多的活动完成之后，项目才能结束，这样的路径就叫关键路径（critical path），组成关键路径的活动称为关键活动。

在图 18-19 中，关键路径有 A-D-G-H、A-B-E-G-H 和 A-C-F-H，这 3 条路径的活动时间分别为 36 天、38 天和 37 天，其中路径 A-B-E-G-H 的活动时间是最长的，所以是关键路径。

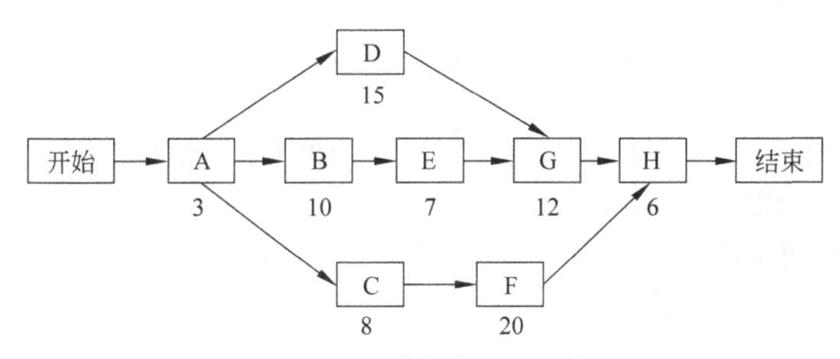

图 18-19 关键路径法示例

4）假设情景分析

假设情景分析就是对“当某一情景出现时应当如何处理”这样的问题进行分析。假设情景分析的结果可以用于估计项目进度计划在不利条件下的可行性，用于编制处理由于出乎意料的局面造成的后果的应急和应对计划。对活动作出多种假设，计算项目多种持续时间。最常用的技术是蒙特卡洛分析，它为每一个计划活动确定一种活动持续时间的概率分布，然后利用这些分布计算出整个项目持续时间可能结果的概率分布。

5）超前和滞后工具

项目管理团队需要正确定义超前或滞后的依赖关系，超前允许后续活动提早开始，滞后要求后续活动推迟。例如，在一个建筑项目中，混凝土凝固需要 10 天时间.这就是一个滞后要求，要求后续活动不能在前一活动结束时马上开始，而应该在 10 天后开始。非专业人员使用超前和滞后工具容易搞错进度,所以应该尽量限制使用超前和滞后工具,与其相关的假设也应该被记录下来。

6. 控制进度

项目进度控制是依据项目进度计划对项目的实际进度进行控制,使项目能够按时完成。项目进度控制的关键是监控项目的实际进度,及时、定期地将它与计划进度进行比较,并立即采取必要的纠正措施。项目进度控制的内容包括:确定当前进度的状况;对造成进度变化的因素施加影响,以保证这种变化朝着有利的方向发展;确定进度是否已经发生变化;在变化实际发生和正在发生时,对这种变化实施管理。进度控制还应当重点关注项目进展报告和执行状况报告,它们反映了项目当前在进度、费用、质量等方面的执行情况和实施情况,是进度控制的重要依据。

1)进度控制的步骤与方法

进度控制的依据有项目进度计划、绩效报告、已批准的变更请求、进度管理计划,应用的工具和技术有进展报告、进度变更控制系统、绩效测量、项目管理软件、偏差分析及计划比较甘特图,其成果有更新进度计划、变更的需求、纠正措施和组织过程资产等。具体而言,进度控制的步骤如下:

(1)分析进度,找出哪些地方需要采取纠正措施。

(2)确定应采取哪种具体纠正措施。

(3)修改计划,将纠正措施列入计划。

(4)重新计算进度,估计计划采取的纠正措施的效果。

加速项目进度的重点应放在有负时差的路径上,时差负值越大的路径,其考察的优先级越高。在分析有负时差的活动路径时,应把精力主要放在近期内的活动和工期较长的活动上,因为越早采取纠正措施就越有效,而工期越长的活动越容易减少其活动时间,效果也越明显。

当项目的实际进度滞后于计划进度时,通常可用以下方法缩短活动的工期:

(1)投入更多的资源以加速活动进程。

(2)指派经验更丰富的人去完成或协助完成项目工作。

(3)减小活动范围或降低活动要求。

(4)通过改进方法或技术提高生产效率。

2)压缩工期的方法

赶工和快速跟进是在进度管理中经常使用的通过局部追加资源实现压缩工期的纠偏措施。

(1)赶工是对成本和进度进行权衡,确定在尽量少增加费用的前提下最大限度地缩短项目所需要的时间。赶工并非总能产生可行的方案,反而常常增加成本。

(2)快速跟进通常是指同时执行在初始计划中按先后顺序执行的阶段或活动。

无论是赶工还是快速跟进,只有在关键路径上实施才有意义。若调用非关键路径的闲置资源来支援关键路径的快速跟进,甚至有可能不必追加额外的资源;但是如果在非关键路径上实施赶工或快速跟进,效果可能正相反,不但于压缩工期无补,而且还会导致资源浪费,最后落得“赔了夫人又折兵”的结果。赶工或者快速跟进可以有效地压缩关键路径,但需要注意的是,关键路径在被压缩之后有可能发生移动,可能转移到其他路径上去。

18.6 项目成本管理

18.6.1 项目成本管理概况

无论是由工期的拖延、质量的缺陷还是意外的风险造成的损失，最终都要换算成货币单位来计量，因为其归根结底还是会落实到成本问题上。成本控制最难之处是容易得罪人，因为它很容易与本位利益和个人利益产生冲突。对于某些人而言，给他规定了时间限制，他忙不过来，就自行延长工期；你给他规定了质量标准，他能力不够，就自行降低水准；唯有成本问题不存在这样的"弹性空间"，因此资源分配往往成为工作中各类矛盾的焦点。项目成本管理尤其需要借助制度化的手段。

1. 项目成本管理概念

为了保证软件项目能在规定的时间内完成，不超过预算，项目成本的估算和管理控制非常关键。项目成本管理是指为保障项目实际发生的成本不超过项目预算，使项目在批准的预算内按时、按质、经济、高效地实现既定目标而开展的成本管理活动。项目成本管理主要与完成活动所需资源的成本有关。项目成本管理包括成本管理规划、成本估算、成本预算、成本控制等过程。

为保证项目能够完成预定的目标，必须加强对项目实际成本的控制。一旦项目成本失控，就很难在预算内完成项目，不良的成本控制常常会使项目处于超出预算的危险境地。可是，在项目的实际过程中，项目超出预算的现象还是屡见不鲜的，这种成本失控的情况通常是由下列原因造成的：

(1) 成本估算工作和成本预算工作不够准确、细致。

(2) 许多项目在进行成本估算和成本预算及制订项目成本控制方法时并没有统一的标准和规范可行。

(3) 思想认识上存在误区，认为项目具有创新性，因此项目实施过程中有太多变量，变数太大，实际成本超出预算成本在所难免，理所当然。

(4) 环境的因素，如原材料涨价、通货膨胀。

2. 成本管理的分类

软件产品的生产不是一个重复的制造过程，项目成本是以一次性开发过程中所花费的代价来计算的。因此，软件项目开发成本的估算应该以项目开发全过程所花费的人工费用作为主要依据，并且应按阶段进行估算。从系统生命周期的开发阶段和维护阶段看，软件项目的成本由开发成本和维护成本构成。

- 开发成本由软件开发成本、硬件成本和其他成本组成，包括软件的分析设计费用(包含系统调研、需求分析、系统设计费用)、实施费用(包含编程测试、硬件购买与安装、系统软件购置、数据收集、人员培训费用)及系统切换等方面的费用。
- 维护成本包括运行费用(包含人工费、材料费、固定资产折旧费、专有技术及技术资料购置费)、管理费(包含审计费、系统服务费、行政管理费)及维护费(包含纠错性维护费用及适应性维护费用等)。实际上，如果在开发时期项目组织管理得不好，系统维护阶段的成本就可能大大超过开发阶段的费用。

从财务角度来看,列入软件项目的成本如下:

- 硬件购置费,如计算机及相关设备、不间断电源、空调等的购置费。
- 软件购置费,如操作系统、数据库系统和其他应用软件购置费。
- 人工费,主要是技术人员、操作人员、管理人员的工资和福利等。
- 培训费。
- 通信费,如购置网络设备、通信线路器材、租用公用通信线路等的费用。
- 基本建设费,如新建、扩建机房的费用以及购置计算机机台、机柜等的费用。
- 财务费用。
- 管理费用,如办公费、差旅费、会议费、交通费等。
- 材料费,如打印纸、包带、磁盘等的购置费。
- 水、电、天然气费。
- 专有技术购置费。
- 其他费用,如资料费、固定资产折旧费及咨询费。

3. 项目成本管理的特点

项目成本管理有以下几个特点:

(1) 人工成本高。由于软件项目具有知识密集型的特点,对项目实施人员的专业技术水平要求较高,这种高层次的专业人员脑力劳动的报酬标准通常远高于一般的体力劳动者。所以,员工的薪金通常在整个项目预算中占较高的比例。

(2) 直接成本低,间接成本高。软件项目的直接成本在总成本中所占的比例较低,而间接成本却占较高的比例。软件行业成本管理没有相对统一的间接成本分摊标准和依据,所以,对于多项目间接成本的划分和归属就非常不清晰,严重影响了对项目成本的有效监控和管理。

(3) 维护成本高且较难确定。维护成本的高低与项目实施的结果是密切相关的。一个成功的软件项目就会有比较低的后期维护成本。通常在软件项目实施过程中的干扰因素很多,项目的变更也时常出现,使得项目的执行结果通常与预期有着较大的偏差,这就给后期维护工作带来很多麻烦。一些项目在实际的使用过程中通常会出现预先没有料到的问题,维护工作相当复杂,费用也就居高不下。

(4) 成本变动频繁,风险成本高。所谓风险成本是指项目的不确定性带来的额外成本。软件项目的多变性是其实施过程中的重要特点之一。项目变更后,其成本范围就可能超出了原先的项目计划和预算,这样很不利于项目的整体控制,由此而产生的沟通、协调费用甚至项目返工等风险都给成本控制增加了难度。

4. 项目成本管理的知识领域

项目成本管理的过程如图18-20所示,主要包括以下4个部分:

(1) 规划成本管理,即制订项目资源计划。根据工作分解结构列出所有需要使用的有形的和无形的资源,包括人力资源、设备硬件、工作软件、零部件、原材料、工作场地面积、通信线路及带宽等,最后形成项目资源计划清单。

(2) 成本估算。根据项目资源需求和计划及各种资源的市场价格或预期价格等信息,估算和确定出为完成项目各阶段所需的资源的总费用。

(3) 成本预算。制订项目成本控制基线或项目总成本控制基线。即在成本估算的基础

项目成本管理

1. 规划成本管理

输入
- 项目章程
- 项目管理计划
- 事业环境因素
- 组织过程资产

工具和技术
- 专家判断
- 数据分析
- 会议

输出
- 成本管理计划

2. 成本估算

输入
- 项目管理计划
- 项目文件
- 事业环境因素
- 组织过程资产

工具和技术
- 专家判断
- 类比估算
- 参数估算
- 自下而上估算
- 三点估算
- 数据分析
- 项目管理信息系统
- 决策

输出
- 成本估算
- 估算依据
- 更新的项目文件

3. 成本预算

输入
- 项目管理计划
- 项目文件
- 估算依据
- 协议
- 事业环境因素
- 组织过程资产

工具和技术
- 专家判断
- 成本汇总
- 数据分析
- 历史信息审核
- 资金限制平衡
- 融资

输出
- 成本基准
- 项目资金需求
- 更新的项目文件

4. 控制成本

输入
- 项目管理计划
- 项目文件
- 项目资金需求
- 工作绩效数据
- 组织过程资产

工具和技术
- 专家判断
- 数据分析
- 完工尚需绩效指数
- 项目管理信息系统

输出
- 工作绩效信息
- 成本预测
- 变更请求
- 更新的项目管理计划

图 18-20 项目成本管理过程

上，把成本金额按照工作分解结构的工作清单和工期安排分配到各项工作任务上去。

（4）成本控制。在项目的实施过程中，为了将项目的实际成本控制在项目成本预算范围之内而进行的成本管理工作，包括依据项目成本的实际发生情况，不断分析项目实际成本与项目预算之间的差异，采用各种纠偏措施和修订原有项目预算的方法，使整个项目的实际成本能够控制在合理的水平。

要理解成本估算和成本预算的关系。如果站在项目团队或项目实施组织的立场上，这个问题不难搞清：

- 成本估算是给别人算的账，而成本预算是为自己算的账。
- 成本估算通常着眼于“要钱”，而成本预算通常着眼于“花钱”。
- 成本估算自下而上，注重结果；成本预算自上而下，注重过程。

18.6.2 项目成本管理过程

1. 规划成本管理

规划成本管理是为规划、管理和控制项目成本而制订政策、程序和文档的过程。本过程的主要作用是在整个项目中为如何管理项目成本提供指南和方向。可用的工具和技术包括专家判断、数据分析和会议。在数据分析中，要计算投资回收期、净现值和内部收益率等。

1）投资回收期

投资回收期也称返本期，分为静态投资回收期和动态投资回收期，通常情况下只进行技术方案的静态投资回收期计算和分析。静态投资回收期是在不考虑资金时间价值的条件下，以技术方案的净收益回收其总投资所需要的时间，一般以年为单位。也就是根据项目方案各年的净现金流量，从项目启动时刻开始，依次求出以后各年的累计净现金流量，直至累

计净现金流量为0的年份为止,计算公式如下:

$$\sum_{t=0}^{tp}(CI-CO)\times t=0 \tag{18-2}$$

其中,CI是技术方案现金流入量,CO是技术方案现金流出量,t是年份,tp是技术方案静态投资回收期。

2) 净现值

净现值即在给定贴现率的前提下在统计期末获得的净现金流余额的折现值,是指项目在生命周期内各年的净现金流量(CI−CO)t按一定的折现率i折现到期初时间点的现值之和,其计算公式为

$$NPV=\sum_{t=0}^{tp}\frac{CI-CO}{(1+i)^t} \tag{18-3}$$

其中,NPV为净现值,CI为现金流入量,CO为现金流出量,i为折现率,t为年份。

3) 内部收益率

内部收益率就是现金流入现值总额与现金流出现值总额相等、净现值等于0时的折现率。

2. 成本估算

成本估算是指对完成项目的各项活动所需的各种资源的成本作近似的估算。成本估算需要根据活动资源估算中所确定的资源需求(人力、设备、材料)以及市场上各种资源的价格信息来进行。具体来讲,项目成本的大小同项目所耗用的资源数量、质量和价格有关,同项目的工期长短有关(项目所消耗的各种资源,包括人力、物力、财力等,都有自己的时间价值),同项目的质量结果有关(因质量不达标而返工时要产生一定的成本),同项目的范围宽度和深度有关(项目范围越宽、越深,项目的成本就越大;反之,项目成本越小)。

项目成本估算同项目造价是两个既有联系又有区别的概念。项目造价中不仅包括项目成本,还包括项目组织从事项目而获取的盈利,即项目造价=项目成本+盈利。项目成本是项目组织提出项目报价的重要考虑因素之一。

编制项目成本估算需要进行3个主要步骤。首先,识别并分析项目成本的构成科目,即项目成本中所包括的资源或服务的类目,如人工费、材料费、咨询费等。其次,根据已识别的项目成本构成科目,估算每一成本科目的成本大小。最后,分析成本估算结果,找出各种可以相互替代的成本,协调各种成本之间的比例关系。

常用的成本估算方法如下:

(1) 三点估算法。使用3种估算值来界定活动成本的近似区间。这种方法可以提高活动成本估算的准确性。

(2) 类比估算法。参照其他各种项目中类似资源的性能和价格,组成一个性能价格参考体系,以此为依据推算出各项资源的成本。

(3) 由下而上法。又称为工料清单法,是成本估算中操作最简单的办法,严格按照资源清单逐一估价,然后将每项资源的数量乘以单位价格,最后将所有资源的总价相加,作为整个项目的总成本估算。

(4) 参数估算法。该方法根据权威性和专业性的参数建立函数模型,然后将代数值引入成本估算。

(5) 准备金分析。该方法不把风险储备金分配在每一项活动中，以免降低整个成本估算的精确度，造成成本估算膨胀，而是将项目(或以子项目为单位)中所有活动的风险储备金汇集在一起，挂在一个虚拟活动账下，作为备用。如果今后预算开支与成本估算发生偏差，可以通过储备额度进行平准调解。

(6) 投标分析法。这种方法根据供应商的竞标报价来进行成本估算，也可以用于发包的子项目的成本估算。这种方法的优点是可以轻易获得多方验证的估算数据，等于免费获得供应商或分包商的咨询服务；缺点是信息采集量大，费时耗力，有时容易受到供方的误导。

3. 成本预算

成本预算是汇总所有单个活动或工作包的估算成本，建立一个经批准的成本基准的过程。本过程的主要作用是确定成本基准，可据此监督和控制项目绩效。

项目成本预算是进行项目成本控制的基础。它是将项目的成本估算分配到项目的各项具体工作上，以确定项目各项工作和活动的成本定额，制定项目成本的控制标准，规定项目意外成本的划分与使用规则的一项项目管理工作。活动或工作包应在项目章程提供的整体预算被批准后进行，但是最高级的工作分解结构构件估算应在详细的预算申请和工作授权之前完成。

项目成本预算有3个作用：

(1) 项目成本预算是按计划分配项目资源的活动，以保证各项项目工作能够获得所需要的各种资源。

(2) 项目成本预算也是一种控制机制。项目成本预算作为项目各项具体工作的全部成本定额，是度量项目各项工作在实际实施过程中资源使用数量和效率的标准，项目工作所花费的实际成本应该尽量在预算成本的限度以内。要时刻着眼于项目的经济效益，必须在完成项目目标的前提下尽可能地节约资源，严格控制资源的使用。另一方面也要看到，由于项目在实施过程中会面临种种不确定性，可能遇到很多不可预测的事件，项目实际成本偏离项目预算计划也是难免的，因此需要根据实际实施情况，对项目各项工作的成本预算进行适当的调整。

(3) 项目成本预算为项目管理者监控项目施工进度提供了一把标尺。项目费用总要和一定的施工进度相联系，在项目实施的任何时点上都应该有确定的预算成本支出。根据项目预算成本的完成情况和完成这些预算成本所消耗的实际工期，并与完成同样的预算成本额的计划工期相比较，项目管理者可以及时掌握项目的进度情况。如果成本预算和项目进度没有联系，那么管理者就有可能忽视一些潜在的危险情况。例如，实际施工费用已经超过了项目进度所对应的成本预算，但是还没有超出项目的总预算，从而有可能导致因偏差的日积月累最终造成项目的失败。

4. 控制成本

项目的成本控制是指项目组织为保证在变化的条件下实现其预算成本，按照事先拟定的计划和标准，采用各种方法，对项目实施过程中发生的各种实际成本与计划成本进行对比、检查、监督、引导和纠正，尽量使项目的实际成本控制在计划和预算范围内的管理过程。随着项目的进展，根据项目实际发生的成本额，不断地修正原先的成本估算和预算安排，并对项目的最终成本进行预测的工作也属于项目成本控制的范畴。项目成本控制工作的主要内容包如下：

(1) 识别可能引起项目成本基准计划发生变动的因素,并对这些因素施加影响,以保证该变化朝着有利的方向发展。

(2) 以工作包为单位,监督成本的实施情况,发现实际成本与预算成本之间的偏差,查找产生偏差的原因,做好实际成本的分析评估工作。

(3) 对发生成本偏差的工作包实施管理,有针对性地采取纠正措施,必要时可根据实际情况对项目成本基准计划进行调整和修改,并确保所有的相关变更都准确地记录在成本基准计划中。

(4) 将核准的成本变更和调整后的成本基准计划通知项目的相关人员。

(5) 防止不正确、不适当或未授权的项目变更所发生的费用被列入项目成本预算。

(6) 进行成本控制的同时,应该与项目范围变更、进度计划变更、质量控制等紧密结合,防止因单纯控制成本而引起的项目范围、进度和质量方面的问题,甚至出现无法接受的风险。

项目成本控制工作的主要工具方法有挣值分析法和预测技术。

1) 挣值分析法

挣值分析(图18-21)是一种综合了范围、时间、成本绩效测量的方法,通过与计划完成的工作量、实际挣得的收益、实际的成本进行比较,可以确定完成成本、进度是否按照计划执行。挣值分析是测量绩效最常用的方法,它综合了范围、成本(或资源)和进度计划测量,以帮助项目管理团队评价项目的绩效。

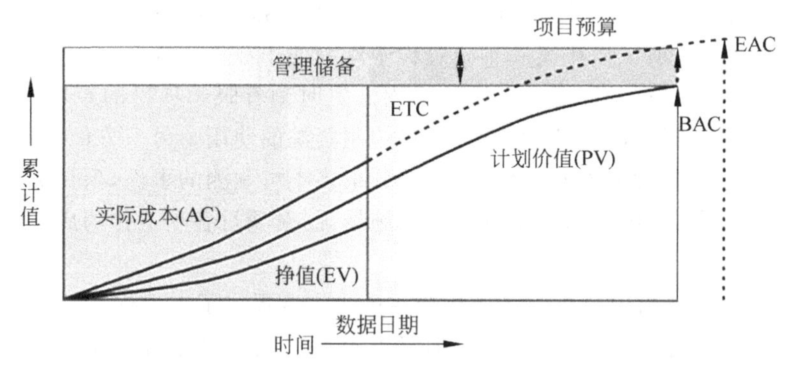

图18-21 挣值分析示意图

挣值分析涉及以下关键值:

(1) PV(Planned Value,计划值),完成计划工作量的预算值。

(2) AC(Actual Cost,实际成本),完成工作的实际支出成本。

(3) EV(Earned Value,挣值),实际完成工作量的预算值。

(4) ETC(Estimate to Completion,完工尚需估算):完成项目剩余工作预计还需要花费的成本。其计算公式为

$$ETC = PV - EV$$

(5) EAC(Estimate at Completion,完工估算):截至目前的实际成本加上所有剩余工作的新估算。其计算公式为

$$EAC = AC + ETC$$

(6) BAC(Budget at Completion,完工预算):完工时总预算。

评价工作是否按照计划完成的最常用的尺度是CV和SV。

(1) CV(Cost Variance,成本偏差)的计算公式为

$$CV = EV - AC$$

CV>0,表明项目实施处于成本节余状态;CV<0,表明项目处于成本超支状态。

(2) SV(Schedule Variance,进度偏差)的计算公式为

$$SV = EV - PV$$

SV>0,表明项目实施超前于计划进度;SV<0,表明项目实施落后于计划进度。

CV和SV这两个值可以分别转化为CPI和SPI这两个绩效指数,以反映项目的成本与进度绩效。

(1) CPI(Cost Performance Index,成本绩效指数)的计算公式为

$$CPI = EV/AC$$

CPI>1表示成本节余,实际成本低于计划成本,资金使用效率较高;CPI<1表示成本超支,实际成本超出计划成本,资金使用效率较低。

(2) SPI(Schedule Performance Index,进度绩效指数)的计算公式为

$$SPI = EV/PV$$

SPI>1表示进度超前,进度效率高;SPI<1表示进度滞后,进度效率低。

为了更好地说明使用挣值分析法来监控项目成本的实施情况,下面给出一个例子:

某项目计划工期为4年,预算总成本为800万元。在项目的实施过程中,通过对成本的核算和有关成本与进度的记录得知,在开工后第二年年末的实际情况是:开工后第二年末实际成本发生额为200万元,完成工作的计划预算成本额为100万元。与项目预算成本比较可知:当工期过半时,项目的计划成本发生额应该为400万元。试分析项目的成本执行情况和计划完工情况。

分析过程:项目进行到第二年末时,使用挣值分析法所需的3个中间变量的数值分别为

$$PV = 400\text{万元},\quad AC = 200\text{万元},\quad EV = 100\text{万元}$$

计算如下:

$$CV = EV - AC = 100\text{万元} - 200\text{万元} = -100\text{万元}$$

即项目成本负偏差(成本超支)为100万元。

$$SV = EV - PV = 100\text{万元} - 400\text{万元} = -300\text{万元}$$

即项目进度负偏差(进度落后)为300万元。

$$SCI = EV/PV = 100/400 = 25\%$$

即到第二年末只完成了两年工期的25%,相当于只完成了总任务的1/4。

$$CPI = EV/AC = 100/200 = 50\%$$

即完成同样的工作量的实际发生成本是预算成本的2倍。

从以上计算结果可知:

- 项目成本偏差为负,表明项目已完成工作的实际支付成本超过计划预算成本,项目处于超支状态,超支额为100万元。
- 项目进度偏差为负,表明在项目实施的前两年内项目实际施工进度落后于计划进

度,落后额为300万元。

- 进度绩效指数为25%,表明计划工期的实际完成程度只有25%,在项目实施的两年时间里只完成了两年工期计划完成工作量的25%,即对应的是半年工期的计划完成工作量。
- 成本绩效指数为50%,表明同样的工作量实际发生的成本是预算成本的2倍。

结论:开工后第二年末,项目实际成本发生额小于计划成本发生额200万元,但这不是由于节约了项目施工成本而导致的,而是因为项目实际施工进度比计划进度1.5年,实际完成的工作量仅为相同工期计划完成工作量的25%而导致的。项目不但没有节约成本,而且已完成工作量的实际成本还比计划预算成本多支出了100万元。如果不采取纠正措施,照此速度下去,那么到第四年末的时候项目仅能完成全部工作量的25%,而且会出现200万元的成本超支。

2) 预测技术

随着项目进展,项目团队可根据项目绩效,对完工估算(EAC)进行预测,预测的结果可能与完工预算(BAC)存在差异。如果BAC已明显不再可行,则项目经理应考虑对EAC进行预测。

(1) 假设将按预算单价完成ETC工作。这种方法承认以实际成本表示的累计实际项目绩效(不论好坏),并预计未来的全部ETC工作都将按预算单价完成。其计算公式如下:

$$EAC = AC + (BAC - EV)$$

(2) 假设以当前CPI完成ETC工作。这种方法假设项目将按截至目前的情况继续进行,即ETC工作将按项目截至目前的累计成本绩效指数(CPI)实施。其计算公式如下:

$$EAC = BAC / CPI$$

(3) 假设SPI与CPI将同时影响ETC工作。其计算公式如下:

$$EAC = AC + ((BAC - EV) / (CPI \times SPI))$$

任何项目都可使用上述3种预测方法。如果预测的EAC不在可接受范围内,就是给项目管理团队发出了预警信号。

18.7 项目质量管理

18.7.1 项目质量管理概况

1. 项目质量管理概念

成功的项目管理是按约定的时间和范围、预算的成本以及要求的质量达到项目干系人的期望。要成功地管理一个项目,质量管理也非常重要。质量管理是项目管理的重要方面之一,它与范围、成本和时间是项目成功的关键因素。项目质量管理是为确保项目能够满足需求所要执行的过程,其中包括质量管理职能的所有活动。这些活动确定了质量策略、目标和责任,并在质量体系中通过质量计划编制、质量控制和质量保证等措施决定了对质量政策的执行、对质量目标的完成以及对质量责任的履行。

现代质量管理的领军人物约瑟夫·M.朱兰(Joseph M.Juran)对质量的定义最易于理解:质量是产品的适用性,即在使用时能够满足用户需要的程度。国际标准化组织(ISO)对质量的定义是：质量是反映实体能满足明确和隐含需求的能力的总和。

2. 质量管理标准体系

1）ISO 9000 系列

ISO 9000 系列是国际标准化组织设立的国际标准，与品质管理系统有关。此标准并不用于评估产品的优劣程度，而是用于评估企业在生产过程中对流程控制的能力，是关于组织管理的标准。ISO 9000 系列由以下 4 个标准组成：

- ISO 9000：2000《质量管理系统——基础和术语》。
- ISO 9001：2000《质量管理系统——要求》。
- ISO 9004：2000《质量管理系统——业绩改进指南》。
- ISO 19011：2000《质量管理系统——质量和环境审核指南》。

ISO 9000 系列是现代质量管理和质量保证理论与实践的结晶，它提供了建立质量体系的基本要求，也是企业进行质量管理的基本要求。它为衡量企业的质量管理水平和质量保证能力提供了共同的尺度。

2）全面质量管理

全面质量管理（Total Quality Management，TQM）是一种全员、全过程、全企业的品质管理。它是一个组织以质量为中心，以全员参与为基础，通过让顾客满意和本组织所有成员及社会受益而达到永续经营的目的。全面质量管理注重顾客的需要，强调参与团队工作，并力争形成一种文化，以促进所有员工设法并持续改进组织所提供产品/服务的质量、工作过程和顾客响应时间等，它由结构、技术、人员和变革推动者 4 个要素组成，只有这 4 个要素齐备，才会有全面质量管理。其核心思想是：在一个企业内各部门中制订质量发展、质量保持、质量改进计划，从而以最为经济的水平进行生产与服务，使用户或消费者获得最大的满意度。

3）6σ 方法

6σ（6 Sigma，六西格玛）是一种管理策略，它是由摩托罗拉公司的比尔·史密斯于 1986 年提出的。一个企业要想达到 6σ 标准，那么它的出错率就不能超过百万分之三点四。

4）软件过程改进与能力成熟度模型

目前流行的成熟度模型为 CMM/CMMI（Capability Maturity Model/Capability Maturity Model Integration，能力成熟度模型/能力成熟度模型集成）。CMM 是一种用于评价软件承包能力并帮助其改善软件质量的方法，侧重于软件开发过程的管理及工程能力的提高与评估。CMM 将软件过程成熟度分为 5 个等级：

（1）初始级（Initial）。工作无序，项目进行过程中常放弃当初的计划。管理无章法，缺乏健全的管理制度。开发项目成效不稳定，项目成功主要依靠项目负责人的经验和能力，他一旦离去，工作秩序就面目全非。

（2）可重复级（Repeatable）。管理制度化，建立了基本的管理制度和规程，管理工作有章可循。初步实现了标准化，开发工作比较好地按标准实施。变更依规程进行，做到基线化、稳定、可跟踪。新项目的计划和管理基于过去的实践经验，具有重复以前成功项目的环境和条件。

（3）已定义级（Defined）。开发过程（包括技术工作和管理工作）均已实现标准化、文档化。建立了完善的培训制度和专家评审制度，全部技术活动和管理活动均可控制，对项目进行中的过程、岗位和职责均有共同的理解。

(4) 已管理级(Managed)。产品和过程已建立了定量的质量目标。开发活动中的生产率和质量是可量度的。已建立过程数据库。已实现项目产品和过程的控制。可预测过程和产品质量趋势,如预测偏差,实现及时纠正。

(5) 优化级(Optimizing)。可集中精力改进过程,采用新技术、新方法。拥有防止出现缺陷、识别薄弱环节以及加以改进的手段。可取得管理过程有效性的统计数据,并可进行分析,从而得出最佳方法。

3. 项目质量管理的知识领域

项目质量管理包括规划质量管理、实施质量保证及控制质量3个过程,如图18-22所示。

项目质量管理

1. 规划质量管理

输入
- 项目管理计划
- 干系人登记册
- 风险登记册
- 需求文件
- 事业环境因素
- 组织过程资产

工具和技术
- 专家判断
- 数据收集、分析、决策
- 数据表现
- 测试与检查规划
- 会议

输出
- 质量管理计划
- 过程改进计划
- 质量测量指标
- 质量核对单
- 更新的项目文件

2. 实施质量保证

输入
- 质量管理计划
- 过程改进计划
- 质量测量指标
- 质量控制测量结果
- 项目文件
- 组织过程资产

工具和技术
- 数据收集、分析、决策
- 数据表现
- 审计
- 问题解决
- 质量改进方法

输出
- 变更请求
- 更新的项目管理计划
- 更新的项目文件

3. 控制质量

输入
- 项目管理计划
- 质量测量指标
- 质量核对单
- 批准的变更请求
- 可交付成果
- 项目文件
- 事业环境因素
- 组织过程资产

工具和技术
- 数据收集
- 数据分析
- 检查
- 测试/产品评估
- 数据表现
- 会议

输出
- 质量控制测量结果
- 核实的可交付成果
- 工作绩效信息
- 变更请求
- 更新的项目文件

图18-22 项目质量管理过程

- 规划质量管理:确定适合项目的质量标准并决定如何满足这些标准。
- 实施质量保证:有计划、系统的质量活动(如审计或同行审查),确保项目中的所有必需过程满足项目干系人的期望。
- 质量控制:监控具体项目结果,以确定其是否符合相关质量标准;制订有效方案,以消除产生质量问题的原因。

18.7.2 项目质量管理过程

1. 规划质量管理

质量管理计划编制包括识别与该项目相关的质量标准以及确定如何满足这些标准。质量管理计划编制首先从识别相关的质量标准开始,以实施项目组织的质量策略、项目的范围说明书、产品说明书等作为质量管理计划编制的依据,识别出项目相关的所有质量标准,以达到或者超过项目的客户以及其他项目干系人的期望和要求。

质量管理计划编制中最重要的是识别每一个独特项目的相关质量标准,把满足项目相关质量标准的活动或者过程规划到项目的产品和管理项目所涉及的过程中去;质量管理计划编制还包括以一种能理解的、完整的形式表达为确保质量而采取的纠正措施。在项目的质量管理计划编制中,描述出能够直接满足客户需求的关键因素是重要的。

质量策略是一个组织针对质量而作出的全面的意图和方向,一般由组织的高层正式宣布。实施项目的组织的质量策略经常会作为项目的质量策略。如果一个组织没有相关的质量策略或者一个项目包括多个实施项目的组织,则项目管理团队应该针对项目开发一个项目质量策略。例如,现在许多 IT 公司都在申请过程能力改进模型的 CMMI 认证,更多公司申请 ISO 9000 国际质量体系认证。项目管理团队有责任确保所有的项目干系人知道该质量策略。项目管理团队应该清楚质量管理的一项基本原则:质量出自计划和设计,而非出自检查。

2. 实施质量保证

实施质量保证是审计质量要求和质量控制测量结果,确保采用合理的质量标准和操作性定义的过程。本过程的主要作用是促进质量过程改进。

质量保证旨在建立对未来输出或未完输出(即正在进行的工作)将在完工时满足特定的需求和期望的信心。质量保证通过利用规划过程预防缺陷或者在执行阶段对正在进行的工作进行缺陷检查,来保证质量的确定性。实施质量保证是一个执行过程,使用规划质量管理和控制质量这两个过程所产生的数据。

在项目管理中,质量保证所开展的预防和检查应该对项目有明显的影响。质量保证工作属于质量成本框架中的一致性工作。质量保证部门或类似部门经常要对质量保证活动进行监督。无论其名称是什么,该部门都可能要向项目团队、执行组织管理层、客户或发起人以及其他未主动参与项目工作的项目干系人提供质量保证支持。

实施质量保证过程也为持续过程改进创造了条件。持续过程改进是指不断地改进所有过程的质量。通过持续过程改进,可以减少浪费,消除非增值活动,使各过程在更高的效率与效果水平上运行。

3. 控制质量

质量控制(Quality Control,QC)就是项目管理组的人员采取有效措施,监督项目的具体实施结果,判断其是否符合有关的项目质量标准,并确定消除产生不良结果原因的途径。也就是说,进行质量控制是确保项目质量得以完满实现的过程,质量控制应贯穿于项目执行的全过程。项目的质量控制在项目管理中占有特别重要的地位。确保项目的质量是项目技术人员和项目管理人员的重要使命。项目的质量控制工作是一个系统工程,应从项目的全过程入手,全面、综合地进行控制。项目的质量控制主要从以下两个方面进行:

(1) 项目产品或服务的质量控制。这是一个诊断和治疗的过程。当产品生产出来以后,要检查产品的规格是否符合标准,并消除任何偏差。要想进行产品的质量控制活动,必须不断进行计划、测试、记录和分析。在软件开发项目中,通常使用质量跟踪-评审缺陷表来记录和跟踪软件产品质量(参见附录 A 中的质量跟踪-评审缺陷表)。

(2) 项目管理过程的质量控制。这是通过项目审计来进行的。项目审计是将管理过程的作业与成功实践的标准进行比较。以软件开发项目为例,管理过程的质量控制就是开发过程的质量控制。

对于项目经理或项目质量管理人员来说,还有一点要注意:除了要具有质量控制统计的工作知识(尤其是抽样调查和概率知识)外,还必须知道以下各项之间的差别:

(1) 预防(把错误排除在过程之外)和检查(把错误排除在到达客户之前)。

(2) 特殊抽样(结果是符合或不符合)和变量抽样(结果在测量符合程度的连续坐标系中表示)。

(3) 特殊原因(异常事件)和随机原因(正常过程偏差)。

(4) 许可的误差(如果在许可的误差范围内,结果是可以被接受的)和控制限度(如果结果是在控制限度内,表明过程是在控制之中)。

经过近80年的发展,过程质量控制技术已经广泛地应用到质量管理中,在实践中也不断地产生新的方法,如"QC七种工具"(图18-23)以及"新QC七种工具"(图18-24)。应用这些方法可以从经常变化的生产过程中系统地收集与产品有关的各种数据,并用统计方法对数据进行整理、加工和分析,进而画出各种图表,找出质量变化的规律,实现对质量的控制。

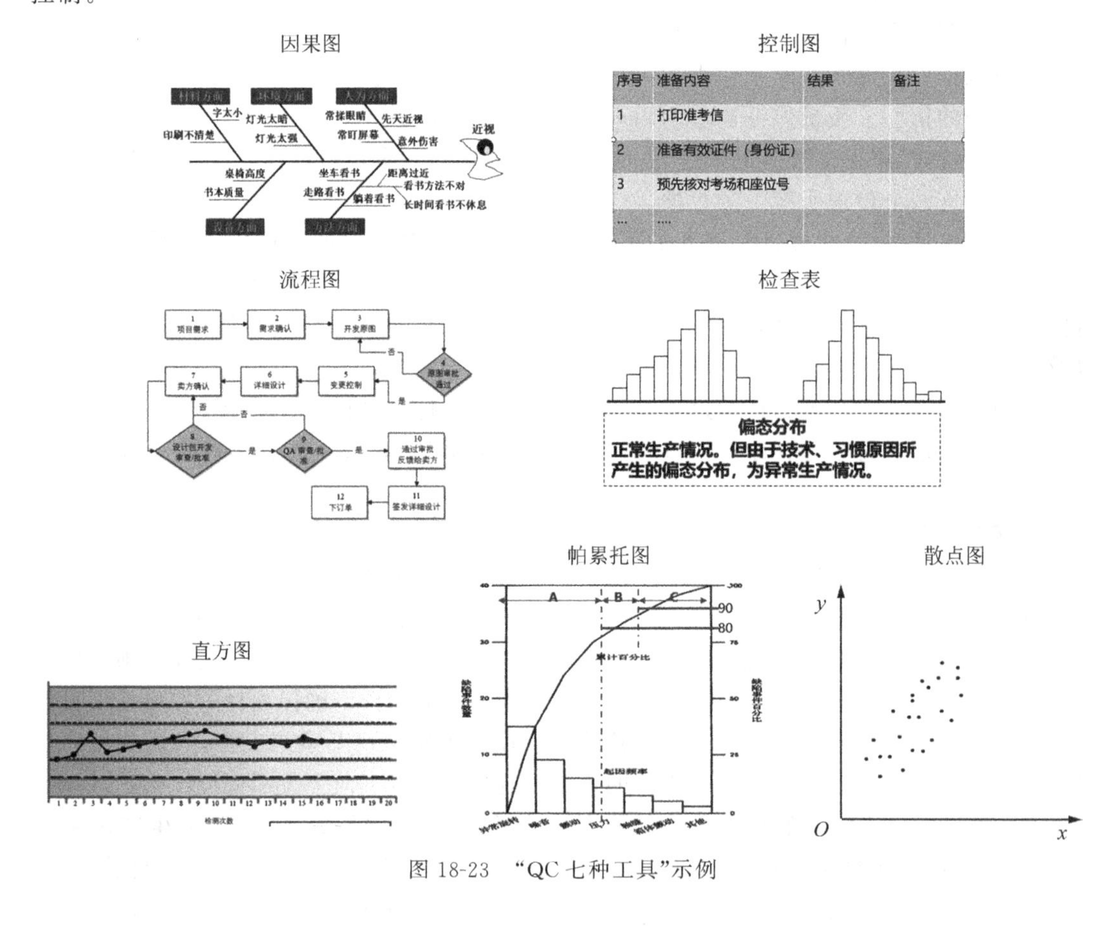

图18-23 "QC七种工具"示例

"QC七种工具"包括以下7种工具:

(1) 因果图。又叫因果分析图、石川图或鱼刺图。它直观地反映了影响项目的各种潜

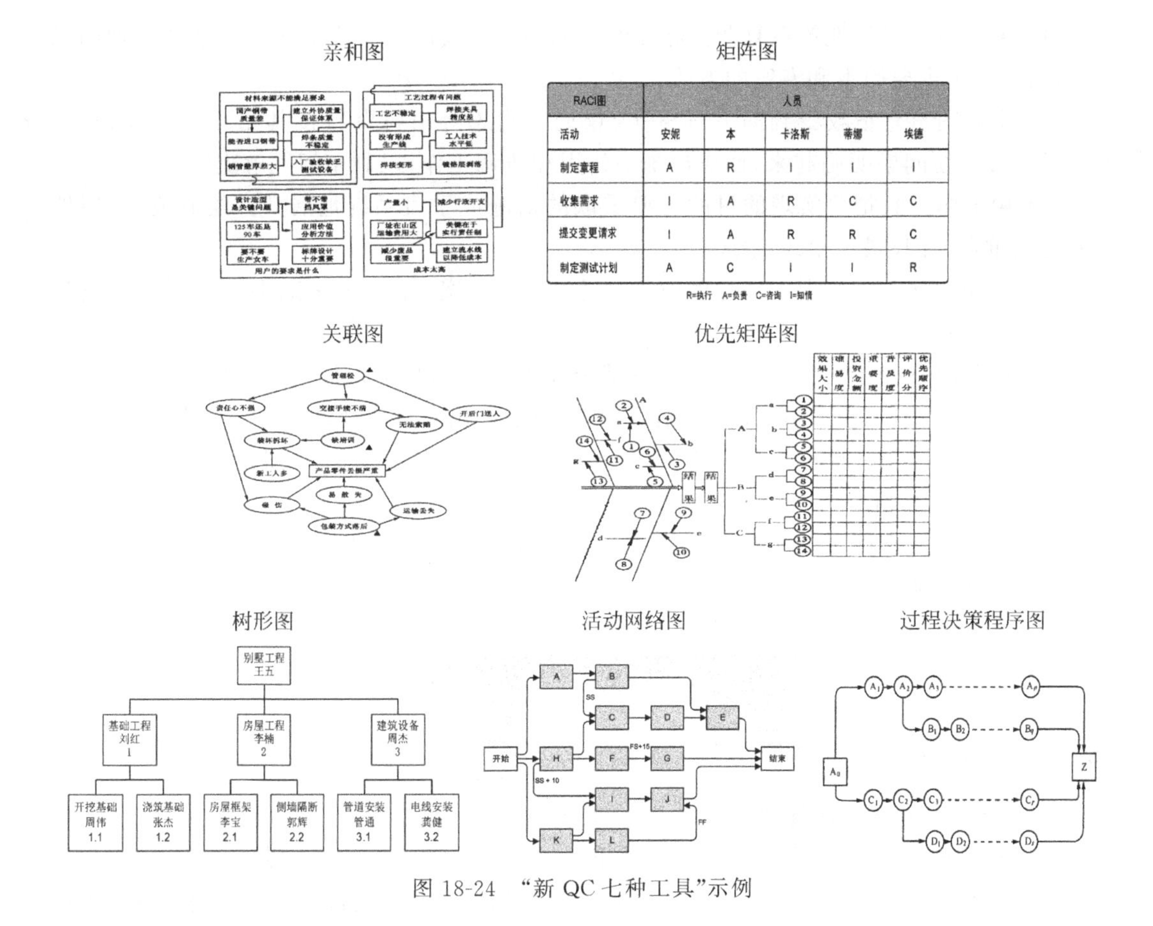

图 18-24　“新 QC 七种工具”示例

在原因或结果及其构成因素同各种可能出现的问题之间的关系，通过看问题陈述和问“为什么”寻找原因，直到发现可行动的根本原因。

(2) 流程图。也称过程图，用来显示在输入转化成输出的过程中需要的步骤顺序和可能分支。

(3) 帕累托图。该工具基于 80/20 法则，主要功能是帮助人们确定那些相对少数但重要的问题，使人们把精力集中在这些问题的解决上。在过程中，大部分缺陷通常是由相对少数的问题引起的。

(4) 检查表。又称计数表，是用于收集数据的查对清单。它合理排列各种事项，有效地收集关于潜在质量问题的有用数据。

(5) 直方图。它是一种特殊形式的条形图，用于描述集中趋势、分散程度和统计分布形状。与控制图不同，直方图不考虑时间对分布变化的影响。

(6) 控制图。也称控制表、管理图，用于决定一个过程是否稳定或者可执行，是反映生产程序随时间变化而发生的质量变动的状态图形，是在时间坐标上表示过程结果的一种折线表示法。

(7) 散点图。又称散布图、相关图，是表示两个变量之间相互关系的图形。通常，横坐标表示原因特性值，纵坐标表示结果特性值，交叉点表示它们的相互关系。

“新 QC 七种工具”包括以下 7 种工具：

(1) 关联图。它是把关系复杂而相互纠缠的问题及其因素用箭头连接起来的一种图示工具,从而找出主要因素和专案的方法。

(2) 亲和图。它把收集到的大量事实、意见或构思等语言资料按其相互亲和性(相近性)归纳整理,使问题明确起来,使成员统一认识和协调工作,以利于问题解决。

(3) 树形图。它把要实现的目的与要采取的措施或手段系统地展开并绘制成图,以明确问题的重点,寻找最佳手段或措施。

(4) 优先矩阵图。它识别关键事项和合适的备选方案,并通过一系列决策,排列出备选方案的优先顺序。

(5) 过程决策程序图。它是为了完成某个任务或达到某个目标,在制订行动计划或进行方案设计时预测可能出现的障碍和结果,并相应地提出多种应变计划的一种方法。

(6) 活动网络图。也称为箭头图,包括两种格式: AOA(活动箭线图)和 AON(活动节点图),后者更为常用。

(7) 矩阵图。它使用矩阵结构对数据进行分析。在行列交叉的位置展示因素、原因和目标之间的关系强弱。

18.8　项目人力资源管理

18.8.1　项目人力资源管理概况

1. 项目人力资源管理概念

项目管理成功的一个标准为时间、成本和绩效这3个因素应使客户满意。但是,在项目管理中,人的因素也极为重要,因为项目中所有活动均是由人来完成的。能否充分发挥人的作用,对于项目的成败起着至关重要的作用。

项目人力资源管理就是有效地发挥项目中的每一个参与者的作用的过程。项目人力资源管理包括组织和管理项目团队所需的所有过程。项目团队由为完成项目而承担了相应角色和责任的人员组成,项目团队成员应该参与大多数项目计划和决策工作。项目团队成员的早期参与有利于在项目计划过程中吸收专家意见和加强项目的沟通。项目团队成员就是项目的人力资源。

项目管理团队是项目团队的一个子集,负责项目的管理活动,如计划编制、控制和收尾。这一团队可以称为核心小组、执行小组或领导小组。对小项目,项目管理的责任可以由整个项目团队来承担或由项目经理独自承担。项目发起人可以与项目管理团队一起工作,协助处理项目资金问题以及澄清项目范围问题。

2. 项目人力资源管理作用

项目人力资源管理有以下4个作用:

(1) 项目人力资源管理能够帮助项目经理达到如下目标: 用人得当,可降低员工的流动率;使员工努力工作;使员工认为自己的薪酬公平合理;对员工进行充分的训练,以提高工作的效能;保障工作环境的安全,避免违反国家的法律和法规;使项目团队内部的员工都获得平等的待遇,避免员工产生抱怨等。

(2) 项目人力资源管理能够提高员工的工作绩效。现代人力资源管理主张团队成员更多地参与决策，重视人员之间的沟通，这些是提高产品质量和工作绩效的根本原因。

(3) 项目人力资源管理有助于组织获得竞争优势。一个组织要与竞争者抗衡，必须拥有自己的某种优势，而有效的人力资源管理是为组织提供核心人才竞争优势的重要源泉。良好的工作环境、完善的培训与开发计划等都是提高组织竞争优势的举措。

(4) 随着社会的发展，人们的价值观念发生了明显的变化，越来越多的人要求把职业质量和生活质量进一步统一起来。员工需要的不仅是工作本身以及工作带来的收入，还有各种心理满足，这种需要越来越强烈。因此，项目管理人员必须借助于人力资源管理的观念和技术激励员工。

3. 项目人力资源管理的知识领域

项目人力资源管理过程如图 18-25 所示，主要包括以下 4 个过程：

项目人力资源管理

1. 规划人力资源管理

输入
- 项目章程
- 项目管理计划
- 项目文件
- 事业环境因素
- 组织过程资产

工具和技术
- 专家判断
- 数据表现
- 组织理论
- 会议

输出
- 资源管理计划
- 团队章程
- 更新的项目文件

2. 组建项目团队

输入
- 项目管理计划
- 项目文件
- 事业环境因素
- 组织过程资产

工具和技术
- 集中办公
- 虚拟团队
- 沟通技术
- 人际关系与团队技能
- 认可与奖励
- 培训
- 个人和团队评估
- 会议

输出
- 团队绩效评价
- 变更请求
- 更新的项目管理计划
- 更新的项目文件
- 更新的事业环境因素
- 更新的组织过程资产

3. 建设项目团队

输入
- 项目管理计划
- 项目文件
- 工作绩效报告
- 团队绩效评价
- 事业环境因素
- 组织过程资产

工具和技术
- 人际关系与团队技能
- 项目管理信息系统

输出
- 变更请求
- 更新的管理计划
- 更新的项目文件

4. 管理项目团队

输入
- 项目管理计划
- 项目文件
- 工作绩效数据
- 协议
- 组织过程资产

工具和技术
- 数据分析
- 问题解决
- 人际关系与团队技能
- 项目管理信息系统

输出
- 工作绩效信息
- 变更请求
- 更新的管理计划
- 更新的项目文件

图 18-25 项目人力资源管理过程

(1) 规划人力资源管理。识别项目中的角色、职责、能力和汇报关系，并形成文档。也包括制订项目人员配备管理计划。

(2) 组建项目团队。招募项目所需要的人员。

(3) 建设项目团队。提高个人和团队的技能以改善项目绩效。

(4) 管理项目团队。跟踪个人和团队的绩效，提供反馈，解决问题，并协调各种变更，以提高项目绩效。

这些过程以及它们同其他知识领域中的过程都会相互影响。根据项目的需要，每个过程有可能涉及一个人甚至一个团队的努力。

18.8.2 项目人力资源管理过程

1. 规划人力资源管理

人力资源管理计划编制是决定项目的角色、职责以及报告关系的过程。项目角色的承担者有可能是个人,也有可能是团队,他们或者属于组织内部,或者属于组织外部,或者是两者的结合。人力资源管理计划编制也会创建一个项目人员配备管理计划,包含如何以及何时获取项目所需的人力资源、释放人力资源的标准、识别项目成员所需的培训、认可及奖励计划、必须遵守的某些约定、安全问题以及该计划对组织的影响等。

人力资源管理计划编制的主要内容包括以下3部分。

1) 角色

这一部分定义角色并说明其权力、职责和能力要求。

(1) 角色。描述了为了完成项目所进行的职责划分。

(2) 权力。是指能够支配项目资源和作决策的权力。

(3) 职责。是指为了完成项目任务和活动,项目团队应该进行的工作。

(4) 能力。是指完成项目活动所需要的技能。

2) 项目组织结构图

项目组织结构图以图形表示项目汇报关系。根据项目的不同需要,项目组织结构图可以是正式的或者非正式的、高度细节化的或者粗略描述的。

3) 人员配备管理计划

作为项目管理计划的一个子集,人员配备管理计划描述的是人力资源需求何时以及怎样被满足。它可以是正式的或者非正式的,可以是非常详细的或者比较概略的。为了指导正在进行的团队建设活动,人员配备管理计划随着项目的继续进行要不断更新。人员配备管理计划中的信息随着项目应用领域和规模的不同而不同,一般应包括如下内容:

(1) 人员获取。计划如何获得所需的项目成员?所需的人员来自组织内部、外部还是合同员工?拥有所需能力的人员足够多还是仍需对人员进行培训?项目成员需要在固定地点工作还是远程工作?不同层次的专业知识所需的成本如何?组织的人力资源部门能够提供给项目管理团队什么样的支持?

(2) 时间表。人员配备管理计划必须描述何时需要项目团队成员的介入,以及相关的招募活动何时开始。使用人力资源柱状图来表示人力资源需求,它可以表示出在项目进行的过程中个人、部门或者团队在每周或者每月要占用的小时数。

(3) 人力资源释放标准。决定项目团队成员离开项目的时间和方法对项目和成员都是有好处的。当已经完成任务的人员在适当的时候离开项目时,就不用再为其付费,从而降低项目的成本。提前将这些人员平稳地转移到即将到来的新项目上也可以提升士气。

(4) 培训需求。如果即将分配到项目中的人员不具备必需的技能,就必须开发出一个培训计划。这个培训计划也可以包含一些帮助团队成员获得某种证书的途径,从而促进项目的执行。培训计划是项目计划的一部分。

(5) 认可和奖励。清晰的奖励标准和完善的奖惩系统将有助于推广和加强正面的行为。为有效起见,认可和奖励必须基于个人控制之下的活动和绩效。例如,某人可以为达到成本目标而受到奖励,但同时他应该对费用的支出决策有一定程度的控制。应该建立一个认可及奖励计划，以确保这样的活动的确会进行，而不会被忘掉。认可和奖励应该是团队建设的一部分。

(6) 遵从某些约定。项目管理团队必须遵从法律法规、国家政策、规章制度和其他的人力资源政策。

(7) 安全性。对于具有人身伤害风险的项目，不仅应该在风险管理计划中提及这些因素，而且应该在人员配备管理计划中包含对应的策略和措施。

2. 组建项目团队

组建项目团队是获得人力资源的过程。项目管理团队要确保其所选择的人力资源可以满足项目的要求。优秀团队的建设不是一蹴而就的，一般要经历以下5个阶段：

(1) 形成(forming)阶段。个体转变为团队成员，逐渐相互认识并了解项目情况及他们在项目中的角色与职责，开始形成共同目标。在本阶段，团队成员往往相互独立，还无法开诚布公，但团队对未来有美好的期待。

(2) 震荡(storming)阶段。团队成员开始执行分配的项目任务，一般会遇到超出预想的困难，希望被现实打破。个体之间开始争执，互相指责，并且开始怀疑项目经理的能力。

(3) 规范(norming)阶段。经过一定时间的磨合，团队成员开始协同工作，并调整各自的工作习惯和行为来支持团队，团队成员开始相互信任，项目经理能够得到团队的认可。

(4) 执行(performing)阶段。随着团队成员之间的配合变得默契和对项目经理的信任加强，团队就像一个组织有序的单位那样工作。团队成员之间相互依靠，平稳、高效地解决问题。这时团队成员的集体荣誉感会非常强，常将团队换成第一称谓，如"我们组""我们部门"等，并会努力维护团队声誉。

(5) 解散(adjourning)阶段。所有工作完成后，项目结束，团队解散。

某个阶段持续时间的长短取决于团队活力、团队规模和项目管理团队的领导力。项目经理应该对团队活力有较好的理解，以便有效地带领团队经历所有阶段。

组建项目团队的工具和技术如下。

1) 事先分派

在某些情况下，项目团队成员可能会事先被分派到项目中。例如，项目是方案竞争的结果，而且事先许诺的具体人员指派是获胜方案的组成部分；项目依赖于某些专家；一些员工在项目章程已被指派。

2) 谈判

在大多数项目中，人员指派必须经过谈判。例如，职能经理要确保团队需要的员工可以在需要的时间到岗并且一直工作到他们的任务完成，在分配人员时必须权衡项目完成后的利益和可见性；执行组织内其他项目管理团队要能够获得某些稀缺或者特定的资源。

3) 招募

当执行组织缺少足够的内部人力资源以完成项目时，就必须从外部获得必要的人力资源。招募活动包括雇用独立咨询人或与其他组织签订转包合同。

4) 虚拟团队

虚拟团队的引入为获取团队成员提供了新的途径。虚拟团队是指一群拥有共同目标，履行各自职责，但是很少有时间或者没有时间能面对面开会的人员。电子邮件或视频会议使这种团队成为可能。虚拟团队的优点如下：

- 在公司内部建立一个由不同地域的员工组成的团队。
- 聘用专家,即使这个专家不在本地。
- 与在家办公的员工协同工作。
- 组成一个跨时区团队,即其成员可以在不同的时间段工作。
- 包括那些有移动困难的员工。
- 可以推动那些原本由于差旅费用的限制而被忽视的项目。

当领导一个虚拟团队时,应该通过观察与其交互的模式而不是私人交往来评价成员的工作努力和投入程度,项目经理应该学会这一点。此时沟通计划变得更为重要。项目经理必须在设定清晰目标上投入更多的精力,制订方案以处理冲突,这些冲突一般发生在个人做决定时以及共享成功信任方面。

3. 建设项目团队

建设项目团队主要是管理整个的项目团队,使整个项目团队协调一致的过程。团队应该有一个共同的奋斗目标,使项目团队中每一个成员都充分发挥其在项目中的作用。怎样才能管理好一个项目团队呢?许多行业组织心理学家和管理学家针对工作中的人员管理问题做了很多研究和思考,得出影响人们如何工作和如何更好地工作的3个心理因素:一是动机,二是影响力和权力,三是有效性。

1)动机

(1)马斯洛的需求层次理论。

20世纪50年代,美国著名心理学家亚伯拉罕·马斯洛提出了需求层次理论,如图18-26所示。他认为人类行为有着最独特的性质:爱、自尊、归属感、自我表现以及创造力,从而人类能够自己掌握自己的命运。该理论以金字塔的形式表示人们的行为受到一系列需求的引导和刺激:需求层次的最底层是生理需求;一旦人的生理需求得到满足后,安全需求就开始引导人们的行为;当人的安全需求得到满足后,接着产生的就是社会需求;以此类推,逐个层次的上升。这些需求的顺序和大小通过金字塔形状表现得十分贴切。

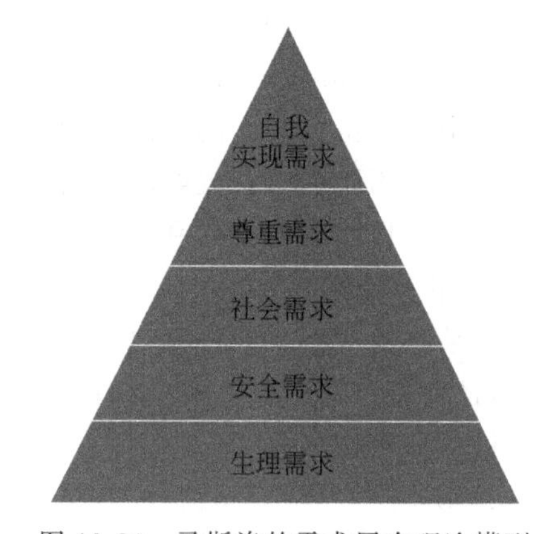

图18-26 马斯洛的需求层次理论模型

(2)赫兹伯格的双因素理论。

美国心理学家赫兹伯格指出,人的激励因素有两种。一是保健卫生,包括薪金福利、工作环境以及老板对员工的看法,类似于马斯洛的3个最低的需求,即生理、安全和社会需求。不好的保健卫生因素会影响员工的积极性,而增强保健卫生因素却不一定能够激励员工。二是激励需求,类似于马斯洛的尊重和自我实现的需求。积极的激励行为会使员工努力工作,以实现公司的目标和员工自我实现的满足感和责任感。

(3)XY理论。

美国心理学家麦格雷戈认为,只要员工有机会在工作时间内不工作,那么他们就不想工作,只要有可能,他们就会逃避为公司付出努力。所有的活动都是基于员工自己的意愿,宁愿懒散也不想为其他人作出一点付出。他提出了XY理论,包括X理论和Y理论两部分。

X理论认为，员工宁愿在管理者指导下完成工作，而不愿意承担责任，并且他们会尽力避免承担工作中的责任，他们没有一点雄心抱负，并且没有很强的紧迫感，只是想象有一个安逸稳定的工作环境。因此，管理者必须时刻注意管理员工，分配工作到个人，安排每一员工在每一段时间的工作。

Y理论认为，员工能够积极、主动地在工作中发挥自己的特长，释放自己的能量。因此，管理者应该给予员工宽松的工作环境，并向其提供自主发展的空间，使员工能展现自己的才华，获得成功的感觉。

X理论和Y理论各有其长处和不足。X理论虽然可以加强管理，但项目团队成员通常比较被动地工作；Y理论可以激发主动性，但不利于团队成员把握工作原则。在项目团队的形成阶段，大家互相还不是很熟悉，对项目不是很了解，甚至还有一些抵触，这时候需要项目经理运用X理论去引导团队成员；当项目团队进入执行阶段的时候，成员在项目的目标上已经取得一致，都有意愿努力完成项目，这时候项目经理可以用Y理论授权团队成员完成各自负责的工作，并向他们提供发展机会和良好环境。

2）影响力和权力

在项目团队建设的过程中，经常会发生这种情况：很多参与项目的人并非直接向项经理报告，而且项目经理也无权管理。例如，项目团队中存在着双重报告关系的，团队成员向组织的职能经理和项目经理报告，等等。如何运用影响力使项目成功？以下是9条基本影响力因素：

（1）权力：发命令的正当等级。

（2）任务分配：项目经理为员工分配工作的能力。

（3）预算支配：项目经理自由支配项目资金的能力。

（4）员工升职：项目经理根据员工在项目中的表现提拔员工的能力。

（5）薪金待遇：项目经理根据员工在项目中的表现给员工提高工资和福利待遇的能力。

（6）实施处罚：项目经理根据员工在项目中的不良表现对员工进行处罚的能力。

（7）工作挑战：项目经理根据员工特长和喜好来安排工作的能力，这是一个内在的刺激因素。

（8）专门技术：项目经理所具有的专业技术知识。

（9）友谊：项目经理和其他人之间建立良好的人际关系的能力。

影响力与权力是息息相关的，权力是让员工不得不做事的潜在的影响力。权力比影响力更有效，因为权力往往用来让员工改变他们的行为，而听从管理者的意愿。在项目团队建设的过程中，项目经理一般可以利用5种权力来管理项目团队成员的工作：

（1）合法权力。指在高级管理层对项目经理的正式授权的基础上，项目经理让员工进行工作的权力。这种权力与基于权威的影响力类似。

（2）强制力。指用惩罚、威胁或者其他消极手段强迫员工做他们不想做的事。例如，项目经理可以利用解雇员工的威胁来改变他们的行为方式。如果项目经理真的有权力解雇员工，那么他可能会将这种威胁贯彻到底。然而，强制力对项目团队的建设不是一个很好的方法，通常会导致项目失败，应谨慎使用。

(3) 专家权力。用专家知识和技能让员工改变他们的行为。如果员工认为项目经理在某些领域有专长,那么他们就会遵照项目经理的意见。项目经理一般都很擅长项目管理,由项目经理指导制订项目计划,项目团队成员会严格按照项目计划的安排来实施和控制项目。

(4) 奖励权力。就是使用一些激励措施来引导员工努力工作。奖励包括薪金、职位、认可度、特殊的任务以及其他的奖励手段。

(5) 潜示权力。权力是建立在个人潜示权力的基础上的,人们非常尊重某些具有潜示权力的人,会按照他们所说的去做。例如,项目经理个人有威望,或者公司总裁是项目经理的朋友,都会获得他人的尊敬。

以上是项目经理的5种权力类型。项目经理最好用奖励权力和专家权力来影响团队成员,尽量避免强制力。并且项目经理的合法权力、奖励权力和强制力来自公司的授权,而其他权力则来自项目经理本人。

3) 有效性

在项目管理中,要注意发现适合当前项目特点的方法和理论并且将其运用到项目中,还要经常、反复地检查、修正,以保证整个项目管理过程的有效性。

4. 管理项目团队

在管理项目时,项目管理者要跟踪个人和团队的执行情况,提供反馈和协调变更,以此来提高项目的绩效,保证项目的进度。项目管理者必须注意团队的行为,管理冲突,解决问题,评估团队成员的绩效。员工管理计划的更新、变更请求的提交、问题的解决都作为项目管理的最终结果,被视为组织绩效评估的输入,同时其经验教训也被加入组织的数据库。管理项目团队常用的工具和技巧如下。

1) 观察和对话

项目管理者必须和团队成员在工作和思想上保持接触。如果是虚拟团队,项目管理者要更加积极主动地与团队成员沟通。除了项目的进展外,项目经理还要意识到哪些是让项目成员感到骄傲的成就,能够发现问题和潜在冲突。

2) 项目绩效评估

正式和非正式的项目绩效评估依赖于项目的持续时间、复杂度、组织原则、员工的合约要求和定期沟通的次数和质量。项目成员需要从项目管理者那里得到反馈。评估信息的收集也可以采用360°反馈原则,从那些和项目成员有接触的人那里得到。360°反馈是指绩效信息的收集可以来自多方面,包括上级领导、同级同事和下级同事。在项目进行过程中执行绩效评估的目的包括:再次澄清项目成员的角色和职责,定期使项目成员得到积极的反馈,发现一些未知和未解决的问题,制订个人的培训和训练计划,制订未来一段时间内的个人目标。

3) 冲突管理

良好的冲突管理可以大大提高生产力并建立积极的工作关系。团队的基本原则、组织原则和项目管理经验都有助于减少团队中的冲突。在正确的管理下,不同的意见是有益的,可以增强团队的创造力和做出更好的决策。当不同的意见变成负面的因素时,项目团队成员应负责解决他们自己的冲突;如果冲突升级,项目经理应该帮助团队找出满意的解决方案。项目冲突应该被尽早地发现,如果冲突持续发展,就需要使用正式的处理过程,包括一些有惩戒性质的做法。

项目冲突产生的主要原因如下:

(1) 项目的高压环境。项目有明确的开始和结束时间,有限的预算成本等,这些都会造成项目的紧张和高压环境,导致冲突不停地发生。

(2) 责任模糊。项目经理的权力是有限的,有人说项目经理是生活在夹缝中的人,以很小的权力承担着巨大的责任。

(3) 多个上级的存在。项目团队成员一般来自职能部门,项目经理在人员获取的时候要和职能经理或者其他项目团队谈判协商以获得内部资源,这样项目团队中就存在多重报告关系,即一个成员向多个上级负责。

(4) 新技术的流行。IT 行业的一个特点就是新技术的发展比较快,很快就会出现比项目中更新的技术,造成成员对各种技术的不同态度和观点。

根据美国项目管理协会的统计,项目存在 7 种最主要的冲突源:进度、项目优先级、资源、技术、管理过程、成本和个人冲突。项目各阶段中的冲突源如下:

(1) 概念阶段:项目优先级、管理过程、进度。

(2) 计划阶段:项目优先级、进度、管理过程。

(3) 执行阶段:进度、技术、资源。

(4) 收尾阶段:进度、资源、个人冲突。

不管冲突对项目是积极的还是消极的,项目经理都有责任处理它。以避免或者减少冲突对项目的影响,利用其对项目积极、有利的一面。以下是冲突管理的几种方法:

(1) 问题解决。就是双方一起积极地定义问题,收集问题的信息,开发并且分析解决方案,最后选择一个合适的方法来解决问题。如果冲突双方能够找到一个合适的方法来解决问题的话,就是双赢,这是冲突管理中最有效的一种方法。

(2) 妥协。就是双方协商并且寻找一种能够使矛盾双方都有一定程度的满意,但没有任何一方完全满意,是一种双方都做一些让步的解决方法。这种方法是比较好的一种冲突解决方法;也就是大家都作一些让步。

(3) 求同存异。就是双方都关注他们一致同意的观点,而搁置不同的观点。这需要双方保持一种友好的气氛,为避免触及冲突的根源,大家先静一静,先把工作做完。

(4) 撤退。就是把眼前问题搁置起来,待日后解决,也就是以后再处理这个问题。

(5) 强迫。就是采纳一方的观点,而不管另一方的观点,最终会导致一方赢、另一方失败。不推荐这样做,除非是没有办法的时候,因为这样一般会导致另一个冲突的发生。

4) 问题日志

问题的解决扫清了项目团队达成目标的障碍。这些障碍可能包含以下几种情况:不同的意见、决策;必须进行调研的某些情况;以及必须把某些未预料到的职责分配给项目团队。由于在项目执行的过程中问题往往不断产生,需要用日志记录每人负责解决的问题以及解决日期。

18.9 项目沟通管理与项目干系人管理

18.9.1 项目沟通管理概况

1. 项目沟通管理定义

沟通是一个过程,在这个过程中,信息通过一定的符号、标志或者行为在个人之间、组织之间进行交换。项目的沟通发生在项目团队与客户、管理层、职能部门、供应商等利益相关者之间以及项目团队内部,主要包括以下两个方面:

(1) 管理沟通。是指人与人之间的沟通,是信息在两个或多个人之间的交换与分享过程,其结果会影响和激励人的行为。人与人的沟通不同于人与机器的沟通,两者最主要的差异是:人是有感情的,在沟通中会产生心理反应。当人们之间的沟通出现障碍时,最主要的就是心理障碍。

(2) 团队沟通。是为了实现设定的目标,把信息、思想和情感在个人或团队内传递,并达成共同认知的过程。团队沟通与组织中的层级间沟通不同。团队成员在团队中地位平等,只有工作任务的差异,没有重要性的不同,沟通的目的不仅是传达信息,更主要的是分享及达成共识。

2. 沟通要素以及原则

沟通要素如下:

- 信息发出者。是沟通的主体,他们希望与人或组织交换或分享信息。
- 信息接收者。是沟通的客体,他们是信息发出者所发送信号的预期目标。
- 媒介。任何种类的信息都需要借助一定的媒介才能顺利传递。信息媒介可以是有形的,也可以是无形的。
- 信息。指信息发出者传递的内容,包括说的话、书面文字、动作、表情等。
- 编码与译码。信息发送时,需要变为易于传递的信号,即编码,它是信息发出者组织信息的过程;信息接收者收到信息后,需要翻译并理解收到的信号,就需要译码。
- 反馈。是信息接收者将已收到的信息及对它的理解回送至信息发出者的过程。
- 噪声。指阻碍、改变信息正常传递或影响编码、译码的任何因素。

项目沟通是以项目经理为中心,纵向对高层管理者、项目发起人、团队成员,横向对职能部门、客户、供应商等进行项目信息的交换。项目经理作为项目信息的发言人,应确保沟通信息的准确、及时、有效和权威,为此必须贯彻以下原则:

- 准确。在沟通过程中,必须保证传递的信息有根据、准确无误,语言文字明确、肯定,数据表单真实、充分,避免使用似是而非、模糊不清的语言。不准确的信息不但毫无价值,而且有可能引起混乱,导致信息接收者的误解,使信息接收者作出错误的判断和反应,给项目带来负面影响。
- 及时。项目具有时限性,因此必须保持信息快捷、及时地传递。这样,当出现新情况、新问题时,才能保证及时通知有关各方,使问题得到迅速解决。如果信息滞后,时过境迁,客观条件发生了变化,信息也就失去了传递的价值。
- 完整。首先必须保证沟通信息本身的完整性,否则就会误导他人。其次,必须保持沟通过程的完整性，不能截留信息，尽量保持信息传递渠道的完整性。

- 有效。信息发送者应以通俗易懂的方式进行信息传递与交流，避免使用生僻的、过于专业的语言和符号；信息接收者必须积极倾听，正确理解和掌握信息发送者的真正意图，并提供反馈意见。只有这样，才能实现沟通的目标。

3. 项目沟通管理的作用

当一个项目组付出极大的努力，而所做的工作却得不到客户的认可时，是否应该冷静地反思一下双方的沟通问题？软件项目开发中最普遍的现象是多次返工，导致项目的成本一再加大，工期一再拖延，为什么不能一次把事情做好？主要原因还是沟通不到位。项目沟通有着重大作用：

(1) 项目沟通是决策和计划的基础。项目经理要作出正确的决策，必须以准确、完整、及时的信息作为基础。通过项目内外部环境之间的信息沟通，就可以获得众多变化的信息，从而为决策提供依据。

(2) 项目沟通是组织和控制管理过程的依据和手段。在项目内部，没有良好的信息沟通，情况不明，就无法实施科学的管理。只有通过信息沟通，掌握项目各方面的情况，才能为科学管理提供依据，才能有效地提高项目团队的组织效能。

(3) 项目沟通是建立和改善人际关系必不可少的条件。通过信息沟通和意见交流，可将许多独立的个人、组织团结起来，成为一个整体。信息沟通是人的一种重要的心理需要，是人们用以表达思想、感情与态度，寻求同情与友谊的重要手段。畅通的信息沟通可以减少冲突，改善人与人、人与团队之间的关系。

(4) 项目经理成功领导的重要手段。项目经理通过各种途径将意图传递给下级人员，并使下级人员理解和执行。如果沟通不畅，下级人员就不能正确理解和执行领导意图，项目就不能按经理的意图进行，最终导致项目混乱甚至项目失败。因此，提高项目经理的沟通能力，与领导过程的成功性关系极大。

(5) 信息系统本身是沟通的产物。软件开发过程实际上就是将手工作业转化成计算机程序的过程。软件开发的原料和产品就是信息，中间过程之间传递的也是信息，而信息的产生、收集、传播、保存正是沟通管理的内容。可见沟通不仅仅是软件项目管理的必要手段，更重要的，沟通是软件生产的手段和生产过程中必不可少的工序。

(6) 软件开发的柔性标准需要通过沟通来弥补。软件的标准柔性很大，往往在用户的心里，用户满意是软件成功的标准，而这个标准在软件开发之前很难确切、完整地表达出来。因此，在开发过程中，项目团队和用户的沟通互动是解决这一现实问题的唯一办法。

4. 项目沟通管理的知识领域

项目沟通管理的过程如图 18-27 所示，主要包括以下 3 个过程：

(1) 规划沟通管理。是根据项目干系人的信息需求及组织的可用资产情况，制订合适的项目沟通方式和计划的过程。

(2) 管理沟通。是根据沟通管理计划，生成、收集、分发、保存、检索及最终处置项目信息的过程。

(3) 控制沟通。是在整个项目生命周期中对沟通进行监督和控制的过程，以确保沟通能满足项目干系人对信息的需求。

项目沟通管理

1. 规划沟通管理

输入
- 项目管理计划
- 干系人登记册
- 事业环境因素
- 组织过程资产

工具和技术
- 专家判断
- 沟通需求分析
- 沟通技术
- 沟通模型
- 沟通方法
- 人际关系与团队技能
- 数据表现
- 会议

输出
- 沟通管理计划
- 更新的项目文件

2. 管理沟通

输入
- 沟通管理计划
- 项目文件
- 工作绩效报告
- 事业环境因素
- 组织过程资产

工具和技术
- 沟通技术
- 沟通方法
- 沟通技能
- 项目管理信息系统
- 项目报告
- 人际关系与团队技能
- 会议

输出
- 项目沟通记录
- 更新的项目管理计划
- 更新的项目文件
- 更新的组织过程资产
- 团队绩效评价

3. 控制沟通

输入
- 项目管理计划
- 项目文件
- 问题日志
- 工作绩效数据
- 事业环境因素
- 组织过程资产

工具和技术
- 专家判断
- 项目管理信息系统
- 数据表现
- 人际关系与团队技能
- 会议

输出
- 工作绩效信息
- 变更请求
- 更新的项目管理计划
- 更新的项目文件

图 18-27　项目沟通管理过程

18.9.2　项目沟通管理过程

1. 规划沟通管理

规划沟通管理是根据项目干系人的信息需求及组织的可用资产情况，制订合适的项目沟通方式和计划的过程。本过程的主要作用是识别和记录与项目干系人之间最有效率且最有效果的沟通方式。有效率的沟通是指以正确的形式、在正确的时间把信息提供给正确的受众，并且使信息产生正确的影响。各项目的信息需求和信息发布方式可能差别很大，需要适当考虑并合理记录用来存储、检索和最终处置项目信息的方法。在规划沟通管理时应重点考虑以下几个问题：

- 信息应存储在什么地方？
- 信息应以什么形式存储？
- 如何检索信息？
- 信息需求方是谁？信息的权限什么？
- 什么时候需要提供信息？
- 是否需要考虑时差、语言障碍和跨文化因素等？

2. 管理沟通

管理沟通是根据沟通管理计划，生成、收集、分发、保存、检索及最终处置项目信息的过程。本过程的主要作用是促进项目干系人之间实现有效率且有效果的沟通。

本过程不局限于发布相关信息，还要设法确保信息被正确地生成、接收和理解，并为项目干系人获取更多信息、展开澄清和讨论创造机会。有效的沟通管理需要借助以下技术：

(1) 会议管理技术。准备议程和处理冲突。

(2) 演示技术。知晓形体语言和视觉辅助设计的作用。

(3) 引导技术。建立共识和克服障碍。

(4) 倾听技术。主动倾听(告知收悉、主动澄清和确认理解),清除妨碍理解的障碍。

有效的沟通管理还要考虑以下问题:

(1) 发送/接收模型。其中也包括反馈回路,为互动和参与提供机会,有助于清除沟通障碍。

(2) 媒介选择。根据情形确定以下几点:何时使用书面沟通或口头交流,何时准备非正式备忘录或正式报告,何时进行面对面沟通或通过电子邮件沟通。

(3) 写作风格。合理使用主动或被动语态、句子结构,以及合理选择词汇。

3. 控制沟通

控制沟通是在整个项目生命周期中对沟通进行监督和控制的过程,以确保沟通能满足项目干系人对信息的需求。本过程的主要作用是随时确保所有沟通参与者之间的信息流动的最优化。

控制沟通过程可能引发重新开展规划沟通管理或管理沟通的过程。这种重复体现了项目沟通管理各过程的持续性质。对某些特定信息的沟通,如问题或关键绩效指标(实际进度成本和质量绩效与计划要求的比较结果等),可能立即引发修正措施;而对其他信息的沟通则不会。应该仔细评估和控制项目沟通的影响和各方对影响的反应,以确保在正确的时间把正确的信息传递给正确的受众。

沟通不仅是信息的简单传递和使用,还有很多技巧。掌握以下沟通技巧对于项目沟通无疑会有促进作用。

(1) 沟通内外有别。对内允许有分歧,对外要一致,一个团队要一种声音说话。面对不同的对象甚至可以选用特定的发言人。

(2) 非正式的沟通有利于改善关系。人们的语言风格往往和他的角色有关,在正式场合,说话正规、书面,自我保护的意识也强烈一些;而在私下的场合,人们的语言风格可能是非正规和随意的,反倒能获得更多的信息。

(3) 采用对方能接受的沟通风格。注意肢体语言、语气给对方的感受。无论在语言和肢体动作上,都需要传递一种合作和双赢的态度,使双方在解决问题的同时能够使关系更融洽。

(4) 沟通的升级原则。横向沟通有平等的感觉,合理的纵向沟通有助于问题的快速解决。联想公司提出了“沟通四步骤”:第一步,和对方沟通;第二步,和对方的上级沟通;第三步,和自己的上级沟通;第四步,自己的上级和对方的上级沟通。这反映了沟通的升级原则。

(5) 扫清沟通障碍。职责定义不清、目标不明确、文档制度不健全、过多使用行话等都是沟通的障碍。要逐步扫清这些障碍。

18.9.3 项目干系人管理过程

项目干系人管理就是对项目沟通进行管理,以满足项目干系人的信息需求并解决项目团队与项目干系人之间的问题。积极地管理项目干系人,能够使项目不会因为项目团队与项目干系人之间存在未解决的问题而偏离计划,增强项目团队成员和项目干系人的联系,避免双方在项目实施期间出现重大冲突。项目经理通常负责项目干系人的管理。

1. 识别干系人

识别项目干系人是识别能影响项目决策、活动或结果的个人、群体或组织以及受到项目决策、活动或者结果影响的个人、群体或者组织,并分析和记录他们的相关信息的过程。项目干系人的信息包括他们的利益、参与度、互相依赖、影响力及对项目成功的潜在影响。项目干系人包括项目当事人和其利益受该项目影响(受益或受损)的个人和组织,也可以把他们称作项目的利害关系者。项目干系人还可能包括政府的有关部门、社区公众、项目最终用户、新闻媒体、市场中潜在的竞争对手和合作伙伴等,甚至项目班子成员的家属也应视为项目干系人。在项目或者阶段的早期就识别项目干系人,并分析他们的利益层次、个人期望、重要性和影响力,对项目的成功非常重要。

2. 规划干系人管理

规划干系人管理是基于项目干系人的需求、利益及对项目成功的潜在影响的分析,制订合适的管理策略,以有效调动项目干系人参与整个项目生命周期的过程。此过程为项目团队与项目干系人之间的互动提供清晰且可操作的计划,以保障项目利益。规划干系人管理是一个反复进行的过程,应由项目经理定期开展。

3. 管理干系人

管理干系人是在整个项目生命周期中,与项目干系人进行沟通和协作,以满足他的需求与期望,解决实际出现的问题,并促进项目干系人合理参与项目活动的过程。此过程的作用是帮助项目经理更多地获得来自项目干系人的支持,并把项目干系人的消极作用降到最低,从而显著提高项目成功的可能性。管理干系人过程包括以下活动:

- 调动项目干系人适时参与项目,以获得或确认他们对项目成功的持续承诺。
- 通过协商和沟通管理项目干系人的期望,确保项目目标实现。
- 处理尚未成为问题的项目干系人关注点,预测项目干系人未来可能提出的问题。需要尽早识别和讨论这些关注点,以便评估相关的项目风险。
- 澄清和解决已经识别出的问题。

通过管理干系人,确保项目干系人清晰地理解项目目的、目标、收益和风险,提高项目的成功概率。这不仅能使项目干系人成为项目的积极支持者,而且能够使项目干系人协调和参与项目活动和项目决策。项目干系人对项目的影响力通常在项目启动阶段最大,而后随着项目进展而逐渐降低。

4. 控制干系人

控制干系人是全面监督项目干系人之间的关系,调整策略和计划,以调动干系人参与项目的过程。本过程的作用是,随着项目进展和环境变化,维持并提升项目干系人参与活动的效率和效果。

18.10 项目风险管理

18.10.1 项目风险管理概况

项目是复杂的,是在自然和社会环境中进行的,受众多因素的影响。对于这些内外因素，从事项目活动的主体往往认识不足或者没有足够的力量加以控制。项目的过程和结果常常出乎人们的意料，有时不但未达到项目主体预期的目的，反而使其蒙受各种各样的损失；当然有时也会给他们带来很好的机会。项目同其他经济活动一样有风险。要避免和减少损失，将威胁化为机会，项目主体就必须了解和掌握项目风险的来源、性质和发生规律，进而施行有效的管理。

1. 项目风险的定义

项目风险是指由于项目所处的环境和条件的不确定性和不稳定性以及项目团队不能准确预见或控制的因素的影响，使项目的最终实施结果与项目干系人的期望值产生偏离，并可能造成损失。这个定义至少包含了3层含义：

- 外因。风险来自项目所处外部环境的不确定性和不稳定性，很多来自外部的变化难以预见。
- 内因。风险来自项目团队不能准确预见和不能控制的因素，这不但源于人们认识事物的局限性，而且源于信息的不完整性和滞后性。
- 结果。除了不确定的外因和内因，风险还必须有结果，即项目的绩效偏离了项目干系人的预期。不过仅仅偏离预期不一定是风险，提前完成任务也是偏离预期；只有负面偏离预期并有可能形成损失，才叫作风险。

风险并不一定都是灾难性的。项目实施中最常见的风险就是项目的质量不合格、成本超预算、工期拖延，也就是说，项目的实施突破了质量、时间、成本这3个约束。

2. 风险的分类

为了深入、全面地认识软件项目风险，并有针对性地进行风险管理，有必要将风险分类。以下是软件项目中的主要风险类型：

- 技术风险。指由于与项目研制相关的技术因素的变化而给项目建设带来的风险，包括潜在的设计、实现、接口、验证和维护、规格说明的二义性、技术的不确定性、“老”技术与“新”技术等方面的问题。
- 费用风险。指由于项目任务要求不明确或受技术和进度等因素的影响而可能给项目费用带来超支的可能性。
- 进度风险。指由于种种不确定性因素的存在而导致项目完工期拖延的风险。该风险主要取决于技术因素、计划合理性、资源充分性、项目人员经验等几个方面。
- 管理风险。指由于项目建设的管理职能与管理对象（如管理组织、领导素质、管理计划）等因素的状况及其可能的变化给项目建设带来的风险。
- 社会环境风险。指由于国际、国内的政治、经济技术的波动（如政策变化等）或者由于自然界产生的灾害（如地震、洪水等）而可能给项目带来的风险。
- 商业风险。包括3种风险：开发了一个没有人真正需要的产品或系统（市场风险）；开发的产品不符合公司的整体商业策略（策略风险）；开发了一个销售部不知道如何出售的产品（销售风险）等。

从预测的角度将风险分为以下3类：

- 已知风险。指通过仔细评估项目计划、开发项目的经济和技术环境以及其他可靠的信息来源之后可以发现的风险，例如不现实的交付时间、没有需求或软件范围文档、恶劣的开发环境等。

- 可预测的风险。指能够从过去项目的经验中推测出来的风险，例如人员变动、与客户之间无法沟通等。
- 不可预测的风险。指有可能出现，但很难事先识别出来的风险。

3. 项目风险管理的知识领域

项目风险管理过程如图18-28所示，主要包括以下过程：

项目风险管理

1. 规划风险管理

输入
- 项目章程
- 项目管理计划
- 项目文件
- 事业环境因素
- 组织过程资产

工具和技术
- 专家判断
- 数据分析
- 会议

输出
- 风险管理计划

2. 识别风险

输入
- 项目管理计划
- 项目文件
- 协议
- 采购文档
- 事业环境因素
- 组织过程资产

工具和技术
- 专家判断
- 数据收集
- 数据分析
- 人际关系与团队技能
- 提示清单
- 会议

输出
- 风险登记册
- 风险报告
- 更新的项目文件

3. 实施定性风险分析

输入
- 项目管理计划
- 项目文件
- 事业环境因素
- 组织过程资产

工具和技术
- 专家判断
- 数据收集
- 数据分析
- 人际关系与团队技能
- 风险分类
- 数据表现
- 会议

输出
- 更新的项目文件

4. 实施定量风险分析

输入
- 项目管理计划
- 项目文件
- 事业环境因素
- 组织过程资产

工具和技术
- 专家判断
- 数据收集
- 人际关系与团队技能
- 不确定性表现方式
- 数据分析

输出
- 更新的项目文件

5. 实施风险应对

输入
- 项目管理计划
- 项目文件
- 组织过程资产

工具和技术
- 专家判断
- 人际关系与团队技能
- 项目管理信息系统

输出
- 变更请求
- 更新的项目文件

6. 控制风险

输入
- 项目管理计划
- 项目文件
- 工作绩效数据
- 工作绩效报告

工具和技术
- 数据分析
- 审计
- 会议

输出
- 工作绩效信息
- 变更请求
- 更新的项目管理计划
- 更新的项目文件
- 更新的组织过程资产

图18-28 项目风险管理过程

(1) 规划风险管理。决定了如何动手处理、规划和实施项目的风险管理活动。

(2) 识别风险。决定了哪些风险会对项目造成影响，并记录这些风险的属性。

(3) 实施定性风险分析。对项目的风险进行优先级排序,以便进行后续的深入分析,或者根据对风险概率和影响的评估采取适当的措施。

(4) 实施定量风险分析。测量风险出现的概率和结果,并评估它们对项目目标的影响。

(5) 实施风险应对。开发一些应对方案和措施以提高项目成功的机会,降低项目失败的威胁。

(6) 控制风险。在项目的整个生命周期内,监视残余风险,识别新的风险,执行风险应对计划,并评估这些工作的有效性。

18.10.2 项目风险管理过程

1. 规划风险管理

规划风险管理过程描述如何为项目处理和执行风险管理活动。项目风险管理过程的计划编制非常重要,因为它要保证风险管理的级别、类型及可见性,和风险本身以及项目对组织的重要程度是相称的,这样组织才能提供充足的资源、时间来实施项目风险管理活动,并建立得到一致同意的风险评估基础。

风险管理计划描述的是在项目中如何组织和执行风险管理,作为项目管理计划的一部分。它包含以下部分:

(1) 方法论。定义项目中实施风险管理的方法、工具和可用的数据。

(2) 角色和职责。在风险管理计划中为每种类别的活动定义领导者、支持者和风险管理团队的成员,并且为这些角色分配具体人选。

(3) 预算。为风险管理分配资源并估计成本,以便包含到项目成本基线中。

(4) 制订时间表。定义在项目整个生命周期中风险管理过程的执行频度。并定义风险管理活动,以便包含在项目的进度计划中。

(5) 风险类别。它提供了一种结构化方法,以便使风险识别的过程系统化、全面化,这样,组织就能够在统一的框架下进行风险识别,以提高风险识别的工作质量和有效性。组织可以使用事先准备的常用风险类别。

(6) 风险概率和影响力的定义。风险概率和影响力通常由有组织定义。为保证定性分析的质量和可信度,需要定义不同级别风险的概率和影响力。根据项目的特点,这些定义在风险管理计划编制过程中被裁剪并包含到风险管理计划中,在定性的风险分析过程中将使用这些裁剪过的定义。

(7) 概率及影响矩阵。根据风险对项目目标的影响程度,可以对风险进行排序。对风险进行排序的典型方法是使用一种查询表格,称为概率及影响矩阵。组织根据风险概率和影响程度的组合,决定该风险级别是高、中还是低,同时决定应对该风险的重要程度。这些将在风险管理计划过程中审查、裁剪,以使之适合具体项目。

(8) 已修订的项目干系人对风险的容忍度。将项目风险管理计划过程应用于某一具体项目时,可以调整项目干系人对风险的容忍度。

(9) 报告的格式。描述风险记录的内容和格式以及其他风险报告中应该具备的内容,定义如何对风险管理过程的结果进行归档、分析以及沟通。

(10) 跟踪。为了有利于项目当前和未来的需要,并吸取经验教训,应该将风险的方方面面都记录下来。应确定如何进行这种记录、是否以及如何对风险过程进行审计。要将这些内容进行归档。

2. 识别风险

风险识别过程是将不确定性转变为明确的风险陈述，它是一项贯穿于项目全过程的项目风险管理工作。这项工作的目标是识别和确定项目究竟有哪些风险，这些项目风险究竟有哪些基本的特性，这些项目风险可能会影响项目的哪些方面。例如，一个项目究竟有哪些风险，是项目工期的风险、成本的风险、还是质量风险：一个项目风险究竟是属于有预警信息风险还是属于无预警信息的风险；一个项目风险会给项目的工期、成本、质量等方面带来什么影响；等等。

项目风险识别是项目风险管理中的首要工作。项目风险识别要解决的主要问题包括如下几个方面：

(1) 识别并确定项目有哪些潜在的风险。

只有首先确定项目可能会遇到哪些风险，才能够进一步分析这些风险的性质和后果。在项目风险识别工作中，首先根据风险检查表(参见附录 A)全面分析项目发展与变化中的各种可能性和风险，从而识别出项目潜在的各种风险，并整理汇总成项目风险清单。

(2) 识别引起这些风险的主要影响因素。

只有识别各个项目风险的主要影响因素，才能把握项目风险的发展变化规律，量度项目风险的可能性与后果的大小，从而才有可能对项目风险进行应对和控制。在项目风险识别活动中，要根据项目风险清单，全面分析各个项目风险的主要影响因素以及这些因素对于项目风险的发生和发展的影响方式、影响方向、影响力度等一系列问题，并使用各种方式将这些项目风险的主要因素同项目风险的相互关系描述和说明清楚，可以使用图表的方式、也可以使用文字或数学公式的方式。

(3) 识别项目风险可能引起的后果。

在识别出项目风险和项目风险的主要影响因素以后，还必须全面分析项目风险可能带来的后果及其严重程度。项目风险识别的根本目的就是要缩小和消除项目风险带来的不利后果，同时争取扩大项目风险可能带来的有利后果。在项目风险识别中，还必须识别和界定项目风险可能带来的各种后果。当然，在这一阶段对于项目风险的识别和分析主要是定性的。

3. 实施定性风险分析

定性风险分析包括对已识别风险进行级别排序，以便采取进一步措施，如进行定量风险分析或风险应对。组织可以重点关注高级别的风险，从而可以有效地提高项目的绩效。定性风险分析是通过对风险的发生概率以及影响程度的综合评估来确定其级别的。

通过对风险的概率和影响程度进行级别划分，同时借助专家评审，可以对该过程中经常出现的偏差进行纠正。如果某些风险处理措施是和时间紧密相关的，那么这可能会放大风险的重要程度。通过对当前项目风险中的可用信息质量的评估可以帮助组织理解项目风险的重要性。以下是常用的风险定性分析的工具和技术。

(1) 风险概率及影响评估

风险概率描述的是风险发生的可能性。风险影响描述的是当风险发生时对项目目标的影响，涉及时间、成本、范围、质量等，既包括威胁性的负面影响，也包括机会性的正面影响。

识别风险都会包括概率及影响评估。在由相关人员参与的会议上会根据风险种类进行风险评估，如有可能，还应包括项目组外经验丰富的人员。在这样的交流或会议中，将会评估每个风险的概率水平以及对项目目标造成的影响。某些解释性内容（如假设条件）也会被记录下来以证明这样的定性分析。风险概率及影响划分为很低、低、中、高、很高，也可以用数值表示为0.1、0.3、0.5、0.7、0.9。对一些概率影响很低的风险，不必为其定义级别，但是应包含在一个监视清单中，以便将来进行监控。

2）概率及影响矩阵

根据对风险级别的划分可以对风险进行排序，以便将来进行定量分析和应对。对风险在其概率及影响评估的基础上进行分级。利用查询表和概率及影响矩阵，可以对风险的重要性及级别进行评估。该矩阵通过综合考虑风险概率及风险造成的影响把风险划分为高、中、低3个级别。其中，术语及数值的选择可以由组织自己决定。

组织要为高、中、低的风险级别定义概率及影响矩阵。这些风险级别规则通常由项目组织制订并包含在组织过程资产中。在风险管理计划中，这些规则可以根据具体项目进行定制。图18-29是经常使用的一种概率及影响矩阵。

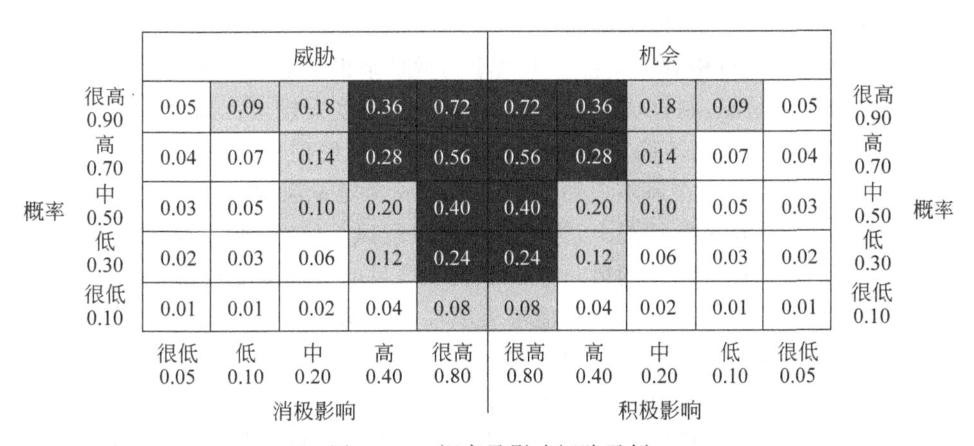

概率	威胁					机会					概率
很高 0.90	0.05	0.09	0.18	0.36	0.72	0.72	0.36	0.18	0.09	0.05	很高 0.90
高 0.70	0.04	0.07	0.14	0.28	0.56	0.56	0.28	0.14	0.07	0.04	高 0.70
中 0.50	0.03	0.05	0.10	0.20	0.40	0.40	0.20	0.10	0.05	0.03	中 0.50
低 0.30	0.02	0.03	0.06	0.12	0.24	0.24	0.12	0.06	0.03	0.02	低 0.30
很低 0.10	0.01	0.01	0.02	0.04	0.08	0.08	0.04	0.02	0.01	0.01	很低 0.10
	很低 0.05	低 0.10	中 0.20	高 0.40	很高 0.80	很高 0.80	高 0.40	中 0.20	低 0.10	很低 0.05	
	消极影响					积极影响					

图18-29　概率及影响矩阵示例

风险值可以作为风险应对的指导。例如，在概率及影响矩阵的高风险区域内发生的对目标造成负面影响的风险将导致优先行动及积极应对策略；在低风险区域内发生的威胁，除了把它放在监视清单中并安排一定的应急储备外，不用采取主动的措施。同样，对于机会性的积极影响而言，那些位于高风险区域内的易于成功并能提供最大利益的风险将会被优先考虑；而那些低风险区域内的风险只需被监视即可。当同样的概率及影响矩阵应用于威胁与机会时，镜像双矩阵将会决定威胁与机会的优先权。

3）风险数据质量评估

风险定性分析的可信度要求精确、无偏的数据。风险数据的质量分析是评价风险管理中的风险数据的有效技术。它包括检验风险理解度及风险数据的精确度、质量、可信度和完整性。

用低质量的风险数据进行定性分析对项目没有任何好处。如果数据质量不可接受，那么就有必要收集更好的数据。经常收集风险数据是比较困难的，而且需要比原计划更多的时间和资源。

4) 风险种类

通过对风险进行分类,可以看出不确定性对项目的哪些方面存在影响。可以按照风险源分类,也可以按照影响范围(如工作分解结构)分类,还可以采用其他分类方法。通过把具有相同根本原因的风险归入一类,有利于采取有效的风险应对措施。

5) 风险紧急程度评估

需要越早作出响应的风险具有越高的紧急程度,也称为风险的优先级。优先级指示器可以把时间包括进来,以便它能影响风险的应对策略、风险的征兆、警告信号和对风险级别的划分。

4. 实施定量风险分析

定量风险分析过程定量地分析风险对项目目标的影响。它在项目面对很多不确定因素时提供了一种量化的方法,可以帮助项目管理者作出尽可能恰当的决策。这一个过程使用蒙特卡罗模拟和决策树等技术来进行分析,其主要内容如下:

- 量化项目的输出及其可能性。
- 评估达成特定的项目目标的可能性。
- 通过量化每个风险相对于项目总体风险的贡献来识别最需要关注的风险。
- 按照项目风险情况,制订切实可行的费用预算、进度安排或范围目标。
- 在一些情况或结果尚不确定的情况下,作出最有利的项目管理决策。

尽管富有经验的管理者在风险识别的同时就完成了定量风险分析,但它通常在定性风险分析之后单独进行。在某些情况下,为了有效地进行风险应对,未必需要对风险进行定量分析。到底采用定量的还是定性的风险分析取决于项目的实际进度和预算情况。当定量风险分析不断重复时,就会出现一种趋势,能够表明需要采取更多还是更少的风险管理措施。定量风险分析的结果是对风险响应计划的输入。

定量风险分析的数据收集和表示技术如下:

(1) 访谈。用来定量分析风险可能对项目目标造成的影响。需要收集的信息取决于采用什么样的概率分布。例如,若采用正态分布,需收集均值和方差。

(2) 概率分布。连续的概率分布经常用来表示活动的历时或成本估算中的不确定性,而离散的概率分布则经常用来表示某种测试的输出或决策树中的某种分支的不确定性。

(3) 专家判断。输入可能来自项目团队、组织内部的专业人员或外部的专家。

2) 定量风险分析和建模技术如下:

(1) 灵敏度分析。可以帮助项目管理者判断哪些风险对项目具有最大的潜在影响。该方法要检查的是以下情况:当其他不确定因素都维持在基线值时,某种因素对项目目标造成的影响。

(2) 期望货币价值分析。它是统计学中的概念,是对未来不确定性输出的统计平均。这种分析方法通常使用在决策树分析法中。建模和模拟分析法在进行成本和进度的风险分析时更加适用,因为它更强大,更贴近实际情况。

(3) 决策树分析。该方法通常用决策树进行分析,它描述了每种可能的选择和相应的概率。它会综合考虑每种选择的成本及其概率以及每条潜在路径的回报。通过决策树分析可以找出每种选择的具体情况,包括成本、预期回报等。

(4) 建模和仿真。项目仿真分析方法使用将不确定性的影响因素细化为对项目产生影响的具体因子的模型。仿真分析通常使用蒙特卡罗技术。

下面给出决策树分析的示例。有一项工程，施工管理人员需要决定下月是否开工。如果开工后天气好，则可创收4万元；若开工后天气坏，将造成1万元的损失；若不开工，则损失1000元。根据过去的统计资料，下月天气好的概率是0.3，天气坏的概率是0.7。利用决策树分析方法得出的结果如图18-30所示。

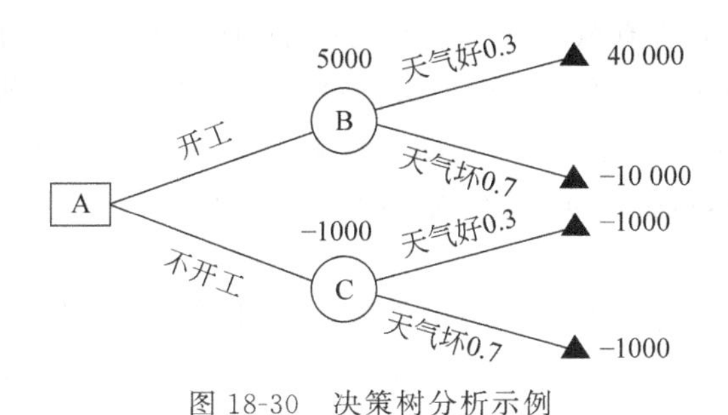

图18-30 决策树分析示例

5. 实施风险应对

风险应对是这样的一系列过程：它通过开发备用的方法、制订一些措施以提高项目成功的机会，同时降低失败的威胁。它在定性风险分析和定量风险分析过程之后进行，包括个体或团队（称为风险应对负责人）的确认和任务分配，使有关方面对已达成共识并有资金支持的风险负责。风险应对计划会依据相应优先级，同时考虑实际需要，把应对风险所需成本与措施加入到项目预算和进度中。

1）负面风险（威胁）的应对策略

负面风险的应对策略包括避免、转移和减轻。

（1）避免。例如，修改项目计划，以消除相应的威胁；隔离项目目标，以免受到影响；放宽项目目标（如获得更多的时间或缩小项目范围）。项目早期出现的一些风险有可能通过澄清需求、获得相关信息、改良沟通或获得专家指导而得到解决。

（2）转移。风险转移是把威胁的不利影响以及风险应对的责任转移到第三方。这种做法只是转移风险给另外的团队，让他们负责去处理，而并没有解决问题。转移风险责任在处理财务问题方面也许有一定效果，接受所转移风险的人或团队需要得到相应的经济补偿。转移方法包括保险、性能约束、授权和保证。

（3）减轻。即通过降低风险的概率和影响程度，使之处于可接受的范围。尽早采取行动以减少风险发生的可能性比在风险已经发生之后去弥补对项目的影响会更好。采用更简单的流程，进行更多的测试，或选择一个更稳定的供应商，都是减轻风险的常用方法。举例来说，在一个子系统中增加冗余设计，可以减轻由于原系统的失效而带来的影响。

2）正面风险（机会）的应对策略

正面风险的应对策略包括开拓、分享和强化。

（1）开拓。这一做法通常在组织希望更充分地利用机会的时候采用，目的是创造条件使机会确实发生，减少不确定性。直接的做法是分配更多资源给该项目，使之可以得到比原计划更好的成果。

（2）分享。将相关重要信息提供给一个能够更加有效地利用该机会的第三方，使项目得到更大的好处。例如,形成风险分享伙伴关系,团队合作,为更有效地利用某种机会而建立有特别目标的公司或合作经营。

(3) 强化。这一做法的目标是通过增大可能性和积极的影响来改变机会的“大小”,发现和强化带来机会的关键因素,寻求促进或加强机会的因素,积极地增大其发生的可能性。

3) 威胁和机会并存时的应对策略

因为避免来自项目的所有风险通常是不可能的,所以有时要采取一种风险接受策略。当项目团队已经决定不通过改变项目计划来应对风险或者不能够识别其他的适当应对策略时,可以采取风险接受策略。它既应对威胁也应对机会。最常用的风险接受策略是预留用于应对突发事件的储备,包括进度、成本或资源,以处理已知的或潜在的突发风险。

4) 应急响应策略

一些应对措施按照设计只有当特定事件发生后才采用。首先制订一个计划来应对风险,随后把它束之高阁,只等以后必要时使用。启动应急计划的触发因素,如未满足内部里程碑或得到更高的优先级的事件,应该被事先定义好并持续进行追踪。

6. 控制风险

风险控制是指跟踪已识别的危险,监测残余风险并识别新的风险,保证风险计划的执行,并评价这些计划对减轻风险的有效性。风险监控应用了一些新的工具,如变化趋势分析方法,通过分析项目实施中的绩效参数以实现风险监控。风险监控是项目整个生命周期的一个持续进行的过程。

项目风险控制的内容主要包括:持续开展项目风险的识别与度量,监控项目潜在风险的发展,追踪项目风险发生的征兆,采取各种风险防范措施,应对和处理发生的风险事件,消除和减轻项目风险事件的后果,管理和使用项目不可预见费,实施项目风险管理计划,等等。

18.11 项目采购管理

18.11.1 项目采购管理概况

1. 项目采购的定义

采购就是从外界获得产品和服务。采购的目的是从外部得到技术和技能,降低组织的固定和经营性成本,把组织的注意力放在核心领域,提高经营的灵活性,降低或转移风险。

在项目开始之初,就应该制订项目的资源采购计划,并在以后的项目实施过程中认真管理采购活动,以保证项目的顺利进行。采购被广泛用于政府行为中,IT行业也经常使用外包这个词。在IT企业中,项目外包则是指将IT项目中的工作内容转移给别的组织或个人来完成。如果只是部分工作内容发生转移,称为部分外包;如果是将全部工作内容转移出去,则称为整体外包。IT项目的采购必须满足两个基本要求:

(1) 符合技术与质量要求。采购的产品与服务要符合项目的技术和质量要求,要适用、可靠、安全,但不一定是最新的工艺技术和最优的质量。对既有项目的改扩建,在采购时要特别注意与既有系统设备的连接、兼容。

(2) 经济性。在符合技术和质量要求的前提下,尽可能选择成本较低的产品与服务。成本的测算不仅要考虑建设期,还要考虑包括运行维护在内的产品全生命周期。

2. IT 项目采购的类型

IT 项目的采购对象一般分为单纯的咨询服务、购置 IT 产品、信息系统的设计开发、复杂的系统工程和系统集成几大类。

1) 咨询服务

咨询服务属于无形采购，范围很广，大致可分为以下 4 类：

- 项目投资前期准备工作的咨询服务，如项目的可行性研究，工程项目现场勘查设计等。
- 项目产品的开发设计和招投标文件编制服务。
- 项目管理、实施监理等执行性服务。
- 技术援助和培训等服务。

2) 购置 IT 产品

此类项目由采购方制订出项目实施计划和相应产品的技术规范，技术和设计风险由采购方承担。承包方同时提供例行的产品安装和售后服务。例如，网络及网络设备的采购、安装及售后服务，PC、UPS、现成的软件产品采购和安装，不管采购的额度有多大，承包商只需要对这些产品进行简单的安装与互连即可。

3) 信息系统的设计开发

这类采购的基本特征是：承包商的风险较大，设计风险主要由承包商来承担，所以承包商的综合能力、专业知识、IT 项目管理能力和风险管理能力成为项目成功的关键。承包商主要依据采购方提供的实施规范，承担项目设计、维护和安装。

4) 复杂的系统工程和系统集成

这类项目兼有工程项目、咨询服务项目和产品采购项目的特征，如大型 ERP 管理系统、银行综合业务系统等。

3. 采购的方式

采购的方式主要有以下 6 种：

(1) 公开竞争性招标。由招标单位通过报刊、广播、电视、网络等媒体工具发布招标公告，凡符合投标条件的法人，都可以在规定的时间内向招标单位提交投标意向书，由招标单位进行资格审查，核准后，投标单位购买招标文件，进行投标。

(2) 有限竞争性招标。又称为邀请招标或选择性招标，是由招标单位或由权威的咨询机构提供信息，向一些合格的单位发出邀请，应邀单位(必须有 3 家以上)在规定的时间内向招标单位提交投标意向书，购买招标文件，进行投标。

(3) 竞争性谈判。也称为谈判性招标、议标，是通过与几家供应商直接谈判达成交易的采购方式。它一般适用于招标技术复杂或性质特殊、采购标的无法确定、不可能拟定工程货物的规格或特点以及时间紧急等情况。

(4) 询价采购。一般习惯称作“货比三家”。它适用于项目采购时即可直接取得的现货采购，或价值较小、属于标准规格的产品采购，有时也适用于小型、简单的工程承包。询价采购是对几家供应商所提供的报价进行比较而作出决策的一种采购方式。

(5) 直接签订合同。指在特定的采购环境下，不进行竞争性招标而直接签订合同的采购方法。主要适于不能或不便进行竞争性招标,竞争性招标的优势不存在的情况下。例如,有些货物或服务具有专卖性质,只能从一家供应商或承包商处获得;在招标时没有一家承包商愿意投标;等等。

(6) 自制或自己提供服务。这种方式不是严格意义上的采购,而是由项目实施组织利用自己的人员和设备生产产品或承包建造工程。这可能是由于项目的一些特殊性要求或项目组织本着成本效益原则分析的结果所决定的。为了避免发生高成本和低效率问题,采用这种方式进行采购前,应尽可能做好详细的设计并估算成本。在实践过程中,应建立严格的内部控制制度,加强对进度、投资质量的控制。

4. 项目采购管理的知识领域

项目采购管理过程如图18-31所示,包括以下3个过程:

项目采购管理

1. 规划采购管理

输入
- 项目章程
- 商业文件
- 项目管理计划
- 项目文件
- 事业环境因素
- 组织过程资产

工具和技术
- 专家判断
- 数据收集
- 数据分析
- 供方选择分析
- 会议

输出
- 采购管理计划
- 采购策略
- 招标文件
- 采购工作说明书
- 供方选择标准
- 自制或外购决策
- 独立成本估算
- 变更请求
- 更新的项目文件
- 更新的组织过程资产

2. 实施采购

输入
- 项目管理计划
- 项目文件
- 采购文档
- 卖方建议书
- 事业环境因素
- 组织过程资产

工具和技术
- 专家判断
- 广告
- 投标人会议
- 数据分析
- 人际关系与团队技能

输出
- 选定的卖方
- 协议
- 变更请求
- 更新的项目管理计划
- 更新的项目文件
- 更新的组织过程资产

3. 控制采购

输入
- 项目管理计划
- 项目文件
- 协议
- 采购文档
- 批准的变更请求
- 工作绩效数据
- 事业环境因素
- 组织过程资产

工具和技术
- 专家判断
- 索赔管理
- 数据分析
- 检查
- 审计

输出
- 结束的采购
- 工作绩效信息
- 采购文档更新
- 变更请求
- 更新的项目管理计划
- 更新的项目文件
- 更新的组织过程资产

图18-31　项目采购管理过程

(1) 规划采购管理。是记录项目采购决策、明确采购方法、识别潜在卖方的过程。在这个过程中要编制采购管理计划和工作说明书。

(2) 实施采购。是获取卖方应答、选择卖方并签订合同的过程。一般采用招标方式来实施,包括编制招标计划、编制产品需求和鉴定潜在的来源、编写并发布采购文件或投标邀请书、制定招标评审标准、发布采购广告、召开招标会议等活动。

(3) 管理采购。是管理采购关系、监督合同绩效以及采取必要的变更和纠正措施的过程。这个过程包括合同的履行、进行支付等活动,有时还涉及合同的修改。

18.11.2 项目采购管理过程

1. 规划采购管理

规划采购管理描述如何管理从招标计划到合同收尾的整个采购过程。它主要回答以下问题：

- 采用何种合同类型？
- 如果标底用作评审标准，由谁来做评审，何时去做？
- 如果企业没有采购部，项目管理队伍本身采取何种措施？
- 如果需要标准采购文件，应到何处去找？
- 如何对多个供应商进行管理？
- 采购如何与项目其他方面协调？

根据项目需要，采购管理计划可以是正式的或非正式的、详细的或简要概括的，它是总体项目计划的组成部分。

2. 实施采购

项目招标是指招标人根据自己的需要提出一定的标准或条件，向潜在投标商发出投标邀请的行为。招标是《中华人民共和国政府采购法》规定的政府采购方式之一，也是最具有竞争、公开透明程度最高的方式。一般来说，招投标活动需经过准备、招标、投标、开标、评标、定标 6 个阶段。

1）准备阶段

在准备阶段，要对招标、投标活动的整个过程作出具体安排，包括对招标项目进行论证分析、确定建设需求或采购方案、编写招标文件和评定方法、组建评标机构、邀请相关人员等活动。主要程序如下：

（1）制订总体方案。对招标工作作出总体安排。包括确定招标项目的实施机构和项目负责人及其责任人、具体的时间安排、招标费用测算、采购风险预测以及相应措施等。

（2）项目综合分析。对要招标的项目，应从资金、技术、生产、市场等几个方面进行全方位综合分析，为确定最终的需求、采购方案及清单提供依据。必要时可邀请有关方面的专家或技术人员参加对项目的前期调查、论证、分析，以提高综合分析的准确性和完整性。

（3）确定招标方案。通过项目分析，会同业务人员及有关专家确定招标采购、建设要求等，确定最佳的方案。主要包括：项目所涉及产品和服务的技术规格、标准以及主要商务条款，项目的采购清单，是否允许分包等。

（4）编制招标文件。招标文件按招标的范围可分为国际招标文件和国内招标文件。国际招标文件要求有中英文两种版本，按国际惯例以英文版本为准。考虑到我国企业的外文水平，招标文件中常常特别说明，当两种版本产生差异时以中文版本为准。按招标的标的物划分，又可将招标文件分为三大类：产品、工程、服务；根据具体标的物的不同还可以进一步细分，例如，工程类招标文件进一步可分一期工程招标文件、二期工程招标文件等。招标人应根据招标项目的要求和招标方案编制招标文件。

（5）组建评标委员会。应注意以下几点：

- 评标委员会由招标单位的代表及技术、经济、法律等方面的有关专家组成，总人数一般为 5 人以上。应为单数，其中专家不得少于三分之二。与投标人有利害关系的人员不得进入评标委员会。

- 《中华人民共和国政府采购法》及财政部制订的相关配套办法对专家资格认定、管理、使用有明确规定,因此,政府采购需要招标的,专家的组成需符合有关规定。
- 在招标结果确定之前,评标委员会成员名单应保密。

(6) 邀请有关人员。主要是邀请有关方面的领导和来宾参加开标仪式,邀请监理单位派代表进行现场监督。

2) 招标阶段

招标阶段主要工作如下:

(1) 发布招标公告(或投标邀请函)。公开招标应当发布招标公告,邀请招标应发布投标邀请函。招标公告必须在指定的报刊或者媒体发布。

(2) 资格审查。可以在招标公告中载明审查的办法和程序,或者通过指定报刊等媒体发布资格预审公告。由潜在的投标人向招标人提交资格证明文件,招标人根据资格预审文件规定对潜在的投标人进行资格审查。

(3) 发售招标文件。在招标公告规定的时间、地点向有兴趣投标且经过审查符合资格要求的单位发售招标文件。

(4) 招标文件的澄清、修改。对已售出的招标文件需要进行澄清或者非实质性修改的,招标人一般应当在投标人提交投标文件截止日期15天前以书面形式通知所有招标文件的购买者,该澄清或修改内容为招标文件的组成部分。

3) 投标阶段

投标阶段主要工作如下:

(1) 编制投标文件。

(2) 投标文件的密封和标记。

(3) 送达投标文件。

投标人可以撤回、补充或若修改已提交的投标文件,但是应当在提交投标文件截止日之前书面通知招标人,对投标文件的撤回、补充或者修改也必须以书面形式提交。

4) 开标阶段

招标人应当按照招标公告(或投标邀请函)规定的时间、地点和程序,以公开方式举行开标仪式。开标由招标人主持,邀请采购人、投标人代表和监督机关(或监理单位)及有关单位代表参加。评标委员会成员不参加开标仪式。

5) 评标阶段

招标人召集评标委员会,向评标委员会移交投标人提交的投标文件。评标应当按照招标文件的规定进行。评标由评标委员会独立进行,任何人不得干预评标委员会的工作。评标程序如下:

(1) 审查投标文件的完整性、符合性和有效性。由评标委员会对接到的所有投标文件进行审查,主要审查投标文件是否完全响应了招标文件的规定,要求必须提供的文件是否齐备,以判定各投标方投标文件的完整性、符合性和有效性。

(2) 对投标文件的技术方案和商务方案进行审查。如果技术方案或商务方案明显不符合招标文件的规定,则可以判定其为无效投标。

(3) 询标。评标委员会可以要求投标人对投标文件中含义不明确的地方进行必要的澄清，但澄清不得超过投标文件记载的范围或改变投标文件的实质性内容。

(4) 综合评审。评标委员会按照招标文件的规定和评标标准、办法对投标文件进行综合评审。这个过程不得也不应考虑其他外部因素和证据。

(5) 评标结论。评标委员会根据综合评审和比较情况，得出评标结论。评标结论中应具体说明收到的投标文件数、符合要求的投标文件数、无效的投标文件数及其无效的原因、评标过程的有关情况、最终的评审结论等，并向招标人推荐1～3个中标候选人(应注明排列顺序并说明按这种顺序排列的原因以及最终方案的优劣比较等)。

6) 定标阶段

定标阶段主要工作如下：

(1) 审查评标委员会的评标结论。招标人对评标委员会提交的评标结论进行审查，审查内容应包括评标过程中的所有资料，即评标委员会的评标记录、询标记录、综合评审和比较记录、评标委员会成员的个人意见等。

(2) 定标。招标人应当按照招标文件规定的定标原则，在规定时间内从评标委员会推荐的中标候选人中确定中标人。中标人必须满足招标文件的各项要求，且其投标方案为最优，在综合评审和比较时得分最高。

(3) 发出中标通知。招标人应当在确定中标人后将中标结果书面通知所有投标人。

(4) 签订合同。中标人应当按照中标通知书的规定和招标文件的规定与中标人签订合同。中标通知书、招标文件及其修改和澄清部分以及中标人的投标文件及其补充部分是签订合同的重要依据。

3. 控制采购

控制采购是管理采购关系、监督合同执行情况，并根据需要实施变更和采取纠正措施的过程。控制采购过程是买卖双方都需要的。该过程确保卖方的执行符合合同要求，确保买方可以按合同条款执行。对于使用由多个供应商提供的产品、服务或成果的大型项目来说，合同管理的关键是管理买方和卖方间的接口以及多个卖方间的接口。根据合同以及卖方当前的绩效水平，如果合同的执行出现偏差，则需要制订纠正措施。如果有合同更新，则应提交更新后的合同及其相关文件。

在控制采购过程中，通过这种绩效审查，考察卖方在未来项目中执行类似工作的能力。控制采购还包括记录必要的细节以管理任何合同工作的提前终止。在控制采购过程中，还需要进行财务管理工作，监督向卖方的付款。在合同收尾前，经双方共同协商，可以根据协议中的变更控制条款及时对协议进行修改，这种修改通常都要以书面形式记录下来。

采购结束主要的工作是合同收尾和组织过程资产更新。项目合同双方在依照合同规定履行了全部义务之后，项目合同就可以终结了。项目合同的收尾需要伴随一系列的项目合同终结管理工作，包括产品或劳务的检查与验收、项目合同及其管理的终止，以及更新项目合同管理工作记录，并将有用的信息存入档案等。需要说明的是，项目合同的提前终止也是项目合同终结管理的一种特殊工作。项目合同收尾阶段的管理任务有如下几个方面：

(1) 整理项目合同文件。

这里的项目合同文件泛指与项目采购或承包开发有关的所有合同文件，包括项目合同本身、所有辅助性的供应或承包工作实际进度表、项目组织和供应商或软件提供商请求并被批准的合同变更记录、供应商或软件提供商制订或提供的技术文件、供应商或软件提供商工作绩效报以及任何与项目合同有关的检查结果记录。这些项目合同文件应该经过整理并建立索引记录,以便日后使用。这些整理过的项目合同文件应该包含在最终的项目总体记录之中。

(2) 项目采购合同的审计。

项目采购合同的审计是对从项目采购计划直到项目合同管理整个项目采购过程的结构化评价,审计的依据是有关的合同文件、相关法律和标准。项目采购合同审计的目标是要确认项目采购管理活动的成功之处、不足之处以及是否存在违法现象,以便总结经验和教训。项目采购合同的审计工作一般不能由项目组织内部人员进行,而是由专业审计部门进行。

(3) 项目合同的终止。

当供应商全部完成项目合同所规定的义务以后,项目组织负责合同管理的个人或小组就应该向供应商提交项目合同已经完成的正式书面通知。一般合同双方应该在项目采购或承包合同中对于正式接收和终止项目有相应的协定条款,项目合同终止活动必须按照这些协定条款规定的条件和过程开展。提前终止合同是合同收尾的特殊情形。

小　　结

IT 项目的管理过程与其他类型项目的管理过程宏观上是一致的。IT 项目管理涉及系统科学、管理科学、计算机科学等方面的知识。企业需要建立一个良好的项目管理体系,项目管理体系是从共性到个性的渐进。项目过程管理统一对时间、质量、成本等指标进行监控,监控范围覆盖所有类型的软件项目。

项目整体管理是唯一贯穿启动到收尾的所有管理过程组的知识体系。对于微型项目来讲,其他项目知识体系或过程组都可以裁剪,但整体管理则是最小的过程集,每一个过程对项目来讲都非常重要。

项目的需求和范围变更是必然会出现的事,不要指望 IT 项目在实施中不会发生变化。这是 IT 项目的特征所决定的。需求的变更会影响项目的进度,影响项目的成本,影响项目的质量,也影响客户对项目的满意度。

项目的进度决定了项目的成本、资源等一系列问题。对项目的实施过程进行有效的控制,使其顺利实现合同规定的工期、质量及造价目标,是项目经理的中心任务之一。加强时间进度管理、协调项目实施进度是项目管理的关键工作。

项目成本是 IT 企业最关心的事,它们会要求项目团队想方设法降低项目成本。项目团队,尤其是项目经理要对项目中的各种成本组成有清醒的认识。项目的成本预算一般也按常规项目管理方式进行,但是,智力成本往往是不易估算的。这需要企业和项目团队综合项目的各种效益统筹考虑。

项目管理应该具有全面的质量管理意识,推行质量管理策略。质量存在于项目的整个生命周期,并涉及项目的方方面面。IT 企业建立质量体系时要根据自己的实际情况而定,既要参考 ISO 9000、CMM 等标准,也要结合自己的业务特点。项目的质量既要依靠制度进行审核、测试、检验,也取决于每个团队成员的个人的素质。

项目风险是影响项目目标实现的所有不确定因素的集合。项目风险管理是在项目过程中识别、评估各种风险因素,采取必要对策控制能够引起不希望的变化的潜在领域和事件。

项目人力资源管理的主要过程包括组织计划编制、人员获取和团队开发。团队是一组个体为实现共同目标而相互依赖、一起工作,团队工作就是项目团队成员为实现共同目标而付出的共同努力。项目团队的工作是否有效直接关系到项目的成败。

沟通是人与人之间的思想和信息的交换,是将信息由一个人传达给另一个人,逐渐广泛传播的过程,建议项目经理要花75%以上时间在沟通上。项目沟通管理就是为了确保项目信息得到合理收集、传输和处理所需实施的一系列过程。

项目采购管理是从项目团队外部获取所需的产品、服务或成果的完整的过程,其中包括采购计划编制、询价计划编制、询价、供方选择、合同管理以及合同收尾。

习　题

18.1　项目管理有哪几个管理过程组?

18.2　项目管理知识体系包括哪些?

18.3　根据图书管理系统案例,结合项目整体管理思想,阐述如何开展项目过程管理。

18.4　项目计划与变更是一对矛盾,如何协调它们?

18.5　如何收集项目需求?

18.6　如何创建工作分解结构?

18.7　结合生活举例说明三点估算法和挣值分析法。

18.8　加强质量管理与提高项目执行效率矛盾吗?如何处理好它们之间的关系?

18.9　QC七种工具和新QC七种工具有哪些?作用是什么?

18.10　IT项目的成本由哪些组成?你能估算一下这些组成部分的大致比例吗?

18.11　如何进行冲突管理?

18.12　项目沟通的原则是什么?

18.13　项目风险如何分类?如何应对项目风险?

18.14　简述马斯洛的需求层次理论和麦格雷戈的XY理论的主要内容。

18.15　简述项目招投标的全过程。

第 5 篇

高 级 课 题

第19章 软件重用技术

软件危机的严重影响迫使人们不断研究和探索更好的软件开发技术和方法。面向对象概念的提出和理论技术的不断发展为缓解软件危机提供了一条有效的技术途径，其中一个主要原因在于它为软件重用提供了有力支持。

软件重用思想的提出及软件重用技术的发展对软件界乃至于整个计算机技术的发展有着深远的历史意义和现实意义。据估计，一个有80%可重用能力的软件开发公司将比同等规模但只有20%可重用能力的公司具有更大的生产能力，这意味着前者能在更短的时间内生产出更多的软件产品。一般而言，利用可靠的重用成分设计和开发的应用系统将得到质量上的总体保证，由此而带来的市场机遇将直接提高公司的经济效益和社会效益。

19.1 软件重用

19.1.1 软件重用的概念

软件重用(reuse)又称软件复用或软件再用。在1968年的北大西洋公约组织(North Atlantic Treaty Organization，NATO)软件工程会议上，Mcilroy在论文《大量生产的软件构件》中第一次提出了软件重用的概念，他认为通过建立可重用的软构件库可以促进大型、可靠软件的开发。在此以前，子程序的概念已经体现了重用的思想，尽管其目的是为了节省当时昂贵的计算机内存资源，并不是为了节省开发软件所需的人力资源，然而子程序的概念的确可以用于节省人力资源的目的，从而出现了通用子程序库，供程序员在编程时使用。数学程序库就是非常成功的子程序重用技术的应用。1983年，Freeman对软件重用给出了详细的定义："在构造新的软件系统的过程中，对已存在的软件人工制品的使用技术"。软件人工制品可以是源代码片断、子系统的设计结构、模块的详细设计、文档和某一方面的规范说明等。所以，软件重用是利用已有的软件成分来构造新的软件。它可以大大减少软件开发所需的费用和时间，而且有利于提高软件的可维护性和可靠性。

19.1.2 软件重用的发展历史和重用过程

软件重用并不是一个新概念，它的首次提出可追溯至20世纪60年代末期。截至目前，软件重用共经历了4个标志性的研究、发展阶段。

1. 1968—1978年：萌芽、潜伏期

在1968年德国格密斯举行的NATO软件工程会议上，Dough Mcilroy在其论文*Mass Produce Software Components*中提出了软件复用概念，希望通过代码复用实现软件开发的大规模生产。Mcilroy设想，软件构件可根据它们的通用性、性能、应用平台等进行分类，使复杂的软件系统可以像硬件设计一样，通过标准的构件进行识别、组装，这也是类构件软件复用思想的雏形。但在以后的10年中，软件复用的研究并未取得实质进展。

2. 1979—1983年：再发现期

1979年Lanergan发表论文，对其完成的一项软件复用项目进行总结，使得软件复用技术重新引起了人们关注。Lanergan分析了5000个COBOL源程序，发现设计和代码中有60%的冗余，因此可标准化并被复用。此后的几年，其他软件开发者也通过研究发现商业、金融等系统的大部分逻辑结构和设计模式都属于编辑、维护、报表等类型的模块，可通过对这些模块重新设计和标准化而得到较高的复用率。

3. 1983—1994年：发展期

1983年，Hed BiggerstuffA和Alan Petis在美国组织了第一次有关软件复用的研讨会。随后，在1984年和1987年，美国*IEEE Transactions on Software Engineering*和*IEEE Software*分别出版了有关软件复用的专辑。1991年，第一届软件复用国际研讨会(International Workshop of Software Reuse，IWSR)在德国举行，在1993年又举行了第二届研讨会。在此期间，欧洲实施了几个有关软件复用的重点项目，如ESF(Eureka Software Factory)，主要目标是为软件复用提供工具支持。

4. 1994年至今：成熟期

1994年的软件复用国际研讨会议改称软件复用国际会议，此时软件复用技术已引起了计算机科学界的广泛重视，越来越多的人投入到这一技术的研究中。面向对象技术的崛起给软件复用技术以新的希望，出现了类库、构件等新的复用方式，微软公司的ActiveX是其典型代表。互联网的出现以及由此引发的全球化分工给软件复用技术的应用提供了又一次良好机遇，很多学者开始着手研究网上软件类库的实现、应用软件的网上组合生产等问题，这一切都预示着软件复用技术正逐步走向成熟。

面向重用的软件生命周期如图19-1所示。

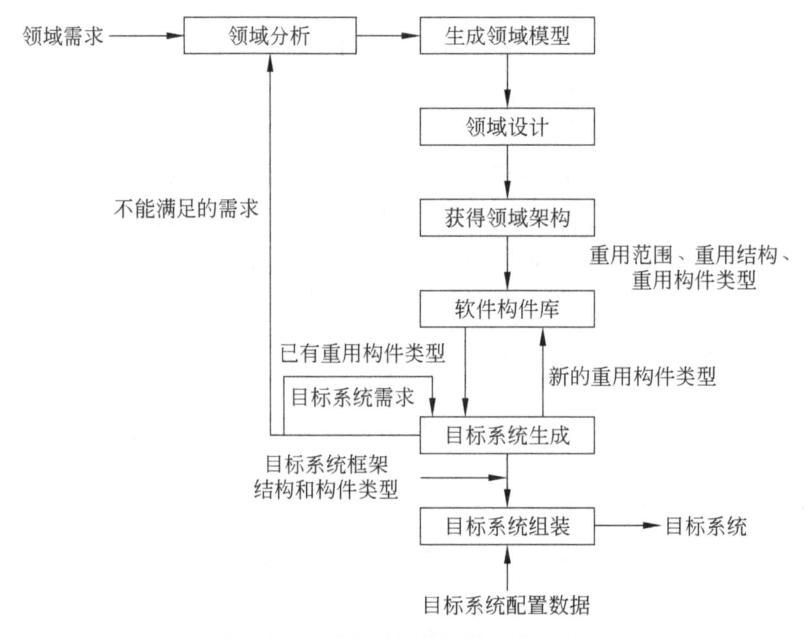

图19-1　面向重用的软件生命周期

19.1.3 软件重用的方法和主要实现途径

广义地说,目前软件重用主要在知识重用、方法和标准重用、软件成分重用3个层次上进行。知识重用主要是指软件工程知识的重用,是软件重用的最高形式,它涉及知识工程和人工智能领域的知识。方法和标准重用是软件工程方法或软件开发规范、标准、法律、法规等的重用,这一级别的软件重用往往是基于软件体系结构的。这两种复用层次属于知识工程研究的范畴。而软件成分包括一切可以用来构造软件系统的成分,包括软件需求、设计规格、源程序代码、模块或其抽象结构等。软件成分重用是提高软件生产率和软件质量最有效的方法之一。一般可以将软件成分重用划分为代码重用、设计结果重用和分析结果重用几个级别,具体的可重用构件可以是软件需求说明书、设计、编码、测试脚本、项目计划、文档、对象框架和子程序等。

Caper Jones 定义了10种可能重用的软件要素:

(1) 项目计划。软件项目计划的基本结构和许多内容都可以跨项目重用。这样可减少制订计划的时间,也可降低与建立进度表、风险分析及其他特征相关的不确定性。

(2) 成本估计。由于不同项目中常包含类似的功能,所以有可能在稍加修改或不修改的情况下重用对该功能的成本估计。

(3) 体系结构。即便应用领域千差万别,但程序和数据体系结构大同小异。因此,可以创建一组类属的体系结构模板(例如事务处理结构),将这些模板作为可重用的设计框架。

(4) 需求模型和规格说明。类和对象的模型和规格说明显然可以重用。此外,用传统软件工程方法开发的分析模型(如数据流图)也可以重用。

(5) 设计。用传统方法开发的体系结构、数据、接口和过程化设计都可以重用。另外,重用系统和对象的设计也是屡见不鲜的。软件系统的设计模型也可以被重用,设计可以被部分地重用或通过面向对象的方法来间接地重用。当一个软件系统需要被重新放到一个完全不同的硬件和软件环境下时,就需要这种重用。

(6) 源代码。验证过的程序构件(用兼容的程序设计语言编写)是可以重用的。代码组件是用于构造程序的可重用代码资源,组合重用代码组件的基本目的是:只需将已有的代码组件组合起来,就可以得到需要的程序。如果将可视化技术、软件原型化技术同代码组件的动态组合重用技术结合起来,则重用者只要通过简单直观的可视化操作就可以成功地重用代码组件。这属于最低级重用,无论软件重用技术发展到何种程度,这种重用方式都将一直存在。不过它的缺点也很明显,一是程序员需要花费大量的精力读懂源代码;二是程序员经常会在重用过程中因不适当地更改源代码而导致错误的结果。

(7) 文本(用户文档和技术文档)。即便特定的应用不同,但也经常有可能重用用户文档和技术文档中的大部分内容。所有的产品,除了代码外,都是为人设计的。因此,文本的重用变得日益重要。超文本是一种主要的技术。其发展趋势是将可重用的文本同其他所有的产品进行集成。

(8) 用户界面。这可能是最广泛地被重用的软件元素,如图形用户界面的软件构件。因为它可占到一个应用的60%的代码量,所以重用的效果最明显。

(9) 数据结构。经常被重用的数据结构包括内部表、列表、记录结构文件和完整的数据库。

(10) 测试用例。只要将设计或代码构件定义成可重用构件,相关的测试用例就应当成为这些构件的“从属品”。

19.2 构件技术

软件系统复杂性的不断增长、软件从业人员的频繁流动和同行之间的激烈竞争迫使软件企业提高软件质量,积累和固化知识财富,并尽可能地缩短软件产品交付时间。集软件重用、分布式对象计算、CASE和企业级应用程序开发等技术为一体,基于构件的软件开发(Component-Based Software Development,CBSD)以软件构架为组装蓝图,以可重用软件构件为组装预制块,支持组装式软件重用,是提高软件生产效率和产品质量、减轻人员流动副作用、缩短产品交付时间的切实有效的途径之一。

19.2.1 构件技术的概念

构件技术的主要技术基础是软构件。软构件又称软组件或组合软件。构件技术是以嵌入后马上可以使用的即插即用型软构件为核心,通过软构件的组合来建立应用技术体系。软构件是二进制形式的可重用的代码和数据段。它们必须遵循一个外部的二进制标准,但是它们的内部实现却是没有限制的,可以用支持指针操作的任何语言来实现。从广义上说,软构件是一种定义良好的独立、可重用的二进制代码,包括功能模块、被封装的对象类、软件框架和软件系统模型等。

构件软件模型是新一代软件技术发展的标志。它的提出很自然,其目的是为了提高软件生产力,不草率地开发应用程序,设计开发人员应尽可能地利用可重用的软构件组装构造新的应用软件系统。它使得软件功能模块得以重用,使得系统易于调试和集成,提高了软件的健壮性,缩短了开发周期,避免了重复编程,是现代程序开发中的基本方式。随着程序开发规模的不断扩大,一个系统要分成若干个子系统,一个子系统又要分成若干个模块,一个完成复杂任务的应用是由若干个功能单一的模块组合而成的。这些模块中有许多具有通用性,于是它们就被抽取出来,按照一定的规范进行封装,形成构件,在其他软件系统的开发中重用,这样就降低了开发的难度,并确保了系统的稳定性和可维护性。

构件可广义地分为4类:系统构件、组织构件、分子构件、原子构件。通常原子构件对应基类,分子构件对应派生类,组织构件则是已调试成功的软件子系统,系统构件即系统总体框架构件。一个系统构件随着组成它的组织构件的不同而构成不同的应用系统,组织构件可以通过构建公用组织构件库进行管理。

19.2.2 可重用构件的设计准则

一个构件不是为一个软件系统特制的,而是为多个应用所共享的。因此,从领域分析、设计到构件提取、描述、认证、测试、分类、入库等都必须围绕可共享的目的进行。这就要求在设计和构造构件时必须遵循以下准则:

- 为增强构件的可重用性,需要提高抽象的级别,以便充分利用构件的继承特性。
- 可理解性、易读性、易修改性强。构件应设计与语义有关的界面,并有完整、正确、容易使用的文档,以利于修正、扩充和完善构件的功能。

- 构件内必须具有很高的内聚度，构件间必须有很低的耦合度。
- 构件必须具有较强的分解力。构件既能被方便地集成，也能针对不同应用，具有灵活的可分解性，因而需要将构件可变部分数据化、参数化，以适合不同的应用。
- 构件必须具有较强的向下兼容能力。构件库必须具有较强的版本控制能力，以利于构件升级。
- 构件必须具有较强的演化能力。将数据与其结构封装在一起，数据应存放在数据构件对象中，能主动解释其结构，这是构件间交互和集成的基础。
- 构件必须具有有用性。构件必须提供有用的功能。
- 构件必须具有可用性。构件必须易于理解和使用。
- 构件必须具有较高的质量。构件及其变体必须能正确工作。
- 构件必须具有适应性。构件应该易于通过参数化等方式在不同语境中进行配置。
- 构件必须具有可移植性。构件应能在不同的硬件运行平台和软件环境中工作。

19.2.3 JavaBean 构件模型

Java 的设计体现了许多重要的软件工程原则，例如简单性、模块化、信息隐藏、可重用、可移植、体系结构中立、解释型等。Java 以其独特的优势在软件开发领域越来越成为主流的开发工具。Java 的主要特性如下：

- 简单(Simple)：Java 有一系列简洁、统一的功能。
- 安全。Java 提供了创建 Internet 应用程序的安全的方法。
- 可移植。Java 程序可以在任何具有 Java 运行系统的环境中执行。
- 健壮。Java 通过严格的输入和运行时错误检查可以实现无错程序设计。
- 多线程。Java 提供了对多线程程序设计的集成的支持。
- 体系结构中立。Java 并不局限于特定的计算机或操作系统体系结构。
- 解释型。通过使用 Java 字节码，Java 支持交叉平台代码。
- 高性能。Java 字节码的执行速度被高度优化。
- 分布式。Java 可在 Internet 的分布式环境中使用。

Java 类可以提供二进制代码的重用，这是仅提供源代码重用的其他语言的类不可比拟的。但是，一个 Java 应用程序利用这些标准的类创建的对象一般并不能被其他的应用程序使用。因为这些对象是存在于不同的应用程序地址空间中的，自然希望对象能像服务器程序那样独立存在，其他应用程序可从它那里获得服务。当然，构件比通常的服务器程序更能节省系统资源。这就是构件技术产生的背景。当前存在 3 种具有代表性的构件模型，即微软公司的 COM/DCOM、Sun 公司的 JavaBean 和 OMG(Object Management Group，对象管理组织)的 CORBA。JavaBean 由于建立在 Java 平台上，具有 Java 的各种优势，已成为主流的构件重用模型。

1. JavaBean 构件模型

JavaBean 是 Sun 公司提出的一种构件规范，遵从该规范编写的构件称为 JavaBean。Java 构件在程序设计语言中是以 Java 类的形式表现的，因此从语言表现形式的角度上看，Java 构件和一般的类并没有本质区别，不同的是 Java 构件中具有一些与支持构件模型有关的属性。JavaBean 本质上就是 Java 类，因而 Java 类的实例化以及调用方式也适用于

JavaBean,而且几乎任何由Java类实现的模块都可以被封装成JavaBean,两者的区别是JavaBean规范使得由Java类封装而成的构件能够被可视化地操作和配置。JavaBean将构件的实现分为属性、方法和事件3部分。这里所说的方法和类的方法是同一概念;事件是构件能激发的、由JavaBean的相应的规范来定义的类;属性等同于面向对象技术中类的属性,但是它需要遵循特别的命名法则以保证能被管理工具所提取和表示。JavaBean的配置参数就是由这些属性表示的,通过配置工具,属性可以取不同的值。通过Java的对象序列化机制,配置的构件被保存成字节流,这些属性的值也一并被存入,以此方式实现定制。关于JavaBean的模型,在以后的叙述中还会进一步说明。

2. Java构件的分类

Java构件可以分为原始构件和组合构件。原始构件是构成组合构件的基本元素,只能通过程序设计语言直接实现;组合构件由原始构件构成。构件还可以按其运行时的可见性分为可视构件和不可视构件。可视构件是指在运行时可见的构件。在开发时构件的可视表示与它们在运行时是一致的,因此,可以在可视编辑器中编辑这些可视构件。例如,窗口、按钮等就是可视构件。一般可视构件都是Java类库中java.awt.Component的子类。不可视构件则指在运行时不需要有图形化表示的构件。在可视编辑器中只能以图标的形式操纵不可视构件。例如,数据库查询构件、通信访问协议构件等就属于不可视构件。

19.3 域 工 程

域(domain)是由具有类似用户需求的一组或一族相关系统组成的一个系统集,它展示了现有各系统的共性、个性和可重用资源,并为相似系统的开发提供了参照模型。域工程为一组相似或相近系统的应用工程建立基本能力和必备基础的过程,它覆盖了建立可重用软件构件的所有活动。一个软件域是共享一组通用的、可控制功能的系统或应用程序,也将其称为产品线(product line)。这些通用的功能嵌入在各种软件构件中。

按照重用活动的应用领域范围,软件重用可分为横向重用和纵向重用。

(1) 横向重用是指重用不同应用领域中的软件元素,例如数据结构、分类算法、人机界面等。标准函数库是一种典型的、原始的横向重用机制。

(2) 纵向重用是指在一类具有较多公共性的应用领域之间进行软构件重用。

使用传统软件开发方法开发的更多是在不同应用领域中重用的算法、函数,重用的机会很有限,同时两个截然不同的应用领域之间实施软件重用的潜力不大。而在现实应用中,在具有较多相似性的应用领域间实施软件重用的潜力比较大,所以,纵向重用才逐渐广受瞩目。

19.3.1 域工程的定义

重用是由两方面组成的:为重用进行的开发(development for reuse)和用重用进行的开发(development with reuse)。分别对应为域工程和应用工程。如图19-2所示。为了有效地进行重用,都需要系统的方法来指导。

域工程是识别和创建一组面向域的可重用构件的过程,域工程是产品线软件开发方法产生的基础。影响一个或一组系统谱系的可维护性、可了解性、可使用性和可重用性。域工

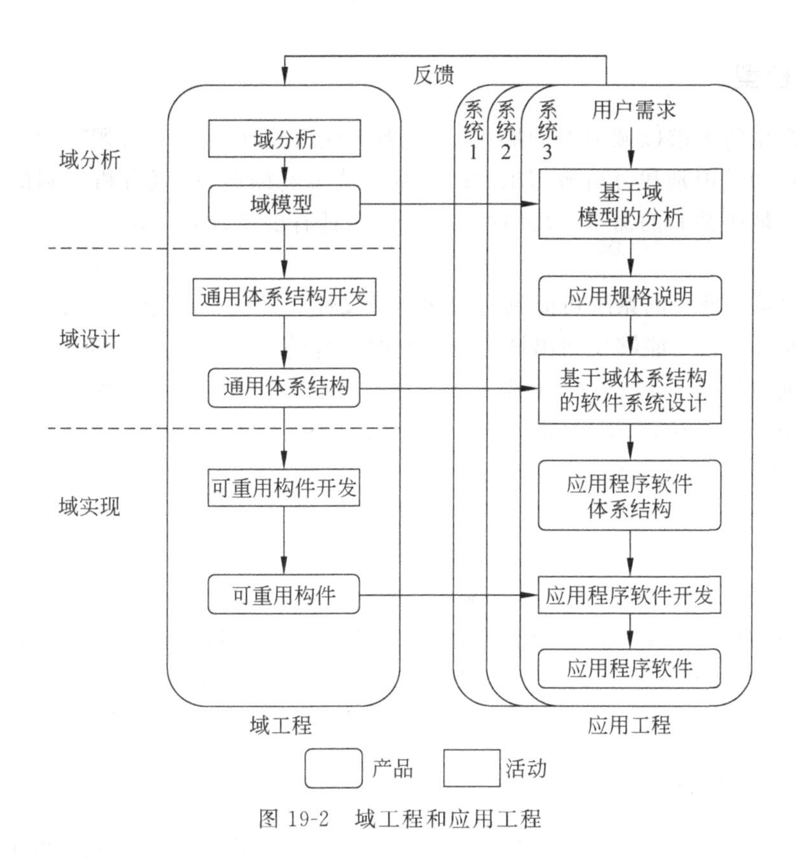

图 19-2　域工程和应用工程

程为域开发域模型和通用体系结构，并基于模型和通用体系结构识别可重用构件。域工程的 3 个组成部分是域分析(定义问题空间)、域设计(通用体系结构的开发，提出解决空间的框架)和域实现(实现提出的解决空间)。

域工程是以域分析为出发点的。域分析包括识别、收集、组织、分析和表示域中的相关信息，是对已有系统和它们开发历史的研究以及从域专家获得的域知识和域中出现的技术的研究。域分析产品包括域定义和域模型。

19.3.2　域分析

早在 20 世纪 80 年代初，James Neighbors 就提出了域分析这一概念，他认为域分析是标识一个特定问题域中一类相似系统的对象和操作的活动。域分析是在域工程内的一种活动，它识别、捕捉和组织在一个域内开发系统所使用的信息，以使其在创建新系统时可重用。所以，域分析是识别、捕捉和组织可用在开发软件系统中的信息，特别是创建新系统时可重用的信息的过程。域分析是一类系统的分析，而不是一个系统。

总之，域分析是标识和捕捉特定域中相似系统的有关信息，尤其是现在和将来需要使用的系统信息，通过分析挖掘出其内在规律及特征，并对信息整理与有效的组织形成正确的模型的活动。在一个特定域中，通过域分析能够为软件开发过程产生一个通用体系结构。简单来说，域分析的目标是确定在限定的域中想要重用的是什么。不同的域，有不同的域特征和功能，也有不同的重用侧重点。

19.3.3 域模型

域分析产生的需求以域模型的形式出现,而不仅仅是用自然语言撰写的文档说明。域分析的主要目的是识别和分析域需求中的可复用成分。因此,由域分析得到的需求模型应该能够识别出域中共有的需求,以及这些需求可能具有的变化性。域分析模型具有如下两个重要性质:

(1) 它记录了域中的系统可能具有的功能性属性和品质(非功能性)属性。

(2) 它的组织结构能够反映出域可能具有的共有的和可变的能力和行为。

域分析通过对同一域中的若干应用系统进行分析,建立特定域的模型。域模型是对域中软件问题空间的描述,即对域需求的描述。该阶段包括的主要活动有:确定域边界,明确分析的对象;识别信息源;考察域中样本系统的需求,确定哪些需求是域中共有的,哪些需求是可选的;依据已获取的域需求,建立特征模型及相关模型;识别域需求之间的依赖、互斥等关系。

域模型包括所有域服务、域属性和域中对象之间的基本关系。目前存在多种域模型,不同的域分析方法可以产生不同的域模型,从不同方面反映域信息。域模型的通常表示方法有面向对象、实体关系属性和人工智能(如语义网络、框架和规则)等。使用通用的表示方法(如统一建模语言,即 UML)能更好地提供知识交流的途径。

19.3.4 域分析方法

域分析方法是在一组相关系统中系统化地寻找公共特性的技术。域分析用于标识重用构件,同时还为域内的一组相关系统标识和建立问题空间,开发类属需求以揭示域内将来出现的问题,并确保在技术、时间、人员、需求和预算发生变化的情况下仍然能够继续维持域内各应用系统的基本能力。

域分析过程是一个迭代过程,它包括4个逻辑过程:标识域、界定域、分析域问题空间、设计域解空间。每个逻辑过程还可细分。

域分析应包括如下结果:

- 对刻画该域应用系统的对象、操作及关系的认识。
- 对可能在该域中一个以上的应用系统中出现的共同对象、操作及关系(它们可能成为一些可重用的实体)的认识。
- 对该域不同应用系统差异的认识。
- 描述该域系统共性的域需求模型。
- 对该域所有的应用系统都适应的参考体系结构或某种抽象级别的共同设计架构。

由于人们对域分析的定义有差异,而且域分析技术本身就是处于几个交叠的系统工程领域中,不同程度地嵌入了这些相关技术,许多域分析方法都与特定的系统模型、分析和设计技术很相似,如面向对象方法等。下面介绍一些有影响的域分析方法:

(1) 面向特征域分析(Feature-Oriented Domain Analysis, FODA)。FODA 是由 Sholom Cohen 等人在国际软件工程协会(Software Engineering Institute, SEI)作为域分析项目的一部分开发的一种域分析方法。FODA 是基于标识系统类中有特色特征的域分析方法。FODA 强调对域内软件系统的主要的或个性特征的标识,这些特征是用户对域的各个侧面或特性的认识，通过这些用户熟悉的特征来引导域产品的生产以及命名。域产品主要是指域内各应用系统的公共功能和体系结构，因此这种分析方法能够充分体现用户所希望的满足应用需求的功能和体系结构。FODA 支持功能和体系结构层上的重用，域内特殊的应用将作为域产品的细化来开发。

FODA 包括 3 个基本阶段：场景分析、域模型和体系结构模型。

(2) 联合面向对象域分析(Joint Object-Oriented Domain Analysis，JODA)。JODA 方法是联合集成航空电子设备工作组(Joint Integrated Avionics Working Group，JIAWG)的一个产品，其主要思想是：运用修改的 Coad/Yourdon 面向对象分析(Coad/Yourdon Object-Oriented Analysis，CYOOA)技术来获取域模型中的信息，并定义域模型来产生可重用软件对象(Reusable Software Object，RSO)，特别是可重用的需求。而域工程运用域模型来定义可重用软件对象，并从分析人员的角度来刻画域所展示出来的问题——域结构，它是一种由整体的一般特征所支配的部分所形成的组织机制，由 CYOOA 图定义，其中整体—部分图定义域的组合，一般—特殊图定义对象中的变化，对象由它们的服务和属性来定义。

JODA 过程由 3 个阶段组成：准备域、定义域、模型化域。

(3) 域分析和域设计过程(Domain Analysis and Domain Design Procedure，DADDP)。DADDP 注重软件和系统重用过程，并依赖于特定的域分析和域设计。它通过各个系统工程方法来描述一个问题空间及其约束条件，然后通过反复运用软件工程、硬件工程、人员工程来寻求问题空间的解。问题空间的这种表示存储于一个生命周期支持环境中。域工程定义问题空间、约束条件和专用域字典。对于一个理想的生产线，还相应地定义了一个一般解体系结构，包括约束和接口。域工程还强调域模型和特定域软件体系结构的分析、设计以及维护和演进。DADDP 还遵循面向对象的方法，使用自顶向下和自底向上的组合方式来标识最大程度的重用潜力，包括一些公共应用领域(水平重用)和特定应用领域(垂直重用)特征。

DADDP 的基本策略是：标识、获取、组织、抽象和表示一个特定域内的共性和差异，便于在一个组织好的域知识主体内有效地揭示生命周期工作产品的可重用性。DADDP 的步骤包括标识域、界定域、分析域、设计域。

19.3.5 域分析过程框架

域分析实施过程的一般原则如下：

(1) 开发特定域范围内类属的(genetic)和广泛适合的域构件，并以达到最大程度的重用为目标。

(2) 域知识及域基础结构的形式化和建模。

(3) 域分析过程的事务过程模型描述、细化和建模。

(4) 域产品的层次化。

域分析过程框架包含以下 6 个阶段。

1. 标识域阶段

该阶段主要包括以下 4 个步骤，并在此基础上开发域场景分析。

(1) 标识信息服务。它为可靠的域技能和文档资源提供了必要的信息。

(2) 采集初始域信息。收集域信息,为域描述作准备。其目的是开发一个域知识分类,以记录文档源和类型。

(3) 描述域。是阶段开发域的一般描述,包括域内的子域、域间的联系、域内的系统及分类(按系统共性、公共功能和性能分类)以及系统和子系统的类型特征。

(4) 验证域描述。其目的是证实域描述的真实性,包括事务过程模型和数据模型以及需求规范文档。

2. 界定域阶段

该阶段主要标识域的边界和范围,以便在此基础上进行一系列的域分析活动,并建立用于划分和定义域边界、校验域范围的标准(包括域技能的实用性、一致的域开发方法、可用文档的数量和质量)。

3. 分析域阶段

在该阶段组织、综合问题空间信息,标识公共特性(标识对象及联系、确定行为、标识约束条件、开发公共对象模型、校验公共对象模型),确定公共对象自适应需求,校验域模型。其目的是合并和分类现有分析信息,必要时需对现有源代码进行逆向工程。用于分析域的图包括面向对象的(类)、过程化的、联系化的和行为化的。域的开发生成了公共对象模型且集成了对象联系模型、对象行为模型、对象约束图。此外,还包括每个对象和类所需的并发特征、逻辑/算法及外部接口。

其主要结果包括域定义和域模型:

(1) 域定义采用顶层主题图、顶层整体—部分图、顶层一般—特殊图、域服务、域依赖、域字典和文本化描述。

(2) 域模型包括域原型模型、域功能模型、域动态模型、域对象模型和域信息模型。

4. 设计域阶段

该阶段构造一个设计,它反映了在域约束下域模型问题的解,主要包括标识和评估可选的一般体系结构,形成一个需求和约束模型,利用域设计来分类和标识可能的构件,从中筛选出满足相应需求层次的构件。其主要的结果包括层次化的域体系结构模型和特定域的软件体系结构。

5. 定制域阶段

与JODA方法的模型化域相似,该阶段的主要任务是解释对象生命历史和状态—事件响应、标识和走查脚本以及抽象和分组对象。其主要结果包括可重用的软件对象和面向对象方法的对象模型。

6. 特化域阶段

与FODA方法的功能建模相似,该阶段的主要任务是定义模块的特征、功能和数据对象,并描述模块间的依赖关系及组成。其主要结果包括特征模型、用例图、功能模型和模块结构流程图。

19.3.6 域分析过程的UML描述

在标识域阶段可用UML的用例图对域进行初始描述,设计用例包括评价域技能、描述域、验证域等步骤。用类图和对象图描述域基础知识及其分类。在界定域阶段可以设计用例来定义边界、设定边界、校验域范围等。分析域阶段是域分析过程的核心,可使用UML

的类图和对象图来描述域定义，其分析行为可以是过程化的、联系化的和行为化的，因而可用UML的顺序图、活动图、合作图和状态图来描述。域模型与UML描述的对应关系，如表19-1所示。

表19-1 域模型和UML描述的对应关系

域 模 型	UML	域 模 型	UML
DOM	构件图、配置图	DFM	活动图
DIM	类图、对象图	DPM	用例图
DDM	状态图		

在设计域阶段，可以设计标识并发过程用例、标识过程交互用例、划分模块用例等，用包图来描述体系结构中的模块(功能模块、数据对象)的划分原则和依赖关系以及包与包之间的继承关系和组成关系。在定制域阶段，可用UML的构件来表示可重用软件对象，包括通常意义下的软件构件(实际的源代码文件、二进制代码文件和可执行文件)，还包括其他可重用的分析结果，用UML的构件图来表示可重用软件对象之间的依赖关系。在特化域阶段，描述个性特征，调配功能模块及模块流程，使之可以直接映射到一个实际的应用系统，包括系统硬件的物理拓扑结构以及在此结构上执行的软件，这些可用UML的用例图和配置图来描述。

19.3.7 域设计

使用在域分析中收集的域知识，可以开发一个通用体系结构。前面已谈到，重用的注意力应放在特定应用域，所以通用体系结构也称域特定的软件体系结构(Domain Specific Software Architecture，DSSA)它包括系统中各种构件之间的交互关系的共性和差异，是一个域中产品线的通用体系结构。域工程师将创建的可重用构件分类放入重用库中，由应用工程师所用。因为构件的开发是基于通用体系结构的，所以该活动是以体系结构为中心的。如果将一个系统或子系统视作一个满足确定需要的黑盒子，并且这些系统可重用于构建其他系统，就可以大大地减少开发一个系统/子系统的费用。

19.3.8 域实现

域实现则以域分析模型和DSSA为基础，识别、开发和组织域中的架构和构件等可复用资源。这样，当开发同一域中的新应用时，可以根据域分析模型确定新应用的需求规约，根据特定域的软件架构形成新应用的设计，并以此为基础选择可复用构件进行组装，从而形成新系统。

19.4 构件库的开发

19.4.1 构件库的基本概念

构件库(component repository)是系统的核心，它是由构件及其关系组成，是一种组织、收集、访问与管理若干构件的手段，是管理构件的工具。构件库设计是构件库系统的角度定义构件、构件本质属性以及构件之间应该存在的关系。构件库更多地关心构件的分类、管理和查询，关心如何让重用者知道、了解并得到构件。构件库用于存储和管理特定域构件。针对构件库中存储的构件的特殊性可以设计专用的分类、存储、管理和检索方案，提高构件库的使用效率。

构件库中的可重用构件既可以是类，也可以是其他系统单位。其组织方式可以不考虑对象类特有的各种关系，只按一般构件的描述、分类及检索方法进行组织。在面向对象的软件开发中，可以提炼比对象类粒度更大的可重用构件。

为了便于对构件进行管理，构件库的设计分为4个部分：

(1) 域描述。指明构件所应用的域。

(2) 构件索引。是满足一定要求的构件信息。

(3) 构件规格说明。是构件的功能描述和接口信息，便于对构件进行查询等操作。

(4) 构件实体。是构件的内容，存储在文件中。

构件库的一个重要特征是：域模型和域特定的软件体系结构是组织和查询可复用构件的基础。在同一域中的系统具有一些共同的需求和功能，因此建立构件库能帮助开发者利用这些信息。

为了建立构件库，首先必须获取域的需求，确定域中系统的共同需求，获得域模型；然后获得需求的解决方案，即获得域特定的软件体系结构。经过编码后，形成构件库的基础组织结构，并以域构件的形式存入构件库中。这是一种高效的软件资产，是高级别复用所需的上下文信息。

19.4.2 构件库设计与实现

构造构件库时必须注意以下两方面的问题。

(1) 可重用构件应具备以下属性：

① 有用性。必须提供有用的功能。

② 可用性。必须易于理解和使用。

③ 质量。自身及其变体必须能正确工作。

④ 适应性。应该易于通过参数化等方式在不同语境中进行配置。

⑤ 可移植性。应能在不同的硬件平台和软件环境中工作。

(2) 采用域工程的方法。软件构件是对系统整体结构设计的刻画，包括全局组织与控制结构，构件间通信、同步和数据访问的协议，设计元素间的功能分配，物理分布，设计元素集成，伸缩性和性能，设计选择等以及指导这些集成的模式。

在应用系统的开发过程中，开发人员能否有效地获得满足需求的构件是构件技术能否得到成功应用的关键。构件模型是对构件本质的抽象描述，主要是为构件的制作与构件的复用提供依据。从管理角度出发，也需要对构件进行描述，例如实现方式、实现体、注释、生产者、生产日期、大小、价格、版本和关联构件等信息，它们与构件模型共同组成了对构件的完整描述。

1. 构件的分类

目前有很多构件分类和检索方法，其中有代表性的有人工智能方法、超文本方法和信息科学方法3类。

刻面分类(facet classification)方法能够表达丰富的构件信息。刻面分类方法从若干不同的维度描述复杂对象,将术语(关键词)置于一定的语境中,并从反映构件本质特性的不同视角(刻画)对构件进行分类。每个刻面中有一组术语,术语间基于一般—特殊关系和同义词关系而形成结构化的术语空间。构件的描述术语仅限在给定的刻面中选取。在术语空间中游历可帮助复用者理解相关域。术语空间可以演变。

这种方案的优点在于:它的每一个视角都构成了一个有组织、有层次的术语空间,消除了在问题规模较大时单一术语带来的构件库的混杂问题,方便了管理;视角的独立性使得按这种方案生成的构件库易于修改,因为构件的一个视角内的取值的变化不会影响其他视角;其多视角分类也更便于构件库的使用者理解和使用。该方法在构件库规模较大时更为适用。刻面分类模式对构件的分类使用{刻面,刻面术语}对。其规则如下:

(1) 刻面是一个单词或短语的固定集合,用于描述构件的某个方面或视角。

(2) 刻面术语是来自构件库特定刻面术语列表中的单词或短语。在新构件库的初始阶段,刻面术语个数迅速增长,此时构件库小组会逐渐熟悉用户首选的术语。但是刻面术语必须很快保持稳定,以后只是偶尔加入新的术语。

(3) 对每个特定构件的分类可以使用任意数量的{刻面,刻面术语}对,即每个刻面可以出现任意多次(包括零次)。

刻面的数量应比较少(一般为5～10个,最多可达到15个)。对于用户来说,每个刻面必须清晰和无二义,但不要求不同刻面之间相互独立,也不必应用到每个构件上。

一个典型的刻面集包括以下内容:

- 对象(object):构件实现或操作的软件工程抽象,如Stack、Windows等。
- 功能(function):构件完成的过程或动作,如Sort、Assign或Delete等。
- 算法(algorithm):与某个功能或对象相关联的特殊方法名。例如,对于{刻面,刻面术语}对{Function,Sort}而言,Bubble(冒泡排序)即是一种算法。
- 构件类型(type):构件所处的特定的软件开发阶段,如编码阶段、设计阶段、需求分析阶段等。
- 语言(language):构造构件所用的方法或语言,如C++、Ada等。
- 环境(environment):构件专用的软硬件或协议,如UNIX、SQL等。

通过对构件的各个刻面赋予适当的刻面术语即可完成构件分类,用户可根据刻面术语来检索构件。表19-2为遍历构件的刻面分类模式。

表19-2 遍历构件的刻面分类模式

刻面	刻面术语
功能	遍历
算法	二进制查找
构件类型	Code
语言	C++

为了使用上的方便,可以对上述刻面集进行扩充或修改。例如,包含以下刻面分类模式的刻面集在构件检索时将具有更高的效率和准确性:

- 构件唯一标识符。
- 构件名称。
- 构件功能描述关键字。
- 所用数据结构。
- 数学模型。
- 构件作用对象。
- 构件作用领域。

- 构件应用场所。
- 特别需求的信息。
- 错误处理及例外信息。
- 构件作者。
- 构件完成日期。
- 构件最近一次修改日期。
- 辅助软件。
- 可用的文档描述及测试实例描述。

2. 构件分类的基本步骤

构件分类的基本步骤如下：

(1) 检查构件所有可获得的文档(包括源代码),并写出构件摘要草案。此时对构件要有清晰的理解。

(2) 分析每个刻面的定义,并记录自己认为合适的术语。

(3) 将记录的构件术语与刻面术语进行比较。尽量用刻面术语或它的同义词来分类构件。如果没有合适的术语,就需要建议向构件库加入新术语。

(4) 列出构件在每个刻面中的分类术语。如果是新术语,则需用某种显著的方式标注出来。

(5) 如果有修改,分类完毕后应更正构件的摘要。

(6) 若系统产生了一个关于该构件的查询失败日志,应根据用户的查找需求复审构件的分类术语,并及时更新。

图 19-3 给出了构件分类的流程。

3. 构件的描述

构件库的设计采用刻面分类方法,用 5 个独立的、正交的刻面来描述构件的本质属性,这 5 个刻面包括使用环境(application environment)、应用领域(application domain)、功能(functionality)、层次(level of abstraction)和表示方法(representation)。

构件是构件库的基本单位。构件由构件内容和构件接口组成。构件内容是直接用于复用的软件实体。它有不同的形态,一般采用类、抽象类、框架等形态。构件接口的描述采用微软公司提供的 MIDL 语言。构件接口描述包括构件对外提供的功能、要求的外部环境、纯虚方法等。对构件的分类和检索都建立在构件的 MIDL 描述上。

对构件的描述格式为

构件名称 =< CIE,CID,CF,CL,CC,CIS,CRS,CUS,CGUI)

其中:

- CIE(component in environment)是构件的使用环境,如硬件环境、操作系统、数据库平台、网络环境以及编译系统等。
- CID(component in domain)是构件所在的应用领域,如机场管理信息系统、工厂管理信息系统、医学管理信息系统等。
- CF(component function)是构件实现的功能,如录入、查询、统计等。
- CL(component level)是构件层次,如分析、设计、编码等。
- CC(component composition)是构件结构。

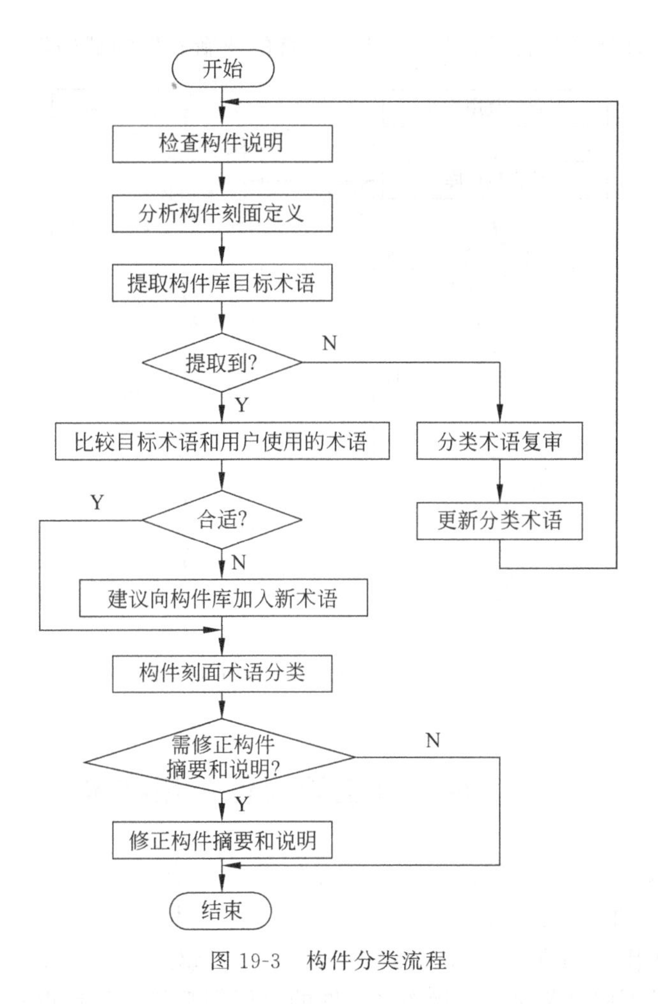

图 19-3 构件分类流程

- CIS(component interface specification)是构件接口说明,包括输入、输出参数等。
- CRS(component relation specification)是构件关联描述,包括本构件与其他构件之间的继承关系。
- CUS(component understanding specification)是对构件的理解性描述,包括版本描述、成熟度、库记录等。
- CGUI(component graphic user interface)是构件的图形用户界面,给出了可视化构件的图形用户界面。

按照上述构件描述格式,能够对构件进行全面的描述,为构件的检索和管理提供基础。

构件按其在信息系统中实现的主要功能可划分为领域通用构件和领域专用构件。领域通用构件包括输入构件、查询构件、报表构件和处理构件等;领域专用构件是针对领域中的某一特定的系统所开发的构件,如公司领导决策构件、数据分析构件、生产调度构件、收费构件、航班信息管理构件、图像显示构件等。由于一个领域中各企业的领域知识各有不同,所以在针对具体企业的项目中往往需要重新开发领域专用构件。

如图 19-4 所示,为了开发具体的应用系统,由应用工程师提出该系统的特定需求,结合构件库中域特定的软件体系结构,以及相关的域构件,构建特定的应用系统。应用系统的开发是在域特定的软件体系结构的框架下，通过已有的或新开发的域构件实现的。

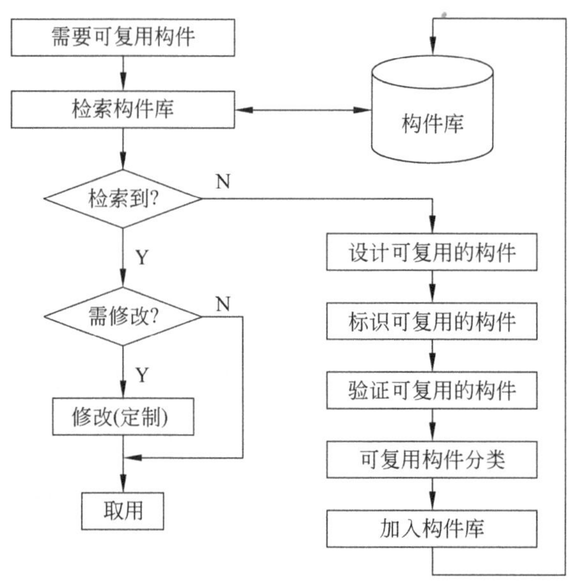

图 19-4　软件复用设计方式

19.5　面向对象的软件重用技术

面向对象技术利用抽象、封装、方法、消息、类、继承等方法为软件重用的实现提供了便利的机制，能很好地体现软件重用的思想。在面向对象技术中，计算机系统总是在一定的对象上执行一定的操作，对不同的对象采取同一行为。实例对类成员函数或操作的引用、子类对父类的继承以及不同对象对同一操作多态性的调用等都能有效地得到可重用、可扩充的软件。就继承而言，子类可以通过继承关系对父类信息进行重用。对象与类之间的信息传递是通过发送消息来实现的，而多态性又准许消息可以根据其发送到的对象而改变其执行行为，同一消息甚至可以因为发送给不同对象而产生不同的操作。这些对构造可重用软构件库是十分有利的。

面向对象方法中的类和对象(类的实例)是较为理想的可重用构件，被称为类构件。类构件有3种重用方式：实例重用、继承重用、多态重用。

1. 实例重用

实例重用的实现有两种形式。

一是使用构造函数和析构函数。构造函数的作用就是在对象被创建时利用特定的值构造对象，将对象初始化为一个特定的状态，使其区别于其他对象的特征。构造函数完成的是实例化一个类的具体过程。而析构函数刚好相反，它用来完成对象被删除前的清理工作。两者都是由系统自动执行的(对于析构函数来说，是在有定义的前提下)。例如，在C++中按需要建立抽象类的实例(对象)，然后向创建的实例发送适当的消息，由构造函数等启动相应的服务，完成相应的任务。对于同一个类来说，有多少次对一个类的实例化，就有多少次该类的重用。

二是创建一个复杂的类来包含几个简单的对象，以此实现实例重用。

2. 继承重用

继承是用来表示类之间相似性的机制，它简化了相似类的重定义。当现有的类构件不能通过实例重用完全满足当前系统需求时，通过继承重用机制可修改已有类构件，进行定制，形成特殊类，以便在当前系统中重用。继承重用的关键在于组织合理的、具有一定深度的类构件等级。例如，子类 Cat、Dog 一方面从基(父)类 Animal 中继承了属性，另一方面又增加了特有的属性。类的继承性允许子类在继承父类的属性和方法的基础上添加新的属性和方法。这样，软件开发人员不仅可以对类安全地进行扩充、修改以满足系统需求，而且还可降低每个类模块的接口复杂度，呈现出一个清晰的继承过程，也使子类的可理解性得到提高。

3. 多态重用

多态重用就是使高层的算法只多算一次，通过提供不同的低层服务满足用户要求，多态性形成由父类和子类组成的树形结构。当树中的子类接收到一个消息时，根据接收消息的对象类型启动特定的方法，简化了消息界面和软构件的连接过程。实现多态重用的途径可以通过函数重载、运算符重载和虚函数来实现。正是重用机制使程序实现了“界面统一，版本不同”的效果。

19.6 软件可重用性度量

对于构件的可重用性度量是构件技术不可分割的一部分。可重用性度量的主要作用如下：

- 对构件库中的可重用构件进行客观的控制，保证构件库中保存的是高可重用性和高质量的构件。
- 构件库中若包含可重用性度量的信息，可以给使用构件库中构件的用户提供有价值的帮助。
- 定量地理解系统的体系结构和详细设计，利用可重用性度量反馈信息构造出更好的系统。

软件可重用性度量指标有以下两种。

1. 方法重用效率 E_{MR}

其计算公式如下：

$$E_{MR}=(N_1-N_2)/N_1 \tag{19-1}$$

其中：

- N_1 是一个自定义方法被继承的次数。
- N_2 是一个自定义方法被重载的次数。

E_{MR}越大，说明该自定义方法的可重用性越高，$0 \leqslant E_{MR} \leqslant 1$。当 $N_1=N_2$ 时，即该方法被继承后均被重载，则相当于对每个继承类中的方法都重新定义，因此可重用性最低；当 $N_2=0$ 时，即该方法的重载次数为 0，则可重用性最高。

2. 类重用效率 E_{CR}

其计算公式如下：

$$E_{CR}=(W_1R_1+W_2R_2)/(W_1R_1+W_2R_2+R_3) \tag{19-2}$$

其中:

- R_1 是类库中未加任何修改而重用的类的个数,W_1 为其重用权值。
- R_2 是类库中经过修改后重用的类的个数,W_2 为其重用权值。
- R_3 是系统新增加的类的个数。

E_{CR}越大,说明类的可重用性越高。

小　结

软件重用是提高软件生产率、改进软件质量的有效途径。可供重用的软件元素包括源程序模块、设计文档、需求分析文档、测试方案与用例等。典型的软件重用过程一般包括域分析、开发构件、组织与扩充构件库、检索与提取构件、理解与修改构件、合成构件等阶段。为便于用户理解和修改构件,构件必须附有充分的设计信息和说明文档。面向对象方法由于具有封装和继承特征,非常适合支持软件重用,因此,目前大多数商品化的构件库都是以类库的形式出现的。

习　题

19.1　简述软件重用的大致过程,说明在此过程中的每个步骤需采用的关键技术。

19.2　比较横向重用与纵向重用的异同及优劣。

19.3　比较标准函数库与构件库的异同及优劣。

19.4　说明域分析与需求分析的共同点。

19.5　针对一类你比较熟悉的应用领域进行域分析。要求以域语言给出该应用领域的共同模型。

19.6　选取一个具体的面向对象类库,说明其基本思想、实现技术和使用方法。

19.7　描述面向对象的软件重用过程。

第 20 章　设计模式

设计模式描述了软件设计过程中某一类常见问题的一般性解决方案。面向对象设计模式描述了面向对象设计过程中特定场景下类与相互通信的对象之间常见的组织关系。

设计模式可以让开发者复用解决方案——通过复用已经建立的设计，为自己的问题找到更高的起点并避免走弯路；也可以让开发者建立通用的术语——交流与协作都需要一个共同的词汇基础、一个对问题的共同观点。设计模式在项目的分析和设计阶段提供了通用的参考点。

20.1　设计模式简介

首先介绍设计模式。设计模式是从解决具体问题抽象出来的，这种具体的问题在特定的上下文(有的书上也称作场景)中重复出现。即每个具体形式都对一种重复的问题采用重复的解决方案。

在面向对象软件工程领域中，开发者通过相互交流在开发过程中所遇到的问题以及解决方法来丰富工程经验。设计模式就是在这样的情况下产生的。

《设计模式：可复用面向对象软件的基础》(以下简称为《设计模式》)一书中描述了 23 种经典的面向对象设计模式，确立了设计模式在软件设计中的地位。该书的 4 位作者被人们并称为 Gang of Four(GoF，四人组)，该书描述的 23 种经典设计模式又被人们称为 GoF23。

由于《设计模式》一书确立了面向对象设计模式的地位，人们通常所说的设计模式隐含地表示面向对象设计模式。但这并不意味设计模式就等于面向对象设计模式，也不意味着 GoF23 涵盖了所有的面向对象设计模式。除了面向对象设计模式外，还有其他设计模式。除了 GoF23 外，还有更多的面向对象设计模式。

GoF23 是学习面向对象设计模式的起点，而非终点；下面对 GoF23 作简单介绍。

20.2　GoF 的 23 种设计模式

设计模式使人们可以更加简单方便地复用成功的设计和体系结构。将已证实的技术表述成设计模式也会使新系统开发者更加容易理解其设计思路。

一般而言，一个设计模式有 4 个基本要素：

(1) 设计模式名称(pattern name)。一个助记名，它用一两个词来描述设计模式的问题、解决方案和效果。命名一个新的设计模式增加了开发者的设计词汇。设计模式允许开发者在较高的抽象层次上进行设计。基于一个设计模式词汇表，开发者之间就可以讨论设计模式并在编写文档时使用它们。设计模式名可以帮助开发者思考，便于开发者与其他人交流设计思想及设计结果。

(2) 问题(problem)。描述应该在何时使用设计模式。它解释设计问题和问题存在的前因后果。它可能描述特定的设计问题,如怎样用对象表示算法等,也可能描述导致不灵活设计的类或对象结构。有时候,问题部分会包括使用设计模式必须满足的一系列先决条件。

(3) 解决方案(solution)。描述设计的组成成分、它们之间的相互关系及各自的职责和协作方式。因为设计模式就像一个模板,可应用于多种不同场合,所以解决方案并不描述一个特定而具体的设计或实现,而是提供设计问题的抽象描述和怎样用一个具有一般意义的元素组合(类或对象组合)来解决这个问题。

(4) 效果(consequences)。描述设计模式应用的效果及使用设计模式应权衡的问题。尽管在描述设计决策时并不总提到设计模式效果,但它们对于评价设计选择和理解使用设计模式的代价及好处具有重要意义。软件效果大多关注对时间和空间的衡量,它们也表述了语言和实现问题。因为重用是面向对象设计的要素之一,所以设计模式的效果包括它对系统的灵活性、扩充性或可移植性的影响,明确地列出这些效果对理解和评价设计模式很有帮助。

GoF 把 23 种设计模式分为创建型设计模式、结构型设计模式和行为型设计模式 3 类:

(1) 创建型设计模式描述了实例化对象的相关技术,解决了与创建对象有关的问题。

(2) 结构型设计模式描述了在软件系统中组织类和对象的常用方法,避免了一个类被赋予过多职责而破坏其封装性、信息的隐藏和类之间功能重叠的问题。

(3) 行为型设计模式负责分配对象的职责,为对象间协作建模提供了有效的策略。

下面按上述分类介绍常用的设计模式。

20.2.1 创建型设计模式

创建型设计模式抽象了实例化过程。它们帮助一个系统独立于创建、组合和表示它的那些对象。一个类创建型设计模式使用继承改变被实例化的类,而一个对象创建型设计模式将实例化委托给另一个对象。

随着系统演化得越来越依赖于对象复合而不是类继承,创建型设计模式变得越来越重要。问题的重心从对一组固定行为的硬编码(hard-coding)转移到定义一个较小的基本行为集,这些行为可以组合成任意多种更复杂的行为。

在这些设计模式中有两个不断重复出现的主旋律:第一,它们都将关于系统使用的具体信息封装起来;第二,它们隐藏了这些类的实例是如何被创建和放在一起的。整个系统关于这些对象所知道的是由抽象类所定义的接口。因此,创建型设计模式在为什么被创建、由谁创建、怎样被创建以及何时被创建等方面给予开发者很大的灵活性。

创建型设计模式有以下 5 个,它们都是对象创建型设计模式。

1. Factory Method

Factory Method(工厂方法)设计模式的结构如图 20-1 所示。

Factory Method 设计模式定义一个用于创建对象的接口,让子类决定实例化哪一个类。Factory Method 使一个类的实例化延迟到其子类。

该设计模式适用于以下情况:当一个类不知道它必须创建的对象的类的时候;或当一个类希望由它的子类来指定它所创建的对象的时候;当一个类将创建对象的职责委托给多个帮助子类中的某一个,并且要将哪一个帮助子类是代理者这一信息局部化的时候。

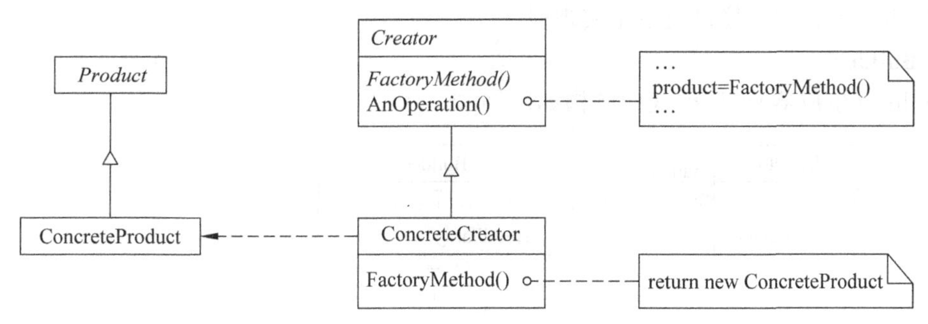

图 20-1 Factory Method 设计模式结构

2. Abstract Factory

Abstract Factory(抽象工厂)设计模式的结构如图 20-2 所示。

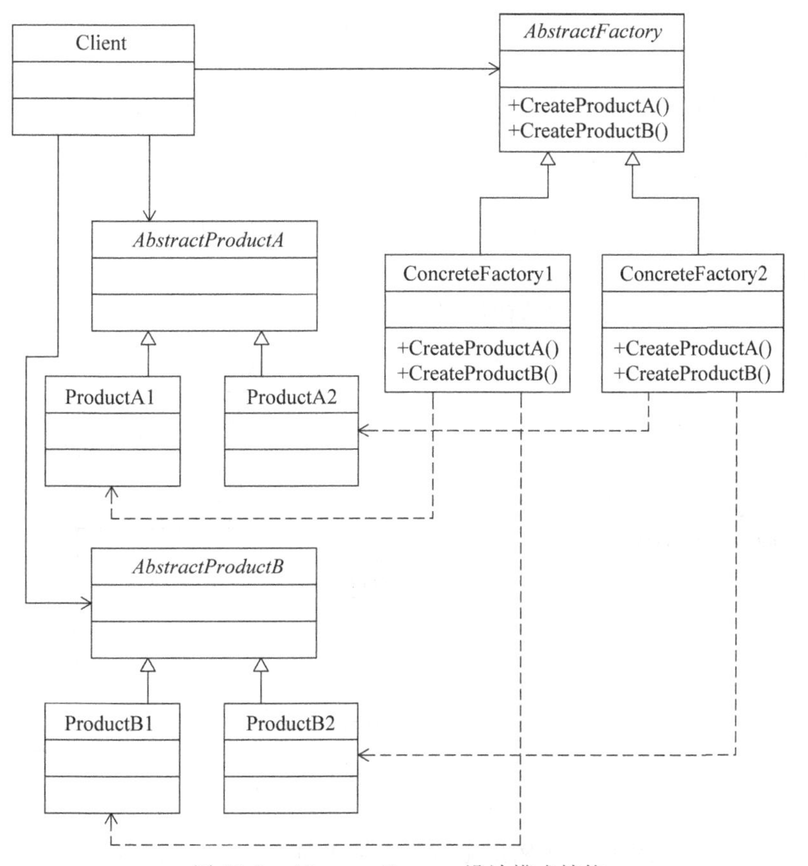

图 20-2 Abstract Factory 设计模式结构

Abstract Factory 设计模式提供一个创建一系列相关或相互依赖的对象的接口,而无须指定它们具体的类。Abstract Factory 设计模式适用于一个系统要独立于它的产品的创建、组合和表示。

该设计模式适用于以下情况:当一个系统要由多个产品系列中的一个来配置时;当开发者要强调一系列相关的产品对象的设计,以便进行联合使用时;当开发者提供一个产品类库,而只想显示它们的接口而不是实现时。

3. Builder

Builder(生成器)设计模式的结构如图 20-3 所示。

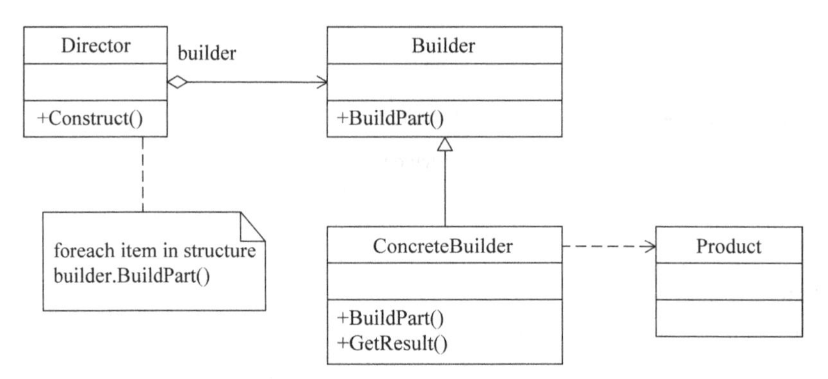

图 20-3　Builder 设计模式结构

Builder 设计模式将一个复杂对象的构建与它的表示分离,使得同样的构建过程可以创建不同的表示。

该设计模式适用于以下情况:当创建复杂对象的算法应该独立于该对象的组成部分以及它们的装配方式时;当构造过程必须允许被构造的对象有不同的表示时。

4. Prototype

Prototype(原型)设计模式的结构如图 20-4 所示。

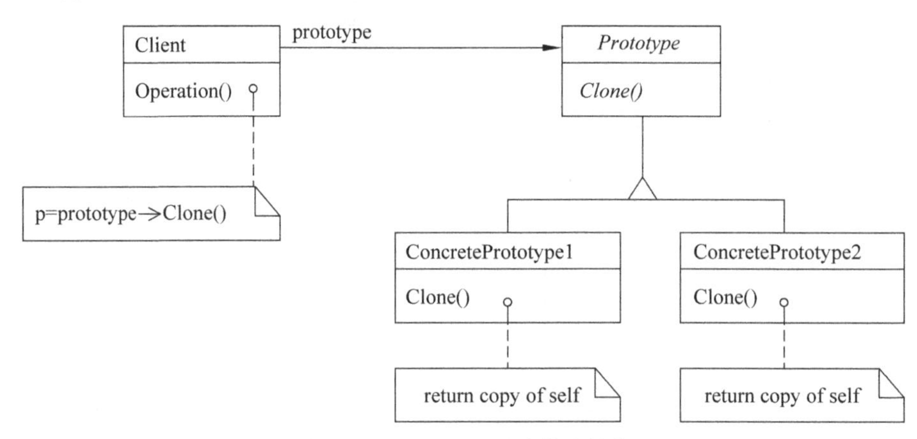

图 20-4　Prototype 设计模式结构

Prototype 设计模式用原型实例指定创建对象的种类,并且通过复制这些原型创建新的对象。

该设计模式适用于以下情况:当要实例化的类在运行时刻指定时,例如通过动态装载;为了避免创建一个与产品类层次平行的工厂类层次时;当一个类的实例只能有几个不同状态组合中的一种时。对于以上情况,建立相应数目的原型并复制它们可能比每次用合适的状态手工实例化该类更方便一些。

5. Singleton

Singleton(单件)设计模式的结构如图 20-5 所示。

Singleton 设计模式保证一个类仅有一个实例，并提供一个访问它的全局访问点。

该设计模式适用于以下情况：当类只能有一个实例而且客户可以从一个众所周知的访问点访问它时；当类的唯一实例是通过子类化可扩展的，并且用户无须更改代码就能使用一个扩展的实例时。

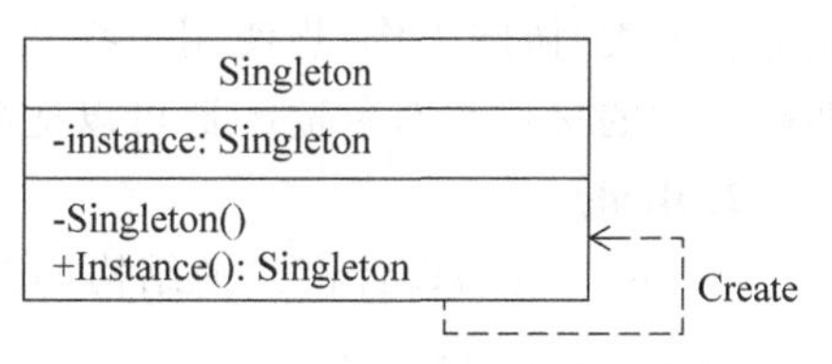

图 20-5　Singleton 设计模式结构

20.2.2　结构型设计模式

结构型设计模式涉及如何组合类和对象以获得更大的结构。结构型类设计模式采用继承机制来组合接口或实现。结构型对象设计模式不是对接口和实现进行组合，而是描述了如何对一些对象进行组合，从而实现新功能的一些方法——因为可以在运行时刻改变对象组合关系，所以对象组合方式具有更大的灵活性，而这种机制用静态类组合是不可能实现的。

结构型设计模式有以下 7 个。其中，除了 Adapter 是类结构型设计模式以外，其余 6 个均是对象结构型设计模式。

1. Adapter

Adapter(适配器)设计模式的结构如图 20-6 所示。

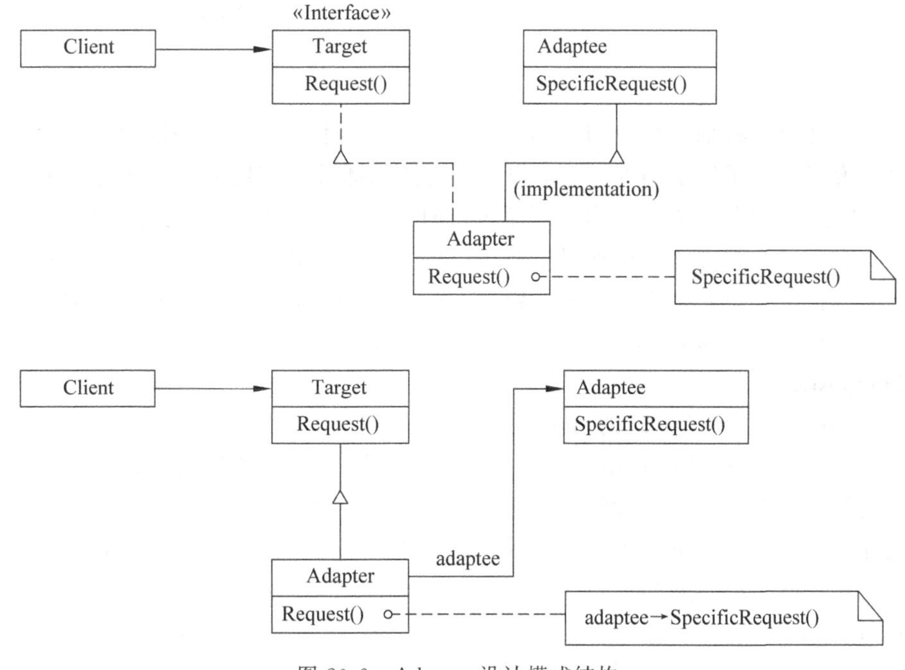

图 20-6　Adapter 设计模式结构

Adapter 设计模式将一个类的接口转换成客户希望的另一个接口。Adapter 设计模式使得原本由于接口不兼容而不能一起工作的类可以一起工作。

该设计模式适用于以下情况：想使用一个已经存在的类，而它的接口不符合开发者的需求；想创建一个可以复用的类，该类可以与其他不相关的类或不可预见的类(即接口不一定兼容的类)协同工作；想使用一些已经存在的子类，但是不可能对每一个都进行子类化以匹配它们的接口。对象适配器可以适配它的父类接口。

2. Bridge

Bridge(桥接)设计模式的结构如图20-7所示。

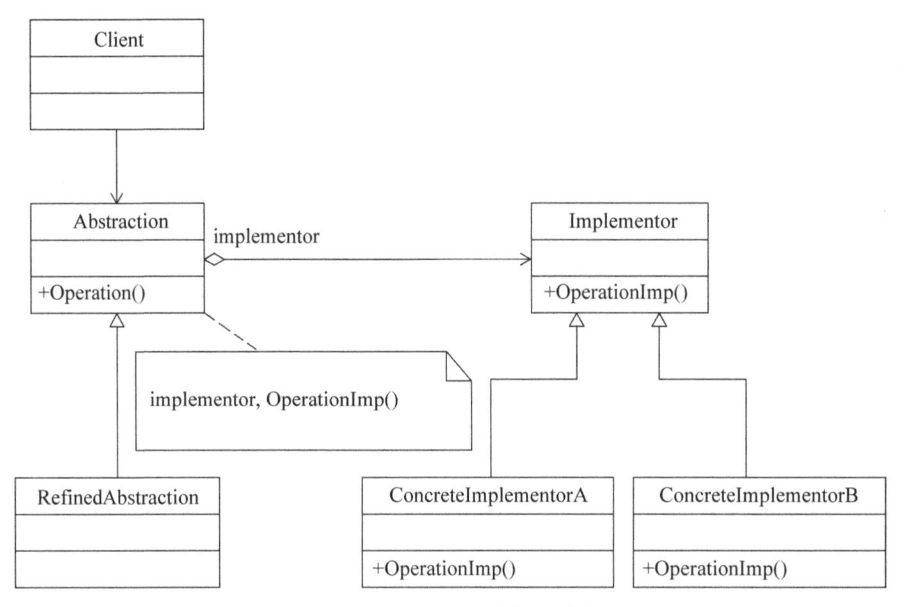

图20-7　Bridge设计模式结构

Bridge设计模式将抽象部分与它的实现部分分离，使它们都可以独立地变化。

该设计模式适用于以下情况：不希望在类的抽象部分和实现部分之间有一个固定的绑定关系，例如，这种情况可能是因为在程序运行时刻实现部分可以被选择或者切换；类的抽象部分以及实现部分都应该可以通过生成子类的方法加以扩充，这时利用Bridge设计模式可以对不同的抽象接口和实现部分进行组合，并分别对它们进行扩充；对一个抽象的实现部分的修改对用户不产生影响，即用户的代码不必重新编译。

3. Composite

Composite(组合)设计模式的结构如图20-8所示。

Composite设计模式将对象组合成树形结构以表示部分—整体的层次关系。Composite设计模式使得用户对单个对象和组合对象的使用具有一致性。

该设计模式适用于以下情况：想表示对象的部分—整体层次关系；希望用户忽略组合对象与单个对象的不同，用户可以统一地使用组合结构中的所有对象。

4. Decorator

Decorator(装饰)设计模式的结构如图20-9所示。

Decorator设计模式动态地给一个对象添加一些额外的职责。就增加功能来说，Decorator设计模式比生成子类更为灵活。

该设计模式适用于以下情况：在不影响其他对象的情况下，以动态、透明的方式给单个

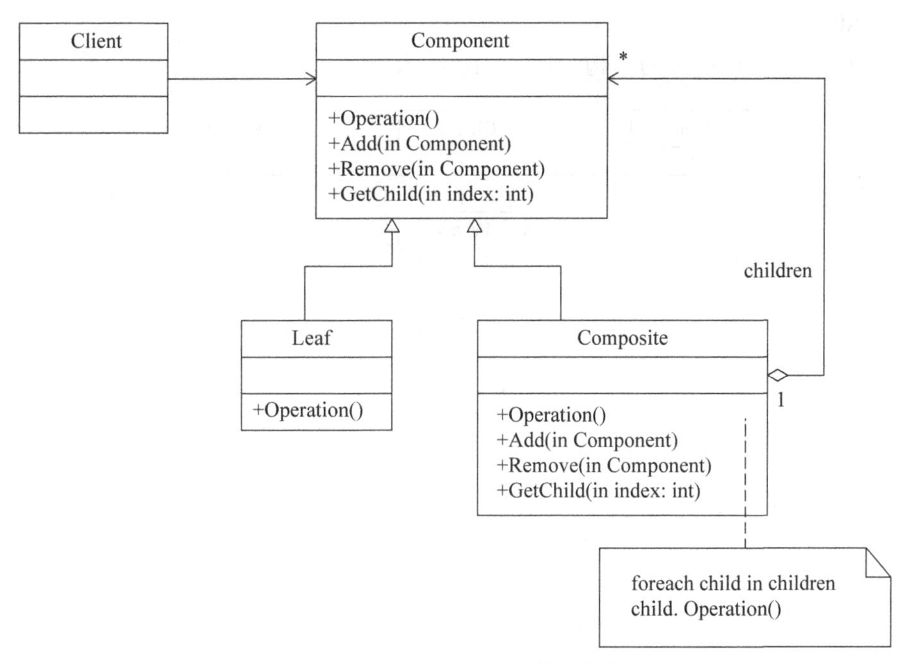

图 20-8 Composite 设计模式结构

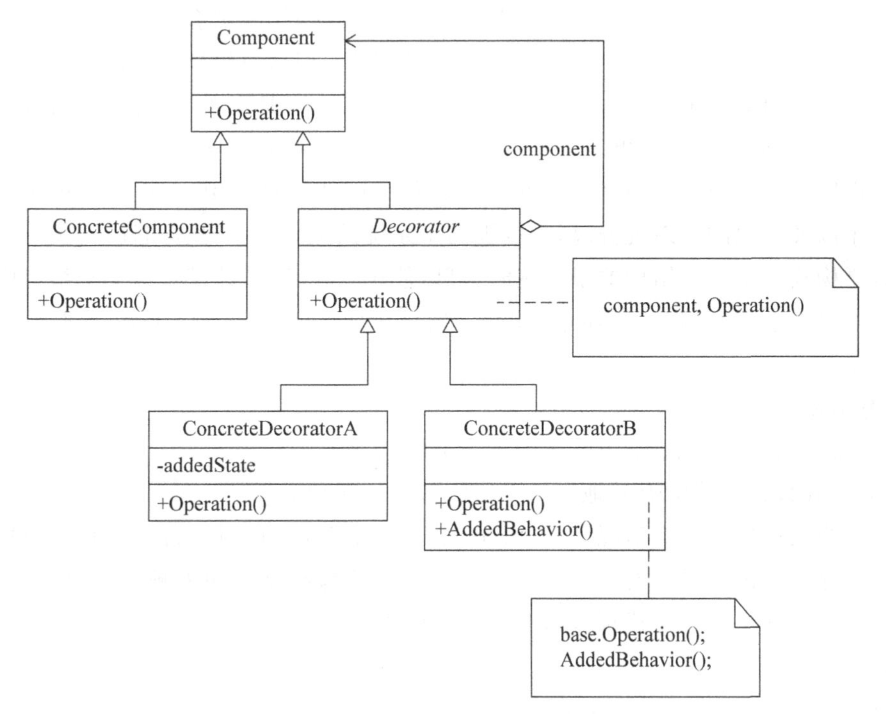

图 20-9 Decorator 设计模式结构

对象添加职责;处理那些可以撤销的职责。当不能采用生成子类的方法进行扩充时,有以下两种情况:一种情况是,可能有大量独立的扩展,为支持每一种组合将产生大量的子类,使得子类数目爆炸式增长;另一种情况是,类定义被隐藏,或类定义不能用于生成子类。

5. Facade

Facade(外观)设计模式的结构如图 20-10 所示。

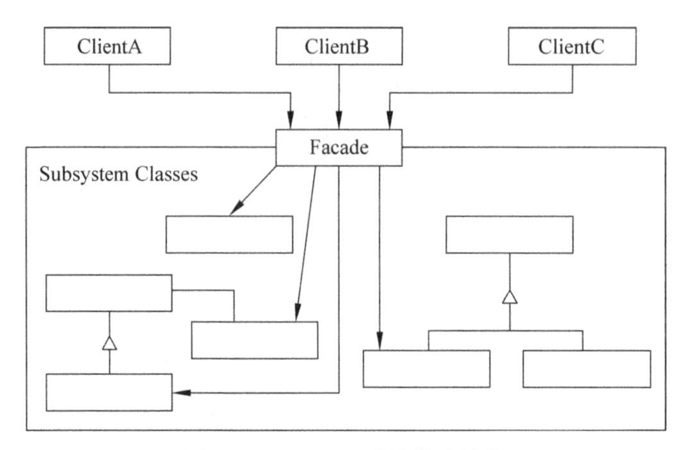

图 20-10　Facade 设计模式结构

Facade 设计模式为子系统中的一组接口提供一个一致的界面,Facade 设计模式定义了一个高层接口,这个接口使得这一子系统更加容易使用。

该设计模式适用于以下情况:当要为一个复杂子系统提供一个简单接口时。子系统往往因为不断演化而变得越来越复杂。大多数设计模式在使用时都会产生很多更小的类。这使得子系统更具可重用性,也更容易对子系统进行定制,但这也给那些不需要定制子系统的用户带来一些使用上的困难。Facade 可以提供一个简单的默认视图,这一视图对大多数用户来说已经足够,而那些需要更高的可定制性的用户可以越过 Facade 层。

客户程序与抽象类的实现部分之间存在着很大的依赖性。引入 Facade 将这个子系统与客户程序以及其他的子系统分离,可以提高子系统的独立性和可移植性。

当需要构建一个层次结构的子系统时,可以使用 Facade 设计模式定义子系统中每层的入口点。如果子系统是相互依赖的,可以让它们仅通过 Facade 进行通信,从而简化它们之间的依赖关系。

6. Flyweight

Flyweight(享元)设计模式的结构如图 20-11 所示。

Flyweight 设计模式能有效地支持大量细粒度的对象。

该设计模式适用于以下情况:一个应用程序使用了大量的对象;由于使用大量的对象,造成很大的存储开销。对象的大多数状态都可变为外部状态。如果删除对象的外部状态,就可以用较少的共享对象取代很多组对象。应用程序不依赖于对象标识。

7. Proxy

Proxy(代理)设计模式的结构如图 20-12 所示。

Proxy 设计模式为其他对象提供一种代理,以控制对这个对象的访问。

该设计模式适用于以下情况:需要用比较通用和复杂的对象指针代替简单指针,下面是一些可以使用 Proxy 设计模式的常见情况:

(1) 远程代理(remote proxy)。为一个对象在不同的地址空间提供局部代表。

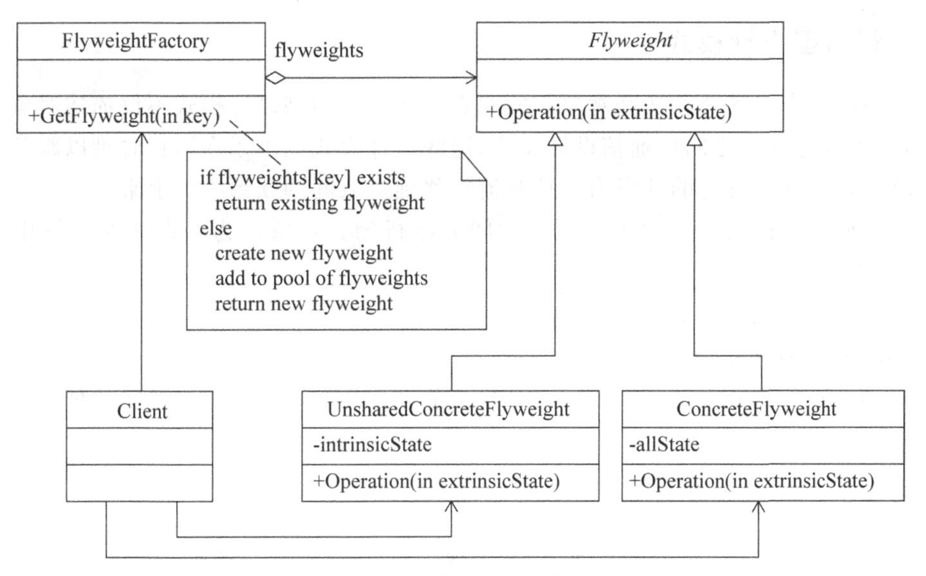

图 20-11 Flyweight 设计模式结构

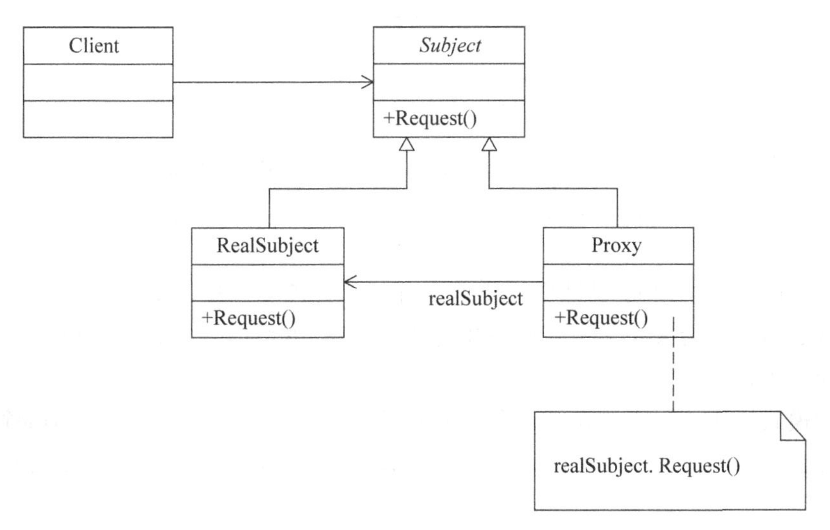

图 20-12 Proxy 设计模式结构

(2) 虚代理(virtual proxy)。根据需要创建开销很大的对象。

(3) 保护代理(protection proxy)。控制对原始对象的访问。保护代理用于对象应该有不同的访问权限的时候。

(4) 智能指引(smart reference)。用它取代简单的指针,可以在访问对象时执行一些附加操作。它的典型用途如下:

- 对指向实际对象的引用计数。这样,当该对象没有被引用时,可以自动释放它。
- 当第一次引用一个持久对象时,将它装入内存。
- 在访问一个实际对象前,检查是否已经锁定了它,以确保其他对象不能改变它。

20.2.3 行为型设计模式

行为型设计模式涉及算法和对象间的职责分配。行为型设计模式不仅描述对象或类的设计模式,还描述它们之间的通信设计模式,这些设计模式刻画了在运行时难以跟踪的复杂的控制流。它们将开发者的注意力从控制流转移到对象间的联系方式上来。

类行为型设计模式使用继承机制在类间分派行为。对象行为型设计模式使用对象复合、协作完成它们承担的任务。

行为型设计模式有以下11个。

1. Chain of Responsibility

Chain of Responsibility(职责链)设计模式的结构如图20-13所示。它是对象行为型设计模式。

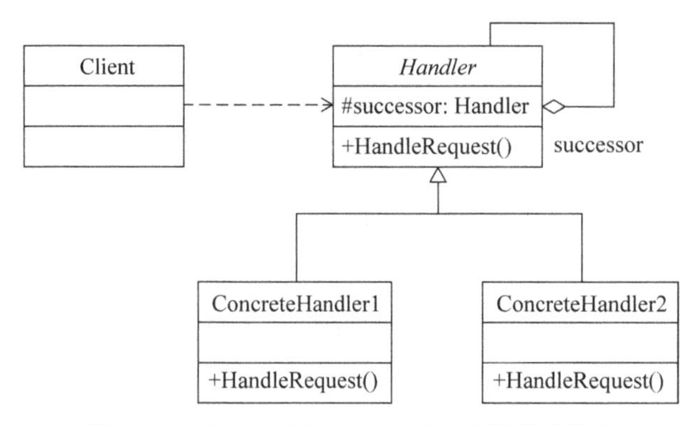

图20-13　Chain of Responsibility 设计模式结构

Chain of Responsibility 设计模式使多个对象都有机会处理请求,从而避免请求的发送者和接收者之间的耦合关系。将这些对象连成一条链,并沿着这条链传递该请求,直到有一个对象处理它为止。

该设计模式适用于以下情况:有多个的对象可以处理一个请求,具体由哪个对象处理该请求在运行时刻自动确定;要在不明确指定接收者的情况下向多个对象之一提交一个请求。

可处理一个请求的对象集合被动态指定。

2. Command

Command(命令)设计模式的结构如图20-14所示。它是对象行为型设计模式。

Command 设计模式将一个请求封装为一个对象,从而使开发者可用不同的请求对客户程序进行参数化,对请求排队或记录请求日志,以及支持可撤销的操作。

该设计模式适用于以下情况:将调用操作的对象与实现操作的对象解耦。

3. Interpreter

Interpreter(解释器)设计模式的结构如图20-15所示。它是类行为型设计模式。

Interpreter 设计模式给定一个语言,定义它的文法的一种表示,并定义一个解释器,这个解释器使用该表示来解释给定语言中的句子。

该设计模式适用于以下情况:当有一个语言需要解释执行,并且可将该语言中的句子

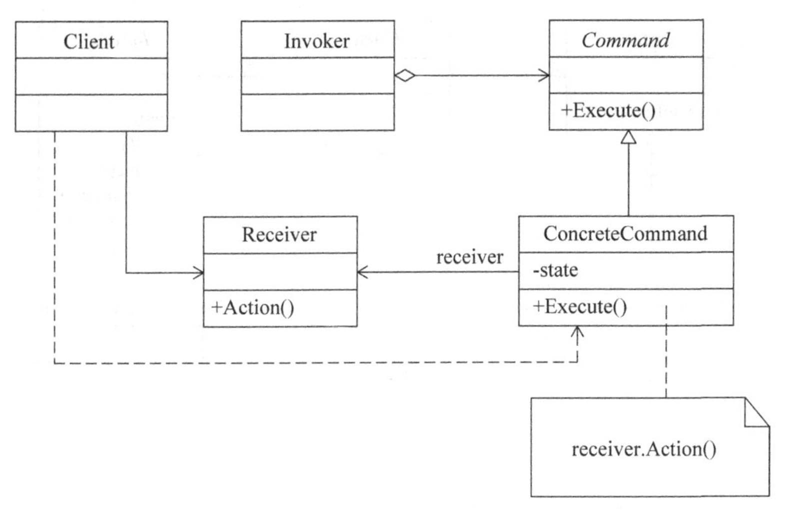

图 20-14 Command 设计模式结构

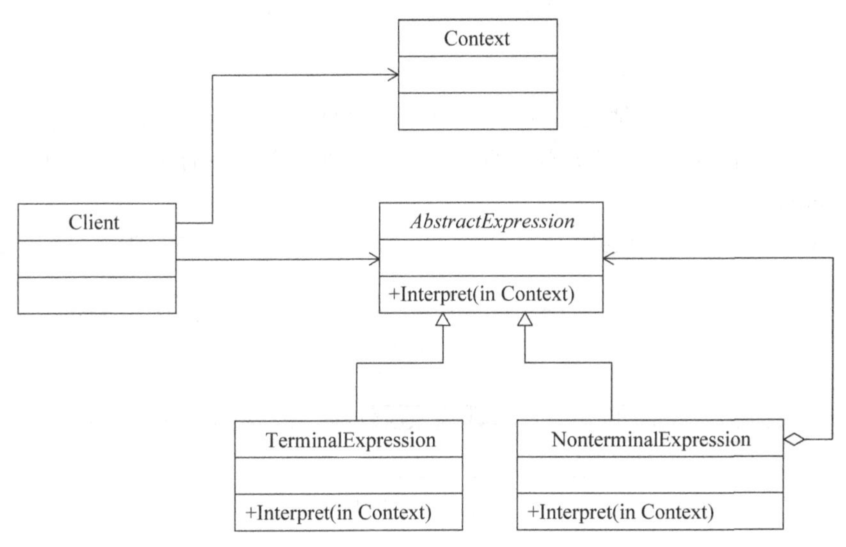

图 20-15 Interpreter 设计模式结构

表示为一个抽象语法树时。而当存在以下情况时该设计模式效果最好：

(1) 该语言的文法简单。对于复杂的文法，文法的类层次变得庞大而无法管理。此时语法分析程序生成器这样的工具是更好的选择。它们无须构建抽象语法树即可解释表达式，这样可以节省空间，还可以节省时间。

(2) 效率不是一个关键问题。最高效的解释器通常不是通过直接解释语法分析树实现的，而是首先将它们转换成另一种形式。例如，正则表达式通常被转换成状态机。但即使在这种情况下，转换器仍可用 Interpreter 设计模式实现，该设计模式仍是有用的。

4. Iterator

Iterator(迭代器)设计模式的结构如图 20-16 所示。它是对象行为型设计模式。

Iterator 设计模式提供了一种顺序访问一个聚合对象中各个元素，而又不暴露该对象

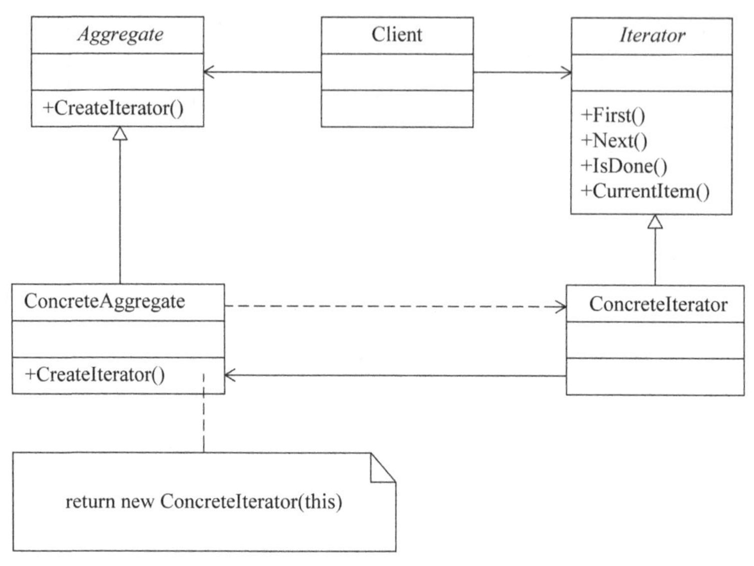

图 20-16 Iterator 设计模式结构

的内部表示的方法。

该设计模式适用于以下情况：访问一个聚合对象的内容而无须暴露它的内部表示；支持对聚合对象的多种遍历，为遍历不同的聚合结构提供一个统一的接口(即支持多态迭代)。

5. Mediator

Mediator(中介者)设计模式的结构如图 20-17 所示。它是对象行为型设计模式。

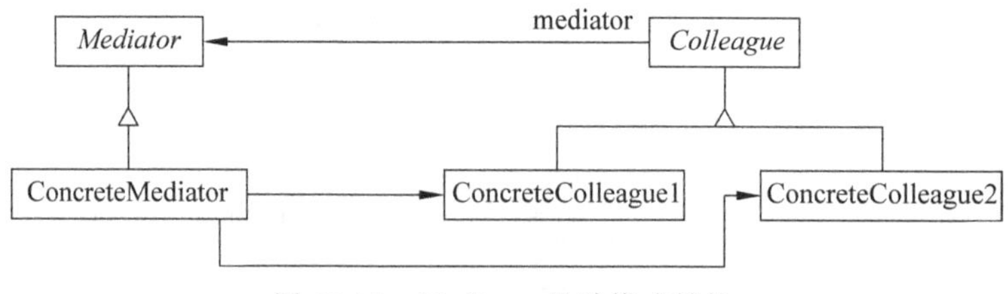

图 20-17 Mediator 设计模式结构

Mediator 设计模式用一个中介对象来封装一系列的对象交互。中介对象使各对象不需要显式地相互引用，从而使其耦合松散，而且可以独立地改变它们之间的交互。

该设计模式适用于以下情况：一组对象以定义良好但复杂的方式进行通信；对象交互产生的相互依赖关系结构混乱且难以理解；一个对象引用很多其他对象并且直接与这些对象通信，导致难以复用该对象。该设计模式也用于想定制一个分布在多个类中的行为，而又不想生成太多的子类的情况。

6. Memento

Memento(备忘录)设计模式的结构如图 20-18 所示。它是对象行为型设计模式。

Memento 设计模式在不破坏封装性的前提下捕获一个对象的内部状态，并在该对象之外保存这个状态。这样，以后就可将该对象恢复到原先保存的状态。

该设计模式适用于以下情况：必须保存一个对象在某一个时刻的(部分)状态，这样在

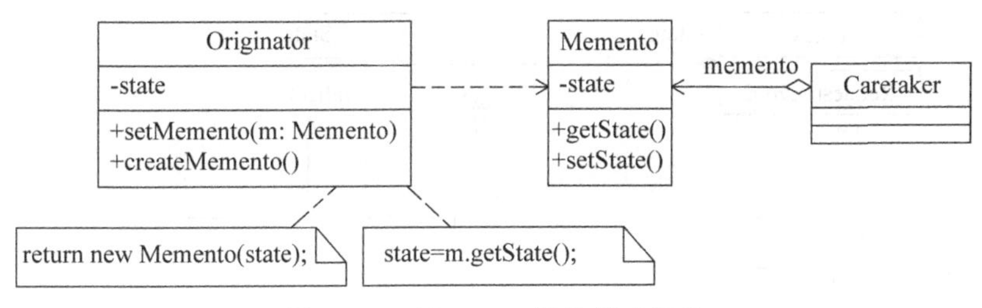

图 20-18 Memento 设计模式结构

以后需要时它才能恢复到先前的状态。如果一个对象用接口来让其他对象直接得到这些状态，将会暴露对象的实现细节并破坏对象的封装性。

7. Observer

Observer（观察者）设计模式的结构如图 20-19 所示。它是对象行为型设计模式。

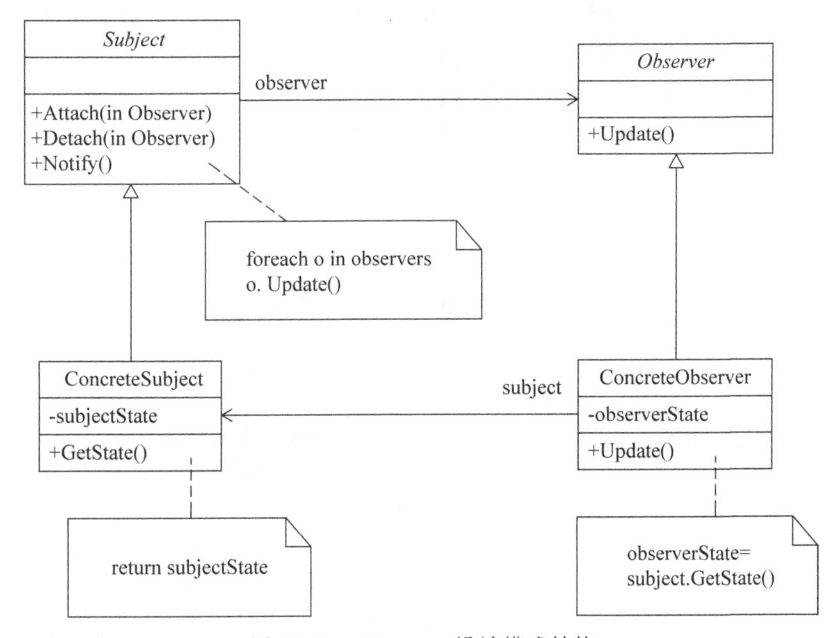

图 20-19 Observer 设计模式结构

Observer 设计模式定义对象间一对多的依赖关系，当一个对象的状态发生改变时，所有依赖于它的对象都得到通知并被自动更新。

该设计模式适用于以下情况：当一个抽象模型有两个方面，其中一个方面依赖于另一方面，将这二者封装在独立的对象中，以使它们可以各自独立地改变和复用；当对一个对象的改变需要同时改变其他对象，而不知道具体有多少对象有待改变；当一个对象必须通知其他对象，而它又不能假定其他对象是哪一个或哪些。换言之，当不希望这些对象是紧密耦合的时候，就可以使用该设计模式。

8. State

State（状态）设计模式的结构如图 20-20 所示。它是对象行为型设计模式。

State 设计模式允许一个对象在其内部状态改变时改变它的行为。对象看起来似乎修

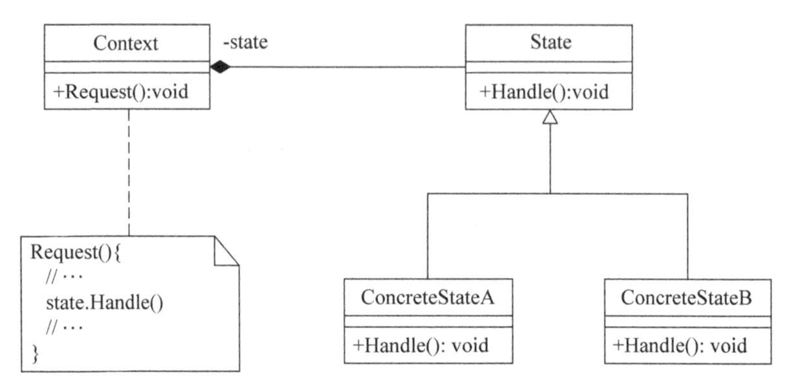

图 20-20 State 设计模式结构

改了它的类。

该设计模式适用于以下情况：一个对象的行为取决于它的状态，并且它必须在运行时刻根据状态改变其行为；一个操作中含有庞大的多分支条件语句，并且这些分支依赖于该对象的状态。对象的状态通常用一个或多个枚举常量表示。通常，有多个操作包含这一相同的条件结构。State 设计模式将每一个条件分支放入一个独立的类中，这使得开发者可以根据对象自身的情况将对象的状态作为一个对象，这一对象可以不依赖于其他对象而独立变化。

9. Strategy

Strategy(策略)设计模式的结构如图 20-21 所示。它是对象行为型设计模式。

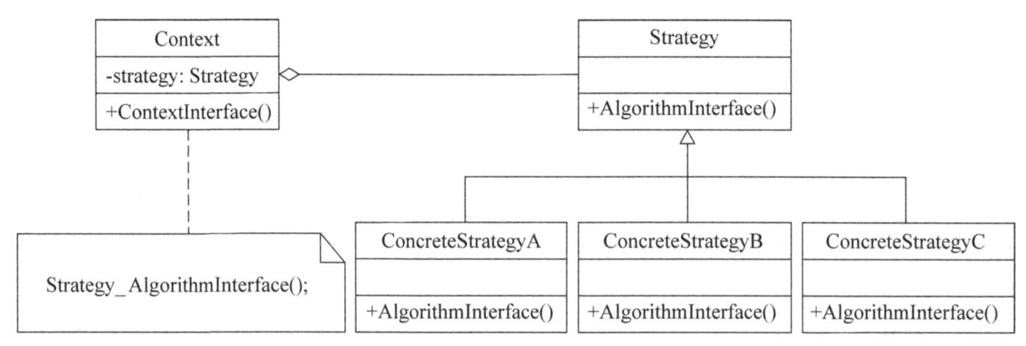

图 20-21 Strategy 设计模式结构

Strategy 设计模式定义一系列的算法，把它们一个个封装起来，并且使它们可相互替换。该设计模式使得算法可独立于使用它的客户程序而变化。

该设计模式适用于以下情况：许多相关的类仅仅是行为有异。此时，该设计模式提供了一种用多个行为中的一个行为来配置一个类的方法；需要使用一个算法的不同变体；算法使用客户程序不应该知道的数据。可使用该设计模式以避免暴露复杂的、与算法相关的数据结构；一个类定义了多种行为，并且这些行为在这个类的操作中以多个条件语句的形式出现，将相关的条件分支移入它们各自的 Strategy 类中以代替这些条件语句。

10. Template Method

Template Method(模板方法)设计模式的结构如图 20-22 所示。它是类行为型设计模式。

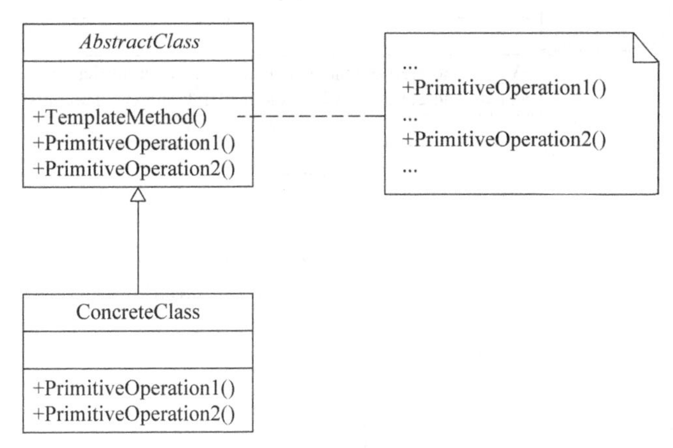

图 20-22　Template Method 设计模式结构

Template Method 设计模式定义一个操作中的算法的骨架,而将一些步骤放到子类中。TemplateMethod 设计模式使得子类可以不改变一个算法的结构即可重定义该算法的某些特定步骤。

该设计模式适用于以下情况:一次性实现一个算法的不变的部分,并将可变的行为留给子类来实现;各子类中公共的行为应被提取出来并集中到一个公共父类中,以避免代码重复;控制子类扩展,模板方法只在特定点调用 hook 操作,这样就只允许在这些点进行扩展。

11. Visitor

Visitor(访问者)设计模式的结构如图 20-23 所示。它是对象行为型设计模式。

Visitor 设计模式表示一个作用于某对象结构中的各元素的操作。Visitor 设计模式使开发者可以在不改变各元素的类的前提下定义作用于这些元素的新操作。

该设计模式适用于以下情况:一个对象结构包含很多类对象,它们有不同的接口,而开发者想对这些对象实施一些依赖于其具体类的操作;需要对一个对象结构中的对象进行很多不同的并且不相关的操作,而开发者想避免让这些操作"污染"这些对象的类,Visitor 设计模式使开发者可以将相关的操作集中起来,定义在一个类中,当该对象结构被很多应用共享时,利用 Visitor 设计模式让每个应用仅包含需要用到的操作;定义对象结构的类很少改变,但经常需要在此结构上定义新的操作。改变对象结构类需要重定义对所有访问者的接口,这可能需要付出很大的代价。如果对象结构类经常改变,那么可能在这些类中定义这些操作更好。

20.2.4　非 GoF 的设计模式

上面介绍的 23 个设计模式都是 GoF 提出的经典的设计模式。那么,在这 23 个经典的设计模式之外还有其他的设计模式吗? 答案是肯定的。随着编程语言的进步,一些设计模式(指的是 GoF 提出的 23 个经典设计模式)已经能够在一些语言平台上用专门的语法实现了,一些设计模式(指的是 GoF 提出的 23 个经典设计模式)已经在一些语言的类库中被实现了。然而,随着人们对面向对象编程研究的深入,一些新的设计模式被揭示出来。下面介绍两个这样的设计模式。

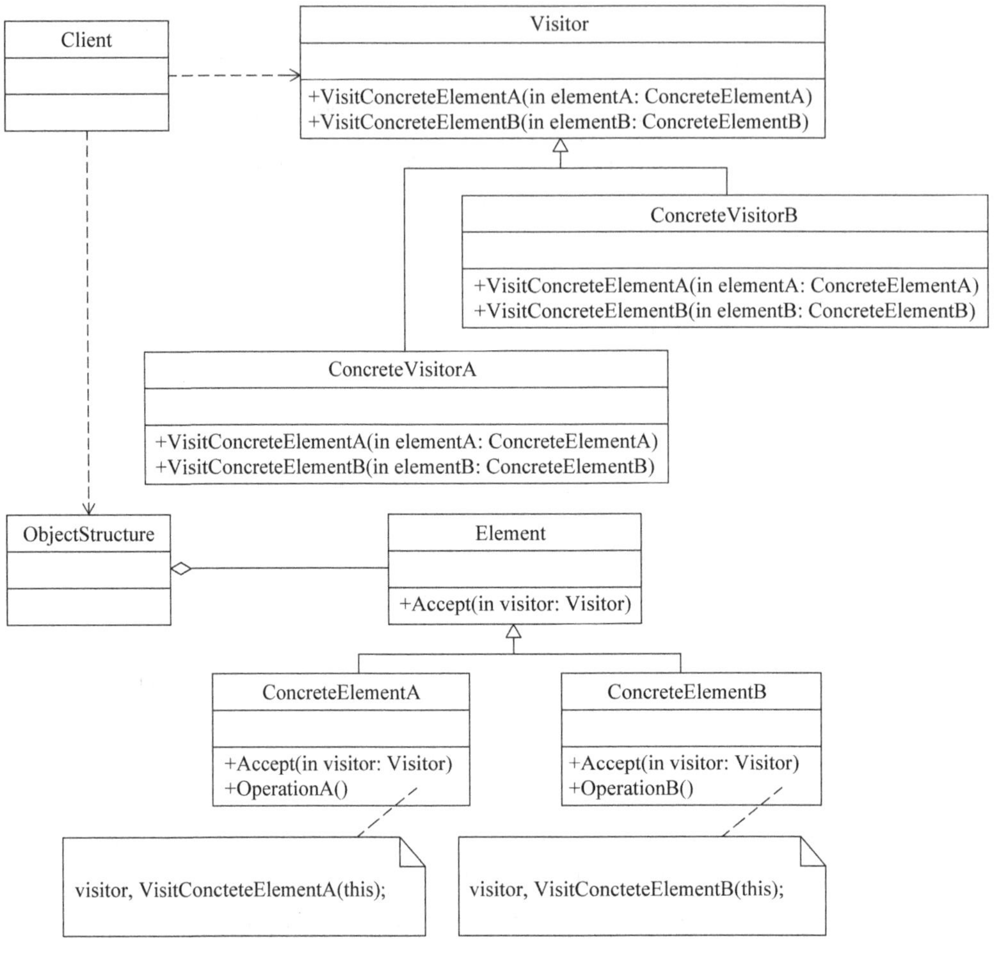

图 20-23　Visitor 设计模式结构

1. Simple Factory

Simple Factory(简单工厂)设计模式的结构如图 20-24 所示。

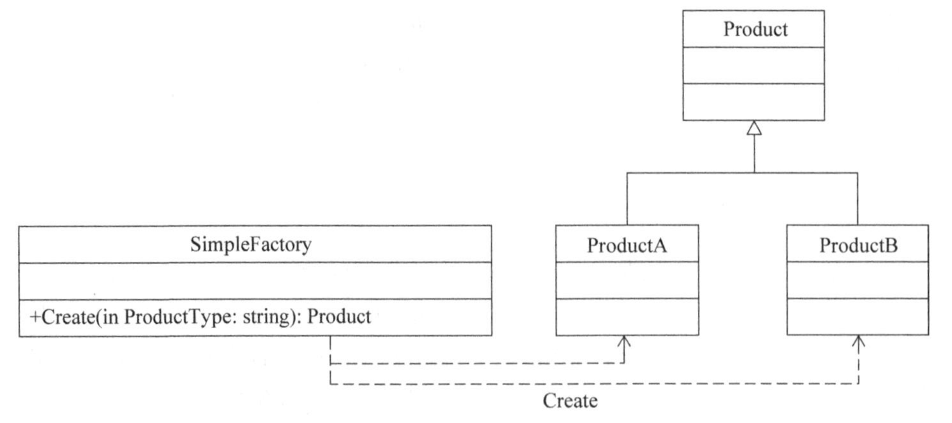

图 20-24　Simple Factory 设计模式结构

Simple Factory 设计模式根据提供给它的数据，返回几个可能类中的一个类的实例。通常它返回的类都有公共的父类和公共的方法。

该设计模式适用于以下情况：工厂类含有必要的判断逻辑，可以决定在什么时候创建哪一个产品类的实例，客户端可以免除直接创建产品对象的责任，而仅仅使用产品。Simple Factory 设计模式通过这种做法实现了对责任的分割。

2. Inversion of Control

Inversion of Control(控制反转)设计模式也称 Dependency Injection(依赖注入)设计模式。

该设计模式用来解决组件(实际上也可以是简单的 Java 类)之间的依赖关系及其配置，其中对组件依赖关系的处理是该设计模式的精华部分。该设计模式的实际意义就是把组件之间的依赖关系提取(反转)出来，由容器来具体配置。它将如图 20-25 所示的依赖关系改造为如图 20-26 所示的依赖关系。

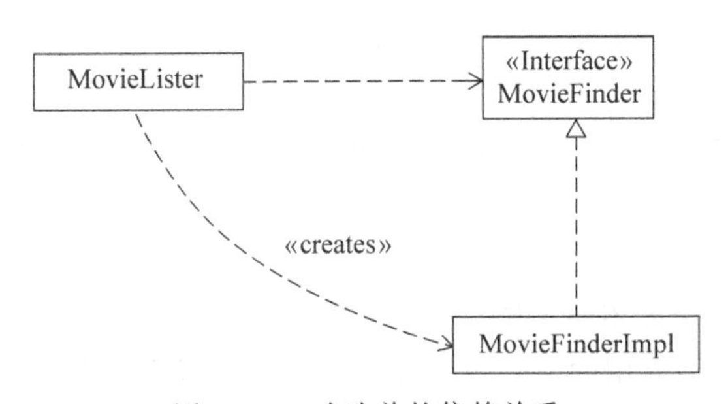

图 20-25 改造前的依赖关系

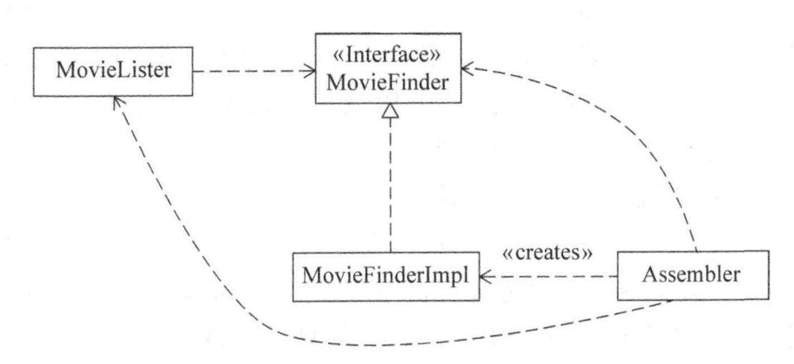

图 20-26 利用 Inversion of Control 设计模式改造后的依赖关系

其实际意义就是把组件之间的依赖关系提取(反转)出来，由容器来具体配置。这样，各个组件之间就不存在硬编码(hard-code)的关联，任何组件都可以最大限度地得到重用。运用了 IoC 设计模式后，开发者不再需要自己管理组件之间的依赖关系，只需要声明由容器实现这种依赖关系即可。这就好像把对组件之间依赖关系的控制进行了倒置，不再由组件自己来建立这种依赖关系，而是将这个任务交给容器。

在 Java 中运用 Inversion of Control 设计模式实现了 Spring 轻量级容器框架。在 .NET中也利用此设计模式实现了 Spring.NET 轻量级容器框架。

20.3 对设计模式的理解

20.3.1 对面向对象基本原则的领悟

设计模式使人们可以更加简单方便地复用成功的设计和体系结构。而这些设计模式都是建立在面向对象的基本原则基础上的。深刻领悟这些原则,有助于理解前面介绍的各个设计模式。

1. 针对接口编程而不是针对实现编程

类继承根据一个对象的实现定义了另一个对象的实现。简而言之,它是代码和表示的共享机制。然而,接口继承(或子类型化)描述了一个对象什么时候能被用来替代另一个对象。

类继承是一个通过复用父类功能而扩展应用功能的基本机制。它允许开发者根据旧对象快速定义新对象。它允许开发者从已存在的类中继承需要的绝大部分功能,从而几乎无须付出任何代价就可以获得新的实现。

继承拥有定义具有相同接口的对象族的能力,多态依赖于这种能力,这使得客户程序无须知道它们使用的对象的特定类型以及对象是用什么类来实现的,这将极大地减少子系统实现之间的相互依赖关系。

2. 优先使用对象组合而不是类继承

面向对象系统中功能重用的两种最常用技术是类继承和对象组合。类继承允许开发者根据其他类的实现来定义一个类的实现。在继承方式中,父类的内部细节对子类可见。对象组合是类继承之外的另一种重用选择。新的更复杂的功能可以通过组合对象来获得。对象组合要求被组合的对象具有良好定义的接口。对象组合时对象的内部细节是不可见的。

继承对子类揭示了其父类的实现细节,所以继承常被认为破坏了封装性。而且,如果通过继承得到的实现不适合解决新的问题,则父类必须重写或被其他更适合的类替换。这种依赖关系限制了灵活性并最终限制了重用性。

对象组合是通过获得对其他对象的引用而在运行时刻动态定义的。组合要求对象遵守彼此的接口约定,进而要求更仔细地定义接口,而这些接口并不妨碍开发者将一个对象和其他对象一起使用。这会产生良好的结果:因为对象只能通过接口访问,所以并未破坏封装性;只要类型一致,运行时刻还可以用一个对象来替代另一个对象;更进一步,因为对象的实现是基于接口的,所以在实现上存在较少的依赖关系。使用对象组合技术,通过组装已有的构件就能获得需要的功能。

优先使用对象组合有助于保持每个类被封装,并被集中在单个任务上。这样类和类继承层次会保持较小规模,不会增长为不可控制的庞然大物。另一方面,基于对象组合的设计可以有较多的对象(而有较少的类),而且系统的行为将依赖于对象间的关系而不是被定义在某个类中。

3. 找到并封装变化点

在《设计模式》一书中,GoF给出如下建议:“考虑你的设计中哪些是可变的。这个方法与关注引起重新设计的原因刚好相反。它不是考虑什么会迫使你的设计改变,而是考虑你想要什么变化却又不会引起重新设计。最主要的一点是封装变化的概念,这是许多设计模式的主题。"

可以把封装视为使用抽象类隐藏具体类,即使用抽象类的引用来进行组合,将变化隐藏起来。这是一种有效的方法,许多设计模式都使用封装来创建对象之间的分界——让设计者可以在分界的一侧作出修改,而不会对另一侧产生不良的影响,这使层次之间形成了松耦合。因此,面向对象中封装的存在并不只是为了隐藏数据。

20.3.2 关于一些具体设计模式的讨论

1. Factory Method、Singleton 和 Abstract Factory 设计模式

Factory Method 设计模式是常用的设计模式。该设计模式的应用情景明确,设计思想简单。从使用多态到只用一个静态方法,该设计模式的变化形式有很多。

Singleton 设计模式和 Factory Method 设计模式关系密切。从实现的角度讲,Singleton 设计模式是Factory Method 设计模式的一个特例,但是这两个设计模式的应用情景不同,因此它们属于不同的设计模式。

Abstract Factory 设计模式是 Factory Method 设计模式的推广。Abstract Factory 设计模式的应用情景更加特殊和严格。

2. Template Method 和 Strategy 设计模式

Template Method 设计模式和 Strategy 设计模式的应用情景类似,但实现方式不同。

Template Method 设计模式采用继承的方式实现以下功能:将逻辑(算法)框架放在抽象基类中,并定义好细节的接口;而在子类中实现细节。

Strategy 设计模式解决的是和 Template Method 设计模式类似的问题,但是 Strategy 设计模式是将逻辑(算法)封装到一个类中,并采取组合(委托)的方式解决这个问题。

Template Method 设计模式有可能是最"古老"的设计模式之一。在使用面向对象技术的早期,"继承"大行其道,很多设计人员可能不自觉地使用过 Template Method 设计模式。Template Method 设计模式的缺点是把具体实现和通用算法紧密地耦合起来,使得具体实现只能被一个通用算法操纵。然而在继承关系中,父类的信息可以更多地暴露给子类,这种(违背面向对象设计原则的)微妙的沟通在一些特定应用中显得更加灵活和方便。

Strategy 设计模式是委托的经典用法。Strategy 设计模式消除了通用算法和具体实现的耦合,使得具体实现可以被多个通用算法操纵。Strategy 设计模式也增加了类层次,比 Template Method 设计模式复杂。

Template Method 设计模式和 Strategy 设计模式通常可以互相替换。如果将它们比作试卷,Template Method 设计模式是填空题,Strategy 设计模式是选择题。

3. 简化问题的设计模式

Facade 设计模式把一组复杂的接口隐藏在一个简单且特定的接口后面。

Mediator 设计模式把对象之间的引用关系包装在一个特定的容器中。

Composite 设计模式描述了整体与部分的结构关系,并且允许用一致的方式处理这个结构。

对使用者而言,上面几个设计模式都在一定程度上起到了简化问题的作用。

4. 扩展功能的设计模式

Visitor 设计模式和 Decorator 设计模式都可以在不改变现有类结构的基础上动态地增加功能。

Visitor 设计模式把现有类结构上的对象“分配”到一个访问类中，在访问者的相应方法中配置对象、改变对象或扩展功能。

Decorator 设计模式把现有类结构上的对象“注入”一个装饰类中，在装饰类中扩展它的功能。

Visitor 设计模式和 Decorator 设计模式在实际效果上是不同的。Visitor 设计模式可以把对象分配到相应的方法里，从而对每个对象分别进行加工或扩展；而 Decorator 设计模式只能用一致的方式对所有的被装饰对象进行加工或扩展，要想实现不同的加工或扩展，只能增加新的装饰类。

过多的装饰类有可能使业务逻辑分散，并且使程序结构复杂。针对每一个具体的派生类，访问类都要有一个对应的方法，增加派生类的时候也要增加访问类的方法。扩展功能的需求是经常发生的，是否有必要使用上述设计模式则值得再三考虑。

5. 其他常用的设计模式

类是封装了行为和属性的容器，然而类的一组行为可能独立演化，这时最直接的想法是使用继承，把各不相同的行为封装在不同的子类里。Bridge 设计模式从另一个角度解决了这个问题。Bridge 设计模式把独立演化的行为封装在另一个类体系里，与原来的类体系分别独立演化，两个类体系在抽象层次是“使用”关系。在很多关于面向对象技术的教材里面用 Shape 类封装属性和 Draw 方法。在 Bridge 设计模式里，“形状”(shape)和“画笔”(Draw)是两组独立演化的类体系，在抽象层次，“形状”使用“画笔”绘制自己。

Adapter 设计模式是常用设计模式，它比较简单，有时和其他的设计模式配合使用。

Command 设计模式是最简单、最强大的设计模式之一。Command 设计模式的魅力在于它为每个类“培训”出了相同的技能，经过“培训”的类“柔性”更强，能够产生很强的能力。

20.3.3 设计模式在开发平台中的应用

设计模式是针对面向对象程序设计的，具有一定的普遍性。设计模式与开发平台密切相关，在不同的开发平台上，设计模式的实现方式往往会有很大的差别。GoF 的《设计模式》完成时间距现在已有十几年，在这段时间里，又产生了各种新的面向对象语言，而原来已经存在的面向对象语言也有了很大的发展。它们后来的进化都或多或少地受到了设计模式的影响。下面介绍一些常用平台上设计模式的应用。

1. C++ 语言

C++ 语言来源于早期强有力的系统开发语言——C 语言，是在 C 语言的基础上加入面向对象语法而产生的一种混合语言(既有面向对象语法，又有面向过程语法)，它还是《设计模式》一书中示例描述的两种语言之一(另一种是 SmallTalk)。早期的C++ 语言似乎还较为原始和简陋，但随着模板语法的运用和发展，使得它发生了剧烈的演化。

C++ 语言的第一个国际标准是 1998 年建立的，在这一版的国际标准中，引入了用模板语法实现的 STL 库，它运用迭代器将数据结构容器与操作它的算法分离表述，是迭代器设计模式的典型运用。而《C++ 设计新思维：泛型编程与设计模式之应用》一书则展示了将设计模式、泛型编程和面向对象编程有机地结合起来的方法，使泛型组件预先实现设计模块，可以让用户指定类型和行为，从而形成合理的设计，让用户获得极高层次上的具有可复用性的泛型组件。

2. Java 语言

Java 语言本身在 Java 的 API 中为用户提供现成的 Observer 设计模式接口 Java.util.Observer。用户可以直接使用它。Iterator 设计模式已经被整合到 Java 的 Collection 中。在大多数场合下无须自己建立一个 Iterator，只要将对象装入 Collection 中，直接使用 Iterator 进行对象遍历即可。

另外，Java 语言为用户提供了大量实用的框架程序，在这些框架的实现中广泛地运用了设计模式。例如，在 JSF 框架的实现中，就使用了 Composite 设计模式、Decorator 设计模式、Strategy 设计模式、Template Method 设计模式、Observer 设计模式、Factory Method 设计模式和 State 设计模式等。

3. C# 语言

与 Java 语言类似，C# 语言使用事件与委托的语法直接实现了 Observer 设计模式，而 C# 的 ICollection 接口则实现了 Iterator 设计模式。同样，在.NET Framework 类库的实现中，也广泛地使用了设计模式。

20.4 设计模式和设计原则

设计模式是开发经验的积累和总结，利用设计模式，可以站在巨人的肩膀上去思考问题、解决问题，熟练使用设计模式可以提高工作效率，改善产品质量，最终带来经济效益。因此，对于任何想开发出灵活、高效、健壮的软件产品的个人或团体，熟练掌握并正确使用设计模式都是必备的基本技能。

设计模式是关于类和对象的一种高效、灵活的使用方式，也就是说，必须先有类和对象，才能有设计模式的用武之地。

20.4.1 通用职责分配软件设计模式

通用职责分配软件设计模式（General Responsibility Assignment Software Patterns, GRASP）一共包括 9 种设计模式，它们描述了对象设计和职责分配的基本原则。也就是说，对于如何把现实世界的业务功能抽象成对象、如何决定一个系统有多少对象、每个对象都包括什么职责等问题，GRASP 设计模式给出了最基本的指导原则。它是设计一个面向对象系统的基础。可以说，GRASP 是学习使用设计模式的基础。

1. Information Expert 设计模式

Information Expert（信息专家）设计模式是面向对象设计最基本的原则，是平时使用最多，应该与开发者的思想融为一体的原则。也就是说，在设计类的时候，如果某个类拥有完成某个职责所需要的所有信息，那么这个职责就应该分配给这个类来实现。这时，这个类就是相对于这个职责的信息专家。

例如，在网上商店里，需要让每种商品（SKU）只在购物车（ShopCar）内出现一次，购买相同商品时,只需要更新购物车内商品的数量即可,如图 20-27 所示。

针对这个问题需要权衡的是:比较商品是否相同的方法需要放到哪个类里来实现呢?分析业务得知需要根据商品的编号(SKUID)来唯一区分商品,而商品编号是唯一存在于商品类里的,所以根据信息专家设计模式,应该把比较商品是否相同的方法放在商品类 SKU 里。

2. Creator 设计模式

在实际应用中,符合下列任一条件的时候,都应该由类 A 来创建类 B,这时 A 是 B 的创建者(Creator):

- A 是 B 的聚合。
- A 是 B 的容器。
- A 持有初始化 B 的信息(数据)。
- A 记录 B 的实例。
- A 频繁使用 B。

如果一个类创建了另一个类,那么这两个类之间就有了耦合,也可以说产生了依赖关系。耦合或依赖本身是没有错误的,但是它们带来的问题是在以后的维护中会产生连锁反应。必要的耦合是不可避免的,我们能做的就是正确地建立耦合关系,不要随便建立类之间的依赖关系。那么,该如何去做呢?要遵守 Creator 设计模式规定的基本原则,凡是不符合以上条件的情况,都不能随便用类 A 创建类 B。

例如,因为(Order)订单是(SKU)商品的容器,所以应该由 Order 来创建 SKU,如图 20-28 所示。

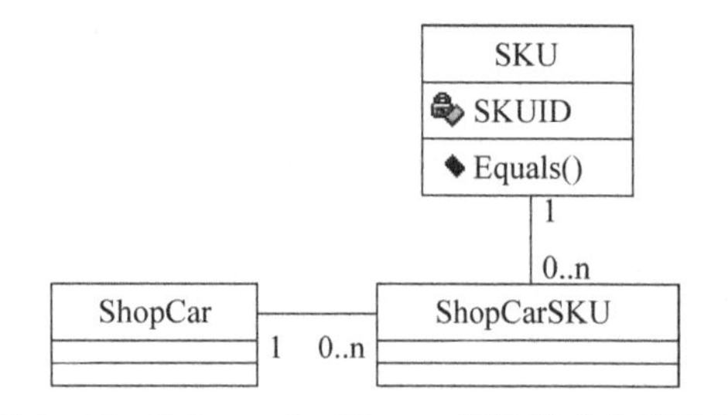

图 20-27 Information Expert 设计模式应用示例

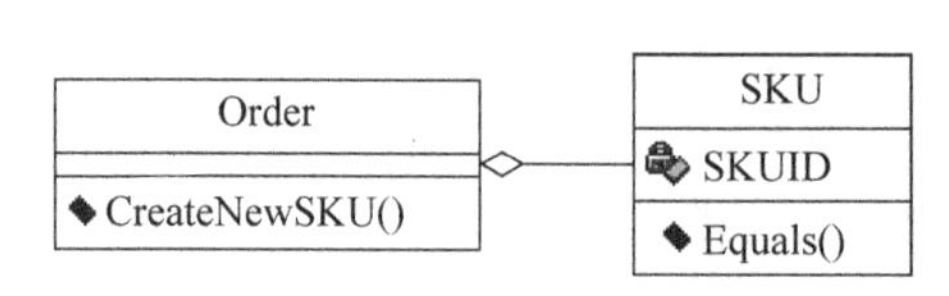

图 20-28 Creator 设计模式应用示例

因为 Order 是 SKU 的容器,也只有 Order 持有初始化 SKU 的信息,这个耦合关系是正确的且没有办法避免,所以由 Order 来创建 SKU。

3. Low Coupling 设计模式

Low Coupling(低耦合)设计模式是指尽可能减少类之间的连接。

该设计模式的作用非常重要:

- 低耦合缩小了因一个类的变化而影响其他类的范围。
- 低耦合使类更容易理解,因为类会变得更简单、更内聚。

下面这些情况会造成类 A、B 之间的耦合:

- A 是 B 的属性。

- A 调用 B 的实例的方法。
- A 的方法中引用了 B，例如 B 是 A 的方法的返回值或参数。
- A 是 B 的子类，或者 A 实现了 B。

关于低耦合，还有下面一些基本原则：

- “不要和陌生人说话”(Don't Talk to Strangers)原则。在不需要通信的两个对象之间不要进行无谓的连接，否则就有可能产生问题。
- 如果 A 已经和 B 有连接，且分配 A 的职责对 B 不合适(违反 Information Expert 设计模式)，那么就把 B 的职责分配给 A。
- 两个不同模块的内部类之间不能直接连接。

例如，在 Creator 设计模式的例子里，实际业务中需要另一个出货人来清点订单(Order)中的商品(SKU)，并计算出商品的总价，但是由于 Order 类和 SKU 类之间的耦合已经存在了，那么把这个职责分配给 Order 类更合适，这样可以降低耦合度，以便降低系统的复杂性，如图 20-29 所示。

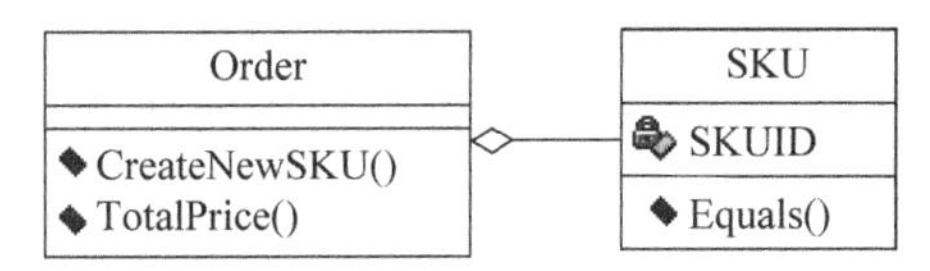

图 20-29　Low Coupling 设计模式应用示例

这里在 Order 类里增加了 TotalPrice()方法来执行计算总价的职责，没有增加不必要的耦合。

4. High Cohesion 设计模式

高内聚(High Cohesion)的意思是给类尽量分配内聚的职责，也可以说成是功能性内聚的职责。即，将功能性紧密相关的职责应该放在一个类里，并共同完成有限的功能，这就是高内聚。这样更有利于类的理解和重用，也便于类的维护。

高内聚也可以说是一种隔离，就像人体由很多独立的细胞组成、大厦由很多建筑构件组成一样，每一部分(类)都有自己独立的职责和特性，每一部分内部发生了问题，都不会影响其他部分，因为高内聚的对象是相互隔离的。

例如，有一个订单数据存取类(OrderDAO)，订单既可以保存为 Excel 文档，也可以保存到数据库中，那么，不同的职责最好由不同的类来实现，即用两个类——OrderDAOExcel 和 OrderDAOSQL 分别实现订单数据存取，这样才是高内聚的设计，如图 20-30 所示。

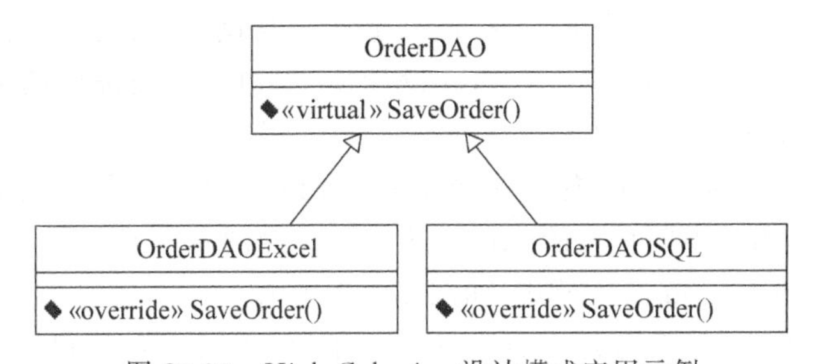

图 20-30　High Cohesion 设计模式应用示例

这里把两种不同的数据存取功能分别放在两个类里实现，这样，如果未来保存到 Excel 文档的功能发生错误，那么只检查 OrderDAOExcel 类就可以了，这样也使系统更模块化，方便划分任务，例如这两个类可以分配给两个人同时进行开发，这样就提高了团队协作水平和开发进度。

5. Controller 设计模式(控制器)

Controller 设计模式(控制器)用来接收和处理系统事件的职责,一般应该分配给一个能够代表整个系统的类,这样的类通常被命名为××处理器、××协调器或者××会话。

关于控制器类,有如下原则:

(1) 系统事件的接收与处理通常由一个高级类来代替。

(2) 一个子系统可以有很多控制器类,分别处理不同的事务。

6. Polymorphism 设计模式

这里的多态和面向对象技术三大基本特征之一的多态是一个意思。

例如,要设计一个绘图程序,可以画不同类型的图形,可以定义一个抽象类 Shape, Rectangle(矩形)和 Round(圆形)分别继承这个抽象类,并重写(override) Shape 类里的 Draw()方法,这样就可以使用同样的接口(Shape 抽象类)绘制出不同的图形,如图 20-31 所示。

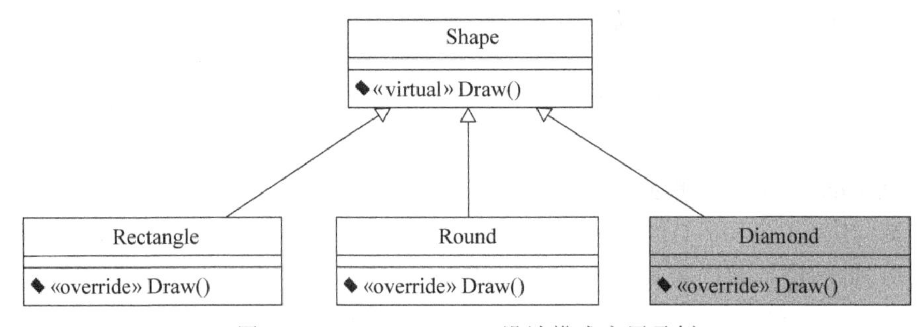

图 20-31 Polymorphism 设计模式应用示例

这样的设计更符合高内聚和低耦合原则,虽然后来又增加了 Diamond(菱形)类,对整个系统结构也没有任何影响,只要增加一个继承 Shape 的类就行了。

7. Pure Fabrication 设计模式

这里的纯虚构(Pure Fabrication)与常说的纯虚构函数意思相近。高内聚低耦合是系统设计的终极目标,但是内聚和耦合永远是矛盾对立的。为实现高内聚而拆分出更多数量的类,但是对象之间需要协作来完成任务,这又造成了高耦合;反之亦然。该如何解决这个矛盾呢?这个时候就需要 Pure Fabrication 设计模式,由一个纯虚构的类来协调内聚和耦合,可以在一定程度上解决上述问题。

例如,在 Polymorphism 设计模式的例子中,假设绘图程序需要支持不同的系统(如 Windows 和 Linux),由于不同系统的 API 结构不同,绘图功能也需要不同的实现方式,此时应该应用 Pure Fabrication 设计模式,如图 20-32 所示。

可以看到,因为增加了纯虚构类 AbstractShape,不论是哪个系统都可以通过 AbstractShape 类来绘制图形,这样,既没有降低原来的内聚性,也没有提高耦合性,可谓一举两得。

8. Indirection 设计模式

间接(Indirection)顾名思义,就是一件事不能直接办,需要绕个弯才行。绕个弯的好处是:本来直接会连接在一起的对象彼此隔离开了,一个对象的变动不会影响另一个对象。就像在 Low Coupling 设计模式里说的一样,两个不同模块的内部类之间不能直接连接,但

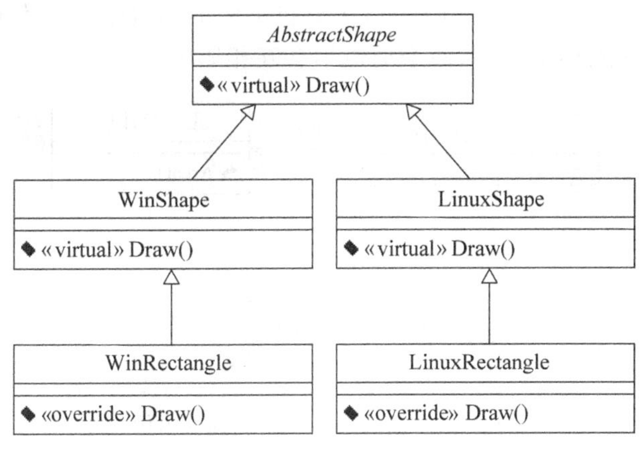

图 20-32 Pure Fabrication 设计模式应用示例

是可以通过中间类来间接连接两个不同的模块，这样，对于这两个模块来说，它们之间仍然是没有耦合或依赖关系的。

9. Protected Variations 设计模式

预先找出不稳定的变化点，使用统一的接口封装起来，当未来发生变化的时候，可以通过接口扩展新的功能，而不需要去修改原来旧的实现，这就是 Protected Variations(受保护变化)设计模式。也可以把这个设计模式理解为开闭原则(Open-Closed Principle，OCP)，也就是说，一个软件实体应当对扩展开放，对修改关闭。在设计一个模块的时候，要保证这个模块在不需要被修改的前提下可以得到扩展。这样做的好处就是可以通过扩展给系统提供新的职责，以满足新的需求，同时又没有改变系统原来的功能。关于开闭原则，后面还会有单独的论述。

20.4.2 比设计模式更重要的设计原则

每种设计模式的背后都潜藏指导设计的原则，依照这些原则进行设计，就可以有效地提高系统的重用性，同时提高系统的可维护性。

1. 单一职责原则

对一个类而言，应该仅有一个引起它变化的原因。也就是说，不要把变化原因各不相同的职责放在一起，因为不同的变化会影响到不相干的职责，这就是单一职责原则(Single Responsibility Principle，SRP)。

例如，在图 20-33 中，图形计算程序只使用正方形的 Area()方法，永远不会使用 Draw()方法，而它却跟 Draw()方法关联了起来。这违反了单一原则，如果未来因为引入了图形绘制程序导致 Draw()方法发生了变化，那么就会影响到本来与之毫无关系的图形计算程序。

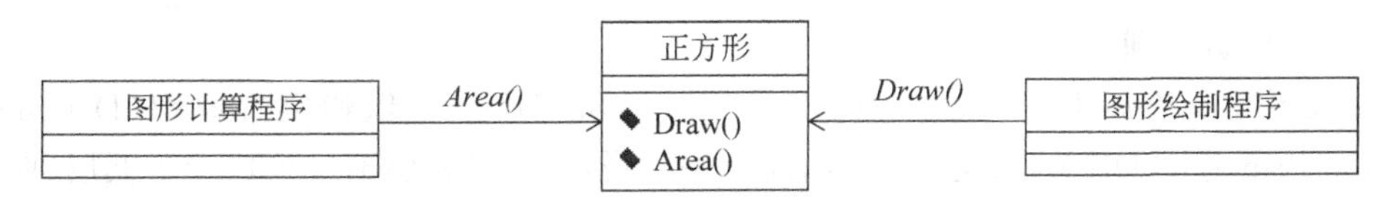

图 20-33 违反单一职责原则的示例

那么应该怎么做呢？如图 20-34 所示，应该将不同的职责分配给不同的类，使单个类的职责尽量单一，这样就隔离了变化，两个类也不会互相影响了。

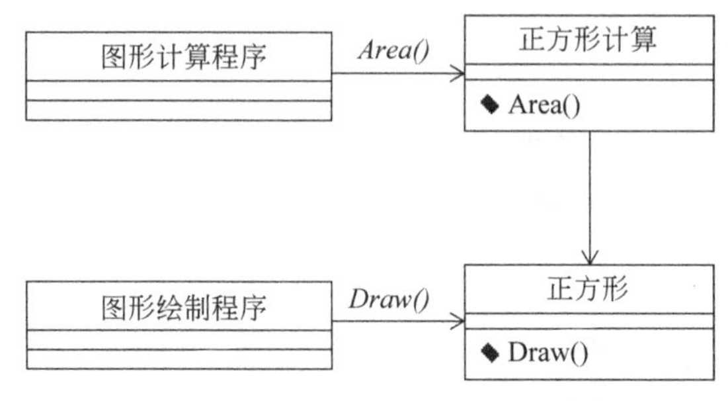

图 20-34　符合单一职责原则的示例

2. 开闭原则

开闭原则(OCP)是指软件实体(类、模块、函数等)应该是可以扩展的，但是不可修改。即，一个软件实体应当对扩展开放，对修改关闭。

开闭原则有以下优点：

(1) 通过扩展已有软件系统，可以提供新的行为，以满足对软件的新需求，使软件系统有一定的适应性和灵活性。

(2) 已有软件模块，特别是最重要的抽象层模块不能再修改，这使软件系统有一定的稳定性和延续性。“可以随便增加新的类，但是不要修改原来的类。”从这个角度去理解更容易，其实这还是隔离变化的问题。

例如，如图 20-35 所示，有一个客户程序通过数据访问接口操作数据。对于这个系统来说，一开始计划使用的是 SQL Server 或 Oracle 数据库，但是后来考虑到成本，改用免费的 MySQL；而对于客户程序来说，后来数据的扩展对它没有任何影响，它可以直接使用 MySQL 数据库，这就是开闭原则的优势所在。

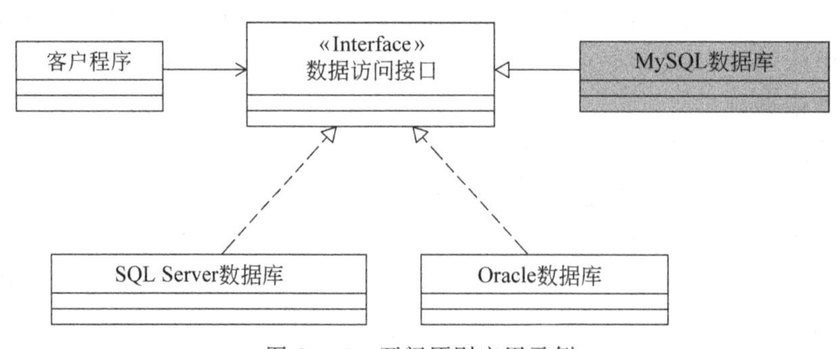

图 20-35　开闭原则应用示例

3. 依赖倒置原则

“抽象不应该依赖于细节，细节应该依赖于抽象。”这就是依赖倒置原则(Dependence Inversion Principle，DIP)关于这个原则，还有一种说法是：“高层不应该依赖于低层，两者都应该依赖于抽象。”其实上面两种说法都是对的，关键就是要理解一点——只有抽象的东西才是最稳定的，也就是说，要依赖的是抽象的稳定。

例如，在图 20-36 中，一个开关与灯直接连接在一起了，也就是说开关依赖于灯的打开和关闭方法，那么，如果想用这个开关控制其他东西，如电视、音响，显然这个设计是无法满足要求的，因为这里依赖的是细节而不是抽象，这个开关已经等价于“灯的开关”。

那么应该如何设计一个通用的开关呢？参考图 20-37 中的设计，现在不仅可以打开灯，还可以打开电视和音响甚至未来任何实现了“开关接口”的东西。

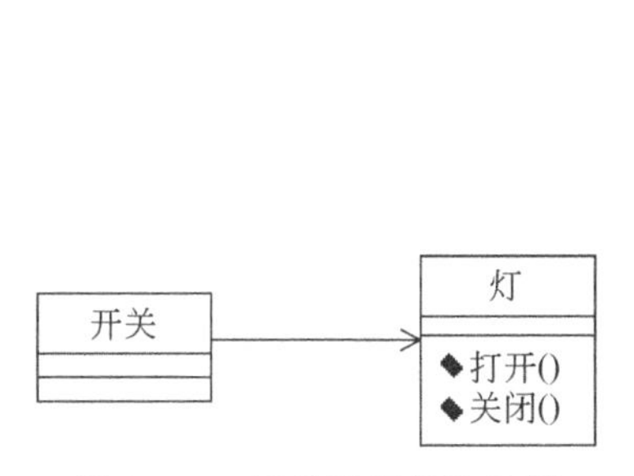

图 20-36 依赖于细节的示例

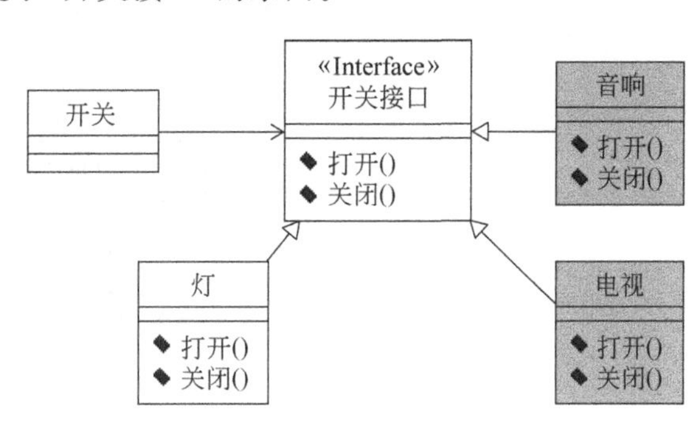

图 20-37 依赖倒置原则应用示例

4. 接口隔离原则

“不应该强迫客户程序依赖于它们不用的方法。接口属于客户程序，不属于它所在的类层次结构。”这就是接口隔离原则（Interface Segregation Principle，ISP）。再通俗点说，不要强迫客户程序使用它们不用的方法，否则客户程序就会面临由于这些不使用的方法的改变所带来的改变。

例如，如图 20-38 所示，在这个设计里，取款、存款、转账都使用一个通用接口，也就是说，每一个类都被强迫依赖了另外两个类的接口方法，那么每个类都有可能因为另外两个类的方法（跟自己无关）的变化而受到影响。以取款为例，它根本不关心“存款操作()”和“转账操作()”，可是它却要受到这两个方法的变化的影响。

那么应该如何解决这个问题呢？参考图 20-39 中的设计，为每个类都单独设计专门的操作接口，使得每个类都只依赖于与自己关联的方法，这样就不会互相影响了。

5. Liskov 替换原则

“子类型必须能够替换掉它们的基类型。”也就是说，继承中的“is-a”关系是必须保证的，否则就不是继承，这就是 Liskov 替换原则（Liskov Substitution，Principle，LSP）。如果违反了 Liskov 替换原则，常会导致运行时类型检查（Run-Time Type Identification，RTTI）的类型判断违反 OCP 原则。

例如，函数 A 的参数是基类型，调用时传递的对象是子类型。正常情况下，增加子类型不会影响到函数 A。如果违反了 Liskov 替换原则，则函数 A 必须判断传进来的具体类型，否则就会出错，这就已经违反了开闭原则。

6. 合成/聚合重用原则

合成/聚合重用原则（Composite/Aggregate Reuse Principle，CARP）又叫作合成重用原则（Composite Reuse Principle，CRP）。该原则的内容是：在一个新的对象中使用一些已

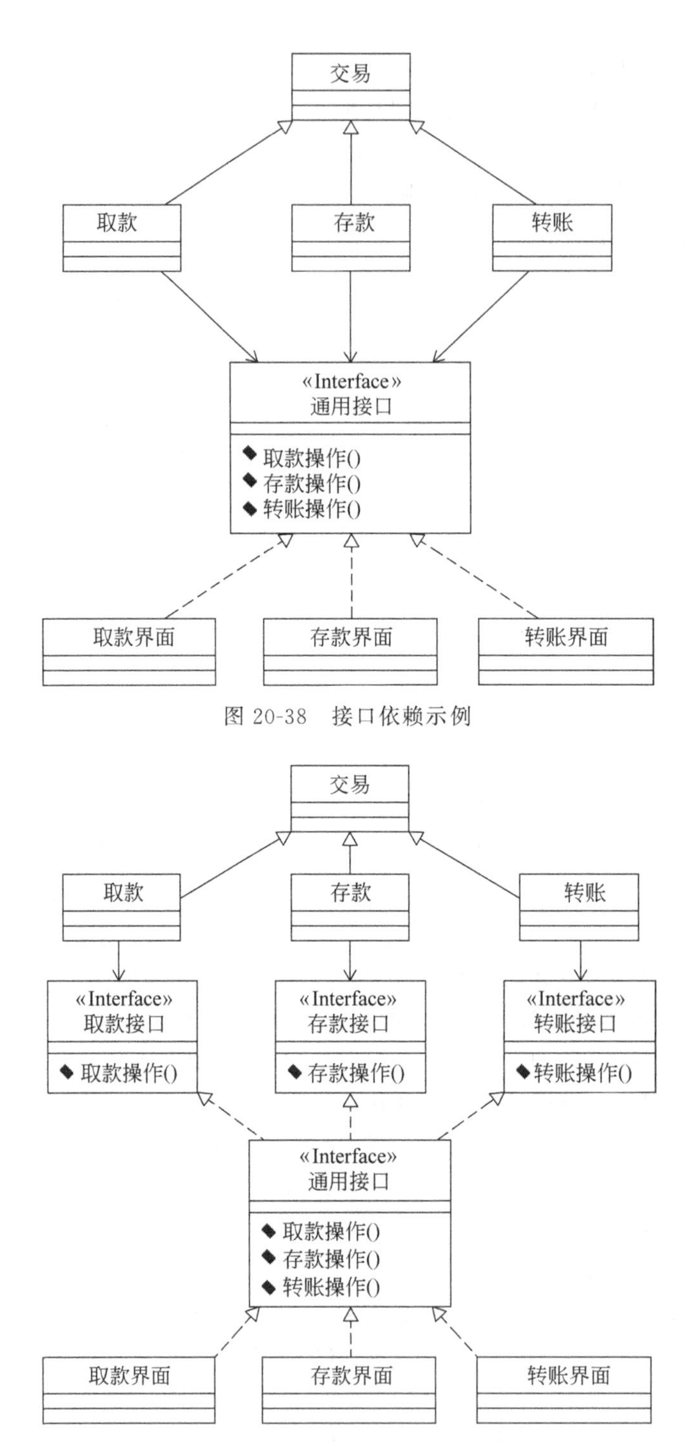

图 20-38　接口依赖示例

图 20-39　接口隔离原则应用示例

有的对象,使之成为新对象的一部分,新对象通过向这些对象的委派达到重用已有功能的目的。

简而言之,要尽量使用合成/聚合,而尽量不要使用继承。

区分"has-a"与"is-a"。"is-a"是严格的分类学意义上的定义,意思是一个类是另一个类的一种;而"has-a"则不同,它表示某一个角色具有某一项责任。导致错误地使用继承而不是合成/聚合的一个常见的原因是错误地把"has-a"当作"is-a"。图20-40就是这样一个示例。

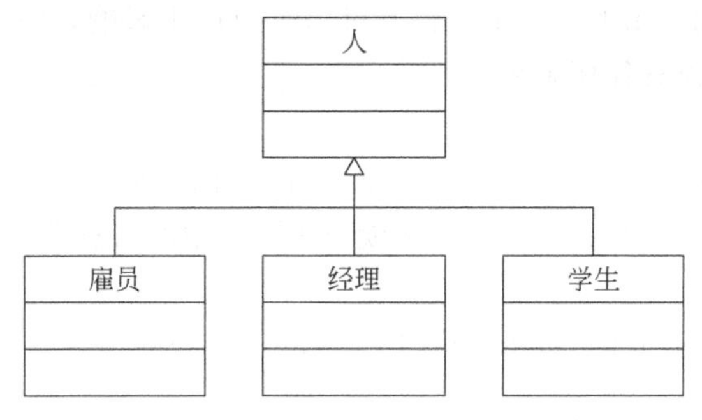

图20-40 把"has-a"当作"is-a"的示例

实际上,"雇员""经理"和"学生"描述的往往是同一种角色。例如,一个人是"经理",当然也是"雇员";另一个人可能是"学生"和"雇员"。在图20-40所示的设计中,一个人无法同时拥有多个角色,是"雇员"就不能再是"学生"了,这显然是不合理的。

这个示例中的错误源于把角色的等级结构与"人"的等级结构混淆起来,误把"has-a"当作"is-A"。解决办法如图20-41所示。

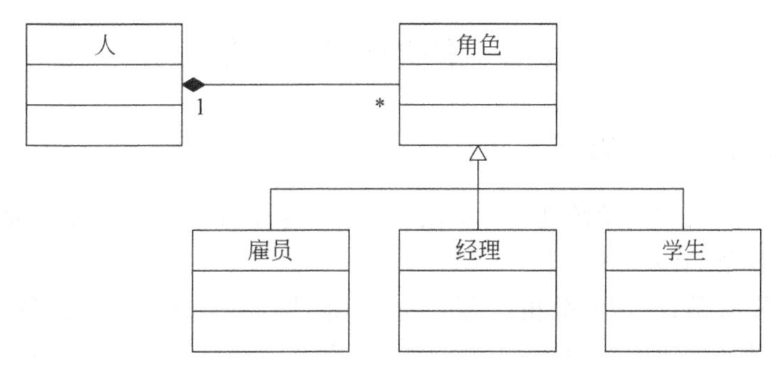

图20-41 合成/聚合重用原则应用示例

7. 迪米特法则

迪米特法则(Law of Demeter,LoD)又叫最少知识原则(Least Knowledge Principle,LKP),其内容是:每一个软件单位对其他的软件单位都只有最少的知识,而且局限于那些与本软件单位密切相关的软件单位。一个对象应当对其他对象有尽可能少的了解。

其他表述是:只与你直接的朋友们通信;不要跟陌生人说话。

20.4.3 更高层次的设计原则

在UML的概念中,包可以用作包容一组类的容器。通过把类组织成包,可以在更高的抽象层次上理解设计。也可以通过包来管理软件的开发和发布。其目的就是根据一些原则对应用程序中的类进行划分,然后把那些划分后的类分配到包中。

8. 重用发布等价原则

重用发布等价原则(Reuse Equivalency Principle,REP)的内容是:重用的粒度就是发布的粒度。

9. 共同封闭原则

共同封闭原则(Common Closure Principle,CCP)的内容是：包中的所有类对于同一类性质的变化应该是共同封闭的。一个变化若对一个包产生影响，则将对该包中的所有类产生影响，而对其他的包没有任何影响。

10. 共同重用原则

共同重用原则(Common Reuse Principle,CRP)的内容是：一个包中的所有类应该是共同重用的。如果重用了包中的一个类，那么就要重用包中的所有类。

11. 无环依赖原则

无环依赖原则(Acyclic Dependencies Principle,ADP)的内容是：在包的依赖关系图中不允许存在环。

12. 稳定依赖原则

稳定依赖原则(Stable Dependencies Principle,SDP)的内容是：朝着稳定的方向进行依赖。

13. 稳定抽象原则

稳定抽象原则(Stable Abstractions Principle,SAP)的内容是：包的抽象程度应该和其稳定程度一致。

20.5 使用设计模式

20.5.1 使用设计模式的方式

设计应该从对问题的简单陈述开始，然后通过向这个陈述中加入信息使它变得更详细，逐渐让设计变得复杂、有效。

在使用设计模式前，一定要分析问题所处的实际场景，查看是否符合备选设计模式的存在语境。这里的设计模式的存在场景指的是在此之前已经设计完成的类和接口以及它们之间的关系。

设计模式应该按照顺序每次一个地使用。

首先使用那些为其他设计模式创造存在场景的设计模式。

设计模式的选择是基于多个解决方案的。在各种类和对象的相互作用中，内在冲突最小的方案才是最优方案。这就要求设计者作出合理的平衡。

20.5.2 项目案例

按照上面提出的使用设计模式的方式，本节给出一个使用设计模式的项目案例。

项目背景如下：区域综合管网系统是地理信息系统中的一种，它将一个区域的电信、电力、自来水、燃气、暖气、污水等管道信息利用计算机系统进行管理，向不同层次的管理人员提供直观、形象的查询统计功能。

在这个系统中，管理的对象是各种管道组成的管网系统，而管道之间的连接是各种阀门、接头、配电箱等，在此称之为节点。管道的背景是用管道连接在一起的建筑物。从总体上看,这些管道要么是从由粗向细(由大流量向小流量)的方向流动,如电信、电力、自来水、燃气、暖气等;要么从由细向粗(由小流量向大流量)的方向流动,如污水管道。因此描述它们的数据结构应该是树形的层次结构。下面给出区域综合管网系统在初始设计时使用的设计模式。

由于各种管道的描述信息呈树形结构,因此,首先考虑使用的设计模式是组合设计模式,这种设计模式使开发者可以用一致的方式操作各种不同的管道信息。

如前所述,组合设计模式为后面的设计模式提供了场景。如何生成这些管道和节点呢?很自然会想到创建型设计模式。由于这里描述的管道有多种类型,包括电信、电力、自来水、燃气、暖气、污水管道,因此,使用工厂设计模式来创建这些对象就顺理成章了。

考虑到管道及其节点的数量很大,具体的各种管道和节点应使用享元设计模式描述,以减小对象的数据量。

由于这个系统是一个基于图形及文字编辑的软件系统,在实现时应考虑使用备忘录设计模式。

这只是一个系统初始设计时的考虑,随着项目实现的展开,不断会有新的设计模式加入到系统中,通常添加是通过重构进行的,重构的概念将在第21章讲述。

小　　结

本章系统介绍了设计模式的概念,讨论了描述设计模式的原则,深入阐述了隐藏在设计模式之后的基本原则,并揭示了各个设计模式之间的联系。

习　　题

20.1　什么是设计模式?其在面向对象软件工程中的作用是什么?

20.2　如何理解面向对象的设计原则?

20.3　GRASP的作用是什么?

20.4　简述GoF对设计模式的分类原则。

第 21 章　敏 捷 开 发

敏捷开发是一种以人为核心、迭代、循序渐进的开发方法。在敏捷开发中，软件项目被切分成多个子项目，各个子项目的成果都要经过测试，具备集成和可运行的特征。简言之，就是把一个大项目分为多个既相互联系又可以独立运行的小项目，并分别完成，在此过程中，软件一直处于可使用状态。

敏捷开发是一个过程，而不是一个结果。它是一个持续地应用原则、模式以及实践来改进软件的结构和可读性的过程。它致力于保持系统设计在任何时间都尽可能简单、干净和富有表现力。

21.1　敏捷开发简介

2001 年，许多公司的软件团队陷入不断增长的过程"泥潭"。为了解决这一问题，一批业界专家概括出了一些可以让软件开发团队具有快速工作、响应变化能力的价值观和原则。敏捷联盟(Agile Alliance)由此诞生。

敏捷开发(agile development)是一种面临迅速变化的需求快速开发软件的能力。为了获取这种敏捷性，需要进行一些服从必要的纪律的实践，需要使用一些可以保持软件灵活、可维护的设计原则以及一些适合这些原则的实际模式。

敏捷开发借鉴了大量前人积累的软件工程方法，主要有 SCRUM、Crystal、特征驱动软件开发(Feature Driven Development，FDD)、自适应软件开发(Adaptive Software Development，ASD)以及极限编程(eXtreme Programming，XP)。极限编程是 1998 年由 SmallTalk 社群中的大师级人物 Kent Beck 首先倡导的。

1. 敏捷软件开发宣言

敏捷软件开发宣言包括以下 4 点。

(1) 个体和交互胜过过程和工具。

在《人件》一书中，Tom DeMacro 和 Timothy Lister 说："人与人之间的交互是复杂的，并且其效果从来都是难以预期的，然而它却是工作中最重要的方面。"C++ 的创立者 Bjarne Stroustrup 也强调："设计和编程都是人的活动。忘记这一点，将会失去一切。"软件开发人员进行的是有创造性的脑力活动，必须以人为本。

人是获得成功的最为重要的因素。合作、沟通以及交互能力要比单纯的编程能力更为重要。一个由平均水平的程序员组成的团队，如果具有良好的沟通能力，将比那些虽然拥有一批高水平程序员，但是成员间却不能进行交流的团队更有可能获得成功。

选择合适的工具而不是大而全的工具。使用过多的庞大、笨重的工具就像缺少工具一样，都是不好的。尝试使用一个工具，直到发现它无法适用时再更换。

团队的构建要比环境的构建重要得多。

(2) 可以工作的软件胜过面面俱到的文档。

没有文档的软件是一种灾难，然而过多的文档比缺少文档更糟。对于一个团队来说，至少应编写并维护一份系统原理和结构方面的文档。文档应该是短小的并且主题突出的。文档是为程序服务的，不要为了写文档而写文档。

在给新的团队成员传授知识的时候，应同时提供代码和文档。代码真实地表达了团队所做的事情，文档是将内容传递给他人的最快、最有效的方式。

(3) 客户合作胜过合同谈判。

成功的项目需要有序、频繁的客户反馈。不应依赖于合同或者关于工作的陈述，而应该让软件的客户和开发团队密切合作，并尽量地提供反馈。要让客户知道双方是同一战线上的，需要解决的问题才是双方共同的敌人。

(4) 响应变化胜过遵循计划。

响应变化的能力常常决定一个软件项目的成败，当构建计划时，应该确保计划是灵活的并且易于适应商务和技术方面的变化。

计划一定要制订，但是不能制订过于长远的细计划。对短期任务要制订详细计划，对长期任务要制订粗略计划。

2. 敏捷软件开发宣言遵循的原则

从上述宣言中可以引出以下12条原则，它们是敏捷实践的特征所在。

(1) 最优先要做的是通过尽早并持续交付有价值的软件使客户满意。

对高质量的软件开发进行统计表明：第一，初期交付的系统中所包含的功能越少，最终交付系统的质量就越高；第二，以逐渐增加功能的方式交付得越频繁，最终交付系统的质量就越高。

(2) 即使到了开发后期，也欢迎客户改变需求。敏捷过程利用需求变化来为客户创造竞争优势。

敏捷团队会努力保持软件结构的灵活性，这样，当需求发生变化时，对于系统造成的影响是最小的。

(3) 经常性交付可以工作的软件，交付的间隔可从几周到几个月，交付的时间间隔越短越好。

敏捷团队关注的目标是交付满足客户需要的软件。

(4) 在整个项目开发期间，业务人员和开发人员必须天天都在一起工作。

为了能够以敏捷的方式进行项目开发，客户方的业务人员、开发人员以及其他干系人之间必须进行有意义的、频繁的交互。

(5) 围绕被激励起来的个人来构建项目。给他们提供其需要的环境和支持，并且相信他们能够完成工作。

在敏捷开发项目中，人被认为是项目取得成功的最重要的因素。

(6) 在团队内部，最有效果、最有效率的传递信息的方法就是面对面的交流。

在敏捷开发项目中，人们首要的沟通方式是交谈。

(7) 能够工作的软件是进度的首要度量标准。

敏捷开发项目通过度量当前软件满足客户需求的数量来度量开发的进度。

(8) 敏捷开发过程提倡可持续的开发速度。责任人、开发者和客户应该能够保持长期的、恒定的开发速度。

敏捷开发团队应该工作在一个可以在整个项目开发期间保持最高质量标准的速度上。

(9) 不断关注优秀的技能和良好的设计会增强敏捷开发能力。

保持软件尽可能简洁、健壮是快速开发软件的主要途径。因此，敏捷团队的所有成员都应该致力于编写最高质量的代码。

(10) 简单——使完成的工作最大化的艺术——是根本的。

敏捷开发团队以最高的质量完成最简单的工作，并且深信如果以后发生了问题也会很容易进行处理。

(11) 最好的架构、需求和设计产生于自组织的团队。

敏捷开发团队的成员应该共同解决项目中所有方面的问题，整个团队共同承担责任。

(12) 每隔一段时间，团队会对如何改进工作进行反省，然后相应地对团队整体及每个成员的行为进行调整。

敏捷开发团队知道团队所处的环境在不断变化，并且知道，为了保持团队的敏捷性，就必要随环境一起变化。

21.2 极限编程

极限编程(XP)是敏捷开发方法中最著名的方法。它由一系列简单、互相依赖的实践组成。这些实践结合在一起形成了一个胜于部分结合的整体。

也可以认为，极限编程是一种高度动态的过程，它通过非常短的迭代周期来应对需求的变化，所以 Kent Beck 在他的《解析极限编程》一书的书名中使用了“拥抱变化”。极限编程一般适用于需求不确定、变化快、项目历时不超过半年、人数不超过 10 个、在同一地点工作的中小型团队。

极限编程提供了一个全局的、价值驱动的开发过程视角，体现了 4 个价值目标：沟通、简化、反馈和勇气。

(1) 沟通(communication)。让开发人员集体负责所有代码并结对工作，鼓励与客户以及团队内部的不断沟通。

(2) 简化(simplicity)。鼓励只开发当前需要的功能，摒弃过多的文档，坚定地专注于最小化解决方案，做好为新特性改变设计，在系统隐喻和公共代码规范的指导下不断重构的准备。

(3) 反馈(feedback)。通过单元测试和功能测试获得快速反馈。在编码之前先设计测试用例，并在设计改变或集成之后重新测试，客户现场代表也能编写功能测试。

(4) 勇气(courage)。提倡积极面对现实和处理问题的勇气，例如放弃已有代码、改进系统设计。

极限编程的生命周期包括 4 个基本活动：编码(coding)、测试(testing)、聆听(listening)和设计(designing)。

下面是极限编程的核心内容——12 个实践方法(practices)。

(1) 计划游戏(planning game)。

计划游戏的本质是划分业务人员和开发人员之间的职责。业务人员(也就是客户)决定特性(feature)的重要性，开发人员决定实现一个特性所花费的代价。

计划是持续的、循序渐进的。以两周为一个周期，开发人员要为未来两周估算候选特性的成本，而客户则根据成本和商务价值来选择要实现的特性。

极限编程要求结合业务和技术情况，快速确定下一次发布的范围。在项目计划的4个要素（费用、时间、质量和范围）中，由客户选择3个，而程序员可以选择剩下的一个。通常客户从业务角度确定项目范围、需求优先级和开发进度，开发人员则做出具体的成本和技术估计。极限编程强调简短和突发性的计划，有时只用几个小时甚至几分钟就能完成，而且可以随时按需进行多次计划。

人永远不可能做出绝对正确和完整的计划，因为未来是变化的。最好的解决办法是预见变化、控制风险。

如果一次计划做得不够好，那就多做几次。在项目规模小、复杂程度低而不确定因素又多的情况下，极限编程的计划确实能够既提高效率又减少风险。做计划需要良好的技巧。

(2) 频繁地进行小规模发布（small releases）。

极限编程可以迅速让一个简化的系统投入使用，在非常短的周期（如两个星期）内以递增的方式发布新版本，从而很容易估计每次迭代的进度，便于控制工作量和风险，客户的需求和反馈也能够得到及时处理，体现了敏捷开发的优点。

(3) 系统隐喻（system metaphor）。

极限编程通过关于整个系统如何运作的一个简单的隐喻性描述来指导全部开发。隐喻可以看作一种高层次的系统构想，通常包含一些可以参照和比较的类和模式，它还给出了后续开发所使用的命名规则。极限编程不需要事先进行详细的架构设计。

隐喻在某些情况下确实可以代替正规的架构设计，但它通常只适用于小系统。另外，Kent Beck 还提出应不断地细化架构。应该把“不断”理解成鼓励随着项目的发展持续地改进架构，而不应该理解为可以推迟架构的分析乃至推迟整个项目的计划和系统设计。

(4) 简单设计（simple design）。

团队应使设计恰好和当前的系统功能相匹配。设计应该能够通过所有的测试，不包含任何重复，表达出编写者想表达的所有东西，并且包含尽可能少的代码。

(5) 测试驱动（test-driven）。

极限编程要求“先写测试，后编码”。编写单元测试是验证行为，也是设计行为，还是编写文档的行为。编写单元测试避免了相当数量的反馈循环，尤其是功能验证方面的反馈循环。程序员以非常短的循环周期工作，先增加一个失败的测试，然后使之通过。以失败的测试用例驱动编码和设计，可以减少不必要的开发量。

开发人员必须保证单元测试和集成测试始终运行无误，现场的客户代表也要能够编写功能测试程序。这是所有软件过程方法都一致推荐的做法。无论怎么强调测试的重要性都不为过。

(6) 重构（refactoring）。

重构是指在不改变系统行为的前提下，重新调整、优化系统的内部结构以降低复杂性、消除冗余、增强灵活性和提高性能。

重构不是极限编程所特有的行为，在任何开发过程中都可能发生。有必要通过重构改进已有代码的设计，但重构很容易被误用。如果像有些人理解的那样，重构意味着在开发的时候持续不断地进行设计（ongoing design），那就有问题了。首先，一个程序员重构的代码对其他人而言可能并不简单;而陷于反复重构的陷阱之中会使团队停滞不前,依赖重构,甚至会把重构作为轻视设计、把设计推迟到编码阶段乃至发布的最后一刻的借口,这对于大中型项目很可能是一场灾难。

(7) 结对编程(pair programming)。

结对编程是指由两名程序员在同一台计算机上结成对子,共同编写解决同一问题的代码。通常一个人写代码,而另一个人负责保证代码的正确性和可读性。这可以看作一种非正式的持续的同级评审(peer review)。

软件审查或走查是被广为接受和可以有效度量的少数软件工程实践之一。在最好的情况下,软件审查这种协同交互的检查能够加速学习,同时发现缺陷。关于软件审查的一个罕为人知的事实是:尽管它在发现缺陷方面非常有效,但通过团队对于好的开发实践持续学习和协作,可以更有效地在第一时间预防缺陷。

这种做法的优点如下:

- 所有设计决策都牵涉至少两个人。
- 对于系统的每一部分,团队中都至少有两个人熟悉。
- 可能出现两个人同时在测试或其他任务中出现疏忽的概率很低。
- 改变结对的组合,可以在团队内传播知识。
- 代码总是有至少一人复查。
- 结对编程实际上比单独编程更有效。

(8) 代码全体拥有(collectively ownership)。

任何结对的程序员都可以在任何时候改进任何代码。没有程序员对任何一个特定的模块或技术单独负责,每个人都可以参与任何其他方面的开发。

这意味着任何人可以在任何时候改进系统任何部分的代码。这提高了代码的透明度,增进了团队的合作精神。

(9) 持续集成(continuous integration)。

极限编程提倡在一天之中集成、建立(build)成品系统很多次,而且随着需求改变,要不断地进行回归测试。

许多公司将每日编链作为最低要求;极限编程实践者将每日集成作为最高要求,采用每两个小时一次的频繁编链。

值得注意的是,极限编程的小规模发布、持续集成和代码全体拥有都需要良好的软件配置变更管理系统和运作流程来支持。

(10) 每周40h工作制。

极限编程要求尽可能安排程序员每周工作40h,加班不得超过连续两周,否则会影响生产率。疲倦的程序员不可能始终保持高效率。

这一点体现了极限编程的以人文本思想,合理地安排工作量和进度的确值得软件企业和用户引起重视。

(11) 现场客户。

极限编程要求客户和开发人员在一起紧密地工作,以便双方知晓对方所面临的问题,并共同去解决这些问题。

极限编程同其他的快速开发一样,要求客户在现场持续地参与到项目组中。

这确实是解决与客户沟通不畅问题的好办法，但是缺乏技术实力的客户往往达不到这种要求，而且客户往往认为在给出了含糊不清的需求之后就可以撒手不管了，出了问题则要开发者全权负责。关键不在于客户是否一定要到现场，而是开发人员是否能够让客户全面、详细地描述需求。

(12) 代码规范(coding standards)。

系统中所有的代码应该看起来像是由同一人编写的。极限编程强调通过制定严格的代码规范来进行沟通，尽可能减少除代码之外的不必要文档。

极限编程的以上12个实践方法相互支持。例如，如果进行结对编程并让他人修改共有代码，那么代码规范看起来就是必要的。

极限编程是一组简单、具体的实践，这些实践结合在一起，形成了敏捷开发过程。极限编程是一种优良的、通用的软件开发方法，项目团队可以直接采用，也可以增加一些实践，或者对其中的一些实践进行修改后再采用。

21.3 极限编程过程中的各个阶段

作为一种软件开发过程，极限编程中计划、设计、编码和测试各阶段包括的内容比较简洁，容易实施。

21.3.1 计划

在极限编程中，计划的过程由3个阶段组成——探索阶段、计划阶段以及调整阶段，如图21-1所示。

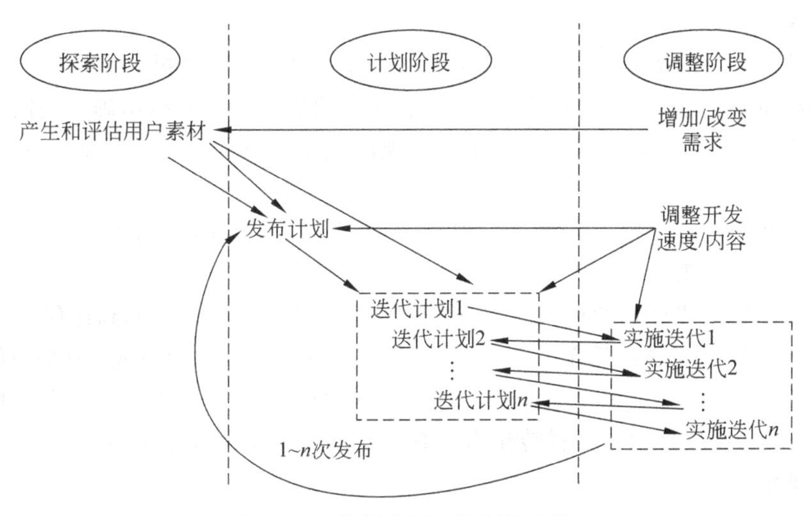

图21-1 极限编程中计划的过程

在极限编程的计划阶段，有两个关键的规划步骤，用来解决两个问题：

(1) 发布计划。让客户向程序员演示要获得的特性，然后程序员评估它们的难度。当有了代价的评估和对这些特性的重要程度的认知之后，客户安排一个项目计划。最初发布的计划需要留有足够的余地：优先级以及评估都不是真实可靠的，并且直到团队开始工作以前,都无法确切地了解队伍的开发进度。最初发布的计划不是足够精确的,所以极限编程团队通常会不时地校正发布计划。

(2) 迭代计划。是一个可以为团队提供若干个开发周的开发计划。极限编程团队通过两周的迭代来建立软件系统,在每一个迭代结束时提供可以运行的有实用性的软件系统。在进行迭代计划时,客户演示未来两周内希望完成的特性。程序员将它们分割成若干个任务,并且评估它们的成本(比最初发布的计划要细致一些)。基于在以前的迭代中完成的工作,团队确定在当前的迭代中要承担的工作。

1. 探索阶段

如何分析需求,如何记录需求,如何将需求映射为设计,这些永远是需求分析中最为重要的问题。极限编程处理需求的方式是让用户提出自己的简单实现思路——用户素材(user stories)。用户素材很简单,每个人都会写,每个人也都能理解,改变也很容易。但用户素材只是对系统功能的简单描述,而并不能提供所有的需求内容,因此,在极限编程中,用户素材的实践需要现场客户的支持。用户素材之所以简单,是因为它只是开发人员和客户之间的一种契约,更详细的信息需要通过现场客户来获得。

从极限编程的观点来看,用户素材有以下几个作用:

(1) 由客户自己描述、编写需求。用户素材是一种简单的机制,客户很容易掌握,或经过培训很容易掌握。

(2) 反映客户的观点。优秀的需求应该是站在客户的角度来获得和描述的。用户素材是客户站在自己立场上编写的,表现了用户对系统的期望和看法。

(3) 重视全局,而不是细节。需求有精度上的差别,在软件开发初期最关键的是建立一个高层次的需求概况,而不是立刻深入细节。用户素材的重点在于尽可能全面地发现需求以及形成一个简单的需求列表。

(4) 提供了评估的依据。客户编写的用户素材为软件的估算提供了依据。虽然这个依据是比较粗略的,但是随着项目的发展,对开发速度的估算会越来越精确。在需求初期就进行适当的估算,其目的是让客户能够有比较直观的成本概念。这为客户确定需求的实现次序提供了指导。

(5) 便于客户统筹安排。在每一个用户素材有了成本(即上一条中的估算)之后,客户就能够权衡实际成本和需要,并排定需求的实现次序。

(6) 可以作为迭代计划的输入。客户对用户素材的选择直接影响到迭代计划的制订。

用例技术保持了需求的简单原则,用例的形式和用户素材非常相似,但是用例具有自己的格式,虽然这个格式也是可以任意定义的。用例的重点是表示系统的行为,因此,在极限编程中,开发人员通过将用户素材转化为具有一定格式的用例开始实施计划。

2. 计划阶段

计划阶段分为以下3个步骤。

(1) 发布计划。

经过开始的探索阶段,知道了开发速度,客户就能够对每个用户素材的成本有所了解。知道了用户素材的商业价值和优先级别。据此,他们就可以选择要最先完成的用户素材。

开发人员和客户对项目的首次发布时间达成一致后,客户根据估算的速度,挑选在发布中他们想要的用户素材,并大致确定这些用户素材的实现顺序。这个时间可能并不准确,当开发速度变得更准确时，可以对发布计划进行调整。

(2) 迭代计划。

(3) 任务计划。

在新的迭代开始时，开发人员和客户共同制订计划。开发人员把用户素材分解成任务，一个任务就是开发人员能够在4～16h实现的一些功能。开发人员在客户的帮助下对这些用户素材进行分析，并尽可能列举出所有的任务。

在迭代进行到一半的时候，团队会召开一次会议。在这个时间点上，本次迭代中所安排的半数用户素材应该完成。如果没有完成，那么团队会设法重新分配没有完成的任务和职责，以保证在迭代结束时能够完成所有的用户素材。如果开发人员不能完成这样的重新分配，则需要告知客户。客户可以决定从本次迭代中去掉一个任务或用户素材，或者确定任务和用户素材的优先级，以便开发人员权衡。

3. 调整阶段

在调整阶段，由于客户增加或改变需求，使得开发人员不断调整开发的速度与内容，项目的发布计划、迭代计划以及任务计划在各自的迭代周期点上不断地进行相应的调整，以适应用户方的变化。

通过一次次的迭代和发布，项目进入了一种可以预测的、合理的开发节奏。每个人都知道将要做什么以及何时去做。项目干系人可经常地、实实在在地看到项目的进展。

21.3.2 测试驱动开发

测试驱动开发(Test-Driven Development，TDD)是极限编程的重要特点，它以不间断的测试推动代码的开发，既简化了代码，又保证了软件质量。

1. 测试驱动开发的优点

测试驱动开发有以下优点：

(1) 它是一种验证行为。

程序中的每一项功能都要通过测试来验证它的正确性。测试为以后的开发提供支持。即使到了开发后期，也可以轻松地增加功能或更改程序结构，而不用担心在这个过程中会破坏重要的东西。而且它为代码的重构(将在21.3.3节说明)提供了保障。这样，就可以更自由地对程序进行改进。

(2) 它是一种设计行为。

编写单元测试将使开发者从调用者的角度观察、思考。特别是先写测试(test-first)，迫使开发者把程序设计成易于调用和可测试的，即迫使开发者消除软件中的耦合。

(3) 它是一种编写文档的行为。

单元测试代码是展示函数或类如何使用的最佳文档。这份文档是可编译、可运行的，并且一直保持最新，与代码同步。

(4) 它具有回归性。

自动化的单元测试避免了代码出现回归，编写完成之后，可以随时随地快速运行测试。

2. 测试驱动开发的过程

测试驱动开发的基本思想就是在开发功能代码之前先编写测试代码。也就是说，在明确了要开发某个功能后，首先思考如何对这个功能进行测试，并完成测试代码的编写，然后编写相关的代码以满足这些测试用例。循环进行上述过程,添加其他功能,直到完成全部功能的开发。测试驱动开发的过程如图21-2所示。

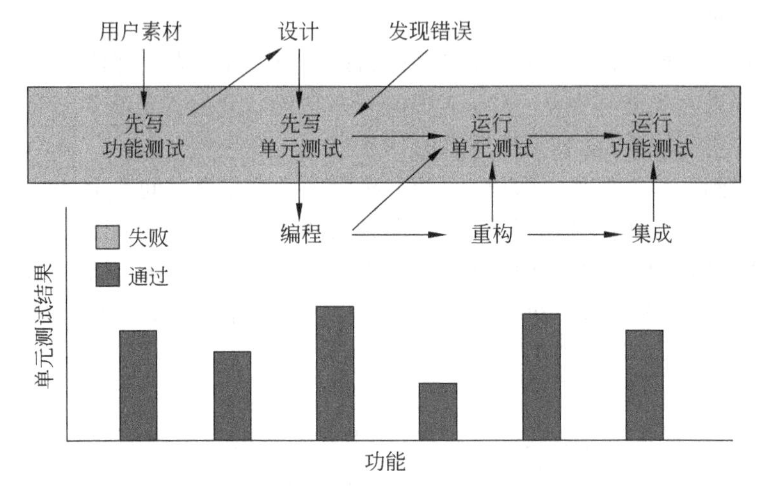

图21-2 测试驱动开发的过程

测试驱动开发的基本过程如下:

(1) 明确当前要完成的功能。可以将其记录成一个TODO列表。

(2) 快速完成针对此功能的测试用例的编写。

(3) 使测试代码编译通过。

(4) 添加对应的功能代码。

(5) 使功能代码测试通过。若测试未通过,则对功能代码进行重构,并保证测试通过。

(6) 循环执行步骤(1)~(5),直至完成所有功能的开发。

为了保证整个测试过程比较快捷、方便,通常可以使用测试框架组织所有的测试用例。Xunit系列是一个免费的优秀测试框架。几乎所有的语言都有对应的测试框架。在使用测试框架时应该注意,在开发过程中,通常把测试代码和功能代码分开存放,测试代码放在测试框架内使用,而功能代码是通过测试代码引用到测试框架内的。

Kent Beck为测试驱动开发和持续重构创造了一句"咒语":"红,绿,重构"。其中的"红"和"绿"是指在单元测试工具(如JUnit)中编写并运行一个测试时所看到的颜色。整个过程是这样的:

(1) 红。创建一个测试,表示代码要完成的任务。在编写的代码能够通过测试之前,测试将失败(显示红色)。

(2) 绿。编写一些临时代码,先通过测试(显示绿色)。这时,不必给出没有重复、简单和清晰的设计。可以在测试通过以后,能够安心地尝试更好的设计时,再逐步朝这个目标努力。

(3) 重构。对已经通过测试的代码,改进其设计。

3. 测试的原则

测试应遵循以下原则:

(1) 测试隔离。不同代码的测试应该相互隔离。对一段代码进行测试时,只考虑这段代码本身的测试,不要考虑其实现细节(例如它使用了其他类的边界条件)。

（2）一顶帽子。开发人员在开发过程中要做不同的工作，例如，编写测试代码，开发功能代码，对代码进行重构，等等，做不同的事，承担不同的角色。开发人员完成对应的工作时应该将注意力集中在当前工作上，而不要过多地考虑其他方面的细节，保证"头上只有一顶帽子"，否则将无谓地增大复杂度。

（3）测试列表。需要测试的功能点很多。在任何阶段想添加功能需求问题时，都应该把相关功能点加到测试列表中，再继续手头工作。此后不断地完成对应的测试用例设计、功能代码编写和重构。这样既可以避免疏漏，也可以避免干扰当前进行的工作。

（4）测试驱动。这是核心原则。要完成某个功能或某个类时，首先编写测试代码，考虑其如何使用、如何测试，然后再对功能代码进行设计、编码。

（5）先写断言。编写测试代码时，应该首先编写对功能代码进行判断的断言语句，然后编写相应的辅助语句。

（6）可测试性。功能代码应该具有较强的可测试性。其实遵循比较好的设计原则的代码都具备较强的测试性，如比较高的内聚性，尽量依赖于接口等。

（7）及时重构。无论是功能代码还是测试代码，对代码结构不合理、重复等情况，在测试通过后，均应及时进行重构。

（8）小步前进。软件开发是复杂性非常高的工作，在开发过程中要考虑很多东西，包括代码的正确性、可扩展性、性能等，很多问题都是因为复杂性太高导致的。极限编程提出的一个非常好的思路就是小步前进，即把所有的规模大、复杂性高的工作分解成小的任务来完成。对于一个类来说，应该一个功能一个功能地完成，如果太困难就再分解。每个功能的实现都经过编写测试代码—编写功能代码—测试—重构的循环。通过任务分解可以降低整个系统开发的复杂性。

4. 测试技术

对哪些功能进行测试？会不会太烦琐？什么时候可以停止测试？这些问题比较常见。Kent Benk 认为，要对那些自己认为应该测试的代码进行测试。也就是说，要相信自己的感觉和经验。重要的功能、核心的代码就应该重点测试。感觉没有必要进行更详细的测试，就停止本轮测试。

测试驱动开发强调测试并不应该成为负担，而应该是帮助开发者减轻工作量的方法。对于何时停止编写测试用例的问题，应该根据自己的经验来判断，对于功能复杂的代码、核心功能的代码就应该编写更全面、细致的测试用例，否则执行常规测试流程即可。

测试范围没有固定的标准，同时也应该可以随着时间改变。对于开始没有编写足够的测试用例的功能代码，随着错误的出现，补齐相关的测试用例即可。

按照小步前进的原则，在对大的功能块进行测试时，应该先将其分拆成更小的功能块进行测试。例如，类 A 使用了类 B、C，就应该在编写 A 使用 B、C 功能的测试代码前，完成对 B、C 的测试和开发。那么，是不是每个小类或者小函数都应该测试？没有必要。应该运用自己的经验，对那些可能出问题的地方进行重点测试，而对于感觉不可能出问题的地方就等它真正出问题的时候再补充测试即可。

编写测试用例时，应注意以下几点：

- 测试用例的编写主要使用传统的测试技术。
- 测试中的操作过程尽量模拟正常使用的过程。

- 全面的测试用例应该尽量做到分支覆盖,核心代码尽量做到路径覆盖。
- 测试数据尽量包括真实数据和边界数据。
- 测试语句和测试数据应该尽量简单、容易理解。
- 为了避免过于依赖其他代码,可以实现简单的桩函数或桩类。
- 如果内部状态非常复杂或者应该判断流程而不是状态,可以通过记录日志字符串的方式进行验证。

21.3.3 重构

每一个软件模块都具有3个职责。第一个职责是它运行时完成的功能,这也是该模块存在的原因。第二个职责是它要应对变化。几乎所有的模块在它们的生命周期中都要发生变化,开发者有责任使这种变化尽可能简单。一个难以改变的模块是拙劣的,即使能够工作,也需要对它进行修正。第三个职责是它要和阅读它的人进行沟通。对该模块不熟悉的开发人员应该能够比较容易地阅读并理解它。一个无法进行沟通的模块是拙劣的,同样需要对它进行修正。从后两个职责看,重构是必要的。

1. 重构的定义

"重构"这个词有两种不同的定义。第一个定义是名词性的:重构是对软件内部结构的一种调整,其目的是在不改变软件功能的前提下,提高其可理解性,降低其修改成本。

重构的第二个定义是动词性的:重构是指使用一系列重构准则(手法),在不改变软件功能的前提下调整其结构。

重构不会改变软件软件功能,即重构之后软件功能一如既往。任何用户,不论终端用户还是程序员,都不知道代码已经发生了变化。

使用重构技术开发软件时,开发人员把自己的时间分配给两种截然不同的行为:添加新功能和重构。在添加新功能时,不应该修改既有程序代码,只需要添加新功能。通过测试(并让测试正常执行),可以衡量自己的工作进度。在重构时不能再添加功能,只需要改进程序结构。此时不应该添加任何测试(除非发现先前遗漏的任何东西),只在绝对必要(处理接口变化)时才修改测试。Kent Beck把这个过程形象地比喻为开发人员交替戴着添加新功能和重构两顶帽子工作。

重构的流程如下:

(1) 读懂代码(包括测试用例代码)。

(2) 重构。

(3) 运行所有的单元测试。

2. 重构的目的

重构主要有以下4个目的。

(1) 改进软件的设计。

程序员为了满足短期利益对代码所做的改动,或者在没有完全清楚整个架构时的改动,都很容易使代码失去它的清晰结构,偏离需求或设计。而这些改动的积累很容易使代码偏离它的初衷而变得不可理解和无法维护。

重构能够帮助程序员重新组织代码,重新清晰地体现软件架构并进一步改进设计。

(2) 提高代码质量和可维护性。

容易理解的代码很容易维护和做进一步开发。即使对编写这些代码的程序员自己，容易理解的代码也可以帮助他很容易地进行修改。

程序代码也是文档。而代码首先是写给人看的，然后才是给计算机“看”的。

(3) 有助于尽早发现错误。

重构是代码复审和反馈的过程。在另一个时间重新审视自己或别人的代码，更容易发现问题和加深对代码的理解。

重构是一个良好的软件开发习惯。

(4) 可以提高开发速度。

重构对设计和代码的改进都可以有效地提高开发速度。

好的设计和代码质量是提高开发速度的关键。在一个有缺陷的设计和混乱的代码基础上进行开发，即使表面上进度较快，但本质上是延迟了对设计缺陷的发现和对错误的修改，也就是延后了开发风险，最终要在开发的后期付出更多的时间和代价。

3. 重构的时机

可以在以下几个工作阶段进行代码重构。

(1) 在添加功能时重构。

最常见的重构时机就是给软件添加新特性的时候。此时，重构的首要原因往往是为了帮助程序员理解需要修改的程序代码。重构的另一个原因是：原有程序代码的设计使程序员无法轻松添加需要的特性。在这种情况下就需要用重构来弥补它。

(2) 在修补错误时重构。

在排错过程中重构，多半是为了让程序代码更具可读性。以这种方法来处理程序代码，常常能够帮助程序员找出程序中的错误。

(3) 在复审程序代码时重构。

很多公司都会做常态性的程序代码复审工作，因为这种活动可以改善开发状况。这种活动有助于在开发团队中传播知识，也有助于让较有经验的开发者把知识传递给欠缺经验的人，并帮助更多人理解大型软件系统中的更多部分。另外，程序代码复审工作对于编写清晰的程序代码也很重要。

4. 代码的“坏味道”

Kent Beck 用代码“坏味道”来比喻需要重构代码的情况。主要有以下一些情况(更多的情况请参看 Martin Fowler 的《重构：改善既有代码的设计》一书)：

(1) 软件中存在重复的代码。

如果同一个类中有相同的代码块，应把它提炼成该类的一个独立方法；如果不同的类中有相同的代码，应把它提炼成一个新类。永远不要重复代码。

(2) 存在过大的类和过长的方法。

过大的类往往是类抽象不合理的结果，类抽象不合理将降低代码的重用率。过长的方法由于包含的逻辑过于复杂，错误概率将直线上升，而可读性则直线下降，类的健壮性很容易被破坏。当看到一个过长的方法时，需要想办法将其划分为多个小方法，以便分而治之。

(3) 对代码进行过霰弹式修改。

如果每当遇到某种变化，都必须在许多不同的类内作出许多小修改以响应之，这样的代码就应该重构。

(4) 类之间需要过多的通信。

例如,A类需要调用B类的很多方法才能访问B的内部数据,在关系上这两个类显得过于接近,可能这两个类本应该在一起,而不应该分家。

(5) 存在过度耦合的信息链。

有人认为,可以通过添加中间层解决任何问题,所以往往中间层会被过多地追加到程序中。如果在代码中看到:当需要获取一个信息时,一个类的方法要调用另一个类的方法,层层挂接,就像输油管一样节节相连,这往往是衔接层太多造成的。此时需要检查是否有可移除的中间层,或是否可以提供更直接的调用方法。

(6) 存在相似的类或方法。

如果发现有两个类或两个方法尽管命名不同,却拥有相似或相同的功能,这往往是因为开发团队成员协调不够造成的。

(7) 存在过多的注释。

常常会有这样的情况:一段程序代码有冗长的注释,而这些注释之所以存在是因为程序代码很糟糕。此时,应该以各种重构方法改进代码,随后就会发现注释已经变得多余了,因为程序代码已经清楚地说明了一切。

5. 对重构的限制

有时候根本不应该重构,例如需要重新编写所有代码的时候。有时候原有代码实在太混乱,重构它还不如重新写一个更简单。

重写(而非重构)的判断标准是现有代码根本不能正常运作。这时可以试着做一些测试,然后就会发现代码中满是错误,根本无法稳定运作。记住,在重构之前,代码必须能够在大部分情况下正常运作。

一个折中办法就是:将大规模软件重构为封装良好的小型组件,然后就可以逐一对组件作出重构或重建的决定。

另外,如果项目已接近最后期限,也应该避免重构。此时,重构的好处只有在最后期限过后才能体现出来,而那个时候项目已经结束了。

如果项目已经非常接近最后期限,就不应该再考虑重构,因为已经没有时间了。不过,很多项目的经验显示:重构的确能够提高生产力。如果最后没有足够的时间,通常说明其实早该进行重构。

6. 重构与设计模式

设计模式的意义就在于它们传达了许多有用的设计思想。那么,在学习了大量的设计模式之后,就理应成为非常优秀的软件设计人员吗?事实上并非如此。有时,设计模式方面的知识和使用设计模式的方式反而会使开发者在工作中犯过度设计的错误。

所谓过度设计(over-engineering),是指代码的灵活性和复杂性超出所需。有些程序员之所以这样做,是因为他们相信自己知晓系统未来的需求。他们推断,最好现在就把方案设计得更灵活、更复杂,以适应未来的需求。这听上去很合理,但是实际上是无法实现的。

如果预计错误,浪费的将是宝贵的时间和金钱。花费几天甚至几星期对设计方案进行微调,仅仅为了增加不必要的灵活性或者复杂性,这种情况并不罕见,但是这样只会减少用来添加新功能、排除系统缺陷的时间。

设计不足(under-engineering)比过度设计更为常见。所谓设计不足,是指开发的软件设计不良。其产生原因有如下几种：

- 程序员没有时间、没有特别安排时间或者时间不允许进行重构。
- 程序员对何为好的软件设计缺乏判断力。
- 程序员的任务只是在既有系统中快速地添加新功能。
- 程序员被迫同时进行过多的项目。

随着时间的推移，设计不足的软件将变得越来越难以维护甚至无法维护。

极限编程提倡的办法是：按照最初想法开始编码，让代码有效运作，然后再将它重构成型。最后获得设计良好的软件。

在极限编程中也会进行预先设计。例如，使用CRC卡或类似的东西来检验各种不同的想法，得到第一个可被接受的解决方案后再开始编码，最后进行重构。关键在于：重构改变了预先设计的角色。如果没有重构，开发者就必须保证预先设计正确无误，而这意味着，如果将来需要对原始设计做任何修改，代价都将非常高昂。

如果选择重构，问题的重点就转变了。仍然可以做预先设计，但是不必一定要找出正确的解决方案，而只需要得到一个足够合理的解决方案就够了。在实现这个初始解决方案的时候，对问题的理解也会逐渐加深，通过不断迭代地重构接近最佳解决方案。这也就是通过重构实现设计模式，即设计模式导向的重构。

设计模式和重构之间存在着天然联系。设计模式是要到达的目的地，而重构则是从其他地方抵达这个目的地的一条条道路。

7. 重构与单元测试

重构与单元测试是极限编程的两个非常重要的实践，重构的过程一直伴随着不断执行单元测试进行验证的过程。不断的单元测试才能保证方案的实现一直在正确的方向上。重构与单元测试是相互依存的。重构以单元测试作为保障，同时，测试驱动开发的动力来源于重构。

小　　结

敏捷开发是一种以人为核心的、迭代的、循序渐进的开发方法。在敏捷开发中，软件项目被切分成多个子项目，各个子项目的成果都要经过测试，具备集成和可运行的特征。换言之，敏捷开发就是把一个大项目分为多个既相互联系又可独立运行的小项目，并分别完成，在此过程中软件一直处于可使用状态。敏捷开发是由一些业界专家提出的能够让软件开发团队具有快速工作、响应变化能力的价值观和原则。

习　　题

21.1　什么是敏捷开发？

21.2　什么是极限编程？

21.3　什么是重构？重构与设计模式的关系如何？

21.4　敏捷开发实践方法中的测试驱动与结对编程的要求是什么？

21.5　什么是过度设计和设计不足？

21.6　隐喻的作用是什么？

附录A　软件项目管理过程案例文档

S市云计算数据资源管理平台项目的建设目的是促进S市各单位自建机房向市级云计算数据中心迁移，进而实施统一管理运维。本项目包括两大内容：云计算资源中心、云计算中心计费管理系统。云计算资源中心是服务网站，容纳了S市的很多系统，包括市政府政务公开、政务服务、数字化城管、阳光发改、城乡公交一体化、智慧社区等智慧系统，确保系统的数据存储和安全。云计算中心计费管理系统主要用于S市智慧城市建设办公室云计算中心服务及资源的规范化管理、业务订单计费管理以及服务资源监控。该项目将为S市云计算资源中心的服务和管理工作提供科学、便捷的软件平台，提高工作效率和管理水平。以下为该项目开发过程中所涉及的部分文档。

A.1　项目计划书

1　概　　述

1.1　目的

本文档明确本项目开发的全过程，规定在开发过程中需要完成的活动和目标，为本项目的实施提供指导依据。本文档的读者包括项目经理、系统分析人员、开发人员、测试人员、质量保证人员以及相关部门的接口人员等。

1.2　范围

本计划适用于S市云计算数据资源管理平台项目。

本文档涉及内容包括：

- 项目计划完成的活动及其目标。
- 项目采用的质量计划。
- 项目的交付件。
- 项目采用的质量计划。
- 项目进度。
- 项目的配置管理。
- 项目的风险管理。

1.3　术语和缩写

术语和缩写	解　　释	备　　注
PP	项目计划	
RTM	需求跟踪矩阵	

2　项目信息

2.1　项目背景

随着网络技术的逐步成熟和网络服务的不断丰富，互联网行业已经进入了高速发展期。

传统的需求设计、开发测试、上线部署的软件开发模式已经很难满足企业快速发展的需求。与此同时,另一种新的按需付费的软硬件交付模式越来越受到企业的青睐。本项目旨在为相关管理工作提供科学、便捷的软件平台,提高管理水平和工作效率。

2.2 项目范围

本系统将实现S市云计算资源中心的服务和管理。

2.3 项目约束

S市云计算数据资源管理平台主要用于S市云计算资源中心的服务和管理,并加强数据的保密性和安全性。

约束因素	约束原因	约束解决
软件约束:采用.NET三层框架,C#语言	1. 提高开发效率 2. 有利于借用以前项目的功能模块	提供组内培训,使组内开发人员尽快熟悉.NET三层框架的开发

3 软件生命周期

根据项目本身的状况,选择瀑布式软件开发生命周期,分为以下6个阶段:计划、需求分析、设计、开发、测试、产品发布。以项目立项为入口,以客户验收报告和项目结项为出口。

项目里程碑如下:

里程碑	完成时间	负责人	里程碑描述	里程碑完成标志
计划阶段	2019.9.10	张三	编写项目立项报告、项目章程、项目计划书等	1. 项目章程经EPG组长杨七、部门负责人王五批准; 2. 项目计划书经EGP组长杨七、部门负责人王五签字确认
需求分析阶段	2019.9.15	张三	编写用户需求说明书、需求规格说明书	1. 需求调研计划经项目经理张三确认; 2. 需求规格说明书经项目组评审,部门负责人王五批准; 3. 项目经理张三、项目组成员、部门负责人王五在需求规格说明书上签字确认; 4. 系统测试用例经项目组评审,部门负责人王五批准
设计阶段	2019.10.30	李四	编写概要设计说明书、详细设计说明书、数据库设计说明书	1. 概要设计说明书经项目组相关人员评审,部门负责人王五批准; 2. 集成测试用例经项目组相关人员评审,部门负责人王五批准; 3. 详细设计说明书经项目组相关人员评审,部门负责人王五批准; 4. 单元测试用例经项目组相关人员评审,部门负责人王五批准
开发阶段	2020.8.8	李四	完成编码、单元测试	1. 在实现过程中采用先进的技术与工具; 2. 规范工作程序及文档编写; 3. 对实现过程及已完成的文档进行评审,部门负责人王五批准

续表

里程碑	完成时间	负责人	里程碑描述	里程碑完成标志
测试阶段	2020.8.20	赵六	做集成测试、系统测试	1. 测试时采用先进的技术和工具; 2. 规范工作程序及文档编写; 3. 对测试工作及已完成的文档进行评审,部门负责人王五批准; 4. 进行回归测试,跟踪缺陷关闭
产品发布阶段	2020.10.15	赵六	进行验收测试	项目组和项目经理张三共同在验收报告上签字确认

4 项目进度安排

本项目在立项时初步制订了项目进度计划。

在策划阶段,根据具体需求及规模、工作量、进度、成本、资源等的估算后,对于初步制订的项目进度计划进行进度及资源的调整。

具体参见本项目的项目进度计划。

另:如果进度超过原计划的10%,需对项目计划书重新进行评审。

5 项目监督

参照项目监控过程文件,通过项目例会、里程碑状态报告、项目周报等,以文档、邮件或直接交流等各种方式在项目全过程监督任务进度、工作量、项目风险、成本、承诺实现情况等相关内容。如果发现问题,通过问题管理表进行管理。

监控方式	负责人	参与角色	监控时间	监控方式
每日早会	张三	项目组全体成员	每日早间8:30—9:00	每人汇报昨日工作情况,确认本日工作及相关干系人间沟通活动
每周例会	张三	项目组全体成员	2019.9.1至2020.9.10 (每两周一次,周五) 时间:8:30—9:00	总结本周工作进度,分析本周发生的问题,识别现存风险状态,沟通相关干系人活动、承诺工作、数据管理工作、相关数据偏离情况(例如成本、进度、工作量、规模等)
里程碑会议	张三	项目组全体成员、客户、中层经理	策划:2019.9.10 需求:2019.9.15 设计:2019.10.30 编码:2020.8.8 测试:2020.8.20 验收:2020.9.1 时间:9:00—10:00	总结里程碑阶段工作进度,分析发生的问题,识别现存风险状态,沟通相关干系人活动、承诺工作、数据管理工作、相关数据偏离情况(例如成本、进度、工作量、规模等)。
结项会议	张三	项目组全体成员、客户、中高层经理	2020.9.1	总结本项目工作进度,分析发生的问题,识别现存风险状态,沟通相关干系人活动、承诺工作、数据管理工作、相关数据偏离情况(例如成本、进度、工作量、规模等),收集相关度量数据及技术资料,纳入组织工作库中进行共享

续表

监控方式	负责人	参与角色	监控时间	监控方式
邮件、面对面沟通	张三	项目组全体成员	每周五	员工出现意外工作情况的时候进行邮件及面对面沟通缓解
紧急会议	张三	项目组全体成员	出现重大问题或出现变更时	当出现严重问题时，进行问题分析，商议具体解决方案

超出阈值设定：当进度偏差值大于10%或者成本偏差值大于15%时，需重新制订项目计划书及项目进度计划，并提交项目组评审。

6 人力资源计划

人力资源情况如下：

人员	角色	职　责	参与时间	技能要求	需进行的项目培训	备注
张三	项目经理	• 安排项目资源； • 项目协调工作； • 组织项目实施； • 监督项目总体进度； • 提供后勤支持； • 重大问题决策需向上级领导汇报	全阶段	3年工作经验，项目管理经验1.5年，具备较丰富的管理知识，语言表达和沟通能力较好		
张三	需求分析工程师	• 负责需求的收集、整理和分析； • 对建立需求基线后的需求变更进行控制	• 需求阶段100%； • 设计阶段40%； • 开发阶段20%； • 测试阶段30%	两年以上的需求分析经验，对公司的业务需求有较深的认识，具备需求工程知识，表达能力强	建模工具Rose的使用培训	
李四	系统设计工程师	按照需求文档进行系统规划和设计，包括架构设计、概要设计和详细设计	• 需求阶段20%； • 设计阶段100%； • 开发阶段50%； • 测试阶段30%	两年以上的设计经验，熟练掌握各类设计工具，对公司的业务需求有较深的认识		
李四	开发工程师	设计编码开发	• 需求阶段10%； • 设计阶段70%； • 开发阶段100%； • 测试阶段60%	计算机专业及相关专业毕业，有一定的编程经验，学习能力强，两年以上的开发项目经验，有较好的表达能力	单元测试培训	
赵六	系统测试工程师	系统测试	• 需求阶段10%； • 设计阶段40%； • 开发阶段60%； • 测试阶段100%	一年以上的测试工作经验，了解常用测试工具（QTP、Load Runner），对于项目的需求和测试流程有较深的认识，掌握测试的方法和技巧		

续表

人员	角　色	职　　责	参与时间	技能要求	需进行的项目培训	备注
刘九	质量保证代表	编制项目质量保证计划,与项目经理一起负责项目质量保证计划	全阶段	两年的项目质量控制管理经验		
陈八	配置管理员	配置管理	全阶段	两年配置管理工作经验,具有丰富的配置管理知识及技能		
张三	项目经理	• 需求确认; • 产品验收; • 重大问题决策需向上级领导汇报	全阶段			

项目组结构图如下:

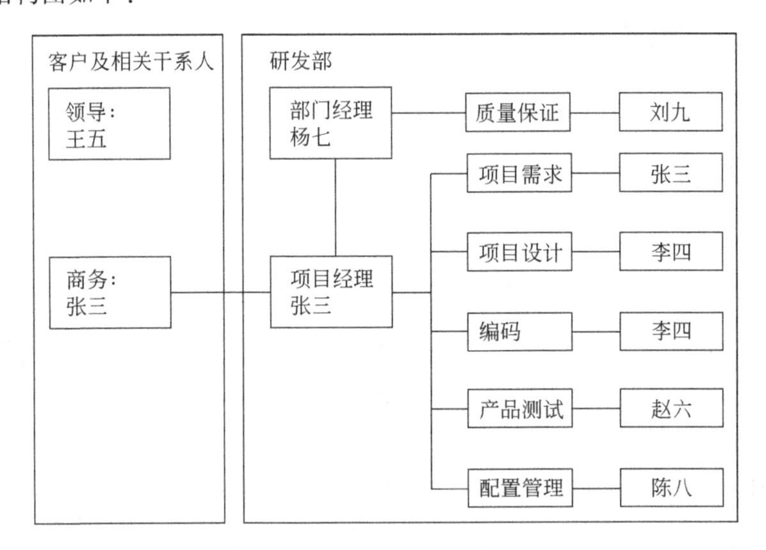

7　培训安排

依据人力资源计划识别项目实施前需要进行的培训,具体安排参见项目培训计划。

8　数据资料管理计划

数据类型	内　　容	相关人	时　　间	存　　储	数据分发及查阅权限
客户提供的数据	公司介绍、项目背景介绍、相关信息等客户方提供的各种文件,相关技术方案和需求信息文件	张三	2019.9.15	客户提交的书面文档放入文件夹进行编号管理。电子文档放入SVN中	对于重要的客户文件,与本项目无关的人员需要经项目经理同意后才可以查阅

续表

数据类型	内　　容	相关人	时　　间	存　　储	数据分发及查阅权限
移交给客户的文件	项目提案、合同、用户需求说明书、需求规格说明书、项目计划、系统验收计划、帮助说明书、程序安装包以及合同中要求的相关文件	张三	策划：2019.9.10 需求：2019.9.15 设计：2019.10.30 编码：2020.8.8 测试：2020.8.20 验收：2020.9.1	书面文档直接提交给客户，电子文档通过邮件发送	根据角色不同设定不同的访问权限
非移交给客户的文件	项目过程中临时产生的记录、计划和报告等	张三	策划：2019.9.10 需求：2019.9.15 设计：2019.10.30 编码：2020.8.8 测试：2020.8.20 验收：2020.9.1	在SVN对应的库中	设定不同的访问权限
项目开发工作产品	项目组成员在开发过程中的产出物	张三	策划：2019.9.10 需求：2019.9.15 设计：2019.10.30 编码：2020.8.8 测试：2020.8.20 验收：2020.9.1	在SVN对应的库中	设定不同的访问权限
项目经理度量数据	项目经理将项目参数收集到周报中	张三	2019.9.1至2020.9.10（每两周一次，周五）早上8:30—9:00	在SVN对应的库中	设定不同的访问权限
邮件	项目情况报告	张三	每周五	存储在邮箱内，并且在本地计算机上备份	由配置管理人员统一管理，需要查阅时向配置管理人员申请
SVN备份光盘	定期进行SVN备份的数据光盘	陈八	每月1日进行数据备份并入柜存储	统一存放于研发部工作资料柜中	
纸质数据资料	项目组签字承诺纸质文件、合同、与客户间的需求确认单、与客户间进行需求确认的相关文件、项目组工作过程中产生的纸质文件等	陈八	策划：2019.9.10 需求：2019.9.15 设计：2019.10.30 编码：2020.8.8 测试：2020.8.20 验收：2020.9.1	统一存放于研发部工作资料柜中	

9 软硬件资源和管理工具计划

软硬件资源名称	级别	详细配置	数量	获取方式与时间	使用说明
配置管理服务器	关键	CPU：E2160 1.8GHz 内存：8GB 硬盘：1TB	1台	已经存在	项目组成员在开发过程中使用
开发服务器	关键	CPU：E2160 1.8GHz 内存：8GB 硬盘：1TB	1台	已经存在	项目组成员在编码过程中使用
测试服务器	关键	CPU：E2160 1.8GHz 内存：8GB 硬盘：1TB	1台	已经存在	项目组成员在测试过程中使用
开发用机	关键	CPU：Core i5 2.2GHz 内存：4GB 硬盘：500GB	8台	已经存在	项目组成员在编码和测试过程中使用
操作系统	关键	Windows 10	1套	已经存在	全程使用
开发工具	关键	Visual Studio	1套	已经存在	程序员在编码时使用
系统建模工具	普通	Visio 2010	1套	已经存在	系统分析员在需求分析和系统设计时使用
配置管理工具	普通	TortoiseSVN 1.7	1套	已经存在	在配置管理过程中使用
文档编写工具	普通	Office 2007	1套	已经存在	项目组成员在编写和浏览文档时使用
网络环境	关键	专网(100Mb/s)		已经存在	最终的网络环境由客户提供

10 关键依赖

时间段	里程碑活动	计划完成时间	任务负责人	关键依赖关系描述
2019.9.1—2019.9.10	完成计划里程碑	2019.9.10	张三	制定从属计划需要QA、CM等相关人员的配合才能完善,从而进入下一阶段的工作
2019.9.1—2019.9.15	完成需求分析里程碑	2019.9.15	张三	用户需求说明书、需求规格说明书经过评审并通过,才能进行设计阶段的工作
2019.9.16—2019.10.30	完成设计里程碑	2019.10.30	李四	概要设计说明书、详细设计说明书经过评审并通过,才能进行设计阶段的工作
2019.11.01—2020.8.8	完成开发里程碑	2020.8.8	李四	编码完成并通过单元测试,才能进行集成测试等测试工作
2020.8.9—2020.8.20	完成测试里程碑	2020.8.20	赵六	集成测试、系统测试通过,才能进行验收工作
2020.8.28—2020.9.1	完成验收里程碑	2020.9.1	张三	产品验收通过,才能进行交付工作

11 沟通计划

11.1 内部沟通计划

序号	发起人	沟通时间	沟通内容	接受者	产出文档	沟通方式	备注
1	项目经理	两周一次	工作情况汇报	项目组成员	项目周报	交流、邮件、会议	
2	项目经理	项目计划书评审通过后	计划阶段工作总结和下一阶段工作安排	项目组成员	计划里程碑状态报告	交流、邮件、会议	
3	项目经理	需求分析阶段结束后	需求分析阶段工作总结和下一阶段工作安排	项目组成员	需求分析里程碑状态报告	交流、邮件、会议	
4	项目经理	设计阶段结束后	设计阶段工作总结和下一阶段工作安排	项目组成员	设计里程碑状态报告	交流、邮件、会议	
5	项目经理	开发阶段结束后	开发阶段工作总结和下一阶段工作安排	项目组成员	开发里程碑状态报告	交流、邮件、会议	
6	项目经理	测试阶段结束后	测试阶段工作总结和下一阶段工作安排	项目组成员	测试里程碑状态报告	交流、邮件、会议	
7	项目组成员	不定时	工作情况汇报	项目经理		交流	

11.2 与客户的沟通计划

序号	发起人	沟通时间	沟通内容	接受者	提交文档	沟通方式	备注
1	项目经理	计划阶段	项目计划确认	客户负责人、客户接口人	项目计划书	交流、邮件、电话、会议	
2	需求分析人员	需求调研	软件需求	客户负责人、客户接口人	需求调研报告、需求规格说明书	交流、邮件、会议	
3	设计人员	设计阶段	评审用户手册	客户负责人、客户接口人	用户手册	会议	
4	项目经理	测试完成	确认试运行计划和验收计划	客户负责人、客户接口人	试运行计划、验收计划	交流、邮件、电话、会议	
5	项目经理	试运行阶段	产品交接	客户负责人、客户接口人	交付件一览表	交流、会议	
6	项目经理	验收完成后	软件验收交付情况	客户负责人、客户接口人	验收报告	交流、邮件、会议	

12 干系人介入计划

序号	介入活动	介入时间	具体活动	参与干系人	角色与职责
1	项目从属计划评审	2019.9.10	项目组及相关干系部门负责人、客户负责人参加项目计划及从属计划评审会议	杨七(EPG)、刘九(QA)、陈八(CM)、张三(PM)、李四(设计)、赵六(测试)、李四(编码)、张三(客户负责人)	• EPG、客户负责人:项目从属计划评审; • 项目经理:负责从属计划评审,沟通项目情况,召开周例会; • 其他项目组人员:参与从属计划评审,评审通过后全体成员签字确认
2	项目培训	2019.9.15	培训计划中需要进行培训的人员接受培训,由培训专员授课	彭十(培训专员)、刘九(QA)、陈八(CM)、张三(PM)、李四(设计)、赵六(测试)、李四(编码)	• 培训专员:负责对项目组成员进行相关业务知识培训; • 其他人员:接受培训
3	需求评审	2019.9.15	项目组及相关干系部门负责人、客户负责人参加需求评审会议	杨七(EPG)、刘九(QA)、陈八(CM)、张三(PM)、赵六(测试)、张三(客户负责人)	• EPG、客户负责人:项目需求评审; • 项目经理:负责需求评审,沟通项目情况; • 其他项目组人员:参与需求评审,评审通过后全体成员签字确认
4	系统测试用例评审	2019.9.30	项目组及相关干系部门负责人、客户负责人参加系统测试用例评审会议	杨七(EPG)、刘九(QA)、陈八(CM)、张三(PM)、赵六(测试)、李四(设计)、张三(客户负责人)	• QA:检查集成测试用例; • 项目组、测试、设计:系统测试用例评审; • EPG、客户负责人:参加系统测试用例评审
5	概要设计评审	2019.9.30	项目组全体成员参加概要设计评审会议	杨七(EPG)、刘九(QA)、陈八(CM)、张三(PM)、李四(设计)、赵六(测试)、李四(编码)	• QA:检查需求跟踪矩阵、概要设计说明书; • 项目经理、测试、设计:概要设计说明书、详细设计说明书评审; • EPG:参加评审
6	集成测试用例评审	2020.8.18	项目组全体成员参加集成测试用例评审会议	杨七(EPG)、刘九(QA)、陈八(CM)、张三(PM)、李四(设计)、赵六(测试)、李四(编码)	• QA:检查集成测试用例; • 项目组、测试、设计:集成测试用例评审; • EPG:参加评审
7	详细设计评审	2019.10.30	项目组全体成员参加详细设计评审会议	杨七(EPG)、刘九(QA)、陈八(CM)、张三(PM)、李四(设计)、赵六(测试)、李四(编码)	• QA:检查详细设计说明书; • 项目经理、测试、设计:详细设计说明书评审; • EPG:参加评审

续表

序号	介入活动	介入时间	具体活动	参与干系人	角色与职责
8	设计里程碑会议	2019.10.30	项目组全体成员、客户负责人、高层参加设计里程碑会议	杨七(EPG)、刘九(QA)、陈八(CM)、张三(PM)、李四(设计)、赵六(测试)、李四(编码)、张三(客户负责人)	• QA:检查集成测试用例、需求跟踪矩阵、概要设计说明书、详细设计说明书; • 项目经理、测试、设计:概要设计说明书、详细设计说明书评审; • EPG、客户负责人:参加评审
9	单元测试用例评审	2020.8.10	项目组全体成员参加单元测试用例评审会议	杨七(EPG)、刘九(QA)、陈八(CM)、张三(PM)、李四(设计)、赵六(测试)、李四(编码)	• QA:检查单元测试用例; • 项目经理、测试、设计:单元测试用例评审; • EPG:参加评审
10	编码评审	2020.8.8	项目组全体成员参加代码评审会议	杨七(EPG)、刘九(QA)、陈八(CM)、张三(PM)、李四(设计)、赵六(测试)、李四(编码)	• 项目经理、测试、设计:编码评审; • QA、EPG:参加评审
11	测试里程碑会议	2020.8.15	项目组全体成员、客户负责人、高层参加测试里程碑会议	杨七(EPG)、刘九(QA)、陈八(CM)、张三(PM)、李四(设计)、赵六(测试)、李四(编码)、张三(客户负责人)	• QA:检查缺陷管理表、需求跟踪矩阵; • 项目经理:主持测试里程碑会议; • 其他人员:参加会议
12	结项会议	2020.9.10	项目组全体成员、客户负责人、高层参加结项会议进行	杨七(EPG)、刘九(QA)、陈八(CM)、张三(PM)、李四(设计)、赵六(测试)、李四(编码)、张三(客户负责人)	• 项目经理:召集项目组成员,要求客户负责人及高层对于项目试运行进行准备; • 测试:搭建系统测试环境; • 项目经理:主持进行用户手册评审
13	项目周例会	2019.9.1—2020.9.10(每两周一次,周五)	项目组全体成员参加周例会	杨七(EPG)、刘九(QA)、陈八(CM)、张三(PM)、李四(设计)、赵六(测试)、李四(编码)	• 项目经理:组织周例会; • 其他人员:参加周例会

13　风险管理计划

详见风险管理计划。

14 软件工程计划

14.1 需求管理计划

14.1.1 需求管理的工作产品列表

阶段重要成果	需求类型	责任人员	评审时间	描　述
用户需求说明书 V1.0	需求开发	张三	2019.9.1	需求调研的安排
需求规格说明书 V1.0	需求开发	张三	2019.9.10	用文字详细描述项目的功能性及非功能性需求
需求跟踪矩阵	需求管理	张三	2019.9.10	需求跟踪矩阵

14.1.2 需求状态的跟踪及追溯

项目阶段	负责人	填写时间	评审时间	工作内容	备注
需求开发结束	张三	2019.9.15	2019.9.15	功能需求(或用例)和非功能性需求的序号、需求编号、原始需求、优先级、功能名称	
设计结束	李四	概要设计：2019.9.30 详细设计：2019.10.30	概要设计：2019.9.30 详细设计：2019.10.30	子系统、模块数据库	
编码及单元测试结束	李四	2020.8.8	2020.8.8	程序代码文件、类	
系统测试结束	赵六	2020.8.20	2020.8.20	系统测试用例	

14.2 需求变更管理

成　果	需求类型	变更时间	评审时间	责任人员	描　述

14.3 设计计划

参照设计过程文件,根据设计指南指导设计过程的进行。

14.4 实现

参考公司通用编码规范。

14.5 测试计划

详见测试计划。

15 项目从属计划

15.1 度量计划

详见度量计划。

15.2 配置管理计划

详见配置管理计划。

15.3 质量保证计划

详见质量保证计划。

15.4 评审计划

阶段	评审名称	评审负责人	评审参与人员	评审主要工作产品	评审方式
计划	计划评审	张三	评审成员	项目计划、从属计划	正式检查
需求分析	需求评审	张三	评审成员	需求规格说明书	正式检查
设计	概要设计评审	张三	评审成员	概要设计说明书	正式检查
	数据库设计评审	张三	评审成员	数据库设计说明书	正式检查
	详细设计评审	张三	评审成员	详细设计说明书	正式检查
编码	代码审查	张三	评审成员	系统代码	正式检查/走查
	单元测试用例评审	张三	评审成员	单元测试用例	正式检查/走查
	集成测试用例评审	张三	评审成员	集成测试用例	正式检查/走查
测试	系统测试用例评审	张三	评审成员	系统测试用例	正式检查/走查
验收	验收用例评审	张三	评审成员	验收测试用例	正式检查

具体评审时间参见项目进度计划。

注意：

(1) 需求分析和设计阶段的评审必须采取正式检查的方式。

(2) 编码和测试阶段的评审可以根据项目实际情况，选择正式检查或者走查的方式。小项目的同行评审可以采用走查的方式。

15.4.1 评审环境配置

会议室，投影仪，白板，网络通信信号良好。

15.4.2 评审标准

存在严重缺陷时评审不通过，需要重新评审。

评审结论必须为以下3项之一：评审通过、需要修改通过、评审不通过。

A.2 开发语言决策分析表

编号	评价准则	权重	Visual Studio	实际得分	NetsBeans	实际得分
1	技术成熟度(1～10)	5	8	40	5	25
2	依赖性(1～10)	5	8	40	7	35
3	易用性(1～10)	8	8	64	6	48
4	灵活性(1～10)	3	8	24	6	18
5	复杂度(1～10)	4	7	28	8	32
6	额外服务器投资(1～10)	5	8	40	8	40

续表

编号	评价准则	权重	Visual Studio	实际得分	NetsBeans	实际得分
7	执行效率(1～10)	8	7	56	8	64
8	安全性(1～10)	4	6	24	7	28
9	可用性(1～10)	5	8	40	6	30
10	可伸缩性(1～10)	6	8	48	7	42
11	可维护性(1～10)	6	8	48	7	42
12	成本节约(1～10)	7	8	56	6	42
	总得分			508		446

说明：

(1) 在"评价准则"栏中填写此次评价考虑的因素。

(2) 每个评价准则的满分是10分。针对每个备选方案的12个评价准则进行打分，分数高的即为胜出的方案。如果有两个方案的得分相同，则对这两个方案重新打分。

A.3 工作量估算表

序号	工作任务名称	估计工作量/人月	备　注	
1	需求分析	1.80	占开发工作量的百分比	15%
2	设计	2.40	占开发工作量的百分比	20%
3	编码	4.20	占开发工作量的百分比	35%
4	测试	3.00	占开发工作量的百分比	25%
5	试运行及验收	0.60	占开发工作量的百分比	5%
	开发工作量合计	12.00	占总工作量的百分比	80%
6	立项管理	0.15	占管理工作量的百分比	5%
7	项目规划	0.30	占管理工作量的百分比	10%
8	项目监控	0.75	占管理工作量的百分比	25%
9	风险管理	0.15	占管理工作量的百分比	5%
10	评审管理	0.15	占管理工作量的百分比	5%
11	配置管理	0.60	占管理工作量的百分比	20%
12	质量保证	0.60	占管理工作量的百分比	20%
13	培训管理	0.15	占管理工作量的百分比	5%
14	结项管理	0.15	占管理工作量的百分比	5%
	管理工作量合计	3.00	占总工作量的百分比	20%
	工作量总计	15.00		
平均生产率/(功能点/人月)		4		

A.4 需求跟踪矩阵检查单

项目名称	S市云计算数据资源管理平台	项目经理	张三
项目类别	产品研发项目		
检查人	张三	检查时间	2020/2/14
编号	问题描述	是/否	备注
1	是否建立了需求跟踪矩阵以跟踪项目需求	☑是 □否	
2	是否在项目的各阶段指定了维护需求跟踪矩阵的责任者	☑是 □否	
3	各指定责任者是否在项目的各阶段进行了需求的跟踪活动	□是 ☑否	项目工作、需求与单元测试用例不一致
4	需求跟踪矩阵是否通过验证	☑是 □否	
5	验证后的需求跟踪矩阵是否已提交到受控库中	☑是 □否	
6	当需求的状态发生变化时,是否及时更新了需求跟踪表的相关内容	☑是 □否	
7	是否按照需求跟踪矩阵对需求状态进行了跟踪	☑是 □否	
8	是否跟踪了每一个需求,直至其关闭	☑是 □否	
9	是否建立了需求基线,并将软件需求规格说明书置于管理之下	☑是 □否	
结论	检查未通过		

A.5 风险检查表

序号	大类别	小类别	风险是否存在	风险来源及描述	历史发生概率	风险发生概率	严重程度	预计发生阶段	风险优先顺序	提出人	提出日期
1	估算	项目规模超过实际工程能力	□	没有正确估算工程规模	2						
2			□	相关人员估算能力不足	3						
3			□	缺乏相应预算或人力资源保证(试点过后增加)	2						

续表

序号	大类别	小类别	风险是否存在	风险来源及描述	历史发生概率	风险发生概率	严重程度	预计发生阶段	风险优先顺序	提出人	提出日期
4	估算	需求不明确	□	作为估算前提条件的系统需求不明确或实现有困难。	2						
5			□	客户提出的需求不明确	3						
6			□	主要系统需求是从与客户谈话中推测出来的或口头确认的	3						
7		潜在需求	□	有潜在需求或预测有会影响日程、成本的需求变更	4						
8			□	客户的一些非功能需求描述不清楚	4						
9			□	包括潜在需求、主要需求以外的变更要求	3						
10		容量/性能需求	■	容量/性能需求不明确,或者实现有困难	3	1	5	需求分析	5	张三	2020.1.26
11			□	能确认容量/性能需求的可行性,但要一定时间的验证	2						
12		估算方法	□	估算中有欠客观的地方	3						
13			□	公司现有的估算方法不适应本项目的估算	2						
14			□	规模、工时、成本通过客观的方法估算	2						
15			□	估算书/开发设计书没有制作	1						
16		估算结果	□	不存在以工作量为基础的成本估算	1						
17			□	有各阶段粗略的工作量和成本估算	2						
18	客户	与客户方交流情况	□	缺乏相应的语言(日语、德语等)基础	1						
19			□	未建立完善的沟通渠道	2						
20			■	没有形成沟通的意识(推广后增加)	3	2	4	需求分析	8	张三	2020.1.26
21		客户的诚信度	□	新客户	2						
22			□	虽是老客户,但过去有交货延期、成本超支等严重问题	2						

续表

序号	大类别	小类别	风险是否存在	风险来源及描述	历史发生概率	风险发生概率	严重程度	预计发生阶段	风险优先顺序	提出人	提出日期
23	客户	客户需求	□	客户需求确定慢，或者在测试过程中需求变更多	2						
24		合同	□	合同没有签订	1						
25		责任划分	□	和客户分担的工作、工作产品不明确	1						
26	工作条件	工作环境	□	对工作环境缺乏足够的重视	2						
27			■	对员工的关心不够	3	2	2	全阶段	4	张三	2020.1.26
28			□	缺乏相应的激励机制	3						
29			□	必要的工作环境（工具、场所）无法确保	1						
30		系统难易度	□	系统特殊性、复杂度太高	3						
31			□	影响范围、测试范围很难确定	1						
32	进度	目标	□	成本、交货期、项目目标不明确、不详细	1						
33		项目时间	□	因商业目的而确定了较短的工期	2						
34			□	项目启动太晚	2						
35			□	项目初期缺乏紧迫感，组织不力	3						
36		项目后期变动	□	客户需求模糊或未能正确理解需求	3						
37			□	客户需求发生变动	3						
38			□	缺少有效的需求变化管理和相关分析	2						
39		交货期	□	由于工作延迟等组织本身的原因，最终交货期比预期晚	2						
40			□	由于客户的一些的原因，最终交货期比预期晚	3						
41		工作进度	■	比主进度计划延迟，需修改日程计划	1	3	3	全阶段	9	张三	2020.1.26
42			□	比主进度计划延迟，但能够抢回	2						
43		加班情况	□	半数以上成员加班时间每个月超过 60h	1						
44			□	特定成员加班时间每个月超过 60h	2						

续表

序号	大类别	小类别	风险是否存在	风险来源及描述	历史发生概率	风险发生概率	严重程度	预计发生阶段	风险优先顺序	提出人	提出日期
45	进度	进度管理	□	没有定期进行项目内的进度报告,也没有记录	1						
46		组织内部进度报告	□	没有定期向上级管理者(部长或部长以上)汇报进度	1						
47		客户进度报告	□	没有定期向客户汇报进度	1						
48	人事	关键人员的影响	□	对关键人员安排的职责不明确	1						
49			□	人事安排不当或有冲突	2						
50			□	缺乏团队合作素质(试点后增加)	3						
51			□	关键人员离职(推广后增加)	3						
52		人员变动	□	工作环境恶劣,项目缺乏吸引力,报酬不公,造成人员离职	1						
53			□	管理不善,造成人员离职	1						
54			□	人员能力不足或无法管理,被清退	2						
55			□	被公司其他项目组调用	2						
56		人力使用	□	培训不足	3						
57			□	公司缺少相关技术人员	3						
58			□	项目过多,人力分散	3						
59			□	人员使用不合理	3						
60	技术和经验	技术	□	对采用的技术缺乏深入了解	3						
61			□	对开发方法、工具和技术的理解不够或缺乏相应的支持	1						
62			■	对业务知识不了解或掌握不够	4	4	5	设计	20	张三	2020.1.26
63		经验	□	缺乏按同一开发过程开发的习惯和能力	3						
64			□	人员缺乏同类项目的开发经验	2						
65			□	测试人员技术不足	3						
66			□	相关人员缺乏培训的机会	2						
67			□	未涉足过相关应用领域	1						

续表

序号	大类别	小类别	风险是否存在	风险来源及描述	历史发生概率	风险发生概率	严重程度	预计发生阶段	风险优先顺序	提出人	提出日期
68	管理	管理能力	□	没有专职的PM,或不能确保必要的管理工时	1						
69			□	管理人员缺乏相应的管理能力	2						
70			□	管理人员陷入技术事务	1						
71			□	计划和任务定义不够充分	2						
72		高层支持	□	占用或耗费资源较大	2						
73			□	效益不明显	2						
74			□	缺乏有效的沟通	3						
75		计划	□	没有主进度计划	1						
76			□	过程行动计划不明确	1						
77			□	过程改进行动计划不明确	1						
78			□	没有WBS,或者WBS不完备,或者WBS和主进度计划的工程不一致	1						
79			□	没有项目计划书	1						
80	品质	品质计划	□	没有品质保证计划	1						
81		QA担当	□	项目内没有QA担当者	1						
82		评审实施	■	没有按评审计划实施评审,或延期、省略的情况很多	2	1	2	全阶段	2	张三	2020.1.26
83		品质目标	□	出现品质目标大幅下降的结果,恢复的可能性很小	1						
84			□	出现品质目标下降的结果	2						
85		QA评审	□	QA评审时指出重大事项	2						
86			□	QA人员的评审不客观	2						
87			□	QA评审时指出中等程度的事项	3						
88		正式评审	□	正式评审时指出重大事项	2						
89			□	正式评审时指出中程度的事项	2						
90		客户评价	□	客户对工作产品的品质有抱怨	1						
91	成本	合同	□	项目工期过半,而合同尚未签订	1						
92			□	合同内容不明确	1						
93			□	项目已开始,而合同尚未签订	2						

续表

序号	大类别	小类别	风险是否存在	风险来源及描述	历史发生概率	风险发生概率	严重程度	预计发生阶段	风险优先顺序	提出人	提出日期
94	成本	收支管理	□	工时/成本比计划恶化,今后恢复的可能性很小	1						
95			□	工时/成本比计划恶化,但预计项目结束时对收支没有影响	2						
96	资源	人力资源	□	公司的技术人员不足	2						
97			□	公司的管理人员不足	2						
98		其他资源	□	公司的资金周转出现问题	2						
99			□	相关工作资源不足	2						
100	项目特有										
101											
102											
103											

说明:

(1) 历史发生概率:历史项目中风险的发生概率。

(2) 风险发生概率:参照《风险指南》,风险发生的概率分为5级。

- 5级:很高,风险发生的概率为81%~100%。
- 4级:较高,风险发生的概率为61%~80%。
- 3级:中等,风险发生的概率为41%~60%。
- 2级:较低,风险发生的概率为21%~40%。
- 1级:很低,风险发生的概率为1%~20%。

(3) 严重程度:指风险对项目造成的危害程度,参照《风险指南》,严重程度分5级。

- 5级:很高,进度延误大于30%,或者费用超支大于30%。
- 4级:较高,进度延误20%~30%,或者费用超支20%~30%。
- 3级:中等,进度延误低于20%,或者费用超支低于20%。
- 2级:较低,进度延误低于10%,或者费用超支低于10%。
- 1级:很低,进度延误低于5%,或者费用超支低于5%。

(4) 风险优先顺序:风险严重程度与风险发生概率的乘积。若该值为15~25,则应优先处理。

A.6 变更申请单

<table>
<tr><td colspan="5">变更基本情况</td></tr>
<tr><td colspan="3">变更申请人:张三</td><td colspan="2">提出时间：2020.2.20</td></tr>
<tr><td colspan="5">变更原因：

客户需求增加数据文件批量导入功能,需求发生变更。</td></tr>
<tr><td colspan="5">变更内容描述：

新增需求：增加数据导入和数据文件批量导入功能。</td></tr>
<tr><td colspan="5">变更评审</td></tr>
<tr><td colspan="5">评审的形式：电子邮件(　　)　会议(√)　日常交流(　　)</td></tr>
<tr><td rowspan="7">变更评审结果</td><td>估计变更对项目的影响</td><td colspan="3">1. 变更规模(功能点或代码行数)：增加了 1 个功能点。
2. 变更工作量(人天)：2 人天。
3. 变更进度(起止工作日)：2020.2.20—2020.2.21。
4. 变更成本(元)：296 元。
5. 变更引起配置项的更改：
需求规格说明书、需求跟踪矩阵、系统测试用例、项目进度计划、评审检查表、评审报告、基线建立申请、CCB 会议记录、配置审计报告、基线发布报告、问题管理表、项目周报、里程碑状态报告、度量数据表、过程检查单、产品检查单、质量保证报告。
6. 其他说明：将变更后的需求规格说明书提交给客户确认。</td></tr>
<tr><td rowspan="6">变更任务安排</td><td>变更任务描述</td><td>相关配置项</td><td>变更执行人和时间限制</td></tr>
<tr><td>执行需求变更,维护需求跟踪矩阵</td><td>需求规格说明书、评审检查表、评审报告、需求跟踪矩阵</td><td>需求人员,2020.2.20—2020.2.21</td></tr>
<tr><td>重新建立需求基线</td><td>基线建立申请、CCB 会议记录、配置审计报告、基线发布报告</td><td>配置管理员,2020.2.21</td></tr>
<tr><td>修改系统测试用例</td><td>系统测试用例</td><td>测试人员,2020.5.11</td></tr>
<tr><td>需求变更监督和安排</td><td>项目进度计划、项目周报、里程碑状态报告、度量数据表、问题管理表</td><td>项目经理,2020.2.20—2020.2.21</td></tr>
<tr><td>监督变更过程直到关闭</td><td>过程检查单、产品检查单、质量保证报告</td><td>质量保证员,2020.2.20—2020.2.21</td></tr>
<tr><td colspan="5">参加变更评审人员(签字确认)：张三、李四、王五</td></tr>
<tr><td colspan="5">CCB 组长审批意见：同意变更</td></tr>
</table>

A.7 质量跟踪-评审缺陷表

说明：

- 度量项：评审缺陷数。
- 目的：了解评审发现的缺陷个数、类型、严重程度及分布。
- 度量单位：个(缺陷个数)。
- 权重系数(即换算标准)：1个严重缺陷＝2个一般缺陷，1个轻微缺陷＝0.5个一般缺陷。

缺陷个数统计表：

阶　段	缺陷级别			缺陷发现累计	缺陷关闭累计
	严重	一般	轻微		
计划阶段	2	1	0	5	3
需求分析阶段	0	6	0	6	3
设计阶段	0	8	0	8	9
编码阶段	1	11	2	14	23
测试阶段	0	8	0	8	5
试运行及验收阶段	0	2	0	2	3
合　计	3	36	2	43	46

缺陷分类分布统计图：

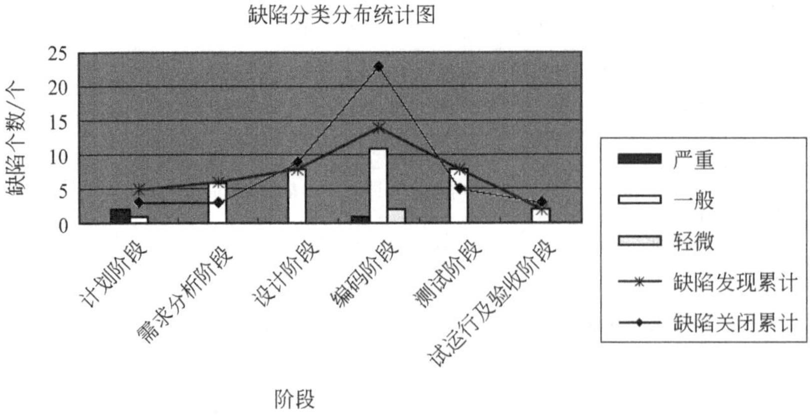

缺陷分类分布统计图

缺陷个数/个

25
20
15
10
5
0

计划阶段
需求分析阶段
设计阶段
编码阶段
测试阶段
试运行及验收阶段

严重
一般
轻微
缺陷发现累计
缺陷关闭累计

阶段

A.8 集成测试用例

用例标识	VER-TestCase	模块名称	文件上传
开发人员	张三	版本号	V1.0
用例作者	李四	设计日期	2020.5.26
测试类型	□功能 □性能 □边界 □余量 □可靠性 □安全性 □强度 □人机界面 □其他（　）		
用例描述	图片		
前置条件	1. 综合信息发布后台管理系统运行正常； 2. 管理员已登录后台系统并进入文件上传模块中的图片界面； 3. 数据库和资源服务器正常； 4. 网络正常		
步骤	1. 对图片进行上传、删除、预览、下载、查询等操作； 2. 查看全选和分页控件功能		
输入数据	1. 上传不同分辨率的 jpg、png、gif 等格式的图片。 2. 删除列表中的图片。 3. 选中图片并预览。 4. 选中图片并下载。 5. 输入不同条件进行查询。 6. 单击并查看全选和分页控件功能以及列表中的数据显示。		
预期结果	1. 图片上传成功(出现同名图片时会询问是否需要替换，图片大小超限时会有正确的提示)。 2. 确定删除后，能成功删除选中的一个或多个图片文件；取消删除后，会取消此次删除操作；若没有选中图片直接删除，会出现提示。 3. 选中一个图片文件，可以成功预览；选中多个图片，则预览失败且有相应提示。 4. 选中一个图片文件，可成功下载；选中多个图片文件，会下载包含这些图片文件的压缩包。 5. 输入不同的条件，都能正常查询(查询控件包括关键字查询功能)。 6. 全选和分页控件能正常运行(包括上一页、下一页、首页、尾页、刷新、跳转、切换当前列表显示条数等功能)，列表中的数据信息准确无误。		
实际结果	与预期结果一致。		
结论	通过	测试日期	2020.08.18

附录B　软件工程标准化文档

中华人民共和国国家标准 GB/T 8567—2006《计算机软件文档编制规范》对软件开发过程和管理过程应编制的主要文档及其内容、格式规定了基本要求，原则上适用于所有类型的软件产品开发过程和管理过程。使用者在实际项目中可以对该标准规定的文档类型或内容进行适当取舍。

根据《计算机软件文档编制规范》，在软件的生命周期中，一般应该产生以下一基本文档。对于使用文档的人员而言，他们所关心的文件种类因其所承担的工作而异。

(1) 与管理人员有关的文档如下：

- 可行性分析(研究)报告。
- 软件开发计划。
- 软件配置管理计划。
- 软件质量保证计划。
- 开发进度月报。
- 项目开发总结报告。

(2) 与开发人员有关的文档如下：

- 可行性分析(研究)报告。
- 软件开发计划。
- 软件需求规格说明书。
- 接口需求规格说明书。
- 软件(结构)设计说明书。
- 接口设计说明书。
- 数据库(顶层)设计说明书。
- 测试计划。
- 测试报告。

(3) 与维护人员有关的文档如下：

- 软件需求规格说明书。
- 接口需求规格说明书。
- 软件(结构)设计说明书。
- 测试报告。

(4) 与用户有关的文档如下：

- 软件产品规格说明书。
- 软件版本说明书。
- 用户手册。
- 操作手册。

这些文档从使用的角度可分为开发文档和用户文档两大类。其中，用户文档必须交给用户。用户应该得到的文档的种类和规模由开发者与用户之间签订的合同规定。

本附录给出可行性分析(研究)报告、软件开发计划、软件需求规格说明书、软件测试报告的基本格式,更多文档格式请参考《计算机软件文档编制规范》。

B.1 可行性分析(研究)报告

说明:

(1) 可行性分析(研究)报告是项目初期策划的结果。它分析项目的要求、目标和环境,提出几种可供选择的方案,并从技术、经济和法律各方面进行可行性分析。它可作为项目决策的依据。

(2) 可行性分析(研究)报告也可以作为项目建议书、投标书等文件的基础。

可行性分析(研究)报告的格式如下:

1 引 言

1.1 标识

包含本文档适用的系统和软件的完整标识,包括标识号、标题、缩略词语、版本号和发行号。

1.2 背景

说明项目在什么条件下提出以及提出者的要求、目标、实现环境和限制条件。

1.3 项目概述

简述本文档适用的项目和软件的用途。它应描述项目和软件的一般特性,概述项目开发、运行和维护的历史,标识项目的投资方、需方、用户、开发方和支持机构,标识当前和计划的运行现场,列出其他有关的文档。

1.4 文档概述

概述本文档的用途和内容,并描述与其使用有关的保密性和私密性的要求。

2 引用文件

列出本文档引用的所有文档的编号、标题、修订版本和日期。

3 可行性分析的前提

3.1 项目的要求

3.2 项目的目标

3.3 项目的环境、条件、假定和限制

3.4 进行可行性分析的方法

4 可选的方案

4.1 原有方案的优缺点、局限性及存在的问题

4.2 可重用的系统及其与要求之间的差距

4.3 可选择的系统方案 1

4.4 可选择的系统方案 2

4.5 选择最终方案的准则

5 建议的系统

5.1 对建议的系统的说明

5.2 数据流程和处理流程

5.3 与原系统的比较(若有原系统)

5.4 影响(或要求)

5.4.1 设备

5.4.2 软件

5.4.3 运行

5.4.4 开发

5.4.5 环境

5.4.6 经费

5.5 局限性

6 经济可行性(成本-效益分析)

6.1 投资

包括基本建设投资(如开发环境、设备、软件和资料等)、其他一次性和非一次性投资(如技术服务费、培训费、管理费、人员工资、奖金和差旅费等)。

6.2 预期的经济效益

6.2.1 一次性收益

6.2.2 非一次性收益

6.2.3 不可定量的收益

6.2.4 收益/投资比

6.2.5 投资回收周期

6.3 市场预测

7 技术可行性(技术风险评价)

现有资源(如人员、环境、设备和技术条件等)能否满足此工程和项目实施要求。若不满足,应考虑补救措施,涉及经济问题时应进行投资、成本和效益可行性分析,最后确定此工程和项目是否具备技术可行性。

8 法律可行性

系统开发可能导致的侵权、违法和责任。

9 用户使用可行性

用户单位的行政管理和工作制度,使用人员的素质和培训要求。

10 其他与项目有关的问题

未来可能的变化。

11 注 解

包含有助于理解本文档的一般信息(例如原理)。包含需要说明的术语和定义、所有缩略语和它们在文档中的含义的字母序列表。

附 录

提供为便于文档维护而单独出版的信息(例如图表、分类数据)。为便于处理附录,可将附录单独装订成册。附录应按字母顺序(A、B等)编号。

B.2 软件开发计划

说明：

(1) 软件开发计划描述开发者实施软件开发工作的计划。本文档中“软件开发”一词涵盖了新开发、修改、重用、再工程(reengineering)、维护和由软件产品引起的其他所有活动。

(2) 软件开发计划是帮助需方了解和监督软件开发过程、使用的方法、每项活动的途径、项目的安排、组织及资源的一种手段。

(3) 软件开发计划的某些部分可视实际需要单独编制成册，例如软件配置管理计划、软件质量保证计划和文档编制计划等。

软件开发计划的格式如下：

1 引 言

1.1 标识

1.2 系统概述

1.3 文档概述

1.4 与其他计划之间的关系

描述本计划和其他项目管理计划的关系。

1.5 基线

给出编写本计划的输入基线，如软件需求规格说明书。

2 引用文件

列出本文档引用的所有文档的编号、标题、修订版本和日期。

3 交付产品

3.1 程序

3.2 文档

3.3 服务

3.4 非移交产品

3.5 验收标准

3.6 最后交付期限

列出本项目应交付的产品，包括软件产品和文档。其中，软件产品应指明哪些是要开发的，哪些是属于维护性质的。文档是指随软件产品交付给用户的技术文档，例如用户手册、安装手册等。

4 所需工作概述

根据需要分别对后续各章描述的计划作出说明，包括以下内容：

- 对要开发的系统、软件的需求和约束。
- 对项目文档编制的需求和约束。
- 该项目在系统生命周期中所处的地位。
- 所选用的计划/采购策略或对它们的需求和约束。

- 项目进度安排及资源的需求和约束。
- 其他需求和约束,如项目的安全性、保密性、私密性、方法、标准、硬件开发和软件开发的相互依赖关系等。

5 实施整个软件开发活动的计划

5.1 软件开发过程

描述要采用的软件开发过程。描述中应覆盖所有合同条款,确定已计划的开发阶段、目标和各阶段要执行的软件开发活动。

5.2 软件开发总体计划

5.2.1 软件开发方法

描述或引用要使用的软件开发方法,包括为支持这些方法所使用的手工操作、自动工具和过程的描述。

5.2.2 软件产品标准

描述或引用在表达需求、设计、编码、测试用例、测试过程和测试结果方面要遵循的标准。对要使用的各种编程语言都应提供编码标准,至少应包括以下内容:

- 格式标准(如缩进、空格、大小写和信息的排序)。
- 首部注释标准,包括代码的概要信息(例如代码的名称/标识符、版本标识、修改历史、用途)、需求和实现的设计决策、处理的注记(例如使用的算法、假设、约束、限制和副作用)、数据注记(输入、输出、变量和数据结构等)。
- 其他注释标准(例如要求的数量和预期的内容)。
- 变量、参数、程序包、过程和文档等的命名约定。
- 编程语言构造或功能的使用限制。
- 代码聚合复杂性的制约。

5.2.3 可重用的软件产品

5.2.3.1 吸纳可重用的软件产品

描述标识、评估和吸纳可重用软件产品要遵循的方法,包括搜寻这些产品的范围和进行评估的准则。在制订或更新计划时,对已选定的或候选的可重用软件产品应加以标识和说明,同时应给出与使用有关的优点、缺陷和限制。

5.2.3.2 开发可重用的软件产品

描述如何标识、评估和报告开发可重用软件产品的机会。

5.2.4 处理关键性需求

分以下几部分描述为处理指定关键性需求应遵循的方法。

5.2.4.1 安全性保证

5.2.4.2 保密性保证

5.2.4.3 私密性保证

5.2.4.4 其他关键性需求保证

5.2.5 计算机硬件资源利用

描述分配计算机硬件资源和监控其使用情况应遵循的方法。

5.2.6 记录原理

描述记录原理应遵循的方法。对项目的“关键决策”一词作出解释,并陈述将原理记录在什么地方。

5.2.7 需方评审途径

描述为评审软件产品和活动,让需方或授权代表访问开发方和分承包方的一些设施应遵循的方法。

6 实施详细软件开发活动的计划

分条进行描述。不需要的活动用“不适用”注明。如果项目的不同开发阶段或不同软件需要不同的计划,则在此指出这些差异。每项活动的论述应包括应用于以下方面的途径(方法/过程/工具):

- 涉及的分析性任务或其他技术性任务。
- 结果的记录。
- 与交付有关的准备。

本章还应标识存在的风险和不确定因素以及处理它们的计划。

6.1 项目计划和监督

分成若干分条描述项目计划和监督中要遵循的方法。CSCI(Computer Software Configuration Item)是计算机软件配置项。

6.1.1 软件开发计划(包括对该计划的更新)

6.1.2 CSCI测试计划

6.1.3 系统测试计划

6.1.4 软件安装计划

6.1.5 软件移交计划

6.1.6 跟踪和更新计划(包括评审管理的时间间隔)

6.2 建立软件开发环境

6.2.1 软件工程环境

6.2.2 软件测试环境

6.2.3 软件开发库

6.2.4 软件开发文档

6.2.5 非交付软件

6.3 系统需求分析

6.3.1 用户输入分析

6.3.2 运行概念

6.3.3 系统需求

6.4 系统设计

6.4.1 系统级设计决策

6.4.2 系统体系结构设计

6.5 软件需求分析

描述软件需求分析中应遵循的方法。

6.6　软件设计

分成若干分条描述软件设计中应遵循的方法。

6.6.1　CSCI 级设计决策

6.6.2　CSCI 体系结构设计

6.6.3　CSCI 详细设计

6.7　软件实现和配置项测试

6.7.1　软件实现

6.7.2　配置项测试准备

6.7.3　配置项测试执行

6.7.4　修改和再测试

6.7.5　配置项测试结果分析与记录

6.8　配置项集成和测试

6.8.1　配置项集成和测试准备

6.8.2　配置项集成和测试执行

6.8.3　修改和再测试

6.8.4　配置项集成和测试结果分析与记录

6.9　CSCI 合格性测试

6.9.1　CSCI 合格性测试的独立性

6.9.2　在目标计算机系统(或模拟的环境)上测试

6.9.3　CSCI 合格性测试准备

6.9.4　CSCI 合格性测试演练

6.9.5　CSCI 合格性测试执行

6.9.6　修改和再测试

6.9.7　CSCI 合格性测试结果分析与记录

6.10　CSCI/HWCI 集成和测试

6.10.1　CSCI/HWCI 集成和测试准备

6.10.2　CSCI/HWCI 集成和测试执行

6.10.3　修改和再测试

6.10.4　CSCI/HWCI 集成和测试结果分析与记录

6.11　系统合格性测试

6.11.1　系统合格性测试的独立性

6.11.2　在目标计算机系统(或模拟的环境)上测试

6.11.3　系统合格性测试准备

6.11.4　系统合格性测试演练

6.11.5　系统合格性测试执行

6.11.6　修改和再测试

6.11.7　系统合格性测试结果分析与记录

6.12 软件使用准备

6.12.1 可执行软件的准备

6.12.2 用户现场的版本说明的准备

6.12.3 用户手册的准备

6.12.4 在用户现场安装

6.13 软件移交准备

6.13.1 可执行软件的准备

6.13.2 源文件准备

6.13.3 支持现场的版本说明的准备

6.13.4 已完成的CSCI设计和其他软件支持信息的准备

6.13.5 系统设计说明的更新

6.13.6 支持手册准备

6.13.7 到指定支持现场的移交

6.14 软件配置管理

6.14.1 配置标识

6.14.2 配置控制

6.14.3 配置状态统计

6.14.4 配置审核

6.14.5 发行管理和交付

6.15 软件产品评估

6.15.1 中间阶段的和最终的软件产品评估

6.15.2 软件产品评估记录(包括记录的具体条目)

6.15.3 软件产品评估的独立性

6.16 软件质量保证

6.16.1 软件质量保证评估

6.16.2 软件质量保证记录(包括记录的具体条目)

6.16.3 软件质量保证的独立性

6.17 问题解决过程(更正活动)

6.17.1 问题/变更报告

包括要记录的具体条目(可选的条目包括项目名称、提出者、问题编号、问题名称、受影响的软件元素或文档、发生日期、类别和优先级、描述、指派的该问题的分析者、指派日期、完成日期、分析时间、推荐的解决方案、影响、问题状态、解决方案的批准、随后的动作、更正者、更正日期、被更正的版本、更正时间、已实现的解决方案的描述)。

6.17.2 更正活动系统

6.18 联合评审(联合技术评审和联合管理评审)

分成若干分条描述进行联合技术评审和联合管理评审要遵循的方法。

6.18.1 联合技术评审(包括一组建议的评审)

6.18.2 联合管理评审(包括一组建议的评审)

6.19　文档编制

6.20　其他软件开发活动

6.20.1　风险管理(包括已知的风险和相应的对策)

6.20.2　软件管理指标(包括要使用的指标)

6.20.3　保密性和私密性

6.20.4　分承包方管理

6.20.5　与软件独立验证与确认(IV&V)机构的接口

6.20.6　和有关开发方的协调

6.20.7　项目过程的改进

6.20.8　计划中未提及的其他活动

7　进度表和活动网络图

7.1　进度表

标识每个开发阶段中的活动,给出每个活动的初始点、提交的草稿和最终结果的可用性、其他里程碑及每个活动的完成点。

7.2　活动网络图

描述项目活动之间的顺序关系和依赖关系,标出项目中有最严格的时间限制的活动。

8　项目组织和资源

8.1　项目组织

描述本项目要采用的组织结构,包括涉及的组织机构、机构之间的关系、执行所需活动的每个机构的权限和职责。

8.2　项目资源

描述适用于本项目的资源。应包括以下内容:

(1) 人力资源,包括:

- 估计此项目应投入的人力(以××日、××月或××年为单位);
- 按职责(如管理、软件工程、软件测试、软件配置管理、软件产品评估、软件质量保证和软件文档编制等)分解要投入的人力。
- 履行每个职责的人员从技术级别、地理位置和涉密程度等方面进行的划分。

(2) 开发人员要使用的设施,包括执行工作的地理位置、要使用的设施、保密区域和运用于项目中的设施的其他特性。

(3) 为满足合同需要,需方应提供的设备、软件、服务、文档、资料及设施。应给出一张何时需要上述各项的进度表。

(4) 其他所需的资源,包括获得资源的计划、需要的日期和每项资源的可用性。

9　培　　训

9.1　项目的技术要求

根据客户需求和项目策划结果,确定本项目的技术要求,包括管理技术和开发技术。

9.2　培训计划

根据项目的技术要求和项目成员的情况,确定是否需要进行项目培训,并制订培训计划。如不需要培训,应说明理由。

10 项目估算

10.1 规模估算

10.2 工作量估算

10.3 成本估算

10.4 关键计算机资源估算

10.5 管理预留

11 风险管理

分析可能存在的风险,给出采取的对策和风险管理计划。

12 支持条件

12.1 计算机系统支持。

12.2 需要需方承担的工作和提供的条件。

12.3 需要分包商承担的工作和提供的条件。

13 注 解

附 录

B.3 软件需求规格说明书

说明:

(1) 软件需求规格说明书描述对计算机软件配置项(CSCI)的需求以及为确保每个要求得以满足所使用的方法。涉及该CSCI外部接口的需求可在本文档中给出,或在本文档引用的一个或多个接口需求规格说明书中给出。

(2) 软件需求规格说明书和接口需求规格说明书是CSCI设计与合格性测试的基础。

软件需求规格说明书的格式如下:

1 引 言

1.1 标识

1.2 系统概述

1.3 文档概述

2 引用文件

3 需 求

3.1 要求的状态和方式

如果要求系统在多种状态和方式下运行,且不同状态和方式具有不同的需求,则要标识和定义每一状态和方式。

3.2 需求概述

3.2.1 系统总体功能和业务结构

描述系统总体功能和业务结构。

3.2.2 硬件系统的需求

说明硬件系统的需求。

3.2.3 软件系统的需求

说明软件系统的需求。

3.2.4 接口需求

说明硬件系统和软件系统之间的接口。

3.3 系统能力需求

分条详细描述与系统每一能力相关联的需求。

3.3.1 系统能力1

标识必需的每一系统能力,并详细说明与该能力有关的需求。如果该能力可以更清晰地分解成若干子能力,则应分别对子能力进行说明。该需求应指出所需的系统行为,包括适用的参数,如响应时间、吞吐时间、其他时限约束、序列、精度、容量(大小/多少)、优先级别、连续运行需求和基本运行条件下允许的偏差;需求还应包括在异常条件、非许可条件或越界条件下所需的行为、错误处理需求和任何为保证在紧急时刻运行的连续性而引入系统的规定。

3.3.2 系统能力2

……

3.4 系统外部接口需求

分节描述关于系统外部接口的需求。可引用一个或多个接口需求规格说明书或包含这些需求的其他文档。

3.4.1 接口标识和接口图

标识所需的系统外部接口。每个接口标识应包括项目唯一标识符,并用名称、序号、版本和引用文件指明接口的实体(系统、配置项和用户等)。该接口标识应说明哪些实体具有固定的接口特性,哪些实体正被开发或修改。可用一个或多个接口图表来描述这些接口。

3.4.2 接口1的项目唯一标识符

从3.4.2节开始,应通过项目唯一标识符标识系统的各外部接口,简单地标识接口实体,根据需要可分条描述为实现该接口而强加于系统的需求。该接口所涉及的其他实体的接口特性应以假设或“当××(其他实体)……时,系统将……”的形式描述,而不描述为其他实体的需求。本节可引用其他文档(如数据字典、通信协议标准和用户接口标准)代替在此所描述的信息。需求应包括下列内容,它们以任何适合于需求的顺序提供,并从接口实体的角度说明这些特性的区别(如对数据元素的大小、频率或其他特性的不同期望):

(1) 系统必须分配给接口的优先级别。

(2) 要实现的接口的类型的需求(如实时数据传送、数据的存储和检索等)。

(3) 系统必须提供、存储、发送、访问、接收的单个数据元素的特性,例如:

① 名称/标识符。

- 项目唯一标识符。

- 非技术(自然语言)名称。
- 标准数据元素名称。
- 技术名称(如代码或数据库中的变量或字段名称)。
- 缩写名或同义名。

② 数据类型(字母数字和整数等)。

③ 大小和格式(如字符串的长度和标点符号)。

④ 计量单位(如米、元、秒)。

⑤ 范围或可能值的枚举(如 0～99)。

⑥ 准确度(正确程度)和精度(有效数字位数)。

⑦ 优先级别、时序、频率、容量、序列和其他的约束条件,例如,数据元素是否可被更新,业务规则是否适用。

⑧ 保密性和私密性的约束。

⑨ 来源(设置/发送实体)和接收者(使用/接收实体)。

(4) 系统必须提供、存储、发送、访问和接收的数据元素集合体(如记录、消息、文件、数组、显示和报表等)的特性,例如:

① 名称/标识符。

- 项目唯一标识符。
- 非技术(自然语言)名称。
- 技术名称(如代码或数据库的记录或数据结构)。
- 缩写名或同义名。

② 数据元素集合体中的数据元素及其结构(编号、次序和分组)。

③ 媒体(如硬盘)和媒体中数据元素/数据元素集合体的结构。

④ 显示和其他输出的视听特性(如颜色、布局、字体、图标和其他显示元素、蜂鸣声和亮度等)。

⑤ 数据元素集合体之间的关系,如排序/访问特性。

⑥ 优先级别、时序、频率、容量、序列和其他的约束条件,例如,数据元素集合体是否可被修改,业务规则是否适用。

⑦ 保密性和私密性约束。

⑧ 来源(设置/发送实体)和接收者(使用/接收实体)。

(5) 系统必须规定接口使用的通信方法所要求的特性,例如:

① 项目唯一标识符。

② 通信链接/带宽/频率/媒体及其特性。

③ 消息格式化。

④ 流控制(如序列编号和缓冲区分配)。

⑤ 数据传送速率、周期性/非周期性、传输间隔。

⑥ 路由、寻址和命名约定。

⑦ 传输服务,包括优先级别和等级。

⑧ 安全性/保密性/私密性方面的考虑,如加密、用户鉴别、隔离和审核等。

(6) 系统必须规定接口使用的协议所要求的特性,例如:

① 项目唯一标识符。

② 协议的优先级别/层次。

③ 组,包括分段和重组、路由和寻址。

④ 合法性检查、错误控制和恢复过程。

⑤ 同步,包括连接的建立、保持和终止。

⑥ 状态、标识、任何其他的报告特征。

(7) 其他所需的特性,如接口实体的物理兼容性(尺寸、公差、负荷、电压和接插件兼容性等)。

3.4.3 接口2的项目唯一标识符

……

3.5 系统内部接口需求

指明系统内部接口的需求。如果所有内部接口都留到设计时或在系统成分的需求规格说明书中规定,那么必须在此如实说明。如果实施这样的需求,则可考虑本文档的3.4节列出的主题。

3.6 系统内部数据需求

指明分配给系统内部数据的需求,包括对系统中数据库和数据文件的需求。如果所有有关内部数据的决策都留到设计时或在系统部件的需求规格说明书中给出,则需在此如实说明。如果要强加这种需求,则可考虑在本文档从3.4.2节开始的各节中的(4)和(5)中列出。

3.7 适应性需求

指明要求系统提供的、与安装有关的数据(如现场的经纬度)和要求系统使用的、根据运行需要可能变化的运行参数(如表示与运行有关的目标常量或数据记录的参数)。

3.8 安全性需求

描述有关防止对人员、财产、环境产生潜在的危险或把此类危险降到最低的系统需求,包括:危险物品使用的限制,为运输、操作和存储的目的而对爆炸物品进行的分类,异常中止/异常出口规定,气体检测和报警设备,电力系统接地,排污,防爆。

3.9 保密性和私密性需求

指明维持保密性和私密性的系统需求,包括:系统运行的保密性/私密性环境,提供的保密性或私密性的类型和程度,系统必须经受的保密性/私密性的风险,减少此类危险所需的安全措施,系统必须遵循的保密性/私密性政策,系统必须提供的保密性/私密性审核以及保密性/私密性必须遵循的确认/认可准则。

3.10 操作需求

说明本系统在常规操作、特殊操作、初始化操作和恢复操作等方面的要求。

3.11 可使用性、可维护性、可移植性、可靠性和安全性需求

说明本系统在可使用性、可维护性、可移植性、可靠性和安全性等方面的要求。

3.12 故障处理需求

说明本系统在发生可能的软硬件故障时对故障处理的要求。

3.12.1 软件系统出错处理

说明属于软件系统的问题,给出发生错误时的错误信息,说明发生错误时可能采取的补救措施。

3.12.2 硬件系统冗余措施的说明

说明哪些问题可以由硬件设计解决,并提出可采取的冗余措施。

对硬件系统采取的冗余措施加以说明。

3.13 系统环境需求

指明系统运行必备的与环境有关的需求。对软件系统而言,运行环境包括支持系统运行的计算机硬件和操作系统(其他有关计算机资源方面的需求在3.14节描述)。对硬软件系统而言,运行环境包括系统在运输、存储和操作过程中必须经受的环境条件,如自然环境条件(风、雨、温度、地理位置)、诱导环境(运动、撞击、噪声、电磁辐射)和对抗环境(爆炸、辐射)。

3.14 计算机资源需求

分节进行描述。根据系统性质,在以下各节中所描述的计算机资源应能够组成系统环境(对应软件系统)或系统部件(对应硬软件系统)。

3.14.1 计算机硬件需求

描述系统使用的或引入系统的计算机硬件需求,包括:各类设备的数量,处理器、存储器、输入输出设备、辅助存储器、通信/网络设备和其他所需的设备的类型、大小、能力(容量),以及系统要求的其他特征。

3.14.2 计算机硬件资源利用需求

描述系统的计算机硬件资源利用方面的需求,如最大许可使用的处理器能力、存储器容量、输入输出设备能力、辅助存储器容量和通信/网络设备能力。这些要求还包括测量资源时所要求具备的条件。

3.14.3 计算机软件需求

描述系统必须使用的或引入系统的计算机软件的需求,例如操作系统、数据库管理系统、通信/网络软件、实用软件、输入和设备模拟器、测试软件和生产用软件。必须提供每个软件项的正确名称、版本和引用文件。

3.14.4 计算机通信需求

描述系统必须使用的或引入系统的计算机通信方面的需求,例如连接的地理位置、配置和网络拓扑结构、传输技术、数据传输速率、网关、要求的系统使用时间、发送/接收数据的类型和容量、发送/接收/响应的时间限制、数据的峰值和诊断功能。

3.15 系统质量因素

描述系统质量因素方面的需求,例如系统的功能性(实现全部所需功能的能力)、可靠性(产生正确、一致结果的能力)、可维护性(易于修改、更正的能力)、可用性(需要时进行访问和操作的能力)、灵活性(适应需求变化的能力)、软件可移植性(适应新环境变化的能力)、可重用性(在多个应用中使用的能力)、可测试性(易于充分测试的能力)、易用性(易于学习和使用的能力)和其他属性等的定量需求。

3.16　设计和构造的约束

描述约束系统设计和构造的需求。对硬软件系统而言,包括强加于系统的物理需求,这些需求可通过引用适当的商用标准和规范来指定。需求包括:

(1) 特殊系统体系结构的使用或对体系结构方面的需求,例如需要的子系统、标准部件和现有部件的使用、政府/需方提供的资源(设备、信息、软件)的使用。

(2) 特殊设计或构造标准的使用,特殊数据标准的使用,特殊编程语言的使用,工艺需求和生产技术。

(3) 系统的物理特性(如重量限制、尺寸限制、颜色、保护罩),部件的可交换性,从一地运输到另一地的能力,由单人或一组人携带或架设的能力。

(4) 能够使用和不能使用的物品,处理有毒物品的需求,以及系统产生电磁辐射的允许范围。

(5) 铭牌、部件标记、系列号和批次号的标记,其他标识标记的使用。

(6) 为应对在技术、威胁和任务等方面预期的增长和变化而必须提供的灵活性和可扩展性。

3.17　相关人员需求

描述与使用或支持系统的人员有关的需求,包括人员的数量、技术等级、责任期、培训需求和其他信息,还应包括:强加于系统的人力行为工程需求。这些需求包括:对人员在能力与局限性方面的考虑;在正常和极端条件下可预测的人为错误;人为错误造成严重影响的特定区域,例如对高度可调的工作站、错误消息的颜色和持续时间、关键指示器或键的物理位置以及听觉信号的使用需求。

3.18　相关培训需求

描述有关培训方面的系统需求,例如系统中应包括的培训设备和培训材料。

3.19　相关后勤需求

描述有关后勤方面的系统需求,包括系统维护、软件支持、系统运输方式、补给系统要求、对现有设施和设备的影响。

3.20　其他需求

描述在以上各节中没有涉及的其他系统需求,包括在其他合同文件中没有涉及的系统文档,如规格说明书、图表、技术手册、测试计划和测试过程以及安装指导材料。

3.21　包装需求

描述需交付的系统及其部件在包装、标签和处理方面的需求。可引用适当的规范和标准。

3.22　需求的优先次序和关键程度

给出本规格说明书中需求的优先顺序(表明其相对重要程度)、关键程度或权值。例如,应标识出对安全性、保密性或私密性起关键作用的需求,以便进行特殊的处理。如果所有需求具有相同的权值,应如实陈述。

4　合格性规定

本章定义一组合格性方法,对于第3章中的每个需求,指定为了确保需求得到满足所应使用的方法。可以用表格形式表述该信息,也可以在第3章的每个需求中注明要使用的方法。合格性方法包括:

(1) 演示。依赖于可见的功能操作,直接运行系统或系统的一部分,而不需要使用仪器、专用测试设备或进行事后分析。

(2) 测试。使用仪器或其他专用测试设备运行系统或系统的一部分,以便采集数据供事后分析使用。

(3) 分析。对从其他合格性方法中获得的积累数据进行处理,例如测试结果的归约、解释或推断。

(4) 审查。对系统部件、文档等进行可视化检查。

(5) 特殊的合格性方法,如专用工具、技术、过程、设施、验收限制、标准样例的使用和生成等。

5 需求可追踪性

对系统级的规格说明书,本章不适用。对子系统级的规格说明书,本章应包括以下内容:

(1) 从本文档中每个子系统需求到其涉及的系统需求的可追踪性。

(2) 从分配给被本文档所覆盖的子系统的每个系统需求到其涉及的子系统需求的可追踪性。对分配给子系统的所有系统需求都应加以说明。追踪到接口需求规格说明书中包含的子系统需求时,可引用接口需求规格说明书。

6 非技术性需求

非技术性需求包括:

(1) 交付日期。

(2) 里程碑点。

7 尚未解决的问题

可说明系统需求中的尚未解决的遗留问题。

8 注　　解

附　　录

B.4 软件测试报告

说明:

(1) 软件测试报告是对计算机软件配置项、软件系统/子系统或与软件相关的项目执行合格性测试的记录。

(2) 通过软件测试报告,需方能够评估开发方执行的合格性测试及其测试结果。

软件测试报告的格式如下:

1 引　　言

1.1 标识

1.2 系统概述

1.3 文档概述

2 引用文件

3 测试结果概述

3.1 对被测试软件的总体评估

(1) 根据本文档中展示的测试结果,对该软件进行总体评估。

(2) 标识在测试中检测到的任何遗留的缺陷、限制或约束。以可用问题/变更报告提供缺陷信息。

(3) 对每一遗留缺陷、限制或约束,应描述以下几点:

- 对软件和系统性能的影响,包括未得到满足的需求的标识。
- 更正它可能对软件和系统设计产生的影响。
- 推荐的更正方案/方法。

3.2 测试环境的影响

对测试环境与操作环境的差异进行评估,分析这种差异对测试结果的影响。

3.3 改进建议

对被测试软件的设计、操作或测试提供改进建议。如果没有改进建议,陈述为“无”。

4 详细的测试结果

分别提供每个测试的详细结果。

4.1 测试1的项目唯一标识符

由项目唯一标识符标识一个测试,并且分为以下几节描述测试结果。

4.1.1 测试结果小结

综述该项测试的结果。应尽可能以表格的形式给出与该测试相关联的每个测试用例的完成状态(例如,陈述为“所有结果都如预期的那样”“遇到了问题”“与要求的有偏差”等)。当完成状态与所预期不一致时,用以下几节提供详细信息。

4.1.2 遇到的问题

分别标识遇到问题的每一个测试用例。

4.1.2.1 遇到问题的测试用例1的项目唯一标识符

用项目唯一标识符标识遇到问题的测试用例,并提供以下内容:

- 对遇到问题的简述。
- 遇到问题的测试过程步骤的标识。
- 对相关问题/变更报告和备份数据的引用。
- 试图改正这些问题所重复的过程或步骤次数以及每次得到的结果。
- 重新测试时是从哪些回退点或测试步骤恢复测试的。

4.1.2.2 遇到问题的测试用例2的项目唯一标识符

……

4.1.3 与测试用例/过程的偏差

分别标识出现偏差的每个测试用例。

4.1.3.1 出现偏差的测试用例1的项目唯一标识符

用项目唯一标识符标识出现一个或多个偏差的测试用例,并提供:

- 偏差的说明(例如,出现偏差的测试用例的运行情况和偏差的性质,诸如替换了所需设备、未能遵循规定的步骤、进度安排的偏差等)。(可用红线标记表明有偏差的测试过程);
- 偏差的理由;
- 偏差对测试用例有效性影响的评估。

4.1.3.2　出现偏差的测试用例2的项目唯一标识符

……

4.2　测试2的项目唯一标识符

……

5　测试记录

本章尽可能以图表或附录形式给出一个本文档所覆盖的测试事件按年月顺序的记录。测试记录应包括:

- 执行测试的日期、时间和地点。
- 用于每个测试的软硬件配置,包括所有硬件的部件号/型号/系列号、制造商、修订级和校准日期以及所有软件的版本号和名称。
- 与测试有关的每一活动的日期和时间,执行该项活动的人和见证者的身份。

6　评　　价

6.1　能力

6.2　缺陷和限制

6.3　建议

6.4　结论

7　测试活动总结

7.1　人力消耗

7.2　物质资源消耗

8　注　　解

附　　录

参考文献

[1] Mcilroy M D. Mass-Produced Software Components [C]. Software Engineering Concepts and Techniques. Van Nostrand Reinhoid,1976：88-98.

[2] 张海藩,吕云翔. 软件工程 [M]. 4 版. 北京：人民邮电出版社,2013.

[3] Booch G,Rumbaugh J,Jacobson I. UML 用户指南[M]. 邵维忠,麻志毅,马浩海,等译. 2 版. 北京：人民邮电出版社,2016.

[4] 刘鑫. 基于计算机软件工程的现代技术[J]. 电子技术与软件工程,2018(3)：56-56.

[5] Irby B. 软件再工程：优化现有软件系统的方法与最佳实践[M]. 张帆,翟林丰,译.北京：机械工业出版社,2014.

[6] Rozanski N,Woods E. 软件系统架构：使用视点和视角与利益相关者合作[M]. 侯伯薇,译. 北京：机械工业出版社,2013.

[7] Martin R C. 敏捷软件开发：原则、模式与实践[M]. 邓辉,译. 北京：清华大学出版社,2003.

[8] Kanat-Alexander M. 简约之美：软件设计之道[M].余晟,译. 北京：人民邮电出版社,2014.

[9] Shalloway A,Trott J R. 设计模式解析[M]. 徐言声,译. 2 版. 北京：人民邮电出版社,2016.

[10] 刁成嘉. UML 系统建模与分析设计[M]. 北京：机械工业出版社,2007.

[11] 张艳. 基于 Rose 和 UML 的档案管理系统分析与建模[J]. 四川职业技术学院学报,2018,28(5)：167-170,174.

[12] 宋雨. 软件工程基础[M]. 北京：机械工业出版社,2019.

[13] 朱娜. 用 Rational Rose 实现图书管理系统的建模设计[J]. 黑龙江科学,2018,9(15)：154-156.

[14] 陆惠恩. 软件工程[M]. 3 版. 北京：人民邮电出版社,2017.

[15] 徐礼金. 软件工程技术在系统软件开发过程中的应用[J]. 电子技术与软件工程,2017,(23)：43-43.

[16] 潘文博. 计算机软件开发技术的现状及应用[J]. 数字技术与应用,2017(5)：234-234.

[17] 刘超. 软件工程技术发展思索[J]. 农家参谋,2018(3)：211-211.

[18] 任甲林. 术以载道——软件过程改进实践指南[M]. 北京：人民邮电出版社,2014.

[19] 苏雪山. 面向重用的软件开发方法研究与应用[D]. 重庆：西南石油学院,2002.

[20] 秦小波. 设计模式之禅[M]. 北京：机械工业出版社,2013.

[21] 郭艳燕,杨军,毕远伟,等. UML 在面向对象课程体系实践教学中的应用[J]. 计算机教育,2019,291(3)：126-132.

[22] Jones C. 软件工程最佳实践[M]. 吴舜贤,杨传辉,韩生亮,译. 北京：机械工业出版社,2014.

[23] 魏雪峰,葛文庚. 软件工程案例教程[M]. 北京：电子工业出版社,2018.

[24] Hoover D H,Oshineye A,Cunningham W. 软件开发者路线图——从学徒到高手[M]. 王江平,译. 北京：机械工业出版社,2019.

[25] 杨洋,刘全. 软件系统分析与体系结构设计[M]. 南京：东南大学出版社,2017.

[26] 顾翔,51Testing 软件测试网. 软件测试技术实战：设计、工具及管理[M]. 北京：人民邮电出版社,2017.

[27] Dustin E.自动化软件测试入门、管理与实现[M]. 北京：清华大学出版社,2003.

[28] 陈恒,王雅轩,景雨. 软件工程教学做一体化教程[M]. 北京：清华大学出版社,2013.

[29] Jeffries R. 软件开发本质论：追求简约、体现价值、逐步构建[M]. 王凌云,译. 北京：人民邮电出版社,2017.

[30] 李爱萍,崔冬华,李东生. 软件工程[M]. 北京：人民邮电出版社,2015.

[31] Project Management Institute. 项目管理知识体系指南(PMBOK)[M]. 6 版. 北京：电子工业出版社,2018.
[32] 谭志彬,柳纯录. 信息系统项目管理师教程 [M]. 3 版. 北京：清华大学出版社,2017.
[33] 郭宁. IT 项目管理[M]. 北京：北京交通大学出版社,2007.
[34] 刘慧,陈虎. IT 执行力——IT 项目管理实践[M]. 北京：电子工业出版社,2004.

图书资源支持

感谢您一直以来对清华版图书的支持和爱护。为了配合本书的使用，本书提供配套的资源，有需求的读者请扫描下方的"书圈"微信公众号二维码，在图书专区下载，也可以拨打电话或发送电子邮件咨询。

如果您在使用本书的过程中遇到了什么问题，或者有相关图书出版计划，也请您发邮件告诉我们，以便我们更好地为您服务。

我们的联系方式：

地　　址：北京市海淀区双清路学研大厦 A 座 701

邮　　编：100084

电　　话：010-83470236　010-83470237

资源下载：http://www.tup.com.cn

客服邮箱：2301891038@qq.com

QQ：2301891038（请写明您的单位和姓名）

资源下载、样书申请

书圈

扫一扫，获取最新目录

课　程　直　播

用微信扫一扫右边的二维码，即可关注清华大学出版社公众号"书圈"。